내연기관자동차 번영과
미래차 도전

내연기관자동차는 퇴장하고 전기차 시대가 올 것인가?

정용일 저

문운당

서문

프롤로그: 자동차, 운명처럼 시작된 여정

제가 사회생활의 첫발을 자동차회사에 내디디면서 자동차환경 분야를 운명처럼 만났습니다. 당시 국내에 자동차 배출허용기준이 처음 시행되면서 차대동력계 시험실을 설치할 필요가 있었고, 운 좋게도 장비 설치와 실험실 운영을 맡게 되었습니다. 어쩌면 국내에서 차대동력계를 가장 먼저 운용한 사람 중 한 명이 아닐까 생각합니다. 덕분에 우리나라 자동차환경 기술과 정책을 이끌어 온 선구자들과 함께할 수 있었던 건 제게 큰 행운이자 영광이었습니다.

당시만 해도 자동차환경 기술은 그저 자동차 가격만 올리는 부담스러운 존재로 여겨졌습니다. 최소한의 기술과 비용으로 대응하는 소극적인 분야였죠. 그러나 이제는 전기차와 연료전지차가 미래를 주도하며 환경이 자동차 기술을 이끌어가는 시대가 되었습니다. 돌이켜보면 참으로 격세지감을 느끼게 됩니다.

자동차환경에 대한 저의 믿음은 시간이 갈수록 더욱 단단해졌습니다. 환경을 위해 일한다는 자부심은 제 평생의 동반자였고, 가족에게도 자랑스러운 일이었습니다. 자동차환경 분야의 연구와 기술 개발에 쏟아부은 열정은 제 직장 생활과 평생을 함께하며 한길만을 바라보고 달려온 여정이었습니다. 그 과정은 제 인생의 가장 큰 보람이자 긍지로 남아 있습니다. 세월이 흘러 마음의 여유가 생기자, 그 열정의 흔적이 자동차 기술 발전의 역사에 어떤 의미로 남을지 궁금해졌습니다. 그리고 그 질문에 대한 답을 이 책에 담아보고자 했습니다.

이 책에 대하여: 과거를 통해 미래를 조망하다

이 책은 단순한 기술 서적을 넘어, 자동차에 관심 있는 누구나 쉽게 이해할 수 있도록 쓰였습니다. 동시에 자동차 전문가와 엔지니어들에게는 미래기술의 핵심 쟁점과 발전 방향을 함께 고민할 기회를 제공하고자 합니다.

이 책은 내연기관자동차의 발전 과정과 자동차환경 쟁점을 중심으로 총 5개 장으로 구성되어 있습니다. 각 장은 긴밀하게 연결되어 있지 않으므로 관심 있는 부분부터 자유롭게 읽으셔도 좋습니다.

1장: 내연기관자동차 시대의 전개

인류 최초의 동력인 증기기관자동차와 전기차의 등장, 그리고 이들과 치열한 경쟁을 거쳐 내연기관자동차 시대가 열리는 과정을 조명합니다. 이 역사를 통해 미래자동차 시대를 열어가기 위해서 우리가 앞으로 해결해야 할 과제들을 미리 가늠해 볼 수 있습니다.

2장: 내연기관자동차 번영의 시대

내연기관 성능 발전과 자동차 디자인의 진화를 통해 내연기관자동차가 어떻게 대중화와 번영을 이끌었는지 살펴봅니다. 눈부시게 발전해 온 자동차 기술에서 인류의 무한한 발명 DNA를 발견할 수 있을 것입니다.

3장: 환경과 에너지시대 - 내연기관자동차와 대기오염

자동차 보급이 급증하면서 발생한 대기오염 문제를 다룹니다. LA 스모그와 경유차 매연으로 인한 미세먼지 문제의 심각성을 짚어보고, 이를 해결하기 위한 기술과 정책의 발전 과정을 설명합니다. 초기 대기오염의 핵심이던 경유차 매연 문제에서, 최근에는 대기 중에서 생성되는 2차 미세먼지와 초미세먼지의 인체 유해성까지 확대되고 있습니다.

4장: 환경과 에너지 시대 - 기후변화와 내연기관자동차 퇴출

지구온난화라는 인류 생존의 위협 앞에서 내연기관자동차 퇴출 시나리오가 시작된 배경을 분석합니다. 화석연료를 재생에너지로 대체하고, 전기차와 수소차를 미래자동차의 주역으로 전환해야 하는 과제와, 온실가스 감축을 둘러싼 사회적, 경제적 쟁점들을 깊이 있게 들여다봅니다.

5장: 미래 친환경자동차 시대 - 전기차와 수소연료전지차

내연기관자동차의 대안으로 떠오른 전기차와 수소차를 중심으로 미래차 시장을 전망합니다. 탄소배출 없는 전기와 수소 연료의 안정적인 공급과 경제성 확보, 배터리와 연료전지 스택 성능과 가격, 충전인프라 등 해결해야 할 과제들을 살펴봅니다. 또한 바이오연료, 이퓨얼, 수소와 같은 탄소중립 순환연료를 사용하는 내연기관자동차가 공존할 가능성에 대해서도 함께 논의합니다.

맺음말: 미래를 향한 길잡이

이 책이 미래자동차 시대로 나아가는 이해관계자에게 올바른 방향을 제시하고, 함께 고민할 과제를 짚어보는 작은 길잡이가 되기를 바랍니다.

과거 마차시대의 말똥 재난은 자동차가 해결했지만, 내연기관자동차 배출가스는 대기오염이라는 새로운 문제를 낳았습니다. 2000년 초반에 매연여과장치를 장착한 디젤차는 클린디젤로 주목받으며 온실가스 감축의 대안으로 떠올랐습니다. 그러나 2009년 전기차가 등장하고 탄소중립의 대세 앞에서 내연기관자동차는 퇴출의 위기에 놓였습니다.

1990년대에는 연료전지차가 미래기술로 기대를 모았지만, 지금은 전기차가 대세로 자리잡았습니다. 그러나 2022년에 전기차 캐즘이 오면서 이퓨얼이나 바이오연료 같은 탄소중립 연료, 수소나 암모니아와 같은 무탄소연료를 사용하는 내연기관자동차와의 공존 가능성도 다시 논의 되고 있습니다.

기술은 예측대로 흘러가는 것은 아닙니다. 현재의 유행과 전망에만 갇히지 말고, 미래기술은 전혀 다른 모습으로 전개될 수 있다는 점을 강조하고 싶습니다. 과거의 역사는 미래를 비추는 거울입니다. 자동차 기술이 겪어온 도전과 극복의 과정은 다가올 미래를 준비하고 헤쳐 나가는 데 소중한 교훈과 영감을 줄 것입니다.

7년이 넘는 긴 집필 시간은 제게 도전과 배움의 여정이었습니다. 부족함과 게으름 탓도 있었지만, 무엇보다 정확한 자료를 바탕으로 올바른 내용을 담아내기 위한 노력으로 많은 시간을 소요했습니다. 오랜 시간 동안 묵묵히 저를 응원해 주고 지켜준 사랑하는 아내와 자녀들에게 깊은 사랑과 감사를 전합니다. 또한 귀중한 자료를 제공하고 조언을 아끼지 않은 동료 전문가들에게도 진심으로 감사의 마음을 드립니다.

2025년 11월

목차

1장.
내연기관자동차 시대의 전개

1절 내연기관의 발명

2절 내연기관자동차의 탄생

3절 내연기관 탄생 이전의 동력기관

1876년 니콜라스 오토가 세계 최초의 가솔린 내연기관을 발명하고, 1886년 칼 벤츠가 이를 3륜 마차에 탑재한 페이턴트 모터바겐(Patent Motorwagen)을 세상에 선보이면서, 내연기관자동차는 독일에서 등장했다.

그러나 오토 내연기관 발명은, 1678년 네덜란드 호이겐스가 만든 화약 엔진에서 시작해서, 1792년 스코틀랜드 머독의 복동식 가스엔진, 1867년 자유 피스톤 방식의 오토랑엔 대기압엔진 등 200년에 걸친 수많은 연구와 발전의 결과였다.

인류가 고안한 최초의 동력은 내연기관보다 160년 앞선 1698년 세이버리가 고안한 증기기관이며, 1769년 제임스 와트에 의해 크게 개선되면서 18세기 영국 산업혁명을 견인하는 핵심 동력이 되었다. 수송분야에서는 1823년 증기기관차의 아버지로 불리는 스티븐슨이 증기기관차를 제작하면서 철도 시대가 열렸다. 1801년 트레비식이 최초의 증기 동력자동차를 운전하였고, 19세기 말에는 증기기관자동차가 전성기를 누렸다.

전기자동차의 등장은 1800년 볼타의 전지 발명과 1834년 자코비의 전기모터 개발을 계기로 시작되었다. 이후 1884년 영국의 토마스 파커가 실용적인 전기차를 선보이면서 수송분야의 중요한 수단으로 발전했다. 전기자동차는 조작과 운전이 쉬워 특히 여성과 부유층 사이에서 인기를 얻었고, 1910년대 뉴욕에서는 전기차 점유율이 50%에 이를 정도로 번성했다.

19세기 말부터 20세기 초까지 약 20년간 증기자동차, 전기자동차, 내연기관자동차는 치열하게 경쟁했으며, 내연기관자동차가 승리하면서 오늘날까지 자동차 산업을 주도하게 되었다. 결정적인 계기는 1908년 포드자동차가 모델티(Model T)를 대량생산 체제로 850달러에 출시하면서부터였다. 이전까지 2,000달러가 넘던 자동차 가격은 1924년에는 290달러까지 떨어졌고, 부유층의 전유물에서 일반 대중의 차로 탈바꿈하면서 전환점을 맞았다.

또한 1914년에 발발한 제1차 세계대전에서는 기동성이 우수한 내연기관자동차가 군사용으로 각광을 받으면서 군부의 대규모 지원을 받게 되었고, 이는 시장 주도권을 확보하는 데 큰 도움이 되었다. 아울러 1859년 미국 펜실베이니아주에서 원유가 발굴되고, 이후 대형 유전들이 개발되면서 값싼 휘발유연료가 안정적으로 공급된 점도 내연기관자동차 보급을 가속하는 핵심 요인이 되었다.

1절 | 내연기관의 발명

인류의 문명 역사에 획기적인 변화를 불러오고 수송기술 발전에 엄청난 기여를 한 내연기관자동차 시대의 시작은 다음의 몇 가지 사건으로 요약할 수 있다.

- 1876년, 독일의 니콜라스 오토(Nikolas August Otto)가 세계 최초의 스파크점화(SI; Spark Ignition, 가솔린엔진)방식 내연기관을 발명하였다.
- 17년 뒤인, 1893년 독일의 루돌프 디젤(Rudolf Diesel)이 압축착화(CI; Compressed Ignition, 디젤엔진)방식 내연기관을 발명하였다.
- 오토엔진 발명 10년 뒤인, 1886년 1월에 29일 독일의 칼 벤츠(Karl Benz)가 오토엔진을 장착한 3륜자동차 페이턴트 모터바겐(Patent Motorwagen)으로 세계 최초의 내연기관자동차 특허를 획득하였다.
- 같은 해인 1886년 3월 8일에 독일의 고틀리에프 다임러(Gottlieb daimler)가 4륜 내연기관자동차 특허를 등록하였다.

저자가 오래전부터 가지고 있던 몇 가지 궁금증이 있으며, 1장에서 살펴보고자 하는 핵심 내용이기도 하다.

첫째, 오늘날 자동차의 중심인 가솔린엔진과 디젤엔진은 왜 모두 독일에서 탄생했을까? 인류 최초의 동력기관인 증기기관은 외연기관(External Combustion Engine)으로써 1705년에 영국의 토마스 뉴커먼(Thomas Newcomen)이 발명하여, 영국의 산업혁명을 이끄는 원동력이 되었는데, 내연기관(Internal Combustion Engine)은 180년 뒤 영국이 아닌 독일에서 탄생하게 되었을까? 더불어 내연기관이 외연기관(증기기관)을 대신해 성공할 수 있었던 원인과 그 기술 발전 과정은 무엇이었을까?

둘째, 18세기 초 영국의 증기기관 발명과 19세기 후반 독일의 내연기관 발명을 가능하게 한 당시 중세 유럽 공학자(engineer)들의 사회적·역사적 배경은 어떤 것이었을까?

셋째, 독일에서 시작된 내연기관자동차가 140년이 지난 오늘날까지도 여전히 독일이 자동차 기술의 선두를 유지할 수 있는 이유도 궁금하지만, 이 주제는 본 저서의 범위를 넘어서는 만큼, 다음 기회에 살펴보기로 한다.

1.1. 오토 가솔린엔진(Otto Cycle Engine)

(1) 판매원에서 엔지니어로, 니콜라스 오토

1876년에 4행정 오토사이클 내연기관(그림1.1)을 발명해 내연기관자동차 시대의 문을 연 독일의 엔지니어인 니콜라스 오토(Nikolas August Otto)(그림1.2)는 어려운 가정형편으로 정식 기술교육을 받지 못했지만, 과학기술에 깊은 관심을 가지고 있었다. 엔진 개발에 전념하기 전에는 잡화점 판매원으로 일을 하기도 했다.

그는 당시 주목을 받던 르노아르 엔진에 큰 관심을 가졌으며, 향후 내연기관의 발전은 연료가 좌우할 것임을 인지하고 연료의 연소와 폭발 제어 기술 개발에 관심을 가졌다. 프랑스 엔지니어인 르노아르(Jean Joseph Etienne Lenoir)는 1860년에 등화용 연료를 사용하는 비압축 2중 작동식(non compressible double-acting) 가스 내연기관을 제작하였으며, 효율은 4%로 낮았지만 18리터 엔진으로 2마력을 낼 수 있었다.

오토는 28세이던 1860년에 본격적으로 엔진 개발 연구를 시작했고, 독일의 기업가 유진 랑엔(Eugen Langen)의 재정지원을 받아 도츠모터(Deutz Motors) 회사를 공동으로 설립했다. 두 사람은 1867년에 대기압으로 작동하는 자유 피스톤(Fee Piston)방식인 오토랑엔 대기압기관(Otto-Langen atmospheric engine)을 제작하여 파리 국제 박람회에 출품하였다. 이 엔진은 연료 소비를 기존의 절반으로 사용하면서도 동일한 출력을 내는 뛰어난 효율성(12%; 80rpm에서 0.5마력)으로 주목받아 최우수상(grand prize)을 수상하였다.

오토랑엔기관은 연료의 폭발 대신 대기압을 이용해 동력을 얻는 방식으로, 2행정이나 4행정, 스털링(Stirling)엔진 등과는 다른 형태의 작동 원리를 가지고 있었다. 소형 모델은 0.25마력(높이 2.1m, 무게 408kg), 대형 모델은 3마력(높이 3.9m, 무게 2,018kg) 엔진이었으며, 약 5,000대의 엔진이 생산되었다. 그러나 이 엔진은 3마력 이상의 출력을 내기가 어렵고 부피도 너무 커서 실용성에 한계가 있어서 획기적인 엔진 설계를 구상했다.

1876년에 오토가 4행정 최초의 내연기관을 만들기 이전까지 오토랑엔 대기압기관이 산업을 주도하는 최초의 상업용 내연기관이었으며, 4행정 오토엔진을 발명할 수 있는 디딤돌이 되었다.

그림 1.1 오토엔진

출처: (좌) www.google.com, An American internal combustion otto engine.jpg
(우) Image from page 9 of "Scientific American Volume 65 Number 20 (November 1891)"

그림 1.2 니콜라스 오토(1832~1891; 59세에 별세)

(2) 성층급기와 4행정오토엔진

오토랑엔 대기압기관 개발 이전에, 오토는 엔진에 연료공기 혼합기를 과도하게 공급하면 피스턴이 상사점(top center)에서 혼합기를 압축하면서 격렬한 점화와 폭발이 발생하는 것을 알았고, 이것이 오토엔진을 개발할 수 있었던 배경이 되었다.

오토랑엔기관을 개발한 이후인 1872년경 오토는 충격없는 연소(shockless combustion) 문제에 관심이 다시 돌아갔다.

오토는 유리 실린더로 내부를 관찰할 수 있는 창을 설치한 실험용 광학연구 장치(그림1.3)를 고안하고 여기에서 연기(smoke)를 사용하여 성층급기 현상을 연구하였다.

만약 연소실에 공기만을 먼저 공급하고, 가스/연료 혼합기를 이후에 공급하면, 공급된 급기는 점화원 방향으로 점진적으로 농후해질 것이라는 성층급기(Stratification) 방식을 고안했다.

가시화 엔진에서 연소실 내의 유동과 연소 현상을 고속카메라나 레이저로 측정하는 연구는 오늘날에도 엔진 개발을 위한 중요한 도구 중의 하나인데, 내연기관 개발 초기부터 오토에 의해서 연구되었다는 것은 놀라움과 존경심을 가지게 한다.

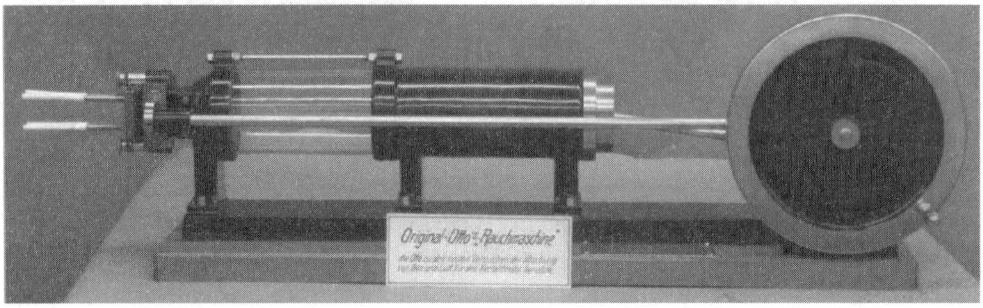

그림 1.3 오토의 광학연구엔진(optical research engine)

출처: "Otto's Four-Stroke Cycle", Oskar Leufven, Linkoping University, Sweden, 2011.5.
(HCCI presentation held by Bengt Johansson in Lund 2011)

회사 동료인 프란츠 링스(Franz Rings)와 허먼 슘(Herman Schumm)의 도움으로, 4행정 엔진의 시제품(prototype)(그림1.4)이 오토가 44세인 1876년에 제작되었으며, 오토의 성층급기 아이디어는 1877년에 특허를 받았다. 이 엔진은 단기통 수평 실린더 엔진이며 르노아르 엔진과 유사한 점이 많았지만, 주요 차이점은 가스와 공기의 공급과 화염 점화에 있다.

연소실의 가스/공기 혼합기를 제어하기 위해서 밸브를 좌우로 이동하는 미끄럼 밸브(slider valve)를 사용하였고, 연소실 내의 압축가스가 바깥의 개방화염(open flame)에 충분히 노출될 수 있도록 작은 밸브를 열어서 압축 혼합기를 점화한다. 외부 화염이 꺼지지 않은 채 밸브의 통로를 통하여 연소실 내로 운반되기 때문에 정확한 점화시기가 제어된다. 그러나 고속에서 화염이 전달되는 것이 어렵기 때문에 엔진 속도는 200rpm이 한계이다. 배기가스는 오늘날에도 사용되고 있는 포펫밸브(poppet valve)로 작동되는 로커암(rocker arm)에 의해 배출된다.

엔진이 오토랑엔 엔진에 비해 매우 정숙해서 정숙 오토기관(silent Otto engine)으로 불렸다. 회사 동료인 빌헬름 마이바흐(Wilhelm Maybach)이 오토의 시제품 엔진을 개선하고 재설계하여 상업용으로 생산하였다.

그림 1.4 1876년의 4행정오토엔진 시제품

출처: Nikolaus Otto, Wikipedia, the free encyclopedia.

4행정 오토사이클 엔진이 개발된 이후에 이 기술은 영국 엔지니어 윌리암 바네트(William Barnett)가 1838년에 특허를 받은 연소실 압축(in-cylinder compression) 기술과, 프랑스 엔지니어 알퐁스 보드로샤(Alphonse Beau De Rochas)가 1862년에 특허를 받은 4행정 기술(오토엔진 발명 이후에 밝혀짐)을 최초로 상용화한 것으로 현재는 가솔린엔진, 스파크점화(SI) 엔진으로도 불리고 있다.

참고

연소실 압축 특허인 "Two-stroke engine with in-cylinder compression" (영국 특허 7615, 1838)은 영국 엔지니어인 윌리암 바네트에 의해서 제안되었다. 이 특허는 가스를 연료로 사용하는 3종류의 내연기관에 관해서 기술하고 있다. 연소실 내에 공기연료 혼합기를 압축하여 사용하는 엔진과, 점화시계(ignition clock)을 통하여 연소실로 이송된 화염(flame)을 사용하여 연소실 내의 가스연료 혼합기를 점화하는 방법 등의 내용이 있다.

현재 가솔린엔진 기술의 효시가 된 오토의 4행정 오토사이클 엔진은, 자유 피스톤(free piston) 방식인 오토랑엔 대기압기관(Otto-Langen atmospheric engine)과 정숙 오토기관 개발과정을 거치면서 지속적으로 효율과 성능을 개선한 결과이다.

(3) 4행정 오토사이클엔진의 특징과 주목할 점

오토가 최초로 개발한 4행정 오토사이클 엔진 기술에서 중요한 다음의 몇 가지 내용들을 발견할 수가 있다.

1) 가스연료로 시작해서 액체연료 기관으로 발전

오토엔진은 등화용가스(illuminating gas)인 목재가스(wood gas), 석탄가스(coal gas), 프로판(propane), 수소(hydrogen), 벤젠(benzene) 등을 연료로 사용하였으며, 1914년에 발발한 제1차 세계대전 중에는 62가지의 연료를 사용하기도 하였다.

오토엔진 이전에 연구되었던 엔진들도 모두 가스연료를 사용하여 연구되었으며, 이후 도츠(Deutz)와 다임러(Gottlieb Daimler) 등이 기화기(carburetor)를 개발하여 액체연료인 가솔린을 사용하였다.

가스연료는 에너지 밀도가 낮아서 많은 양의 연료를 공급하여야 하고 따라서 연료 용기도 커져야 한다. 가스연료를 압축 저장하는 기술이 발달한 지금도 연료 용기의 크기와 중량 측면에서 가스연료가 액체연료에 비해서 불리한데, 이 당시는 차이가 훨씬 더 컸다.

> 참고
>
> **등화용 가스(illuminating gas)**
>
> 주로 메탄과 수소가 주성분으로써 연소가 가능한 가스 혼합기를 말하며, 예를 들면 석탄의 저온건류(low-temperature carboniz페이턴트 모터바겐ation)나 발열 과정(heat-producing processes) 등의 열처리 과정(thermal processing of coal)에서 발생하는 가스로서, 1920년까지는 가정이나 가로등의 등화용으로 사용되었다.

2) 성층급기제어 연소기술

연소실 내에서 연료가 순차적으로 연소하도록 연료공기 혼합기를 연소실에 성층급기(오토는 layered 또는 stratified charge로 불렀음) 방식으로 공급하는 방법을 발견하였다. 이전은 연소실 내 연료가 한꺼번에 폭발 연소함으로써 엔진을 파손하는 경우가 발생하였으나, 성층급기로서 연소를 제어함으로써 피스톤을 부드럽게 작동시킬 수 있다.

오늘날 엔진 연구의 핵심인 연소효율 향상을 위해서는 공기와 연료, 또는 공기연료 혼합기가 연소실에서 최적의 연소가 될 수 있도록 유동을 조절하는 데에 있으며 성층연소가 중요한 기술이다.

가장 이상적인 연소는 균일압축착화연소(HCCI; Homogeneous Charge Compressed Ignition)로 생각되고 있지만 HCCI가 구현되려면 많은 연구가 남아 있으며, 현재 사용되고 있는 가솔린직접분사(GDI)엔진에서도 성층연소가 핵심기술인데, 오토엔진이 발명될 때부터 적용된 기술이라는 것이 놀랍다.

3) 가스화염 점화로 시작하여 전기점화로 발전

기존의 수직형 엔진과는 다르게 수평형 엔진으로써, 가스화염점화(gas flame ignition; hot tube ignition)를 사용하는 미끄럼 밸브(slider valve) 제어 방식을 사용하였다. 이전에 전기점화(electric ignition) 방식들이 시도되었지만 오토엔진의 개발 시에는 불안정한 작동으로 신뢰성 확보가 어려웠다.

이후에 도츠(Deutz)가 신뢰성 있는 저전압 점화장치(low voltage ignition system)를 1884년에 개발하고, 다임러가 자석발전기 점화(magneto ignition)장치를 개발하여 점화방식을 발전시키고 점화플러그(spark plug)를 적용하였다.

정숙오토기관은 연소실에 가솔린과 공기 혼합기를 공급하고 2.5:1로 압축하여, 화염으로 점화하고 연소가스를 방출하였다. 오토엔진의 열효율은 약 14%로 증기엔진의 2배 이상이었다.

초기 가솔린엔진에서는 신뢰성 있는 점화장치가 가장 큰 문제였으며, 처음에는 연소실 가까이에 설치한 열구실(hot-bulb chamber) 방식을 사용하였다. 이 열구실은 연료를 계속 태워서 가열하여 오토엔진 연소실에 공급되는 연료공기 혼합기를 점화시킬 수 있도록 유지하였다.

그러나 열구실이 항상 뜨겁게 유지되고 있어서 연소실 내의 공기연료 혼합기를 조기점화(pre-ignition)하거나, 특히 저속에서 연소실 내의 혼합기가 피스톤에 의해 압축되기 이전에 점화되는 문제가 발생하였다. 또 다른 문제는 처음 엔진 시동 이전에 열구실을 발염장치(blow torch)로 예열해 주어야 하였다.

그러나 점화플러그를 사용하는 전기 점화장치가 도입되면서 가솔린엔진의 점화 문제를 개선하였으며, 이에 따라서 가솔린엔진은 소형이면서 간편(compact)하고, 출력에 비해 경량이라는 인식과 함께 널리 사용되었으며, 승용차와 휴대용 동력용 엔진으로 사용이 증가하였다.

4) 자동차용이 아닌 정치용 엔진으로 개발

니콜라우스 오토는 내연기관을 공장이나 산업용 활용을 위한 정치용(stationary

engine) 대형 엔진으로 생산하는 것을 원했으며, 자동차용으로는 생각하지 못했다. 오토엔진 이전에 개발된 엔진들은 3마력 출력을 넘지 못했으나, 오토엔진은 몇 년 뒤에 1,000마력까지 도달하였다.

오토엔진을 자동차용 엔진으로 사용한 것은 1879년에 독일의 칼 벤츠(Karl Benz)가 오토엔진을 참고해서 독자적인 가솔린엔진을 개발하여, 당시 유행하던 세발자전거를 변형하여 탑재함으로써 1886년 1월 29일, "페이턴트 모터바겐(Patent Motorwagen): 4행정 가솔린엔진으로 움직이는 자동차"라는 개념으로 특허를 얻게 되고 이것을 내연기관자동차 시대의 출발점으로 삼고 있다.

또한 니콜라스 오토가 설립한 회사인 "Gasmotoren-fabrik Deutz"의 기술 감독관으로 함께 일하던 고틀리에프 다임러(Gottlieb Daimler)는 오토엔진의 연료를 석유로 사용하기를 주장했으나 받아들여지지 않았으며, 1882년에 독립해서 가솔린엔진을 개발하여 4바퀴 마차에 장착하고 칼 벤츠와 같은 해인 1886년 3월 8일 세계 최초의 4바퀴 내연기관자동차 특허등록을 하였다.

즉, 니콜라스 오토가 가스를 사용하는 산업용 정치형 4행정 오토엔진을 개발하였으며, 칼 벤츠와 고틀리프 다임러가 가솔린엔진을 자동차용으로 사용하게 되는 길을 열었다.

5) 최초 특허가 아닌데도 오토엔진으로 불리고 있음

1876년에 최초의 4행정 내연기관으로 인정받았던 오토엔진은 1886년에 특허 취소 판결을 받았다. 프랑스 엔지니어인 알퐁스 보드로샤(Alphonse Beau De Rochas)가 1862년에 '흡입-폭발—배기'로 이루어지는 4행정 특허를 소유하고 있던 것으로 밝혀져, 오토의 특허는 취소되고, 4행정 내연기관은 누구나 개발할 수 있는 기술이 되었다.

비록 보드로샤가 4행정 내연기관의 개념을 제시하였지만, 이를 실제로 상용화를 구현한 사람은 니콜라우스 오토였다. 오토가 제작한 오토엔진은 10년 동안 3만대 이상 판매될 만큼 큰 성공을 거두었다. 그 당시 판매되던 엔진은 개발자의 이름을 따서 불렀던 연유로, 4행정 기관의 실용화에 성공한 오토의 이름을 따서 4행정 가솔린엔진을 오토엔진, 오토싸이클이라고 부르게 되었다.

최초 특허권자에 대한 권한이 인정된다고 하면, 4행정 내연기관은 로샤엔진으로 불러야 하지만, 오토엔진으로 불리고 있는 것을 보면 기술의 역사도 단순하지가 않다는 단면을 보게 된다.

1.2. 디젤엔진(Diesel Engine)

(1) 뮌헨 대학에서 교육받은 우수한 엔지니어, 루돌프 디젤

1893년에 디젤엔진(그림1.5)을 발명한 루돌프 디젤(Rudolf Diesel)(그림1.6)은 파리에서 태어났지만, 독일 뮌헨대학에서 기계공학을 전공한 독일 엔지니어이다. 그는 열역학 강의를 들으며 프랑스 물리학자인 카르노(Sadi Carnot) 이론에 매료되어, 카르노 사이클을 실제로 구현할 수 있는 이상적인 엔진 개발을 꿈꾸었다.

당시 증기기관의 열효율은 10%에 불과했으며, 오토가 발명한 가솔린기관도 20% 이하에 머물렀다. 당시의 많은 엔지니어들은 엔진 효율 향상 연구에 몰두했고, 디젤 역시 효율이 높은 새로운 기관 발명에 관심을 가졌다.

디젤은 열역학 교수였던 폰 린데(Carl Von Linde)의 제자로서 조교로 일하다가, 22세에 린데 교수의 제빙기회사에서 근무하면서 냉동공학을 연구하였다. 디젤이 처음으로 시도한 엔진은 증기기관의 효율을 높이기 위해서 증기 대신 암모니아를 작동 매체로 사용한 외연기관(external engine)이었다. 암모니아는 끓는 점이 낮아 적은 에너지를 사용할 수 있는 이점이 있다. 짧은 초기 예열 후에 수 시간 동안 작동하는 고효율 엔진 개발을 목표로 했지만, 7년간의 긴 연구에도 불구하고 성과 없이 실패로 끝났다.

그러나 이 연구개발 과정에서 두 가지 중요한 결론을 얻었다. 첫째, 동력행정 시작 시의 압축가스(compressed gas)의 압력과 동력행정 말기의 팽창가스(expanded gas) 차이가 클수록 효율이 높아진다는 점이다. 이를 위해서는 연소실 압력이 대기압의 50~60배가 필요하다고 추산했다. 둘째, 암모니아와 증기는 이런 고압에서 다루기에는 너무 어려운 물질이며, 가장 좋은 매체는 공기라는 결론을 얻었다.

내연기관에서 공기를 작동매체로 사용하고, 압축점화(compression ignition)한다는 개념은 새로운 것은 아니었지만, 디젤은 이를 체계적으로 발전시켜 오늘날 디젤엔진의 기반을 마련했다.

그림 1.5 (좌) 디젤 최초의 시험엔진(1893) (우) 최초 디젤 상용엔진(1898)

출처: www.dieselduck.net, Diesel technology, The Goodheart-Willcox Co. Inc.

그림 1.6 루돌프 디젤(1858~1913; 55세)

(2) 압축공기의 착화 방식

그러나 디젤의 독창성은 실린더 내의 연소를 제어하는 데에 있다. 디젤은 자신의 엔진이 실린더 내에 발생시키는 고온 고압 상태에서 공기연료 혼합기를 점화하기 위해서 그 당시에 주로 사용되던 열구(hot bulb)나 외부 점화장치를 사용하는 것은 효율적인 방법이 아니며, 압축된 공기의 높은 열(high heat)이 연료를 점화시킬 수 있다고 생각했다.

가솔린기관은 휘발유연료 혼합기를 사용하기 때문에 연소실 내의 점화는 연료 연소 제어가 어려워서 폭발에 가까우며 이는 급격한 온도상승을 가져와서, 연료 열의 많은 부분은 연소실 벽과 배출가스를 통하여 손실되기 때문에 효율이 높지 않은 원리로 작동한다고 생각했다. 이와 같은 비효율성을 바로 잡기 위해서 디젤은 연료 연소에 필요한 공기의 9배 공급이 필요함을 제안했다.

공기를 연료가 연소할 수 있는 온도보다 높게 도달하도록 압축시키고 최고 압축점에서 작은 양의 연료를 연소실에 주입하면 압축공기의 높은 열이 연료를 바로 점화시키고, 연료가 연소하면 팽창된 연소가스는 피스톤을 동력행정으로 구동한다.

디젤엔진에서 이런 팽창 연소가스는 이론적으로는 동일한 일을 하고, 연료의 연소에 의해서 생성된 열은 흡수되어 연소실 온도는 일정하게 남게 되며, 만약 다른 추가 열의 생성이 없다면 디젤은 엔진 효율이 72%라고 계산했다.

(3) 디젤엔진의 특허와 정압연소

루돌프 디젤이 35세인 1893년에 디젤은 압축된 공기에 연료를 분사시켜 착화하는 압축착화 엔진에 관한 논문인 "합리적인 열기관의 이론과 구조(working methods and techniques for internal combustion engine)"를 발표하고 특허(RP 67207)도 받았다. 이 특허는 디젤엔진의 토대가 되었지만, 당시 기술로는 공기를 고압으로 압축하는 것이 불가능하였기 때문에 실제로 엔진을 제작하기에는 여건이 부족하였다.

디젤은 아우구스부르크 기계제작소(Augsburg AG; 현재 독일 MAN사에 합병)의 후원을 받고 엔진개발을 시작했으나 1894년 2월의 첫 번째 엔진 시험은 실패로 돌아갔다. 그러나 이 경험을 통하여 자신이 꿈꾸는 엔진에 대한 확신을 가지고 설계 변경과 기관 개조를 하며 4년간 힘든 연구를 계속하였다.

특허를 정리할 때는 카르노 사이클 효율을 생각했지만, 실린더 내의 공기를 압축하는데 필요한 동력은 디젤이 제안한 연료량으로는 발생시킬 수 없었다. 이 문제를 수정하기 위해서 연소실 압축비를 대폭 낮추고 연료량을 8배나 높였으며 과도한 엔진 열을 냉각수로 식혀 주었다. 따라서 엔진의 효율이 낮아졌으며, 일정온도에서 작동하는 등온팽창 과정의 구현은 불가능해져서 카르노 이론을 실현할 수가 없었다.

반면 충분한 연료를 연소실에 공급하면 팽창하는 연소가스는 전제 동력행정 동안 피스톤을 미는 압력을 일정하게 유지할 수 있었으며, 이는 오늘날 디젤엔진의 정압연소 과정을 정립하였다.

실린더의 높은 압축으로 열을 발생시키기 위해서는 실린더의 높이가 무려 2m에 달했고, 밸브와 개스킷의 누설 때문에 연소 시작에 필요한 공기압력을 예상보다 높여야 했다. 연료도 석탄 가루를 곱게 갈아서 사용하는 등의 시행착오도 거쳤다. 또한 시제품

엔진에 첫 연료를 연소실에 분사하자 엔진이 격렬하게 폭발하는 사고도 발생하여 디젤이 상처를 입기도 하는 등 수년간의 실패 때문에 경제적 어려움도 컸다.

수많은 액체연료를 시도해 본 결과, 등유(kerosene)가 가장 좋은 결과를 보였지만, 연료를 증발(vaporizing)시키는 문제가 가장 어려웠다. 처음에는 압축공기를 이용한 공기분사(air blast) 방법을 사용했으며, 이후에 채 모양의 분무기(sieve type atomizer)가 사용했다. 피스톤도 커지고, 연소실도 재설계하고, 더 나은 연료펌프가 설계되었다.

거의 5년간의 힘든 연구 끝에 경유를 연료로 사용하고 엔진의 경량화에 성공하여 카르노 사이클의 완벽한 엔진은 아니지만 열효율이 26.2%를 넘고 연료 소비는 오토 가솔린엔진의 절반밖에 되지 않는 디젤엔진을 개발하였으며, 디젤의 나이가 39세 되던 1897년 2월에 산업계에 판매할 수 있었다.

연료에 불을 붙이면 연소나 폭발이 발생하는 인화(ignition) 현상은 쉽게 볼 수 있는 자연스러운 과정이며 따라서 이 원리를 이용한 가솔린 내연기관의 발명은 비교적 어렵지 않게 생각할 수 있었을 것으로 생각된다. 그러나 연료에 압력을 가해 온도를 높이면 스스로 연소하거나 폭발하는 자발화(auto-ignition) 현상은 자연계에서 쉽게 볼 수 있는 것이 아니다. 이 원리를 이용한 디젤 내연기관을 고안해 낸 루돌프 디젤의 통찰력과 창의력은 가히 천재적이다.

더욱이 디젤엔진의 자발화에 적합한 연료는 외부 열원에 의한 인화가 수월한(현재의 기술로 설명하자면 옥탄가가 높은) 가스나 휘발유연료가 아니라, 인화는 어렵지만 자발화 온도가 낮은 땅콩유나 등유, 경유(세탄가가 높은) 연료가 적합하다는 것을 수많은 실험을 통해 밝혀낸 그의 노력에 존경과 경외심을 가지게 된다.

(4) 디젤엔진의 대중화

첫 번째 상업용 디젤엔진은 2기통 60마력 엔진으로 바바리언 성냥공장(Bavarian match factory)에 설치되었으며, 1898년 뮌헨의 엔진 전시회에서 디젤엔진이 대중에게 처음으로 발표하였다.

1900년 여름 파리에서 개최된 세계박람회에서 디젤엔진은 그랑프리의 영예를 안았고, 이후에 디젤엔진의 뛰어난 효율 덕분에 증기기관을 밀어내고 산업계의 동력으로 자리를 잡아 갔다.

파리 박람회에서 전시한 디젤엔진은 땅콩기름을 연료로 사용하였으며, 오늘날 친환경연료로 사용을 의무화하고 있는 바이오연료가 초기의 디젤엔진 연료로 사용되었다.

디젤엔진에 대한 관심은 높아지면서, 디젤은 엔진 제작 허가권을 프랑스, 영국, 독일,

러시아, 미국의 회사들에 팔면서 부도 축적하였다.

그러나 엔진 크기와 무게를 줄이는 데에는 한계가 있고, 연료분사장치를 구동시키기 위해서는 큰 덩치의 공기압축기, 공기탱크, 밸브, 배관들이 필요했기 때문에 자동차에 적용하기는 어려웠다. 1902년까지 겨우 350대의 디젤엔진이 운용되고, 기술적으로도 별다른 진전이 없이 부진했지만, 디젤엔진이 선박에 적용됨으로써 큰 성공을 거둘 기회를 얻었다.

1911년에 최초의 디젤엔진을 사용한 선박은 7,000톤 셀란디아(MS Selandia)로서 8기통 4행정의 1,250마력 엔진 2기를 탑재하였다. 또한 유럽은 전쟁의 소용돌이로 가고 있었기 때문에 전함과 잠수함에도 디젤엔진 사용이 증가하였다.

초기의 가솔린엔진은 일부 부유한 호사가들의 취향을 만족시키는 수준으로 사용되었지만, 보다 규모가 크고 고장이 없는 디젤엔진은 순식간에 산업을 뒤흔드는 혁명을 가져왔다. 당시 기관차나 선박, 대형 설비, 발전소 등에 널리 사용되던 증기기관이 빠른 속도로 디젤엔진으로 바뀌었다.

초기에 공장과 산업체의 주요 동력원으로 사용된 디젤엔진이 수송용으로 사용된 것은, 1904년 노벨 사의 터그보트에 발전기 구동용 엔진으로써 사용된 것을 시작으로, 1911년 대양 운항 선박인 셀란디아호에 탑재되었다.

육상용으로는 1912년에 스위스 열차에 최초로 사용되었으며, 1924년 벤츠에서 5리터 50마력 엔진을 사용한 5톤 트럭을 세계 최초로 생산하였다. 1927년 보쉬(Bosch)사에서 대량 생산한 연료펌프를 적용한 경유 승용차인 260D를 벤츠에서 1936년에 최초로 발표하였다. 이 승용차는 2.5리터의 예연소실 직렬 4기통 45마력 디젤엔진을 탑재하였으며, 최대속도 95km/h, 연비 10.6km/l이었다.

(5) 세상을 바꾼 불운한 엔지니어

디젤엔진이 완성되었을 때 자신을 도와주었던 MAN 사에서 디젤엔진의 독점 판매권을 요구했지만, 디젤은 계약을 파기하고 디젤 기술을 공개하여 다른 회사에서도 사용할 수 있도록 허용하였으며, 미국과 영국에도 특허를 출원하였다. 기술의 독점은 기술 발전을 저해한다는 생각 때문이었다고 한다.

그러나 디젤엔진의 경쟁 기술인 가솔린엔진과 증기엔진 제조업자들이 디젤 기술에 대한 비방과 특허 소송도 빈번하여, 디젤은 심한 스트레스를 받아 우울증까지 걸리는 등으로 내연기관 역사에서 커다란 전기를 마련한 디젤은 그렇게 행복한 말년을 보내지는 못했다.

이런 어려움을 겪던 중에 1913년 9월 영국에 설립하는 디젤공장 준공식을 방문하기 위하여 증기선 드레스텐 호에 올랐다가 다음 날 실종되었다. 10일 뒤 네덜란드 상선에 의하여 시신이 발견되었으며, 특허권 시비로 인한 자살로 마무리되었다.

그러나 루돌프 디젤이 독일 비밀경찰에 의해 암살당했다는 음모설도 있다. 당시 독일 정부는 U보트에 디젤엔진을 사용할 계획이었지만, 루돌프 디젤은 독일 정부의 반대 의견을 무시하고 적국인 영국에 디젤엔진 공장을 설립했기 때문에 이에 위협을 느낀 독일 정부가 루돌프 디젤을 살해했다는 것이다. 디젤이 세상을 떠난 다음 해인 1914년에 제1차 세계대전이 발발한 것을 보면 이 음모설도 어느 정도는 타당성이 있는 듯하다.

2절 | 내연기관자동차의 탄생

2.1. 벤츠의 내연기관자동차 페이턴트 모터바겐(Patent-Motorwagen)

(1) 천재성을 가진 엔지니어, 칼 벤츠

1886년에 최초의 내연기관자동차인 페이턴트 모터바겐(그림1.7)를 발명하여 오늘날의 자동차 시대의 시금석을 마련한 칼 벤츠(그림1.8)는 현재 벤츠자동차 박물관이 있는 슈투트가르트(Stuttgart)에서 서쪽으로 80km 떨어진 도시인 칼스루에(Karlsruhe)에서 태어났다. 기관사였던 아버지는 폐렴으로 벤츠가 2살 때에 돌아갔으며, 어려운 가정형편에도 불구하고 어머니의 뒷바라지로 칼스루에 대학에서 엔지니어 교육을 받을 수 있었다.

몇 년 동안의 취업 기간을 거쳐서 27세 되던 1871년에 북쪽 도시 만하임(Mannheim)으로 이사해서 동업자 아우구스트 리터(August Ritter)와 함께 강철 판금 회사를 차렸으나 사업이 여의치 않아 이듬해에 청산하고 혼자 "Karl Benz, Mannheim, Iron Foundry and Mechanical Workshop" 회사를 운영하였다.

회사가 어려울 때 지참금으로 도움을 주었던 약혼녀 베르타 링거(Bertha Ringer)와는 1872년에 결혼하였으며, 맥스 로즈(Max Rose)와 프리드릭 윌헴 에시링거(Freidrich Wilhelm Eslinger)가 운영하던 자전거 수리점을 바탕으로 하여 "Benz & Cie" 이름의 회사를 1883년에 공동으로 창업하였다.

그림 1.7 벤츠의 제1호 내연기관자동차(Benz Patent Motorwagen)

출처: 1885Benz.jpg, Wikipedia, www.google.com

그림 1.8 칼 벤츠(1844~1929; 85세)와 부인 베르타 벤츠(1849~1944; 95세)

회사 초기의 어려운 여건에도 불구하고 새로운 엔진 개발에 전념했으며, 1878년에 새로운 특허를 얻기 위한 작업을 시작했다. 처음에는 신뢰성 있는 소형 2행정 가솔린엔진 개발에 전념했어, 1878년 12월 31일에 마무리해서 이듬해에 특허를 받았다.

그러나 벤츠의 진정한 천재성은 그의 2행정 가솔린엔진 시스템의 설계에서 찾아볼 수 있다. 속도조절장치(speed regulation system), 배터리용 스파크를 사용하는 점화장치, 점화플러그(spark plug), 기화기(carburetor), 클러치(clutch), 기어 시스템(gear shift), 수냉식 라디에이터(water radiator) 등, 현재 자동차 동력계 시스템의 기본 틀이 되는 장치들의 특허를 취득하였다.

(2) 최초의 내연기관자동차 발명

회사가 커지면서 벤츠의 숙원이던 "말이 없는 마차"의 설계에 전념할 수 있는 시간이 주어졌다. 자전거에 대한 경험을 토대로 하여 자동차를 개발할 때도 자전거 기술과 유사한 기술을 적용하였다.

벤츠가 개발한 4행정 엔진을 뒷바퀴 사이에 장착(rear mounted)하고, 그 당시 마차에서 주로 사용하던 나무 바퀴 대신 벤츠가 직접 고안한 철사 바퀴(wire wheel)(강철 바큇살에 통고무 타이어를 씌운; steel-spoked wheels and solid rubber tires)를 사용하고, 스프링이 없는 앞바퀴를 회전하도록 하는 투스랙(toothed rack) 방식의 조향장치, 엔진 동력은 2개의 롤러체인(roller chain)(자전거 체인과 비슷하게)으로 뒤축에 전달하도록 하였다.

벤츠 엔진에 사용된 새로운 기술들은, 개방형 크랭크케이스, 편심막대(eccentric rod)

로 제어되는 흡입 미끄럼 밸브(intake slide valve), 캠 디스크(cam disc)를 통해 작동되는 배기 포핏밸브(exhaust poppet valve), 로크암(rocker arm)과 푸시로드(pushrod), 액적(drip-feed) 윤활장치들이다.

또한 벤츠는 커다란 플라이휠(flywheel)을 설계하여, 수직으로 설치할 경우 발생할 수 있는 회전운동(gyroscopic)의 영향으로 자동차의 조향과 안정성(stability)을 저해할 수도 있다는 염려로 샤시에 수평으로 설치했고, 플라이휠을 힘껏 돌려서 엔진을 시동했다.

연료공기 혼합은 표면(surface) 또는 증발기화기(evaporative carburettor)를 사용했고, 4.5리터 연료통을 설계했다. 휘발유와 공기의 정밀한 비율은 슬리브 밸브(sleeve valve)로 제어되고 출력은 보조 흡기덕트(intake duct)의 구멍을 열거나 닫음으로 조절하였으며, 슬리브 밸브는 운전석 아래에 있어서 운전자가 쉽게 조절할 수 있다.

벤츠는 룸코르프(Ruhmkorff)의 유도코일 방식의 점화코일(ignition coil)을 사용하여 고전압으로 변환하는 점화방법에 많은 실험과 시간을 기울였으며, 독창적인 점화플러그도 설계했다.

건물 내의 냉각수를 사용하면 쉽게 해결할 수 있는 정치형 엔진과는 다르게 내연기관의 냉각은 까다로운 문제였다. 벤츠는 단순한 증발냉각(evaporation cooling) 방식을 적용했으며, 이것은 효과가 좋고 엔진 출력이 낮은 경우에는 문제가 없어 보였다. 그러나 발생한 증기가 공기 중으로 빠져나가기 때문에 운전하는 동안 냉각수를 보충해 주어야 한다. 엔진 출력이 높아지고 자동차 신뢰성에 대한 요구가 높아지면서 10년쯤 뒤에 폐루프(closed-loop) 방식의 냉각시스템으로 개선되었다.

벤츠는 "벤츠 페이턴트 모터바겐(Benz Patent Motorwagen)" (벤츠가 특허를 받은 모터가 달린 마차라는 뜻)이라는 이름을 붙인 자동차 개발을 1885년에 완성하였다. 1886년 1월 29일 벤츠가 회사를 시작한 지 15년, 나이 42세 되던 해에 인류의 역사를 바꾸게 된 내연기관을 탑재한 세 바퀴 자동차를 발명품으로 탄생시켜 독일 정부 특허(DRP-37435: automobile fueled by gas)를 받았다.

그러나 첫 시작품 자동차는 공장 벽에 부딪히기도 하고 100미터도 못 가서 정지하기도 했으나 개선을 거듭하여 이듬해인 1886년 여름에야 공공 도로에서 성공적인 시험을 할 수 있었다. 1호차를 계속 개량하여 1887년에 2호차를 제작하였으며, 1889년에 나무살 바퀴와 연료탱크, 구두모양의 슈브레이크(shoe brake)를 뒷바퀴에 사용한 3호차 모델을 완성하고 파리엑스포에 출품하였다.

첫 시작품 자동차는 954cc 배기량의 단기통 4행정엔진(그림1.9)을 장착하였으며 0.9마력이었지만 그 당시의 다른 엔진에 비하면 100kg의 초경량이었다. 이후 1.5마력 엔진을 장착한 2호차와 2마력 엔진의 3호차를 개발하여 최고속도를 시속 16km까지 향상시켰다.

100년 동안 사용된 증기기관자동차의 동력을 내연기관으로 대체하였지만, 산업용으로 발명된 오토의 내연기관을 자동차에 적합하게 개발하여 탑재한 칼 벤츠는 현재의 자동차 시대를 연 선구자로서 칭송받아 마땅하다.

그림 1.9 벤츠 페이턴트 모터바겐 자동차에 사용된 엔진

출처: "Carl Benz's single cylinder engine", Janne, Speed Doctor, 2013.4.15.

(3) "자동차의 어머니" 베르타(벤츠 아내)의 자동차 홍보를 위한 장거리운행

벤츠는 1888년 여름부터 자동차를 판매하기 시작했으나, 예상보다 판매량이 많지 않았다. 1885년에 제작된 최초의 자동차 가격은 600 독일 마르크(미국 화폐로 약 150달러이며, 2018년 가치로 약 4,200달러로 환산)였다. 그러나 사람들은 말 대신 내연기관으로 움직이는 자동차가 장거리를 제대로 운행할 수 있을지 신뢰하지 않았다. 게다가 말을 사랑하던 독일 황제는 말을 기계로 대신하는 것은 바보짓일 뿐만 아니라 비애국적이라고까지 이야기하고, 영향력이 큰 교회에서도 자동차에 우호적이지 않았다.

또한 얼마 떨어지지 않은 곳에서 다임러(Gottlieb Daimler)가 발명한 4바퀴 자동차가 등장하면서 더욱 어려움을 겪었다. 신중한 성격의 벤츠는 자신의 발명품을 적극적으로 홍보하지 않았으나, 그의 아내 베르타는 남편이 개발한 자동차가 대단한 발명품임을 확신하고 자동차의 성능과 장거리 운전 가능성을 세상에 직접 보여주기로 결심했다.

1888년 학교 방학 기간인 8월 초에 베르타는 두 아들 오이겐(Eugen)과 리하르트(Richard)와 함께 새벽에 모터바겐 3호(그림1.10)를 끌고 나와, 남편에게는 알리지 않고 고향인 포르츠하임(Pforzheim)까지 가는 장거리 여행을 떠났다. 기찻길과 라인강을 따라 이동하면서 먼저 바인하임(Weinheim)을 지나 비슬로흐(Wiesloch)에 도착하자 연료가 떨어졌다.

다행히 비슬로흐의 약국에서 그 당시 연료로 사용하던 석유용제의 일종인 리그로인

(Ligroin)을 구입해서 주유했다. 이때 들렀던 약국은 "세계 최초의 주유소"라는 이름을 가지고 지금도 영업을 계속하고 있다.

연료뿐만 아니라 엔진 냉각도 걱정거리였다. 열사이펀(thermosiphon)을 이용해서 냉각수의 증발로 엔진을 식히기 때문에 식당이나 개천, 심지어는 배수로 등에서 수시로 냉각수를 채워야 했다. 그나마 다행인 것은 뒷바퀴는 철재 고리로 만들었고, 앞바퀴는 통고무 타이어를 씌웠기 때문에 타이어 문제는 없었다.

라인 계곡을 벗어나 동쪽에 있는 브루흐살(Bruchsal)을 거쳐 두라흐(Durlach)로 가는 길은 언덕길이었다. 단기통 2.5마력(500rpm에서) 엔진에 2단 변속기어로는 심한 경사를 오르는 것이 어려워 베르타와 두 아들이 차를 밀어야 했다. 내리막길에서는 손으로 레버를 당겨서 양 뒷바퀴를 잡는 슈브레이크는 360kg의 마차의 속도를 간신히 줄일 수 있었으나 브레이크슈가 금세 닳았다. 돌아오는 길에 바우슈로트(Bauschlott)에 들러서 구두 수선공에게 브레이크슈에 가죽을 덮어씌우도록 했으며, 이것이 오늘날 브레이크 라이닝(brake lining)의 시초가 되었다.

평소에 남편을 도와 회사 일에 참여했던 경험 덕분에 운전 중에 발생하는 문제점들을 해결할 수 있었다. 연료계통이 막히면 머리핀을 이용해 청소했고, 닳아서 구멍이 난 점화 배선은 스타킹 밴드로 절연시켰다.

칼스루에(Karlsruhe)를 거쳐 슈투트가르트(Stuttgart) 북서쪽에 있는 포르츠하임까지 104km 자동차 여정을 마친 베르타는 어머니 집에서 3일간을 머문 후 돌아올 때는 라인강변을 따라가는 90km 거리의 지름길로 귀가했다.

이 역사적인 장거리 자동차 여행은 내연기관자동차에 회의적인 사람들의 마음을 돌리는 데에 크게 기여했다. 언론의 호평이 이어졌으며, 전 세계에서 칼 벤츠를 초청했다. 칼 벤츠가 내연기관자동차 최초의 발명가뿐만 아니라 자동차 시대를 개척한 위대한 엔지니어로 우뚝 설 수 있었던 데는 아내 베르타의 용기와 확신이 큰 역할을 했다.

베르타는 세계 최초의 자동차 마케팅과 홍보를 실현한 인물로 평가받으며, 더불어서 새로운 차종을 개발하면 험로나 악조건에서의 시험이 필요하다는 것도 보여 주었다.

이후 베르타는 "자동차의 어머니"라는 명예를 얻었으며, 베르타가 최초로 운전한 길은 2008년 9월에 '베르타 벤츠 메모리얼 루트(Berth Benz Memorial Route)'(그림1.11)로 명명되었고, 오늘날에도 세계 자동차 애호가들이 꼭 한번 달려보고 싶은 역사적인 도로로 남아있다.

그림 1.10 베르타 벤츠가 최초의 장거리 여행을 할 때 운전했던 벤츠 페어턴트 모터바겐 3호

출처: "Carl Benz's single cylinder engine", Janne, Speed Doctor, 2013.4.15.

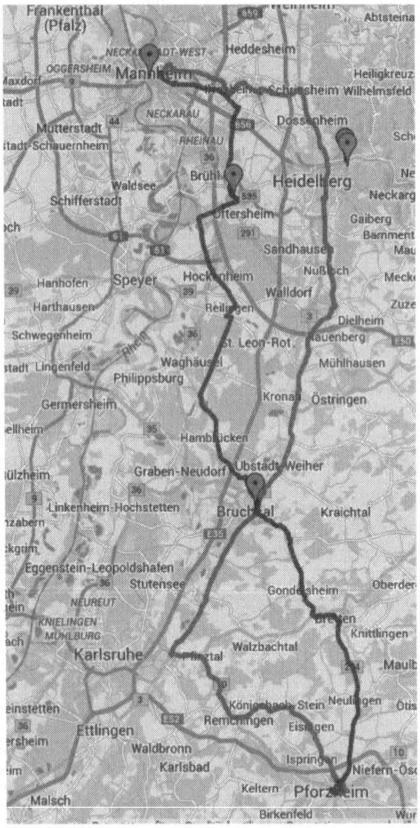

그림 1.11 베르타 벤츠 메모리얼 루트(Berth Benz Memorial Route)

출처: "Bertha Benz(1849~1944)", 2015.5.25. www.fanmercedesbenz.com/bertha-benz-1849-1944

(4) 세계 최대 자동차회사 "Benz & Cie"

벤츠의 내연기관 판매가 급증하면서 "Benz & Cie" 회사는 1889년에 50명이던 직원이 1899년에 430명으로 불어났으며, 이해에 572대의 자동차를 생산함으로써 세계 최대의 자동차회사가 되었다.

1893년에 3마력 엔진으로 최고속도 시속 18km의 2인승 빅토리아(Victoria)를 제작하여 그해에 85대를 판매하는 성공을 거두었다. 1893년에 대량생산으로 가장 가격이 저렴한 승용차인 벤츠벨로(Benz Velo) 1,200대 생산했으며, 이듬해인 1894년에는 파리에서 개최된 세계 자동차 경주에 참가해서 126km를 10시간 1분에 주행하여 평균시속 12.7km로 14위를 했다.

1895년에 최초의 트럭과 버스를 제작했으며, 1896년에는 수평엔진(flat engine)(그림 1.12)을 설계하여 특허를 받았다. 수평엔진은 피스톤들을 수평 반대 방향으로 설치하고 피스톤이 동시에 상사점에 도달하면서 크랭크축에 균형있게 동력을 전달하였으며, 박서엔진(boxer engine) 또는 수평 대향엔진(horizontally-opposed engine)으로도 불리고 있다. 수평엔진은 지금도 자동차용 엔진과 오토바이 엔진으로 사용되고 있다.

그림 1.12 최초의 벤츠 수평엔진(The first flat twin Benz engine)

출처: "The engine that Benz built still survives", Bob English, The globe and mail, 2018.5.1.

1903년에는 수직 쌍발엔진(twin engine)을 장착한 파자필(Parsifil)를 생산하여 최고시속 60km에 도달했으며, 1909년에 생산된 새 부리 모양의 블리첸 벤츠(Blitzen Benz)(그림1.13)는 21.5리터 200마력의 엔진으로 226.91km/h 기록을 달성하여, "비행기나 기차, 다른 자동차보다도 세상에서 가장 빠른" 자동차로 기록되었으며 이 기록은 10년 동안 깨어지지 않았다.

벤츠는 59세 나이가 되는 1903년에 엔지니어를 은퇴하고, 1926년에 다임러-벤츠(DMG)와 합병된 이후까지도 이사회의 임원으로 활동했으며 1929년에 세상을 떠났다.

그림 1.13 Blitzen Benz와 21.5리터 200마력 엔진
출처: Mercedes-Benz, 2011.3.22.

2.2. 다임러 4륜 내연기관자동차

(1) 평생의 동업자 다임러와 마이바흐의 만남

고틀리에프 다임러(Gottlieb Daimler)는 슈투트가르트 근처에 있는 숀도르프(Schorndorf)에서 제빵사의 아들로 태어났다. 아버지의 권유로 총기 제작 견습공 생활을 시작했지만, 엔지니어링에 대한 관심을 버리지 못하여 23세 되던 1857년에 슈투트가르트 기술전문학교(Stuttgart Polytechnic)에서 2년 동안 기계공학을 공부했다.

이후에 다임러는 유럽의 여러 나라에서 직장을 가졌다. 파리에서는 르노아르의 독창적인 가스 내연기관에 대해서 공부하고, 영국으로 건너가 맨체스트(Manchester) 등지에서 2년간 엔지니어링 일을 배우고, 벨기에에서도 잠깐 일을 한 후에 4년간의 외국 생활을 정리하고 29세 때인 1863년에 독일로 귀국했다.

독일에서는 고아와 병약자, 빈민자들을 돌보는 자선단체인 로이틀링겐(Reutlingen)에 있는 브루더하우스(형제복지관)의 설비를 관리하는 일을 하였으며, 여기서 평생의 조력자이자 동업자가 된 당시 19살의 고아인 산업 디자이너인 빌헬름 마이바흐(Wilhelm Maybach)를 만나게 된다(그림1.14).

그림 1.14 Gottlieb Daimler(1834~1900; 66세)(좌)와 Wilhelm Maybach(1846~1929; 83세)(우)
출처: Gottlieb daimler 1890s2.jpg, Wikimedia Commons.

1867년에 약사 딸인 엠마 쿤츠(Emma Kunz)와 결혼해서 다섯 아들을 두었으며, 그 중 한 명이 폴 다임러(Paul Daimler)이다.

38세가 되던 해인 1872년에 다임러는 마이바흐와 함께 니콜라스 오토가 운영하던 세계 최대의 정치용 엔진 제조회사인 "Deutz-AG-Gasmotorenfabrik"의 기술 감독관(technical director)으로 부임한다. 1876년에 오토가 "오토사이클"로 불리는 4행정 기관을 발명하고 이 당시에 주류를 이루던 스팀엔진을 대신하고자 했으며, 다임러와 마이바흐 덕분에 오토엔진의 양산 체제를 갖추게 되었다.

오토의 4행정 엔진은 기존의 2행정 엔진에 비하여 진보한 기술이지만 크기가 크고 연료로 가스를 사용하여야 하는 단점이 있었다. 다임러는 이런 문제점을 개선하기 위해서 소형 고속이면서 사용이 편리한 액체연료를 사용하는 엔진 개발을 주장했다. 그러나 오토는 그 당시 연료로 거의 사용되지 않는 석유 엔진에 대해서 부정적이었기 때문에 다임러 생각이 받아들이지 않았다.

(2) 최초 내연기관 4륜자동차와 오토바이 개발

다임러는 오토와의 불편한 관계 때문에 1880년에 회사를 사직하고 이후에 사직한 마이바흐와 함께 48세인 1882년에 슈투트가르트의 칸스타트(Cannstatt)로 주거를 옮겨 온실 작업장을 차리고 석유 연료를 사용하는 고속 엔진 개발을 시작했다.

1885년에 휘발유와 공기를 혼합하여 연료로 사용할 수 있는 기화기(carburetor)를 개발하고, "대형괘종시계 엔진(grandfather clock engine)"(그림1.15)이라고 이름 붙인 264cc, 0.5마력/600rpm 엔진(특허번호 DRP-28-022: non-cooled, heat insulated engine with unregulated hot-tube ignition)을 개발하였으며, 11월에 나무 자전거에 장착하여 "라이트바겐(Reitwagen; 자동차(riding car))"(특허번호 Patent DPR-36-423 petroleum riding car, 1886.8.11. 취득)(그림1.16)으로 이름을 붙였다.

이것은 새로 개발한 엔진을 간단하게 시험하기 위한 방편으로 제작이 쉬운 자전거에 엔진을 설치한 것이지만 결과적으로는 세계 최초의 오토바이(motorcycle)가 된 셈이다.

마이바흐와 16세 난 다임러의 아들 폴은 이 오토바이를 타고 네카(Neckar) 강변을 따라 3km를 수 없이 왕복하였으며, 최고속도는 시속 11km에 달했다.

칼 벤츠가 맨하임에 위치한 회사에서 1886년 1월 29일에 벤츠 페어턴트 모터바겐(Benz Patent Motorwagen) 3륜 내연기관자동차를 세계 최초로 특허를 받았을 때, 60마일 떨어진 칸스타트에 위치한 다임러와 마이바흐는 462cc 1.1마력 대형괘종시계 엔진을 승합마차(stage coach)에 탑재하여 시속 16km에 도달하는 최초의 4륜 자동차(그림1.17)를 같은 해인 1886년 3월 8일에 특허를 받았으며 이때 다임러의 나이 52세였다.

그림 1.15 다임러의 대형괘종시계 엔진(Grandfather Clock Engine)(1885)

출처: media.daimler.com

그림 1.16 세계 최초 오토바이 Daimler Reitwagen(1885)와 특허 내용

출처: wikipedia.org
(264cc, 0.5hp@600rpm, air-cooled four-stroke engine; Drawings from 1884 showed a twist grip belt tensioner, complex steering linkage and used a belt drive. The working model had a simple handlebar and used a pinion gear drive.)

그림 1.17 Daimler가 타고 있는 세계 최초의 4륜 자동차(1886)

출처: "Company history beginnings of the automobile: the predecessor companies (1886~1920)", Daimler AG.

다임러는 엔진을 자동차 이외에도 여러 용도에 적용하고 싶어 했으며, 먼저 4.5m 보트에 엔진을 설치하여 6노트(11km/h) 속도를 구현하고 넥카(Neckar)라는 이름을 붙인 후 세계 최초의 모터보트(motorboat)로 등장시켜 다임러의 주 생산 엔진이 되었다. 다임러 풍선으로 불리는 비행선(airship)에도 새로운 엔진을 사용하여 1888년 8월에 셀베르그(Seelberg) 상공을 성공적으로 횡단했다.

(3) 오늘날의 자동차 모습으로 진화하는 계기를 촉발한 Mercedes 35hp 엔진

다임러는 1890년에 슈투트가르트에 DMG(Daimler Motoren Gesellschaft) 회사를 세우고 마이바흐가 합류하였다. 다임러와 마이바흐는 다기통 엔진으로 더 높은 엔진 출력을 얻으려고 했으며, 그 결과 세계 최초의 2기통 V-엔진(570cc 1.5마력/700rpm)을 1889년에 개발했다.

1890년에는 획기적인 발명가인 마이바흐가 최초의 4기통 직렬형(in-line) 엔진(5마력/620rpm)을 개발했으며, 최대의 성과는 1895년에 2기통 직렬형 엔진을 개발하여 벨트 구동 방식인 피닉스(Phoenix)에 설치한 것이다. 1898년에는 4기통 직렬형 엔진을 피닉스에 장착하였으며, 2.1리터 8마력 엔진으로 생산했다.

1900년에는 DMG의 수석 디자이너인 마이바흐가 "Mercedes-35hp"엔진을 개발했다. DMG의 최대의 딜러인 에밀 젤리네크(Emil Jellinek)가 상류층 인사들을 위한 36대의 자동차를 주문하면서 딸의 이름을 붙인 다임러 메르세데스(Daimler-Mercedes) 엔진으로 부르기로 계약했다. 이듬해 프랑스 자동차대회에서 우승하면서 메르세데스 시대에 들어섰다는 칭송과 함께 큰 인기를 끌자, DMG에서 메르세데스를 상표로 등록했다. (그림1.18)

Mercedes-35hp는 자동차 개발의 표준으로 자리 잡으면서, 오늘날의 자동차 모습으로 진화하는 계기를 만든 자동차가 되었다.

그림 1.18 Mecedes-35hp 엔진과 Mercedes 35 HP 자동차

출처: "Wilhelm Maybach 35hp engine(1900)", Janne, 2013.10.30, speeddoctor.net.

배기량 6리터 4기통 직렬 Mercedes-35hp 엔진은 흡배기 밸브 제어 기술을 적용하여 950rpm에서 35마력 출력을 얻었다. 또한 처음으로 관형(tubular) 라디에이터를 벌집형(honycomb)으로 바꾸었다. 이후에 배기량 9.3리터에 65마력(1200rpm) 엔진까지 개발하였다.

마이바흐가 DMG에 근무하는 동안 개발한 마지막 엔진은 1906년의 6기통 엔진이다. 실린더 직경 140mm, 행정 120mm의 오버 스퀘어(over square)로서 106마력/1,400rpm, 120마력/1,500rpm 출력을 내며, 항공기 엔진을 포함한 후기 엔진의 전형이 되었다.

마이바흐와 더불어 고틀리에프 다임러의 아들인 폴 다임러가 메르세데스 모델로 37/65, 39/75 마력 6기통 엔진을 개발했으며, 1911년에 DMG에서 3-밸브(1개의 흡기밸브와 2개의 배기밸브)와 이중 점화장치(double ignition) 기술을 소개했다. 1914년에는 그랑프리 자동차에 4-밸브 기술을 적용하여 3,200rpm, 105마력의 고속엔진을 개발하여 항공기 엔진에 적용하기도 했다.

1921년에 DMG가 베를린 모터쇼에 세계 최초로 슈퍼차저(supercharger) 엔진을 사용하는 승용차를 발표하였다. 4기통 메르세데스 모델에 이중 날 루트블로워(double-bladed roots blower)로 과급하여 6/20마력과 10/35마력을 보였다. 이후에 슈퍼차저를 적용한 6기통과 8기통 엔진도 발표하였다.

1926년에 Benz & Cie사와 DMG사가 메르세데스 벤츠(Mercedes-Benz)를 합병한 이후에도 스포츠카에도 적용하였으며, 슈퍼차저는 과급뿐만 아니라 최고급 자동차라는 모습을 보여주었다.

(4) 다임러 벤츠(Daimler Benz)사 탄생

지병으로 인하여 다임러는 1900년 3월 6일에 생을 마감했으며, 마이바흐도 1907년에 DMG를 사임한다. 다임러 사후에 두 회사는 협력관계를 가지다가 1926년 6월 28일에 세계에서 가장 오래된 두 회사가 합병하여 다임러벤츠(Daimler Benz)로 탄생하게 되며, 두 기업의 합병은 기술력의 합병도 불러왔다.

디젤엔진의 기계식 연료분사장치인 인젝션 시스템이 개발됨으로써 자동차에 디젤엔진이 적용 적용되기 시작했으며 메르세데스벤츠에서 개발된 디젤엔진을 장착하여 1924년에 최초로 경유 트럭을 생산하였다. 1927년에는 로버트 보쉬(Robert Bosch)사가 디젤엔진용 인젝션 펌프를 개발함으로써 다임러벤츠에서 이를 적용한 승용차용 디젤엔진으로 1936년에는 최초의 경유 승용차 260D를 탄생시켰다(그림1.19).

이 자동차는 2.55리터의 예연소실 직렬 4기통 디젤엔진을 탑재하여, 최대속도 95km/h, 연비 10.6km/l을 보였으며, "리무지네" 세단과 "란레도" 택시로 판매되었으며, 1940년까지 2,000대 정도가 생산되었다.

그림 1.19 다임러벤츠에서 판매한 최초의 경유 트럭과 경유 승용차 260D

출처: "Mercede-Benz of Scottsdale"

슈투트가르트에 위치한 다임러의 DMG사와 맨하임에 위치한 벤츠의 Benz & Cie는 선두자리를 두고 선의의 경쟁을 했었다. 1896년에 다임러가 Benz & Cie 회사가 자신의 특허인 열구점화(hot tube ignition)을 침해했다고 소송을 제기하여 승소하였으며, 이후에 두 사람은 만난 적이 없는 것으로 전해지고 있다.

다임러는 내연기관자동차의 최초 발명자는 아니지만, 자동차가 상업성을 갖추게 함으로써 자동차 산업을 일으키는 데에 가장 크게 기여했을 뿐만 아니라, 부품의 정밀성(precision)과 표준을 유지함으로써 자동차 품질을 보장할 수 있는 검사 체계(inspection system)를 도입한 것은 자동차 산업 발전에 중요한 계기를 제공하였다.

다임러는 1개월 정도 늦게 받은 특허 때문에 벤츠에게 내연기관자동차 창시자의 영예를 넘겨주었지만, 자동차의 양산 품질을 관리하는 검사 체계를 도입하여 자동차에 상업적 가치를 높임으로써 자동차 산업을 일으켰다.

이 덕분에 DMG 뿐만 아니라 이후의 다임러벤츠에서도 최고 기술과 품질의 고급 자동차를 생산할 수 있었으며, "최고가 아니면 만들지 않는다(the best or nothing)"는 구호를 지금까지도 사용하고 있다.

다임러와 마이바흐가 DMG를 설립하면서 도로를 운전하는 자동차뿐만 아니라 해상과 공중에서도 사용할 수 있는 소형 고속엔진을 개발하고자 했으며, 이 세 곳의 사용 목표가 현재의 메르세데스 벤츠의 삼각형별(three-pointed star) 로고(그림1.20)의 근원이 되었다.

세계 최초의 자동차 기술을 시작한 다임러벤츠가 130년 동안 최고의 자리를 지키고 있는 비결도 지금의 엔지니어들에게는 소중한 귀감이 되고 있다.

1902 DMG　1903 Benz & Cie　1909 Benz & Cie

1916 DMG　1926 Daimler-Benz　1991 Daimler-Benz (S class saloon)

그림 1.20 Mercedes-Benz 로고 변화

출처: "The history behind the mercedes-Benz brand", www.Daimler.com

3절 | 내연기관 탄생 이전의 동력기관

3.1. 오토사이클 엔진 이전의 내연기관 연구들

내연기관 시대의 시작이라고 일컫는 오토사이클 엔진이 개발되기 200년 전부터 화약이나 수소, 석탄 등의 연료를 사용하는 내연기관 연구들이 수행되어 왔으며, 수많은 과학자와 엔지니어들의 노력과 공헌이 있었기 때문에 내연기관자동차 시대가 열렸다.

(1) 화약엔진(Gunpowder Engine)

내연기관 연구의 시발점으로 언급되는 화약 엔진은 1508년에 레오나르도 다빈치가 구상하였다. 연소실 내에 피스톤과 피스톤 아래에 막대가 연결되고, 상부에는 여닫을 수 있는 밸브가 설치되어 있다. 피스톤 위의 화약을 점화시켜 폭발시키면 연소가스가 연소실 상부의 밸브를 열고 빠져나가면서 연소실 내 공기도 함께 빠져나가 부압이 생기게 되며, 상부 밸브를 닫고 연소실을 냉각시키면 연소실 내에 부압이 더 커져 피스톤을 들어 올리게 되고, 따라서 피스톤에 매달려 있는 중량을 끌어 올리게 된다.

최초의 화약 엔진은 1678년 네덜란드의 물리학자인 크리스티안 호이겐스(Christian Huygens)가 발명하였으며, 화약 엔진을 호이겐스 엔진으로도 부르는 이유이다. 1680년의 "화약과 공기로 얻는 새로운 동력"이라는 회고록을 발표하였으며, 1682년에 높이 7피트(2.1m), 직경 15인치(40cm) 실린더의 장치를 제작하여 1드램(dram; 1/6 온스)의 화약으로 7~8명의 어린이를 공중에 성공적으로 들어 올렸다(그림1.21).

호이겐스 엔진은, 내부가 매끄럽게 가공된 중공 원통(cylinder)과 실린더 상부에 삽입되는 피스턴(piston)과 피스톤 윗부분에 적은 양의 물이 채워져 있으며, 실린더 윗부분에 서로 반대 방향으로 실린더 직경의 1/2 직경으로 뚫려 있는 두 개의 구멍(apertures), 실린더 구멍의 고정된 한쪽의 작은 실린더에 단단히 붙어 있는 촉촉하고 부드러운 가죽으로 만들어진 가죽관(leather tube), 실린더를 바닥에 단단하게 지지하는 고정대(holdfasts), 도르래(pulley)를 통해서 피스턴에게 연결된 도르래 줄(cord), 실린더 바닥에 나사로 연결된 화약을 장전하는 화약통(gunpowder box)으로 구성되어 있다.

화약통에 장전된 화약이 폭발하면, 실린더 내의 공기가 가죽 관을 통하여 배출되며,

실린더 내부가 진공상태가 되기 때문에 외부 압력 차로 가죽 관이 바로 닫히고, 피스턴은 대기압에 의해 아래로 끌려 내려가고, 피스톤과 연결된 도르래 줄 끝에 매달려 있는 물체를 들어 올리게 된다.

그러나 화약은 폭발 에너지가 너무 커서 엔진에 사용하기가 쉽지 않으며, 화약 대신에 가스와 공기량을 잘 조절하면 안전하게 폭발할 수 있다.

화약 엔진은 폭발 엔진(explosion engine), 호이겐스 엔진(Huygens' engine), 비압축 엔진(compression-less engine), 대기압 엔진(atmospheric engine) 등으로 불리고 있다.

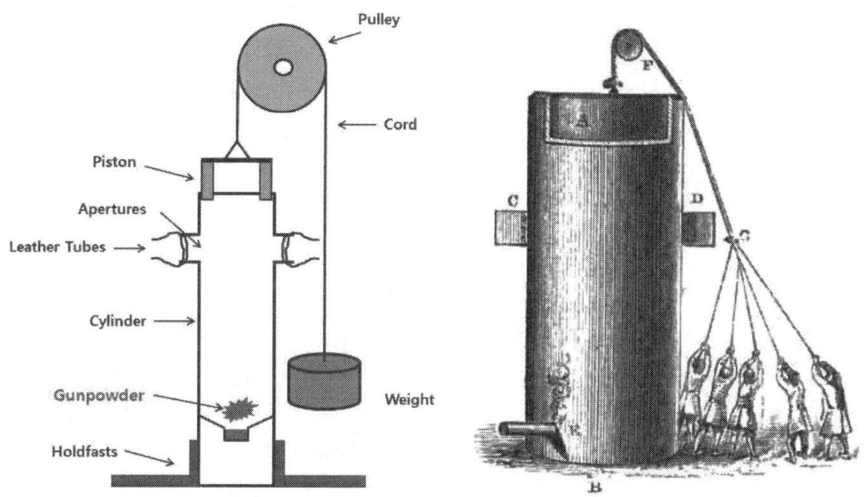

그림 1.21 호이겐스 화약엔진(좌)과 어린이를 들어 올리는 시험 장면

출처: "An Encyclopedia of human thermodynamics, human chemistry, and human physics", www.eoht.info

(2) 복동식(Double-Acting) 가스엔진(Gas Engine)

1792년에 스코틀랜드 엔지니어인 윌리엄 머독(William Murdock)이 등화용(town gas)으로 사용할 수 있는 석탄가스의 새로운 제조법을 개발하면서부터 실용성에 어려움이 있는 화약 엔진 대신 가스엔진 연구가 활발해졌다.

1794년에 토마스 메드(Thomas mead)가 가스엔진의 특허를 받았고, 로버트 스트리트(Robert Street)는 액체연료인 테레빈유(turpentine)와 콜타르(tar)를 연료로 사용하는 내연기관 특허를 받았다.

1807년에 스위스 엔지니어인 프란코 이삭 리바츠(Francois Issac de Rivaz)는 수소와 산소 혼합물을 연료로 사용하는 내연기관을 발명하고, 이를 장착한 자동차를 설계했으나 성공하지는 못했다.

실용적인 가스엔진은 1823년 사무엘 부렌(Samuel Buren)이 특허를 받은 엔진으로써 마차에 탑재해서 런던 시내에서 수차례 시험을 했으며, 선박에 설치하여 템스강에서 시험도 했다. 공장까지 설립해서 엔진을 제작했으나 연료 소비가 너무 많아서 회사는 파산하고 말았다.

1853년에 이탈리아 엔지니어이며 신부인 유제니오 바르산티(Eugenio Barsanto)는 펠리스 매튜치(Felice Matteucci)와 함께 현실적인 내연기관을 발명하고 1854년 6월 12일에 런던에서 특허를 받았다. 런던 모닝저널에 "가스폭발로서 동력을 발생하는 유진 바르산티(Eugene Barsanti)와 펠릭스 매튜치(Felix Matteucci)의 장치"로 소개되었다.

1860년에 벨기에 엔지니어인 르노아르(Jean Joseph Etienne Lenoir)는 석탄가스를 연료로 사용하는 복동식(double-acting), 전기점화 내연기관인 그 유명한 "르노아르 엔진"을 발표하였다(그림1.22).

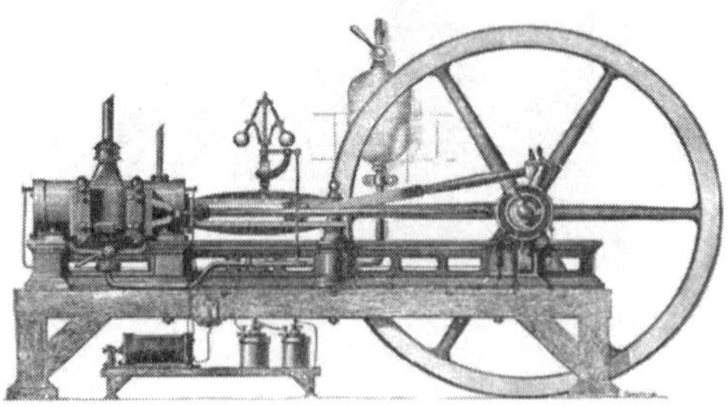

그림 1.22 르노아르 엔진의 구조도(좌)와 비엔나 기술박물관 소장(우)

출처: "Stationary gas engine: Lenoir Engine, 1861", Deutsches Museum.

그 당시에 대중적으로 사용되던 수평형 복동식 고압 증기엔진(steam engine) 작동을 기반으로 내연기관으로 개조하였으며 외형도 유사하다. 좌우로 움직이는 피스톤(sliding piston)의 양단에 가스연료를 교대로 공급하고, 피스턴이 행정의 중앙에 오면 점화시킨다. 앞 방향으로 가는 피스턴은 다른 편에서 연소한 배출가스를 몰아내며, 가스교환은 편심 된 크랭크축으로 구동되는 평평한 미끄럼 밸브(slide valve)로 조절된다.

연비효율이 4%에 거쳤지만, 부드러운 작동과 연속적인 운전에도 20년을 사용할 수 있는 높은 내구성으로 펌핑(pumping)이나 인쇄 등에 사용되는 4마력 이하의 저출력 엔진으로 사용되었으며, 1865년까지 프랑스에서 400대, 영국에서 1,000대가 사용되었다.

증기기관에 주로 사용되던 복동식 내연기관은 오래가지 않아 단동식(single-acting)으로 바뀌게 된다. 복동식 피스턴은 엔진이 고속화되면서 피스턴과 커넥팅로드에 작용하는 힘이 세지고 따라서 베어링에도 큰 부하가 걸리지만, 단동식 피스톤에서는 커넥팅로드에 작용하는 힘의 방향이 일정하여 베어링의 간극을 엄격하게 잘 유지할 수 있다. 또한 효율적인 연소를 위해서는 연소실 체적을 줄여서 연소실 압축비를 높여야 하는 데 반해, 복동식 엔진은 연소실 내에서 가스교환이 원활하게 이루어지도록 하기 위해서는 실린더헤드 면적을 거의 차지하는 큰 면적의 밸브가 필요하여 압축비를 높이기가 어려운 한계가 있다.

1863년에는 초보적인 기화기로 석유(liquid hydrocarbon) 연료를 사용하도록 개선한 엔진을 3륜 마차 "히포모빌(Hippomobile)"에 설치하여 시속 3km로 파리 시내 11km를 운전했었다(그림1.23).

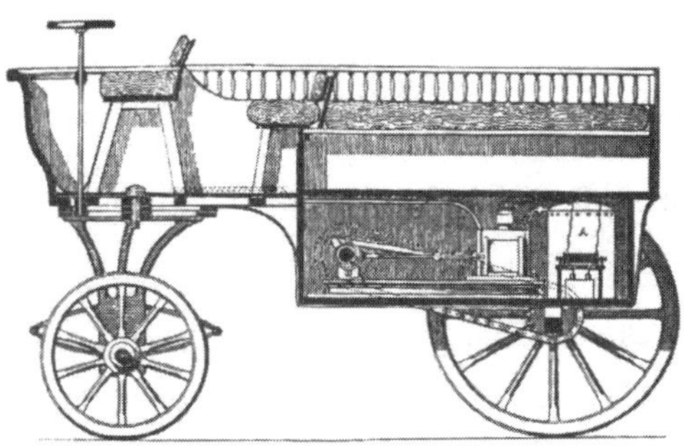

그림 1.23 르노아르 Hippomobile 구조도(좌)와 르노아르 탑승 장면(우)

출처: "Etienne Lenoir, Belgian inventor", Encyclopaedia Britannica.

(3) 자유 피스톤(Free Piston) 대기압 엔진(Atmospheric Engine)

복동식 내연기관의 단점을 극복하기 위해서 자유 피스톤(free piston) 방식 엔진 기술이 발표되었다. 크랭크에 연결된 피스톤은 연소실의 압력이 소실되기 전에 이 압력을 충분히 이용할 만큼 빠르게 움직이지 못하기 때문에 피스톤이 엔진 축이나 크랭크와 함께 어떤 방향이든지 자유롭게 작동하는 것이 유리하다고 생각했다.

최대 압력을 얻은 이후의 폭발은 피스톤을 밀어서 속도를 주며, 이렇게 얻어진 속도는 에너지가 모두 흡수될 때까지 대기압에 대항해서 피스턴이 이동하며, 실린더 내는 진공이나 부압이 발생한다. 복귀행정(return stroke)은 대기압에 의해서 수행되며 일은 복귀 과정에서 엔진 축에 작용한다.

1857년에 바르산테(Barsante)와 매투치(Matteucci)가 대기압엔진 영국 특허를 받았지만, 1867년에 오토(Otto)와 랑엔(Langen)이 제대로 작동하는 자유 피스톤(free piston) 방식인 오토랑엔 대기압기관(Otto-Langen atmospheric engine)을 제작하였다.

17세기와 18세기의 내연기관은 대부분 대기압 엔진으로 분류된다. 한 개의 피스턴과 끝이 대기 중에 열려 있는 실린더로 구성된 대형 엔진들이며, 열려 있는 실린더에 다양한 종류의 연료(종종 화약도 연료로 사용되었음)를 공급하여 연소를 시키면 실린더 내는 대기압에서 뜨거운 연소가스로 채워진다. 이때 연소실을 닫고 연소실 내의 뜨거운 가스를 냉각시키면 연소실 내에 진공이 발생한다.

이렇게 되면 피스턴 양단에 발생한 압력 차이(연소실 피스턴 쪽의 진공과 반대편의 대기압 차이)에 의해서 피스턴은 연소실 방향으로 움직여 동력을 발생하며, 따라서 피스턴에 연결된 장치에 의해서 일을 하게 된다.

초기의 증기기관도 대기압 엔진이었으며, 연소실 내에서 연료를 직접 연소하여 뜨거운 가스를 만드는 내연기관 대신에 외부에서 연소실 내에 뜨거운 증기를 공급하고 연소실을 닫고 증기를 냉각, 응축시켜 진공을 발생시켰다.

초기의 동력기관에서는 증기압의 공급과 연료의 급격한 연소(폭발) 조절이 어려워서 이 에너지를 직접 사용하지 못하고 피스톤을 들어 올리는 데에 사용하였으며, 상승한 피스턴이 자체 중량과 대기압과 실린더 내부 진공과의 압력 차이에 의해서 내려올 때는 쉽게 조절이 가능하였기 때문에 대기압 엔진을 사용하였다. 이후에 연소 제어 기술이 발전하면서, 연소 에너지를 피스톤에서 직접 사용하는 동력기관으로 발전하게 된다.

(4) 최초의 상업용 내연기관 오토랑엔 대기압기관

니콜라스 오토는 1867년에 대기압으로 작동하는 자유 피스톤(free piston)방식의 오토랑엔 대기압기관(Otto-Langen atmospheric engine)(그림1.24)을 제작하여 파리 국제 박람회에 출품하였으며 뛰어난 효율성으로 최우수상(grand prize)을 수상하였다.

오토랑엔기관은 단기통 실린더를 형성하는 수직 기둥(vertical column)으로 구성되어 있다. 실린더 내에는 상부(piston head)가 아래로 향하고 있는 자유 피스톤(free piston)이 설치되어 있고, 피스톤 윗부분은 엔진 바깥에 수직으로 연장된 랙기어(rack gear)가 부착되어 있다.

평평한 미끄럼 밸브(flat sliding valve)로 구성된 실린더로서, 외부에서 힘을 가하여 시동하면 피스턴이 수직으로 올라가면 실린더 내부에 발생한 진공(negative pressure)

으로 가스와 연료가 빨려서 공급된다.

이때 미끄럼 밸브를 닫고 외부의 등화 불로 실린더 내에 화염을 가져와서 공기/가스 혼합기에 노출하면, 흡입 혼합기가 점화된다. 피스톤은 위 방향으로 로켓처럼 솟아오르고 이 운동량은 팽창 점까지 피스턴을 움직여서 실린더 내에 부압을 생성한다.

피스턴 운동의 정점에서 대기압과 함께 피스턴과 랙에 조립된 중량이, 처음 운동 거리의 대략 절반을 동력행정으로 사용하도록 피스턴을 아래로 밀어 내린다.

피스톤의 하향운동과 에너지는 주축에 잡혀 사용되며, 하향 피스톤은 실린더 내의 약간의 정압(positive pressure)을 발생하여, 이것은 미끄럼 밸브에 위치한 조정밸브(adjustable hand valve)를 통해서 방출되고, 이 조정밸브로 엔진 속도를 조절한다.

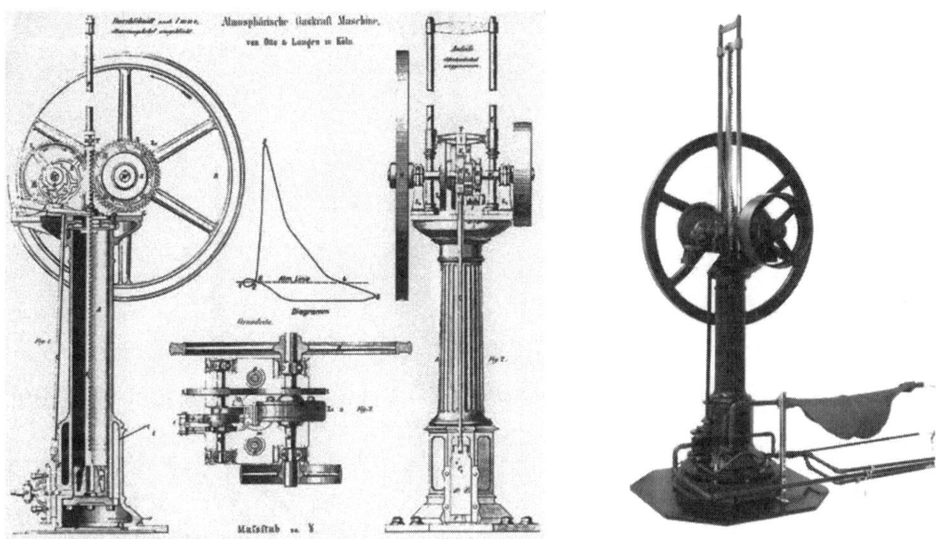

그림 1.24 오토랑엔 엔진(Otto-Langen engine) 설계도(1866)과 전시품(Deutz Technikum Engine Museum in Cologne)

출처: "Otto-Langen Atmospheric Engine", William pearce, Old Machine press.

3.2. 산업혁명과 증기기관

내연기관이 자동차의 동력원으로 자리 잡기 전, 이미 200년 전부터 증기기관이 산업의 주요 동력원으로 사용되었으며, 특히 영국에서 시작된 1차산업혁명을 견인한 핵심 동력기관이었다. 그러나 외연기관인 증기기관은 구조적 한계로 인해 성능과 효율을 높이기 어려웠다. 따라서 더 나은 동력원을 찾기 위한 연구가 이어졌고, 그 결과 내연기관이 증기기관을 대신하게 되었다.

내연기관의 발명과 발전은 1차산업혁명과 증기기관의 발전 역사에서 비롯되었다고 할 수 있으며, 영국이 아닌 독일에서 내연기관이 탄생하게 된 배경도 살펴보기로 한다.

(1) 영국의 1차산업혁명

1차산업혁명(industrial revolution)은 1760년부터 1830년까지(토인비 정의) 영국에서 일어난 경제·사회적 대변혁으로, 농업, 제조업, 광업, 교통 등 산업 전반에 걸쳐 근대 산업사회의 기반을 마련한 사건이다.

그 당시 유럽의 선진국은 네덜란드와 영국이었고, 프랑스나 스페인도 산업이 발달한 나라였지만, 인구가 3배 이상 많고 경제 규모도 더 컸던 프랑스가 아닌 영국에서 산업혁명이 시작된 이유는 여러 가지 요인이 있었다.

영국은 16세기부터 농업혁명이 진행되었으며 이에 따라 고도의 농업화가 이루어지고 식량 생산량 증대로 자급자족은 물론 수출까지 가능했다. 모직물 산업의 성장으로 영국이 산업사회로 탈바꿈하는 토대가 마련되었고, 이후 사회 경제구조가 농업 중심에서 공업 중심으로 바뀌게 된다.

공업화가 진전되면서 연료 수요가 급증하고, 금속 제련에 사용되는 숯의 원료인 목재 자원이 고갈되자 영국은 석탄을 대체연료로 사용하게 되었다. 이에 따라 탄광 산업을 중심으로 한 관련 산업들이 빠르게 발달하였다.

특히 면공업의 방적기와 방직기, 철 공업의 석탄 연료, 증기기관과 같은 혁신적인 기술 발전이 산업혁명의 핵심 동력이 되었으며 이와 수반된 엔지니어링 산업과 엔지니어의 전성기가 열렸다.

사회적으로는 1688년 명예 시민혁명 이후 봉건 체제가 일찍 붕괴하고 길드 체제도 약화되면서 권력이 국왕에서 의회로 넘어가고 개인의 자유와 사유 재산권이 보장되었다. 새로운 계급층으로 탄생한 상인과 자본가들이 부를 축적하면 귀족(gentry)으로 신분 상승이 가능했으며, 상인들과 공업가들을 존중하는 개방적인 사회 분위기는 영국의 자본가, 사업가, 발명가, 엔지니어들이 신기술 개발과 창업을 장려하는 동기 부여가 되었고, 상업 활동을 통하여 산업혁명에 필요한 거대자본을 축적할 수 있었다.

1709년에 저작권법이 제정되고 특허법도 비슷한 시기에 정비되었다. 이전에는 특허권을 얻기 위해서는 왕에게 돈을 바쳐야 하는 등 어려움이 많았으나, 특허법 정비 이후에는 새로운 발명품이라는 확인만 받으면 특허를 받을 수 있고 이를 통하여 많은 돈을

벌고 신분 상승의 기회가 될 수 있었기 때문에 수많은 발명가와 엔지니어들이 아이디어와 기술 개발에 달려들었다. 또한 자본가들도 좋은 특허에 투자하면 큰돈을 벌 수 있는 기회가 생겼기 때문에 발명가들에게 투자했다.

산업혁명에서 무엇보다도 가장 큰 혁신은 공장의 등장이다. 이전의 가내 수공업은 소규모 생산에 거쳤지만, 공장이라는 새로운 작업장에서 분업과 기계화를 통해 제품 생산 속도를 수백 배나 향상시켰다. 소규모의 가내공업에서는 비싼 기계를 사기가 어려웠으며, 돈 많은 자본가가 대형 공장에 많은 기계를 설치하고 노동자를 고용하는 형태의 공장 중심 공업이 18세기 후반에 정착되었다.

그 당시의 영국은 지구상에서 해가 지지 않는 나라라고 일컬어지는 강력한 대영제국이어서 풍부한 노동력과 충분한 자본력, 혁신적인 기술력, 유연한 국가정책 등이 산업혁명 발생에 필요 충분한 요건들을 두루 갖추고 있었다.

(2) 영국 산업혁명의 전파

유럽은 15세기부터 18세기에 걸쳐 영국, 프랑스, 네덜란드, 스페인 등에서 중앙 집권적 절대 군주국가 체제가 형성되면서 국가가 무역을 통제(state regulation of trade)하는 중상주의(mercantilism) 정책이 시행되었다. 이는 보조금 지급, 관세와 비관세 장벽을 통한 수출 증대와 수입 억제를 기본으로 하는 국가 중심의 경제정책이었다.

영국은 시민혁명과 산업혁명을 거치면서 자유주의를 표방하는 신흥 산업 중산층(부르주아지)이 성장했으며, 이들은 종래의 중상주의적 규칙과 통제는 자유로운 경제활동을 방해한다고 주장하며 그 철폐를 강력하게 요구했다. 그 결과 중상주의 정책은 점차 폐지되면서 수출입 관세가 인하되고 1860년에는 영국을 중심으로 자유무역 체제가 국제적으로도 확산되었다.

자유무역(free trade)은 국가의 무역 독점권을 폐지하고 무역의 자유(freedom of trade)를 부여하게 된다. 그러나 영국의 산업 부르주아지는 자유무역주의를 주장하면서도 국가의 보호가 필요할 때는 국가의 중상주의적 보호 정책을 이용하면서 국제적인 자유무역 체제를 운용하였다. 예를 들면, 기술 유출을 막기 위해 1825년까지 특정 기술을 가진 장인들과 숙련 기술자의 해외 이주를 금지하였으며, 1774년부터 1843년까지 방직기계 수출을 제한하였다.

그러나 영국은 산업혁명에서 얻어진 지식이 해외로 전파되는 것을 법률로 완전하게 막을 수는 없었다. 1825년에 이미 2,000명 이상의 숙련된 영국 기술자가 유럽 대륙에 나와 있었으며, 영국 장비들도 합법이든 불법이든 해외에 팔리고 있었고 아이디어나

기계, 디자인들도 해외에서 복제되어 사용되었다.

유럽 대륙의 산업혁명은 1815부터 1850년 사이에 벨기에, 프랑스, 독일을 중심으로 전개되었다. 1815년까지도 거의 농업국이었던 이들 국가는 18세기 동안 영국과 비슷한 발전을 경험하면서 인구증가, 농업발전, 가내공업 확대, 무역 증대를 경험했으나, 영국처럼 산업화가 빠르게 진행되지는 못했다.

특히 1790~1812년의 프랑스혁명과 나폴레옹 전쟁으로 인한 격변기에는 영국과 유럽 대륙 간에 정보교환이 단절되면서 영국의 신기술을 따라가기가 더욱 어려웠다. 1815년 나폴레옹이 패배하면서 영국과 대륙 간의 정보교환이 정상화되었으며 프랑스, 벨기에, 독일은 영국의 기술과 경험을 가져와서 사용할 수 있었다.

영국의 기술자들에게 배우면서 대륙의 자체 기술이 발전했고, 1840년경에는 벨기에와 프랑스의 젊은 기술자들이 동쪽과 남쪽으로 기술을 전파했다. 영국과는 다르게 프랑스와 독일에서는 정부가 산업화에 적극 개입했다. 정부가 엔지니어와 기능인들을 훈련하는 기술학교를 설립하여 기술교육 비용을 제공하거나, 수입 산업 장비를 면세해주고, 도로나 운하, 철도 건설 비용도 정부가 적극적으로 부담했다. 1850년경에는 유럽 전역에 철도망이 확충되면서 금속가공과 엔지니어링 산업에 커다란 자극을 주었다.

영국 산업혁명의 영향을 가장 먼저 받은 나라는 벨기에였다. 벨기에는 방직무역(textile trade)이 발달하고 우수한 발명가들이 많았으며, 석탄 매장량이 풍부한 것도 장점이었다. 또한 유럽에 철을 수출하면서 고로(blast furnace)를 건설하고 운송품 수송을 위한 철도도 발달하였다.

프랑스는 혁명 이후에도 지배 계층과 지주들은 농업 중심 경제를 유지하려는 경향이 강했기 때문에, 1800년대 후반까지도 산업화로 인한 농업경제가 위축되는 것을 억제하였고, 그 결과 다른 나라에 비해 산업화 속도가 느렸다. 그러나 노르망디처럼 해변에 위치한 도시는 방직산업이 영국과 벨기에와 경쟁하면서 일찍 근대화되었다. 프랑스는 대륙에서는 면제품 생산의 주도 국가였으며, 1820년 이후에는 영국으로부터 증기기관이 도입되면서부터 급속한 산업 발전이 이루어졌다.

독일은 1850년까지 벨기에나 프랑스에 비해서 상당히 뒤져있었다. 그러나 루르계곡(Ruhr valley)의 풍부한 석탄과 철광석 매장량을 바탕으로 1870년 이후 급성장했으며, 1914년의 제1차 세계대전 이전에 이미 영국을 능가하는 제조업 강국이었다.

영국의 산업혁명이 면직 산업에서 출발했다면, 유럽 대륙의 산업화는 석탄과 철을 중심으로 한 중공업이 주도했다. 1850년 이전까지는 구기술과 신기술이 공존했으나, 와트의 증기기관 출현으로 영국에서 촉발된 산업혁명은 19세기에 들어서는 프랑스, 독일, 미국으로, 19세기 말에서 20세기 초에는 러시아, 일본으로, 20세기 후반기에는 아시아와 중남미 제국으로 확산되었다. 한국의 공업화 역시 이러한 세계적 흐름 속에서 이루어졌다.

산업혁명과 더불어 발전한 과학 분야는 열역학이다. 열과 일이 새롭게 정의되고 열기관의 효율 한계가 밝혀지면서, 물질 변화와 열과 일의 전환원리를 이해하게 되었다.

(3) 독일의 2차산업혁명

영국의 산업혁명 이후 독일과 미국을 중심으로 화학, 전기, 석유, 철강 분야에서 기술혁신이 일어나며 생산력이 비약적으로 향상되었다. 이를 영국 산업혁명과 구분해 2차산업혁명이라 부르며, 일반적으로 1850년대부터 1914년 사이로 정의한다.

2차산업혁명을 이끈 핵심기술은 전기모터와 내연기관이다. 1890년대에 개발된 AC(인덕션 모터)는 산업을 전기화할 수 있게 했고, 공장 생산라인이 등장하면서 대량생산 체제가 확립되었다. 또한 1876년의 오토가 발명한 내연기관은 자동차 시대를 열며 교통수단의 혁신을 가져왔다.

1859년 미국 펜실베이니아주 타이터스빌(Titusville) 근처의 오일크릭(Oil Creek)에서 에드윈 드레이크(Edwin Drake)가 최초로 유정을 발견하면서 본격적인 원유 시대를 열었다. 동시에 베세머 제강법(Bessemer process)에 따른 효율적인 생산기술로 철강 생산량이 획기적으로 증대하여 2차산업혁명의 발전을 촉진시켰다.

영국에서 시작된 산업혁명은 100년에 걸쳐 벨기에와 프랑스를 거쳐 독일까지 이동하였다. 흥미로운 점은 1차산업혁명을 시작한 영국과 더불어서 부강해진 유럽의 열강 국가들을 제치고 변방인 독일에서 2차산업혁명이 꽃을 피웠다는 것이다.

1850년 이전까지 독일은 산업 발전 측면에서는 영국뿐만 아니라, 벨기에와 프랑스에 뒤져있었으며 경제적으로도 빈곤한 국가였다. 1790년대에서 1815년까지의 프랑스 혁명으로 유럽 대륙에 중요한 제도 개혁의 변화가 일어나고 있었지만, 독일은 옛 전통이 그대로 남아 있었으며 조합(guild), 토지를 소유한 상류층, 교회, 정부 관료주의에 의한 많은 통제와 제약으로 기업가 정신은 존중받지 못하고 발전할 기회도 거의 없었다.

그러나 1871년에 독일제국(German empire)으로 통일된 이후, 비스마르크 수상의 강력한 개혁으로 독일의 자본주의는 눈부신 발전을 가져왔다. 나폴레옹 전쟁 이후 영국과 러시아의 주도로 독일 지역에는 프로이센, 오스트리아를 포함한 39개의 국가가 모여 독일연방(North German Confederation)을 세웠으며, 독일 북부 지역에 있는 프로이센(Preussen; Prussia) 왕국의 빌헬름 1세 황제와 수상(chancellor)인 오토 폰 비스마르크가 1871년에 독일제국으로 통일하였다.

독일은 과학기술 인재를 양성하는 훌륭한 의무 교육제도 정책으로 고도로 숙련된 기술자와 발명가와 우수한 노동력, 강한 노동 윤리를 확립하였으며, 관세동맹에 기반한 보호무역 정책으로 수입 물품에 고율의 관세를 부과하여 산업을 보호하고 번성하도록 하였으며, 기업에는 정부 보조금을 지원하였다.

독일의 산업혁명은 섬유산업에서 시작되었으며, 1834년에 시작된 관세동맹(Zollverein)으로 관세장벽이 철폐되고, 1840년대의 철도 혁신으로 지방 생산품이 전국적으로 판매될 수 있는 시장이 형성되었으며, 엔지니어와 설계자, 숙련된 기술자의 수요 증가, 석탄과 철강에 대한 투자가 활발해지면서 독일 경제 발전의 시발점이 되었다. 프로이센 경제에 대한 정치적인 결정은 "호밀과 철강 연합"(coalition of rye and iron; 동부의 귀족 지주와 서부의 중공업)에 의해 조정되었다.

최초의 석탄 광산은 1750년대 루르계곡에서 시작되었으며 1782년에 크룹가문(Krupp family)이 에센(Essen) 근처에서 사업을 시작하고 1850년쯤에 영국 기술자들에 의해 철도를 설치하였다. 석탄산업은 철강산업과 연계되어 성장하였으며, 1850년의 루르석탄 생산량은 2백만톤이었으나, 1880년 2천만톤, 1900년은 6천만톤으로 급증하였다.

1870년에서 1871년 프로이센-프랑스 전쟁에서 승리한 독일은 프랑스로부터 받은 배상금을 철도 등 기반시설 확충에 투자하였고, 새로운 제철 기술을 바탕으로 한 교통수단을 활용함으로서 대규모 시장에 효율적으로 제품을 공급할 수 있었다.

영국의 1차산업혁명이 증기기관과 제니 방적기와 같은 발명품에서 비롯된 것이라면, 2차산업혁명은 과학과 기술 결합의 산물로서 고도로 교육받은 기술자와 창조적 과학자 없이는 불가능했으며, 독일은 이러한 인적 자원을 적극적으로 양성하여 풍부하게 보유하였다.

프로이센과 독일 정부는 수십 년 동안 교육에 투자하여 1825년부터 본격적으로 의무교육을 실시했지만, 영국은 1876년에야 초등 교육을 의무화했다. 독일은 19세기 초부터 '교육을 통한 산업 부흥'을 목표로 정부 주도의 과학기술 연구소와 훈련원을 운영하면서 엔지니어와 발명가를 체계적으로 양성했다.

독일의 엔지니어들은 산업혁명 이후 새로운 독일 사회의 주역으로써 자리매김하면서 법률가나 의사와 동등한 사회적 위상과 정치적 영향력을 갖게 되었고, 젊은 세대의 역할모델로 자리 잡았다.

2차산업혁명 시기에는 유능하고 숙련된 기술자들이 독일의 국가 경쟁력을 이끌었지만, 영국은 제1차 세계대전 이전까지 이런 체계적인 기술자 교육제도가 없었다. 영국의 엔지니어는 산업혁명 이전의 방식인 귀족형 도제제도가 계속 유지되었으며, 국가도 전문 엔지니어 양성을 위한 과학기술 교육에 무관심했다. 이 때문에 대부분의 엔지니어는 하층계급 출신의 장인들로 이루어졌으며 엔지니어의 사회적 지위도 전문 직업인으로 정착하는 데 그쳤다. 그나마 엔지니어 신분 상승을 위해서 신사-엔지니어가 바람직한 상으로 제시되면서 19세기 말과 20세기 초까지도 영국의 엔지니어 사회는 상층의 신사-엔지니어와 정규 교육을 거의 받지 못한 도제 출신 하층 엔지니어 신분이 존재했다.

영국의 과학기술 교육체계가 독일보다 늦게 시작된 점도 있지만, 교육의 목표가 새로운 기술에 대한 창의성의 배양보다는 상류사회의 신사-엔지니어 계층 진출이었기 때문에 인재들이 과학기술 분야보다는 정계나 관계로 진출하려고 노력했다.

영국이 2차산업혁명으로 이어가지 못하고 독일에 자리를 내어주게 된 이유는 일찍 이룬 산업 발전에 취하여 더 이상의 진전을 게을리한 자만과 안일함 때문이라고 볼 수 있다. 1차산업혁명 이후 영국은 전 세계의 식민지로부터 막대한 부를 얻고 있었으며, 기존의 산업 체계로도 정치·경제·군사적 수요를 맞추면서 현상을 유지해 나갈 수 있었기 때문에 새로운 도전과 시행착오를 피하고 기존의 산업시스템을 고수하는 안정적인 선택에 머물러 있었다.

프랑스도 지배계층과 지주들의 기계화에 대한 반감과 농업경제 위주의 정책을 오랫동안 고수하는 바람에 산업화가 늦었다.

반면 독일은 영국의 산업화를 모방해 시행착오를 줄이면서, 영국이나 유럽 대륙의 다른 나라가 가지지 못한 뛰어난 교육제도와 정부의 강력한 지원 정책을 시행하는 등 독자적인 국가전략을 구사함으로써 2차산업혁명을 주도할 수 있었고, 1900년경에는 미국과 함께 세계 산업의 선도 국가로 성장하였다.

특히, 19세기 말 독일의 니콜라스 오토와 루돌프 디젤이 발명한 내연기관은 1차산업혁명의 주 동력기관으로 200년 가깝게 사용하여 오던 증기기관을 대체하며 산업의 핵심 동력원이 되었고, 동시에 내연기관자동차 시대를 열면서 수송 체계에 혁신적인 변화를 가져왔다.

(4) 증기기관 발달 과정

증기기관은 인류가 발명한 최초의 동력기관이며 증기기관의 발전과 산업에의 응용은 1차산업혁명을 견인한 가장 핵심 되는 성과이다. 19세기 후반 증기기관은 영국의 노동 생산성 성장의 절반을 차지하였으며, 증기기관이 만들어 낸 엄청난 동력으로 산업 생산을 증가시켰다.

1) 뉴커먼 증기기관

증기(steam)의 힘을 이용하여 물을 퍼서 끌어 올리는 기계는 1698년 영국 세이버리(Thomas Savery)에 의해 완성되었으나, 1712년에 피스톤을 이용한 증기기관이 뉴커먼(Thomas Newcomen)(1663~1729)에 의해 제작되어서 이후 약 50년간 탄광에서 배수를 퍼 올리는 데에 사용되었다.

뉴커먼 증기기관(그림1.25)은 세이버리 증기 장치를 개선하여 증기압을 조절하는 곳과 상하 운동이 일어나는 곳을 분리했다. 즉 실린더와 보일러 부분이 증기압을 조절하는 곳이고 피스톤과 그 위에 막대로 연결된 상태인 물을 퍼 올리는 양동이가 상하운동이 일어나는 부분이었다. 뉴커먼 장치는 피스톤이 내려가면서 양동이를 끌어 올리도록 반대 운동을 하도록 설계되어 있다.

보일러에서 생성된 수증기가 실린더 내의 피스톤 아래로 유입되면 증기압에 의해서 피스톤이 상단으로 올라간다. 이때 실린더 안으로 차가운 물을 공급하여 실린더를 냉각시키면 실린더 안에 있던 수증기가 응축되면서 압력이 부압으로 떨어지게 되고 피스톤은 자체 중량으로, 대기압으로 인해 아래로 움직인다. 즉, 폐쇄된 공간(실린더)에서 뜨거운 공기를 갑작스럽게 냉각시키면 진공상태가 발생하게 되며, 실린더 내부 압력은 외부 대기압보다 낮아지면서 피스턴이 진공 방향으로 움직인다. 따라서 피스톤이 아래로 움직이면 양동이는 위쪽으로 움직이면서 물을 퍼 올린다.

증기압은 피스턴을 들어 올리는 데에 사용되고, 양동이를 직접 움직이는 힘은 증기압이 아닌 대기압의 힘이었기 때문에 뉴커먼 장치는 "대기압기관(atmospheric engine)"이라고도 불리며, 내연기관이 발명되기 이전까지는 수많은 대기압 기관들이 개발되었다.

뉴커먼의 증기기관은 상업적으로 성공한 최초의 증기기관으로 탄광 안의 물을 퍼내는 데 사용되면서 1770년에는 영국 전역에서 100여 대가 가동되는 등 광산에서 큰 성공을 거뒀다(그림1.26).

그러나 실린더 내의 증기를 차가운 물로 식혀서 부압을 만드는 방식으로는 성능과 효율을 높이기가 어려운 구조적인 단점이 있다. 실린더 안에 차가운 물을 뿌리면 물의 일부가 증기로 변하면서 실린더 내에 높은 부압을 만들기가 어려워지고 따라서 피스톤이 아래로 움직이는 힘이 약해져서 물을 높이 퍼 올리는 동력이 약해진다.

또한 실린더 안에 차가운 물을 많이 뿌려 온도를 낮춰서 부압 생성을 높이려고 하면 실린더가 너무 식어버리며, 보일러에서 공급되는 수증기가 물로 변해 증기 압력을 유지하기 어려우며, 더욱이 식어버린 실린더 온도를 높이려면 더 많은 석탄을 사용하여야 하므로 뉴커먼의 증기기관은 석탄 광산 인근에서 대부분 사용되었다.

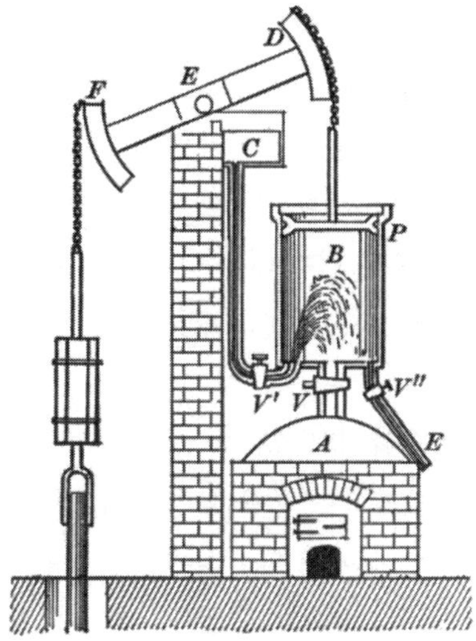

그림 1.25 뉴커먼 증기기관 설명도

출처: "Newcomen atmospheric engine", Wikipedia, the free encyclopedia.

그림 1.26 Farme Colliery에 설치된 뉴커먼 증기기관(A Newcomen engine was installed at Farme Colliery in 1810. The steam engine was used to wind coal up from the bottom of the mine and to lower the miners up and down the shaft. It also pumped water out of the mine from a depth of 23 fathoms.)

출처: https://www.theglasgowstory.com/image/?inum=TGSE00061

2) 와트 증기기관

스코틀랜드 출신인 제임스 와트(James Watt)(1736~1819)는 뉴커먼의 증기관에 응축기를 별도로 설치하여 효율을 개선하였다. 즉, 실린더로 공급된 수증기를 분리된 응축기에서 응축시킴으로써 실린더 내에 찬물을 끼얹을 필요가 없으며, 따라서 응축기는 항상 차게, 그리고 실린더 내는 항상 높은 온도를 유지할 수 있어서 열효율이 크게 향상되고 석탄 소비량을 줄여서 광산 인근이 아니어도 증기기관 이용이 쉬워졌다.

또한 실린더 상부를 밀폐하여 피스톤의 외부 공기 노출을 막아서 대기압의 영향을 거의 받지 않고 증기압만으로 피스톤을 상하로 움직이게 하였으며, 피스톤이 증기압에 의해서만 움직인다는 관점에서 와트의 증기기관을 "최초의 증기기관"(그림1.27)이라고 부르기도 한다.

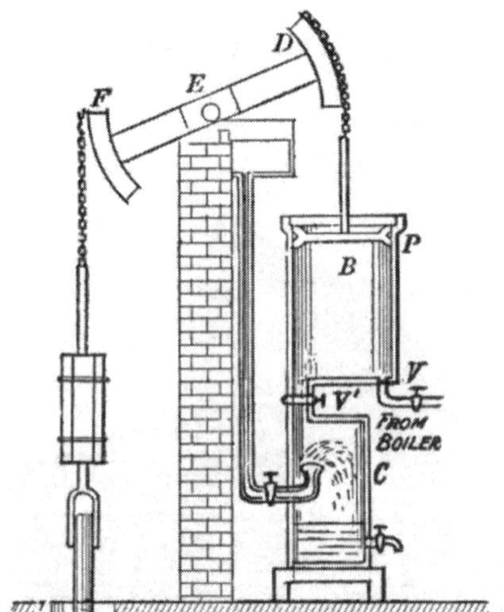

그림 1.27 와트 증기기관 설명도

출처: "증기기관의 탄생-제임스 와트의 증기기관이 발명되기까지", myxpress, blog/naver, 2017. 9. 20.

1769년에 응축기를 설치한 증기기관을 제작하였으며 뉴커먼 증기기관에 비해 효율이 4배가 높을 뿐 아니라 증기실을 다시 가열할 필요가 없어서 훨씬 빠르게 작동하였다. 그러나 와트의 증기기관은 오늘날의 기관에 비하면 효율이 1/10 수준에 불과하기 때문에 효율 향상은 계속 요구되었다.

1781년에 와트는 유성기어장치를 개발해 피스톤의 왕복운동을 회전운동으로 변환시킨 현대형 증기기관을 완성하였다. 이 기관은 단지 물을 퍼 올리는 데에 국한되지 않고 방직기처럼 상하·좌우·회전운동을 필요로 하는 산업기계에 사용되면서 증기력을 동력원으로 사용할 수 있는 시대가 열리게 되었고, 점차로 이용이 확대되어 석탄산업, 제철공업이 비약적으로 발전하게 되었다(그림1.28).

1784년에는 증기기관에서 하강 운동뿐만 아니라 상승 운동에도 증기압을 이용할 수 있는 복동식(double acting) 증기기관(그림1.29)을 만들었으며, 증기기관차, 증기선 등 수송분야에도 응용되어 운송수단의 혁명을 가져왔다. 1800년까지 와트의 증기기관은 500여 대가 제작됐는데 이 중 200여 대는 광산 등에서 사용됐고, 나머지는 방앗간이나 직조 공장에서 사용됐다.

그림 1.28 와트의 회전 증기기관

출처: Boulton and Watt Rotative Beam Engine. This is the oldest essentially unaltered rotative engine in the world and was built by Watt himself in 1788. Science Museum Group Collection © The Board of Trustees of the Science Museum.

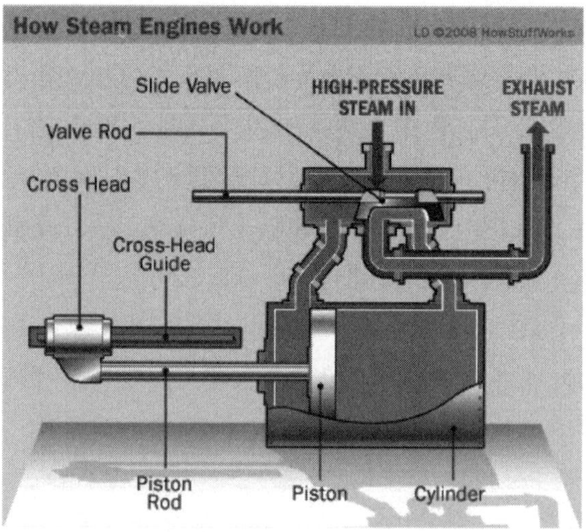

그림 1.29 와트의 복동식 증기기관 작동 원리

출처: Heat-to-work GEOS 24705/ ENST 24705, E. Moyer 2010.

1783년에 와트는 건강한 말 한 마리가 1초에 150파운드의 물을 약 4피트 높이로 올릴 수 있다는 것을 시험하고는, 1마력(horse power)을 1초당 550피트·파운드로 정의하였으며, 1마력은 746와트에 해당하며 오늘날도 마력 단위가 사용되고 있다. 오늘날 전력 사용량에 사용하는 와트(W)는 그를 기념하여 붙인 단위이다.

제임스 와트는 증기기관 최초의 발명가는 아니지만 새로운 아이디어로 기존의 증기기관 단점을 대폭 개선한 "와트식 증기기관"을 발명하여 후대 기술자들에 의해서 개량되고 응용되면서 1차산업혁명을 견인하는 핵심 동력이 되었다.

"독창적 천재성의 힘을 발휘하여 증기기관을 개선해 조국의 자산을 확장하고 인간의 힘을 향상시켰으며, 가장 영광스러운 과학의 꽃들 가운데에서도 탁월한 위치에 올랐다. 그는 세상을 진정으로 이롭게 했다". 런던의 세인트폴 성당에 있는 제임스 와트 동상에 걸린 기념비 문구의 일부다.

3.3. 내연기관자동차 이전의 자동차

1886년에 독일의 칼 벤츠가 오토엔진을 장착하여 세계 최초의 내연기관자동차인 "페이턴트 모터바겐"을 발명한 지 130년 이상이 지났다. 그러나 내연기관자동차가 세상에 출현하기 이전에도 수송 수단의 주축인 마차를 동력으로 대체하려는 큰 노력이 있었으며, 대표적인 동력 사용 자동차로는 200년 가까운 세월을 사용한 증기기관을 자동차용으로 발전시킨 증기기관 자동차와 함께 오늘날의 내연기관자동차 퇴출의 주인공인 전기자동차가 모터와 축전지(배터리)의 발명에 힘입어 1830년대부터 개발이 시작되었다.

(1) 증기자동차

내연기관이 자동차의 동력원뿐만 아니라 산업의 동력기관으로써 자리 잡기 이미 200년 이전부터 증기기관이 사용되어 왔으며, 특히 영국에서 시작된 1차산업혁명을 견인한 핵심 동력기관이었다. 그러나 외연기관인 증기기관은 성능을 높이기가 어려웠기 때문에 증기기관의 성능과 효율을 향상할 수 있는 동력기관들이 끊임없이 연구되었고, 결국은 내연기관이 증기기관의 자리를 대체하게 되었다.

내연기관이 발명되어 산업에서 지금의 역할을 할 수 있게 된 것은 1차산업혁명의 전개와 증기기관의 발전에서 비롯되었다고 할 수 있다.

1) 세계 최초의 퀴뇨 증기자동차(웨곤)

프랑스의 육군 대위이면서 엔지니어인 퀴뇨(Nicolas-Joseph Cugnot)가 1769년에 군대의 대포 운반을 위하여 세계 최초의 증기자동차(Fardier à vapeur; Steam wagon)를 개발하였다(그림1.30). 차 앞부분에 증기엔진과 보일러를 별도로 분리해서 장착하고 보일러 물을 끓여 뜨거워진 열기를 동력으로 변환시켜 차를 구동하였으며 최고시속은 4km 정도였다.

퀴뇨 증기차는 후방에 2개의 바퀴와 전방에는 틸러(tiller)로 조향 되는 1개의 앞바퀴가 보일러가 함께 움직여야 하므로 조향 운전이 매우 어려웠으며, 결정적으로는 브레이크가 없었다.

불행하게도 퀴뇨의 증기차는 운전 중에 사고가 발생하였으며, 퀴뇨는 최초의 자동차를 만든 사람인 동시에 최초의 자동차 교통사고를 낸 불명예를 안게 되었다.

퀴뇨의 증기자동차를 시도한 시기는 제임스 와트가 50년 이상 사용되어 오던 기존의 뉴커먼 증기기관을 대폭 개선하여 증기기관 시대를 시작한 때와 같은 해이며, 대부분의 엔지니어가 산업용 증기기관에 몰두하고 있던 시기에 수송용으로 사용을 시도하고, 자동차에 탑재할 수 있도록 설계한 선구자이다.

그림 1.30 최초의 증기자동차 퀴뇨 웨곤

출처: Joseph Cugnot's 1770 Fardier à Vapeur, Musée des arts et métiers, Paris.

2) 트레비식 증기마차

산업혁명의 여파로 영국의 인구가 빠르게 증가하면서 주요 교통수단인 마차의 수요가 급증하였으며 마차를 끄는 말을 사육하기 위해 많은 경작지가 필요했다. 이 문제를 해결하기 위해서 18세기 후반까지도 많은 엔지니어들은 말 대신 동력으로 추진하는 마차 개발에 관심을 가졌다.

산업용 증기기관의 선두 기술자인 와트도 증기 동력자동차 개발을 고심했지만, 증기기관이 객차를 끌 수 있기에는 너무 무거워서 실용화시키지를 못했다. 이런 시기인 1799년에 리차드 트레비식(Richard Trevithick)(1771~1833)은 와트가 위험하다고 염려한 30psi 수준의 고압 증기기관을 개발하였다. 콘덴서를 제거하고 작은 실린더를 사용하여 와트 엔진보다도 더 가볍고 더 효율적으로 작동하면서 마차에 장착할 수 있을 수준으로 크기와 중량을 대폭 감소하였다.

1801년에 실험용 증기기관 마차인 파핑데빌(Puffing Devil)을 제작하였으며, 보일러 내부에 연소실(firebox)을 설치하고 수직형 1기통 실린더 내의 1개 피스톤으로 연결봉(connecting rod)을 사용하여 바퀴에 동력을 직접 전달하는 구조로서, 1,520kg 중량으로 평지에서 시속 14.5km로 운전할 수 있었다.

트레비식은 런던 증기마차(London Steam Carriage)회사를 설립하고 1803년에 승객 7~8명을 태우고 런던에서 패딩톤(Paddington)까지 10마일 도로를 왕복하였으며, 이는 승객을 태운 세계 최초의 동력자동차 운전이었다(그림1.31). 그러나 트레비식 증기 마차는 승객용으로 불편하였으며 특히 말이 끄는 마차보다도 비용이 많이 들어서 대중의 관심을 끌지 못하고 회사는 문을 닫았다.

트레비식은 고압 증기기관을 동력으로 1804년에 증기기관차도 실험하였으나 주철 레일 궤도가 차량의 중량을 이기지 못해 파괴되어 기관차가 탈선하면서 성공하지 못했다.

그림 1.31 1803년 트레비식 증기마차

출처: "1802 Trevithick Steam Carriage", Tom Brogden Macclesfield, The steam car club of great Britain, 2003.04.02.

3) 철도 증기기관차

철도는 광산에서 채굴된 석탄을 수송하기 위하여 발명되었으며, 따라서 석탄산업의 후광 산업이라고 볼 수 있으며, 1800년 초부터 영국의 많은 기술자들이 철도 개발에 뛰어들었다. 1801년에 트레비식은 증기기관차를 개발하여 1804년에 주철 레일 위를 달리는 증기기관차를 실험했으나 궤도가 차량의 중량을 이기지 못해 부러지면서 기관차가 탈선하는 바람에 성공하지 못했다.

1823년에 "증기기관차의 아버지"라고 불리는 스티븐슨(George Stevenson)이 뉴캐슬에 세계 최초의 기관차 공장을 설립하면서 철도의 개척자가 되었다. 1824년에는 연장거리 27마일의 스톡턴-달링턴 간의 세계 최초의 공공 여객용 철로를 부설했고 1825년 로커모션호를 시속 12마일로 달리게 함으로써 철도 수송시대가 개막되었다.

1824년부터 리버풀-맨체스터 간의 철도를 부설하고 1830년에 정식 개통시켰으며, 이후부터 거의 모든 선진국에 증기 철도가 건설되면서 100년 동안은 철도가 영국에서 가장 중요한 수송 수단이 되었다.

철도산업은 석탄을 중심으로 공산품이나 화물의 수송을 목적으로 시작되었지만, 차츰 여객의 여행 속도와 쾌적성을 향상함으로써 1830년 이후에는 여객수송 수단으로써의 역할도 커졌다. 19세기 중반에는 철도산업이 영국의 최대 산업의 하나가 되었으며, 경제 전반에 걸쳐 큰 영향을 미쳤다. 먼저 철도 건설로 도시의 성장이 촉진되고 공업지대와 항만 등을 연결하는 새로운 교통 체계가 만들어지면서 수송혁명을 가져왔다.

산업에의 기여도 매우 컸다. 석탄 운송비를 떨어뜨림으로써 제조업과 가정 난방에서의 석탄 수요를 크게 증대시켜서 석탄산업을 발전시켰다. 또한 철도산업의 성장으로 기관차나 레일 등에 철 수요가 크게 증가하고, 1830년대에는 철도차량이 기계공업 생산의 20%를 차지하여 제철업과 기계산업의 발전에도 기여가 컸다.

또한 철도산업은 기계공학이라는 새로운 분야를 창출하고 철도 제작소는 기계 기사 양성의 중요한 기반이 되었다.

4) 적기조례

산업혁명을 이끈 증기기관은 19세기 말까지 "증기기관 시대(Age of Steam)"를 구가하면서 산업기계뿐만 아니라 선박과 기관차에도 크게 사용되었지만, 도로를 달리는 증기자동차는 크게 번성하지 못했다.

특히 1861년에 공도에서의 자동차 운용 방법을 규정한 법률인 차량 조례(Locomotive Act)로 인하여 기계적으로 구동되는 차량(증기자동차)의 발달을 막고 영국의 자동차 산업이 독일이나 프랑스에 비해 뒤처지는 원인이 되었다.

1861년에 제정된 1차 조례(The Locomotives on Highways Act)에서는 차량의 중량을 12톤으로 제한하고, 차량 속도를 교외에서는 10mph(16km/h), 시가지에서는 5mph(8km/h)로 제한했다.

유명한 적기조례(Red Flag Act)로 불리는 2차 조례에서는 차량 제한속도를 더욱 강화하여, 교외에서는 4mph(6km/h), 시가지에서는 2mph(3km/h)로 제한했으며, 자동차는 3명의 승무원인, 운전사(driver)와 화부(stoker), 붉은 기를 가지고 차량의 60야드(55미터) 전방을 걷는 기수로 운용하도록 규정하고 붉은 기(밤에는 랜턴)를 든 사람은 걷는 속도를 지키면서 행인들에게 동력자동차의 접근을 알리도록 했다(그림1.32).

1878년에 개정된 3차 조례(Highways and Locomotives Act)에서는 붉은 깃발의 사용은 완화했지만(optional), 전방 보행요원은 20야드(18미터) 거리에서 걸으면서, 말을 만나면 차량은 정지해야 하며, 자동차에서 말을 놀라게 하는 연기나 증기 배출을 금하였다.

이 법은 35년 뒤인 1896년에 마지막으로 개정되어서 3명의 승무원을 폐지하고 제한 차 속도 14mph(23km/h)로 올렸지만, 최초로 자동차를 상용화한 영국의 자동차 산업은 쇠퇴하면서 영국에서 기술이 전파된 프랑스와 독일, 미국에서 자동차 산업이 꽃을 피웠다.

그림 1.32 적기조례 당시의 동력자동차 운전

출처: "This day in automotive history - July 5th 1865: Red Flag Act Enacted in Britain", Posted on July 5, 2015 by AutoJumble in News & Stories.

1876년에 독일의 오토가 내연기관을 발명하고, 1886년에 벤츠가 내연기관자동차를 최초로 발명한 시기에 영국은 적기조례로 인하여 자동차 동력에 대한 연구가 식어 버렸다. 만약 적기조례가 없었다면 증기기관자동차 시장이 커지는 것은 물론이며, 동력기술에 대한 개발도 활발해져서 증기차가 오늘날의 자동차 기술의 주인이 되었거나, 영국에서 내연기관자동차가 탄생할 수도 있었다는 생각은 너무 비약일까?

지금도 산업 발전을 막은 대표적인 악법으로 회자하고 있는 적기조례는 시장의 경쟁자인 기차 운송업자와 마차 운송조합의 적극적인 로비로 제정되었지만, 그 당시의 증기기관자동차의 기술적인 한계에 의해 발생한 안전사고들이 빌미를 준 측면도 크다.

증기자동차의 스팀 보일러의 폭발에 의한 인명사고, 증기기관이 뿜어내는 매연 공해, 무거운 중량과 30km/h 이상의 고속에 의한 도로 파괴 등의 폐해와 함께 마부 실업자 증가에 대한 우려가 일반인들의 반감을 불러일으켰다. 또한 소음이 너무나 심해서 많은 사람의 불만을 샀으며 소음으로 마차를 끌던 말이 놀라 다치는 경우가 많았고, 자동차를 타는 일부 계층과 대다수 시민의 갈등이 상당히 컸다.

자율주행차와 공유 자동차, 전기차 시대가 도래하면 택시, 버스, 장거리 화물차 등의 전문 운전 종사자들의 실직과 부품 감소와 자동차 구매 축소에 따르는 자동차 종사자들의 대폭적인 감소에 대한 우려 등, 최근에 급변하고 있는 자동차 산업의 기술과 구조적인 변화는, 마차 시대에서 동력(증기)자동차 시대로 전환되면서 사회가 요동치던 160년 전의 시기와 유사한 상황이며, 적기조례와 같은 대응이 나타날 수 있는지를 유의깊게 살펴볼 필요가 있다.

5) 볼레의 라망셀

증기자동차는 100년 이상 꾸준하게 발전됐으며, 1878년에 프랑스의 아메데 볼레(Amedee Bollee)(1844~1917)가 개발한 라망셀(La Mencelle)(그림1.33)은 50대가 생산된 세계 최초의 양산 증기자동차로서 자동차 상용화 시대를 이끈 선구자로 꼽힌다. 6인승으로써 전방에 장착된 2기통 증기기관을 추진축과 차동기어를 사용하여 후륜을 구동하였으며, 앞바퀴는 2개의 판스프링을 적용한 혁신적인 독립현가 방식을 적용하였다. 또한 조향장치도 앞바퀴 양쪽 랙에 각각 연결된 레버를 이용하는 방식을 채용하였다.

라망셀은 칼 벤츠의 최초의 내연기관자동차인 벤츠 페어텐트 모터바겐(Benz Patent Motorwagen) 보다 8년 앞섰으며, 1883년에 알베르 드 디옹(Alert de Dion)백작과 조르주 부통(Georges Bouton)가 증기차 모델을 제작하면서 본격적인 증기자동차의 대중화가 시작되었다.

볼레의 라망셀 개발 3년 전인 1875년에 12인승 증기승합차인 로베이트상(L'Obéissante, 잘 달리는 차)(그림1.34)가 파리 시내에서 관광버스로 영업하였다. 4바퀴에 세계 최초의 독립현가 방식을 적용하여 승차감이 안락했으며 양쪽을 개방하고 운전석과 객석 사이에 유리창을 내어 뒤를 내다볼 수 있게 했다. 평탄한 길에서는 시속 26km(최고속도 시속 40km) 속도로 하루에 6시간씩 운전하였으며 당시로서는 매우 빠르고 발달한 증기자동차였다. 1879년까지 11대의 이 증기버스를 만들었는데, 독일, 벨기에, 오스트리아, 이탈리아로 팔려 가기도 하였다.

그림 1.33 볼레의 라망셀(1878)

출처: “Amédée Bollée - La Mancelle (1878~1881)”, 20 janvier 2016Historiquesalexrenault.

그림 1.34 볼레의 증기승합차 로베이트상(1875)

출처: “Amédée Bollée - La Mancelle (1878~1881)”, 20 janvier 2016Historiquesalexrenault.

6) 스탠리 증기자동차

미국에 전파된 증기자동차 기술은 1890년대부터 실용적인 증기자동차가 개발되어 대중화되었다. 특히 프란시스(Francis)와 프리랜 스탠리(Freelan Stanley) 형제의 증기자동차는 미국에서 큰 인기를 끌었다. 증기기관의 중량과 크기를 대폭 줄이고 효율을 높여서 높은 출력을 낼 수 있었으며, 소음과 진동도 현저하게 줄였으며, 연료도 석탄 대신 여러 액체연료(주로 휘발유 사용)를 사용하였다. 1898년부터 1924년까지 생산되었으며 1910년부터 스탠리의 고유 디자인 자동차로 발전하였다.

스탠리 증기자동차(그림1.35)는 1906년에 플로리다의 오몬드해변(Ormond Beach)에서 최고속도 127mph(203km/h)를 달성함으로써 도로상에서의 최고속도가 경신되었다.

복동식(double-acting) 2기통 엔진(그림1.36) 작동을 위해서 소형 연관(compact fire tube) 보일러를 사용하였으며 클러치나 변속기 없이 후축(rear axle)에 직접 연결된 기어로 차량을 구동했다. 대기 중에 배출하는 증기 때문에 물을 탱크에 보충하여야 했지만 1914년부터는 복수기(condenser)를 사용하여 물 사용량을 크게 줄였다.

그림 1.35 스탠리 스티머(1911)

출처: Hemmings Daily. https://www.hemmings.com/blog/2011/09/16

그림 1.36 스탠리 증기자동차용 기관(우: 6마력 엔진)

출처: Stanley steam car engine.jpg, Scans from 'The Book of the Motor Car', Rankin Kennedy C.E., 1912 Wikipedia. (Stanley steam car engine, showing two high pressure cylinders and chain transmission)

7) 증기자동차 시대의 쇠퇴

1890년대에는 수많은 자동차회사가 설립되었으며, 내연기관자동차는 막 태어났을 때이고 전기자동차도 사용되기는 했지만, 운행거리가 짧아서 인기를 끌지 못했기 때문에 증기자동차 회사가 대세였다. 이 시기의 증기자동차 제작사는 대부분 미국이었으며, 영국과 프랑스를 위시해서 스웨덴, 벨기에, 독일, 호주 등지에도 산재했다.

1902년에 미국에 등록한 909대 중의 485대가 증기자동차였으며, 84개 사중 38개사가 뉴잉글랜드(New England)에 모여서 자동차 제작사의 중심지가 되었다. 1930년경에는 대부분의 증기자동차 회사는 문을 닫았다.

1909년에 시작한 도블(Doble)사가 1931년까지 증기자동차를 생산한 마지막 회사이다. 특히 1920년에 발표한 모델E(그림1.37)는 가장 발달한 증기자동차 중의 하나로 꼽히며 총 24대가 생산되었다.

승용차용 증기엔진은 컴팩트하고 우수한 성능의 구조로 발전하였으며, 만약 내연기관이 탄생하지 않았다면 지금도 증기기관 자동차 시대를 살고 있지 않을까 생각이 된다.

헨리 포드(Henry Ford)가 1908년에 대량생산 조립공정을 도입하여 모델티 내연기관자동차 가격이 1/3로 떨어지고 동시에 내연기관 엔진의 효율이 좋아지면서 160년의 증기자동차 시대는 문을 닫게 된다.

그림 1.37 도블 증기자동차(1924)

출처: 1924 Doble Model E at Henry Ford Museum.jpg, Wikipedia.

(2) 전기자동차

1) 초기의 전기자동차

현재의 전기자동차는 전기를 충전하여 저장하는 배터리(re-chargeable 이차전지)와 배터리 전기에 의해 얻어진 전기모터의 회전력으로 자동차 바퀴를 구동하는 구조로 이루어져 있다.

이탈리아 물리학자인 알레산드로 볼타(Alessandro Volta)는 생리학자인 갈바니(Luigi Galvani)의 영향으로 1800년에 볼타전지(Volta cell)를 개발하였으며(갈바니를 기념하기 위해서 Galvanic Cell로도 부름), 1834년에 프로이센의 모리츠 자코비(Moritz Jacobi)가 실용적인 전기모터를 발명하면서 전기자동차 개발이 시작했다.

전기자동차의 시작을 정확하게 확인하기는 쉽지 않지만, 1832년~1839년 사이에 영국 스코틀랜드의 사업가 앤더슨이 재충전이 안 되는 배터리(non-rechargeable)인 갈바니전지(Galvanic Cell)를 사용해서 발명한 전기 마차를 전기자동차의 시초라고 보고 있다.

이전인 1834년에 네덜란드 화학자인 시브란두스 스트라팅(Sibrandus Stratingh) 교수와 조교인 크리스토프 베커(Christopher Becker)가 재충전이 되지 않는 일차전지(primary cell)를 사용하여 작은 크기의 전기차를 제작하기도 하였다(그림1.38).

1842년에 미국의 토마스 데이븐포트(Thomas Davenport)와 영국 스코틀랜드의 로버트 데이비슨(Robert Davidson)이 실용적인 전기자동차를 개발했다.

로버트 데이비슨은 1837년에 갈바니전지로 구동되는 최초의 전기자동차를 제작하였으며, 1841년에 갈바니(Galveni)로 명명한 좀 더 큰 전기자동차를 제작하여 스코틀랜드 황실 예술협회전시회(Royal Scottish Society of Arts Exhibition)에 전시하였다. 이듬해에 제작된 아연산(zinc-acid) 배터리와 2개의 직구동 리럭턴스모터를 사용한 전기차는 중량 7톤으로 6톤의 하중을 싣고 기차 레일에서 시속 6.4km로 2.4km를 운행했다. 그러나 그 당시 아연 배터리 가격이 증기자동차용 석탄의 40배에 달하면서 경제성을 확보하기는 어려웠다.

1859년에 프랑스의 가스통 플란테(Gaston Plante)가 재충전용 납산 축전지(rechargeable lead-acid battery)를 발명하고 그의 친구 카밀 포레(Camille Alphonse Faure)가 납산 축전지의 저장용량을 대폭 증가하도록 설계하여 산업 규모의 생산이 가능하게 함으로써 전기자동차가 번창하는 데 크게 기여하였다.

프랑스와 영국은 전기자동차의 개발을 지원한 최초의 국가들이다. 1881년 9월에 프랑스 발명가 구스타프 트루베는 프랑스 파리에서 열린 국제 전기박람회에서 전기

삼륜자동차가 작동하는 것을 입증하면서 전기자동차는 급속도로 보급되기 시작했으며, 미국에서도 전기자동차의 관심은 높아졌다.

그림 1.38 시브란두스 스트라팅 교수가 제작한 전기자동차(1831)

출처: "Sibrandus Stratingh (1785~1841)", Museum of University of Groningen. 2019.5.12.

2) 토마스 파커 전기자동차

영국의 발명가인 토마스 파커(Thomas Parker)(1843~1915)가 최초의 실용적인 전기차를 1884년에 런던에서 발표하였으며, 자신이 직접 설계한 고용량 재충전 배터리를 사용하였다(그림1.39). 그 당시 런던에는 석탄연소에 의한 매연공해가 심했으며, 토마스 파커는 이의 개선에 관심을 두고 전기자동차와 전기전차(electric tram)를 운행하고자 했으며 연소가 잘되고 매연 발생이 적은 석탄인 콜라이트(coalite)도 발명하였다.

그림 1.39 토마스 파커 전기자동차(1884)

출처: "The history of the electric car", Department of Energy, 2014.9.15.(Thomas Parker in middle. On the back may be his son, Alfred.)

3) 하이브리드 전기자동차

오스트리아 자동차 제작사인 로흐너(Lohner)는 페르디난드 포르쉐(Ferdinand Porsch)(1875~1951)와 한 팀이 되면서 1898년에 로흐너포르쉐(Lohner-Porsch) 휘발유-전기 하이브리드차(HEV)인 믹스트(Mixte)(그림1.40)를 제작하였다. 앞바퀴 허브에 레드나벤(Radnaben) 전기모터를 장착한 혁신적인 차였으며, 이후에 4바퀴 모두에 전기모터를 장착하여 세계 최초의 사륜구동 자동차를 제작하였다. 현재의 플러그인하이브리드(PHEV)에 가까운 개념이다.

믹스트는 휘발유엔진은 정속으로 운전하면서 축전지를 충전하고(현재의 직렬식(series) HEV), 바퀴 허브에 장착된 전기모터의 전류 공급을 조정하여 운전했으며, 따라서 구동축(drive shafts), 변속기(transmission), 기어(gear), 벨트, 체인, 클러치 등이 필요 없는 매우 간단한 구조여서 기계적인 마찰저항이 적어서 83%의 동력전달 효율을 기록하였다.

1900년 4월 파리 세계박람회에 처음 공개되었을 때 자동차 업계가 깜짝 놀랐으며 자동차 애호가들이 열광하면서 페르디난드 포르쉐는 유명 엔지니어의 명성을 얻게 되었다. 로흐너포르쉐는 300대가 제작되면서 기술적으로는 신뢰성이 충분했지만, 기존의 휘발유자동차에 비해 생산 가격이 높아서 1906년에 생산을 중단하였다.

도요타자동차가 프리우스(Prius) 하이브리드자동차를 1997년 10월에 세계 최초로 양산을 시작하였으나, 이는 99년 전에 개발된 로흐너포르쉐의 믹스트(Mixte) 하이브리드자동차를 현대 기술로 재탄생시킨 것이다.

그림 1.40 로흐너 포르쉐 하이브리드 전기자동차(1899)

출처: "Hybrid Vehicle History More than a Century of Evolution and Refinement", hybrid vehicle.org.

4) 전기자동차 속도 경쟁

전기자동차가 미래의 교통수단으로 유망하다는 주목을 받게 되면서 전기자동차의 속도를 높이는 기술에 대한 관심이 커졌다.

1898년에 프랑스의 가스통드샤셀루프라밧(Gaston de Chasseloup-Laubat) 백작은 장타우(Jeantaud) 회사의 전기차로서 시속 62.8km를 달성하고 전기백작(electric count)이라는 별명을 얻었다. 이듬해인 1899년 4월 4일에 92.78km/h를 기록하여 그 당시 인류사상 최고속도를 달성하였으나, 불행하게도 이 기록은 오래가지 않아서 갱신되고 말았다.

1899년 4월 29일에 벨기에의 카밀제나니(Camille Jenatzy)가 그 유명한 자메콩탕트(La Jamais Contente(The never satisfied)) 전기차(그림1.41)로 시속 105.88km를 기록함으로써 100km/h를 넘어서는 최초의 사람이 되었으며, 붉은 수염을 가지고 있어서 르디아블루즈(붉은 악마)라는 별명으로 불리기도 했다.

벨기에 전기차인 자메콩탕트는 알루미늄과 텅스텐, 마그네슘의 경량 합금(partinium)으로 제작되었으며 몸체는 어뢰 모양(torpedo shape)으로 설계되고, 200v 124A로 작동되는 2개의 포스텔비네이(Postel-Vinay) 25kW 모터가 68마력으로 직 구동되며, 미셸린 타이어를 사용하였다. 운전자의 높은 위치와 노출된 샤시는 공기저항에는 취약하였다.

이와 같은 전기자동차의 큰 업적 이후에 가솔린엔진 자동차가 전기자동차 자리를 대체하게 되며, 1909년에 생산된 새 부리 모양의 200마력 블리첸 벤츠(Blitzen Benz)가 226.91km/h 기록을 달성하여, 세상에서 가장 빠른 자동차로 기록되었다.

그림 1.41 카밀제나니가 운전하고 있는 자메콩탕트(1899)
출처: "La Jamais Contente", Wikipedia, the free encyclopedia.

5) 미국의 전기차

최초의 미국 전기차는 1890년에 아이오와주에서 윌리엄 모리슨(William Morrison)이 생산한 6인승 왜건으로 시속 23km로 운행하였다.

1900년의 미국 전체 자동차 중의 38%(33,842대)는 전기자동차였으며(40%는 증기자동차, 22%는 가솔린 내연기관자동차) 계속해서 10년 동안 전기자동차는 증가하여 1912년에 15%가 증가한 38,843대였다.

1914년에 헨리 포드(Henry Ford)(1863~1947)와 토마스 에디슨(Thomas Edison)(1847~1931)은 보다 저렴하면서 실용적인 전기자동차를 제작하기 위한 공동 협업을 시작했으나 불행하게도 성공하지 못했다.

헨리 포드는 1891년부터 1899년까지 에디슨이 만든 에디슨 조명회사(Edison Illuminating Company)에서 엔지니어로 일했으며, 두 사람은 1896년에 처음 만나서 아주 가까운 친구이자 동업자가 되었다. 포드가 1896년에 커드리사이클(Quadricycle) 휘발유자동차를 최초로 디트로이트 도로에서 운전할 때도 에디슨은 포드의 휘발유자동차 계획을 격려했다.

헨리 포드와 에디슨이 값싼 전기차 개발을 하고 있다는 사실을 1914년 1월 11자 뉴욕타임스에 다음과 같이 확인했다. "1년 이내에 전기차 생산을 시작할 수 있을 것이다. 에디슨과 함께 몇 년간 저렴하면서 실용적인 전기차 개발을 해왔으며, 문제는 가볍고 장거리를 운전할 수 있는 배터리 개발이다. 에디슨이 그런 배터리를 시험하고 있다." 같은 해 5월에 오토모빌 토픽스(Automobile Topics)와의 인터뷰에서는 에디슨-포드 전기자동차는 500~750달러 수준의 가격으로 50~100마일을 주행하게 될 것이라고 계획을 발표하기도 했다.

토마스 에디슨은 전기자동차가 가솔린 내연기관자동차를 이기고 미래 교통수단의 주역이 될 것이라는 강한 믿음을 가지고 있었으며, 이를 위해서는 긴 수명과 장거리를 운전할 수 있는 충분한 용량을 가지면서 가벼운 충전용 배터리가 필요하다고 생각하고 축전기 개발에 매진하였다. 에디슨은 1889년에 니켈 알칼리(nickel-alkaline) 배터리인 에디슨전지(Edison's storage)를 개발하였으며 10년간 5만 번의 실험을 거듭했다는 일화는 유명하다.

이전에 사용되던 납산 축전지에 비해 내구성이 길고 사용하기도 위험성이 적었으나 배터리 중량이 무거워 400kg을 넘고 충전에 7시간이나 걸렸으며 가격도 비싸서 자동차 제작사가 기피했다. 에디슨은 1901년에 이 배터리를 사용한 전기차를 제작하였으나 전기차 시대를 견인하지는 못했다(그림1.42).

내연기관자동차로 새로운 자동차 시대를 시작하면서 전기자동차를 퇴출시킨 헨리 포드가 전기자동차가 미래교통 수단의 주역이 될 것이라고 믿고 에디슨과 함께 전기자동차 개발에 노력했다는 사실에서 새로운 기술개발의 어려움과 함께 미래기술 예측이 얼마나 힘든지를 알 수 있다.

아이러니하게도 1908년에 포드가 개발한 가솔린 내연기관자동차인 모델티가 컨베이어시스템을 도입하여 1913년부터 낮은 가격으로 대량 생산함으로써 새로운 자동차 시대를 열게 된다. 더욱이 1920년대에 미국에서 원유가 대량 생산되면서 내연기관자동차의 가격이 크게 떨어지면서 전기자동차는 박물관에 보관되는 신세가 되고 만다.

2009년에 미쓰비시 자동차에서 리튬배터리를 장착한 아이미브(i-MiEV) 전기자동차를 판매하면서 새로운(제3차) 전기차 시대가 시작되었으며, 이제는 대부분의 사람이 전기자동차가 내연기관자동차를 퇴출하고 미래자동차의 주역이 될 것이라고 믿고 있다. 그러나 지금의 전기자동차 핵심기술은 배터리에 있으며, 이는 120년 전에 토마스 에디슨이 예견하고 해결하고자 했던, 긴 수명, 충분한 에너지 용량, 가볍고 작은 부피, 빠른 충전, 저렴한 가격의 배터리 개발의 숙제들이 그동안의 배터리 기술의 발전에도 불구하고 그대로 남아 있다.

그림 1.42 토마스 에디슨의 전기자동차(1913)
출처: “Photo courtesy of the National Museum of American History”

6) 전기자동차 시대의 쇠퇴

1890년대부터 1900년 초까지 전기자동차에 관한 관심이 급격히 높아졌다. 런던에는 벌새(Hummingbird)라는 별명의 전기 택시가 등장했고, 뉴욕시에는 사무엘 전기마차회사(the Samuel's Electric Carriage and Wagon Company)가 12대로 시작하여 62대까지 전기택시를 운영했다.

전기자동차는 경쟁자인 휘발유차나 증기기관 자동차에 비해 여러 장점을 가지고 있었다. 진동과 소음이 없고, 기어변속이 필요 없으며, 수동 크랭크 없이도 시동이 가능했다. 배기가스 냄새가 없는 점도 도시 주민과 특히 여성들에게 인기를 끌었다. 증기자동차는 변속은 필요 없었으나 시동에 45분이나 걸리는 불편함이 있었다.

이러한 이유로 전기차는 주로 부유층이 시내 운전용으로 사용했으며, 주행거리가 짧은 것이 큰 제약이 되지는 않았다. 조작이 간단하고 운전이 쉬워서 여성들에게도 인기를 얻어서, 여성용 자동차(Women’s Car)라는 별칭을 받기도 했다.

초기에는 전기시설 부족으로 보급에 어려움을 겪었으나 1912년경에는 가정용 전기가 보급되면서 전기자동차 시장이 가장 번창하였고 생산 및 판매의 정점을 기록하였다. 미국이 가장 큰 전기자동차 시장이었으며 전기차의 기본형 가격은 1,000달러 이하였으나, 대부분은 값비싼 재료로 화려하게 꾸며서 평균 3,000달러 이상으로 제작하여 상류층이 주로 사용하였다.

전기자동차의 짧은 주행거리와 부족한 충전 시설 문제를 극복하기 위해서 1896

년부터 배터리 교환 방안이 제안되었고, 하트포드 전등회사(Hartford Electric Light Company)에서 1910년부터 1924년까지 이 제도를 운용했다. 자동차 소유주는 배터리 없는 자동차를 구매하고, 하트포드 전등회사로부터 배터리와 충전 서비스를 받는 대신 주행거리 당(per-mile)당 비용과 매달 서비스 비용을 지불하는 방식으로 운영하였다.

그러나, 1913년에 포드자동차의 모델티(Ford Model T)가 대량 생산되면서 내연기관자동차 가격이 전기자동차의 1/3 수준으로 떨어지면서 전기자동차 시장에 강한 충격을 주었다. 이어 전기 시동장치(electric starter)와 머플러 사용으로 내연기관자동차의 시동이 쉬워지고 소음도 많이 개선되었으며, 1920년대에 미국 텍사스의 원유 발견으로 휘발유의 가격도 내려가면서 휘발유자동차 판매가 급속하게 확산되었다.

도로망이 확충되고 장거리 운전에 대한 욕구가 늘면서 60km 이내의 짧은 주행거리와 시속 30km 수준의 느린 속도의 전기자동차는 경쟁력을 잃게 되고, 1938년에 디트로이트 전기(Detroit Electric)의 폐업과 함께 전기차 시대는 막을 내리면서 오랜 세월 동안 박물관의 전시품으로 남게 되었다.

(3) 내연기관자동차 이전 시대의 조명

1886년에 시작된 내연기관자동차는 증기자동차와 전기자동차를 제치고 130년 동안 발전을 거듭해왔다. 그러나 최근에 박물관에서 잠자던 전기자동차가 부활하며 내연기관자동차 시대에 도전장을 내밀고 있다. 대부분의 사람들은 전기자동차가 미래자동차의 주역이 될 것이라고 믿고 있다.

내연기관자동차보다 100년 이전에 증기자동차 시대가 시작되었다. 1700년대 초 석탄 광산에서 사용된 산업용 증기기관에서 시작해서 1세기 동안의 진화 과정을 거치면서 말을 대신해서 마차를 움직일 수 있는 동력으로 진화했다. 1878년에 프랑스의 아메데 볼레가 양산한 라망셀이 증기자동차 상용화 시대를 열어서 이후 50년 동안의 전성기를 누렸으나, 1930년경을 끝으로 150년 역사의 증기자동차 시대가 막을 내린다.

전기자동차는 1830년경부터 개발이 시작되어, 1884년 토마스 파커가 실용적인 전기차를 완성하면서 본격적인 전기차 시대가 열렸다. 1900년대 초반에는 미래자동차의 주역으로까지 관심받으며 전성기를 맞이했지만, 1938년 디트로이트 전기가 문을 닫으면서 100년의 전기차 시대를 마감하게 된다.

19세기 말에서 20세기 초까지 약 20년 동안은 증기자동차, 전기자동차, 내연기관자동차가 치열하게 경쟁하던 시기였다. 이 시기에 말이 끄는 마차는 점점 자취를 감추고 동력자동차가 그 자리를 대신했다.

특히 미국은 미래자동차들의 대표적인 각축장이었다. 1900년 당시 미국 자동차 시장의 40%가 증기기관자동차였으며, 38%가 전기차, 22%가 휘발유자동차였다. 뉴욕과 같은 대도시에서는 전기차 점유율이 50%에 달할 정도로 인기가 높았다. 이때만 해도 (그림1.43)에서 보듯이 도로에는 마차가 대부분이었으나 20년 이후에 마차는 사라지고 내연기관자동차 중심의 동력자동차가 도로를 차지하였다.

그림 1.43 미국 뉴욕시(맨하탄) 도로의 1900년대 자동차 변화
(좌: 1900년 5th Ave. 마차가 대부분이며 동력자동차는 1대만 보임;
우: 1922년 Time Square 마차는 사라지고 내연기관자동차 시대가 되었음)

출처: "Why you have (probably) already bought last car", Justin Rowlatt, BBC News, 2018.10.10.

이렇듯 세 종류의 동력자동차는 미래자동차 시장의 주인공이 되기 위해 치열하게 경쟁했지만, 구조와 외형 디자인은 비슷했다. 커다란 자전거 바퀴에 고무를 씌운 것이나, 벨트를 이용해서 엔진의 힘을 전달하는 것 등은 공통점이 있었으나, 동력발생장치에서 장단점이 뚜렷했다.

증기기관은 오랜 개선 끝에 고장이 줄고 장거리 여행도 가능해졌으며, 증기기관 특유의 소리는 현재의 내연기관 엔진음처럼 좋아하는 사람들도 많았다. 그러나 성능이 향상되면서 구조가 복잡해지고 너무 무거웠으며, 보일러의 탱크 압력이 불안정하여 운전자에게 불안감을 주었다. 무엇보다도 전기자동차나 휘발유자동차에 비해 기술 발전 가능성이 낮고 미래지향적인 기술이 아니라는 인식 때문에 점차 시장에서 밀려났다.

반면 전기차는 증기자동차와는 달리 스위치만 켜면 시동이 걸리고 조용하고, 깨끗하고 가속성도 좋아서 상류층의 신사나 여성들에게 인기가 많았다. 그러나 짧은 주행거리가 가장 큰 약점이었다. 오늘날에도 주행거리 확장은 전기자동차에도 가장 큰 해결 과제인 점을 감안하면 당시의 한계는 더 컸을 것으로 상상할 수 있다. 이런 전기차의 약점을 극복하기 위해서 로흐너포르쉐 믹스트(Mixte)와 같은 전기와 내연기관의 장점을 합친 하이브리드자동차를 개발하기도 했지만 복잡한 구조와 비싼 가격 때문에 이내 사라지고 만다.

한편, 그 당시의 가솔린 내연기관자동차는 소음이 크고 배출가스 냄새도 심하며, 특히 시동을 걸기 위해서 레버로 엔진을 돌리는 데에 상당히 힘이 들고 위험하기까지 했다. 남자들도 레버에 맞아서 갈비뼈가 부러지기도 할 정도였으니 여성들은 시동을 걸 엄두를 낼 수가 없었고 변속도 어렵고 다루기 힘들었다.

이와 같이 단점과 불만이 많았던 내연기관자동차가 경쟁자들을 물리칠 수가 있었던 요인을 눈여겨 볼 필요가 있다. 시동의 어려움은 전기모터를 사용함으로써 해결하고 변속이나 소음, 냄새 문제들은 기술 발전으로 개선할 수 있었다. 무엇보다 사람들이 자동차에 기대하는 본질적인 욕구는 속도와 출력, 장거리 주행성능이었으며, 저렴한 가격 또한 중요한 요인 중의 하나였다. 내연기관자동차는 이러한 기대를 충족시킬 수 있는 잠재력을 갖추고 있었다.

속도 면에서는 세 동력차가 비슷했으나 시끄럽고 거칠고 다소 위험해 보이기까지 한 가솔린 내연기관자동차는 오히려 모험심을 자극하고 스피드 운전에서 스릴과 자극을 주면서 사람들의 인기를 끌었다. 특히 휘발유자동차는 다른 동력자동차에 비해 장거리 주행성능이 우수하여, 스피드 경주와 장거리 경주 모두에서 사람들의 관심을 끌 수 있었다.

여기에 더하여 군사력이 급속하게 팽창되던 시기에 출력과 기동성, 시동성에서 유리한 내연기관이 군부의 적극적이고 막대한 지원을 받게 됨으로써 동력자동차 경쟁은 휘발유자동차의 승리로 급속하게 기울게 된다(그림1.44).

1914년에 발발한 1차 세계대전은 엔진 기술을 비약적으로 발전시키는 계기가 됐으며 가솔린엔진의 노킹(knocking) 방지를 위한 연구도 크게 진전되었다. 1923년에 미국의 토마스 미드글레이(Thomas Midgley)가 4에틸납(tetraethyle lead)을 발명하면서 가솔린엔진의 노킹 방지와 연비향상을 가져오고 휘발유연료 품질도 크게 향상되었다.

결정적으로, 포드자동차의 모델티(Model T)가 내연기관자동차의 대중화를 이끌었다. 포드는 대량생산 체계를 도입해 2,000달러에 달하던 자동차 가격을 1908년에 1/3 수준인 850달러로 낮추었으며, 1924년에는 290달러까지 내리면서 내연기관자동차 대중화 시대를 열었다.

1900년대 초의 치열한 동력자동차 경쟁에서 20년 된 내연기관자동차가 150년의 증기자동차와 100년의 전기자동차를 밀어내고 화려한 자동차 시대를 열었다. 그러나 100년 동안 박물관에서 잠자고 있던 전기자동차가 부활해 내연기관자동차를 퇴출하고 제 자리를 다시 찾으려고 하며, 수소연료전지자동차도 새로운 강자의 면모를 보이면서 호시탐탐 기회를 노리고 있다.

미래자동차의 주인공은 누가 될 것이며, 그리고 언제 어떤 경로로 그 자리를 차지할 것인가는 모두의 관심사이다(그림1.45).

그림 1.44 1900년 초의 동력자동차 경쟁시대

그림 1.45 미래자동차 경쟁시대

2장.
내연기관자동차 번영의 시대

초기의 내연기관자동차는 가솔린엔진의 출력과 속도 향상에 주력하며 발전해 왔다. 2기통에서 시작된 엔진은 12기통, V-엔진 다기통 구조로 발전하였고, 연소실 구조와 연소 기술, 연료공급 장치의 개선, 흡기관 공기과급기(터보차저) 도입, 전자기술의 접목 등으로 성능이 눈부시게 향상되었다. 이후 승용차용 디젤 엔진의 등장과 함께 천연가스(CNG), LPG 등 다양한 연료 기반의 엔진이 개발되었고, 하이브리드자동차의 출현으로 기술 간 치열한 경쟁이 전개되었다. 이런 과정을 거치면서 내연기관자동차는 오랫동안 자동차 산업의 중심축이자 기술 발전의 상징으로 번영의 시대를 누렸다.

자동차 외관 디자인도 꾸준히 진화해 왔다. 초기에는 마차에 덮개를 씌운 마차형 형태였으나, 포드 모델티에서 박스형으로 밀폐한 구조가 도입되었다. 1930년대에는 외관에 컬러와 장식이 적용되며 본격적인 자동차 디자인 개념이 시작되었다. 유선형 디자인이 도입되고, 2차 세계대전 중 전장에서 활약한 짚(Jeep)은 오늘날 SUV의 효시가 되었다. 전후에는 배를 뒤집어 놓은 형상의 폰톤형(Ponton style) 디자인과 함께 인체공학적 원리가 적용되며 자동차 디자인은 큰 진보를 이루었다. 1950년대에는 비행기 날개 모양의 테일핀(tail fin) 디자인이 유행하고 크롬도금으로 외관에 화려함을 더했다. 자동차 속도가 빨라지면서 스포츠카를 중심으로 쐐기(wedge) 디자인이 등장했다.

1970년대 오일쇼크를 계기로 연비가 우수한 일본 소형차가 부상하였고, 1980년대에는 실내 공간이 넓은 레저용 차량인 SUV와 미니밴 등 다양한 차종이 선보이기 시작했다.

1997년 일본 도요타가 프리우스(Prius) 하이브리드자동차(HEV)를 출시하고, 2009년 미쓰비시가 아이미브(i-MiEV) 전기차를 선보이면서 친환경자동차가 새로운 흐름으로 자리 잡았다. 이와 함께 미세먼지와 온실가스 문제에 대응하기 위한 미래자동차 디자인에 대한 관심도 높아지고 있다.

1절 | 내연기관자동차 발전과 번영

1876년에 발명된 오토의 스파크점화식 엔진과 1892년의 디젤 압축점화식 엔진의 작동 원리와 구조는 140여 년이 지난 지금도 변함이 없지만, 자동차용 동력원으로써 소형화, 경량화와 함께 효율 및 출력 향상, 배출가스 감소 기술 측면에서는 엄청난 발전을 이루어 왔다.

그러나 대기오염과 함께 온실가스에 의한 지구온난화 문제는 인류의 생존과 관련되는 환경 문제로 대두되었고, 화석연료 사용의 중단이 핵심 해법으로 제기되면서 에너지 문제와 결합했다.

이에 따라 화석연료의 주요 시장인 내연기관을 퇴출하고 전기자동차나 연료전지자동차로 대체하자는 주장이 거세지면서 자동차 시장의 급격한 변화가 진행되고 있다. 내연기관자동차의 장래는 인류의 미래와 직결된 환경과 에너지 갈등의 중심에서 소용돌이치고 있다.

1.1. 유럽에서 미국으로

1988년에 독일 벤츠사에서 출발한 내연기관자동차는 유럽을 중심으로 성장해 왔지만 1900년대에 미국으로 넘어가면서 본격적인 자동차산업으로 발전하게 되었다. 특히 포드자동차의 대량생산 체계로 자동차 가격을 획기적으로 낮춘 것이 결정적인 계기가 되었다. 부유층에서나 사용이 가능하던 2,000달러(현재의 10만달러 수준) 이상의 자동차가 20년이 지난 1908년에는 850달러로 떨어졌으며, 36년 후인 1924년에는 290달러까지 낮아지면서 내연기관자동차의 대중화 시대가 활짝 열렸다. 또한 1차 세계대전(1914~1917)을 전후하여 군부로부터 막대한 지원을 받게 되면서 엔진 기술을 발전시키는 중요한 전기를 맞이하게 되었다.

GM에서 전기로 작동하는 스타터를 개발하고 연료펌프와 같은 부가 장치가 적용되었으며, 다임러와 벤츠에서는 가솔린엔진의 지속적인 성능 향상으로 승용차와 버스, 트럭, 항공용으로 적용 범위를 넓혀 갔다. 이러한 여건에 힘입어서 1930년경에는 동력자동차 경쟁에서 증기자동차와 전기자동차는 역사 속으로 사라지고 본격적인 내연기관자동차 시대가 시작되었다.

1) 유전 발견과 값싼 휘발유연료 등장

1859년 미국 펜실베이니아주 오일 크리크(Oil Creek)에서 대규모 유전의 발견을 계기로 수많은 석유 유정이 발굴되면서 석유가 풍부하게 공급되었다. 그러나 그 당시는 등화용 기름인 등유(kerosene)가 주요 제품이었으며 휘발유나 중질유는 부산물로서 처리조차 어려운 상황이었다.

초기의 내연기관은 등유나 알코올, 식물유 등 시장에서 공급되고 있는 다양한 종류의 연료를 사용하였으나, 1920년대에 미국 텍사스의 원유 발견으로 휘발유의 가격이 내려가면서 휘발유 연료 자동차가 급부상하기 시작했으며, 저가의 석유 공급이 가능해진 미국이 자동차산업의 주도권을 가지게 되었다.

2) 스포츠카 경쟁

증기와 전기, 내연기관을 사용하는 동력자동차들의 핵심 경쟁 요소 중의 하나는 최고속도였다.

1899년에 벨기에의 카밀제나니(Camille Jenatzy)가 어뢰 모양의 몸체로 설계된 자메콩탕트(La Jamais Contente) 전기차로 시속 105.88km를 기록함으로써 100km/h를 넘어서는 최초의 사람이 되었다. 1906년에는 스탠리 증기자동차가 플로리다의 오몬드 해변(Ormond Beach)에서 최고속도 127mph(203km/h)를 달성함으로써 도로상에서의 최고속도가 경신되었다.

내연기관자동차로는 1909년에 새 부리 모양의 200마력 블리첸 벤츠(Blitzen Benz)가 226.91km/h 기록을 달성하여, 비행기나 기차, 자동차를 포함해서 세상에서 가장 빠른 자동차로 기록되었으며, 1938년 다임러-벤츠의 그랑프리 경주용차 W125는 시속 432.7km를 기록하여 일반도로에서는 지금까지도 이 기록은 깨어지지 않고 있다.

속도 경쟁을 주도하던 모터 스포츠카는 엔진의 압축비를 증가하여 성능 및 효율을 개선하였으며, V형 엔진, 휘발유연료공급시스템, 흡배기 밸브, 슈퍼차저 등의 신기술을 적용함으로써 일반 승용차 기술을 선도하였다.

3) 경유자동차

가솔린엔진보다 12년 늦게 발명된 디젤엔진은 구조상 크기와 무게를 줄이는 데에 한계가 있어서 자동차에 적용하기가 어려웠으며 선박이나 기관차, 공장의 대형 설비,

발전소 등의 산업 분야의 주요 동력원으로 널리 사용되면서 기술 발전이 이루어졌다.

디젤엔진이 자동차에 사용된 것은 1924년에 벤츠에서 5톤 트럭에 세계 최초로 적용하였으며, 1933년에는 시트로엥(Citroen) 승용차에 처음 사용되고, 보쉬(Bosch)사에서 개발한 인젝션 연료펌프를 적용하여 경유 승용차 260D를 벤츠에서 1936년에 발표하였다.

이 승용차는 2.55리터의 예연소실 직렬 4기통 45마력 디젤엔진을 탑재하여, 최대속도 95km/h, 연비 10.6km/l를 보였으며, 세단과 택시로 판매되어 1940년까지 2,000대 정도가 생산되었다. 그러나 무거운 중량과 심한 소음, 나쁜 승차감으로 인하여 경유 승용차는 대중으로부터 외면받았으며 석유 파동이 발생하는 1970년대 이후에야 다시 관심받게 되었다.

그러나 디젤엔진은 트럭이나 버스, 기차, 선박, 건설기계 등의 대형차용으로 사용되어 오면서 효율(efficiency) 향상, 비출력(specific power) 증가, 강건성(robust), 신뢰성(reliable), 긴 수명(longevity) 확보 등의 괄목할 만한 기술개발이 이루어졌다.

디젤엔진의 높은 연비의 장점으로 경유 승용차의 초기 구입비용은 높지만, 낮은 유지(연료) 비용으로 상쇄될 수 있는 경제적 장점으로 인하여 1970년대 석유파동 이후에 유가에 민감했던 유럽을 중심으로 경유차 시장이 성장하기 시작하였다.

4) 자동차 대중화 시기(1950년 ~ 1970년)

2차 세계대전(1939~1945)이 끝난 후 자동차 수요가 급증하면서 1960년대에는 미국과 유럽의 대부분 가정에 자동차가 보급되었다.

자동차 시장의 급속한 확장에 힘입어서 내연기관 개발에 대한 체계적이고 다발적인 연구가 진행되었다. 엔진의 효율과 연비향상을 위하여 연소실 구조와 흡배기계 개선을 통한 연소와 유동 연구, 진동과 소음, 마찰, 강도 개선을 위한 구조역학, 배출가스, 소재, 전기, 전자 등의 다양한 분야가 내연기관자동차 개발에 접목되었다.

자동차 디자인도 기존의 마차 이미지의 형태에서 배를 뒤집어 놓은 듯한 모양의 폰톤(phonton) 타입의 유선형으로 변하면서 공기 주행저항을 최소화하는 오늘날의 구조로 발전했다.

승용차가 고급화, 대형화 추세로 가면서 엔진 배기량과 출력도 많이 증가하였으며, 6기통과 8기통 엔진에 이어 V형 엔진, OHC(Over Head Camshaft) 실린더 헤드, 터보차저 등의 기술이 상용화되었다.

자동차 대수가 증가하고 속도도 빨라지면서 안전과 관련된 법규가 강화되고 안전과 관련된 기술도 빠르게 발전하였다. 앞 유리창이 장착되고 방향 등과 깜빡이, 사이드미러가 도입되었으며, 안전벨트와 에어백 장치도 개발되었다. 가장 중요한 브레이크 기술은 전자제어식인 ABS 기술까지 발전하였다.

스포츠카의 대중 모델이 등장하였으며, 유럽을 중심으로 값싼 소형차 시장이 성장하면서 소형엔진 기술도 발달하였다.

1.2. 자동차 환경규제와 내연기관자동차 시련

(1) 대기오염과 자동차배출가스 규제

1940년대 미국 로스앤젤레스 지역에서는 자동차배출가스로 인한 광화학스모그가 심각한 사회문제로 부각되었다. 이에 따라 1955년 미국은 최초의 대기오염 통제법(Air Pollution Control Act)을 제정하였고, 1963년에는 청정대기법(CAA; Clean Air Act)을 제정하여 본격적인 대기오염 방지 정책을 시행하였다.

미국 연방정부는 1968년에 CO, VOC 자동차배출기준을 처음으로 설정하고, 1975년에는 NOx 기준을 추가하였다. 이후 1981년 Tier-0 기준을 시작으로 1994년 Tier-1 기준을 적용하면서 본격적인 자동차 배출규제가 시작되었다. 캘리포니아 대기자원위원회(CARB; California Air Resource Board)는 연방 기준보다 앞선 1993년에 Tier-1 기준을 시행하고, 1994년에는 더욱 강화된 LEV-1 기준을 도입하였다.

유럽에서도 독일과 프랑스의 일부 도시에서는 로스앤젤레스와 유사한 대기오염이 발생하자, 1961년부터 두 나라가 공동으로 자동차배출가스 문제를 조사하기 시작했으며, 이 결과를 토대로 EC는 1970년에 최초의 자동차 배출허용기준을 제정하였다. 이후 1982년 EC 위원회에는 자동차배출가스의 위해성과 배출가스 저감기술, 경제성과 환경비용 등을 평가한 ERGA(Evolution of Regulations - Global Approach) 프로그램을 추진하였고, 이를 기반으로 1992년부터 모든 회원국이 참여하는 EURO-1 기준(Directive 91/441/EEC)을 시행하였다.

일본은 급속한 공업화로 1970년대까지 극심한 대기오염과 사회적인 갈등이 많았다. 이를 해결하기 위해 1968년에 대기오염관리법을 제정하고, 1990년부터 10.15 모드 시험방식으로 자동차배출가스 기준을 시행하였다. 또한 2000년에는 도쿄도 정부(TMG; Tokyo Metropolitan Government)가 대기보전 조례를 제정하면서 자동차배출가스 대책이 시행되었으며, 2003년부터는 노후 경유차 운행을 제한하는 '디젤차 NO 작전'이 시행되었다.

우리나라는 1980년에 LA-4 모드 시험방식을 적용한 자동차 배출허용기준을 도입하였으며, 1991년부터는 CVS-75(미국 FTP-75) 모드로 전환하면서 본격적인 자동차배출가스 정책을 시행했다.

승용차의 주력이던 휘발유자동차는 배출기준을 충족하기 위해 배기가스재순환 장치(EGR; Exhaust Gas Recirculation)와 삼원촉매장치(TWC; Three Way Catalyst)를 장착하고, 촉매제어를 위한 전자제어식 연료공급장치(ECU; Electronic Control Unit)가 도입되었다. 한편, 경유 승용차도 터보차저(turbochargers)와 커먼레일(common rail) 연료분사 기술을 적용하면서 경쟁력을 갖추게 되었다.

미국은 휘발유차와 경유차에 동일한 배출허용기준을 적용하여 경유 승용차 보급이 어려웠던 반면, 경유차에 상대적으로 완화된 기준을 적용하는 유럽에서는 저렴한 배출저감장치를 사용하는 경유 승용차 시장이 활성화되었다.

미국 승용차 시장의 주축이던 휘발유 승용차는 배출가스 규제가 강화됨에 따라 비용이 저렴한 소형차의 인기가 높아졌고, 기술력이 앞선 일본 소형차가 미국 수입차 시장의 80%를 점유하게 된다. 이로써 미국과 유럽이 주도하던 세계 자동차 시장에 일본이 새로운 강국으로 가세하게 된다.

대기오염이 여전히 개선되지 않자, 캘리포니아 CARB는 1990년에 오염물질이 배출되지 않는 전기자동차 개발 사업을 추진하고, 1998년부터 ZEV(Zero Emission Vehicle) 배출기준을 도입하였다. GM은 납축전지와 니켈수소전지를 장착한 EV1 전기차를 1996년에 출시했으나, 배터리 성능 부족과 시장 외면으로 2002년에 전기차 프로그램을 중단하였다.

한편, 1970년대 석유파동으로 연료 가격이 급등하고 석유 연료 자원의 부족에 대한 우려가 커지면서, 연비가 우수한 디젤엔진과 LPG나 천연가스와 같은 대체연료 엔진에 대한 연구가 활발하게 이루어졌다. 이후 자동차 기술 경쟁은 배출가스 저감, 연비향상, 성능개선의 3개 축으로 전개되었고, 이 과정에서 다양한 신기술들이 개발되면서 내연기관 기술의 전성기를 맞이하게 된다.

전자제어 기술을 중심으로, 디젤 커먼레일과 피에조(piezoelectric) 인젝터, 가솔린 연소실직접분사(GDI), 터보차저인터쿨러(T/I; Turbocharger Intercooler), 가변밸브(variable valve), 경량 신소재 등의 신기술을 채용한 첨단 엔진들이 잇따라 등장하였다.

1) 촉매후처리장치와 전자제어식 엔진

자동차 배출허용기준이 계속 강화되면서 배출가스를 엔진 연소 기술로 줄이는 데에는 한계가 있었으며, 엔진의 연소에서 배출된 가스를 배기관에서 줄이는 가솔린 삼원촉매 후처리장치가 사용되었다.

미국의 엥겔하드(Engelhard)사에서 1973년에 CO와 HC를 줄이는 산화촉매(이원촉매)를 개발해서 1975년 기준의 자동차에 적용하고, 1981년에는 CO, HC, NOx를 동시에 80% 이상 저감할 수 있는 삼원촉매장치를 사용하였다.

촉매후처리장치는 휘발유자동차의 배출가스를 획기적으로 저감할 수 있어서, 미국 EPA에서 자동차의 배출허용기준을 대폭 강화할 수 있도록 결정적인 역할을 하였다. 또한 삼원촉매장치가 사용됨으로써 촉매의 피독을 방지하기 위하여 무연연료를 도입하였으며, 촉매로 사용되는 백금(Pt), 로듐(Rh), 팔라듐(Pd) 귀금속은 자동차가 주요 수요처가 되었다.

삼원촉매장치가 효율적으로 작동하기 위해서는 엔진에 공급하는 공기연료 혼합기를 이론공연비(stoichiometric air-fuel ratio) 영역으로 정밀하게 공급해야 하므로, 기존의 기화기(carburetor)를 사용하는 연료공급 방식으로는 공연비 공급 제어가 어려웠다. 솔레노이드 장치를 이용한 연료분사 인젝터와 산소센서(이후 공연비 센서도 사용)를 사용하여 공기연료 비율을 전자식으로 제어하는 전자제어식 연료공급장치(ECU)가 자동차배출가스 대책 기술을 위하여 최초로 도입되었으며, 이후 전자제어 기술과 함께 화학 및 전자 관련 부품이 엔진과 자동차에 중요한 기술로서 빠르게 도입되었다.

휘발유자동차에는 거의 배출되지 않는 매연과 입자상물질(PM; Particulate Matters)이 배출되고, 질소산화물(NOx)도 월등하게 높게 배출되는 경유 승용차는, 경유차 배출허용기준이 완화된 유럽을 중심으로 운행되었다. 그러나 계속 강화되는 배출허용기준에 대응하지 못하면 경유자동차 생존이 위협받게 되는 위기에 처할 수 있는 상황이었으나, 2000년에 매연과 PM을 휘발유차 수준으로 줄일 수 있는 매연여과장치(DPF; Diesel Particulate Filter)를 프랑스 푸조(Peugeot)사에서 최초로 경유 승용차에 상용화함으로써 돌파구를 찾게 되었다.

이후 NOx를 저감하는 요소수 선택적촉매환원(Urea-SCR; Selective Catalytic Reduction)장치와 흡장형질소산화물촉매(LNT; Lean NOx Trap)를 경유차에 적용함으로써, 경유차에서 배출되는 규제 배출가스는 휘발유차와 동등한 수준으로 개선되었다.

유럽을 중심으로 발달한 경유 승용차는 연비와 온실가스 배출이 휘발유차에 비해 우수하며 배출가스도 동등한 수준으로 개선되면서 클린디젤(clean diesel)로 홍보하면서, 2006년에 다임러크라이슬러(Daimler Chrysler)사에서 DPF+LNT와 DPF+SCR 장치로 구성한 블루텍(BlueTec) 시스템을 장착하여 미국 시장에 최초로 경유 승용차를 진입시켰다.

2) 폭스바겐 스캔달과 경유차 퇴출

수송분야는 전 세계 온실가스의 약 14%를 배출하지만, 이보다 배출 기여도가 높은 발전(25%)이나 산업(21%) 부문보다 비교적 대응이 쉬워 자동차 온실가스 저감이 특히 강조되고 있다. 연비가 좋을수록 온실가스 배출이 줄어들기 때문에, 유럽 자동차회사들은 CO_2 감축의 핵심으로 경유차를 내세워 보급을 확대했다. 디젤엔진은 DPF 장치를 표준부품으로 적용하여 매연이나 PM 배출을 줄이고, NOx도 SCR이나 LNT 등의 후처리장치를 사용하면 휘발유차와 차이가 없으면서, CO_2는 휘발유차보다 20% 이상 적게 배출되기 때문에, 디젤엔진은 더 이상 더러운 엔진(dirty engine)이 아닌 클린디젤(clean diesel)이라고 홍보하면서 보급 확대의 당위성을 주장하였다.

그러나 환경단체들은 경유차 배출물인 PM, NOx 등이 인체에 미치는 유해성에 대한 우려가 해소되지 않았기 때문에, 경유차로 선회하는 것에 대해서는 우려가 여전하였다.

미국에서는 2006년부터 DPF+LNT와 DPF+SCR 장치로 장착한 유럽산 경유 승용차가 판매되면서 시장 확대를 기대했다. 그러나 2015년에 미국 시장에서 운행하던 폭스바겐 경유 승용차가 NOx 저감장치인 EGR과 SCR 장치를 조작(defeat device)함으로써 실제 도로주행 시에 인증기준보다 15배에서 35배까지 질소산화물을 많이 배출한다는 것이 발각된 폭스바겐 스캔달(VW Scandal)이 발생하였다.

NOx 저감 기술은 연비에 나쁜 영향을 미치기 때문에 연비가 우수하다는 경유자동차의 명성을 지키고 경유차 경쟁력을 유지하기 위해서 속임수를 사용한 것이다.

폭스바겐은 미국에서 판매한 48만대의 차량을 리콜하고 $43억의 벌금을 부과받았다. 또한 전 세계에 판매된 1,100만대의 경유 승용차에도 동일한 defeat device software를 사용했다고 밝혔다. 이 사건 이후 전 세계 경유 승용차 제조사들이 조사대상이 되면서 경유차에 대한 불신이 급속하게 확산되었다.

실도로 주행 시 경유차에서 높게 배출되는 NOx에 의해 생성된 2차 미세먼지가 대도시의 나빠진 공기오염의 원인으로 확인되면서, 정부와 시민들의 클린디젤에 대한 믿음이 무너졌고 자동차회사에 속은 분노와 불신이 커졌다.

공기오염이 심해진 파리와 런던 등의 유럽 대도시들은 경유차 운행 중단을 선언했으며, 디젤엔진 기술의 자부심이며 경유차의 본고장인 독일에서도 경유차 운행을 중단하는 사태가 발생하였다. 이미 2012년에 WHO 산하 암연구소(IARC)에서는 경유자동차 배기가스를 사람에게 암을 일으키는 1군(Group 1) 발암물질로 분류한 바 있었다.

폭스바겐 스캔달은 디젤엔진의 신뢰를 무너뜨리고, 어렵게 쌓는 클린디젤의 명성을 잃게 했다. 결국 경유차는 시장에서 퇴출 위기에 놓였으며, 이는 내연기관자동차의 판매 중단으로까지 확대되는 도화선이 되었다.

(2) 온실가스 배출규제와 내연기관자동차 중단 선언

자동차의 CO_2 규제는 EU를 중심으로 추진되었으며 1998년 10월 룩셈부르크에서 개최된 EU 환경이사회에서 2008년까지 신규 자동차의 CO_2 평균배출량을 140g/km으로 낮추고 2012년까지 120g/km으로 강화하는 새로운 자동차 이산화탄소 배출제한 협약을 승인함으로써 시작되었다.

미국 캘리포니아의 CARB는 자동차 CO_2 규제를 2009년에 승용차(PC/LDT1) 323g/mi(201g/km)로 시작하였으며, 미국 정부(EPA)에서도 2012년에 승용차 승용차 263g/mi 기준을 시행함으로써 자동차 온실가스 규제를 본격적으로 시작하였다.

대형자동차 온실가스 규제는 일본이 2015년에 트럭 7.09km/L(369.6 CO_2 g/km), 버스 6.30km/L(416.0 CO_2 g/km) 연비기준을 설정함으로써 세계에서 가장 먼저 시작하였으며, 이어서 미국이 2017년에, EU는 2019년부터 대형차 온실가스(연비) 기준을 시행하기 시작하였다.

온실가스 배출은 엔진 연비와 직접 관계가 있으며 CO_2 140g/km의 규제는 1990년대 자동차 평균연비의 25% 이상 향상을 요구하는 것으로써 엔진 기술은 고연비기술 개발의 새로운 도전에 직면하게 되었다.

일본 자동차회사를 중심으로 1997년에 기존 엔진보다 연비가 20% 이상 우수한 직접분사식 가솔린엔진(GDI; Gasoline Direct Injection)을 출시하면서 가솔린엔진 기술을 선도했다. 1999년에 독일의 폴크스바겐은 고속직접분사식(HSDI; High Speed Direct Injection) 디젤엔진을 탑재한 세계 최초의 3리터 카(3리 터 연료로 100km 주행) 루포(Lupo)를 출시하면서 전자제어식 HSDI 엔진이 디젤 내연기관을 주도하기 시작했다.

경유연료에 낮은 세금을 부과함으로써 운전자들이 경유차를 사용하게 하고, 프랑스나 스페인 등에서는 경유차 구매 시에도 낮은 세금을 부과하면서 경유차 사용을 장려하였다.

한편, 1997년에 체결된 교토의정서는 선진국에만 온실가스 감축의무를 부과하는 체제이기 때문에 기후변화 대응에 한계가 있었으며, 개도국도 함께 참여하는 신기후체제 파리협정(Paris Agreement)을 2015년 12월에 출범하였다.

이때 산업화 이전 대비 지구 평균기온 상승을 1.5℃ 이하로 제한하기 위한 노력을 촉구하고 온실가스의 가장 큰 발생원인 화석연료 사용을 중단하자는 화석연료 시대의 종언(The end of the fossil fuel era)을 채택하였다. 영국, 프랑스, 독일 등의 유럽을 중심으로 2025년부터 2040년경에는 화석연료를 사용하는 내연기관자동차 판매를 중단하겠다고 선언하였으며 전 세계의 여러 국가가 이에 동조하였다. 또한 폭스바겐, 볼보, 메르세데스벤츠를 포함한 많은 자동차회사도 내연기관 개발과 생산 중단 계획을 발표하였다.

내연기관자동차를 대신할 자동차는 리튬 이차전지를 사용하는 전기자동차(EV; Electric Vehicle)와 수소연료전지를 사용하는 연료전지자동차(FCV; Fuel Cell Vehicle)가 자리매김하고 있으며, 전기와 수소연료 생산은 온실가스 배출이 없는 태양광이나 풍력 등에 의한 재생에너지가 해법으로 제시되어 있다.

도요타는 가솔린엔진과 전기모터를 함께 사용하는 하이브리드자동차(HEV; Hybrid Electric Vehicle)인 프리우스(Prius)를 1997년에 발표하여 전기자동차 시대로 가기 위한 과도기의 징검다리 기술로 사용되기를 기대하고 있으며, 미국을 중심으로 개발된 플라그인 하이브리자동차(PHEV; Plug-in HEV)도 전기차 시장 확대에 한 축을 담당하고 있다.

1.3. 미래 친환경자동차 시대 도전

미세먼지로 인한 대기오염이 심각해지면서 경유자동차가 비판의 대상이 되었고, 여기에 더하여 파리협정에서 지구온난화의 주범인 화석연료 사용을 중단해야 한다는 선언이 나오면서 내연기관자동차는 직격탄을 맞고 퇴출 대상이 되는 신세가 되고 말았다. 향후의 자동차 시장에서는 내연기관자동차는 사라지고 전기자동차와 수소연료자동차와 같은 친환경자동차로 대체되는 것이 기정사실로 받아들여지고 있으며, 2050년이 목표 시점으로 설정되고 있다.

국제에너지기구인 IEA(International Energy Agency)가 제시한 '450 시나리오의 블루맵(Blue Map)'에 따르면, 2050년에는 전기를 사용하는 자동차가 전체 판매의 81%를 차지하고, 순수 내연기관자동차는 19%로 줄어들 것으로 전망한다. 그러나 전기사용 자동차에는 내연기관을 함께 사용하는 HEV, PHEV가 포함되어 있어서, 56%에서는 여전히 내연기관이 사용될 것으로 전망한다. 즉, 2050년 이후에도 내연기관의 역할이 완전히 사라지지는 않을 것임을 예상할 수 있다.

그러나 전기자동차와 수소연료전지차 사용은 재생에너지로 발전하여 온실가스 배출이 없는 전기와 수소를 사용하는 것을 전제로 하는 것이다. 결국 미래의 친환경자동차 시장변화는 미세먼지와 온실가스 이슈에서 시작하였지만, 본질적으로는 화석연료와 재생에너지 간의 치열한 경쟁인 '에너지 패권 이슈'로 귀결하게 된다.

따라서 재생에너지가 얼마나 빠르게 화석연료를 대체하느냐가 핵심 변수이며, 미래자동차가 에너지(연료) 시장을 끌고 갈 것인지, 아니면 에너지가 미래자동차의 방향을 결정하게 될 것인지가 중요한 관전 포인트다.

세계 권력을 주도하고 있는 미국의 움직임을 살펴보면 향후의 변화를 예측하는 데에 도움이 된다. 미국은 2007년부터 셰일가스와 셰일오일을 생산하기 시작했으며, 2014년에는 세계 최대의 산유국으로 변신하였다. 만성적인 에너지 수입국에서 에너지 수출국으로 전환하고 더 이상 OPEC의 눈치를 볼 필요가 없어졌다. 셰일가스 성분은 메탄(천연가스)으로써 기존의 수입 가스 가격의 1/5 수준으로 생산할 수 있어 제조업의 경쟁력 회복과 대규모의 고용시장이 창출되면서 미국 경제 활성화의 중요한 동력이 되었다. 이에 따라 미국은 원자력과 재생에너지 중심의 정책에서 셰일가스 중심으로 에너지 정책으로 전환하였다.

전 세계의 셰일가스 매장량은 200년, 길게는 500년 이상 사용할 수 있을 것으로 추정된다. 셰일가스는 화석연료이지만 석탄이나 석유보다는 청정연료이며 온실가스 배출도 적기 때문에, 재생에너지가 경제성을 가지고 충분한 양이 생산될 때까지는 석탄과 석유 사용을 줄이면서 '과도기적 대안 연료'로 사용될 전망이다. 미국의 의도는 화석연료이지만 청정성이 높은 셰일가스를 석유 대신 대체하고, 생산 비용이 많이 드는 저탄소 재생에너지는 경제성을 확보해 가면서 사용을 늘려가자는 것이다. 예를 들면 석탄발전 대신 가스발전으로 전환하면 온실가스 발생을 절반으로 줄일 수 있으니 당장 생산을 늘리기가 쉽지 않은 값비싼 재생에너지 발전 대신 셰일가스 사용을 늘리는 것이 온실가스 저감에도 현실적이라는 것이다.

전문가들은 미래의 자동차 동력원이 이차전지를 사용하는 전기자동차와 수소연료를 사용하는 연료전지자동차로 전환될 것으로 예상하지만, 연료비용, 저장과 운송, 인프라 구축, 적용 대상 차량에 따라 어느 편이 우세할지를 가늠하고 있다. 예를 들면, 수소연료는 전기에 비해 저장과 수송 측면에서 유리하기 때문에 장거리를 운행하는 대형차량에 적합하며, 전기충전소 설치가 용이한 시내는 전기승용차 중심으로 보급하자는 주장 등이다.

온실가스 배출이 없는 수소는 재생에너지로 생산된 전기를 사용하여 수전해 분해로 생산하기 때문에 전기에 비해서 가격이 높을 수밖에 없다. 한편 IEA에서 예측하는 2050년 수소의 95%는 천연가스 개질(reforming)과 CCS(Carbon Capture and Store)로 생산될 것으로 예상하고 있어서 전기자동차와 수소자동차의 경쟁 결과를 예측하기가 쉽지는 않다.

결국 자동차 시장의 미래는 장기적으로는 전기차와 수소연료전지차의 경쟁에 달려 있지만, 중단기 관점에서는 내연기관자동차가 여전히 시장의 중요한 축을 유지할 것이다. 내연

기관자동차에서도 HSDI 디젤엔진과 GDI 가솔린엔진 경쟁에서 온실가스에 유리한 디젤엔진이 가솔린엔진을 밀어낼 것인지, 아니면 경유차 퇴출 분위기에 따라 휘발유자동차만 남을 것인지, 또는 HEV나 PHEV가 빈자리를 메울지가 관심사이다.

2절 | 엔진기술 발전

2.1. 포드 모델티(Model T) 엔진

독일에서 시작하여 유럽을 중심으로 발달하여 오던 내연기관자동차 기술이 미국으로 이동하면서 포드자동차의 대량생산 체계에 의해서 본격적인 내연기관자동차 시대를 열게 된다. 부유층에서만 사용하던 2,000달러 이상의 동력자동차를 20년이 지난 1908년에 포드가 850달러로 낮추었으며, 36년 이후인 1924년에는 290달러로 1/7가량 가격을 내리면서 일반 대중도 구매할 수 있는 내연기관자동차의 대중화 시대를 열었다.

헨리 포드는 1863년 7월 31일에 미국 중부에 있는 미시간주의 농촌 마을인 그린필드 타운십에서 3남 2녀의 맏이로 태어났으며, 이 동네는 디트로이트와는 그렇게 먼 거리는 아니었다. 포드는 어릴 적부터 기계에 대한 호기심과 재능이 많아서 수리하고 만드는데 재주가 있었으며 동네 사람들의 시계를 고쳐주는 수리공을 하기도 했다.

포드는 에디슨이 설립한 에디슨 일루미네이팅사(Edison Illuminating Company)에서 1891년부터 1899년까지 엔지니어로 일을 했으며, 여기에서 일하는 동안 가솔린엔진을 연구하여 1893년에 2기통 엔진을 개발하였다.

1896년 5월에 포드가 개발한 2기통 엔진을 4륜마차 차체에 장착하여 "쿼더리사이클(Quadricycle)"이라고 이름 붙인 자동차를 제작하였다. 이는 자전거 두 대를 옆으로 연결해 놓은 것처럼 생긴 네발자전거라는 뜻이며, 헨리 포드가 만든 최초의 자동차이다. 2인승 차체에 4마력 엔진으로 시속 45km를 달린 이차는 지금도 포드 박물관에 소장되어 있다.

이때 포드는 에디슨을 만나게 되면서 자신이 개발한 자동차에 대한 칭찬과 격려를 듣게 되면서 발명왕과 자동차왕은 오랫동안 교류를 가지게 된다(그림2.1).

포드는 1899년 8월에 "디트로이트 자동차 회사"를 차렸지만, 품질과 가격 경쟁에서 뒤져서 1901년 1월 파산하면서 포드의 첫 창업은 실패하게 된다. 재창업한 포드는 1901년 10월에 29마력 엔진을 장착한 새 자동차 모델을 제작하고 상업적인 성공을 거뒀다. 이에 힘입어서 1901년 11월 30일에 "헨리 포드 자동차회사"를 설립하고 수석 엔지니어를 맡았으나 주주와의 불화로 인하여 이듬해에 회사를 떠났으며 회사는 캐딜락 자동차로 바뀐다.

1902년 10월에 80마력의 출력을 가진 "999 모델"로 자동차 경주대회에서 우승하면서 명성을 얻은 포드는 디트로이트 지역의 석탄 딜러인 알렉산더 말콤슨의 지원을 받아 3차 창업인 "포드&말콤슨사"를 설립하였다. "포드&말콤슨사"는 1903년 "포드 자동차"로 이름을 바꾸었으며, 포드 자신과 말콤슨, 그리고 부품 공급자인 닷지 형제 등의 주변 자본을 끌어 모았다.

포드는 상류층의 전유물이던 자동차를 중산층도 구매할 수 있는 저렴한 가격으로 생산하여야 자동차가 대중화될 수 있다고 생각하고 보급형 차를 만들 계획을 세웠다. 보급형 차를 설계할 때 전체 부품들이 서로 용도는 달라도 강도와 내구성은 비슷해야 하고 구조가 단순하고 다루기도 쉬워야 한다고 믿었다.

또한 포드는 자신의 자동차는 기술로 승부해야 한다고 생각하고, 이를 보여 줄 수 있는 확실한 방법은 속도라고 생각했다. 자신의 자동차를 세인트 클레어 호수의 얼음 위에서 시속 146.9㎞라는 경이적인 속도를 달성하여 이름을 알렸으며, 자동차 경주에서도 자기 자동차를 출전시켜서 홍보하였다.

이런 노력의 결과로 1903년 7월에 일반인들이 탈 수 있는 자동차를 발표하면서 주문이 쏟아지기 시작했다. 다음 해인 1904년 포드는 거의 600대 가까운 차를 만들어 팔았으며, 10만 달러가 넘는 거금을 벌었다. 그 수입으로 대형 공장을 새로 지었으며 1905년이 시작될 무렵에는 매일 25대의 차를 제작하고 종업원도 300명으로 불었다.

그림 2.1 Henry Ford(1863~1947)(좌)와 Thomas Edison(1847~1931)(우)

(1) 모델티 자동차

포드 자동차의 신화가 시작되고 명실상부한 내연기관자동차 시대를 연 모델티(Model T) 자동차(그림2.2좌)는 1908년 8월 12일에 제작되어서 9월 27일에 공장에서 출고되었으며, 1927년 5월 26일까지 1,500만대가 생산되었다. 모델 체인지를 하지 않고 20년 동안 1,574만대를 판매한 전무후무한 기록을 세웠다. 물론 이것은 획기적으로 자동차 가격을 낮출 수 있었던 것에 기인하게 된다(그림2.2우).

포드는 첫 번째 개발 모델을 모델에이(Model A)로 시작하여 모델티까지 알파벳 이름을 붙여 전부 20개 모델을 개발하였다.

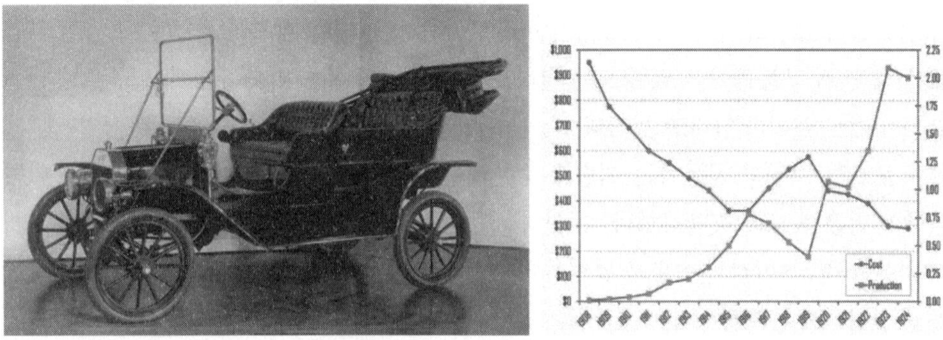

그림 2.2 1909 Model T(좌)와 Model T 가격과 판매 현황(우)

출처: Courtesy of the Ford Motor Company.
"Henry Ford: Father of mass production", weebly.com

모델티는 포드자동차가 1913년에 도입한 그 유명한 이동 조립벨트(moving assembly lines)(그림2.3)에서 생산된 최초의 자동차이다. 헨리 포드는 자동차 한 대 조립에 12시간이 걸리던 것을 1시간으로 단축하는 대량생산(mass production) 혁명을 자동차산업에 도입하여 자동차 대중화를 이끈 주역으로써 칭송받고 있다.

포드는 조립라인이라는 개념을 먼저 부품들의 하위 조립공정에 적용해서 40%의 생산성이 향상되는 것을 확인했다. 이 조립라인을 계기판, 엔진, 차대로 확대 적용하고 완성차 조립라인을 전면적으로 구축하였다. 디트로이트 인근에 있는 시카고는 식육 공장 천지였으며, 가축 공장의 해체(disassembly) 방식이 영향을 미쳤을 것으로 생각된다.

포드는 이 자동차를 825달러 가격으로 시장에 선보였으며 1924년경엔 260달러로 떨어졌으며, 소품종 대량생산으로 수익성을 높임으로써 판매 가격을 낮추어서 시장에 내놓은 포드 모델티는 그 당시 혁신의 아이콘이 되었다.

당시에 제작된 대다수 자동차는 신흥 엘리트용으로 고급스럽고 값이 비쌌다. 이런 상황에서 실용적이며 쉽게 살 수 있는 모델티가 파격적인 것은 당연했다.

포드가 마음에 품었던 생각은 "내가 만드는 자동차는 대중을 목표로 한다. 웬만큼 버는 사람이면 누구나 한 대씩 가질 수 있게 하겠다"였다. 모델티는 틴 리지(Tin Lizzie)라는 애칭이 붙으면서, 사람들에게 전대미문의 이동성을 가지게 해 주었으며, 특히 농촌 생활의 고립과 소외가 해소되었다.

포드는 자동차의 최초 발명가도 아니고, 이동 조립 벨트의 창안자도 아니지만, 뛰어난 혜안과 사업 감각으로 누구도 상상하지 못한 방안들을 과감하게 비즈니스에 적용하여 성공을 이루면서, 대량생산 시대와 마이카시대라는 새로운 두 시대의 문을 연 주인공이 되었다.

1925년에는 260달러까지 1/10 수준으로 가격을 낮춤으로써 부자들의 호사품으로만 여겨지던 자동차를 중산층뿐만 아니라 시골의 농부들도 자동차를 몰고 농사할 수 있게 했고 이에 따라 자동차의 대중화 시대로 가는 자동차의 수요를 촉발함으로써, 포드 모델티가 내연기관자동차 시대(motorization)를 여는 시발점이 되었다.

그림 2.3 Ford plant in the 1930s River Rouge, west of Detroit, Michigan, c. 1930s. Built between 1917 and 1925, it became the model for assembly-line production.

출처: "Ford and the automotive revolution".
https://www.britannica.com/technology/automobile/Ford-and-the-automotive-revolution

모델티의 샤프트와 스프링, 차축은 바나듐으로 제작되었으며 기존의 탄소강보다 가벼우면서도 더 튼튼했다. 4기통 엔진도 한 개의 블록으로 제작되었고, 엔진헤드를 분해할 수 있어서 당시로서는 매우 혁신적인 설계였으며, 엔진 내부 접근이 쉬워서 제작과 수리도 간편했다.

또한 모델티는 부품 교환 시스템을 대폭으로 채택하여 고장 난 부품을 싸고 신속하게 교체할 수 있었다. 모델티의 운전 조작법은 그 당시의 다른 자동차에 비하면 조작이 간단하고 고장 시 수리도 쉽고 저렴한 비용으로 할 수 있도록 설계되었다.

모델티 자동차는 검은색으로만 판매된 것으로 알려져 있으나, 1913년까지는 회색, 초록색, 파란색, 붉은색으로 도색되고 검은색은 없었다. 그러다가 1914년부터 검은색(Japan black enamel)으로 바뀌었다. 가격이 싸고, 색상이 오래가고, 건조 시간이 빠른 이유 때문이다.

모델티의 최고속도는 시속 40마일(64km)이고, 연비는 휘발유 1갤런으로 20마일을 갈 수 있었으며, 20년 동안 도로를 지배하다가 1927년에 생산을 중단하며 그 자리를 제너럴 모터스의 라살(LaSalle)에게 넘겨줬다.

모델티는 자동차가 세상을 변화시키는 이동 수단의 역할을 제대로 하였으며, 이후의 자동차는 자기표현의 수단이며 신분 상승의 수단으로 변화되었다. 모델티는 단순하고 소박함과 전적으로 실용적이었으나 라살은 생동감과 맵시가 넘쳤다. 모델티가 시골(country)스럽다면 라살은 컨트리클럽(country club)이었다.

(2) 모델티 엔진

모델티에 장착된 엔진(그림2.4, 2.5)은 배기량 2.9리터에 4 실린더, 압축비 4.5:1로 20마력의 성능을 가지고 있었으며, 뛰어난 부품이나 기능을 가진 것보다는 중요 부품이 없이도 잘 작동하도록 설계되어 있다.

티엔진의 비출력은 6.9hp/L로서 110년이 지난 오늘날의 90ps/L에 비교하면 1/13 수준이지만, 최초의 내연기관자동차인 1888년의 페이턴트 모터바겐에 사용된 벤츠엔진 0.7hp/L에 비하면 20년 사이에 비출력이 10배가 향상되어서, 초기 20년 동안이 이후 100년과 비슷한 수준의 기술 발전이 이루어진 것을 알 수 있다.

오일펌프(oil pump)가 없이 오일팬에 담겨있는 오일을 크랭크로 비산시켜서 베어링, 캠, 리프트(lifters)를 윤활시켰다. 워터펌프(water pump)도 없으며, 엔진에 의해서 냉각수 온도가 상승하면 대류(convection)에 의해서 라디에이터에 있는 차가운 물이 순환하여 엔진을 냉각시키도록 설계되어 있으며, 일부 운전자는 보조 냉각수를 가지고 다녔다.

연료펌프(fuel pump)도 없으며, 좌석 밑에 장착된 연료탱크에서 중력으로 기화기(carburetor)에 연료를 흘려보내며, 기화기는 아이들스톱과 혼합기 니들(mixture needle)을 조정할 수 있는 구조로 되어 있으며 운전수가 운전석에서 혼합기를 조정할 수 있다.

엔진 점화시스템도 매우 간단한 구조이다. 엔진 앞쪽에 설치되고 캠샤프트로 구동되는 배전기(distributor) 구조이며, 운전자가 조정핸들 옆에 있는 레버를 조작하여 배전기 캡을 돌려서 점화시기를 조정하게 되어 있다. 엔진 시동시는 TDC(Top Dead Center) 뒤로 완전히 지각(retard) 시키고 엔진 시동이 걸리면 바로 진각(advance) 시킨다.

휘발유(gasoline)나 석유(kerosene), 벤젠, 곡물 알코올(grain alcohol) 등 다양한 연

료(multifuel)를 사용할 수 있도록 설계되었으며, 특히 헨리 포드가 농촌에서 자랐기 때문에 농부와 농촌지역 주민들을 염두에 두고 농부들이 재배한 작물로 제조할 수 있는 연료를 사용할 수 있도록 설계했다. 운전석 계기반에 휘발유와 에탄올, 또는 석유와 벤젠을 전환해서 사용할 수 있는 스위치도 설치했다.

특히 헨리 포드는 자동차 연료 공급원으로 바이오연료에 깊은 관심을 가졌으며, 뉴욕타임스에 다음과 같은 포드의 기고문이 실리기도 했다. "미래의 연료는 과일이나 잡초, 톱밥 등 거의 모든 것에서 생산될 수 있으며, 발효시킬 수 있는 모든 채소도 연료가 된다. 감자에서 얻은 알코올 연료로 기계가 백 년을 경작에 사용할 수 있다." 오늘날 기후변화 대책으로 큰 관심을 두고 있는 바이오연료 생산을 헨리 포드는 100년 전에 실현하려고 했다.

모델티 자동차 생산이 중단된 이후에도 엔진은 정비 대체용으로 1941년 8월까지 17만 대가 생산되었다.

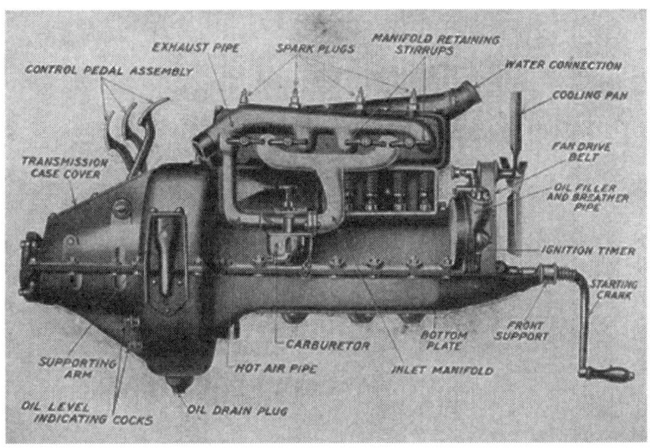

그림 2.4 포드 모델티 엔진 구조(1908); 2.9L Inline 4 Cylinder, 20hp

그림 2.5 모델티 엔진

출처: "Historic Engines - The Ford Model T", Jeff Zurschmeide, Enginelabs, 2017.1.12.

(3) 포드 전기차

포드가 저가의 모델티를 개발함으로써 증기자동차와 함께 전기차를 사라지게 했지만, 에디슨과 함께 전기차를 개발한 사실은 그렇게 많이 알려지지는 않는다.

전기자동차가 미래교통 수단의 주역이 될 것이라는 강한 신념을 가지고 있던 토마스 에디슨과 생각을 같이 한 포드는 전기자동차 개발에 상당한 투자를 하였다. 그러나 전기차가 내연기관자동차 경쟁에서 이기려면 가격을 낮추는 것이 가장 절실하였다. 헨리 포드는 에디슨과 함께 몇 년간 저렴하면서 실용적인 전기차 개발을 해왔으며, 가볍고 장거리를 운전할 수 있는 배터리 개발이 핵심이라는 사실을 1914년 1월 뉴욕타임스에서 밝히기도 했다.

1915년경의 에디슨-포드 전기차는 $500~750 사이의 가격으로 1회 충전으로 50~100마일을 운행할 것이라는 기사가 나기도 했다. 포드는 전기차 개발을 위하여 1.5백 달러를 투자하고 10만 개의 에디슨 배터리를 구매했으며, 1913년에 실험용 전기차를 제작하여 최고속도 25 mph를 보였다.

1914년에는 2차 시험용 전기차(그림2.6)를 제작하였다. 모델티 프레임에 현가장치와 전축(front axle), 조향장치를 사용하였다. 1차 시험차에서는 모터가 운전석 뒤편에 설치되었으나, 2차 시험차에서는 좌석 앞쪽, 배터리 가까이에 설치하였다.

1914년 12월에 뉴져지 웨스트 오렌지(West Orange)에 있던 에디슨 작업실에 화재가 발생하면서 전기차 프로젝트가 중단되었으며, 오일 카르텔의 방해도 연관성이 있는 것으로 알려졌다.

그러나 이 시기에 모델티 내연기관자동차가 선풍적으로 판매되어 사업이 급속하게 확장되었고 값싼 배터리 개발이 지연되면서 전기차 개발은 포기되지 않았을까 추측이 된다. 후세에서는 전기차는 포드가 죽였으며, 전기차의 배신자라고 언급하는 사람들도 있다.

그림 2.6 포드 2차 실험 전기차(1914)
모터 개발 전기기술자인 Fred Allison 가 탑승하고 있음.

출처: "Ford, Edison and the Cheap EV That Almost Was", Daniel Strohl, Hemmings, 2010.6.18.

2.2. 다기통 엔진

1888년에 칼 벤츠가 세계 최초로 판매한 내연기관자동차 "페이턴트 모터바겐"은 단기통 엔진을 탑재하였다. 그러나 자동차가 대중화되면서 속도와 출력이 높은 자동차에 대한 기대는 당연하였으며, 이를 위해서는 높은 출력의 엔진이 필요했다.

엔진 출력을 향상하기 위해서는 엔진 연소실을 키우거나 연소실 개수를 늘리는 방법이 가능하다. 그러나 가솔린엔진에서는 연소실을 크게 하는 것은 데에는 한계가 있었으며, 따라서 엔진 연소실 개수를 늘리는 다기통 엔진으로 급속하게 발전하게 되었다.

내연기관 초기에는 제조가 간단하고 비용도 저렴한 이유로 연소실을 일직선으로 배열한 직렬형 엔진이 개발되면서 4기통 직렬엔진은 자동차 엔진의 대표로 자리를 잡게 되었다. 직렬형 엔진은 straight, in-line, linear engine 등 여러 이름으로 불리며, 4기통 직렬엔진은 L4로 표현되고 있다.

그러나 엔진 출력이 계속 커지면서 연소실 개수가 4개 이상으로 늘어나면서 직렬엔진의 길이가 길어져서 엔진룸을 차지하는 공간이 커지고 진동과 균형 문제 등이 발생하였으며, 이를 개선하기 위해서 6기통 이상의 브이(V) 형이 많이 사용되었다. V 엔진은 직렬형 엔진들의 두 개 열(bank)을 한 개의 크랭크축에 45~90도 각도로 설치하여 엔진 앞쪽에서 보면 V자 모양을 이루게 되면서 불린 명칭이다.

1896년에 칼 벤츠가 수평엔진(flat engine, boxer engine)을 설계하여 2기통 엔진을 선보였으며, 1903년에 수직 쌍발엔진(twin engine)도 생산하였다.

한편, 다임러가 설립한 DMG(Daimler Motoren Gesellschaft)의 수석 디자이너인 마이바흐(Maybach)는 1890년에는 4기통직렬(L4) 엔진을 최초로 개발하였으며, 5마력/620rpm 출력을 보였다. 이후 1895년에 벨트구동식 2기통직렬(L2) 엔진을 개발하고 1898년에는 2.1리터 8마력의 L4 엔진을 생산하였다.

1900년에는 흡배기 밸브 제어 기술을 적용한 6리터의 직렬 4기통, 35마력/950rpm의 Mercedes-35hp 엔진을 개발하여 자동차 개발의 표준으로 자리 잡으면서, 오늘날의 자동차 모습으로 진화하는 계기를 촉발하였다.

Mercedes-35hp 엔진은 DMG의 최대의 딜러인 에밀 젤리네크(Emil Jellinek)가 36대의 자동차를 주문하면서 딸의 이름을 붙인 다임러 메르세데스(Daimler-Mercedes) 엔진으로 부르기로 계약하면서 붙여진 이름이다.

이후에 배기량 9.3리터에 65마력(1200rpm) 엔진까지 개발하였으며, 마이바흐가 DMG에 근무하는 동안 개발한 마지막 엔진은 1906년의 L6 엔진으로 후기 엔진의 전형이 되었다.

Audi, Ford, GM, Mercedes-Benz, Volkswagen 등의 몇몇 자동차회사는 5기통직렬(L5) 엔진을 사용했으며, 아주 일부 자동차는 3기통직렬(L3) 엔진을 사용하기도 했다. 직렬 8기통 엔진도 고급 차에 사용된 적이 있지만 V형 엔진에 밀려났다.

마이바흐(Maybach)는 1889년에 570cc의 2기통 1.5마력/700rpm인 V2 엔진을 세계 최초로 개발하였다. 최초의 자동차용 V4 엔진은 1922년에 포드자동차에서 개발되어 1960년까지 란시아(Lancia)에 사용되었다. V6 엔진은 직렬 4기통 엔진 다음으로 많이 사용되었으며 1924년에 란시아 람다(Lancia Lambda)에 적용되었으며, 1950년에 란시아 오레리아(Lancia Aurelia)에 다시 소개되었다.

V8 엔진은 대형승용차용 엔진으로 사용되었으며 배기량이 4리터에서 8.5리터 이상까지 제작되었다. 최초 V8 엔진은 영국의 롤스로이스에서 레가리미트(Regalimit) 용으로 3.5리터 엔진을 개발하였으나, 양산으로는 1914년에 캐딜락(Cadillac)에서 5.1리터 70마력 엔진을 개발하여 Cadillac Type 51차량에 탑재하였으며, 세계 1차대전 시에 미국 전시부(War Department)에서 2천대의 Cadillac V8 모델엔진을 구입해 사용하였다.

BMW M5와 Dodge Viper에 V10 엔진이 사용되었으나 아주 적은 대수였으며, V12 엔진은 1912년에 Packard의 Double Six에 사용되어 2차 세계대전 이전까지는 고급 승용차에 다수 사용되었다. 그러나 2차대전 이후에 V8 엔진이 보편화되면서 V12 엔진은 인기가 식었으며, 페라리(Ferrari)나 람보기니(Lamborghini)에서 고성능 차량을 위하여 일부 사용하였다.

(1) 직렬형 엔진(L engine)

직렬형 엔진의 실린더 뱅크(cylinder bank)와 크랭크축(crank shaft)이 단일 소재로 성형되고 실린더 헤드와 캠축(cam shaft)도 적게 사용할 수 있어서 구조가 간단하고 가격이 싼 장점이 있다. 그러나 직렬4기통 엔진은 균형과 진동에 취약한 약점이 있다.

4행정의 직렬4기통 엔진에서 각 연소실은 크랭크축이 2회전 하는 동안 1 행정이 끝나기 때문에 1 행정의 주기는 720도이며, 따라서 4개의 연소실은 각각 180도 주기로 폭발 행정을 일으키게 된다. 한편, 직렬 6기통 엔진은 120도마다 폭발행정을 일으키기 때문에 4기통 엔진보다는 진동이 적고 매끄러운 회전과 부드러운 출력을 발생한다.

엔진에서 발생하는 진동을 줄이고 안정적인 균형 유지를 위해서 크랭크축 끝단에 큰 원판형의 플라이휠(flywheel)을 설치하여 크랭크축의 회전 불균형과 회전 진동을 억제한다(그림2.7).

또한 엔진의 2차 진동을 감소시키기 위하여 밸런스축(balance shaft)이 사용된다. 밸런스축은 동일한 편심 중량을 가진 2개의 축이 서로 반대되는 방향으로 회전하여 수직력을 발생시켜서 엔진에서 발생하는 수직 2차 힘을 상쇄시킨다. 밸랜스축은 1904년 영국의 프레드릭(Frederick W. Lanchester)이 발명한 Lanchester mass balance에서 시작되었으며, 직렬4기통과 V6 엔진에 흔하게 사용된다.

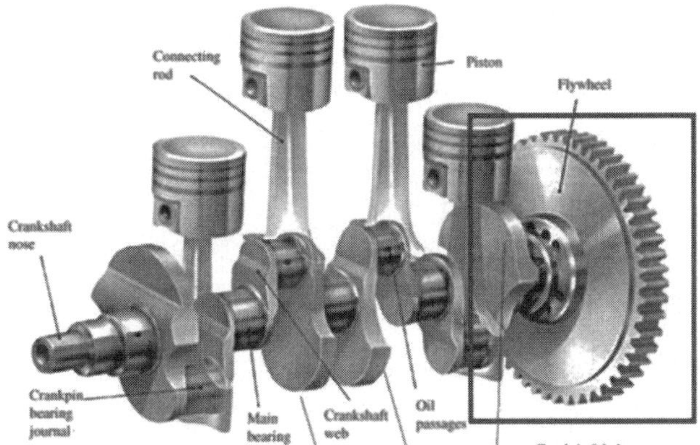

그림 2.7 피스톤과 크랭크축, 플라이휠 설치 구조

출처: "플라이휠 - 엔진의 회전을 부드럽게", 휠라이프, 2017.6.1.
https://m.post.naver.com/viewer/postView.nhn?volumeNo=7950889&memberNo=32594659

1) 직렬4기통 엔진

가솔린엔진은 실린더당 배기량 500~600cc가 회전력과 출력, 비용, 유지비 측면에서 가장 효율적이며, 현재는 1.3~2.5L 4기통 엔진이 가장 많이 사용되고 있다.

그러나 1927~1931년 사이의 초창기에는 벤틀리(Bentley) 4.25리터 엔진과 같은 배기량이 큰 가솔린엔진이 사용되기도 했으며, 디젤엔진도 배기량이 컸다. 유럽과 아시아 지역의 총중량(GVW) 7.5~18톤급의 트럭에는 3~5리터급의 직렬 4기통 디젤엔진이 사용되었다.

가장 작은 자동차용 직렬4기통 엔진은 1963년에 배기량 356cc의 혼다(Honda) T360 트럭에 사용되었으며 배기량 3.2리터급 직렬 4기통 엔진은 1999년에 미쓰비시(Mitsubishi) 파제로(Pajero)에 사용되었다.

초기의 경주용 자동차도 직렬 4기통 엔진을 사용했으며, 특히 1913년 인디애나폴리스 500경주에서 우승한 푸조(Peugeot) 엔진은 큰 영향을 주었다. 어니스트 헨리(Ernest Henry)가 설계한 이 엔진은 실린더당 4개의 밸브가 달린 더블오버헤드 캠축(DOHC; Double Overhead Camshafts)을 가졌으며, 오늘날까지도 경주용 차의 직렬 4기통 엔진의 표준이 되고 있다.

20세기 초에는 일반 승용차와 스포츠카 모두에서 큰 엔진들이 존재했다. 배기량 크기에 제한이 없었기 때문에 제조업체는 엔진 크기로 출력을 증가시켰다.

엔진 배기량을 10리터 이상으로 키워서 100마력 이상의 출력을 얻었으며, 그 시기의 가장 큰 직렬 4기통 엔진 중의 하나인 디트리히(De Dietrich) 17리터 엔진은 1970년대에 가장 큰 엔진으로 간주하던 캐딜락(Cadillac) 500의 8.2리터 V8 엔진의 두 배 이상의 크기였다. 이 엔진은 1,500rpm 미만의 낮은 속도에서 작동하여 10hp/L의 비출력(specific output)을 보였다.

현재도 자동차의 대표적인 엔진인 직렬4기통 엔진은, 포드 모델티 엔진으로써 초창기 자동차에 가장 많이 사용되었다. 1954년부터 1994년까지 40년간 사용된 알파로메오(Alfa Romeo Twin Cam) 엔진(그림2.8)은 알루미늄 합금 블록에, 최초로 트윈캠을 적용하여 배기량 1,290cc에 52hp/5,500rpm 출력을 보였다. 1990년에는 VVT (Variable Valve Timing)도 최초로 적용하였으며, 1914년에는 Twin spark를 사용하였다.

1968년부터 1981년까지 제작된 트리이엄프 슬랜트-4(Triumph Slant-4) 엔진도 멀티밸브(multi-valve)를 초창기부터 사용하였으며 사브(Saab)사 터보차저 엔진의 기반이 되었다.

2000년부터 2009년까지 사용된 2.0리터 혼다(Honda) F20C 엔진은 자연 흡기 엔진으로 가장 높은 출력(240마력)을 보였다.

그림 2.8 Alfa Romeo Twin Cam Engine(좌)과 Giulietta(1954)(우)

출처: Speedway motors museum of American speed.
https://www.museumofamericanspeed.com/alfaromeotwincam.html

2) 직렬6기통 엔진

직렬6기통(L6) 엔진의 가장 큰 장점은 실키식스(silky six)라는 별명이 붙을 정도로 부드러운 회전과 특히 가속 시 매끄러운 발진은 다른 엔진에서는 따라갈 수 없는 승차감을 보인다.

직렬4기통 엔진은 피스톤이 회전운동을 하는 크랭크샤프트에 180도 간격으로 연결되어 있어서 1번과 4번 피스톤이 위쪽으로 움직일 때 2번과 3번 피스턴은 반대 방향인 아래쪽으로 움직이기 때문에 상당한 불균형과 진동이 발생한다. 반면, 직렬6기통 엔진은 피스톤들이 크랭크샤프트에 120도 간격으로 연결되어 있어서 피스톤들이 서로 균형을 맞추어 운동하기 때문에 진동을 상쇄하는 미러링으로 진동 발생이 적고 밸런스가 좋아져서 엔진이 부드럽게 작동한다. 특히 진동과 소음이 큰 디젤엔진에서는 직렬 6기통 엔진이 선호되고 있다.

그러나 L6 엔진은 길이가 기므로 엔진룸의 공간을 많이 차지하고 엔진 자체의 강도가 떨어질 수 있으며, 캠샤프트와 크랭크 샤프트의 길이가 길어서 휘어짐도 발생할 수 있다. 또한 피스톤이 수직으로 서 있기 때문에 무게 중심이 높아서 경주용이나 스포츠카에 사용하기는 상당히 불리하다.

특히 앞바퀴 구동(front wheel drive) 방식에서 엔진을 가로로 배치하고 터보차저 설치가 보편화되면서 엔진룸의 설치 공간 때문에 직렬6기통 엔진은 브이6기통(V6) 엔진에 자리를 내어주게 된다.

직렬엔진을 수직보다 약간 비스듬하게 엔진룸에 설치한 슬랜트엔진(slanat

engine)은 엔진후드(hood, bonnet)의 높이를 낮추고, 워터펌프를 측면에 오프셋으로 장착할 수 있는 공간을 만들어서 엔진의 전체 길이를 단축할 수 있었다.

또한 경사진 실린더 블록은 엔진 옆 공간을 확보할 수 있어서, 직렬엔진에서 전형적으로 사용하던 갈퀴(rake) 또는 통나무(log) 형태의 흡배기관 가지(runners)들의 길이 차이를 줄일 수 있어서 실린더들에 균일한 연료공기 혼합기를 공급하고 유동을 개선함으로써 토크 곡선의 확장과 성능 향상을 가져올 수 있다(그림2.9).

그림 2.9 흡배기관 형태
좌: Rake type, 중 Log type, 우: Chrysler Slant 6 Intake manifold

출처: Alibaba.com, ls1tech.com, ebay.com.au.

슬랜트엔진은 1952년에 메르세데스 벤츠의 스포츠카인 300SL에 사용되기 시작했으며, 크라이슬러 G-엔진(그림2.10)으로 유명해진 직렬 6기통 슬랜트 엔진이 1960~70년대의 많은 차종에 사용되었다. 1959년에 30도 각도로 기울어진 2.8리터 엔진에서 시작하여 2000년에 3.7리터까지 제작되었다.

혼다(Honda)도 L4와 L5 엔진을 Honda S2000과 Acura Vigor 차에 슬랜트를 탑재하였으며, SAAB는 Saab 99차에 Triump Slant-4 엔진을 45도로 기울어서 사용하기도 했다.

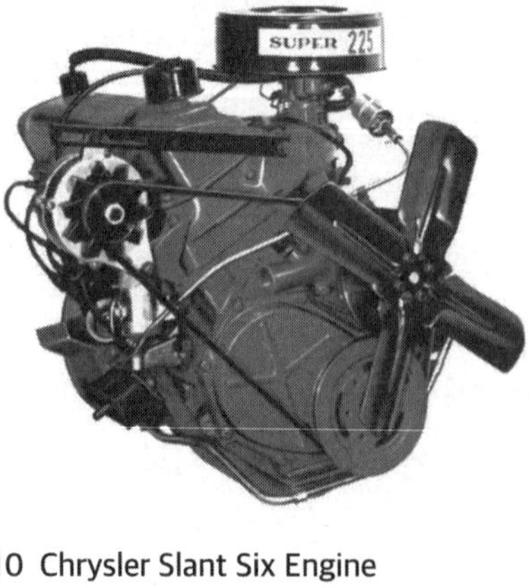

그림 2.10 Chrysler Slant Six Engine

출처: "Goobye Leaninf Tower of Power: The Slant 6 Chrysler of 1983", Tom Appel, 2017.3

3) 직렬8기통 엔진

미국의 프레드(Fred)와 오기 두센베르그(Augie Duesenberg) 형제가 알루미늄 합금의 실린더블록과 4밸브 실린더, 반구형(hemispherical) 연소실 헤드를 적용하여 더욱 강력한 출력을 가진 두센베르그 직렬8기통 엔진(Duesenberg Straight-8 engine)을 1921년에 제작하여 Duesenberg Model A 차량에 탑재하였으며, 미국 최초의 직렬 8기통 엔진 승용차를 판매하였다.

이 엔진은 1937년까지 생산되었으며 DOHC(Double-Overhead Camshafts), 슈퍼차저(supercharger) 등의 다양한 신기술을 적용하였다. 그러나 직렬 8기통 엔진은 2차 세계대전 이후에 가볍고 소형화(compact)되고 엔진룸 설치도 용이한 V8 엔진에 자리를 내어주었다.

(2) 브이형 엔진(V Engine)

1) V6 엔진

직렬6기통 엔진이 V형 엔진으로 대체된 중요한 2가지 이유가 있다.

첫째는 1980년대 미쓰비시가 직렬4기통 엔진의 진동을 개선하기 위해서 사용된 란체스터 밸런스축이 V6 엔진에도 적용되면서 V형 엔진의 진동이 크게 향상되었으며 직렬6기통 엔진의 부드러운 작동이 더 이상 큰 이점이 되지 못했다.

둘째는 V형 엔진의 길이가 짧아 엔진룸 설치 자유도가 높고, 차량 무게 중심을 낮추어서 자동차 전체의 무게 균형과 코너링 속도를 올릴 수 있다. 또한 자동차 연료 소비가 중요해지면서 자동차가 소형화되고 공간 효율이 중요해지면서 V형 엔진의 사용이 증가하였다. 또한 출력을 높이기 위해 사용하는 슈퍼차저나 터보차저를 장착하기도 더 쉽다.

그러나 V형 엔진의 단점으로는 직렬엔진에 비해 폭이 넓고, 부품이 많고 구조가 복잡하여 정비가 까다로우며, 엔진 무게가 증가하고 가격도 비싸진다. 따라서 V형 엔진은 고급 차와 배기량이 큰 차량에 주로 사용되며, 스포츠카와 레이싱카에도 V형 엔진을 사용하여 엔진 탑재 위치를 차의 중심에 배치하고, 차량 무게 중심을 낮추어서 자동차 전체의 무게 균형을 잡고, 코너링 속도를 올린다.

V형 엔진의 좌우로 분할된 실린더 블록을 뱅크라고 한다. 이 뱅크는 대부분 60도와 90도 뱅크각으로 연결되어 있는데, 보통 6기통은 60°V 엔진이며, 8기통은 진동을 최소화하기 위해서 90°V 엔진이다.

60°V6 엔진은 공간 구성에서 유리하기 때문에 승용차에 가장 널리 사용되며, 전륜 구동 방식의 가로 배치도 비교적 간단하고, 세로로 배치할 때는 길이가 짧은 V6 엔진 쪽이 충돌 안전 구조 공간을 갖추기에 유리하다.

엔진 다운사이징이 유행하면서 엔진의 기통수가 줄어들고 초대형 고급세단의 상징이었던 V12나 V10 엔진들이 사라졌으며, V8 엔진도 V6 엔진으로 대체되면서 급격하게 사라졌다. 즉 V6 엔진이 고급과 실용성을 겸비한 엔진으로 주목받으면서 다기통 대배기량 엔진의 대표 자리를 차지하고, 중형 세단 이상에서 V6 엔진이 폭넓게 사용되었다.

(그림2.11)은 1922년에 포드자동차 란시아(Lancia)에 사용된 최초의 자동차용 V4 엔진이며, (그림2.12)는 1924년에 란시아 람다(Lancia Lambda)에 적용된 V6 엔진이다.

그림 2.11 최초의 V4 엔진인 Lancia V4 engine(1922)(좌)과 Lancia Lambda 승용차(우) 2,100cc, 49hp/3,250rpm

출처: "Lancia V4 engine", Lancia Lambda" Wikipedia the free encyclopedia.

그림 2.12 Lancia V6 engine(1950)(좌)과 Lancia Aurelia 승용차(우) 1,800cc, 56hp (이후 2.0, 2.3, 2.5, 2.8L 엔진 개발)

출처: "Lancia V6 engine", Lancia Aurelia" Wikipedia the free encyclopedia.

2) W 엔진

W형 엔진은 크랭크샤프트 1개에 V형 엔진의 변형인 VR 엔진을 2개 연결해 놓은 형태이다. VR 엔진은 V형 엔진과 직렬형 엔진의 장점을 조합한 엔진으로써 독일어로 V 엔진(V-Motor)과 직렬엔진(Reihenmotor)에서 만들어진 이름이다.

직렬형 엔진은 엔진이 긴 단점이 있는 데 비해 V형 엔진은 길이가 짧은 장점은 있지만 엔진 폭이 넓어 과급기나 기타 장치들이 들어갈 공간이 협소하다는 단점이 있다. 이를 피하는 방법으로 폭스바겐은 V 엔진의 60~90도 뱅크각을 15도로 줄여 엔진 길이를 줄이면서 실내 공간까지 확보할 수가 있었으며, 실린더 헤드도 한 개이기 때문에 제작 단가도 줄일 수 있다(그림2.13).

폭스바겐은 W 엔진에 가장 적극적인 메이커이며, 2005년에 공개한 부가티 베이런(Bugatti Veyron) EB 16.4 하이퍼카(그림2.14)는 폭스바겐 그룹의 기술력을 총동원하여 8.0리터 쿼드터보 W16 엔진을 탑재했으며, 엔진 최고 출력 1,001ps, 최대 토크 127.6kg·m으로 차량의 최고속도는 407km/h였다. 이 기록은 양산 차 최초로 400km/h의 벽을 넘으면서 기네스북에도 올랐다.

베이런 W16 엔진은 4.0리터 8기통 VR 엔진 2개를 뱅크각 90도로 붙여서 만들었으며, 터보차저를 4개나 장착했다. 엔진에서 발생하는 열기를 식히기 위해 특수 제작된 라디에이터도 10개를 사용하였다. 당시의 플래그십 슈퍼카들은 주로 12기통 엔진에 트윈 터보차저 방식이 대부분이었으며, 따라서 부가티 베이론 엔진은 상상을 초월한 성능을 보였다.

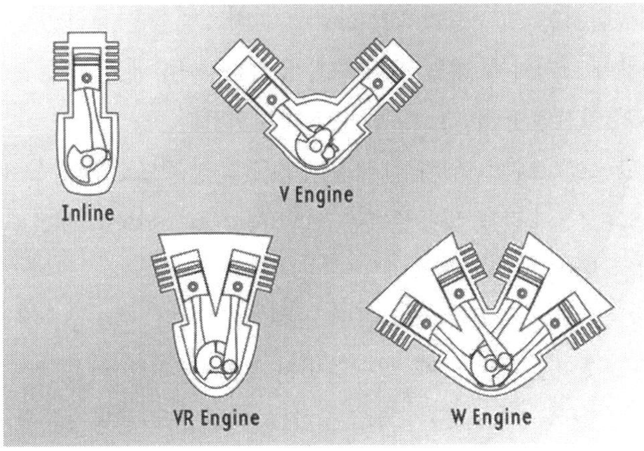

그림 2.13 I, V, VR, W engine (front view)

출처: "Engineering hall of fame: The Volkswagen "W" engine and the Bugatti W16", Cadenas PARTsolutions.
https://partsolutions.com/engineering-hall-of-fame-the-volkswagen-w-engine-and-the-bugatti-w16/

그림 2.14 Bugatti Veryon 16.4(좌) and W16 Engine(2005~2011)(우)

출처: "W16 engine", Wikipedia, the free encyclopedia

2.3. 경유자동차 엔진

루돌프 디젤이 1893년에 디젤 사이클의 특허를 받은 후에 1897년에 산업계에 판매할 수 있는 디젤엔진을 완성하였다. 그러나 디젤엔진과 연료공급장치를 구동시키기 위해서는 공기압축기, 공기탱크, 밸브, 배관들이 필요하여 엔진의 크기와 무게를 줄일 수가 없어서 자동차에는 적용할 수가 없었다. 대신에 기관차나 선박, 대형 설비, 발전소 등에 널리 사용되던 증기기관을 빠른 속도로 대체하면서 산업 동력원의 주체가 되었다.

루돌프 디젤이 개발한 엔진의 연료공급장치는 압축 공기를 이용하여 연료를 공기와 혼합시켜서 연소실로 공급하는 공기 블라스트(air blast) 시스템을 사용하였으며, 공기압축기 때문에 연료공급장치의 크기와 무게를 줄일 수가 없었다. 이후에 캠 구동으로 인젝터로 연료를 분사하는 인라인 저크형(inline jerk) 펌프로 대체되었다.

디젤엔진은 1912년에 스위스 열차에 사용되면서 육상용으로 첫발을 디뎠으며, 1924년 벤츠에서 5리터 50마력 엔진을 사용한 5톤 트럭(Mercedes-Benz 5k3 diesel truck)(그림 2.15)을 세계 최초로 생산하였다.

디젤엔진의 크기를 줄이기 가장 어려웠던 장애 요인이던 연료공급장치를 구조가 간단한 기계식 연료공급장치로 1912년에 개발하면서 트럭 엔진에 사용할 수가 있었다. 1927년에는 로버트 보쉬(Robert Bosch)가 연소실마다 연료공급 펌핑장치를 설치하여 유압식(hydraulic)으로 개폐되는 인젝터를 사용하여 보조 공기를 사용하지 않고 연소실 내에 연료를 직접 분사하는 무기분사(solid injection) 시스템으로 개량하였다.

그림 2.15 벤츠 최초 경유 트럭(1924)

출처: "Debut of diesel engines in tractor and trucks", Daimler Global Media.

(1) 최초의 경유 승용차

보쉬사에서 대량 생산된 연료펌프를 적용한 경유 승용차인 260D를 1936년에 벤츠에서 최초로 발표하였다. 이 승용차는 트럭용 디젤엔진을 기반으로 개발되었으며 2.5리터의 예연소실 직렬 4기통 45마력 OM138 디젤엔진(그림2.16)을 탑재하였으며, 최대속도 95km/h, 연비 10.6km/l(휘발유차 7.6km/l에 비해 우수한 연비)이었다. 이 자동차는 "리무지네" 세단과 "란레도" 택시로 판매되었으며, 1940년까지 2,000대 정도가 생산되었다. 최초의 경유 승용차라는 명예를 얻었지만, 소음과 진동이 심하고 승차감이 좋지 못하여 완성도는 높지가 않았으며 판매량도 많지 않았다.

1950년에 들어와서 유럽의 벤츠(Mercedes-Benz), 뿌조(Peugeot), 오스틴(Austin), 피아트(Fiat) 회사 등에서 경유 승용차를 시장에 다시 출시하였으며, 개인용 차량보다는 택시, 구급차, 왜건 등의 상용 목적에 이용됐다.

1967년에는 뿌조사가 204BD라는 고속 경유 승용차를 내놓았으며, 폭스바겐이 1976년에 골프디젤(Golf Diesel) 1.6D를 출시하면서 경유차 시장 확대와 대중화에 큰 역할을 하게 된다. 이 자동차에 사용된 디젤엔진은 배기량 1.6리터, 4 cylinder Inline으로 최고 출력 54ps/5,000rpm, 최고 토크 100Nm/2,300rpm이며, 1983년에 터보차저를 적용하여 70ps로 출력을 향상했다.

디젤엔진은 힘은 좋지만, 진동과 소음, 매연 배출이 심하고 크기도 크고 무거우므로 승용차보다는 트럭이나 버스와 같은 대형차량에 사용되었다. 특히 연료 사용량이 많은 대형차량은 에너지효율이 높은 디젤엔진이 유리하였으며, 디젤엔진의 효율 향상이 집중적으로 진행되었다.

그림 2.16 Mercedes-Benz OM138 diesel engine
2.5리터의 예연소실 직렬 4기통 45ps, 105.35 Nm, 압축비 20.5:1

출처: "Mercedes-Benz OM138", Wikipedia, the free encyclopedia

(2) 터보(Turbocharger) 디젤엔진

디젤엔진에 과급기(turbo charger) 적용은 경유 승용차 시장을 크게 발전시키는 계기가 되었다.

자연흡기 방식의 디젤엔진은 저속 토크는 강하지만 고속에서 출력이 떨어지는 단점이 있었다. 반면 과급기는 흡기 공기를 압축하여 연소실에 공급하여 산소 공급량을 높이기 때문에 압축비를 높여 엔진의 연소 효율성을 향상하고, 넓은 영역에서 출력과 토크를 높이고, 비출력을 높여서 엔진의 크기도 감소시켰다.

디젤엔진은 가솔린엔진에 비해 노킹 문제가 적고, PFI 가솔린엔진에 비해 과급기를 적용하는 것이 쉽고 효율성도 높다. 트럭과 경주용차용 터보 디젤엔진이 개발되어 사용되면서 승용차용의 터보 디젤엔진은 1960년대에 등장했다. 1978년에 발표된 메르세데스 벤츠 300SD 승용차(그림2.17)가 가렛(Garrett)사의 터보차저를 적용한 최초의 양산용 터보 디젤엔진(OM617)을 탑재하였으며, 이듬해 푸조가 604 터보 디젤엔진을 내놓으면서 승용차에 터보 디젤이 급속하게 확대되었다.

자연흡기방식 엔진의 80마력 출력, 17kg-m 토크를 110마력/4,200rpm 출력과 23.2kg-m/2,400rpm 토크로 향상한 300SD 터보차저 승용차는 배출가스가 저감하고 효율이 높으며 휘발유자동차와 유사한 주행성을 갖춤으로써 터보차저의 장점을 대중에게 알린 혁신적인 자동차가 되었다.

그림 2.17 메르세데스 벤츠 300SD(좌)와 터보 디젤엔진(OM617)(우)
Indirect Injection, 배기량 3.0L, 압축비 21.0:1, 출력 80~230ps, 토크 168~250Nm

출처: https://www.grautogallery.com/vehicles/2665/1978-mercedes-benz-300sd

1) 터보차저(T/C, TC)

과급기인 터보차저는 배기가스로 터빈(turbine)을 돌리고 터빈과 같은 축에 연결된 압축기(compressor)로 흡입 공기를 압축시켜서 연소실로 보냄으로써, 많은 양의 공기와 연료를 연소시켜서 출력과 연비성능을 향상할 수 있다(그림2.18). 배기가스로 터빈을 구동시키면 배기압력이 증가하고 엔진 펌핑손실도 증가하지만, 과급된 공기에 따른 연료공급량을 증가하여 엔진 출력이 증가하기 때문에 전체적으로는 적은 엔진 배기량으로 고출력(down sizing)을 얻게 된다.

엔진에 공급된 연료는 공기와 연소하여 30~40% 정도만 엔진 출력으로 전환되고 나머지는 마찰이나 저항에너지와 함께 배출가스로 대기 중에 방출되며, 터보차저는 대기 중에 버려지는 배출가스 에너지를 유효하게 사용하여 20~30% 정도의 출력 증대와 20% 수준의 연비향상을 가져온다.

터보차저는 컴프레서와 터빈, 그리고 이 둘을 연결하는 로터 어셈블리로 구성되어 있다. 터빈은 1,000℃에 육박하는 엔진 배기가스에 노출되며, 20만rpm 이상까지도 회전하기 때문에 고온 고압에 견딜 수 있는 내열 내압 재질이 요구된다. 디젤엔진의 배기가스 온도는 최대 850℃ 정도이지만 가솔린엔진은 약 1,050℃ 정도까지 올라가기 때문에 GDI엔진 터보차저의 내열 성능 확보가 더욱 중요하다.

오늘날 터보차저는 성능뿐만 아니라 연비와 저배기 엔진에 사용되고 있으며, 엔진의 소형화가 쉬우므로 대형엔진 장착이 어려운 소형 자동차에서 특히 유용하게 사용되고 있다.

초창기 터보엔진의 문제점으로 지적되었던 신뢰성(reliability), 터보지연(turbo lag), 연료 소비는 크게 개선되었으며 오늘날의 터보차저 엔진은 자연 흡기 엔진 못지않게 안정적이면서 운전성도 양호하다.

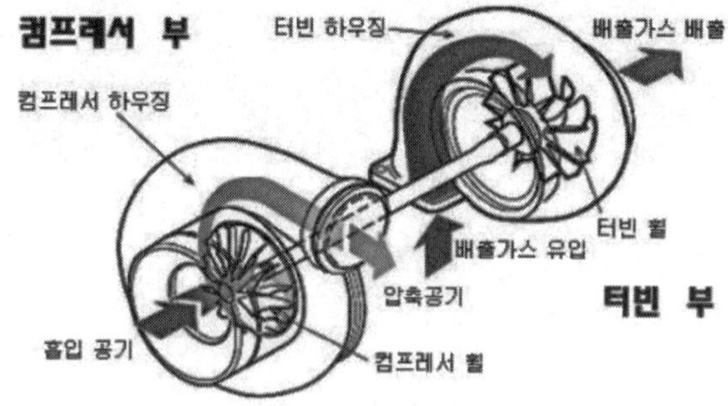

그림 2.18 터보차저 작동 원리도(좌)와 외관(우)

출처: "국내 터보차저 기술개발 동향", 한국기계연구원 최영 박사, Auto Journal, KSAE, 2013.12.

지금은 연비를 높이기 위한 개념으로 사용되고 있지만 20세기 말까지만 해도 터보차저는 고성능 자동차와 경주용 차의 필수 요소였다. 터보차저는 스위스의 기술자 알프레드 뷔시히(Alfred Buchi)가 1905년에 특허를 취득하여 항공 엔진에 먼저 적용되었으며, 1927년에 디젤 기관차에 채용됐고 1938년에는 스위스에서는 경유 트럭에 터보가 장착됐다.

2차 세계대전 시 전함과 잠수함에 사용되던 디젤엔진에 터보기술이 적용되면서 터보차저 기술이 크게 발전하였다. 종전 이후에 자동차에 적용되기 시작하였으며 대형 트럭에 먼저 사용되면서 만(MAN), 볼보(Volvo), 스카니아(Scania) 등의 제조사가 대형 터보 디젤엔진의 발전을 이끌었다. 터보차저 크기가 더욱 소형화되면서 1963년대에 영국의 로버자동차에서 랜드로버 픽업 소형 트럭에 최초로 적용하였다.

초기의 터보차저는 컴프레서에 들어가는 공기와 터빈에 들어가는 배기가스의 양이 일정한 고정식 터보차저였으며, 저속구간에서는 충분한 유량을 확보하지 못하고 고속영역에서는 과도한 유량을 공급하게 되어 엔진의 요구 성능을 맞추기가 어려웠으며 특히 저속과 고속구간에서 문제가 발생하였다.

이런 문제를 개선하기 위하여 저속 성능을 만족할 수 있는 크기의 터보차저를 선정하고, 고속구간에서의 과도한 배기가스 유입 시는 배기가스 일부를 바이패스 시킬 수 있는 웨이스트게이트(wastegate)를 장착하여 문제를 해결하는 웨이스트게이트 터보차저를 개발하였다.

저속과 고부하시의 요구 성능 차이를 해결하기 위해서 가변형상 터보차저(VGT; Variable Geometry Turbocharger 또는 VNT; Variable Nozzle Turbocharger)가 고안되었다. 배기가스 유로의 크기를 가변 조절하여 유량과 유속을 조절할 수 있는 장치를 추가하여 저속구간과 고속구간에서 적절한 배기가스 유량을 공급하도록 하였다. VGT 기술에서 가장 중요한 것은 노즐의 형태로서 직선형 노즐에서 곡선형 노즐로 바뀌었으며 날개(vane) 형태도 유선 직선형에서 유선 캠버형을 거쳐 S 형태의 곡선 날개로 발전하였고, 현재도 계속해서 최적화된 형상이 고안되고 있다.

2000년 2월에 메르세데스 벤츠가 거의 모든 CDI 엔진에 VGT를 최초로 장착하기 시작했으며 크라이슬러도 체로키 2.8 CRD, 그랜드 체로키 3.0 CRD에 VGT가 장착된 엔진을 사용하면서 대중화가 시작되었다. 현대자동차는 2002년 12월에 VGT가 장착된 엔진으로 싼타페와 트라제 XG를 출시했고, 이후 기아 쏘렌토에도 같은 엔진이 적용되었다.

터보차저의 저속성능과 고속성능을 더욱 향상하기 위해서 터빈을 2개 사용하고 2개의 배기 통로로 구성된 2단 터보차저(2-Stage turbocharger, twin turbocharger)가 개발되었다(그림2.19)(그림2.20).

특히 저속 회전력을 향상하기 위하여 소형과 대형의 터빈을 각각 설치하여 저속구간에서는 소형 터빈을 돌리고 고속구간에서는 대형 터빈을 작동시켜서 저속과 고속 주행 모두에서 충분한 출력을 확보하고 있다. 단점으로는 제품의 단가가 높으며 정밀한 제어와 세밀한 매핑이 필요하다.

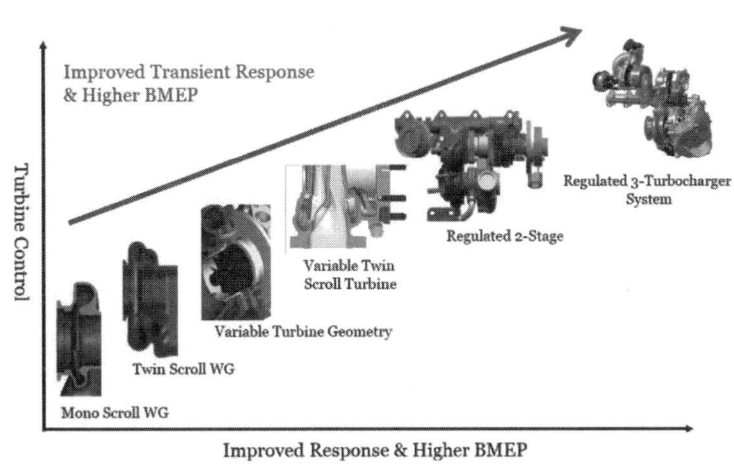

그림 2.19 터보차저 구조 발전 동향

출처: BorgWarner, SAE 2013

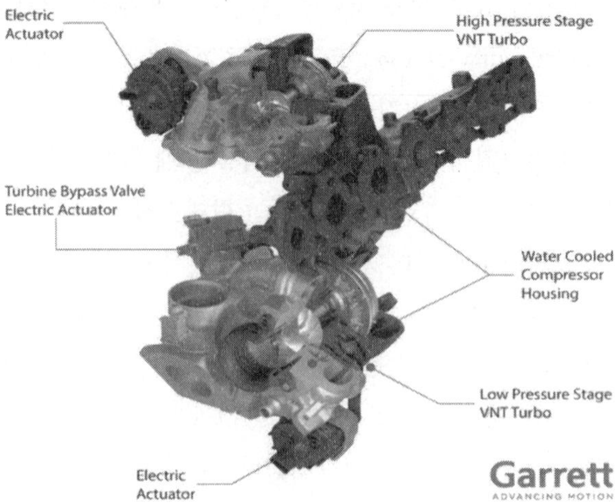

그림 2.20 Garret two-stage VNT

출처: "Garret announces two-stage VNT boosting systems on a 6 cylinder diesel engine", Dieselnet, 2021.5.12.
Garrett variable nozzle/geometry turbines (VNT/VGT) at both the high and low-pressure stages, developed for BMW 6 cylinder diesel engines. The BMW 3.0-liter I6 engine with the dual VGT system can produce 250kW (340hp) of power and 700Nm (516lb-ft) of torque, while meeting EURO-6d emission standard.

2) 터보차저 인터쿨러(T/I, TCI)

엔진 흡입 공기가 터보차저에 의해 압축될 때 공기의 분자들이 서로 마찰을 일으켜서 공기 온도가 100°C 이상 상승하며 부피가 팽창하면서 공기밀도가 작아져서 충진 효율이 감소한다. 이를 개선하기 위해서 터보차저와 엔진 통로에 인터쿨러(intercooler)를 설치하고 흡입 공기를 냉각시킴으로써 공급되는 공기질량을 증가시켜 충진 효율을 높임으로써 엔진 출력을 더 향상할 수 있다(그림2.21).

터보차저 인터쿨러(TCI) 엔진의 장점으로는, 터보차저를 사용하지 않는 자연흡기엔진에 비해 출력이 20~30% 향상되며, 연비가 좋아지고, 저속 회전 영역에서도 고속영역과 동등한 엔진출력을 낼 수 있어서 엔진수명이 오래간다. 또한 충분한 공기가 실린더에 공급됨으로써 연소가 향상되고 매연이 현저하게 감소하며, 고지대에서도 공기밀도 저하에 의한 공기 부족 영향이 적어서 출력 저하 현상이 거의 없다.

터보에서 공급하는 흡입 공기를 냉각시키는 인터쿨러는 공랭식(air-to-air) 방식과 수냉식(air-to-liquid) 방식이 있으며, 최근의 엔진은 엔진 냉각용 라디에이터(radiator)나 별도의 전용 라디에이터의 냉각수를 이용하는 수냉식 방식을 대부분 사용한다.

흡입 공기 온도가 200°C 이상 올라가면 80~90°C의 냉각수로 냉각시키면서 동시에 주행 중에 차량에서 받는 공기로도 함께 공랭을 시킨다. 수냉식은 공랭식에 비해 구조가 복잡하지만, 저속을 포함하여 냉각 효율이 우수하다.

수냉식 인터쿨러는 1988년에 토요타 자동차의 셀리카 GT-4에서 사용하기 시작하였다.

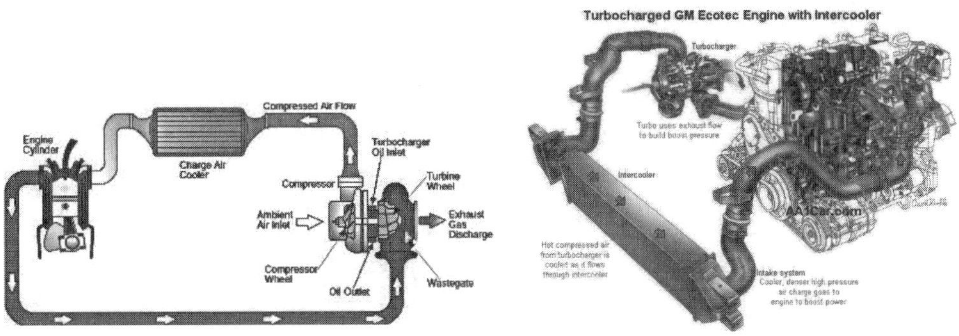

그림 2.21 인터쿨러 설치 구조도(좌)와 GM Ecotec 엔진 장착(우)

출처: "터보랙 Zero에 도전, 일렉트릭 터보", 김선웅 기자, 오토뷰, 2014.6.30.

(3) 고속직접분사(HSDI; High Speed Direct Injection) 디젤엔진

초기의 간접분사 터보차저 디젤엔진은 노킹을 일으키기 쉬웠으며 이 문제를 해결하기 위해서 압축비를 낮출 수밖에 없었다. 그러나 엔진의 회전속도가 낮고 터보차저가 작동하지 않는 저속 시에는 압축비가 낮으므로 성능이 떨어지고, 가속 페달을 밟아 엔진 회전속도를 올리면 응답성이 낮아지는 터보래그(turbo lag) 현상이 발생하고 연비도 나빠졌다.

이와 같은 간접분사(IDI; Indirect Injection) 방식의 터보차저 디젤엔진은 직접분사(DI; Direct Injection) 방식으로 발전하면서 성능이 크게 개선되었으며 최근의 승용차 디젤엔진은 모두 직접분사 연소 시스템을 사용하고 있다.

간접분사 엔진에서는 부 연소실(또는 예연소실; pre-chamber)에 연료를 분사하며 여기서 생성된 연소 가스는 좁은 통로로 연결된 주 연소실(main chamber)로 이동한다(그림2.22).

예연소실에서 연소는 매우 강렬하므로 주 연소실에 상당한 난류를 발생시켜서 주 연소실 내에서는 공기와 미연소 연료, 예연소실의 고온 부산물이 혼합되어서 연소한다. 따라서 연료 공기의 혼합은 연료 미립화보다는 공기의 운동 에너지에 훨씬 더 의존하기 때문에 간접분사 엔진의 연료분사 압력은 크게 높을 필요가 없다.

간접분사 연소실 모양은 다양하지만, 대표적으로 Perkins Howard Chamber, Ricardo Comet Swirl Chamber, Daimler-Benz Pre-Chamber의 세 종류를 꼽을 수 있다.

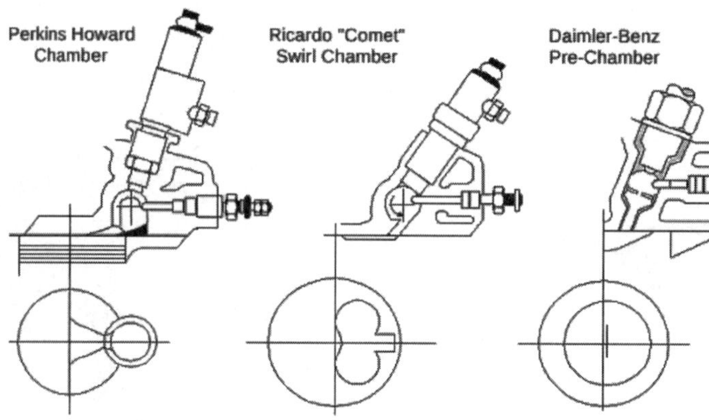

그림 2.22 간접분사 디젤엔진의 대표적인 예연소실 종류

출처: Diesel Engines, Hannu Jaaskelainen, Magdi K. Khair, Dieselnet.
https://dieselnet.com/tech/diesel_engines.php

목 부분(throat area) 길이와 폭, 형태에 따라 차이가 있지만 모두가 냉간 시동을 위한 예열 플러그를 사용하고 있으며, 양쪽 연소실(chamber)을 연결하는 통로가 있다.

압축행정 중에 유입된 공기가 연결 통로를 통해서 부 연소실로 유입되면서 펌핑 손실을 증가시켜서 효율 저하를 유발한다. 또한 부 연소실이 엔진 냉각수에 노출되는 표면적이 커서 냉각 손실이 증가하는 약점이 있다. 간접분사 디젤엔진은 열효율이 낮고, 부 연소실의 연소가스가 연결 통로를 빠져나가면서 화염이 피스톤 상부에 손상을 주거나 밸브를 과열시키고 윤활유의 수명을 급속하게 저하하기도 하는 단점이 있다.

반면, 간접분사 부 연소실 엔진은 압력 상승률과 연소 압력 및 온도가 낮아서 소음 특성이 양호해서 승용차에서 요구하는 안락성과 편의성에 적합하다.

간접분사 엔진은 상대적으로 저압 연료분사장치를 사용하여도 매연과 입자상물질(PM)의 배출이 적어서 디젤엔진에 사용되었으나, 고압 연료분사장치의 발전에 따라 현재는 대부분 직접분사 엔진으로 대체되었다. 즉, 1980년대 중반에 고속 직접분사식(HSDI) 디젤엔진 승용차가 시장에 출시되면서 간접분사식 엔진은 사라지기 시작하였다.

1985년에 포드자동차에서 52kW/4,000 출력의 자연흡기방식 2.5L HDSI 엔진을 생산하여 그 당시에 유행하던 통근 차량(transit vehicle)에 적용하면서 인기를 얻었다. CO_2 배출이 적고, 연비도 간접분사 디젤엔진에 비해 15~25% 우수하며 가솔린엔진보다는

30~40% 우위에 설 수 있어서 유럽 승용차 시장에서 중요한 경쟁자로 자리 잡으면서 전 세계에 알려지게 되었다.

직접분사 디젤엔진은 연소실에 연료를 직접 분사해서 냉각과 유동 손실을 줄여서 연비가 우수하지만, 연소압력이 높으므로 소음과 진동이 큰 단점이 있으나 커먼레일(common rail) 고압분사 인젝터를 사용하면서 단점이 해소되었다. 커먼레일 연료공급장치가 개발되기 이전에 사용된 기계식 연료분사 장치는 엔진 속도에 연동해서 분사 압력이 높아지기 때문에 저속에서는 분사 압력이 높지 않았으며 정밀한 제어도 어려웠다.

그러나 커먼레일은 고압펌프로서 커먼레일 관에 고압 상태의 연료를 저장하고 솔레노이드 밸브로 구동되는 인젝터를 통하여 연소실로 연료를 분사하기 때문에 엔진 속도와 무관하게 항상 고압의 연료를 각 실린더에 균일하게 분사할 수 있다. 경유는 휘발유 연료에 비해 점도가 높지만 1,500bar 이상의 고압으로 연료를 분사하면 분사 입자가 미세하게 부서져서 공기와 잘 혼합되어 이상적인 연소가 이루어진다.

커먼레일 직접분사(CRDI; Common Rail Direct Injection) 고속디젤은 연료 분사시기와 분사량을 정밀하게 전자 제어하기 때문에 유해 배출가스와 소음, 진동이 개선되고 연비도 크게 향상되었다.

(4) 클린디젤(Clean Diesel)

디젤엔진 기술이 크게 발전하면서 디젤엔진의 강력한 토크와 높은 열효율로 승용차 시장을 빠르게 파고들었다. 특히 지구온난화 대책으로 자동차의 연비를 향상하여 온실가스 배출을 줄이기 위한 노력이 집중되었으며, 1998년에 유럽자동차협회(ACEA)와 유럽위원회(European Commission) 간에 "자동차 온실가스 저감을 위한 자발적 협약"도 맺었다.

자동차회사들은 경유차는 매연여과장치(DPF)를 표준부품으로 적용하여 매연과 입자상물질을 휘발유차 수준으로 저감하고, NOx도 SCR과 LNT 등의 후처리장치로 휘발유차와 차이가 없는 수준으로 줄일 수 있으며, 디젤엔진의 높은 에너지효율로 CO_2는 휘발유차보다 20~30% 이상 적게 배출되기 때문에, 경유차는 클린디젤차이며 CO_2 저감을 위해서는 클린디젤차 보급을 확대하는 것이 올바른 방향이라고 주장하면서 홍보하였다.

유럽 정부에서는 경유연료에 낮은 세금을 부과함으로써 장거리 운전자들이 경유차를 사용하게 하고, 프랑스나 스페인 등에서는 경유차 구매 시에 낮은 세금을 부과함으로써 경유차 사용을 장려하는 정책을 시행함으로써 유럽을 중심으로 경유차 사용이 많이 증가하였다.

그러나 2015년에 미국 자동차 시장에 진출한 유럽 자동차회사 중 폭스바겐의 경유 승용차가 실제 도로 주행 시의 NOx 배출가스가 인증 기준보다 많게는 15~35배 이상의 질소산화물을 배출하는 NOx 저감장치의 속임수(defeat device)가 발각되는 폭스바겐 스캔달이 발생하였다.

그렇지 않아도 대도시의 대기오염 원인에 대해서 고민하던 중에 경유차에서 높게 배출되는 NOx로부터 발생한 2차 미세먼지가 유럽 대도시의 악화한 공기오염의 원인으로 지목되면서, 주요 도시에서 경유차 운행 중단을 선언하게 되었고, 그 위에 기후변화 대책과 맞물리면서 내연기관자동차 퇴출로 확산했다.

2.4. 2차 세계대전 전후 엔진

전쟁은 자동차 기술과 자동차 회사에는 위기이면서 기회였다. 전쟁에서는 전투 장비의 우위가 전쟁의 승리를 결정하는 요인이기 때문에, 군용트럭과 장갑차, 군함, 잠수함, 탱크, 비행기들의 기계화 경쟁이 치열해졌지만, 반면에 민간용 자동차 기술개발과 생산은 중단될 수밖에 없다.

1차 세계대전(1914~1918)은 내연기관자동차가 증기자동차 및 전기차와의 경쟁에서 확실하게 우위를 차지하는 계기가 되었으며, 2차 세계대전(1939~1945)에서는 내연기관 기술이 비약적으로 발전하는 기회가 되었다.

자동차 제조사들은 전시에는 전차와 지프, 항공기 엔진을 만들어야 했다. 영국의 롤스로이스-벤틀리나 스웨덴 SAAB는 연합군의 전투기 엔진을 제조하였고, 독일 BMW나 일본 후지중공업은 전투기 엔진을 만들었다. 이처럼 국가의 사활을 걸고 발전시킨 엔진 기술은 전쟁이 끝난 후에 자동차 기술 발전에 크게 이바지하게 되었으며, 지금의 많은 글로벌기업은 전투용 엔진 기술의 개발과 군수물자를 납품하여 사세를 키워서 시장을 주도하고 자국 경제에 주축 역할을 해왔다.

(1) 비틀 공냉식엔진

2차 세계대전 이전인 1934년에 아돌프 히틀러(Adolf Hitler)가 독일 총통으로 취임하면서 독일의 경제 부흥을 위해 고속도로 건설과 함께 모든 국민이 자동차를 쉽게 구매할 수 있도록 페르디난트 포르쉐(Ferdinand Porsche) 박사에게 국민차 프로젝트를 추진시켰다.

히틀러는 국민차가 갖추어야 할 조건으로, 5인승, 연료 7L로 100km 주행, 1,000마르크 이하의 가격, 아우토반 고속도로를 질주할 수 있는 강력한 엔진 탑재, 신속하고 저렴한 부품 교체의 5가지를 제시하고 포르쉐 박사에게 연구소를 따로 만들어 주었다. 포르쉐 박사는 3년 만인 1936년에 이러한 조건을 모두 충족시킨 비틀(Beetle) 자동차(그림 2.23)를 생산하였다.

1938년에 처음 양산된 차량은 KDF로 불렸으며, 포르쉐 박사는 국민차라는 의미의 폭스바겐(Volkswagen)이라는 이름을 붙였고 비틀이라는 이름은 미국 시장에 진출했을 때 딱정벌레와 같은 외관 때문에 붙여진 이름으로 지금까지도 비틀로 불리고 있다.

KDF에는 배기량 1.1리터의 수평대향(flat-opposed) 4기통 공랭식 엔진을 차량 뒤편에 탑재하였으며, 26.5마력의 출력으로 뒷바퀴를 구동하여 최고속도 98km/h까지 운전하였다. 그 당시에 주로 사용되던 수냉식 엔진에 비해서 공냉식 엔진은 부품 수가 적고, 구조도 간단하므로 단가가 낮으며 신뢰성과 생산성도 유리한 장점이 있었다. 또한 동절기에 냉각수가 어는 문제가 없어서 겨울철에 추운 독일 북부 지역에도 사용하기가 쉬웠다.

또한 이 엔진은 저압축(5.8:1)으로 설계되어서 다양한 연료를 안정적으로 사용할 수 있다.

칼 벤츠가 1897년에 발명한 수평대향 엔진은 포르쉐가 상용화하였으며, 엔진 소형화(compact)가 용이한 장점 등으로 VW 이후 터커(Tucker), 페라리(Ferrari), 알파-로미오(Alfa-Romeo), 스바루(Subaru) 등의 많은 자동차 회사가 이 디자인을 사용하였다.

VW는 엔진 배기량을 1,200cc로 증가시켜서 출력을 40마력까지 끌어올렸으며, 1960년대에 1,300cc와 1,500cc로 모델을 변경하다가 1,600cc 듀얼 흡기포트까지 개선하였다.

그러나 1990년대 들어서면서 강화되는 환경규제와 연비 문제에 대비한 성능 향상이 쉽지 않아서 1998년 출시된 뉴비틀(New Beetle)부터는 수랭식 엔진으로 변경되었다.

수냉식 엔진은 라디에이터의 용량을 늘리거나 냉각계통을 최적화하여 엔진 냉각성능을 향상할 수 있지만 공냉식 엔진은 성능 향상의 폭이 제한적이며 엔진 냉각 특성도 불균일하여 엔진 온도 관리 측면에서도 어려움이 있다. 엔진의 온도 관리는 연비와 배출가스 제어에 큰 영향을 주기 때문에 계속 강화되는 배출가스 대응하기 위해서는 수냉식 엔진으로의 변경이 불가피하였다.

폴크스바겐 역사상 가장 많이 팔린 자동차 중의 하나로서 2003년까지 판매된 타입1 오리지널 비틀은 21.5백만대가 판매되었으며, 뉴비틀을 포함한 전체 비틀은 2019년 멕시코 푸에블라(Puebla) 공장에서 마지막으로 생산될 때까지 2천3백만대가 판매되었다.

폭스바겐 비틀은 딱정벌레의 귀여운 모습으로, 세계인들로부터 81년 동안의 사랑받았던 자동차이며 지금의 폭스바겐 발전에도 크게 이바지했다.

그림 2.23 수평대향 공랭식 엔진(1936)(좌) VW 비틀(우)

출처: "Historic engines - The venerable VW air-cooled four cylinder engine", Jeff Zurschmeide, Engine Labs, 2017.6.20.

(2) 군용 지프 엔진

미국이 2차 세계대전에 참여하게 되면서 독일군의 기동차량에 대한 열세를 극복하기 위해서 포드 모델티와 군용 모터사이클을 대체할 4륜구동 정찰 차량을 만들도록 135개 회사에 제작 참가를 요청했다. 미국 밴텀(American Bantam) 자동차회사와 윌리스 오버랜드 두 회사가 참여했으며, 49일의 아주 짧은 기간 내에 프로토타입 차량 제공을 요구받고 밴텀사만 시험 차량을 제공할 수 있었다. 그러나 밴텀사는 육군이 요구하는 차량 대수를 공급하기에는 너무 작은 회사였기 때문에 윌리스와 포드에도 밴텀 디자인을 공유하여 개선하도록 요청하였다.

밴텀의 BRC와 함께 포드사의 피그미(Pygmy, GP)", 윌리스 오버랜드사의 쿼드(Quad, MA) 프로토타입 차량을 각각 1,500대를 제작하여 광범위한 필드 테스트를 하였다. 윌리스사에서 자사의 강력한 엔진인 고데빌(Go Devil)을 적용하여 초기 생산 계약을 따내면서 윌리스 버전이 표준 지프 디자인이 되었다. 이후에 모델MB로 개선하여 오하이오주 톨레도(Toledo) 공장에서 생산되었다. 지프의 친숙한 프레스 메탈 그릴은 포드사의 디자인으로써 최종 디자인에 통합되었다(그림2.24).

전시라서 짧은 시간 내에 많은 차량이 필요했기 때문에 다른 회사들에도 윌리스의 사양을 사용하여 차량을 제조할 수 있도록 했으며, 포드가 제2의 공급자로 선택되었고, 최초의 지프 창시 사인 밴텀은 BRC-40 지프를 2,700대 정도 제작하고 육군용 중형 트레일러 건설에 집중하였다.

1941년에 생산에 들어간 윌리스 모델MB 4륜구동(4x4) 차량에 지프(Jeep)라는 이름을 붙이면서 전쟁터를 누비는 차량으로 인정받았으며, 오늘날의 4륜구동 SUV(Sports Utility Vehicle) 차량의 원조이면서 차량의 카테고리 중의 하나로 자리를 잡았다.

지프라는 용어는 신입사원이라는 미군 속어로 사용되기도 하고, 다용도(general purpose)의 머리글자인 GP에서 유래됐다고도 한다. 또한 뽀빠이 만화책에서 지프유진(Eugene the Jeep)이라는 이름의 강아지에서 유래 되었다는 주장도 있으며, 미니애폴리스 모린사(Minneapolis-Moline)에서 1937년에 군에 납품한 소형 트랙터의 이름이 지프이기도 했다.

2차 세계대전이 끝날 때까지 포드자동차와 윌리스-오버랜드는 64만대를 생산해서 연합군에 공급했다. 전쟁이 끝난 후 윌리스 오버랜드사는 Jeep 등록상표(trademark)를 1950년 6월에 따내었으며, 1944년부터 시작한 민간용 지프인 CJ(Civilian Jeep) 시리즈는 전쟁 이후인 1953년에 CJ-3A, CJ-3B로 본격 판매하기 시작하였다.

오버랜드사는 1953년에 헨리 카이저(Henry Kaiser), 1970년에 AMC(American Motors Corporation), 1987년에 크라이슬러(Chrysler)사로 주인이 바뀌었다. CJ 시리즈는 AMC에서 랭글러(Wrangler) 모델로 바뀌고, 크라이슬러에서 체로키(Cherokee) 모델로 발전시켰다.

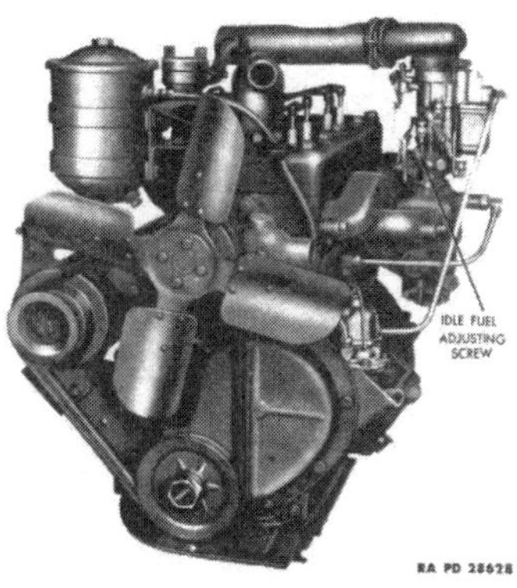

그림 2.24 Willys MA Jeep(좌)과 Go Devil 엔진(우)

출처: "Jeep History in the 1940s". https://www.jeep.com/history/1940s.html
"Engine - Go Devil L-134". http://www.42fordgpw.com/engine-go-devil-l-134
(배기량 2,199cc, 압축비 6.48:1, 최대출력 61ps, 최고토크 142Nm/2,000rpm)

전장에서는 흙길이나 산악 등의 비포장도로 험로에서도 달릴 수 있는 차량이 필요하므로 4륜구동(4WD; 4 Wheel Drive) 방식이 효과를 발휘하였다. 특히 4WD 기술이 현대적인 개념으로 진화하는 데에는 2차 세계대전에 사용된 지프가 크게 이바지하였다.

4WD는 1893년에 영국의 브라마 조셉 디플록(Bramah Joseph Diplock)이 도로 사정

이 좋지 않았던 당시의 험로에서 안정적인 주행을 위해서 세계 최초의 4륜구동 시스템을 발명하고 특허를 취득하여 증기자동차에 적용하였다. 1899년에는 페르난도 포르쉐 박사가 전기모터로 4바퀴를 구동하는 세계 최초의 하이브리드자동차를 개발하였다.

내연기관자동차에는 1903년에 네덜란드의 제이콥 스파이크(Jacobus Spijker)와 헨드릭 얀 스파이크(Hendrik Jan Spijker) 형제가 제작한 60hp 차량에 최초로 4WD를 사용하였다.

그러나 4륜구동 차량은 구조가 복잡하여 대형 트럭이나 견인 차량 등에 수요가 한정적이었으며, 1930년대 이후에 군사 수송 수단이 마차와 철도에서 자동차로 바뀌면서 4륜구동 트럭과 전술 차량에 본격적으로 도입되었고 기술 발전도 빨라졌다.

1960년대를 지나면서 비포장도로와 상용차에만 사용되던 4WD 기술이 승용차로 확산하기 시작하였으며 1980년대에 4륜구동 승용차가 주목받게 되었다. 최근 들어서는 4륜구동 기술의 획기적인 발전과 연비 손실의 단점도 극복하면서 4WD는 험로용으로 사용된다는 개념은 사라지고 다양한 차량에 하나의 옵션으로 선택되고 있다.

(3) 미국 V8 엔진과 자동차 황금시대

2차 세계대전으로 인하여 유럽은 폐허가 되고 자동차 생산시설도 대부분 파괴되었지만, 미국은 전쟁의 피해가 없었으며 풍부한 자원과 기술력을 바탕으로 세계 경제의 중심으로 성장하면서 최대 자동차 시장으로 변모하였다.

미국은 1950년대부터 1970년대까지의 20년은 역사상 가장 풍족한 삶을 누린 번영과 영광의 시대였으며, 1949년에 4,500만대였던 자동차 대수가 1972년에는 11,900만대로 급증하면서 자동차 황금시대를 구가하였다. 지엠(GM), 포드(Ford), 크라이슬러(Chrysler) 자동차 3사가 자동차 시장을 주도하였다.

2차 세계대전이 종식되자 미국 자동차 회사들의 신차 출시 경쟁이 치열하였으며, 이에 따라 자동차 생산량은 급증했고 자동차 디자인과 성능, 승차감 등 거의 전 분야에 걸쳐서 미국 자동차가 세계를 선도하면서 표준이 되었다. 자동차 디자인과 엔지니어링 기술은 GM이 주도하였으며, GM이 출시하는 모델들은 과감한 스타일링과 화려한 크롬 도금 등으로 소비자들의 큰 호응을 이끌었다.

그 당시는 배기가스 규제와 고유가를 걱정할 필요가 없었으며, 할부 금융으로 자동차 구매가 손쉬웠기 때문에 자동차 전성기로 발전할 수 있는 여건이 되었다. 이에 따라 자동차의 세그먼트와 모델들이 대거 새롭게 등장했으며, 자동차 성능이나 기능보다는 스타일과 예술성을 중시하는 추세였다.

이 시기의 대표적인 자동차로서는 록히드 P-38 전투기의 꼬리 날개를 본뜬 꼬리지느러미(tailfin) 디자인을 적용하고 강력한 출력의 V8 엔진을 탑재한 1953년의 GM 캐딜락 엘도라도(Cadillac Eldorado)와 1955년 쉐보레 벨에어(Chevrolet Bel Air)를 손꼽을 수 있다(그림2.25). 번쩍이는 크롬 도금이나 스테인리스 스틸 등으로 장식된 캐딜락 자동차는 부의 상징이 되면서 다른 자동차 회사들도 모방하기 시작했고, 부유층들의 호응이 컸다.

V8 엔진을 미국이 최초로 개발하지는 않았으나 처음으로 양산을 시작하였다. 유럽 고급차들은 주로 6기통 엔진을 사용했지만, 미국은 V8 엔진을 탑재하였다. 1914년에 GM Cadillac L-Head 엔진이 미국 최초의 양산용 V8 엔진으로 알려져 있으며, 뒤이어 올즈모빌이, 쉐보레가 V8 엔진을 출시하였다.

1932년에 발표한 포드 플랫헤드(Ford Flat Head) V8 엔진이 고급차용으로 인식되던 V8 엔진을 저가형으로 보편화시켰다. 플랫헤드 V8 엔진을 탑재한 포드 모델18은 저가형 8기통 승용차로 인기를 끌었으며 이 무렵부터 유행한 핫로드(hot rod)들도 주로 포드 플랫헤드 V8 엔진을 사용하였다(그림2.26).

핫로드는 1930년대에 미국 캘리포니아주에서 시작된 자동차 튜닝 문화로서, 중고 자동차에 성능이 좋은 V8 엔진 등을 탑재하고 범퍼, 펜더, 지붕, 타이어 등을 바꿔서 주로 직선도로를 빨리 달리는 드래그(drag) 경주를 위한 개조 기술이다. 마른 호수에서 개조한 자동차로 속도 경주를 벌이는 경우들이 많았으며, 2차 세계대전이 끝나고 군대의 자동차 정비병 출신들이 합류하면서 핫로드 문화가 급속하게 확산했다. 당시에는 이런 개조 차량을 스피드스터(Speedster)라고 불렀으며 1950년대까지 핫로드는 튜닝시장의 중심이 되었다.

그림 2.25 1953 Cadillac Eldorado(좌)와 1955 Chevrolet Bel Air(우)

그림 2.26 Ford Flathead V8 Engine(1932)(좌)과 Model 18(우)

출처: "Speeds along under the almost magic influence of this new power-principle", "ultimate in motor car engines", 90° design with an L-head(sidevalve), water-cooled. Bore and stroke 79.4 mm × 130.2 mm, 5.1 L displacement. Output 70hp(52kW), CR 8.5:1

그러나 1960년대에 들어서면서 자동차 제조사들이 성능을 높인 머슬카(Muscle Car)들을 출시하면서 핫로드의 인기는 줄어들었다. 머슬카는 실내 공간도 넓고 고급스러워서 성능을 높이기 위한 개조가 필요하지 않았기 때문에 핫로드 시장은 머슬카로 옮겨갔다.

머슬카는 대배기량의 강력한 힘을 가진 V8 엔진을 미드사이즈 섀시에 탑재하고 뒷바퀴로 가속력을 발생시켜서 자동차 경주(street racing, drag racing)에 특화된 고성능 중형차를 말하며, 2인승의 스포츠카(Pony Car)나 고속 장거리 주행을 위한 GT(Grand Tourer) 카 등과는 구별하여 부른다.

미국에서는 머슬카를 초기에는 슈퍼카(Super Car)로 부르면서 대문자 S로 표기하였으나 머슬카의 특성을 제대로 살리지 못하는 것으로 인식되어 머슬카로 통용되었다.

1960년부터 1970년대의 머슬카 시대를 대표한 자동차는 쉐보레 콜벳(Chevrolet Corvette), 셸비 머스탱(Shelby Mustang), 쉐보레 카마로(Chevrolet Camaro), 폰티악 GTO(Pontiac GTO) 등의 많은 모델들이 있다. 머슬카 시대는 70년대 이후부터 오일쇼크와 배출가스 규제에 의한 친환경저배기 자동차의 요구가 거세지면서 막을 내리게 된다.

2.5. 저배기저연비 전자제어식 엔진

1974년에 발발한 4차 중동전쟁으로 인하여 OPEC을 중심으로 하는 산유국들이 석유를 무기화하여 석유 수출 금지를 조치하면서 전 세계가 제1차 석유 위기를 겪었으며, 1980년의 이란혁명으로 인한 제2차 석유파동을 겪게 된다. 이와 같은 석유파동의 여파로 석유가 세계 경제에 심각한 영향을 주게 되었으며, 자동차에서도 연료 소비가 적은 경제적인 자동차 생산이 최대 관심사가 되었다. 따라서 1970년부터 시작된 자동차배출가스 규제도 동시에 만족해하는 저배기저연비 자동차 개발이라는 커다란 도전을 맞이하게 된다.

그러나 2차 세계대전 이후 이어온 호황으로 소비자들은 대형 승용차에 익숙해져 있었고, 연료 가격도 낮아서 자동차 연비에도 관심이 적었던 미국은 급변하는 세계 추세에 대비할 기회를 놓치게 되면서 가장 큰 충격을 받았다. 대형 승용차용으로 사용되던 V8 엔진을 6기통과 4기통 엔진으로 배기량을 낮추었으나, 준비가 되어 있지 않았던 미국 자동차는 소비자의 외면을 받게 되고, 소형이면서 경제적인 일본 차에 수요가 몰렸다.

미국보다 비싼 기름값 때문에 유럽과 일본 자동차회사들은 연비가 좋은 소형차 개발에 집중할 수밖에 없었으며, 여기에 연료 절약형 전륜구동차를 만들면서 세계 자동차 시장에서 큰 인기를 끌었다.

일본 자동차업계는 1960년대의 고도 경제성장에 힘입어 내수시장이 크게 성장했고, 품질과 성능도 꾸준히 향상해서 제품 경쟁력을 갖추었다. 또한 유리한 환율이 뒷받침되면서, 1970년대 중반 이후 일본 차는 미국 자동차 시장을 중심으로 세계 주요 시장에 빠르게 파고들었으며 1,2차 석유파동의 여파로 세계 시장을 주도하는 한 축으로 자리를 차지하였다.

1990년대는 일본의 자동차 제조사들은 저렴하고 성능도 우수한 승용차를 생산하여 인기를 지속하였으며 2000년부터는 일본이 세계 최대 자동차 생산국으로 변모하게 된다.

(1) 일본 혼다자동차의 CVCC, VTEC 엔진

오일 쇼크와 대기오염 문제가 심각해지면서 미국에서는 1975년까지 자동차 유해 배출가스 배출량을 1971년의 1/10로 낮추도록 하는 머스키법(Muskie Bill)을 1970년에 제정하였으며 내연기관 금지법이라고 불릴 정도로 자동차배출가스 허용 기준을 급격하게 강화하였다.

배기가스 규제는 자동차 업계에 새로운 기술 경쟁 무대를 열면서 자동차 산업에 엄청난 영향을 미치게 되었다. 미국뿐만 아니라 전 세계의 자동차 회사는 자존심을 걸고 새로운 환경 기술 개발에 매달리게 되었으며 이 중에서 가장 앞선 기술을 선보인 회사가 일본의 혼다 자동차였다.

1973년 2월 2일에 혼다가 CVCC(Compound Vortex Controlled Combustion; 복합와류조정연소) 엔진으로 세계 최초로 머스키법을 만족하면서 미국 자동차 시장에 진출하게 되었다. 혼다는 1972년에 시빅(Civic)을 출시하면서 승용차 메이커로서 인정받게 되고 수냉식 CVCC 엔진을 1973년에 탑재하면서 판매가 급격히 늘어났다(그림2.27).

CVCC 엔진은 혼다의 대표적인 중형 세단인 어코드에 1976년에 탑재되었으며, 1979년에는 CVCC-2 엔진을 탑재한 2세대 시빅을 발표하면서 혼다의 우수한 기술력과 좋은 연비 성능, 높은 작업 정밀도로 인한 낮은 고장률, 저렴한 비용으로 전 세계적으로 높은 명성과 인기를 얻었다.

미국의 빅3 자동차회사는 머스키법은 기술적으로 불가능하다고 주장하면서 로비를 펼쳐 막을 생각만 하고 기술 개발에 주력하지 않았지만, 무명의 일본 자동차 업체인 혼다가 CVCC 엔진을 가지고 나타나서 머스키법 기준을 통과했다. 일본 내에서 선두를 달리던 도요타 자동차도 혼다와 기술을 공유했으며, 포드와 크라이슬러도 여기에 동참했다.

혼다의 CVCC 기술은 촉매를 중심으로 하는 후처리 방식이 아닌 엔진 자체 개량을 택해 저공해를 달성했다는 점에서 그 기술력을 높이 평가받았다. CVCC 엔진은 흡기 및 배기밸브와 함께, 점화플러그 근처의 공간에 비교적 농후한 공기연료 혼합물을 공급하는 소형 보조 흡기밸브를 추가 설치하였으며, 점화플러그 근처의 예연소실(pre-chamber)은 주 연소실로 작은 금속 구멍으로 연결되어 있다.

주 흡기밸브를 통해 실린더로 공급된 희박한 공기연료는, 예연소실에서 점화플러그에 의해 연소한 화염이 구멍을 통하여 주 연소실로 분출되어 희박한 공기연료를 점화하여 연소시킨다. 이렇게 점화플러그 근처의 농후한 혼합기와 실린더 내의 희박한 혼합기를 결합하여 안정적인 작동과 완벽한 연소를 가능하게 하여 일산화탄소와 탄화수소 배출을 감소시킬 수 있다.

이 기술은 배기가스 재순환(EGR) 밸브나 촉매변환기를 사용하지 않고도 엔진에서 연료를 효율적으로 연소시킬 수 있었으며, 배기가스 규제가 더욱 심해지면서 이후에 후처리장치를 설치하였다.

CVCC의 가장 큰 장점은 흡기스월(intake swirl)을 이용하는 층상연소를 구현하기 어려운 기화기 엔진에 적용이 가능하다는 것이다. 흡입 공기의 속도와 스월을 증가시켜 농후한 혼합기와 희박한 혼합기를 분리하여 이용하던 이전의 층상 충진(stratified charge) 엔진은 고가의 연료분사시스템(fuel injection system)이 필요하지만, 혼다의 CVCC 기술은 연소실 형상 개선을 통해서 층상 연소를 구현할 수 있었으며, 기존 엔진에서도 실린더 헤드만 수정하면 적용할 수가 있었다.

1980년대 중반에 들어서서 미국의 자동차 배출허용기준이 더욱 강화되자 혼다자동차는 CVCC 엔진 기반에 제어장치를 추가할 수밖에 없었으며, 엔진의 진공을 이용하여 센서와 솔레노이드를 제어하는 진공호스가 엔진룸에 복잡하게 설치되었다(그림2.28).

그림 2.27 혼다 CVCC 엔진(좌)과 Civic 승용차(1972)(우)

출처: "Introducing the CVCC/1972".
https://global.honda/heritage/episodes/1972introducingthecvcc.html

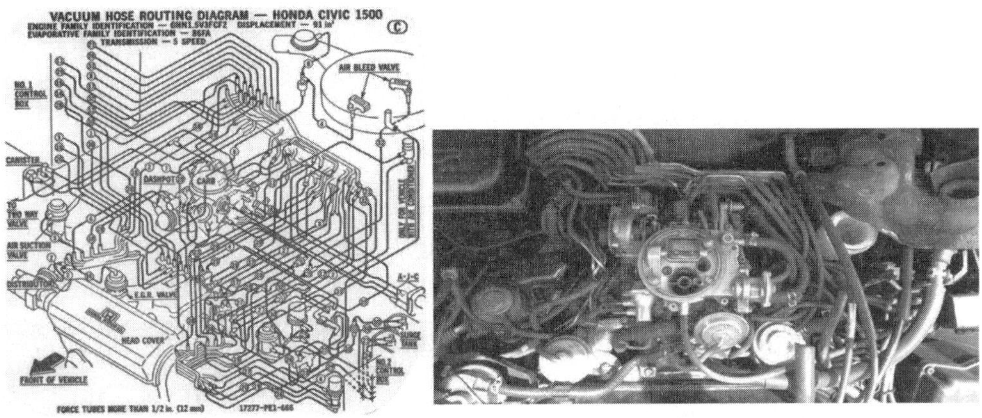

그림 2.28 혼다 CVCC 엔진제어 다이어그램(1985)(좌)과 엔진룸 설치 진공호스(우)

출처: "Run away screaming: 1985 Honda CVCC vacuum hose routing diagram", Murilee martin, 2015.1.7.
https://www.autoweek.com/car-life/but-wait-theres-more/a1860746/run-away-screaming-1985-honda-cvcc-vacuum-hose-routing-diagram/

혼다는 CVCC에 이어 1983년에 VTEC(Variable Valve Timing and Lift Electronic Control) 시스템을 발표하면서 혼다 기술의 우수성을 세상에 다시 한번 알렸다(그림 2.29). VTEC 엔진(그림2.30)은 밸브 타이밍과 밸브 양정을 최적으로 조정하여 엔진의 체적효율을 개선하여 고회전 영역에서는 높은 성능을 발휘하고, 저회전 영역에는 우수한 연비를 달성하였으며, 기존의 밸브 타이밍만 변경하는 VVT(Variable Valve Timing) 시스템과는 확연하게 다르다.

VTEC은 2개의 저속 캠팔로워(cam follower)와 1개의 고속 캠팔로워를 사용하고 유압식으로 캠축 프로파일을 선택하는 것이 기술의 핵심이다. 두 캠 로브 사이의 전환 작동은 엔진 오일압력, 엔진 온도, 차량 속도, 엔진속도 및 스로틀 위치를 고려하여 ECU에 의해 제어된다.

VTEC엔진을 탑재한 Civic SiR 버전이 1987년에 등장했으며, 1989년에 혼다 Integra XSi에 도입하고 미국 시장에는 1991년 Acura NSX에 출시하였다. 2리터 DOHC 직렬 4기통 Acura RSX-S 엔진은 2002년 워즈 매거진의 2002 TOP10 Engine에 선정되기도 했다.

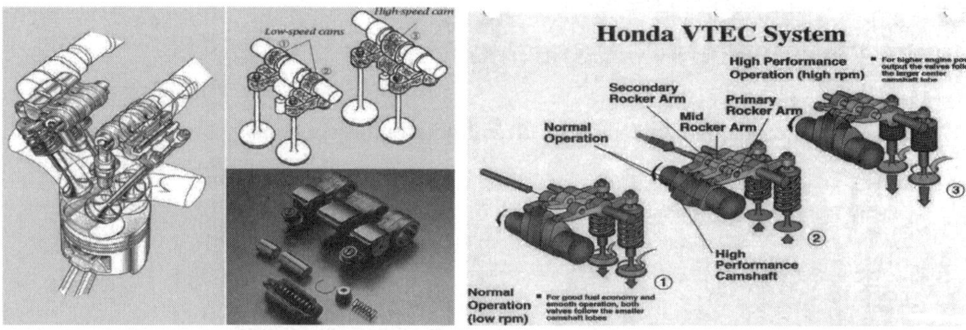

그림 2.29 혼다 VTEC 시스템(좌)과 작동 원리(우)

출처: "The VTEC Engine / 1989".
https://global.honda/heritage/episodes/1989vtecengine.html

그림 2.30 혼다 VTEC 엔진

출처: "The VTEC Engine / 1989".
https://global.honda/heritage/episodes/1989vtecengine.html

(2) 전자연료분사식(EFI) 엔진

지금은 자동차가 기계제품인지 전자제품인지 논란이 있을 정도로 반도체와 전자장치가 많이 사용되고 있다. 현재의 승용차에 40개 이상의 전기모터와 100개 이상의 전자제어기, 300개 이상의 반도체가 사용되고 있으며 이들 전자장치를 연결하고 제어하는 와이어링도 3km에 달한다.

자율주행을 위한 카메라와 레이더, 라이더 센서들이 추가되면서 반도체가 2,000개 이상 사용될 것으로 예상되며, 자율주행 전기차 시대에서는 전기차의 배터리를 고려하면 자동차는 전기·전자 제품으로 취급될 수도 있을 것이다.

자동차에서 가장 혁신적인 기술의 진보인 전자화는, 자동차배출가스 저감을 위하여 미국 엥겔하드(Engelhard)사(2016년에 독일의 BASF사에서 인수)에서 개발한 휘발유 자동차용 삼원촉매(TWC; Three Way Catalyst) 후처리장치 개발에서 비롯되었다고 볼 수 있다.

삼원촉매장치는 1969년 엥겔하드의 엔지니어인 칼 케에드(Carl Keith)가 특허를 취득하고 개선을 계속하였으며, 1975년에 포드 트리노(Ford Torino)에 장착하여 50K 마일 도로 시험에서 1975년 기준을 만족하면서 삼원촉매장치가 머스키법 기준을 대응할 수 있는 기술임을 확신하고 1976년에 삼원촉매를 양산하였다.

GM 자동차에서 1975년 기준 대책으로 삼원촉매장치를 사용하겠다고 발표하고, 뒤이어 Ford, Chrysler, EU에서도 채택을 공식화하였다. 일본은 저렴한 기술인 엔진 연소 개선(CVCC)으로 대응하였으며 1979년 이후에 삼원촉매를 적용한 전자제어시스템을 채용하였다.

삼원촉매장치는 가솔린엔진 연소 시 배출되는 CO, HC, NOx 가스를 80% 이상 저감할 수 있는 후처리장치이지만, 배출가스의 공기연료비가 이론공연비(stoichiometric) 영역(A/F 14.48~14.62)에서 작동하여야 하며, 납 성분이 제거된 무연휘발유를 사용하여야 한다.

엔진의 공기연료 공급을 이론공연비 영역에서 작동시키기 위해서는 기존의 기계식 기화기(carburetor) 장치로는 조절이 어려우며, 전자적으로 제어할 수 있는 솔레노이드 방식의 연료 인젝터(injector)를 사용하여 연료공급량과 시기를 조절하여야 한다.

산소센서 또는 람다센서를 배기관에 설치하여 공연비를 감지하고 이를 ECU (Electronic Control Unit)에 보내며, ECU에서는 엔진에 흡입되는 공기 유량 측정 센서로부터 받은 신호로 연료공급장치의 공급연료량을 피드백하여 조정(closed loop control)하는 전자제어 연료공급시스템으로 발전하였다(그림2.31).

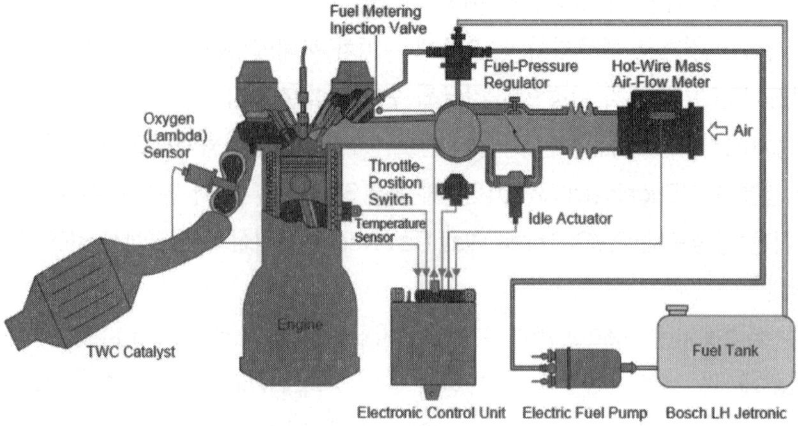

그림 2.31 삼원촉매 작동을 위한 엔진 전자제어 시스템

출처: "The 3-way catalytic converter", John J. Moor, CARB Seminar, 2007.10.

기존의 기화기는 공기와 같은 유체 유동속도가 빠르게 압력이 감소하고, 느리면 압력이 증가하는 베르누이 원리(Bernoulli Principle)를 이용하여 작동한다.

기화기의 핵심 구조는 튜브 중간부에 벤투리(venturi)와 연료탱크로부터 연료를 공급받는 플로트챔버(float chamber), 이 두 곳을 연결하는 제트(jet) 통로로 구성되어 있다.

엔진 실린더 내의 연소와 피스톤의 운동으로 생성된 진공을 사용하여 기화기를 통하여 공기와 연료를 연소실로 공급한다. 튜브(배럴(barrel)로도 불림)의 앞단에 설치되어 있는 공기필터를 통해서 공기가 흡입되며, 튜브 상부에 초크밸브(chock valve)를 설치하여 시동을 원활하게 할 수 있도록 농후한 공기연료 혼합기를 공급하고 있다.

벤투리의 좁아진 부분으로 공기가 통과하면 유속이 빨라지고 압력이 낮아져 진공상태로 만들어지며 제트를 통하여 플로트 체임버에서 연료가 흡입되어 공기와 혼합된다. 벤투리 아래에는 가속페달로 개폐량이 조절되는 스로틀밸브(throttle valve)가 설치되어 있으며, 스로틀 개도가 커지면 공기와 연료가 엔진에 많이 공급되어 출력이 높아지고 차량 속도도 높아진다. 반면 스로틀이 닫히면 공기연료가 적게 공급되어 출력이 떨어진다(그림2.32).

반면 전자식 연료분사장치는 인젝터(injector)의 솔레노이드 코일(solenoid coil)에 전류를 보내면 생성된 자기장이 플런저(plunger)에 부착된 전자석을 제어하고, 플런저는 인젝터 연료분사 출구를 막고 있는 니들밸브(needle valve)를 움직여서 연료를 분사한다(그림2.33). 연료탱크에 있는 연료는 연료필터와 연료펌프, 연료압력 레귤레이터를 거치면서 일정 압력이 유지되어서 인젝터의 플러저에 공급된다.

엔진의 전자제어장치(ECU)는 엔진 흡입공기량, 산소센서, 흡기관 압력 등의 정보를 참고하여 인젝터의 개방 상태를 조절함으로써 엔진 연소실로 공급할 연료량을 결정한다.

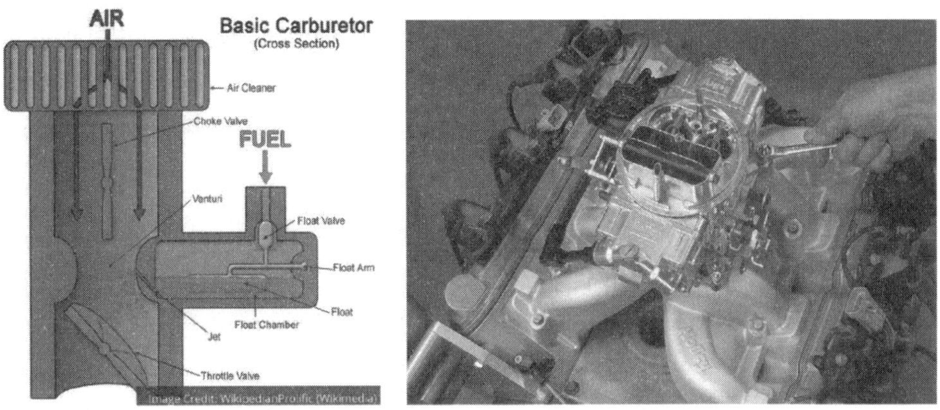

그림 2.32 기화기 구조 및 작동 원리(좌)와 엔진 흡기관 설치 사진(우)

출처: "Carburetor vs fuel injection", Alison Smith, CJ Pony Parts, 2020.10.7.

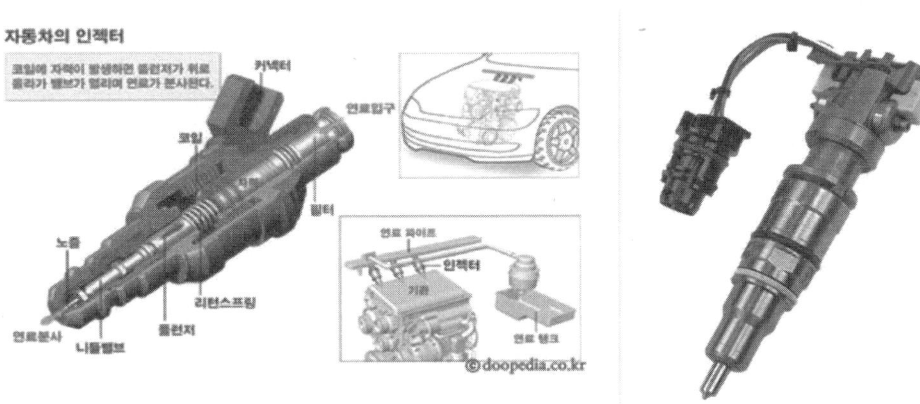

그림 2.33 인젝터 내부구조(좌)와 인젝터 외관(우)

출처: "GDI 엔진이란?", umiksang.
https://steemit.com/kr/@umiksang/gdi-gdi-gdi-engine-knocking-and-problems

독일의 보쉬(Bosch)사는 1912년부터 가솔린엔진의 분사시스템 연구를 시작하여, 안전성과 성능이 인정된 1930년대부터 항공기 엔진에 적용했으며, 자동차용 가솔린분사시스템은 1950년대에 이르러서야 생산이 가능해졌다.

1927년에 경유 승용차인 벤츠 260D에 사용한 최초의 대량생산 경유연료펌프를 가솔린엔진에 적용하려고도 시도했으나 성공하지 못했다. 휘발유가 경유에 비해 윤활 효과가 낮아서 펌프의 윤활이 불충분하면서 펌프 고장이 잦았고, 엔진성능이 기대에 미치지 못했기 때문이다.

그 당시 항공기에 사용되던 기화기방식 엔진은, 춥고 습한 공기 중에서 벤투리에 결빙(icing)이 나타나고, 더운 날씨에는 연료 라인에 증기폐쇄(vapor lock)가 발생하는 문제점이 있었다. 또한 항공기가 거꾸로 회전할 때 기화기 방식은 치명적인 결함을 나타내기 때문에 제2차 세계대전 당시 독일 항공기에 장착된 연료분사방식의 다임러 벤츠 엔진은 연합군 항공기에 비해 우수하였다.

1937년까지 메르세데스 벤츠는 경주용 단기통 엔진에 휘발유연료를 직접 분사하는 시험을 진행했다. 또한 유럽의 몇몇 자동차회사들은 승용차용 2행정엔진에 직접분사 기술을 도입하기도 했다. 1952년에 등장한 M196 포뮬러 원(Formula One) 엔진과 1954년 뉴욕에서 처음 전시된 메르세데스 벤츠 300SL gull-wing 스포츠카의 엔진에서 보쉬의 디젤엔진용 저크방식(jerk pump)의 기계식 연료분사장치를 가솔린엔진 직접분사 방식으로 적용했다.

1) 전기식 솔레노이드 인젝터

전기로 작동하는 솔레노이드 밸브를 연료 인젝터에 최초로 사용한 회사는 미국의 벤딕스(Bendix)사이다. 1932년에 아틀란다 임페리얼 디젤엔진(Atlanta Imperial Diesel Engine Co.)회사의 케네디(Kennedy)가 최초로 개발하여 이듬해에 선박 엔진에 적용하였으나 그 당시의 기술 수준으로는 쉽지 않은 시도였다.

■ 일렉트로젝터(Electrojector)

4반세기 후인 1956년에 벤딕스(Bendix)사는 솔레노이드 제어식 밸브를 분사기와 브레인박스(brain box; ECU)로 구성된 휘발유자동차용 엔진에 적용하는 일렉트로젝터(Electrojector)라는 전자연료분사(EFI; Electronic Fuel Injection) 시스템을 발표하였다(그림2.34).

실린더마다 각각의 포트 인젝터를 설치하고 커먼레일에서 20psi 압력의 연료를 공급하며, 흡기다기관 압력, 엔진 속도, 대기압, 공기와 냉각수 온도를 감지하는 센서가 신호를 ECU에 보내면 공급할 연료량을 계산한다. ECU는 회전식 분배기(rotary distributor)의 전류 펄스를 각 솔레노이드 밸브에 보내서 실린더에 연료를 공급한다. 분사마다 공급되는 연료의 양은 펄스의 지속 시간으로 결정되며, 공회전 시는 매우 짧은 펄스지만 최대 부하시는 최대 150도까지 인젝터가 열린다.

일렉트로젝터의 개발 초기인 1951년경에는 ECU의 트리거 신호는 기계식 정류기(mechanical commutator)로 발생시켰으나, 1957년에 전자제품들이 트랜지스터화되면서 아날로그용 진공 튜브와 예열시간이 필요 없어졌으며, ECU의 크기와 구동 전력을 크게 줄일 수 있게 되고 시스템의 신뢰성도 향상되었다.

일렉터로젝터 시스템은 1957년에 아메리칸 모터스(AMC; American Motors Corporation)사의 소형승용차인 램블러 레블(Rambler Bebel)의 5.4L V8 엔진에 장착되었으나 판매는 거의 되지 않았다. 이듬해에 크라이슬러(Chrysler)사의 고급승용차인 300D와 DeSoto Adventurer에도 이 시스템을 장착하였다.

이 시스템은 외부전기장(electrical fields)에 의한 ECU의 장애와 인젝터 자체의 신뢰성 문제가 발생하기는 했지만, 연비와 출력이 5% 향상되었으며 벤딕스사의 지속적인 개선으로 1965년에는 성능이 크게 향상되어서 생산 버전을 출시하였다.

벤딕스는 일렉트로젝터를 직접 생산하고 판매하는 대신 보쉬(Bosch)에 벤딕스 특허를 사용할 수 있도록 했다. 보쉬의 연료분사 및 전기 전자 장비들의 OEM 공급업체로서의 폭넓은 경험과 위상을 확보하고 있어서 전자 연료공급장치 시장을 개척하고 확립해 나가는 데에는 유리한 선택이었다.

그 당시 유럽의 연료 가격은 미국에 비해 몇 배 비싸서 전자 연료분사장치로 인한 연비 혜택이 관심을 끌었다. 또한 미국에서 엄격한 자동차배출가스 기준이 적용되면서 삼원촉매 후처리장치와 전자 연료분사기술 적용이 해법으로 제시되고 있었다.

그림 2.34 Bendix Electrojector 시스템 엔진 설치 외관(좌)과 Brain Box(우)

출처: "1958 Chrysler-Desoto Elctrojector - World's first electronic fuel injection", George matter, Allpar.com, 2017.5.7.

■ 제트로닉(Jetronic)

보쉬는 엘렉트로젝터를 개량하여 시장성이 있는 기술로 1967년에 D제트로닉(D-Jetronic)을 개발하여 엔진에 성공적으로 적용하면서 전자제어 연료분사장치의 선구적인 기술이 되었다.

ECU에서 펄스 지속 시간으로 연료 분사량을 산출하고 흡기관 내의 진공을 압력센서로 측정하면서 독일어 Duck(압력)의 머리글자를 사용하여 D제트로닉이라 이름 지었다. 발표 당시에는 상대적으로 높은 가격 때문에 판매가 부진하였으나, 미국의 자동차배출가스 기준이 강화되면서 전자제어 연료 분사시스템 적용의 기회를 잡을 수 있었다.

1967년 9월 14일 프랑크푸르트에서 열린 국제모터쇼(IAA; International Automobile Fare)에서 폭스바겐 1600 Type3에 D제트로닉이 최초로 공개되었으며, 이 기술로 캘리포니아 자동차 시장의 엄격한 신규 배출기준에 합격하면서 미국에서 처음으로 시판되었다(그림2.35).

이듬해인 1968년에 메르세데스벤츠가 250 CE Coupe에 채용하였으며, 이어서 BMW, 시트로엥, 포르쉐, 르노, 사브, 볼보와 같은 제조사들도 이 시스템을 채용하면서 D제트로닉 시스템이 휘발유 승용차의 차세대 연료시스템 기술로 자리매김하게 된다.

D제트로닉을 지속적으로 발전시켜서 신뢰도와 성능을 향상했으며, 1973년에 연료를 연속적으로 분사하는 K제트로닉(독일어의 연속(Knontinuierlich) 머리글자 사용), 1976년의 폐쇄회로 제어(closed loop control) 기능을 갖춘 K제트로닉 람다, 1985년에는 KE제트로닉을 출시했다.

압력제어식 D제트로닉과 달리 엔진의 흡입공기량을 공기체적센서(VAF; Volume Air Flow Sensor)로 측정하여 정확한 연료량을 분사하는 L제트로닉(독일어 공기(Luft) 머리글자)을 1974년에 발표하였으며, 이는 AFC(Air-Flow Controller) 분사라고도 불렸으며 맞춤형 집적회로를 사용하여 D제트로닉보다 더 간단하고도 신뢰성이 높은 엔진제어를 구현할 수 있었다.

L제트로닉은 1980년대 유럽자동차와 BMW K 시리즈 오토바이에 많이 사용되었으며, 이후에 더욱 저렴하면서도 개선된 LE, LH제트로닉으로 이어졌다. LE, LH제트로닉은 람다 센서와 함께 전자적으로 제어되어서 삼원촉매장치 작동을 위한 최적의 공기연료 혼합을 제어할 수 있다.

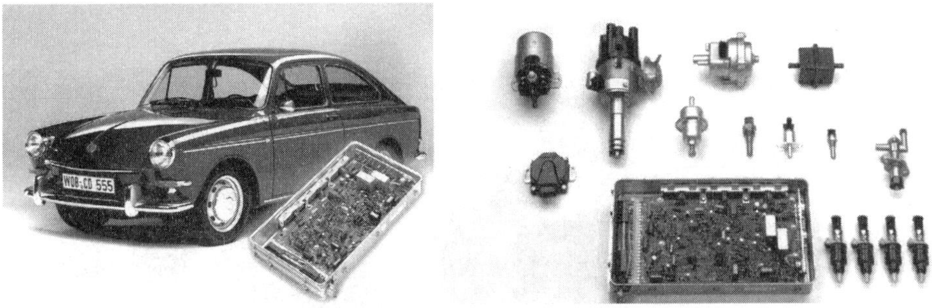

그림 2.35 폭스바겐 1600 LE/TLE 승용차(좌)와 D제트로닉 구성품 사진(우)

출처: "https://d-jetronic.blogspot.com/p/d-jetronic_13.html
https://www.auto-motor-und-sport.de/tech-zukunft/bosch-d-jetronic-1967

■ 모트로닉(Motronic)

제트로닉 시스템은 엔진에 흡입되는 공기량을 측정하고 인젝터를 사용하여 적정 연료량을 분사하여 공급하는 전자제어 연료분사 시스템으로 기계식 기화기에 비해서는 훨씬 더 정밀한 공연비를 조절할 수 있는 기술이다.

반면 제트로닉의 연료제어와 함께 점화시기도 동시에 전자제어 하는 모트로닉(Motronic) 시스템으로 발전하였다(그림2.36). 1979년에 보쉬는 독립적으로 사용되던 전자제어 연료분사 시스템과 전자제어 점화시스템을 하나의 모듈로 통합하면서 모트로닉이라 불렀다.

기존의 기계식 점화시스템은 크랭크축과 연결된 배전기(distributor)가 점화코일에서 높은 전압을 발생시켜 점화플러그에 공급하여 연소실 혼합기를 점화시키는 방식이었다. 그러나 반도체 기술이 발전하면서 전자식 점화기(igniter)로 대체되고 엔진 운전상태에 따른 최적 점화시기를 소프트웨어적으로 제어해서 자동차 배출가스 저감과 엔진성능을 향상한 전자제어 점화시스템이 개발되었다.

최초의 모트로닉시스템은 L제트로닉 시스템에 점화시기 제어를 추가하면서 시작되었으나, 1976년에 보쉬가 세계 최초로 출시한 람다센서 제어에 의한 삼원촉매 작동, 아이들 제어, 연료증발가스 제어, EGR 제어, 2차공기 제어 등을 포함하는 오늘날의 엔진통합 제어장치로 발전되었다.

최초의 모트로닉 제품인 Motronic basic(Motronic ML1.x)은 1980년 초에 BMW7 시리즈에 사용되었으며, 볼보와 포르쉐가 뒤이어 사용하였다.

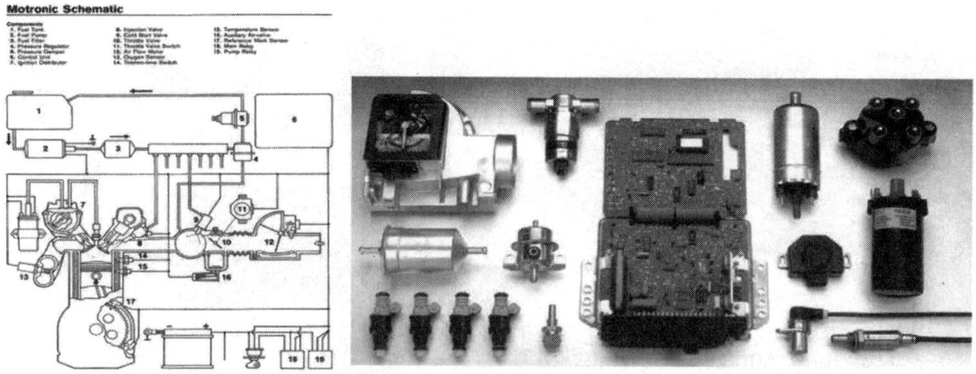

그림 2.36 보쉬 모트로닉 구성도(좌)와 구성품 사진(우)

출처: “What is motronic system?”, Avtotachki.com, 2020.5.26.

2) TBI, SPI 엔진

TBI(Throttle Body Injection) 시스템은 기존의 기화기 위치에 인젝터를 설치하여 연료를 분사하는 방식으로 흡기관 통로(intake runner)를 연료가 통과하기 때문에 습식 흡기관(wet manifold) 시스템으로도 불린다.

1940년대에 대형 항공기 엔진에 사용되었으며, 1980년대에 자동차에 적용되었다. 미국 GM이 TBI로 명명하고, 포드는 CFI(Central Fuel Injection), 혼다는 PGM-CARB, 마쓰다는 EGI로 부르기도 했다.

1988년에 보쉬에서 발표한 SIP(Single Port Injection) 시스템인 모노제트로닉(mono-jetronic)은 기존의 실린더당 1개씩 설치하던 인젝터를 대용량 인젝터 1개로 대체하였다(그림2.37). 공기량 또는 흡기관 진공 센서의 사용 없이 엔진 부하를 스로틀 위치센서(throttle position sensor)로써만 판단하여 적응폐회로 람다제어(adaptive closed-loop lambda control)를 사용하기 때문에 람다센서 의존도가 매우 높다.

인젝터를 1개만 사용하고 고가의 공기량 센서가 필요하지 않기 때문에 비용이 저렴하고 견고하며 유지관리가 쉬운 장점이 있다. 흡기관의 길이가 짧아 분사된 연료가 양호한 무화 상태로 공급될 수 있는 소형이나 보급형 차종의 직렬 4기통이나 V6 엔진에 주로 사용되었다.

그러나 TBI 시스템의 단점은 흡기관의 길이 때문에 인젝터와 연소실 간의 거리가 길어서 공연비의 정밀 제어가 어렵다. 가속페달 작동 시 인젝터에서 연소실로 공급되는 연료 공기 혼합기의 지연이 발생하여 연소가 불안정하게 되면서 배출가스와 연비에 불리하다. 현재는 각 연소실 입구마다 인젝터를 설치하는 MPI(Multi-Point Injection) 방식이 사용되고 있다(그림2.38).

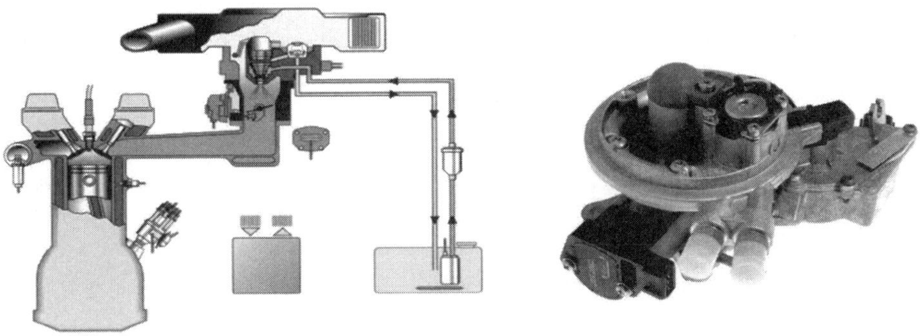

그림 2.37 모노제트로닉 구성도(좌)와 TBI 본체 사진(우)

출처: "Directorate of employment & training", Gujarat State.
https://www.slideshare.net/vivekkachhadiya/mpfi-system
"Mono Injector". https://autoditex.com/page/mono-injector-54-1.html

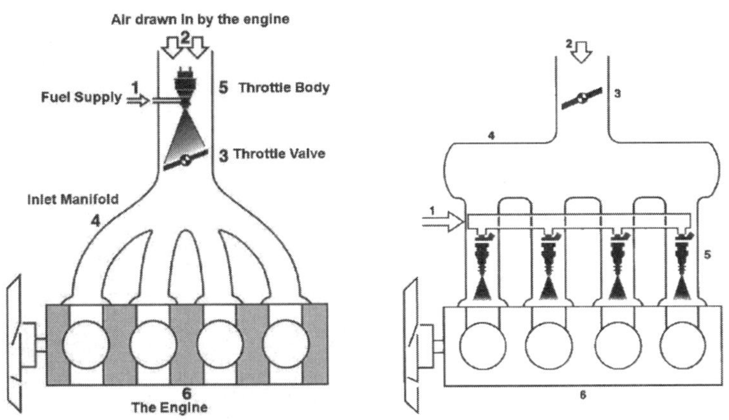

그림 2.38 TBI(좌)와 MPI(우) 원리

출처: "Bosch fuel injection systems", Forbes Aird, HP Books, 2001.

3) MPI 엔진

연료 다중분사인 MPI는 연료분사 인젝터를 흡기밸브 직전의 흡기 포터에 설치하여 연소실마다 독립적으로 연료를 분사하는 방식으로써, 1980년대 후반부터 사용되었다. 이후에 연소실마다 인젝터를 사용하는 가솔린연소실 직접분사(GDI) 기술이 발표되면서, 기존의 MPI 기술을 PFI(Port Fuel Injection)로 부르고 있다(그림2.39).

1980년대 중반 보쉬는 전자제어 연료분사방식인 KE 제트로닉과 LH 제트로닉을 발표하였으며, 1986년에 폭스바겐이 이 기술을 개선하여 디지팬트(Digifant) ECU로 진화시키면서 디지젯(Digi-jet) 연료분사시스템과 새로운 디지털 점화시스템과 결합했다. 디지팬트시스템은 폭스바겐 폴로에 최초로 설치되고, 이어서 골프(Golf)와 제타(Jetta) 승용차에 사용되었으며, PFI MPI 엔진의 대중화에 선구자가 되었다.

MPI 엔진에서는 흡기관을 통하여 공급되는 공기가 흡기밸브가 열려서 연소실에 흡입되기 직전에 흡기 포터에 장착된 인젝터에서 연료를 분사하여 공기와 혼합되어 연소실로 공급된다.

MPI 엔진의 장점은 엔진 연소실 직전에서 연료를 분사하기 때문에 운전상태에 맞춰서 연료분사 제어를 할 수 있어서 기화기나 TBI 엔진에 비해서 연료 분사량과 분사 시기를 정밀하게 제어함으로써 연비향상과 배출가스 저감뿐만 아니라, 가속페달 작동 시의 혼합기 지연도 거의 없어서 운전도 원활하다.

그러나 공급된 연료가 공기와 혼합될 수 있는 기간이 짧아서 균일한 혼합기 형성과 연료 미립화(atomization) 향상이 어렵다. 또한 MPI 엔진은 흡기공기를 압축할 수 있는 터보차저(turbocharger) 사용이 어려운 단점도 있다.

이런 난제를 극복하기 위해서 디젤엔진 작동 원리와 동일하게 연소실에 연료를 직접 공급하는 가솔린직접분사(GDI) 양산엔진 기술이 1996에 일본 미쓰비시 자동차에서 시작된다.

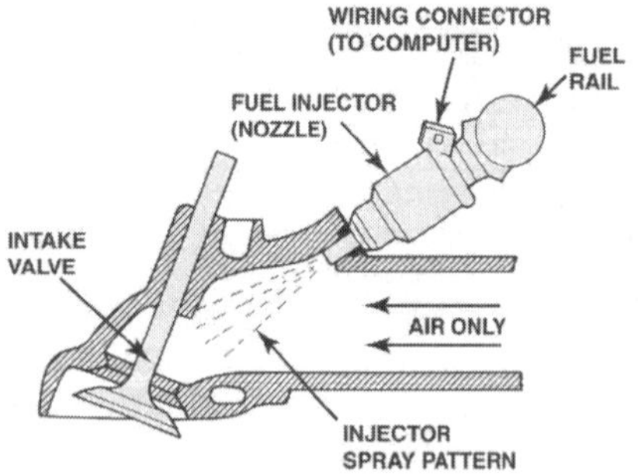

그림 2.39 PFI MPI 원리도(좌)와 흡기관에 설치된 인젝터(우)

출처: "Advanced engine performance diagnosis, Fourth Edition", James D. halderman, Pearson Higher Educatiob. Inc., 2009.
"How to replace fuel injectors", fuelpumpu.com, 2018.9.10.

2.6. 커먼레일직접분사(CRDI) 디젤엔진

(1) 저크(Jerk)방식 P-L-N 연료분사시스템

루돌프 디젤이 1893년에 발명한 디젤엔진의 연료공급 방식은 압축공기에 의해 연료가 공기와 혼합되어 연소실로 공급되는 공기 폭발(air blast) 시스템이었으며, 공기압축기 등의 사용으로 인하여 연료공급장치의 크기와 무게를 줄이기가 어려웠다. 이런 형태의 연료분사 시스템은 인라인 저크펌프(inline jerk pump)가 개발되기 이전의 수년 동안 사용되었다.

1890년대 초에 허버트 스튜아트(Herbert Akroyd Stuart)가 캠 구동 방식의 저크펌프를 사용하여 인젝터에 고압으로 연료를 공급하는 연료분사시스템을 개발하였으며, 1927년에 로버트 보쉬(Robert Bosch)가 이를 개선하여 공기 없이 연료만 분사하는 고체분사(solid injection) P-L-N 시스템을 개발(그림2.40)하면서, 디젤엔진 연료공급장치의 표준이 되었다.

펌프-라인-노즐(P-L-N) 시스템은 커먼레일(common rail)과 유닛 인젝터(unit injector)형 연료분사 시스템이 사용되기 이전의 수십 년 동안 모든 디젤엔진에 사용되었다. 연료분사 펌프에서 생성된 고압의 연료는 고압 연료라인을 통하여 인젝터에 보내지며, 인젝터의 노즐에서 연소실에 분사된다.

P-L-N 시스템은 분사펌프 유형에 따라서, 인라인 펌프(in-line pump), 유닛 펌프(unit pump), 분배형 펌프(distributor(rotary) pump)의 세 가지 범주로 분류되고 있다.

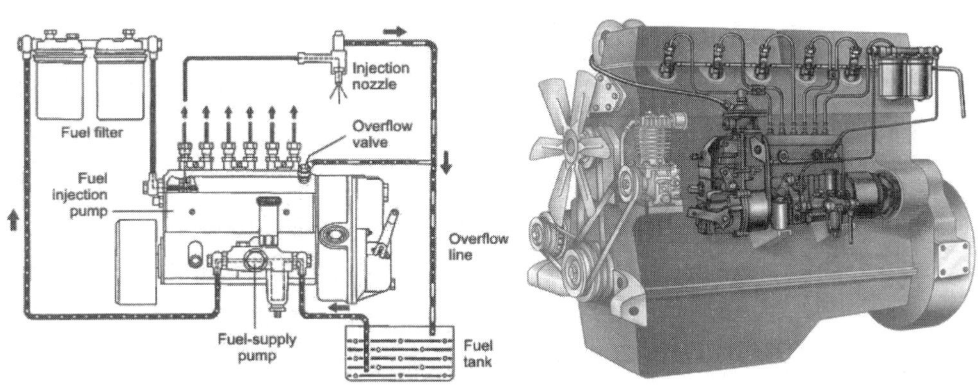

그림 2.40 In-line 펌프 구성도(좌)와 엔진 설치도(우)

출처: "Pump-Line-Nozzle injection system", DieselNet Technology Guide, dieselnet.com.
"Diesel fuel supply system-in line pump", Yistong auto parts.

1952년에 버논 루사(Vernon Roosa)가 소형 분배형 로터리 펌프의 특허를 받았으며, 크기가 작을 뿐만 아니라 가격도 경제적이었으며 트랙터와 고속엔진에 사용되기 시작했다. 루카스(Lucas)(현재의 델파이(Delphi))가 이 펌프의 특허를 사용하여 유럽 시장에서 먼저 사용하였다. 분배형 펌프는 인라인 펌프 시스템과 달리 하나의 펌핑장치로 여러 개의 실린더에 연료를 공급하며 고정밀 가공 부품이 적기 때문에 인라인 펌프보다 구조가 간단하고 비용이 저렴하다(그림2.41).

분배형 펌프는 인라인 펌프와 동일한 기능을 가지며, 정확하게 계량된 연료량을 적절한 시점에 연소실로 분사함으로써 효율적인 연소를 할 수 있다. 또한 연료 미립화와 연료 공기 혼합을 촉진하여 성능과 연비향상과 함께 배기가스를 줄인다.

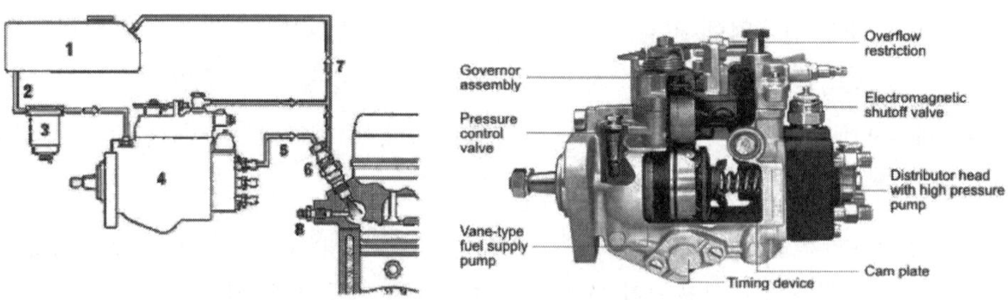

그림 2.41 분배형 펌프분사시스템 구성도(좌)와 보쉬 분배형 펌프(우)

출처: "Pump-Line-Nozzle injection system", DieselNet Technology Guide, dieselnet.com.

유닛 인젝터(UI)는 엔진 연소실마다 별도의 펌프가 설치되며 고압의 연료를 분사할 수 있다. 이후에 다단분사(multiple injections)와 분사율 형태(rate shaping) 조절 기능을 갖춘 전자제어 유닛 인젝터 시스템이 개발되었다(그림2.42).

유닛 인젝터는 펌프를 인젝터에 가깝게 배치하거나 하나의 조립체(assembly)로 결합하면 고압 연료라인 길이를 줄이거나 제거할 수 있다. 유닛 인젝터의 상용화는 1930년대에 GM 자회사인 윈턴(Winton)과 GM 디젤엔진에서 시작되었으며, 디트로이트 디젤 디비젼(Detroit Diesel Division)으로 디젤엔진 생산을 이전시켰다.

디트로이트디젤의 2행정엔진이 대표적인 유닛 인젝터 사용 엔진이며, 1930년대부터 1980년대 중반까지 기계식 유닛 인젝터를 사용하였으며, 1985년에 시리즈 92 2행정 엔진이 전자제어식 유닛 분사를 채택한 최초의 대형(heavy duty) 디젤엔진이 되었다.

배출가스 규제가 점점 엄격해지고 주행성 개선 요구가 심해지면서 1980년대 중반에 전자제어식 분사시스템 기술이 도입되었다. 이를 통해 연료 분사량과 분사 시기를 제어할 수 있었으며, 센서와 케이블 하네스(cable harnesses), 제어장치 추가로 전체 시스템 비용이 증가했다.

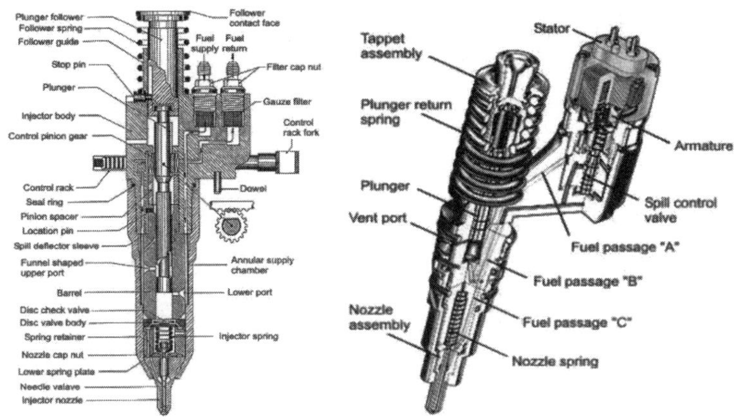

그림 2.42 기계식 유닛인젝터(Detroit Diesel)(좌)와 전자제어식 유닛인젝터(EUI-200, Lucas)(우)
출처: "Unit injector & unit pump systems", DieselNet Technology Guide, dieselnet.com.

(2) 커먼레일연료분사 시스템

디젤엔진 연소는 연소실 내에 공기를 먼저 공급하고 연료를 분사하여 자발화(auto-ignition)시키는 확산연소(diffusion combustion)로써 연소에 소요되는 시간이 짧아서 연소실 크기에 제한이 없으므로 대형 고출력 엔진이 가능하다. 진동과 소음이 크면서 매연이 높은 단점 때문에 고출력을 필요로 하는 대형엔진에 주로 사용되었다.

그러나 커먼레일 고압분사 기술이 상용화되고 고속직접분사(HSDI)와 DPF와 SCR, LNT 등의 후처리기술 사용이 가능해지면서, 경유 승용차가 휘발유 승용차 시장에도 사용할 수 있게 되었다. 커먼레일 기술의 핵심은 1,500bar 이상의 고압연료분사 기술과 전자제어 솔레노이드 밸브의 구동으로 분사율과 분사 시기, 다단 분사 등의 연료분사 정밀 제어 기술을 구현할 수 있는 것이다.

최초의 커먼레일 시스템은 1913년에 영국의 비커스(Vikers Ltd.)사에서 기계식 인젝터(mechanically actuated injectors)로 특허를 받았으며 1919년에 미국 캘리포니아에 소재하는 아틀라스 임페리얼디젤(Atlas Imperial Diesel Company) 엔진에 사용되었다.

1920년대에 전자제어식 커먼레일이 개발되는 등 개선과 발전을 거듭하여 1980년대부터 상용화가 활발하게 진행되었다. 1995년에 일본의 닛폰덴소(Nippondenso) ECD-U2 커먼레일 시스템이 히노(Hino) 트럭인 라이징레인지(Rising Ranger) 상용차에 세계 최초로 적용되었으며, 1997년에 보쉬 시스템이 알파 로메로(Alfa Romeo)와 벤츠 C-Class 디젤승용차에 처음으로 적용되었다.

2009년에는 지멘스(Siemens, 현재의 Continental)가 최초의 피에조(piezoelectric actuator)방식 커먼레일 인젝터 Siemens-VDO를 도입하였으며, 이후에 커먼레일 연료분사 시스템은 디젤엔진 연료분사 시스템의 표준으로 자리를 잡았다. 커먼레일 기술은 유럽을 중심으로 발전하고 있으며 특히 독일의 보쉬사가 가장 앞선 기술은 선도하고 있다.

고압 펌프에서 발생한 고압의 연료를 커먼레일에 저장하고 전자식 인젝터의 솔레노이드 밸브 개폐를 ECU로 제어하여 연소실에 연료를 분사한다. 커먼레일에 고압 연료가 저장되어 있기 때문에 엔진 회전속도나 부하에 상관없이 공급 연료의 최적 압력제어가 가능하며, 분사율, 분사량, 분사 시기 등의 전자제어 구현도 가능하다.

3방향 밸브(three-way valve)를 사용하여 연료분사 후의 급속 종료(sharp cut)가 가능하여 분사 말기의 후적(droplet)이나 2차 분사(secondary injection)를 막을 수 있어 연소 불량을 개선할 수 있다. 또한 고속 3방향 밸브를 사용하여 파일럿 분사도 제어할 수 있다(그림2.43).

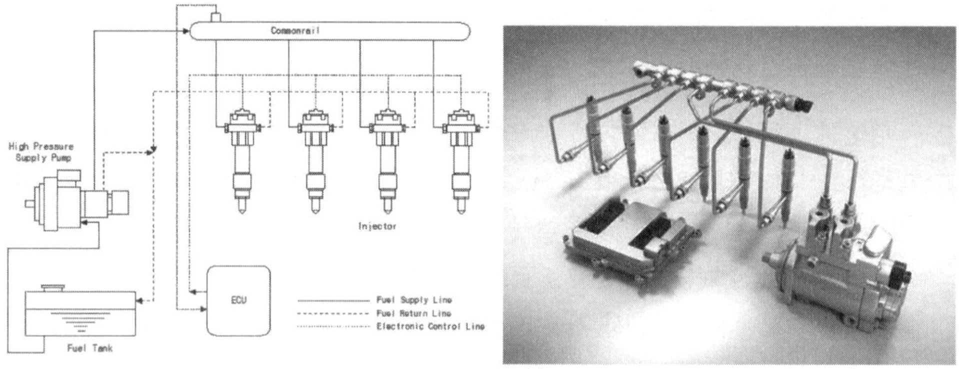

그림 2.43 커먼레일 연료분사시스템 구성도(좌)와 구성부품(보쉬)(우)

출처: "자동차와 환경", 정용일 외, 숭실대학교 출판부, 2010.10.

연료분사 노즐에서 엔진 연소실에 분사된 연료의 중심부는 공연비가 농후하고 주변으로 갈수록 희박해지는 공연비 분포를 하며, 분사된 연료는 짧은 지연 기간(delay time)을 거치면서 약간 희박한 지점에서 자발화(auto-ignited)가 발생한다(그림2.44).

연료가 분사되어 연소가 시작되는 과정은 미립자 생성(droplet formation), 충돌(collisions), 분열(break-up), 증발(evaporation) 등의 복잡한 과정을 거치면서, 연소실 내에 고농도 연료 영역(high fuel concentration regions)과 고온 화염 영역(high temperature flame regions)의 두 영역으로 나누어진다. 고농도 연료 영역에서는 산소가 부족하여 매연 생성률(rate of soot formation)이 높고, 고온 화염 영역에서는 질소산화물(NOx)이 높게 생성된다.

연료 분사 압력을 높이면 노즐에서 분사되는 연료 입자의 미립화가 촉진되고 증발율이 증가하여 연료공기 혼합을 향상시켜서 연소가 개선되고, 연소율도 빨라져서 매연과 입자상물질(PM)이 감소한다. 그러나 분사 압력이 높아지면 급속 연소가 발생하면서 연소압력과 연소온도가 증가하여 NOx와 소음이 증가한다. 이를 방지하기 위하여 분사시기를 지연(retard)시킬 수 있지만 연비가 악화하고 PM 증가가 동반되기 때문에 한계가 있다.

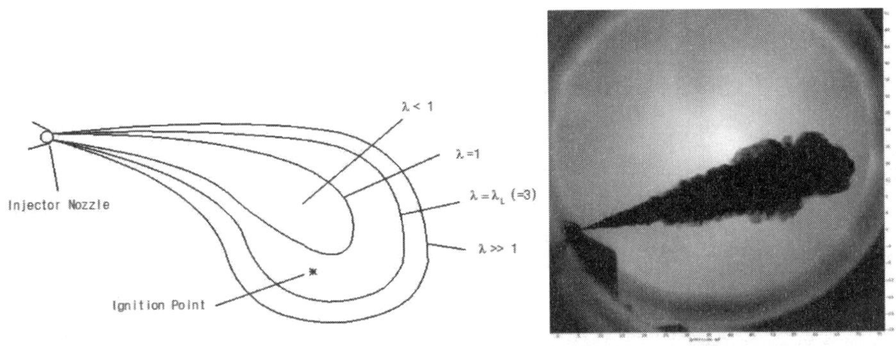

그림 2.44 디젤 분무연료의 국부적 공기과잉률(λ) 분포(좌)와 연료분사 형상(우)

출처: "자동차와 환경", 정용일 외, 숭실대학교 출판부, 2010.10.

커먼레일 시스템에서는 분사율 형상 조절과 다단분사가 가능하므로 이를 통하여 분사율을 제어함으로써 고압 분사로 발생하는 문제점들을 해결하고 있다(그림2.45).

초기 분사율 증가를 완화하여 점진적으로 증가시키는 델타형 분사율 형상과 착화 전에 미소한 연료를 우선 분사하는 파일럿 분사가 사용된다. 또한 분사 종료에 필요한 고압연료를 분사한 후 급속하게 종료하는 급속 종료(sharp cut, rapid spill)을 구현하여 HC, 스모그, 연비의 개선을 도모하고 있다.

커먼레일 시스템은 연료 분사 압력의 고압 화를 통하여 연소를 향상하고 매연과 PM을 줄이면서, 고압과 고반응 인젝터를 사용하여 분사율을 조절하여 질소산화물 증가를 억제함으로써 승용차용 고속디젤엔진이 발전할 수 있는 결정적인 역할을 하였다.

초창기의 커먼레일 시스템 연료분사 압력은 135MPa 수준이었으나 160MPa, 180MPa, 200MPa, 250MPa 단계를 거쳐서 270MPa(Bosch CRS3-27)까지 증대되고 있으며 향후는 300MPa 이상으로 고압 화 될 것으로 전망한다.

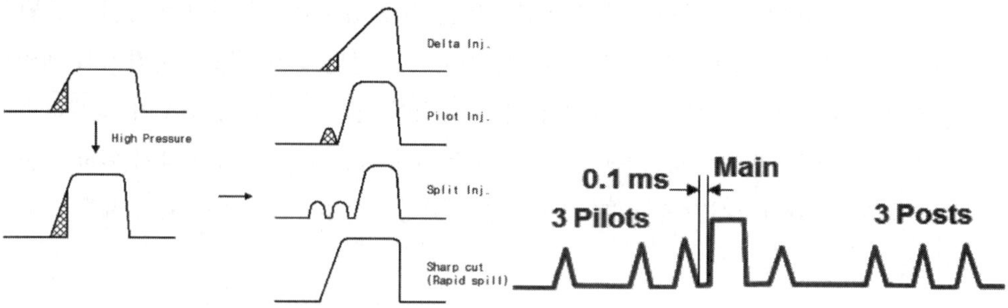

그림 2.45 분사율 제어(좌)와 델파이 다단분사(우)

출처: "자동차와 환경", 정용일 외, 숭실대학교 출판부, 2010.10.

2.7. 가솔린직접분사(GDI) 엔진

가솔린엔진의 연료공급시스템은 기화기(carburetor)에서 스로틀바디 인젝션(TBI)을 거쳐서 각각의 흡기관에 연료를 분사하는 멀티포트 인젝션(MPI) 기술로 발전했다.

TBI는 기계식 방식에서 컴퓨터를 사용하여 인젝터의 연료공급량을 조절하는 전자제어 기술을 적용하는 전환점이 되었으며, 이후에 연소실마다 연료를 균일하게 공급하여 배기가스와 연비를 향상해 강화되는 규제에 대비한 MPI 시스템으로 개선되었다.

그러나 지속적으로 강화되는 배기가스와 연비기준에 대응하기 위해서 디젤엔진과 같은 방식으로 연소실에 연료를 직접 분사하는 가솔린직접분사(GDI; Gasoline Direct Injection) 기술로 발전하였다.

흡기포트 분사(PFI) 방식은 연소실 외부에서 연료공기 혼합기를 만들어 연소실에 공급하기 때문에 균일한 연료공기 혼합기 생성이 쉽지 않으며, 따라서 불완전 연소가 일어나 연비와 출력이 떨어질 수가 있다.

이를 개선하기 위하여 연료량보다 공기량을 많이 공급하는 희박연소(lean burn) 방식을 사용하여 불완전 연소를 개선하는 기술이 개발되었지만, 흡기포트 방식의 희박연소로는 한계가 있었다. 이를 개선하기 위해서 흡기행정에 연소실에 공기만 공급하고 인젝터를 통해서 휘발유를 연소실에 직접 분사하고 점화플러그로 점화시키는 GDI 엔진이 등장했다(그림2.46).

휘발유연료를 연소실에 직접 분사는 영국의 아치볼드 로우 박사(Dr. Archibald Low)가 1912년에 시도했으며, 1916년에 독일의 융커스(Junkers) 항공기 2행정 엔진용 프로토타입이 개발되었다. 제2차 세계대전 시의 독일 항공기는 BMW와 다임러벤츠, 융커스 사에서 개발한 GDI 엔진을 대부분 사용하였다.

최초의 차량용 GDI 엔진은 1925년 스웨덴의 조나스 헤셀멘(Jonas Hesselman)이 트럭과 버스용으로 제작하였으며 오토사이클과 디젤사이클을 동시에 적용하여 휘발유와 오일 등 다양한 연료를 사용하였다. 압축행정 말기에 연료를 분사하여 점화플러그로 점화하는 초희박 연소 개념을 사용하였으나, 낮은 압축비로 인한 불완전 연소로 매연이 심하게 발생하였다.

독일 보쉬사는 1930년대부터 자동차용 기계식 GDI 엔진을 개발하였으며, 1951년 프랑크푸르트 모터쇼에서 2행정 Gutbrod Superior 600에 적용하여 20% 연비향상과 차량 출력을 22마력에서 27마력으로 높이면서 이듬해에 Goliath GP700 2행정 엔진에 적용하였다. 그러나 보쉬는 4행정 엔진이 시장의 주류가 될 것으로 전망하고 여기에 초점을 맞추어 개발하였으며 1955년에 벤츠 300SL 모델에 최초로 4행정 GDI 엔진을 장착해서 출시하였다.

그러나 기계식 분사 시스템의 제어 기술의 한계로 인하여 GDI 기술은 성공하지 못했으며, 1996년 미쓰비시에서 갈란트(Galant) 승용차에 4G93 GDI 엔진을 양산 적용하면서 본격적인 GDI 엔진 시대가 시작되었다(그림2.47).

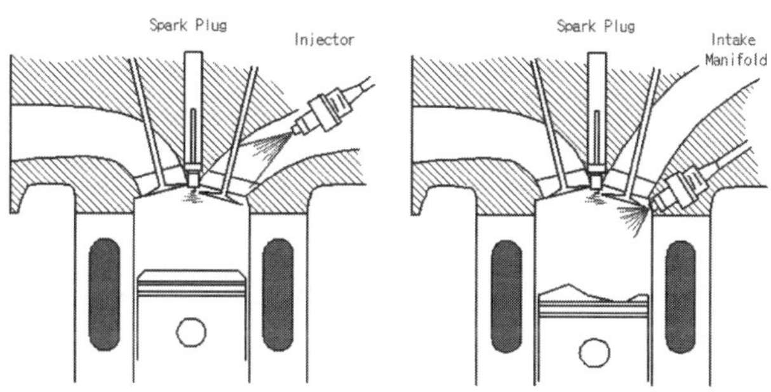

그림 2.46 직접분사식 엔진(좌)과 흡기포트분사식 엔진(우)

출처: "자동차와 환경", 정용일 외, 숭실대학교 출판부, 2010.10.

그림 2.47 미쓰비시 갈란트(Galant) 승용차(좌)와 4G93 GDI 엔진(우)
배기량 1.8리터, 압축비 12:1, 최대출력 96kW/5,500rpm, 최대토크 181Nm/3,500rpm

출처: "Mitsubishi 4G9 engine", Wikipedia, the free encyclopedia.

GDI 엔진은 25~40:1 정도의 초희박 혼합기 연소가 가능하며, 연소실 내에 강력한 와류를 형성하여 완전연소에 가까운 연소를 구현할 수 있으며, 점화플러그 주변에 연료를 분사하면 기화열에 의해 흡기온도가 낮아져서 혼합기의 충전효율(volumetric efficiency)이 높아지고, 압축비도 커지는 효과가 있다. 또한 흡기행정에는 공기만 공급하기 때문에 터보차저를 사용하여 압축공기를 공급함으로써 엔진 다운사이징 기술도 활발하게 적용되었다.

GDI 엔진 출력을 공기량과 함께 연료량으로 제어할 수 있기 때문에 트로틀 밸브 개도를 크게 하여 흡입공기량을 늘림으로써 펌핑 손실(pumping loss)을 줄여서 출력에 이득을 얻을 수 있다. 연료를 연소실에 직접 분사하기 때문에 연료량의 정밀 제어와 응답성이 빠르다. 또한 PFI 엔진은 흡기관 내에 생기는 연료 막(wall wetting)에 의하여 가감속 시에 이론 공연비를 벗어나면서 응답성 저하가 나타나지만, GDI 엔진에서는 구조적으로 연료막 현상이 없기 때문에 가감속 시에도 공연비를 정확하게 제어할 수 있어서 응답성과 운전성이 향상된다.

GDI 엔진은 PFI 엔진과 같은 균질분사(homogeneous injection)뿐만 아니라, 스월(swirl)과 텀블(tumble) 유동으로 성층분사(stratified injection) 기술을 구현함으로써 삼원촉매 활성화(catalyst light-off) 시간을 단축하며, PFI 엔진이 달성하기 어려운 SULEV와 같이 매우 엄격한 환경규제에도 효과적으로 대응할 수 있다.

GDI 엔진의 연료공급시스템은 PFI 시스템과 거의 동일한 구성으로, 흡기포트 실린더 상단에 설치된 인젝터와 기존의 연료탱크 내 모듈식 전기 연료 펌프에 추가하여 엔진에 장착된 고압연료펌프, 연료관(fuel rail)과 연료 압력센서 들로 이루어져 있다(그림2.48).

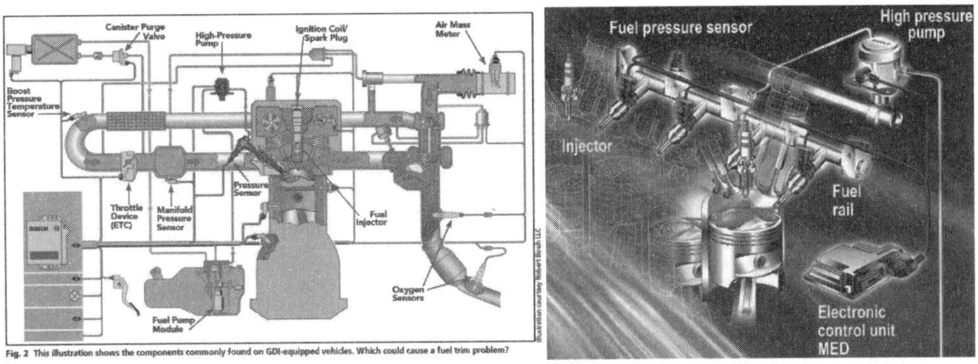

그림 2.48 GDI 엔진 구성도(좌)와 구성 부품(우)

출처: Fuel trim data: A powerful diagnostic tool, Bob Pattengale, Motor, 2016.7.
"Maximizing GDI system efficiency", Dieter Lorentz, Bosch Automotive Training, 2011.10.20.

GDI 엔진은 분사된 연료가 공기와 혼합되는 시간이 짧으므로 이상적인 연소를 위해서는 연료 압력을 높여야 하며, 또한 압축행정 중의 실린더 내의 높은 압력을 이기고 분사해야 하므로 높은 분사 압력이 필요하다.

PFI 엔진의 연료 분사 압력은 3~4bar 정도이지만, GDI 엔진에서는 120~200bar 수준의 높은 압력이 필요하며 연료탱크 내에 설치되어 있는 저압 연료 펌프에 추가하여 고압 연료 펌프를 함께 사용한다. 고압 연료 펌프에서 생성된 연료를 공급하는 연료관은 고압에 견디도록 제작되어야 하며, 연료관 내 압력을 피드백하기 위한 연료압 센서를 사용하고 있다.

또한 GDI 엔진은 이론공연비의 균질혼합기뿐만 아니라 이론공연비보다 희박한 성층혼합기에서도 점화를 원활하게 할 수 있는 높은 점화 에너지를 점화플러그에 공급하여야 한다.

GDI 엔진의 가장 중요한 핵심부품인 인젝터는 연소실 내에 연료를 직접 분사해야 하므로 인젝터가 높은 온도에 견뎌야 하고, 인젝터의 분사공(hole)에 퇴적물이 형성되지 않아야 한다.

또한 PFI 엔진용 인젝터에서 요구되는 정확한 연료 유량 조절, 최적 분사 형상, 분무 대칭성, 연료누설과 후적(drippage)현상 방지, 최소 체적(sac volume), 균일한 인젝터 성능 등에 더하여, GDI 엔진용 인젝터는 분무미립화 향상과 동적 작동영역(dynamic range) 확대, 퇴적물에 대한 대책, 공급 연료와 주변 압력의 증가 시에도 안정된 작동, 2차 분무(secondary injection)를 유발하는 니들(needle)의 튐(bounce) 방지 등의 기술이 요구된다.

(1) 희박 GDI 엔진

연소실 내에 분사된 연료와 공기의 혼합방법은 균질 급기(homogeneous charge)와 성층 급기(stratified charge) 방법으로 나누어진다.

균질 급기 방식은 연소실 전체에 균일한 연료공기 혼합기를 생성하는 방식으로써, 연소실 내의 스월(swirl)과 텀블(tumble)을 활용한 유동개선과, 흡입행정 초기에 연료를 분사하는 조기 분사와 분할 분사(spilt injection) 등의 연료분사 시기 조절로 균일한 혼합기를 만들며, 차량의 운전 용도에 따라서 이론공연비(stoichiometric A/F ratio)에서 초희박 공연비까지 조절할 수 있다.

일본의 미쓰비시에서 1995년에 개발한 1세대 GDI 4G93 엔진은 벽면 유도(wall guided) 방식을 사용하였으며 이듬해에 도요타 자동차가 공기 유도(air guided) 방식의 D-4 GDI 엔진을 발표함으로써, 본격적인 희박 GDI 엔진 개발 경쟁이 성층급기 방식으로 시작되었다(그림2.49). 2006년에 다임러크라이슬러에서 M272 DE35엔진에 적용한 2세대 GDI 엔진에서는 분무 유도(spray guided) 방식으로 희박 혼합기를 형성하였다.

연료분사 인젝터와 점화 플라그의 배열이 연소실 헤드의 형상과 함께 혼합기 형성에 필요한 시간과 공간을 결정하는 주요 요인이다.

피스톤 헤드를 움푹 들어간 도넛 모양의 형상으로 만들어서 분사된 연료가 토로이드(troidal)이나 도넛 깃털형 형상(plume)으로 유동되면서 연료와 공기가 효율적으로 연소할 수 있도록 제어할 수 있다.

벽면유도 방식은 점화플러그와 분사 노즐 간의 거리가 상대적으로 길어서(wide spacing), 피스톤 상단에 만들어진 스월 캐비티(swirl cavity)에 연료를 분사하여 점화플러그 쪽으로 이동시킨다. 이 경우는 인젝터의 설치가 자유로워서 연소실 형상이나 열적 상태 등을 고려하기가 용이하다.

스월과 텀블 유동이 도움이 되며, 엔진 속도가 높아지면 연료분사 시기와 점화 시기의 정밀한 제어가 요구된다. 또한 시동 시나 저부하 시와 같이 엔진 온도가 낮은 경우에서는 피스톤 온도가 낮으므로 불완전 연소가 발생할 수 있으며, 특히 탄화수소 농도가 높게 배출될 수가 있다.

공기 유도 방식도 점화플러그와 분사 노즐 사이의 거리가 상대적으로 멀지만, 월 가이드 방식과 다르게 분사된 연료는 실린더 벽 및 피스톤과 같은 저온 부품과 접촉하지는 않는다. 공기 유도 방식에서는 피스턴 상단에 스월 캐비티를 두지 않고 스월과 텀블 운동만으로 분사된 연료 혼합기를 점화플러그 보내기 때문에 유동의 운동에너지를 오랜 시간 유지하여야 하며 이는 엔진의 충전효율과 그에 따른 출력 감소를 유발한다.

벽면/공기 유도 방식으로 성층연소를 안정적으로 구현하기가 어려웠던 점을 개선하기 위해서 분무 유도 방식이 대안으로 개발되었다. 이 방식은 점화플러그와 분사 노즐 사이의 거리가 상대적으로 가까우며(close spacing) 분사 노즐과 점화플러그를 모두 실린더 밸브 사이에 설치한다.

분무 된 연료가 점화플러그의 전극에 직접 통과하기 때문에 혼합기의 점화와 연소는 흡기운동(charge motion)이나 연소실 형상에는 크게 지배받지 않으며, 공연비가 100:1 이상 되는 초희박 성층연소가 가능하다. 그러나 혼합기 형성 기간이 매우 짧아 연료 분무의 영향이 크며 혼합기의 내부와 가장자리의 공연비 차이도 심하여 인젝터 성능, 분무 형상, 연소실 압력에 착화 성능이 크게 좌우된다.

이 방식은 압전(piezo-electric) 소자를 이용한 피에조 인젝터를 적용하여 개발되었는데, 솔레노이드 인젝터보다 높은 압력의 연료분사를 사용할 수 있어서 연료 미립화가 증대되어 연소가 향상되고 연소효율이 증대된다. 또, 인젝터의 반응속도도 매우 빠르기 때문에 연료를 여러 번으로 나누어 분사할 수 있어서 점화플러그 부근의 성층화에도 효과적이다.

이러한 장점으로 벽면/공기유도 방식보다는 훨씬 넓은 운전영역에서 안정적인 성층연소를 구현할 수 있어서 연비도 크게 좋아진다.

그러나 성층혼합기의 화염은 공연비가 농후한 중심에서 희박한 바깥쪽으로 전파되며, 이때 공연비가 너무 희박한 경계 지역에서는 화염이 소실되며 미연소탄화수소가 남게 된다. 실제 GDI 엔진의 부분부하에서는 상당한 양의 HC가 증가한다.

균일혼합기의 희박 연소에서는 화학반응 영역의 온도가 낮아 NOx 생성이 줄어들지만, 성층 혼합기에서는 전체 혼합기의 공연비는 희박하더라도 일부 농후한 부분이 있어 여기에서 높은 연소온도와 NOx를 생성하기 때문에 전체적으로 NOx 배출농도가 높아진다.

삼원촉매는 이론공연비 조건으로 연소 시 발생하는 NOx, CO, HC를 정화하는 배출가스 후처리장치이기 때문에 희박 성층연소에서는 삼원촉매에 추가하여 NOx 저감용 LNT(Lean NOx Trap)나 SCR 촉매 사용이 필요하다.

GDI 엔진은 휘발유연료를 연소실에 직접 분사하므로 디젤엔진과 유사하게 연료가 공기와 만나기 전에 열분해되는 경우 입자상물질(PM)이 생성될 수 있으며, PM 중량과 입자개수(PN)는 디젤엔진보다는 적게 배출되지만 PFI 가솔린엔진보다는 많이 배출된다. 유럽에서는 2015년부터 가솔린엔진도 입자개수를 규제하기로 하였으며, GDI 엔진은 별도로 입자상물질 저감용 필터가 필요하다. 따라서 PM 대책으로 디젤엔진에서 매연여과장치(DPF)를 사용하는 것과 같이 GDI 엔진용 GPF(Gasoline Particulate Filter Trap) 장착이 필요하다.

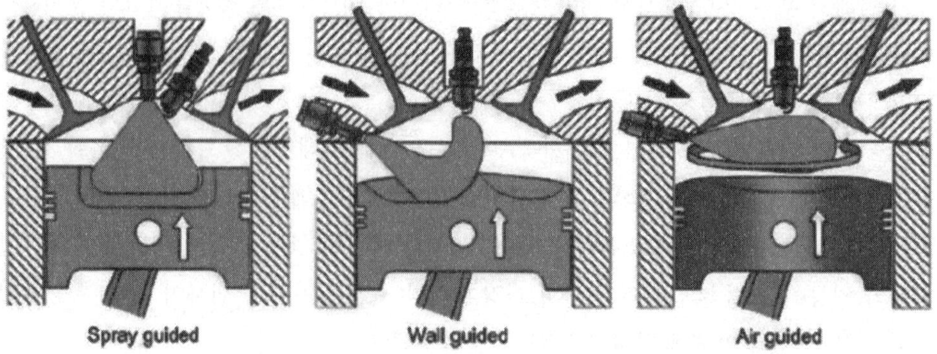

그림 2.49 The spray-guided, wall-guided and air-guided combustion system at stratified charge GDI engine

출처: "Gasoline direct injection system automobiles", Osama Khayal, Nile valley University, ResearchGate, 2019.7.

(2) 이론공연비 GDI 엔진과 다운사이징(Downsizing)

희박 성층연소 GDI 엔진은 추가되는 연료분사시스템 부품과 후처리장치 등으로 인한 가격 상승에 비해서 기대만큼 연비와 출력의 성능향상이 크지 않아서 개발이 지연되면서, 균일연소 방식의 이론공연비 GDI 엔진이 대세를 이루고 있다.

다만, 냉간시동 시의 미연소 탄화수소(HC) 배출량을 최소화하기 위해서 제한적으로 성층분사 모드를 사용하는데, 고압의 성층분사로 시동을 걸고 균일 분할 분사(split injection) 방식으로 촉매 활성화 시간을 단축하여 냉간시동 시의 HC 배출물을 최소화하고 있다.

이론공연비 GDI 엔진은 PFI 엔진에 비해서 출력과 연비, 배출가스가 향상되며 특히 출력 향상의 극대화를 위하여 터보차저를 사용하는 터보 GDI 엔진이 주축이 된다. 터보엔진은 높은 회전 영역에서의 고출력뿐만 아니라, 터보차저와 제어 기술의 발전으로 낮은 회전 영역에서도 높은 토크를 발생시킬 수 있어서 자연 흡기 엔진에 비해서 높은 출력과 효율성을 동시에 구현할 수 있다.

또한 엔진을 다운사이징 하여 작은 배기량으로 동일한 출력을 얻고 연료 경제성도 함께 얻을 수 있기 때문에 CO_2 규제와 연비 규제가 강화되면서 더욱 탄력을 받고 있다. 이 외에도 엔진 다운사이징으로 엔진의 크기가 작아지거나 기통수가 줄어들기 때문에 엔진룸 공간을 줄여서 자동차 실내 공간을 넓히고, 충돌 방지를 위한 설계에도 여유가 생겨 안전에도 도움이 된다.

환경과 함께 연비에 대한 규제가 강화되고 특히 미국의 기업평균연비인 CAFE

(Corporate Average Fuel Economy)는 단일 차종이 아니라 자동차회사에서 생산하는 전체 자동차의 평균연비를 낮추어야 하므로 엔진 다운사이징이 중요한 대책 기술이 되었다.

폭스바겐이 2006년에 5세대 골프에 2.0 가솔린 자연흡기 엔진을 1.4 가솔린 트윈 차저 TSI(Turbo Spark Ignition) 엔진(그림2.50)으로 변경하면서 엔진 다운사이징 시대를 촉발하였으며, 2016년에 아우디는 A4의 엔트리 모델에 1.4리터 직렬 4기통 직분사 터보 엔진을 적용했다. 같은 해, BMW는 3시리즈에 1.5리터 직렬 3기통 직분사 터보엔진을 탑재한 엔트리 모델을 추가했다. 미국의 포드는 1리터 3기통, 1.6, 2.0 에코부스트 엔진을, GM은 1.4 터보와 2.0 터보 직분사를 적극적으로 활용하고 있다.

현대자동차는 2009년에 최초의 GDI 엔진인 2.4 세타(Theta) 엔진을 개발하여 2011년에 YF 소나타에 탑재하였으며, 2015년에 1.6 T-GDI 엔진은 쏘나타 터보 1.6, 기아자동차 k5 터보 1.6에 장착되고, 카파 엔진을 기반으로 하는 1.4 T-GDI 엔진도 i30 1.4t 모델과 벨로스터 1.4t 모델에 탑재되어 현대자동차의 다운사이징을 대표하고 있다.

그림 2.50 2006년 VW 1.4 TSI 엔진(좌)과 5세대 골프(우)

출처: "Volkswagen TSI Engines Explained", Mihnea Radu, 2013.5.26.
https://www.autoevolution.com/news/volkswagen-tsi-engines-explained-60143.html

그러나 유럽의 배출가스 및 연비 규제가 고속 및 고부하 영역 운전이 강조된 WLTP (Worldwide Harmonized Light Vehicles Test Procedure), RDE(Real Driving Emissions) 규제로 강화되면서 다운사이징 기술 사용이 줄어들고 있다.

다운사이징 GDI 엔진은 NEDC 주행모드와 실주행 RDE 운전 시의 연비가 큰 차이를 보이며, 작은 엔진일수록 연비 차이가 크게 나타났으며, 특히 과급기를 장착한 3기통 소형엔진에서는 그 차이가 두드러지게 나타난다. 작은 배기량의 다운사이징 엔진일수록 가속 시에 발생하는 높은 열부하 및 노킹발생 가능성으로 인하여 연료 과분사를 적용하게 되고, 점화지연이 발생하기 때문에 연비가 악화하는 것으로 분석된다.

엔진 배기량을 줄인 다운사이징 기술은 강화되는 새로운 배출가스 기준을 만족시키기 어려워서 배기량을 다시 올릴 계획을 검토하고 있으며, 이는 GDI 엔진 발전에 또 다른 영향을 미치고 있다.

(3) 듀얼분사(직접분사 + 포트분사) 엔진

연소실 직분사와 포트 분사 방식을 동시에 사용하는 토요타의 D-4S 엔진과 폭스바겐의 EA888 엔진, 포드 3.5리터 에코부스트 V6, 아우디 TFSI 등의 엔진이 주목받고 있다(그림2.51). 이는 직분사와 포트 분사 방식의 단점을 서로 보완하면서 최적의 연료혼합기를 공급할 수 있어서 성능과 효율 향상을 얻을 수 있다. 그러나 부품이 많아지고 연료분사 제어시스템이 복잡해짐으로써 가격이 상승하게 된다.

포트 연료분사는 특정 조건에서 연료의 기화(vaporization)를 더 좋게 하여 토크 발생에 유리하지만, 흡기포트에 분사된 연료가 연소실로 들어가기 전에 흡기밸브에 부딪혀서 지연될 수가 있다. 반면, 연소실에 직접 분사된 연료는 연소실을 냉각시키고 특정 조건에서 연료혼합과 유동을 제어하는 데에 효과적이지만, 특정 엔진 속도와 부하 조건에서는 연료의 기화 부족으로 인하여 매연(soot)을 발생한다.

직분사와 포트분사의 연료분사 전략은 엔진회사에 따라서 서로 다르지만, 이들의 장점을 살리고 단점을 줄이는 목표는 동일하다.

도요타자동차는 정상 주행상태인 중 저부하 운전에서는 두 개의 인젝터를 모두 분사하여서 부스터를 사용하지 않고도 흡기 밀도를 높이고 흡기밸브의 탄소 퇴적물도 씻어낸다. 반면 데토네이션(detonation)이 발생하기 쉬운 고부하 및 고회전 운전에서는 연소실을 최대로 냉각시킬 수 있는 직접분사를 사용한다.

포드자동차는 엔진의 저속 회전에서는 부드럽고 조용하며 효율적인 엔진 작동을 위해서 포트분사 방식을 사용하며, 엔진 속도와 부하가 증가함에 따라 직접분사와 포트분사를 혼합해서 적용한다. 도요타와는 다르게 포트분사는 항상 작동하며 연료공급의 5~10%를 담당한다.

최근의 엔진 설계와 개발 방향은 출력과 배기가스, 주행거리, 내구성, 주행 안정성 등의 균형을 맞춰가는 엔지니어링 기술이다. 듀얼분사 기술은 엔지니어들에게 새로운 기술 발전의 기회를 제공하며, 부품가격도 낮추어서 더 많은 엔진회사가 사용하게 될 것으로 전망된다.

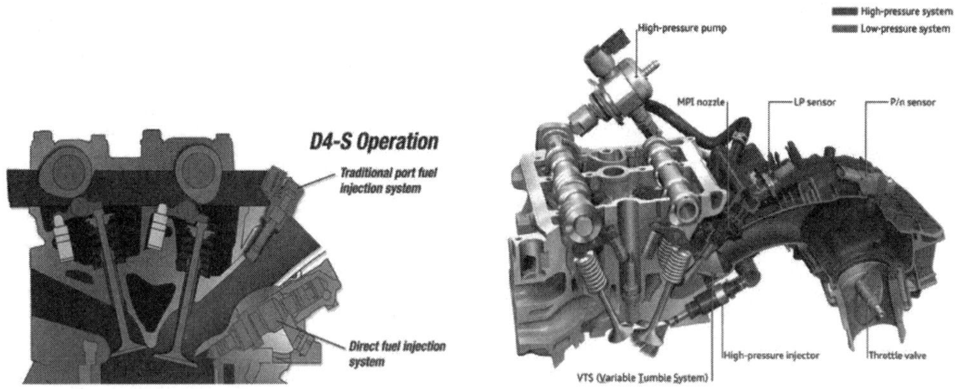

그림 2.51 도요타 D4-S 시스템(좌)과 아우디 TFSI 듀얼인젝션 엔진(우)

출처: "Toyota direct injection? port injection? Why not both?, Andrew Markel, 2020.3.31. https://www.import-car.com/toyota-direct-injection-port-injection-why-not-both/

출처: "Audi using supplementary port fuel injection to address particulates from gasoline direct injection", 2014.1. ttps://www.greencarcongress.com/2014/01/2014014-audi.html

2.8. 로타리엔진

(1) 방켈엔진

독일의 펠릭스 방켈(Felix Wankel)이 1929년에 로타리엔진 특허를 취득하고, 1934년에 2로터(twin rotor) 특허를 출원하였다. 오토바이와 차량 제조사인 NSU Motorenwerke AG에서 방켈을 영입하여 개발을 계속하여 1957년에 실험용 로타리엔진을 제작하면서 방켈엔진으로 명명하였다.

1963년에 프랑크푸르트 모터쇼에 로타리엔진을 탑재한 방켈 스파이더(Wankel Spyder)를 공개하였으며, 498cc 싱글로터 엔진으로 7,000rpm 이상에서도 부드러운 작동과 피스턴 엔진의 2배에 가까운 50bhp 출력특성을 보였다(그림2.52좌).

그러나 로터와 연소실 내벽의 기밀을 유지하는 아펙스 씰(apex seal)이 손상되면서 연소실 벽면을 긁고, 오일이 연소실에 유입되어 불완전 연소가 발생하면서 매연을 심하게 뿜으며, 엔진 성능이 급격하게 떨어지면서 엔진이 망가지는 문제가 발생하였다.

아펙스 씰의 내구성과 신뢰성 향상을 위한 소재 개선의 오랜 연구 끝에, 1967년 10월에 NSU는 2로터(twin rotor), 995cc, 84kW의 방켈엔진(그림2.52우)을 탑재한 4도어 세단 Ro 80을 양산 판매하였으며, 이듬해에는 유럽에서 올해의 자동차로 선정되기도 하였다.

그러나 아펙스 씰의 내구성과 연소실 내벽을 긁어 빨래판처럼 이상 마모가 발생하는 채터마크(chatter marker) 문제가 계속 발생하면서 NSU는 클레임 처리로 인한 재정난을 견디지 못하고 1969년에 아우디(Audi)의 전신인 아우토 유니온(Auto Union)에 흡수 합병되었다.

Ro 80은 오일쇼크와 겹치면서 나쁜 연비로 인하여 판매량이 급감하고 37,400여 대를 제조하고 1977년에 생산이 중단되었다. 완성도 높은 디자인으로 인하여 높은 평가를 받았으면서 아우디 자동차의 근간이 되었지만, 로터리엔진 적용은 중단되었다.

그림 2.52 Wankel engine, type DKM54(1957)(좌)과 ,NSU Ro 80 탑재엔진(우)

출처: "Rotary engine evolution: From its Nazi inventor to how it works", David Pratte, Motor Trend, 2023.4.1.
"NSU RO 80, the car with a rotary engine that was ahead of its time", Ivan Vicario Martin, Escuderia.

(2) 로타리엔진 구조와 장단점

로타리엔진 연소실은 하우징 내벽의 8자 모양의 에피트로코이드(epitrochoid) 형상과 내부에 완만한 곡선으로 이루어져 있는 삼각형 디스크 모양의 로터(rotor)로 구성되어 있다. 로터는 하우징 내부의 궤도를 따라 회전하며, 삼각형 로터의 정점에는 연소실 사이의 가스 누출을 방지하기 위하여 슬라이딩 씰(sliding seal)이 설치되어 있다. 연소실에 혼합기가 흡입되어 연소되면 로터 디스크가 회전하면서 로터 내부의 기어가 편심축을 구동시킨다(그림2.53).

로터가 회전하면 흡기포터를 통해서 연료공기 혼합기가 엔진으로 흡입되고, 로터 측면과 엔진 하우징 사이의 연소실 공간의 부피가 줄어들면서 혼합기가 압축된다. 로터 정점에 있는 씰은 압축된 혼합기가 옆 연소실로 누설되는 것을 방지한다. 로터가 계속 회전하여 압축된 혼합기가 TDC 근처에 도달하면 점화플러그로 점화되어 연소와 폭발 행정을 거쳐서 연소가스는 배기포터로 배출된다(그림2.54).

로타리엔진은 로터가 1회 회전하는 동안 3회의 흡입-압축-폭발-배기의 4행정이 연속적으로 진행되며, 피스톤의 왕복 2회에 1행정이 이루어지는 오토사이클 왕복엔진에 비해서 훨씬 많은 행정이 이루어지며, 따라서 같은 배기량에서는 로터리엔진이 2배 정도의 출력을 만들며 또한 고속회전에 유리하다.

로타리엔진의 장점은 직선 운동이 없으므로 진동이 없으며, 로터 회전이 흡배기 밸브 기능을 하며, 밸브 구동부가 없어서 엔진 부피와 무게를 줄일 수 있으며, 고속 회전으로 출력을 높이기가 용이하다. 또한 로타리엔진의 주동력 축만 길게 연장하면 로터와 하우징을 연결하여 2-4로터 엔진으로 확장하기도 쉽다.

반면 로터리엔진의 연소실 기밀 유지는 어려운 문제이다. 로터 끝에 기밀성 유지를 위한 패드를 삽입하고, 패드를 바깥 방향으로 밀어서 연소실 내벽과 잘 밀착되도록 하는 강한 장력의 스프링이 장착되어 있다. 그러나 이 스프링 힘으로 인하여 패드와 연소실 내부에 마모가 발생하기 때문에 주기적으로 패드를 교환해 주어야 하고 엔진 내구성도 떨어진다.

흡기에 의한 흡기입구 부분은 냉각되고, 다른 부분은 온도가 높아져서 온도 차이로 인하여 하우징 변형이 발생하고 오일 소비와 냉각과 열 손실에 영향을 미친다. 연소실이 평평한 하우징 벽을 따라 회전하기 때문에 혼합기의 완전연소에 불리하며, 로터의 기하학적 편심으로 인하여 압축비를 높이기도 어려우며, 흡배기 밸브 기구가 없으므로 흡배기 타이밍 제어가 불가능하여, 열효율이 낮고 연비도 7km/L 수준으로 나쁜 수준이다.

로터와 씰의 사용되는 윤활유의 소모가 심하며 불완전 연소를 유발하여 매연 발생과 배출가스를 악화시키고, 윤활유 내의 재(ash)가 촉매를 피독 시킨다.

배기량 대비 출력이 높으면 출력 대비 토크가 낮게 되며, 특히 낮은 회전 영역에서는 왕복엔진에 비해 토크 특성이 떨어진다. 따라서 저속 운전 시에도 엔진을 고속으로 운전하여야 하므로 엔진이 과열되기 쉬우며 냉각계통 설계가 어렵다.

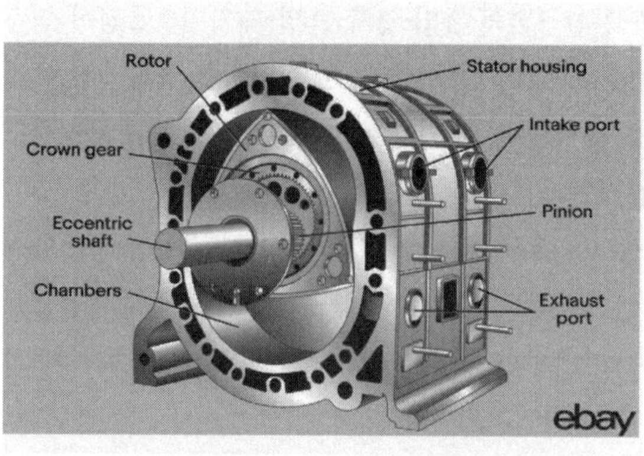

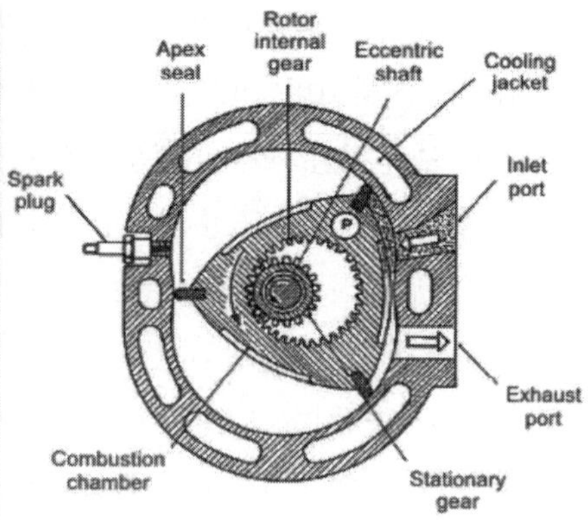

그림 2.53 로타리엔진 구조(좌)와 연소실 구조(우)

출처: "History of the rotary engine: past, present and future', Jim Prueter, ebat motors, 2023.8.7.
"Alternative combustion engines", Hannu Jaaskelainen, Dieselnet, 2024.

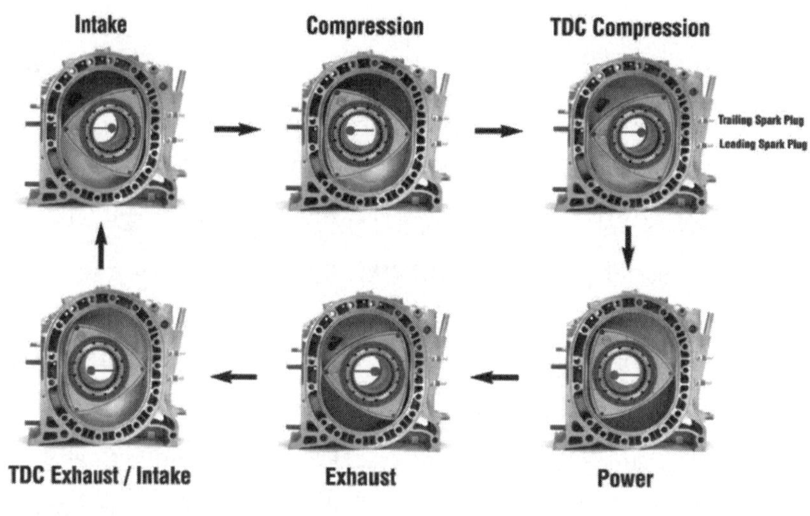

그림 2.54 로타리엔진 연소사이클

출처: "Rotary vs Piston", DSPORT Magazine, 2019.8.1.

(3) 마쓰다(Mazda) 로타리엔진

도요타와 닛산, 이스즈의 3강 체제이던 일본 자동차 시장에서 상대적으로 규모가 작은 도요공업(1984년에 마쓰다로 변경)은 로타리엔진이 회사의 생존과 미래를 열어 줄 수 있는 미래 엔진으로 확신하고 1960년에 높은 금액으로 방켈엔진의 특허를 사들이고 실용화를 추진하였다.

아펙스 씰 내부에 구멍을 뚫은 크로스 할로우(cross hollow) 공법을 도입하여 공진을 줄여서 채터마크(chatter mark)의 이상 마모를 개선하고, 알루미늄과 카본의 복합소재 씰을 사용하면서 유연성과 내마모성을 만족시키는 등 3년간에 걸쳐서 구조와 성능을 개선하였다.

1963년에 전 일본 자동차쇼(현재의 도쿄 모터쇼)에 399cc 체임버를 2개 연결한 2로터 엔진(L8A)을 출품하고, 3년 동안의 주행시험과 추가적인 개선 후에, NSU 보다도 몇 개월 빠른 1967년 5월에 10A(491cc x 2)엔진을 탑재한 일본 최초의 로터리엔진 차인 코스모스포츠(Cosmo 110S) 판매를 시작하였다. 이 차는 1995년까지 생산하였으며, 마쓰다의 모든 차종을 로타리엔진으로 확대하기 시작하였다.

마쓰다의 성공에 고무되어서 도요타, 닛산, GM, 메르세데스벤츠 등 손꼽히는 자동차 회사들도 로타리엔진의 개발을 시작하면서 로타리엔진의 대중화가 기대되었다. 그러나 1975년에 미국의 대기청정법(머스키법)이 발효되면서, HC 배출이 많은 로타리엔진의 미국 진출이 쉽지 않게 되었다.

또한 오일쇼크가 겹치면서 연비가 좋지 않은 로타리엔진은 또 다른 악재를 만나게 되고 대부분의 제조사가 양산 계획을 철회하였다. 그러나 로타리엔진의 선두주자였던 마쓰다로서는 로타리엔진 대신 다른 대안을 찾기가 어려웠다.

배기가스 열로 가열한 흡기공기를 배기가스와 혼합하여 재연소시키고, 로터 사이즈를 키우고 흡배기 간섭을 줄이는 사이드포트를 채용하면서 연비를 40%까지 향상했으며, 삼원촉매를 사용하여 배출가스 규제도 만족하는 100마력의 새로운 로타리엔진 12A를 장착한 신형 스포츠카 사반나 RX-7(SA22C)을 1978년에 미국에 진출하였다. 이후에 전자식 연료분사시스템과 터보차저/인터쿨러를 채용하여 160마력까지 개량하였다.

그러나 RX-7은 계속 엄격해지는 배출가스 규제를 충족하기에는 역부족으로 2012년 2월에 단종되었으며, 마쓰다는 코스모스포츠를 포함해서 총 180만대의 로타리엔진 자동차를 판매하였다.

2010년에 아우디에서 A1 이트론(e-tron)에 100마력 모터와 12kWh 배터리를 탑재하고 254cc, 20마력 로타리엔진을 탑재한 주행거리확장 전기차(EREV; Extended Range Electric Vehicle)를 발표하면서 로타리엔진의 부활에 기대를 주었다. 배터리로 45km를 주행할 수 있지만, 로타리엔진으로 발전하여 배터리를 충전함으로써 12리터 연료로서 300km를 주행할 수 있다. 그러나 아우디 내부의 전기차 프로그램 보류로 인하여 양산되지는 못했다.

주행거리확장 전기차는 플러그인하이브리드차(PHEV)와 유사한 개념이다. PHEV는 외부전기로 충전된 배터리의 전기만으로 운행하고 더 이상의 거리는 엔진이 차를 직접 구동하고 배터리도 충전한다. 반면 EREV는 엔진은 배터리 충전용 발전기로만 사용하고 자동차는 충전된 배터리로 운행하는 시스템이다. 따라서 자동차를 직접 구동하는 엔진에 비해 정속, 정부하에서 최적으로 작동하기 때문에 연비와 배출가스에 유리하며, 크기와 중량도 줄여서 설치 공간을 줄이고 설치 위치도 유연하게 대처할 수 있다.

이런 측면에서 EREV는 로타리엔진의 장점인 작은 부피와 가벼운 중량, 배기량 대비 높은 출력이라는 장점을 발휘할 수 있는 최적의 시스템이라고 할 수 있다.

2013년 마쓰다도 330cc 로타리엔진을 탑재한 주행거리확장 전기차 데미오 TPEV를 발표하였으며, 2018년에는 발전기와 배터리, 엔진의 조합으로 EV에서 EREV까지 하나의 차량 패키지를 제공하겠다는 Multi-xEV 개념도 제시하였다. 특히 EREV용 로타리엔진용 연료는 휘발유는 물론이고, 압축천연가스(CNG), LPG와 수소까지 사용할 수 있도록 구상하였다.

2023년에 준중형 크로스오버 차종인 MX-30에 e-스카이액티브 R-EV(e-Skyactive R-EV)(55kW/4,700rpm) 로타리엔진을 탑재하여 양산하였다. 연소실 직접분사 기술과 알루미늄 하우징을 사용하는 등 새로운 엔진 기술을 적용하고, 17.8kWh 용량의 리튬이온 배터리에 50리터 연료탱크를 탑재하였다(그림5.55).

로타리엔진은 스즈키(Suzuki) RE-7, 가와사키(Kawasaki), 야마하(Yamaha), 헤르클루스(Hercules)/DKW, 노르톤(Norton) 등에서 오토바이 엔진으로 사용되기도 하였다.

또한 방켈엔진은 비출력이 높으므로 항공용으로 적합한 장점을 가지고 있어서, 미국과 유럽에서는 소형 드론과 군용 무인기용 추진기로 사용되고 있다.

수소연료는 빠른 가연성(화염속도)으로 인한 조기점화 문제를 발생하지만, 로타리엔진은 구조적으로 이를 방지하기 쉬운 장점이 있으며, 마쓰다에서 수소 로타리엔진을 개발하기도 하였다. 로타리엔진도 피스톤 왕복엔진과 함께 수소와 이퓨얼 연료 사용으로 미래 내연기관으로 살아남을 수 있을지 기대하게 된다.

그림 2.55 마쓰다 로타리엔진: Cosmo 110S 로타리엔진(10A)(좌), RX-7 엔진(12A)(중), MX-30 e-Skyactive R-EV(우)

출처: "Mazda Cosmo - History of the rotary engined pioneer", Brendon Udy, DeAgostini, 2020.12.
"The success of the rotary engine: The Mazda RX-7", Kris Cox, CoxMazda, 2012.12.8.
"Here it is: the return of the rotary engine, now in the Mazda MX-30", Greg Potts, Top Gear, 2023.1.13.

2.9. 신연소 엔진

자동차 내연기관은 오토사이클과 디젤사이클의 두 기술이 서로 경쟁하면서 발전하여왔다. 오토사이클은 휘발유(gasoline)와 가스연료(LPG, CNG), 알코올 등의 자발화 온도는 높지만, 착화온도가 낮은 연료를 사용하여 점화플러그로 점화(SI: Spark Ignition)시키는 방식이다.

반면 디젤사이클은 경유(diesel)와 바이오디젤, DME 등 착화온도는 높지만, 자발화 온도가 낮은 연료를 사용하여 압축행정시 높아진 연소실 내의 온도로 자기점화(CI; Compression Ignition)시키는 방식이다.

두 기술은 열효율(thermal efficiency), 연비(fuel efficiency), 배출가스(exhaust emissions), 비출력(power density), 소음(noise), 안정성(comfortability), 내구성(durability), 가격(cost) 등의 관점에서 경쟁했으나, 130년에 걸친 개발로 두 기술의 차별성은 크게 줄어들었다.

미래자동차 시장에서 전기자동차나 수소연료전지자동차와 경쟁하여야 하는 내연기관자동차는 효율 및 연비향상과 온실가스를 포함하는 배출가스 저감기술 개발이 생존을 위한 핵심 방향이다. 이를 위해서 오토사이클과 디젤사이클의 장점을 하나로 결합하는 신연소 방식의 내연기관 개발이 핵심 방향이다.

(1) 균일압축착화(HCCI) 엔진

균일압축착화 연소인 HCCI(Homogeneous Charge Compression Ignition) 엔진은 연료 혼합 흡기가 균일하게 공급되는 SI 엔진과 연소실에 공급된 혼합기가 자발화되고 트로틀링 손실이 없는 CI 엔진의 장점을 적용한 연소방식이다.

즉, 연료와 공기가 충분히 혼합되어 연소실에 공급되고, 압축행정에 온도가 올라가면서 여러 지점(multiple sites)에서 동시에 자기점화(auto-ignited)가 발생하여 연소가 진행된다.

HCCI는 매우 희박(very lean and dilute mixture)한 상태에서 연소가 진행되기 때문에, 화염 전면(flame front)이나 화염전파가 없고, 연소온도(bulk temperature와 localized combustion temperature)를 낮게 유지할 수 있어서 NOx 발생을 대폭 줄이며, 연료 공기가 잘 혼합(homogeneous)되어 있기 때문에 연소실에 농후한 혼합기 영역이 없어서 PM도 대폭 줄인다. 이론적으로는 HCCI 엔진에 경유연료를 사용하면 PM과 NOx를 거의 영(near-zero) 수준으로 줄일 수 있는 잠재력을 가지고 있다(그림2.56).

높은 압축비를 사용하고, 짧은 연소 기간과 빠른 연소율로 정적연소(constant volume combustion)에 가까우며, 낮은 연소온도와 낮은 복사손실(radiation loss)로 인하여 높은 열효율을 달성한다. 또한 정확한 시기에 점화가 되면 안정적인 열 방출율(heat release rate)을 보여서 15% 이상의 연비향상을 가져온다. 휘발유나 경유, 대체연료 등의 다양한 연료 사용이 가능하여 연료 선택 자유도도 크다.

그러나 HCCI 엔진은 높은 폭발압력으로 인하여 엔진 파손의 위험이 있으며, 자발화 제어가 어려우며, 출력 영역이 좁아서 실제 엔진을 제작하는 것이 쉽지 않다. 즉, HCCI 연소는 연소실 내의 혼합기가 동시다발적으로 점화되면서 열 방출이 급격하게 발생하며, 고부하 조건에서는 연소실 압력이 매우 빠르게 상승하여 진동과 소음 발생과 함께 엔진 손상의 가능성이 크다.

또한 저부하에서는 연소온도가 낮아 틈새 체적(crevice volume)이나 연소실 벽면 부근의 혼합기를 효율적으로 연소시키기가 어려워서 HC와 CO 등의 배출물이 증가한다. 냉시동의 어려움 등으로 초기 시동과 저부하, 고부하에서는 기존의 SI 엔진이나 CI 엔진으로 연소하고 중부하 영역에서만 HCCI 연소를 실현할 수 있어서, SI/DI와 HCCI 모드 전환 기술 등을 사용할 필요가 있다.

경유연료를 사용할 경우는 점성(viscosity)이 높고, 끓는점(boiling points)이 높으며, 높은 세탄가(cetane number)를 가지고 있기 때문에, 균일한 연료 공기 혼합기를 만드는 데 시간이 오래 걸리면서 화학적 점화 시간(chemical ignition time scale)이 매우 짧고, 연료 적심(fuel-wetting) 현상도 고려해야 한다.

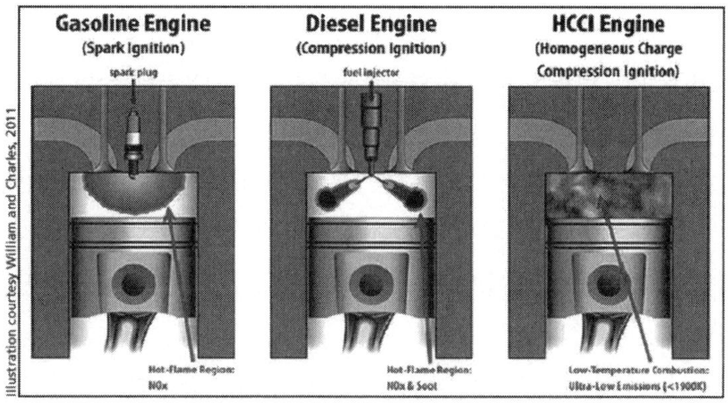

This illustration shows the basic combustion differences among spark ignition, compression ignition and homogeneous charge compression ignition engines.

그림 2.56 HCCI 엔진 원리

출처: "HCCI: New life for the ICE", Bob Chabot, 2018.7.
https://www.motor.com/magazine-summary/hcci-new-life-ice-july-2018/

HCCI 엔진에서 핵심 되는 기술은 균일 혼합기 생성과 점화제어이다. HCCI 연소를 위한 효율적인 혼합기 생성은 연소 시 연료 공기 균질성과 온도제어와 직결되지만, 혼합기는 매우 짧은 시간 동안에 생성되기 때문에, 엔진속도와 부하 변동에 따른 균질혼합기를 생성하는 것이 쉽지 않다.

혼합기의 형성 방식은 연소실 바깥에서 생성하는 외부혼합기 형성 또는 흡기관 연료 분사 방식과 연소실 내부에 연료를 분사하는 내부혼합기 형성 방식, PFI와 내부혼합방식을 혼합한 복합연소방식이 있다.

짧은 시간에 완벽한 균질혼합기를 형성하는 것은 불가능하므로 디젤 HCCI의 경우는 PCCI(Premixed-Charge Compression Ignition)로도 불린다.

또 다른 장애 요인인 점화제어(control of ignition)는 SI나 CI 엔진과는 달리 점화와 연소를 제어할 수 있는 직접적인 방법이 부족하므로 어려운 기술이다.

HCCI 연소 시작은 혼합기의 화학적인 자기점화에 의존하고 있기 때문에 혼합기 특성(properties)과 온도-시간 이력(time-temperature history)에 의해서 제어된다. 따라서 연소단계(combustion phasing)는 연료의 자기점화 특성, 연료 농도, 잔류율(residual rate), 잔류가스의 반응성(reactivity of the residual), 혼합기의 균질성, 압축비, 흡기온도, 증발잠열, 엔진 온도, 기타 종속 변수들에 영향을 받는다.

GDI 엔진 기술이 상용화되면서 디젤엔진과 같이 점화플러그 없이 높은 압축비로 압축점화시킴으로써 디젤엔진의 장점을 결합하는 새로운 개념의 고효율 엔진 개발이 추진되었다. 메르세데스 벤츠가 2007년에 4실린더 1.8리터의 디조토(DiesOtto)라는 이름의 HCCI 엔진을 장착한 콘셉트카(F700)를 프랑크푸르트 모터쇼에 선보였으며, 2013년에 현대자동차가 델파이의 기술지원으로 개발한 GDCI(Gasoline Direct Injection Compression Ignition) 엔진도 HCCI 기술을 사용하였다.

이 외에도 폭스바겐이나 GM 등에서도 HCCI 엔진 개발을 진행하였지만 상용화되지 못했으며, 2020년에 일본의 마쓰다 자동차에서 스카이엑티브엑스(Skyactive-X) 엔진을 마쓰다3(Mazda3) 승용차에 탑재하여 세계 최초의 상용화 HCCI 엔진을 발표하였다(그림2.57).

마쓰다의 HCCI 엔진은 압축비가 16:1로서 기존의 가솔린엔진인 스카이엑티브지(Skyactive-G)의 14:1보다 높아졌으며, 연비가 20~30% 좋아지고 토크도 전 영역에서 10% 이상, 최대 30%가량 향상되었다. HCCI 엔진 기술의 어려움은 SPCCI(Spark Controlled Compression Ignition) 기술을 사용하여 구현하였다.

그림 2.57 마쓰다 Skyactive-X 엔진(좌)과 Mazda3 승용차(우)

출처: "Mazda's innovative Skyactive-X earns Popular science's best of what's new". https:insidemazda.mazdausa.com/the-mazda-way/technology/skyactive-x-earns-popular-sciences-best-whats-new/

(2) 저온연소(LTC)

HCCI 연소의 핵심 요소는 혼합기의 균일도(homogeneity)이지만 실제 엔진에서는 연소실 내 연소상태와 연소온도가 혼합기의 균일도 보다 배출가스 생성과 열효율에 더 중요한 역할을 하는 것을 발견했다.

2000년대에 들어서서 많은 연구자가 연소온도를 1,650K 이하로 제어하면 연료 혼합기의 당량비(equivalence ratio; Φ = 이론 공연비/실제 공연비로서 Φ > 1이면 농후(rich))에 무관하게 NOx와 매연(soot) 생성을 억제할 수 있음을 발견하고 이를 저온연소(LTC; Low Temperature Combustion)라 부르는 새로운 연소개념으로 발전시켰다. 연소온도를 NOx와 매연 발생한계 이하로 낮추기 위해서는 유연한 연료분사 전략(flexible fuel injection strategies)과 연소실 내의 강한 난류와 결합한 높은 수준의 희석(흡기에 EGR 60% 이상 또는 산소 10% 이하)이 사용된다.

휘발유연료 중심으로 발전한 HCCI 연소와는 다르게 LTC는 경유연료를 중심으로 개발됐다. 경유연료의 낮은 휘발성과 쉬운 자발화로 디젤 HCCI를 실현하기가 어려워서 부분예혼합압축점화(PPCI; Partially Premixed Charge Compression Ignition)이나 예혼합압축점화(PCCI) 등의 방법으로 저온연소를 구현한다.

디젤 LTC에서, 매연과 질소산화물의 생성을 피할 수 있는 연소온도와 공연비의 조합을 위한 충분한 예혼합을 얻기 위해서 다양한 기술들이 적용되고 있으며, (그림2.58)의 Φ-T 다이어그램에서 이해할 수 있다. 다이어그램은 매연과 질소산화물 생성이 일어나는 등고선(contour)를 보여주며, 경유연료에 대해 단열 화염온도는 매연과 질소산화물 지역을 모두 통과한다.

기존의 디젤연소는 연소과정이 매연과 질소산화물 영역을 진행하면서 많은 양의 매연과 질소산화물을 배출하는 것을 알 수 있다. 그러나 Φ≤1.0 영역과 낮은 온도로 연소하는 완전한 HCCI 연소는 아니더라도 기존의 디젤연소보다는 낮은 연소온도로 제어하면 완전한 예혼합은 아니지만(4.0 < Φ ≤ 1.0) 매연과 NOx 생성영역을 피하는 LTC 연소가 가능함을 알 수 있다.

HCCI나 LTC와 같은 신 연소 기술의 특징은 점화하기 이전에 균일혼합기나 제어가 가능한 성층 혼합기가 필요하며, 연료 공기의 혼합기간을 증가하기 위해서 PFI 또는 조기 연소실 분사도 적용된다.

그러나 전 연소과정에서 화학반응 속도(chemical kinetics)와 난류에 의해서 더 잘 제어되는 점화시기와 연소율의 증가를 위한 직접적인 방법이 충분하지 못하다는 것이 어려움이다. 또한 연료의 물리적·화학적 특성이 점화와 연소과정에 커다란 영향을 주기 때문에, 연료 설계와 관리(fuel design and management)도 중요한 연구 대상이다.

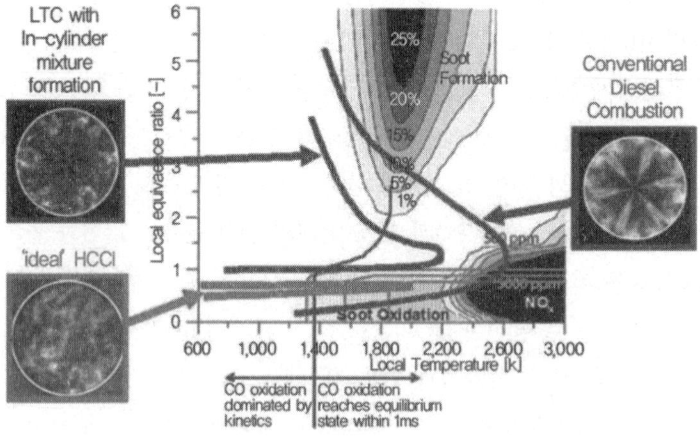

NOx와 Soot의 발생을 설명하는 ϕ –T 맵 및 연소 발생영역
(출처 : www.dieselnet.com)

그림 2.58 ϕ-T 지도와 LTC 연소 과정 설명도

출처: "Low temperature combustion", Dieselnet Technology Guide

2.10. 자동차와 엔진의 발전경과

140년 동안에 걸쳐서 내연기관자동차의 성능은 눈부시게 발전했으며 이들의 발전 경과를 살펴보면 다음과 같다.

(1) 엔진 출력변화

- 최초 자동차인 1888년의 페이텐트 모토바겐(Patent Mortorwagen) 엔진 출력은, 2/3hp(250rpm)이었으며, 엔진 배기량 954cc(4행정, 단기통)로 비출력은 0.699hp/L이다.
- 1908년 포드 모델티(Model T) 엔진 출력은 20hp이며, 엔진 배기량 2.9L(직렬형 4기통)로써 비출력은 6.90hp/L로, 최초 엔진에 비해 9.9배로 개선되었다.
- 2015년의 폭스바겐 TSI 엔진 출력은 170hp이며, 배기량 1.8L(DOHC 4-Cyl. Direct-injected)로 비출력 94.4hp/L이다. 130년 동안 비출력은 135배가 향상(110년간 14배 향상)되었으며, 모델티 엔진에 비해 배기량은 줄어들었지만, 출력은 8.5배가 늘어났다.

• EPA에서 발표한 1975년 이후의 동향 자료에 따르면, 2015년까지 40년 동안의 승용차(LDV) 엔진 배기량은 60% 줄어들었지만, 출력은 1.7배로 증가하였다. 또한 2010년까지 35년 동안의 비출력은 23kW/L에서 52kW/L로 2.3배로 증가하였다(그림 2.59).

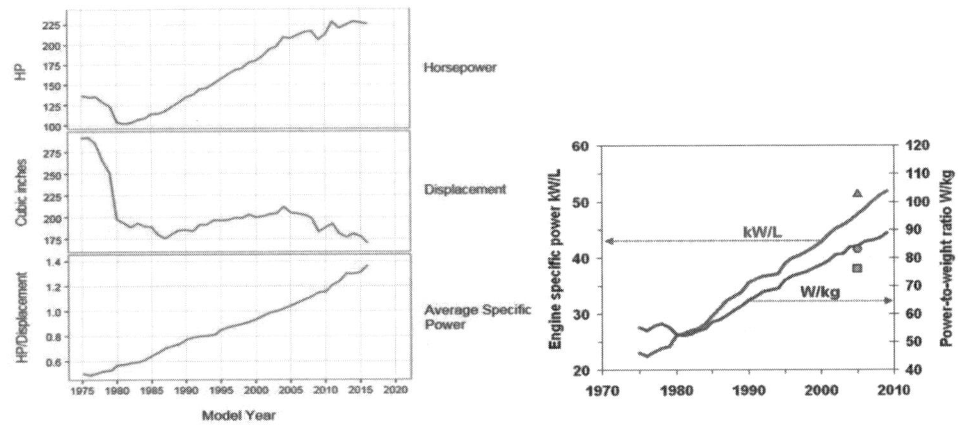

그림 2.59 1975 이후의 엔진출력과 배기량 변화

출처: "The EPA's charts on efficiency, performance, weight and other metrics, 1975~2016 - peak malaise was obviously in 1982", Paul Nied Ermeyer, Curbsideclassic, 2022.11.7.
"A fuel efficiency horizon for US automobiles", John DeCicco, The Energy Foundation, 2010.9.

(2) 자동차 연비변화

• 포드 모델티 연비는 7mpg이며, 2020년 CAFE 기준은 45mpg로서, 110년 동안 연비는 약 6.4배가 향상되었다.

• 미국의 승용차(LDV) 연비는 1975년부터 1987년 사이에는 68% 향상되다가, 1988년부터 2004년 사이에 12% 나빠졌으며, 2005년부터 2020년 사이에는 29%가 다시 좋아졌다. 1975년부터 2020년까지 45년 사이에 85%가 향상되었다.

• 40년 동안에 연비/배기량은 15%, 연비/출력은 70% 개선되었다(그림2.60).

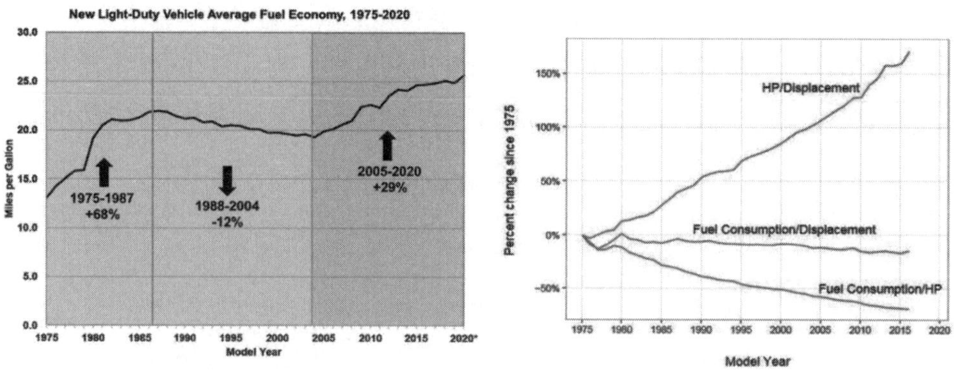

그림 2.60 1975 이후의 연비 변화

출처: "FOTW# 1177, March 15, 2021: Preliminary data show average fuel economy of new light duty vehicles reached a record high of 25.7 MPG in 2020", 2020 EPA Automotive Trends Report, 2021.3.15.
"The EPA's charts on efficiency, performance, weight and other metrics, 1975~2016 - peak malaise was obviously in 1982", Paul Nied Ermeyer, Curbsideclassic, 2022.11.7.

(3) 배출가스 변화

- 1975년 미국의 최초 배출가스 기준은 NOx 3.1g/mile이었으며, 이것은 삼원촉매(TWC)를 사용하여 이전(15.5g/mile) 수준에서 80% 정도를 저감한 것이다. 1994년 NOx 기준은 0.6g/mile이며, 2004년에 0.07g/mile로 강화되었으며, 이후 ULEV 기준 0.05g/mile, SULEV 기준 0.02g/mile로 강화되었다.
- ULEV 기준으로 40년 동안 배출가스는 1/60로 감소했으며, 더 이전과는 1/310로 감소했다.
- 미국 중량자동차(HDV) 디젤엔진 NOx 배출 수준은 1970년대에 6.7~12.7g/kWh(4행정 NA 엔진)이었으며, PM은 2.1~3.0g/kWh 수준이었다. 2007년부터 NOx 0.2g/bhp.hr(0.27g/kWh), PM 0.01g/bhp.hr(0.0134g/kWh) 기준을 고려하면, 35년 동안에 NOx 1/40 수준, PM 1/180로 감소했다(그림2.61).

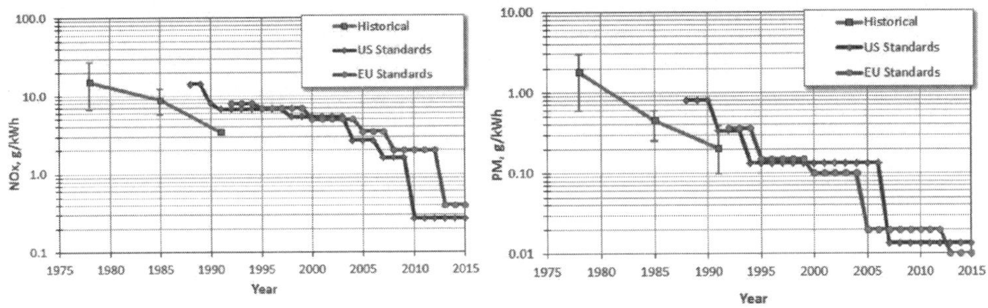

그림 2.61 1975 이후 NOx(좌)와 PM(우) 기준 변화

출처: “What are diesel emissions”, Addy Majewski, Dieselnet, 2024.

3절 | 자동차 디자인 개념과 발전

엔진은 자동차의 심장이라 불리지만, 이탈리아의 자동차 디자이너인 조르제토 주지아로(Giorgetto Giugiaro)는 "자동차 조형 디자인은 차량의 운명을 결정"한다고 강조했다.

자동차의 초창기나 성장단계에서는 성능과 엔진 기술이 자동차의 가치를 결정하는 중요한 요소였지만, 오랜 경쟁을 거치면서 20세기 후반에 이르자 자동차의 성능과 안정성이 평준화되고 격차가 줄어들면서, 소비자들은 점차 자동차 가격과 함께 외관 디자인에 주목하기 시작했다.

즉, 대부분의 고객은 자동차를 구매할 때 가격과 성능, 안정성이 유사하다면, 자동차 디자인을 가장 중요하게 고려한다. 따라서 자동차 디자인은 시대적, 사회적, 환경적 조건들을 반영하면서, 동시에 자동차회사의 정체성(identity)과 브랜드 이미지를 담아서 고객의 감성을 끌어내야 한다.

미국 GM의 컬러&트림 섹션(Color & Trim Section)의 총책임자였던 할리얼(Harly J. Earl; 1893~1969)은 자동차 디자인의 선구자이자 스타일링의 개척자로서 미국 드림카의 아버지로 불린다. 그는 자동차회사 최초로 디자인 부서를 만들었으며, 1927년형 라살(La Salle)에 새로운 색상과 재료를 적용한 혁신적인 디자인을 선보이면서 판매가 급증하였다(그림2.62).

당시까지 자동차 시장의 강자였던 포드 모델티의 검은색 차체와 옵션이 없는 모델에 비교하면 라살의 디자인은 파격적이었으며, 모델티의 생산 중단에 영향을 미친 것으로 평가된다.

그림 2.62 1927년 라살(La Salle)(좌)과 1940년 라살쿠페(La Salle Coupe)(우)
출처: "미국 드림카의 아버지 할리얼", 전희정 기자, 오토타임즈, 2005.10.18.

할리얼은 GM에서 은퇴하면서 자신의 디자인 철학을 "자동차의 전장을 늘리고 차고를 낮추는 것이었는데, 왜냐하면 정사각형보다 직사각형이 더욱 매혹적인 비율이라고 생각했기 때문"이라고 요약했다. 그는 또한 자동차의 돌출된 부분을 차체 안으로 흡수하는 데에도 크게 기여했다. 1920년대의 자동차는 바퀴 위로 펜더가 튀어나오고, 엔진룸과 객실이 분리된 상자형 구조였으나, 이것을 돌고래처럼 유려한 유선형(streamline) 디자인으로의 바꾸는 데 선구적 역할을 했다.

또한 크롬도금 면적을 넓힌 라디에이터 그릴과 범퍼를 디자인해서 고급스러움을 극대화했으며, 1950년대에는 테일 핀(tail fin) 디자인을 유행시켰다. 할리얼의 후계자인 빌미첼(William L. Mitchell)이 캐딜락에 더욱 호화스럽고 강렬한 이미지(그림2.63)로 발전시키면서 테일 핀은 1960년대 미국 자동차 디자인을 대표하는 상징이 되었다. 물고기 꼬리 모양 같다고 해서 피시테일(fish tail)로도 불렀다.

테일 핀은 자동차가 단순한 이동 수단을 넘어 미적 가치와 문화적 상징을 표현할 수 있음을 보여준 사례가 되었으며, 자동차 디자인 역사에서 중요한 전환점으로 평가되고 있다. 또한 일대일 스케일의 클레이 모델 제작 방식을 도입한 것은 오늘날까지 자동차 디자인의 기본 절차로 이어지고 있다.

당시의 테일 핀 스타일은 할리우드 스타들의 전유물로 여겨질 만큼 부의 상징이었으나, 공기역학적으로는 공기저항을 전혀 감소하지 못하였으며 석유파동 이후에는 도리어 기름 먹는 하마의 이미지로 전락하였다.

그림 2.63 The year of the tailfin: Cadillac for 1959(좌)와 테일 핀 변화 과정(우)

출처: Mac's Motor city garage.
https://www.macsmotorcitygarage.com/tail-fins-in-full-zenith-cadillac-for-1959/,
www.theRoute-66.com

초기의 자동차는 제대로 굴러가는 것이 우선이었기 때문에 디자인은 단순히 기능을 유지하기 위한 구조 설계의 개념에 머물렀다. 마차에 엔진만 탑재한 지붕 없는 형태에서 시작한 자동차 디자인은, 햇볕과 바람, 눈과 비를 막기 위해 지붕을 덮으면서 세단, 해치백, 컨버터블 등 다양한 형태로 발전하였다.

엔진성능이 향상되고 자동차 속도가 높아지면서 공기저항이 자동차 속도와 연비에 지대한 영향을 미친다는 사실이 밝혀졌다. 이에 따라 자동차회사들은 공기저항과 공기역학(aerodynamics)에 관한 연구를 본격적으로 시작하였고, 1930년대부터 공기역학 디자인이 자동차 개발의 중요한 요소로 자리 잡았다.

특히 당시 유럽에서는 자동차 경주가 선풍적인 인기를 끌었으며, 따라서 경주용 차에 공기역학 디자인이 먼저 채용되었다. 날렵하고 납작한 모양의 쐐기(wedge) 형상과 새의 머리에서 착안한 둥근 유선형 디자인의 두 방향으로 나뉘어졌으며, 두 형태가 융합되어 오늘날 자동차 디자인의 기본 바탕이 되고 있다.

1970년대 오일쇼크를 계기로 자동차 연비와 효율이 중요해지면서, 공기역학을 고려한 자동차 디자인과 설계가 핵심 과제로 부상했다. 이러한 과정에서 공기항력 계수(C_d)가 등장하고, 이를 측정하기 위한 풍동(wind tunnel) 실험이 도입되었다. 오늘날에는 CFD(전산유체역학)를 이용한 컴퓨터시뮬레이션으로 공기유동을 분석하고 해석하고 있다(그림2.64).

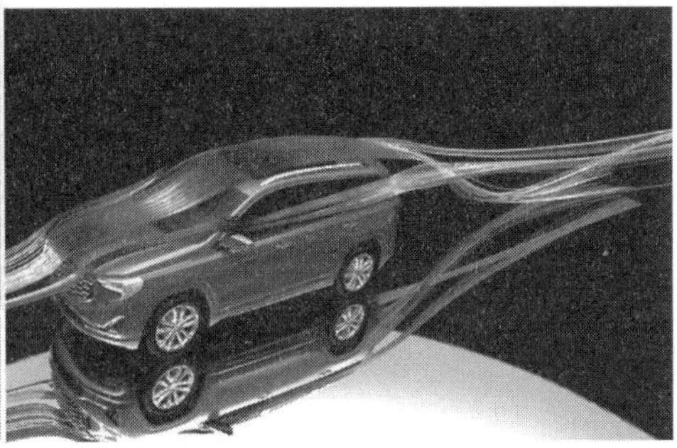

그림 2.64 공기항력계수 측정을 위한 자동차 풍동시험과 컴퓨터 시뮬레이션(우)
출처: "자동차 공기역학은 왜 중요할까?", 김윤경 에디터, 오토모빌매거진, 2020.6.17.

(1) 자동차 공기역학과 공기항력 계수(C_d)

자동차가 주행할 때는 주행을 방해하는 저항을 받으며 이를 주행저항(tractive resistance)이라고 부른다. 엔진에서 차바퀴로 전달된 구동력(torque)이 주행저항을 이기면서 자동차를 추진하게 된다.

주행저항은 바퀴가 노면을 굴러갈 때 발생하는 구름저항(rolling resistance; R_r)과 언덕길을 올라갈 때 발생하는 등판저항(slope resistance) 또는 구배저항(gradient resistance; R_g), 자동차에 속도 변화를 주는 데에 필요한 가속저항(acceleration force, inertia resistance; R_a)과 함께, 자동차가 주행할 때 진행 방향과 반대되는 공기력의 작용인 공기저항(air resistance, air drag; R_d)이 있으며, 전 주행저항은 이들의 합인 (식 2.1)이 된다(그림2.65).

전 주행저항(Total Force) $R_{Total} = R_r + R_g + R_a + R_d.$ (식2.1)

구름저항(Rolling Resistance): $R_r = m_v \cdot g \cdot f_{RR} \cdot \cos(\alpha)$

m_v: 차량총중량(Vehicle mass), g: 중력가속도(Gravity constant),

f_{RR}: 구름저항 계수(Rolling resistance coefficient),

α: 경사각도(Road gradient)

구배저항(Slope Force): $R_g = m_v \cdot g \cdot \sin(\alpha)$

가속저항(Acceleration Force): $R_a = (m_v + I_{RP}) \cdot a$

I_{RP}: 회전부분 상당중량(Inertia of rotating parts),

a: 가속도(Vehicle acceleration)

공기저항(Aerodynamic Drag): $R_d = C_d \cdot A_f \cdot \rho_{air} \cdot v^2 / 2$

C_d: 공기항력 계수(Aerodynamic drag coefficient),

A_f: 자동차전면 투영면적(Frontal area), ρ_{air}: 공기밀도(Air density),

v: 차속(Vehicle velocity)

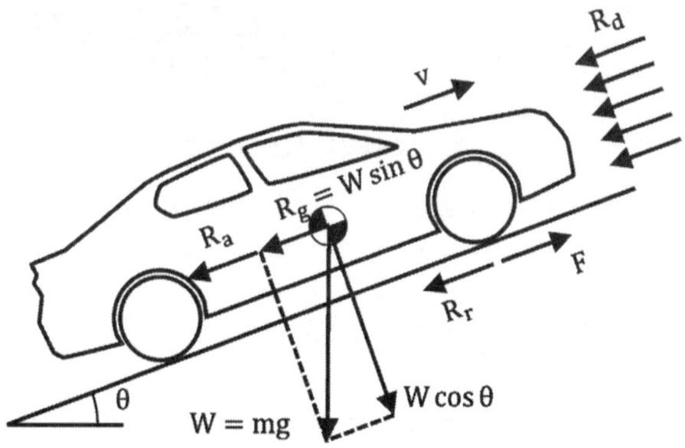

그림 2.65 자동차 주행저항 종류

출처: "Analysis of driving dynamics considering driving resistances in on road driving", Jingeun Song et al., Energies vol 14, 2021.6.9.

공기저항을 줄이기 위해서는 자동차의 전면 투영 면적을 감소하고, 공기항력 계수를 줄이는 것이 중요하며, 자동차 항력의 70% 이상이 차체의 스타일링에 의해 결정되기 때문에 디자인의 중요성이 더욱 주목받고 있다.

1921년에 독일 과학자 에드문트 룸플러(Edmund Rumpler)가 왜건형 자동차인 트로펜(Tropfen)(그림2.66)에 공기저항 개념을 도입하여 C_d 0.28을 구현한 적이 있지만, 오늘날 일반적인 세단형의 C_d는 0.3(0.25~0.32) 내외이며, 차량 디자인 및 차체 40%, 휠 및 휠하우징 30%, 언더바디 20%, 에어 인테이크 10% 순으로 영향을 받는다고 분석하고 있다.

그림 2.66 Tropfenwagen(좌)와 풍동 공기흐름(우)

출처: "Rumpler Tropfenwagen-Science-fiction in Stromlinienform", Classic trade magazin. https://www.classic-trader.com/de/magazin/rumpler-tropfenwagen-science-fiction-in-stromlinienform

1920년대의 기계미학의 시대에 독일의 바우하우스(Bauhaus)와 같은 기계적인 합리주의 디자인에 맞추어서 자동차 디자인 역시 기능을 따르는 기하학적인 균형감각을 추구하는 형태를 추구하게 된다.

당시에는 초보적인 공기역학 개념이 보편화되어 있었으며, 독일에서는 자동차에 대한 풍동실험이 시행되었다. 포르쉐 디자이너인 어윈코멘다(Erwin Komenda)가 풍동실험을 통하여 디자인한 물방울(tear-drop shaped) 모양의 조형은 폭스바겐의 비틀을 탄생하게 하였다. 이어서 크라이슬러의 에어필로우(Chrysler Airflow 1934)도 공기역학적인 유선형의 외장디자인 형태를 강조하면서 고성능의 이미지를 부각했다.

1930년대는 본격적인 공기역학을 적용한 자동차 디자인 연구가 활발하게 진행되었으며, 독일의 브니발트캄(Wunibald Kamm)(1893~1966) 박사의 코다트론카(Coda Tronca, Kamm-tail) 이론을 적용하여 물방울 모양의 꼬리 부분을 잘라내어서 공기저항을 줄인 디자인이 주목받았다. 특히 이때는 자동차 경주 열풍으로 독일을 중심으로 유럽 국가들과 미국 자동차 업체들의 속도 경쟁이 치열하던 때였다.

1930년대 중반부터 자동차 외장들이 통합되어 일체화된 차체로 발전하면서 공기역학적 성능이 좋아졌다. 헤드라이트는 프런트 후드와 펜더 사이에 매립되면서 공기역학적인 디자인의 진화를 계속하였다.

2차 세계대전으로 인한 공백기를 거친 후 1950년대에 자동차 디자인 연구가 다시 시작되었다. 유선형 바디와 공기역학적인 스타일링을 적용하면서 공기저항 계수가 점점 낮아져서 60년 이전에 C_d가 0.45 이상을 유지하다가, 1965~1975년 사이에 타이어가 차체 내부로 들어가는 폰톤 스타일(ponton style body design)이 채용되면서 0.4로 낮아졌으며, 2000년 아치형 캐빈(arched cabin)과 언더바디 커버 등이 적용된 Audi A2 이후 0.25 수준까지 발전하였다(그림2.67).

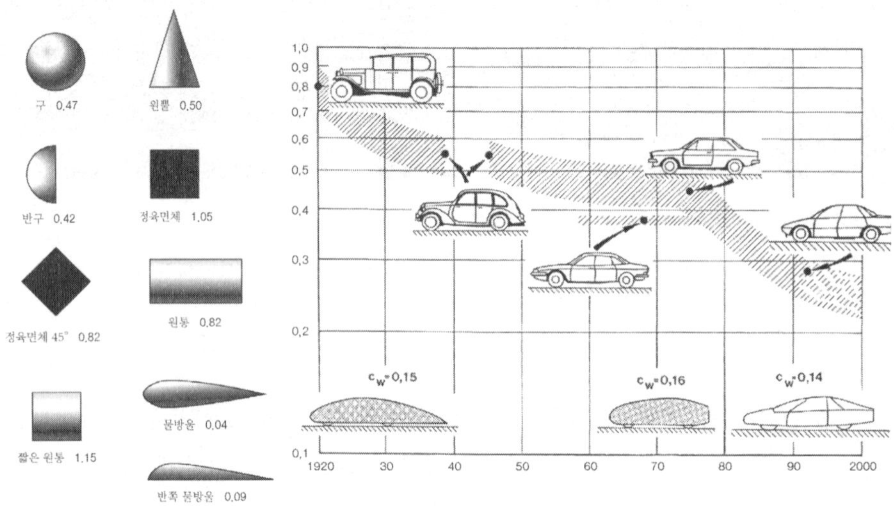

그림 2.67 형체에 따른 Cd 값(좌)과 자동차 Cd 개선추이(우)

출처: "History of the drag coefficients in cars", Muhammad Haseeb Javed, Pakwheels, 2016.10.3.

1967년 Audi NSU RO 80 모델은 앞부분이 아래로 처지고 뒷부분이 위로 높여진 쐐기(wedge) 모양은 역동적인 형상의 표본으로 볼 수 있다. 이전의 유기적인 선 대신에 텐션(tension)있는 선을 기본으로 하고 공기역학을 양산 자동차에 본격적으로 적용하였다. 4도어 세단임에도 공기저항계수를 현저하게 낮추면서 양산 세단에서 스포츠 드라이빙 수준의 엔진 성능과 4도어의 실용성 두 가지를 만족시켰다.

특히 1970년대의 두 번의 오일쇼크와 경제 불황으로 인하여, 미국 중심의 대형화와 고성능 자동차의 발전은 멈추고, 유럽 자동차 브랜드들의 공기역학을 적용한 공격적인 기술 개발을 맞이하게 된다. 수치화된 공기저항계수를 연비향상의 주요 요소로 홍보하면서 경제위기에 대처한 것이다. 특히 독일 자동차 3사를 중심으로 공기저항계수 값의 최소화는 자존심을 건 경쟁이 되었다.

1980~1990년대를 거치면서 다양한 에어로파츠(aero parts; 공기저항 방지 부품)를 개발하여 적용하면서 세밀한 부분까지도 공기역학 최적화 기술을 구현하였다. 이는 저렴한 개발비 투자로 모델을 부분변경(마이너 체인지) 할 수 있었으며, 지속적인 공기역학 연구를 통하여 에어로파츠가 공기저항계수를 감소시키는 효과도 있었다. 결과적으

로 1980년대는 공기역학 기술의 보편화와 이를 통한 연비향상과 소음감소 등의 효과들이 자동차 디자인을 통해 구현되었으며, 소비자 홍보와 함께 공기저항계수의 표기가 일반화되었다.

1990년대는 직선적 중심의 디자인에서, 자동차의 프로파일과 캐릭터라인(차체 옆면 디자인 선) 펜더와 벨트 라인 등을 전반적으로 부드러운 라운드 형태로 진화시키면서 공기역학적으로도 유리하게 발전시켰다. 1990년대에 엔진 기술의 발전으로 소형화가 가능해져 FR 플랫폼에서 FF 플랫폼 방식으로 전환할 수 있으면서 공기역학에 기초한 캐빈포워드(cabin forward) 프로파일이 등장하였다. 엔진이 소형화되면서 앞쪽으로 배치하고 상대적으로 캐빈의 길이를 증가시켜 승차 공간을 확장하고 탑승자 중심의 자동차 개발과 함께 외장디자인에 캐빈포워드 방식이 적용된 것이다.

이후 디지털 기술 혁신과 더불어 자동차 개발에서부터 생산까지의 공정도 향상되어서 메이커 간의 기술격차도 줄어들었다. 또한 도장 기술과 표면처리 기술의 발달을 통해 공기역학적 성능이 더욱 향상되었다.

C_d값을 10%만 낮춰도 연비는 2% 좋아지지만, 스포츠카의 경우는 C_d를 너무 낮게 만들려고 하지 않는다. 왜냐하면 공기저항이 발생하더라도 필요로 하는 운동성능이 있기 때문이다. 고속 주행 시에 코너링을 좋게 하기 위하여 차체를 낮추고 트래드를 넓게 디자인하고, 고속 주행 시에 발생하는 공기의 흐름을 이용해 차를 아래로 누르는 다운포스를 만들어서 더욱 안전하고 빠르게 코너링하기 위해서 공기저항을 더 받게 설계하기도 했다.

공기저항을 최소화하기 위해 상황에 맞게 제어하는 다양한 에어로파츠 부품이 있다. 자동차의 주행상황이나 엔진 온도를 인식하여 그릴을 여닫는 액티브 그릴셔터(active grill shutter), 자동차 주행 중에 바닥면에 저압을 형성하여 누르는 힘을 증가시키고 접지력을 높이게 하는 디퓨저(diffuser), 고속주행 시 공기의 흐름을 제어하여 차체 뒤쪽에 소용돌이가 생기지 않도록 하여 주행 안정성을 높여주는 스포일러(spoiler), 차체 아래의 공기흐름을 제어하여 차체 아래 압력을 떨어트리는 사이드 스커트(side skirt), 타이어의 공기저항을 낮추기 위한 에어로다이내믹 휠(aerodynamic wheel), 휠 에어커튼(wheel air curtain) 등이 자동차에 다양하게 적용되었다.

Ferrari F50의 경우 리어 스포일러와 보닛을 이용해 다운포스를 얻은 결과 C_d 0.37의 공기저항계수를 가지며 이는 공기역학적으로 설계된 SUV 차량과 비슷한 수준이다.

항력계수를 낮춤으로써 자동차의 연료경제성(fuel economy)과 고속주행 안정성(stability at high speed), 횡풍 직진주행 안정성(straight line driving stability at side wind), 엔진냉각 및 브레이크 성능(cooling of engine and brake), 공력소음 감소(reduction of wind noise), 환기(ventilation) 및 성애 제거(defrosting) 등 많은 부분에

서 성능이 개선된다.

더욱이 자율주행자동차 시대로 진화하면서 자동차 디자인은 "자동차가 이제 삶의 공간이 되다 보니 건축에 대한 이해도가 있어야 하고, 디지털 공간 특성도 파악"(현대자동차 이상엽 디자이너, 2021.12.20.)의 필요성으로 확장되고 있다.

(2) 코다트론카(Coda Tronca, Kamm Tail)

코다트론카는 1961년 알파로메오 줄리에타(Alfaromeo Giulietta) SZ2 승용차에 붙여진 애칭으로, 코다(coda)는 이탈리아어로 꼬리이며 트론카(tronca)는 잘라낸 것을 의미한다. 즉 코다트론카는 잘라낸 꼬리라는 뜻으로써 알파로메오 SZ2 이전 차인 SZ는 후부가 둥글어서 코다톤다(둥근 꼬리)라고 불렸으나 SZ2에서는 꼬리를 시원스럽게 잘랐다(그림2.68).

공기저항을 적게 하기 위해서는 차체 후부는 꼬리처럼 좁고 긴 쪽이 좋지만, 꼬리를 적당하게 잘라내도 그 효과는 크게 변하지 않는다는 브니발트캄 박사의 캄 이론을 응용하여 주목을 받았다.

그림 2.68 Alfa Romeo Giulietta SZ2(좌)와 SZ(우)

출처: "History of the drag coefficients in cars", Muhammad Haseeb Javed, Pakwheels, 2016.10.3.

레흐만과 코신(Lehmann & Kosin)의 동체의 후단부 절단에 따른 항력계수(drag coefficient) 테이블(그림2.69좌)에서도 동체 후단부를 적당하게 잘라서 길이를 줄여도 항력계수가 많이 증가하지 않는 것을 보여주고 있다.

동체 단면 형태에 따르는 후단부에의 공기유동(그림2.69우)을 보면, 원형에서는 극심한 유동 박리(flow separation)가 나타나며 카르만 보텍스(Karman Vortex)와 함께 큰난류(turbulent)는 매우 높은 큰 항력을 유발한다. 2번의 유선 형태의 단면에서는 원통형보다는 유동이 많이 개선되지만 그래도 오른쪽 뒤꼬리 부분에서 유동 박리가 발생하며 유동 항적(wake)이 동체 방향으로 작용하지 않고 있다.

4번의 긴 유선형에서는 유동이 단면을 따라 매끄럽게 흘러서 후단에 발생하는 항력이 아주 적다. 그러나 4번의 유선형 단면에서 꼬리 부분을 적당하게 자른 3번은 코다트론카이며 유동이 측면부의 전체 길이를 따라 흐르며 꼬리가 존재하는 4번과 유동 박리에 큰 차이가 없는 것을 알 수 있다.

코다트론카 효과는 모든 자동차에서 같은 효과를 보기는 어려우나 지붕에서 뒤끝까지 유선형으로 된 구조의 패스트백(fastvack) 스타일 자동차의 후면 부분 디자인에 대부분 적용되고 있다.

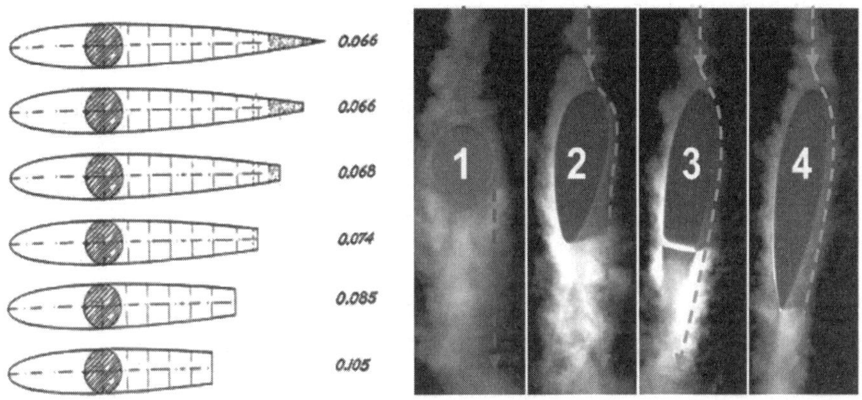

그림 2.69 동체의 후단부 절단에 따른 항력계수(drag coefficient)(좌)와 단면 형상에 따른 공기유동 측정(우)

출처: "Fuselage drag as a function of aft-body truncation in 10% increments", Kosin & Lehmann, 1942.
"S.F.Airfoil development for the trek speed concept triathlon bicycle", Paul Harder et al., Trek, 2010.4.24.

4절 | 내연기관자동차 연료

4.1. 초창기 자동차연료, 알코올

(1) 초창기의 내연기관 연료

내연기관의 역사는 1600년대 화약을 연료로 사용하는 연구에서 시작되었다. 이후 테레빈유(turpentine, 소나무 송진을 수증기로 증류하여 얻은 기름), 콜타르(tar)의 액체연료, 수소와 산소를 혼합한 가스 등 다양한 연료가 시도되었다. 1860년경에는 유럽 전역에서 에틸알코올이 스피릿 램프(spirit lamp)에 널리 사용되었고, 일부 내연기관도 이를 연료로 사용했다. 오토기관 개발에 큰 영향을 미친 르노아르엔진은 석탄가스를 연료로 사용하였다.

1876년에 발명된 4행정 오토엔진은 등화용 가스(illuminating gas)인 목재가스(wood gas), 석탄가스(coal gas), 프로판(propane), 수소(hydrogen), 벤젠(benzene) 등을 연료로 사용했으며, 1914년에 발발한 제1차 세계대전 중에는 62가지의 연료를 사용했다. 오토보다 17년 뒤인 1893년에 발명된 디젤엔진은 등유(kerosene)로 연구를 시작하였지만, 연료의 증발 문제를 해결하지 못하고 경유로 엔진 작동에 성공했으며, 1900년 파리 박람회에서는 땅콩유를 연료로 사용하였다.

칼벤츠가 발명한 세계 최초의 내연기관자동차인 페이턴트 모터바겐을 그의 부인 베르타가 두 아들과 함께 몰래 몰고 만하임(Mannheim)에서 포르츠하임(Pforzheim)까지 장거리 주행을 시도했을 때, 도중에 있는 마을인 비슬로흐(Wiesloch)의 스타트 아포테케(Stadt-Apotheke) 약국에서 리그로인(Ligroin)을 주유했다. 이 약국은 "세계 최초의 주유소'라는 이름을 가지고 지금도 영업을 계속하고 있다(그림2.70). 페이턴트 모터바겐은 일종의 휘발유연료를 사용했으며, 리그로인 상표명으로 판매된 연료는 C_7과 C_8으로 구성된 탄화수소 종류로서, 세정제인 석유 에테르나 벤진의 일종이었다.

1908년에 포드가 개발한 모델티 엔진은 휘발유(gasoline)나 석유(kerosene), 벤젠, 순수 곡물 알코올(grain alcohol) 등 다양한 연료(multi fuel)를 사용할 수 있도록 설계되었다. 시골 출신의 헨리 포드는 과일이나 감자, 잡초, 톱밥 등에서 얻을 수 있는 알코올 바이오연료에 깊은 관심을 가지고 있었다. 1925년 뉴욕타임스 기고문에서 "에틸알코올은 미래연료(the fuel of future)이며, 도로변의 나무와 과일, 잡초, 톱밥 등 발효될 수 있는 모든 식물성 물질에서 생산될 수 있다. 1에이커의 감자 수확량으로 100년 동안 밭을 경작하는 기계를 운전할 수 있는 알코올이 생산될 수 있다"라고 이야기했다.

포드는 당시 경기침체로 어려움을 겪던 미국 농가를 위해 농업의 과학적 연구를 통해 알코올연료를 생산하고, 이를 새로운 농산물 시장으로 발전시키기 위한 농장 화학(farm chemurgy) 운동을 재정적, 정치적으로 후원하였다.

그림 2.70 "세계 최초의 주유소", 스타트 아포테케(Stadt-Apotheke) 약국

출처: "World's first filling station was a drugstore", Carltonreid, 2012.11.12.

1861년의 미국 남북전쟁 이전에는 농부들이 농작물들을 발효시켜 가족용 램프 기름이나 스토브 연료로 사용할 알코올을 직접 만들었다. 당시 엔진은 대부분 휘발유와 함께 알코올연료로도 작동되도록 설계되었으며, 자동차 제작사들도 에틸알코올을 휘발유의 대안으로 지원했었다. 에틸알코올은 휘발유보다 깨끗하게 연소하고, 식물에서 생산되는 재생 가능(renewable)한 연료로, 시장 변동성이 적어 휘발유보다도 선호되었다.

그러나 남북전쟁 비용을 충당하기 위해 1862~1864년 사이에 주류에 갤런당 2.08달러의 세금이 부과되었으며, 연료 알코올에도 적용되면서 가격이 급등했다. 이에 따라 램프 연료를 만드는 알코올 증류소들은 시장을 잃고, 석유에서 정제한 등유가 주요 연료로 자리 잡았다.

1906년에 무료알코올 법안(free alcohol bill)이 통과되면서 알코올 세금이 폐지되자, 옥수수 에탄올은 갤런당 14센트로 22센트인 휘발유보다 저렴해졌다. 또한 농장에서 생산한 알코올도 세금이 면제되면서, 에틸알코올이 석유연료의 대안으로 주목받았다.

이때부터 에틸알코올을 휘발유와 차별화하고 특화하는 농장 화학(farm chemurgy) 연구가 미국을 중심으로 국제적으로 추진되었다. 알코올의 높은 옥탄가는 엔진 노킹을 방지하고 압축비를 높여서 출력을 높일 수 있다는 장점도 발견되었다. 그러나 1930년대에 추진된 알코올연료 인센티브 및 혼합 지원프로그램은 자유시장 경쟁이나 공급부족 문제가 아니라 석유 산업계들의 정치적인 반대 로비로 중단되었다.

한편, 석유 매장량이 적었던 프랑스와 독일은 농산물로부터 증류할 수 있는 대체연료 개발을 장려했다. 이로 인해 휘발유와 알코올의 장단점을 두고 격렬한 논쟁들이 있었으며, 유럽에서는 서로 다른 연료를 사용하는 자동차 간의 경주도 열렸다.

에탄올은 1100년경에 포도주에서 분리되어 아쿠아 아덴(Aqua Ardens, 화염수) 또는 아쿠아 플라멘(Aqua Flamens, 불타는 물)이라 불렸고, 17세기에는 음식을 데우는 스피릿 램프의 연료로 사용되었다.

오늘날 우리가 알고 있는 다양한 램프 연료는 19세기와 20세기 초에 미국과 유럽에서는 흔했으며, 발명가들도 내연기관에 사용할 연료를 이들 램프 연료에서 찾았다. 식물성 기름(피마자유, 유채씨, 땅콩), 동물성 기름(고래기름, 돼지고기 기름), 소나무에서 정제된 투레빈유, 특히 나무 알코올(wood alcohol)인 메탄올(메틸알코올)과 곡물 알코올(grain alcohol)인 에탄올(에틸알코올) 등이 램프 연료로 널리 사용되었다.

1790년대에 스코틀랜드의 윌리엄 머독(William Murdoch)이 석탄을 가열해 만든 가스로 가스등(gas lighting)을 발명했으며, 미국 도시들도 이 가스등을 수입했다. 가스제조업자가 석탄에서 가스를 생산해 파이프라인으로 도시의 가정에 공급함으로써 밤에 불을 밝히고 늦게까지 책도 읽을 수 있었다. 그러나 가스등은 파이프라인이 설치된 대도시에서만 사용할 수 있었고, 가스가 타면서 지저분한 냄새와 소음을 발생시켰으며, 폭발 위험도 있었다.

반면 고래기름은 냄새와 연기가 없고 불빛이 밝고 광도가 높았으며 파이프라인을 깔 필요도 없었다. 이로 인해 1800년대부터 향유고래(sperm whale)를 잡는 포경업이 급증했고, 고래기름 수요는 1850년대에 정점을 이루었다.

석유가 발견되기 전, 미국에서 가장 인기 있었던 연료는 캄핀(Camphine) 혹은 태우는 액체(Burning Fluid)라고 불린 생석회로 증류된 투레빈유로서 1838년부터 사용되었다. 펜실베이니아에서 석유가 발견되기 전 30~40년 동안 램프 연료 시장의 30~80%를 차지했다. 1830년대 후반에는 알코올이 비싼 고래기름을 대체하면서 조명(illuminant)용 시장을 주도했으며, 1860년까지 수천 개의 양조장에서 조명용 알코올을 생산했다. 알코올/캄핀 혼합유는 갤런당 $0.5로, 갤런당 $1.30~$2.50이던 고래기름과 90센트인 라드유(lard, 돼지기름) 보다 저렴했다.

(2) 알코올연료 논쟁

에틸알코올 산업은 휘발유보다 오래된 산업이며, 광활한 농경지를 경작하고 있는 미국의 농부들은 알코올이 자동차용 연료로 확대되기를 기대했지만, 몇 차례의 기회가 오는 듯하다가 끝내 성공하지 못했다.

- 첫 번째 기회는 1906년 루스벨트 행정부가 주류세를 철폐하면서 알코올 시장의 부활을 시도했지만, 정유업계의 정치적 압력과 로비로 무산되었다.
- 두 번째는 에틸알코올이 휘발유의 노킹방지제로써 사용될 기회였다. 1차 세계대전 이후 미국 GM 연구원인 찰스 케터링(Charles F. Kettering)과 토마스 미즐리(Thomas Midgley)는 휘발유의 노킹 방지 연구를 수행하였으며, 1921년 12월에 노킹방지제인 4에틸납(tetraethyl lead, $(CH_3CH_2)_4Pb$)을 발명하여 휘발유자동차에 사용하였다. 그러나 유연휘발유의 납 성분이 배출되면서 공기 중의 납 농도가 증가하였고, 휘발유 공장의 노동자가 납 중독으로 죽거나 몸이 마비되는 사고가 발생하였다. 또한 어린이들의 IQ 감소와 경제적 손실을 초래하였다. 1985년에 4에틸납 사용을 금지하는 무연휘발유 정책이 시행되면서, 에틸알코올(C_2H_5OH)이 옥탄가 향상제로 사용되었으며, 1988년에 의무화된 함산소 연료용으로 사용되었다.

  4에틸납이 발견된 이후 GM은 두 가지 선택지, 즉 에틸알콜과 에틸납 가운데 하나를 선택할 수 있었다. GM 부회장이자 미국자동차공학회(SAE) 회장이었던 케터링은 1919년 학회연설에서 연료 연구의 두 방향, 즉 벤진이나 알코올을 20% 이상 혼합하는 고비율(high percentage) 휘발유와 요오드나 4에틸납과 같은 저비율(low percentage) 첨가제를 제시했다.

  노크 방지 혼합제로서의 알코올연료는 4에틸납이 발견되기 이전부터 알려져 있었으며, 1925년까지 미국과 유럽의 과학자들에 의해 기술적 특성도 잘 밝혀졌다. 알코올 혼합 연료 사용에 관한 해외 사례는 긍정적이었고, 기술적으로도 알코올을 단독 또는 휘발유와 혼합 연료로 사용하는 데에 큰 문제가 없다는 것도 알려져 있었다. 미국과 유럽의 과학자들과 기술자들은 알코올연료의 깨끗한 연소, 높은 압축 특성에 대해 호의적인 의견이 많았다. 그러나 미국 석유업계는 알코올은 휘발유보다 기술적으로 열악한 연료라고 주장하면서 시장 진입을 막았으며, 특히 알코올 혼합비율이 높을수록 세금 부담이 늘어난다는 여론을 주도했다.

  1924년에 GM이 스탠더드 오일(Standard Oil)과 제휴하여 에틸사(Ethyl Corp.)를 설립하면서, GM 연구원들은 4에틸납만이 효과적인 노크 방지제라고 주장하며 에틸알코올 활용을 막았다.

• 세 번째는 1970년대에 중동에서 촉발된 석유파동이 급격한 유가 상승과 함께 전 세계적인 에너지 위기를 초래했고, 이로 인하여 대체 에너지의 필요성이 대두되면서 에틸알코올이 다시 주목받게 되었다. 휘발유에 10%의 알코올을 혼합한 가소홀(gasohol)은 1930년대에 사용된 적이 있었으나, 석유파동 이후 다시 관심을 끌었으며, 특히 에틸알코올 생산의 중심지인 미국 중서부에서 인기를 얻었다. 중동의 OPEC 석유에 대한 미국의 의존을 없앨 수 있는 값싸고 깨끗한 연료에 대한 자동차 운전자들의 관심뿐만 아니라 증류 기술의 발전은 가소홀 산업에 새로운 계기를 제공했다.

잉여 곡물의 새로운 활용을 위해 1971년에 설립된, 네브래스카 농산물 산업 이용 위원회, 또는 가소홀 위원회(Nebraska Agricultural Products Industrial utilization Committee, or Gasohol Committee)는 수천대의 차량을 대상으로 수백만 마일의 주행시험을 실시하여 가소홀이 납 휘발유를 대체할 수 있는 고옥탄 연료임을 입증하였다(그림2.71).

이후 1979년 지미 카터(Jimmy Carter) 정부는 에탄올 생산에 대한 연방 인센티브를 제공하였고, 그 결과 1980년대 중반까지 100개 이상의 옥수수 알코올 생산 공장이 건설되어 매년 10억 갤런 이상의 연료용 에탄올이 판매되었다.

그림 2.71 네브라스카 거리에 세워진 가소홀 주유소(1933.4.11.)

출처: “Gasohol - The first time around”, John Carter, Senior Research Folklorist, 2006.
https://history.nebraska.gov/blog/gasohol---first-time-around

그러나 1980년대 후반과 1990년대에 석유가 과잉 생산되면서 휘발유 가격이 배럴당 12달러까지 하락하자 대부분의 에탄올 산업이 파산했다. 또한 1980년대 초까지 가스홀에 대한 긍정적인 전망에도 불구하고, 가소홀 원료인 식량이 과도하게 사용되고 연료 생산에 장려금까지 투입되자 식량 가격만 치솟을 것이라는 가소홀 반대파들 주장과 함께 국가적인 지지도 약화되었다. 미국에서는 연료와 곡물 산업을 독점하려는 농부 마피아에 대한 비판도 제기되었다.

2007년에는 유엔식량농업기구(FAO; Food and Agriculture Organization) 식량권리 특별보고관(Special Rapporteur for the Right to Food)이 식량 기반의 에탄올을 포함한 바이오연료 개발은 반인륜적 범죄(crime against humanity)라고 규정하고 5년간의 유예와 과학적 재검토를 촉구하기도 했다.

그럼에도 바이오연료는 긍정적이든 부정적이든 큰 잠재력을 가진 에너지로 평가되는 것은 분명하다.

에틸알코올은 1920년대 중반까지 많은 국가에서 다른 연료와 혼합되어 사용되었으며, 1930년대 필리핀에서는 사탕수수 알코올 20%를 휘발유와 등유에 섞은 가소홀을 사용하였다. 쿨모터(Koolmotoer), 벤잘쿨(Benzalcool), 몰타코(Moltaco), 라티벤틀(Lattybentyl), 네이트라이트(Natelite), 알쿨(Alcool), 아그롤(Agrol)은 1920~1930년대에 영국, 이탈리아, 헝가리, 스웨덴, 남아프리카공화국, 브라질, 미국 등에서 사용된 다양한 혼합 연료들이다.

• 네 번째는 온실가스 배출을 줄이기 위한 바이오연료 보급의 기회이다.

화석연료에서 배출되는 온실가스를 줄이기 위해서 미국과 유럽에서는 태양광, 풍력의 신재생에너지와 함께 바이오연료를 보급하는 프로그램이 강력하게 추진되고 있다. 바이오연료는 연소과정에서 이산화탄소를 배출하지만, 식물이 성장하는 동안 광합성 과정에서 이산화탄소를 흡수하기 때문에 탄소중립(carbon neutral) 연료로 인증받는다.

미국 연방정부의 RFS2(Renewable Fuel Standard Extended)는 미국 전역에서 시행되고 있는 재생연료 관련 규제정책으로, 미국 전역에서 생산, 판매되는 수송용 연료의 일정 비율 이상을 바이오연료로 대체하도록 의무화하고 있다. 유럽연합도 REDII(Renewable Energy Directive II)의 신재생에너지 지침과 핏포55(fit for 55) 패키지를 통해 2030년까지 최종 에너지소비의 40%를 재생에너지로 전환한다는 목표를 추진하고 있다.

대표적 바이오연료인 에틸알코올은 한때 집중 지원을 받았으나, 곡물 가격 상승과 식량 부족 초래 등의 윤리적 논란이 대두되었다. 또한 옥수수 기반 에틸알코올이 LCA 분석 결과 탄소중립이 아니라는 주장이 나오면서 옥수수 에탄올(corn ethanol)과 콩기반 바이오디젤(soy-based biodiesel)은 재생연료에서 제외되고 새로운 원료를 사용하는 에틸알코올 생산이 요구되고 있다.

그럼에도 에틸알코올은 휘발유의 옥탄가를 높이는 첨가제로 관심받으면서 자동차 연료로서 에탄올 소비량은 꾸준히 증가하고 있다. 브라질 정부는 OPEC의 유가 인상과 국내 사탕수수 잉여 문제를 해결하기 위하여 알코올자동차를 보급하는 국가 알코올 프로그램(National Alcohol Program)을 시행해 큰 성과를 거두었다. 현재 에틸알코올은 브라질 등 일부 국가에서는 성공적으로 정착한 연료로 평가된다.

가격 면에서는 석유가 일반적으로 유리하지만, 에틸알코올 혼합 휘발유 가격은 고옥탄가 휘발유와 비슷하며, 국가별 관세와 보조금에 따라서는 알코올값이 저렴하기도 하다.

문화와 정치적 관점에서 보면, 대체연료, 특히 에틸알코올은 상징적이고 전략적인 중요성을 가지고 있다. 반대론자들은 에틸알코올은 가난한 사람들을 위한 식량을 부자를 위한 연료로 바꾸는 비윤리성, 토양 침식 문제 악화, 교통 개선효과도 미미한 대체연료이며, 농부들을 부유하게 만들기 위한 연료라는 시각을 가지고 있다.

반면, 알코올연료 지지자들은 농업 경제를 활성화하고, 도시 대기오염 개선, 석유 의존 탈피의 잠재력을 강조한다.

궁극적으로 바이오연료는 농업과 생물 자원을 주요 에너지원으로 활용함으로써, 인류가 화석연료 자본(capital)이 아닌 태양 에너지 소득(income)에 기반하여 살아갈 수 있게 한다. 이러한 개념은 자동차와 농업 기술자들에게 큰 매력을 주며, 찬성론자들은 에틸알코올 연료가 도시와 농촌의 균형을 회복하고 산업문명을 보다 인간중심 문명으로 이끌 수 있다고 기대한다.

4.2. 유전 발견

이동식 컨베이어에 의한 대량생산 방식으로 포드 모델티 가격을 1/3 수준으로 낮춤으로써 자동차 대중화 시대가 시작될 수 있었지만, 유전 발견으로 휘발유와 경유연료를 저렴한 가격으로, 대량으로 공급할 수 있게 된 것도 내연기관자동차가 번성할 수 있었던 핵심 요인이다.

석유가 전 세계적으로 사용되기 시작한 것은 어둠을 밝히는 용도로 사용된 등유(kerosene,

lamp oil)이며 로마제국, 페르시아, 일본, 인도, 유럽 국가에서는 등유를 조명용으로 사용한 기록들이 있다. 이후 난방 및 취사용으로 사용이 확대되면서 상당 기간 석유제품의 주류였기 때문에 등유를 석유(oil, petroleum)라고 부르기도 했다.

석유는 고대부터 알려져 있었으나 그 사용법을 제대로 알지를 못했다. 석유는 점액상이나 고체상으로 암석, 토양, 퇴적물 속에 존재하면서 역청(bitmen, pitch, tar, asphalt)으로 불리면서 사람을 현혹하는 마법의 물질로 알려지기도 했다. 서양에서 부르는 석유는 돌(petra)과 기름(oleum)이라는 라틴어의 합성어이며, 중국 송나라에서도 석유라는 용어를 사용한 것을 보면 동서양이 오래전부터 석유의 존재를 알고 있었으며 같은 어원으로 출발한 것임을 알 수 있다.

아마씨 기름이나 올리브유 같은 식물 기름이 램프 연료로 이미 사용되었으며, 1850년 전후해서 천연광유로부터 램프유를 얻기 위한 연구가 활발히 전개되어 등유를 제조하기 위한 제유소가 유럽과 미국에 상당수 등장하였다. 오늘날 등유를 케로신(kerosene ; 그리스어로 밀랍을 의미)이라고 부르는 것은 그 당시 역청질의 석탄으로부터 제조한 등유에서 연유한다. 이후 석유는 내연기관용 연료와 석유화학공업의 원료로 사용이 확대되면서 휘발유, 경유, 항공유, 나프타 등 여러 종류로 나누어졌다.

고래기름이 등화용 연료로 사용되면서 고래기름 가격이 상승하였고, 동식물 유나 석탄 건류 가스와 같은 대체연료도 그렇게 만족스럽지 못했다. 이런 상황에서 등유가 램프 연료로 뛰어난 성능을 보이면서 19세기 말에는 등유 램프가 전 세계에 크게 보급되었으며, 따라서 땅속에서 채취한 석유를 증류하여 등유를 생산하는 석유정제 산업이 발달하였다. 이 시대는 등유가 주요 생산품이었으며, 잉여 부산물로 폭발 위험성이 있는 휘발유와 검고 끈적끈적한 중질유분의 처리가 골칫거리였었다.

(1) 유전 개발과 산유국

1850년대에 들어와서 고래기름 가격이 상승하고, 램프용 등유 수요의 증가에 따라 등유 가격이 급등하면서 석유를 찾기 위한 노력이 시작되었으며, 1859년에 미국의 에드윈 드레이크(Edwin L. Drake)가 펜실베이니아주 타이터스빌(Titusville)에서 원유를 발굴하였다. 석유를 최초로 발견한 것은 아니지만 시추탑(drilling rig)을 사용하여 21미터 깊이로 굴착하여 유전을 개발함으로써 석유 대량 공급의 길을 열게 되었다.

그 당시에는 과학적인 석유탐사 방법이 개발되기 이전이었기 때문에 이전부터 알려져 온 석유 분출장소 또는 현재 분출되고 있는 장소의 주변을 중점적으로 굴착하였다. 에드윈 드레이크가 펜실베이니아주 동북쪽의 작은 마을인 타이터스빌에서 유전개발을 시작한 것도 근처에 오래전부터 오일크리크(Oil Creek: 석유가 흐르는 강)라고 불리는 지역이었던 점에 착안한 것이었다.

1년간의 노력 끝에 발견한 석유의 생산량은 연간 2,000배럴에서 10년 동안에 500만 배럴로 많이 늘어났으며, 시들해진 캘리포니아 골드러시(1848~1855) 대신 "검은 황금"인 석유로 사람들이 몰려들었다. 한적한 마을에 1년 사이에 300개의 유정이 뚫렸으며, 250명이던 인구가 1866년에는 1만 명을 넘어서면서 타이터스빌은 시(city)로 승격되었다(그림2.72). 1901년에 텍사스 스핀들톱(Spindletop) 분유정이 발견되기 전까지는 펜실베이니아 유전지대가 전 세계에서 가장 큰 산유 지역이었다.

그림 2.72 드레이크가 발견한 Oil Creek 유전(좌)과 이후에 들어선 유정들(우)

출처: "The drilling of the first oil well", Robert McNamara, Thought Co., 2018.3.23.
Courtesy the Drake Well Museum, PHMC Bureau of Historic Sites and Museums

내연기관에 사용할 연료를 찾던 발명가들은 램프 연료인 등유로 엔진을 작동하려고 시도했지만, 당시는 등유 수요가 많아 가격이 비쌀 뿐 아니라 효율성도 떨어졌기 때문에 석유 부산물에 대한 다양한 실험을 통하여 휘발유의 특성과 연소성능이 내연기관 연료에 적합한 것을 발견하였다. 이때부터 내연기관이 석유를 가장 많이 소비하는 기계가 되었으며, 적절한 사용처가 없어서 처리에 어려움을 겪던 휘발유는 원유에서 가장 많이 소비되는 석유제품이 되었다.

이후에 루돌프 디젤이 경유를 연료로 사용하는 디젤엔진을 발명하는 등 석유가 등화용 등유 용도에서 엔진 연료로 급속하게 확장되었고, 대형 유전들의 발굴로 석유제품이 대량으로 값싸게 생산되면서 석유 산업이 번성하게 되었다. 이에 따라 석유 연료를 기반으로 하는 자동차·항공기·선박과 같은 거대산업이 탄생하게 되었다.

미국의 헨리 포드가 1908년에 모델티를 서민들의 차로 양산하면서 자동차 대중화가 시작되었으며, 램프용 기름 공급으로 출발한 석유 산업은 자동차 연료의 수요 증가로 인하여 급속도로 성장하였다. 1920년대 후반 이후에는 정유공장에서 생산되는 연료의 40% 이상이 자동차용 휘발유 연료로 사용됐다.

그러나 석유 연료가 경제성과 편의성에도 불구하고 영국·독일과 같이 석탄 기반의 산업과 경제가 형성되어 있던 유럽 나라들은 석유 산업으로의 전환에 딜레마가 컸다. 자국 내에 풍부하게 매장되어 있는 석탄과 광부들의 일자리 보전, 기존에 사용하던 설비의 이용 등을 고려하면 외국에서 수입해야 하는 신연료인 석유 산업으로의 전환에 반대와 저항이 컸다.

특히 영국에서 석탄 대 석유 논쟁이 가장 격렬하게 일어나면서 석유 에너지 채용이 지연되었다. 그러나 당시 세계 최강의 해군력을 가지고 있던 영국은 석유 도입 지연으로 인한 해군력 약화를 막기 위해서 석유위원회를 설치하고 석유 매장량 확보에 노력을 기울였다. 1909년에 설립된 영국의 앵글로 페르시안 석유(APOC; Anglo-Persian Oil Co.) 주식을 영국 정부(윈스턴 처칠 해군장관)가 1914년에 51%를 취득하여 안정적인 석유 공급원을 확보하면서 해군력을 유지할 수 있었다. APOC은 1954년에 BP(British Petroleum Company)로 회사명이 변경되었다.

1857년에 세계 최초의 원유 생산국이던 루마니아는 제1차와 2차 세계대전 시에 최대의 산유국으로 부상하였다. 이보다 2년 늦은 1859년에 미국 오일크리크에서 유전개발이 시작되었으며, 1870년에 러시아령인 카스피해 바쿠(Baku)에서 대규모 분유정이 개발되면서 20세기 초에는 러시아제국이 전 세계 석유생산을 주도했다. 1901년 미국 텍사스주 스핀들톱(Spindletop)에서 미국 최초의 대형 분유정이 개발되면서 세계 석유생산의 절반 이상을 생산하였으며, 텍사스, 오클라호마, 캘리포니아 주로 유전 발굴이 확장되었다.

1906년에는 멕시코 연안에서 미국과 영국 자본의 유입과 텍사스주 지역의 토착민과 인디언들의 노동력으로 광범위한 굴착이 이루어졌으며, 멕시코의 석유생산은 1915년에 세계 3위, 1919년 2위, 1921년에는 절정을 이루었다. 멕시코산 석유는 탐피코(Tampico)에서 선적되면서 1897년에 한적한 늪지대의 작은 항구이던 것이 1921년에는 석유회사 58개, 정유공장 16개, 거주인구 10만 명의 대도시로 팽창하였다. 1938년에 석유 산업 국유화 선언과 함께 원유 수출을 금지하면서 원유산업이 급속도로 쇠퇴하고 유전들이 방치되었다.

1928년에 베네수엘라는 세계 2위의 산유국이었으며 1946년에는 세계 1위의 석유 수출국이었다. 마라카이보 호수(Lake Maracaibo)는 남아메리카 최대의 호수였으나, 베네수엘라 원유생산과 정유산업 중심으로 원유의 숲으로 변모하였다.

1908년에 페르시아(현재의 이란)에서 버마 석유회사(1954년에 BP로 이름을 변경)가 유전을 발굴하였으며, 1927년에는 이라크 북동부의 키르쿠크 지역에서 대규모 유전을 발굴했다. 1938년에는 미국회사인 소칼(SOCAL; Standard Oil of California, 현재의 셰브런(Chevron))이 사우디아라비아 담맘(Dammam)에서 초대형 유전을 발견하였다.

1960년에 결성된 석유수출기구(OPEC; Organization of the Petroleum Exporting Countries)에서 석유 산업을 국유화하여 외국기업들을 몰아내고 국제유가를 결정하는 권력을 가지게 되었다. OPEC이 1973년에 석유 금수조치를 취하자, 유가가 4배나 폭등하는 오일쇼크가 발생하면서 원유를 무기로 세계 경제에 막강한 영향력을 행사하게 되었다.

한편, 1990년대부터 미국이 셰일가스를 생산하면서 세계 최대 에너지 생산국이 되었으며 국제 에너지 패권 구도는 미국 주도로 전환되었다. 미국 EIA와 BP 자료에 의하면, 2022년 세계 석유 생산량은 하루 9,429만 배럴을 생산하였다. 국가별 생산 순위는 미국(1,777만 배럴/일, 18.9%), 사우디아라비아(1,214만 배럴, 12.9%), 러시아(1,120만 배럴, 11.9%), 캐나다(558만 배럴, 5.9%), 이라크, 중국, UAE, 이란, 브라질 순이며, 석유 매장량은 베네수엘라, 사우디아라비아, 캐나다, 이란, 이라크 순이다(그림2.73).

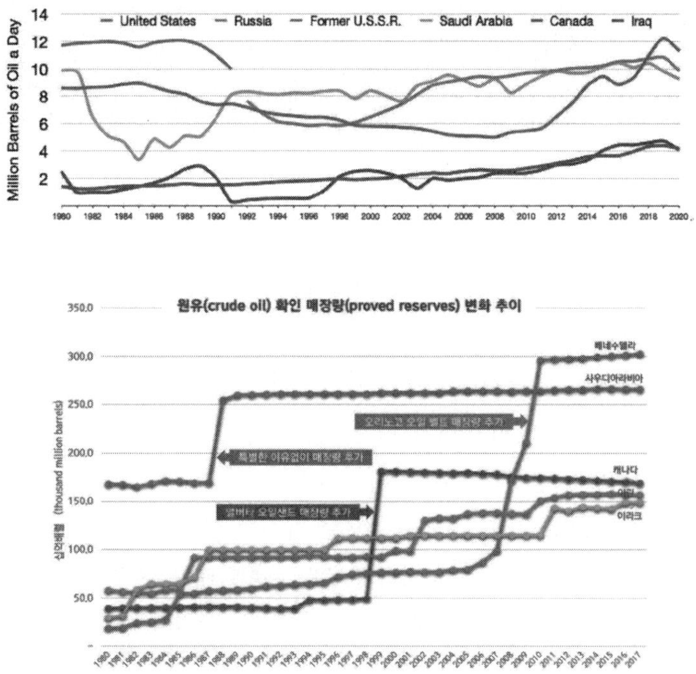

그림 2.73 세계 5대 산유국 원유 생산량 추이(상)와 원유 매장량 상위 5대국 추이(하)

출처: "위키피디아, Wikimedia Commons the free media repository.

5절 | 내연기관자동차의 사회적 영향

자동차의 발명은 인류의 생활방식을 근본적으로 변화시켜 가족생활, 경제, 문화, 환경 등 사회 전반에 큰 영향을 미쳤다. 자동차는 사람들에게 더 많은 개인의 자유와 이동성을 확대하고, 도로와 교통의 발전을 촉진했으며, 여가활동의 활성화와 관광산업, 외식문화, 레크리에이션 등 새로운 서비스 산업의 성장을 이끌었다.

사치품으로 여겨지던 자동차는 1920년대에 포드 모델티에서 시작된 대량생산으로 중산층 미국인이 자동차를 소유할 수 있는 수준으로 가격이 낮춰지면서 대중화가 이루어졌다. 1900년 8,000대에 불과하던 자동차 보급은 1920년 800만대로 급증하였다. 이 과정에서 자동차 부품과 연료 산업이 성장하고 새로운 일자리가 창출되었다.

그러나 자동차가 접근성과 이동성 향상과 사회적, 경제적 상승작용을 증가시킨 긍정적인 영향에도 불구하고, 자동차가 일상생활에 미치는 부정적인 영향들도 무시할 수 없다. 자동차의 대량생산은 산업과 편리성의 혁명을 불러오고 일자리 수요와 세수를 창출했지만, 높은 자동차 보급으로 인하여 사회적으로나 환경 측면에서 부정적인 영향을 유발하기도 하였다.

현대사회에서 자동차의 부정적인 영향으로는 교통사고로 인한 사망률의 급격한 증가, 도로 중심의 도시 구조로 인한 지역사회 단절과 지역경제 쇠퇴, 신체활동 감소로 인한 비만과 심혈관 질환 증가, 대기오염과 소음공해, 화석연료 사용에 따른 온실가스 배출 등이다.

(1) 마차와 말 산업의 종말

1920년대 자동차가 대중화되면서 자전거, 철도, 마차와 말 산업은 큰 타격을 받았다. 자전거는 1890년대부터 보행을 대신하는 효율적인 교통수단으로 인기를 누렸으나, 자동차의 등장 이후 사용이 급감했다. 그러나 가장 큰 피해를 본 것은 말(horse)과 마차였다.

19세기에는 말은 부의 신분을 상징하는 동물이었으며, 마차와 함께 유럽과 북미의 도시 생활과 시골 문화를 지배했다. 말을 소유할 수 있었던 부유한 사람들은 개인적인 교통수단으로 사용했으나 평민들은 그냥 걸어 다녔다. 당시 도시는 대부분 2마일 이내로 좁아 걸어서 이동할 수 있었다.

산업혁명과 함께 말은 "살아있는 기계(living machine)"로 불리며 증기 기관차가 갈 수 없는 곳은 어디든 사람과 물건을 옮길 수 있는 주요 운송수단이었다. 19세기의 정비되지 못한 도로도 문제가 되지 않았다. 미국의 증기기관 전문가인 로버트 서스턴(Robert Thurston)은 1894년에 "말들은 자급자족(self-feeding), 자기통제(self-controlling), 자기 유지(self-maintaining), 자가증식(self-reproducing)을 할 뿐만 아니라, 기존의 어떤 형태의 발동기(motor)보다 에너지효율 면에서 훨씬 더 경제적이다."라고 평가했다. 철도와 운하, 페리, 항만이 확장되면서 말의 수요는 더 늘어났고, 이에 따라 말과 말산업에 따르는 모든 소규모 개인업체(농경꾼에서 벌레잡이 채찍 제조자에 이르기까지)는 19세기 경제의 주축이 되었다.

그러나 자동차와 트랙터가 출현하면서 1915년부터 1930년 사이에 농장의 말 개체수는 3분의 1로 줄었고, 50년이 지나기 전에 북미 전역의 농장과 대중 운송시스템에서 말은 완전히 사라졌다.

자동차 산업이 번창하면서 새로운 일자리가 나타났지만, 동시에 말 산업의 붕괴로 수많은 사람이 일자리를 잃는 혹독한 어려움을 겪게 된 것이다. 새로운 산업은 기존 산업을 거름으로 하여 밟고 일어서는 역사의 냉혹함을 그대로 보여주었다.

오늘날 자율주행차와 공유경제가 가져다줄 새로운 미래 세상에 대한 희망과 기대 뒤에는 택시와 버스, 장거리 화물트럭 기사들의 일자리가 위협받고 좌절과 고통이 수반되리라는 것을 예상할 수 있으며, 이는 100년 전 말 산업의 몰락과 닮았다.

말 산업의 흥망성쇠는 에너지 전환이 얼마나 어려운지를 보여주는 예시이다. 미국 펜실베이니아 대학의 역사학자인 앤 노턴 그린(Ann Norton Greene)은 그의 저서인 "Horse at Work"에서 "시스템에는 수많은 사람과, 기업, 관행, 습관이 얽혀 있으며, 피해 없이 그것을 바꾸는 것은 불가능하다. 사람들은 잘못이 있어서가 아니라 단지 역사의 잘못된 위치에 있었기 때문에 피해를 입게 된다."라고 기술하고 있다.

말의 배설물과 오줌으로 더럽혀지고 위생이 불결하던 도시 거리가 자동차 덕분에 깨끗해지자, 사람들은 환호했다. 그러나 내연기관자동차가 훗날 대기오염과 지구온난화의 주범이 되리라고는 아무도 상상하지 못했다.

이 시기의 또 다른 가치 있는 교통수단이었던 철도도 자동차가 대중화되자 승객의 감소와 함께 침체의 길을 걷게 된다. 1920년에서 1929년 사이 철도 승객은 40% 줄면서 철도는 화물 운송에 집중하게 되었다.

(2) 대량생산과 경제 영향

포드 모델티의 대량생산은 자동차 가격을 크게 낮추며 자동차 사회의 시작을 열었다. 1923년 미국 도시에서는 세 가구당 두 대의 자동차 보급률을 넘어서면서 일상생활에 큰 변화를 불러왔다. 철도를 중심으로 형성되었던 마을은 자동차 도로를 중심으로 발전했고, 주유소, 휴게소, 자동차 여행지 등이 번성하게 되었다.

미국의 자동차 생산량은 1907년 4만5천대에서 1935년에는 약 90배가 증가한 397만 대에 달했다. 생산이 늘면서 노동력 수요도 급증해 1913년 포드사 종업원 13,623명에서 1915년에 18,028명으로 증가했다. 자동차와 부품 제조업은 미국 고용의 10%를 차지할 만큼 큰 산업으로 성장했으며, 2009년 현재에도 약 88만 명이 자동차 산업에 종사하고 있다. 이는 미국 제조업 인력의 약 6.5%에 해당한다.

자동차 제조는 세계에서 큰 산업 중의 하나이며 석유 및 가스 산업 성장의 원동력이기도 해서 자동차 산업은 국가 경제에 지대한 영향을 미친다. 특히 미국이나 독일, 일본과 같은 주요 자동차 제조 국가에서는 자동차 산업이 일자리와 세수에 큰 영향을 미친다. 현재 전 세계 자동차 산업 종사자는 1,100만 명 정도로 추산하고 있다.

대량생산은 곧 표준화 또는 규격화를 의미하며, 이는 제품뿐 아니라 인간의 생활환경도 표준화시키게 되고, 대량생산 제품의 유통은 대중 소비사회를 출현시켰다. 그러나 이러한 대량생산 시스템은 인간 생활의 외부적 환경을 변화시켰을 뿐만 아니라 인간의 사고 자체에도 영향을 미쳤다.

대량생산을 위한 기계적 시스템은 인간의 신체에 적합한 시스템이 아니라 인간의 신체가 대량생산 시스템에 맞추어야 한다는 모순을 나았다. 포드의 대량생산 시스템은 노동자의 신체를 구속할 뿐만 아니라 노동자의 가정생활에도 많은 영향을 미쳤으며, 이와 같은 기계 시스템에 적응하지 못한 많은 노동자는 회사를 떠났다. 이에 포드사는 노동자의 종교나 저축, 가족계획에 이르기까지 통제하며 엄격한 관리체계를 운영하였다.

1950년대까지 자동차는 성공의 상징이었지만, 1960년대 중반 이후에는 수익과 경제 원리만을 추구하면서 주주들의 이익만 챙기는 자본주의 폐해가 나타났으며, 사람들의 원성과 비난의 대상이 되기도 했다.

(3) 접근성과 도시 재편성

1900년대 초반까지만 해도 사람들은 자신이 자란 곳에서 멀리 떨어져 살지 않았다. 자동차가 등장하기 전까지 공장 노동자들은 공장 근처나 철도와 노면전차로 연결된 고밀도 지역에 살면서 출퇴근했다.

그러나 1920년 이후에 시골 생활에 변화가 일어났다. 자동차와 트럭, 버스가 철도를 대신하면서 지방도로가 포장되고 주요 도시들을 연결하는 고속도로가 건설되었다. 그 결과 이동 시간은 줄어들고 운전 거리는 늘어났다. 1970년 이전에는 고속도로와 도심

주변의 마을들이 번창했다. 그러나 이동성이 점점 좋아지면서 지방 마을이나 도시로 제한되었던 많은 기능이 주요 도로를 따라 수 마일에 걸친 교외 지역이 나타났다.

자동차는 사람들에게 더 많은 자유와 여가를 안겨주었다. 도시 사람들은 시골로 탈출할 수 있었고 시골에 사는 사람들은 도시 지역을 방문하면서, 교외의 발전은 이동을 더 촉진시켰다. 이런 변화는 가족의 생활방식까지 바꾸며 사회를 한층 더 이동적으로 만들었다. 오늘날 미국인의 약 50%인 1억 5천만 명이 교외에 거주하며 자동차를 필수품으로 사용한다. 50년이 지난 지금도 모바일 중산층(mobile middle class)은 자동차로 고소득 도시 직장으로 출퇴근하며 현대적이고 번영한 미국 문화의 중심이 되었다.

유럽도 제2차 세계대전 이후 대규모 고속도로 건설을 통해 일자리를 늘렸으며, 노동자들에게 자동차 이용이 보편화되었다. 1970년대에는 자동차가 보수주의자의 상징이 되었고, 영국의 마거릿 대처(Margaret Thatcher) 총리는 위대한 자동차 경제를 강조했다.

미국 루스벨트(Franklin Delano Roosevelt) 대통령의 뉴딜 프로그램으로 미국 전역에 수천 마일의 도로가 건설되면서 사람들은 더 멀리 이동하고, 더 많은 사람이 이전하고 이사하기 시작했다. 도로 건설 외에도, 많은 무료 주차 공간과 도심에서 떨어진 상업 시설의 등장은 자동차 없는 생활을 불가능하게 만들었다.

자동차의 확산은 대형 자동차 회사와 석유기업이 주도하는 중앙집중적 운송시스템을 탄생시켰고, 정부는 더 많은 자동차를 수용하기 위한 도로를 증설하였다.

(4) 가족문화와 생활방식 변화

자동차는 개인의 성장과 발전의 상징이다. 10대들은 운전면허증을 통해 더 많은 자유를 누릴 기회를 얻고, 원하는 곳으로 갈 수 있는 독립의 첫걸음을 내디딘다. 부모가 자녀에게 자동차를 선물한다는 것은 단순한 이동수단의 제공이 아니라 차를 타고 돌아다닐 자유와 자율의 허락이며, 어떤 측면에서 보면 권위나 전통에서 벗어나는 상징이기도 하다.

1960년대의 미국 젊은 10대 남자들에게는 차가 있는 사람과 없는 사람의 두 그룹으로 구분되었다. 자동차는 청년문화를 형성하고, 패션, 음악, 영화, 음식, 예술의 변화를 이끌었다.

미국의 자유로운 자동차 여행은 그 자체가 목적이다. 장거리 자동차 여행(로드 트립)은 도로에서 보는 것보다 훨씬 더 많은 것을 포함하는 여행과 이동의 한 형태이다. 여행은 미국인들이 그들 자신, 그들의 사회, 과거, 그리고 미래에 관한 생각을 구축하기 위해 사용해 온 사회적, 문화적 관행이 되었다. 로드 트립은 항상 다양한 형태로 매우 광범위한 청중에게 자유를 제공해 왔다. 대부분 자동차 여행자의 주된 목적은 자유, 유연성 또는 개방된 도로의 매력이다.

그러나 자동차는 부정적 영향도 가져왔다. 가족의 결속이 약해지고, 개인주의가 확산했다. 사회 계층 구성원 간의 상호 교류가 감소하고 각자 독립적인 생활을 추구하게 된다.

자동차는 여성의 사회적인 역할을 바꾸는데도 크게 영향을 미쳤다. 자동차 없이도 잘 살 수 있었던 1925년의 도시형 주부가 1960년의 교외형 주부로 변신하면서 자동차를 이용해 쇼핑과 자녀 통학을 담당했다. 교외 지역이 성장한다는 것은 여성들이 편안하고 빠른 교통수단이 필요하다는 것을 의미했다. 여성들은 더 이상 집에만 머무르지 않고 가정에서의 평범한 일에서 벗어나 문화계로 들어갈 수 있었다. 또한 여성들은 더 이상 가정적인 역할에만 국한되지 않고 직업을 얻기 위해 남성과 경쟁하며 평등을 확대했다.

미국에서는 자동차는 부와 사회적 지위의 과시 외에도 자유, 성적해방, 사회적 규율로부터의 일탈을 상징한다. 이런 이미지들은 주로 할리우드 대중문화와 디트로이트 자동차 제조업체들의 마케팅을 통해 대중의 의식에 깊이 각인되었으며, 사람들의 마음속에 무시하지 못할 영향력을 행사했다.

1차 세계대전 참전용사들에게 자동차는 전쟁이 준 정신적 외상에 대한 위로와 보상뿐만 아니라 부모, 이웃, 교회의 간섭에서 벗어나 자기만의 삶을 즐길 수 있는 자유의 수단이었다. 또한 2차 세계대전 이후 1960년대 중반부터는 히피(hippie)문화의 영향으로 자동차가 젊은이들 사이에서는 방랑, 마약, 그리고 자유로운 연애의 장소가 되기도 하였다.

1920년대 드라이브인 레스토랑이 등장하면서 이동 중 식사문화가 확산되었고, 드라이브인 영화관도 생겨났다. 자동차 극장은 데이트 장소이자 가족 여가 공간으로 인기를 끌었다.

시간이 지남에 따라, 자동차는 교통수단이나 지위의 상징을 넘어 취미와 수집의 대상이 되었다. 자동차 애호가와 수집가 생겼으며, 특히 클래식한 차량은 소유주들에 의해 미적, 역사적 가치를 지닌 것으로 인정받으며 투자자산으로 자리 잡았다. 차량을 개조하고 성능을 향상시키는 튜닝문화도 확산했다. 1948년 이전의 미국 자동차 디자인과 세계 다른 곳에서 온 유사한 디자인을 기반으로 맞춤식 차량을 만드는 핫 로더 문화가 대표적이다.

미국의 자존심인 나스카(NASCAR) 레이싱이 세계적인 스포츠 브랜드로 변모하는 데 40년이 걸렸다. 자동차 경주는 19세기에 프랑스에서 시작하여 유럽 전역으로 퍼져나간 후 미국에 도달하였다. 나스카 레이싱은 1979년에 미국 국영 TV에 처음 소개되고, 1981년에 ESPN에서 방영되면서 세계적인 브랜드로 발전했다.

자동차를 중심으로 한 자동차 클럽과 사회적 교류도 활발하다. 페블비치 콩쿠르 드 엘레강스와 같은 세계적 클래식 자동차 행사는 자동차를 매개로 한 문화적 취향과 사교의 장이 되고 있다.

(5) 자동차 사고와 안전

자동차는 사람들에게 자유와 소득, 편의를 제공했지만, 동시에 교통사고로 많은 사람들을 사망하게 한다. 전 세계적으로 매년 약 130만 명이 교통사고로 사망하고 2,000만 ~5,000만 명이 부상을 입는다. 미국에서는 전체 사고 사망자의 37.5%가 자동차 사고로 발생한다. 10대 청소년들이 자동차를 소유하고 운전면허증을 소지하는 것이 당연시되고 있지만 매년 많은 사람이 10대의 음주운전으로 목숨을 잃고 있다.

20세기 초 서구에 자동차 시대가 도래했을 때, 보수적인 지식인들은 도로 위의 자동차 증가에 반대했다. 자동차 증가는 보행자들을 위한 공간을 없애고, 보행을 더 위험하게 만들었으며, 자동차 사고로 인한 보행자 사망자 수를 급격하게 늘렸기 때문이다. 그러나 한편으로는 사망자 수가 많음에도 불구하고 이후 자동차 충돌 사고는 꾸준히 감소하고 있으며, 선진국 통계에서도 1980년 이후 교통사고 사망자가 감소했음을 보여준다.

오늘날 자동차 기술은 안전도 강화에 많은 초점을 두고 있으며, 자동차 안전 법규도 강화되고 있다. 자동차 사용 인구가 증가하면서 사람들은 더욱 안전한 교통수단을 원하게 되고, 자동차 제조사들은 승객들을 보호할 새로운 혁신적인 방법과 새로운 안전 기능들을 개발하였다. 예를 들면, 안전벨트 착용, 미끄럼방지브레이크 시스템(ABS; Anti Skid Brake System), 에어백과 관련 센서 등의 승객들뿐만 아니라 보행자의 안전까지 고려해 발전해 왔다.

최근 사람들은 자율주행자동차와 무인자동차에 큰 기대를 걸고 있다. 자동화된 자동차가 사고를 줄이고 많은 생명을 구할 수 있다고 생각하기 때문이다. 대부분의 자동차 사고가 운전자의 실수로 발생하기 때문에 컴퓨터와 인공지능(AI) 시스템이 더 빠르고 정확한 결정을 내려 사고를 줄일 수 있을 것으로 생각한다. 많은 자율주행자동차가 시험 되고, 대도시에는 무인택시가 이미 운행되고 있어서, 무인자동차가 미래의 운전방식으로 자리 잡을 것으로 전망된다.

(6) 환경문제

말들의 배설물과 오줌으로 더럽혀지고 위생도 불결하던 도시 거리가 깨끗해지면서, 사람들은 자동차 덕분에 도시가 한결 쾌적해졌다고 반겼다. 또한 도시에서 말이 사라지면서 소음과 달그락거리는 소리도 줄었고, 비용도 절약할 수 있다고 생각했다.

그러나 수백만대의 자동차들이 도시 거리를 메우자 상황은 곧 달라졌다. 교통체증으로 인해 자동차는 오히려 말보다 느리게 움직였고, 1959년 초에는 밴쿠버 같은 혼잡한 대도시에서는 다시 말과 마차 시절로 돌아가야 하는 것 아닌가 하는 자조가 나올 정도였다.

또한 자동차는 엄청난 석유를 소비하고, 도로 인프라를 확장시켰으며, 배출가스로 도시 대기를 오염시키고 지구온난화 문제까지를 초래했다. 일산화탄소, 오존, 이산화탄소, 벤젠, 미세먼지 등의 유해 배출물은 생태계와 인체에 해를 끼쳤다. 자동차 배기가스는 호흡기 질환과 오존층 파괴를 유발하고, 자동차 소음 공해는 청각 장애, 두통, 스트레스의 원인이 되었다. 현재 교통부문에서 배출되는 온실가스는 전 세계 총량의 27%를 차지한다.

전기차(EV)와 연료전지자동차(FCV)가 내연기관자동차를 대신해서 대기오염과 지구온난화를 해결할 수 있는 미래자동차로 보급되고 있으며 새로운 자동차 시대를 열고 있다.

내연기관자동차는 인류에게 이동의 자유를 제공하며 문명발전을 이끈 위대한 발명 중의 하나이다. 자동차는 새로운 도시의 탄생과 확장을 가속화했고, 영화와 음악, 디자인 등 문화와 예술 발전에도 큰 영향을 미쳤다.

자동차가 기술 발전을 견인한 공로도 지대하다. 엔진설계와 생산을 위해서 열역학과 열전달, 윤활 공학, 정밀가공 기술과 주물, 주조 기술을 선도하고 차체 설계와 디자인을 위해서 유체, 진동 공학에도 주요한 위치를 차지하였다. 자동차에 사용되는 다양한 소재 기술과 전기·전자, 반도체, 화학 기술들과 함께 배기가스 저감을 위한 촉매와 필터담체 기술에 앞장섰다. 또한 자동차 연료는 석유화학 산업의 핵심 동력이며, 타이어는 고무와 화학산업의 꽃이었다.

이처럼 내연기관자동차는 130년이 넘는 시간 동안 인류의 진보을 이끌며 찬란한 영광을 누려왔다. 그러나 내연기관자동차가 대기오염과 지구온난화의 주범으로 지목되면서 이제는 전기차와 연료전지차에 자리를 내주고 있다. 내연기관자동차의 번영과 영광의 시대는 서서히 막을 내리고 있는 것이다.

3장.
환경과 에너지 시대
- 내연기관자동차와 대기오염 -

자동차환경 분야는 자동차배출가스에 의한 대기오염 문제에서 출발했다. 이후 지구온난화가 전 지구적인 과제로 떠오르면서, 전기차와 연료전지차 같은 친환경 자동차가 미래자동차의 핵심으로 주목받게 되었다.

1900년대 초 미국 로스앤젤레스(LA)는 자동차배출가스의 질소산화물(NOx)과 탄화수소(HC)가 햇빛과 반응해 오존(O_3)을 생성하는 광화학스모그(photochemical smog) 현상 때문에 심각한 스모그에 시달렸다. LA 스모그는 자동차 배기가스 대기오염의 대표 사례가 되었고, 런던, 뉴욕, 멕시코시티, 휴스턴, 베이징, 동경, 홍콩, 서울 등 세계 대도시에서도 자동차로 인한 대기오염이 커다란 사회 문제로 대두되었다. 최근에는 경유차에서 배출되는 초미세먼지(PM, 입자상물질)가 단순한 대기오염을 넘어 인체 건강을 위협하는 중요한 관리 대상이 되었다.

배출가스를 줄이기 위한 기술은 가솔린 삼원촉매장치(TWC), 디젤 매연여과장치(DPF), 선택적촉매환원장치(urea SCR) 등 촉매 기반 후처리장치(aftertreatment)를 중심으로 발전해 왔다. 이와 함께 자동차 배출허용기준 강화, 청정연료 보급, 경유차 운행 제한, 노후차 조기 폐차, 저공해장치 부착 레트로피트(retrofit) 사업, 오염물 배출이 심한 차량의 통행을 제한하는 저배출지역(공해차량 운행제한지역, LEZ) 설정 등 다양한 정책이 시행되었다.

우리나라는 1980년대에 경유차 매연과 한강 수증기에 의해서 발생한 서울 스모그가 심각한 사회적 문제로 떠올랐다. 경유차 매연여과장치 보급, 천연가스 시내버스 도입, 2005년 수도권 특별법 시행으로 저공해자동차 보급정책이 추진되면서 대기질은 크게 개선되었다. 그러나 2000년대에 들어 자동차에서 배출되는 입자상물질에 의한 미세먼지가 새로운 위협으로 부상하였고, 정부는 미세먼지 예보제, 미세먼지 관리 특별대책, 5등급차량 운행제한, 미세먼지 계절 관리제 등 다양한 대책을 시행하고 있다.

최근 온실가스 이슈가 부각되면서 대기오염에 대한 관심이 줄어들고 있다. 저공해자동차 보급으로 상황이 다소 나아지고는 있지만, 대도시의 대기오염은 여전히 심각하며, 자동차환경에 대한 지속적인 관심과 저감 노력이 요구된다.

1절 | 마차시대의 말똥(manure) 공해

1920년대에 본격적인 내연기관자동차 시대가 열리면서 마차는 서서히 역사 속으로 사라졌다.

인류가 이동 수단으로 사용하던 마차는 BC 8세기경부터 군사용으로 발전하였으며, 이후에 승용과 화물 운반용으로 진화하면서 바퀴도 두 개에서 네 개로 늘어났다. 15~16세기에는 부자들의 사치품으로 코치(coach)라고 불리면서 4륜 마차의 기원이 되었으며, 1605년에는 런던에서 요금을 받고 운행하는 마차가 등장하고, 1640년에는 대중교통수단으로 역마차가 등장했다. 19세기 초에는 지붕이 있는 마차로 여행용과 유람용으로 인기를 끌었다.

그러나 대도시에서 마차가 본격적인 교통수단으로 쓰이기 시작한 지 100년도 지나지 않은 17세기 후반에는 말과 마차로 인한 교통혼잡이 나타났다.

1760년에 영국에서 시작된 산업혁명에서 말은 "살아있는 기계"로 불리며 중요한 노동력으로 사용되었고, 말의 개체 수가 기하급수적으로 증가하였다. 1880년 당시 런던에서는 매일 5만 마리의 말이, 뉴욕에서는 10만 마리의 말이 사람과 상품을 실어 날랐다.

당시의 마차는 교통의 주요 수단으로써 인간의 삶에 크게 이바지했지만, 동시에 심각한 환경문제를 낳았다. 말 한 마리는 하루에 7~15kg의 똥과 1리터가 넘는 오줌을 쏟아냈으며, 이로 인한 말똥 공해는 오늘날의 자동차 배기가스만큼이나 심각한 도시공해 문제를 유발하였다. 도로에 말똥 무더기가 쌓여있었으며, 사고 등으로 죽은 말 사체도 길거리에 방치되기도 했다.

영국의 일간지 더 타임스는 향후 50년 안에 런던 거리는 9피트(2.7미터) 깊이의 말똥에 파묻히게 될 것이라는 내용으로 "1894년의 말똥 재난(The great horse manure crisis of 1894)"을 경고했다(그림3.1). 1890년대 미국 뉴욕 시내에도 20만 마리의 말이 하루 2,500톤의 말똥을 배설해, 이대로 가면 1930년대엔 뉴욕 거리 전체가 3층 높이의 말똥에 파묻힐 것이라는 우려가 나올 정도였다.

비 오는 날이면 도로에는 똥물이 흐르면서 불편함을 더했고, 말똥으로 인한 위생문제도 심각했다. 시민들은 마른 말똥 먼지로 인한 기관지 장애와 말똥을 뒤덮은 파리에 의한 장티푸스 등에 시달렸다. 1900년대 초만 해도 매년 뉴욕 시민 2만 명이 파리가 옮긴 질병으로 사망했다. 1898년 뉴욕에서 열린 국제도시계획 회의에서도 "말로 인한 공해"가 최우선 의

제로 논의되었지만 마땅한 해결책은 나오지 않았다.

말과 마차 산업은 호황을 누렸지만, 대도시는 말똥 문제로 골머리를 썩이면서도 만족할 만한 해법을 찾지 못하고 있었다. 이처럼 도시를 괴롭히던 말똥 공해 문제는 뜻밖에도 내연기관자동차가 등장하면서 해결되었다. 1912년의 런던과 뉴욕에는 말보다 자동차가 더 많았고, 자동차가 마차보다 저렴하면서도 효율적이었다. 미국의 자동차 판매 대수는 1900년 4,192대에서 1912년에는 연간 356,000대로 급증했고, 이에 따라 유럽의 대도시와 뉴욕의 거리에는 말과 마차가 줄어들고 말똥 피해도 해결되었다.

1917년에 뉴욕에서 마지막 말이 끄는 노면전차가 퇴역하면서, 한때 인류를 위협하던 말똥 공해는 불과 20여 년 만에 사라졌고 이제는 인류 역사에서도 사라졌다.

아이러니하게도, 오늘날 대기오염과 지구온난화의 주범으로 지목되는 내연기관자동차가 100년 전에는 도시의 말똥 환경문제를 해결해 준 구세주였다.

그림 3.1 더 타임스의 말똥대란 기사 사진(좌)과 뉴욕 도로변에 쌓여있는 말똥(우)

출처: "Lessons from the great horse manure crisis", Julia Felton, Business horse power.

2절 | 내연기관자동차 배출가스와 대도시 대기공해

2.1. 유연휘발유 공해

미국 GM은 1923년부터 노킹방지제인 4에틸납을 첨가한 유연휘발유(leaded gasoline)를 판매했다. 유연휘발유는 성능 향상 효과로 큰 인기를 끌면서 휘발유연료 시장을 주도했지만, 4에틸납이 인체에 치명적인 문제를 일으키는 독성물질이라는 사실이 밝혀지면서 1986년 사용이 전면 금지됐다. 우리나라도 1987년부터 휘발유차에 삼원촉매장치를 설치하면서 1993년에는 유연휘발유 판매를 금지했다.

자동차 엔진의 노킹은 소음과 진동을 유발하면서 연비와 출력을 떨어뜨리고 심하면 엔진을 융착시키는 연소 현상으로써 연료로는 해결할 수가 없었으며, 자동차회사에는 노킹 문제는 반드시 해결해야 할 난제였다.

GM 자동차의 연구원이며 화학자인 토마스 미즐리(Thomas Midgley)는 이를 해결하기 위한 첨가제 연구에 매진하였으며 먼저 요오드(아이오딘, Iodine)가 노킹에 효과적이라는 사실을 발견했다. 그러나 고가의 요오드를 첨가하면 휘발유 단가가 높아져서 경제성을 확보할 수가 없었다.

계속된 연구 끝에 4에틸납(Tetraethyl Lead)이 값싸고 효과적인 대안임을 발견했다. 4에틸납은 기름에 잘 용해되고 연료 연소 시 노킹 방지에 효과적이었다. 납 성분이 독성을 가지고 있지만 미량으로 첨가되기 때문에 인체에는 큰 해가 없을 것으로 생각했다.

유연휘발유는 대대적인 광고와 함께 노킹 방지로 자동차 성능과 연비를 향상하면서 휘발유연료 시장의 주인이 되었다. 미즐리도 발명의 공로를 인정받아 부와 명성을 얻었다.

그러나 유연휘발유의 사용량이 증가할수록 부작용도 나타나기 시작하였다. 연료 제조 현장에서 일하던 노동자가 납중독으로 사망하거나 몸이 마비되는 사고가 발생하였으며, 소비자들까지 납중독 증세를 보이기 시작했다. 1924년 10월 뉴저지주 베이웨이에 있는 제조공장에서 7명의 노동자가 사망하고 33명이 입원한 사례가 있었으나, 4에틸납 제조사인 에틸사측은 이를 은폐했다.

유연휘발유를 사용하면 연료에 함유된 납 성분의 70~80%가 대기 중에 방출되기 때문에 인체에 납 성분이 축적되어 질병을 유발하고 어린이들의 IQ(지능지수)가 낮아지는 등 사회적·경제적 문제를 초래하였다. 또한 납은 신경 독성물질로 몸속에 들어오면 뇌세포를 파괴하며, 특히 어린이들은 뇌 발달에 영향을 받아서 인지능력과 지능이 떨어지고 반사작용이 둔화하는 등 납의 위해성에 취약하다. 유연휘발유는 심장병, 뇌졸중 등 특정 암과도 관련이 있는 것으로 알려져 있다.

유연휘발유 소비는 1960년대 초부터 급증하기 시작해 1970년대에 절정에 이르렀으며, 유연휘발유 사용량과 대기의 납 농도 추이는 거의 일치하고 있음을 미국 자료(그림3.2)에서 보여주고 있다.

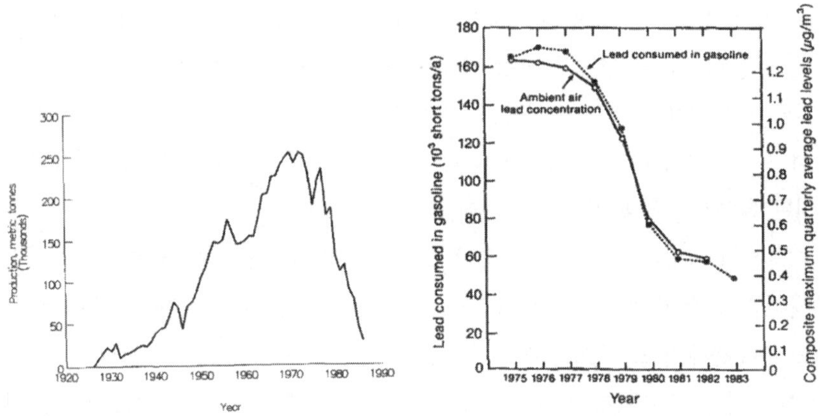

그림 3.2 미국 유연휘발유의 납 사용량 추이(좌)와 유연휘발유 사용량에 따른 1975년 이후의 대기 납 농도(우)

출처: "The rise and fall of leaded gasoline", Jerome O. Nriagu, National Water Research Institute, The Science of the Total Environment, 92(1990) 13-28.

1951~1980년 사이 태어난 사람들은 자동차 배기가스의 납에 치명적인 수준으로 노출되었다. 이들의 90% 이상은 혈관 내 납 농도가 5㎍/dℓ를 초과했으며, 특히 1966~1975년생은 피해가 가장 심해서 안전기준을 100% 넘었다. 반면 2001년 이후 출생자의 혈중 납 농도는 대부분 5㎍/dℓ 이하였고, 2011년 이후 출생한 사람들은 현재의 안전 기준치(0.5㎍/dℓ) 초과 비율이 1%에 불과했다(그림3.3).

미국 듀크대와 플로리다대의 2022년 공동연구에 따르면, 유연휘발유로부터 배출된 납이 미국인들의 IQ를 8억여 점 감소시킨 것으로 나타났다. 이는 2015년 인구 기준으로 1인당 평균 2.6점 감소에 해당하며, 유연휘발유 소비가 가장 많았던 시기인 1966~1970년생은 5.9점, 1971~1975년생 5.7점, 1961~1965년생 4.8점 감소로 계산된다.

납은 공기 중의 먼지, 음식, 식수 등을 통해 체내에 유입되어 혈관에 침투하고, 이후 뇌혈관을 통과해 뇌에 축적되어 지능 저하를 유발한다.

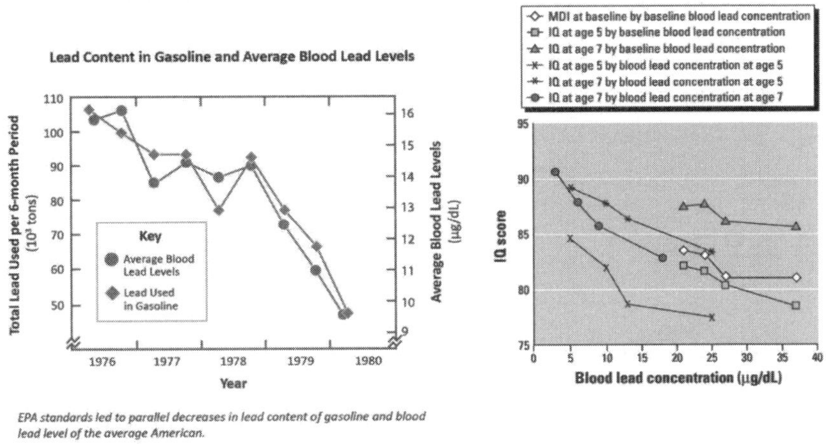

그림 3.3 유연휘발유 사용량과 인체 혈액의 납 농도(좌)와 혈액 납 농도와 IQ 상관관계(우)

출처: "USEPA/Environmental Criteria and Assessment Office(1986)",
"IQ and Blood Lead from 2 to 7 Years of Age: Are the Effects in Older Children the Residual of High Blood Lead Concentrations in 2-Year-Olds?", Aimin Chen, et al., Environmental Health Perspectives, Vol.113, No.5, 2005.5.

유연휘발유로 의한 대기 중의 납 농도 증가와 이로 인한 납중독을 막은 것은 미국 캘리포니아 공대(Caltech; California Institute of Technology)의 지구화학자(geochemist)이며 연구원이던 클레어 페터슨(Clair Cameron Patterson)이다. 그는 화강암과 같은 암석에서 납-납 연대 측정법(lead-lead dating method)을 이용해 지구의 나이를 측정하는 연구를 수행하던 중, 그린란드와 남극에서 채취한 빙핵(ice-core) 샘플에서 납오염이 위험한 수준으로 증가한 사실을 발견하고 그 원인이 유연휘발유의 4에틸납임을 밝혀냈다.

1965년 "인간의 오염된 그리고 자연적인 납 환경(Contaminated and Natural Lead Environments of Man)" 이라는 저서를 출간하여 납이 환경과 먹이사슬에 미치는 위험성을 경고하고, 대기 중의 납 농도가 유연휘발유가 유통되기 시작한 직후부터 기하급수적으로 증가한 사실을 알리면서 유연휘발유 퇴출 운동을 주도했다.

당시 시중에 유통되는 90% 이상이 유연휘발유였고 납의 유해성에 대한 대중의 인식도 높지 않았다. 특히 납 첨가물 산업계와 대항해서 싸워야 했기 때문에 많은 어려움과 방해가 있었다.

이후 1975년부터 휘발유차에 삼원촉매 후처리장치가 도입되면서 납이 촉매를 피독 시킨다는 문제가 제기되었고, 결국 1986년에 미국에서 유연휘발유 판매가 금지되었다. 우리나라도 1993년에 사용을 금지하는 등 1990년대를 전후해 세계 주요 국가에서 유연휘발유가 퇴출당했다.

인류가 납공해에서 벗어날 수 있었던 것은 유연휘발유 퇴출에 일생을 바친 페터슨의 헌신 덕분이며, 잘못된 기술이 인류에 어떤 피해를 줄 수 있는지 미즐리의 사례를 통해 교훈을 얻어야 할 것이다.

2.2. LA 스모그

(1) LA 광화학스모그

자동차로 인한 세계 최초의 대기오염 사고는 1954년 10월, LA에서 자동차배출가스로부터 2차로 발생한 오존이 원인이 된 스모그 사건이었다.

로스앤젤레스(LA)는 순수한 공기의 땅이며 이곳으로 이사하면 결핵과 알코올 중독을 치료할 수 있을 만큼 깨끗한 공기를 자랑했다. 그러나 산업화가 진행되면서 인구가 급증하고 공장이 늘어나자, 2차 세계대전 훨씬 이전부터 스모그 피해가 나타나기 시작했다. 1903년에는 공장 매연으로 낮에도 어두워 일식으로 착각할 정도였으며, 1905년부터 1912년 사이에 LA 시의회는 심한 매연 공해 방지를 위한 대책들을 마련하기도 했다. 그러나 도시는 계속 팽창했고, 산업이 확장되면서 대기오염 방지대책은 효과를 발휘하지 못했다.

진짜 재앙은 1943년 7월에 찾아왔다. LA 도시 전체가 뿌옇고 누르스름한 황갈색의 스모그로 뒤덮여 가시거리(visibility)가 세 블록도 되지 않았고, 공기에서 표백제(bleach) 냄새가 나면서 콧물이 흐르고 아이들과 노약자들은 눈이 따갑고 머리 통증을 호소했다. 신문들은 이를 '연기 괴물(fume beast)', '죽음의 구름(hellish cloud)'이라고 표현하며 시민들이 방독면을 쓰고 출근하는 사진을 실었다(그림3.4).

당시는 2차 세계대전이 한창일 때라서 일본의 화학 공격설까지 돌았지만, 실제 원인은 자동차와 공장 매연이 분지형 지형에 갇혀서 LA 시내를 뒤덮었기 때문이었다. 스모그 발생은 더욱 악화했고, LA 시장은 공해 문제를 4개월 내 해결을 약속했지만, 이 사건은 80년 넘게 이어지고 있는 LA 스모그 전쟁의 시작이었다. 스모그의 원인과 범인을 찾는 싸움도 함께 시작되었다.

1954년 11월 1일, 라이프지(Life Magazine)는 이 사태를 "태양의 땅 위의 어두운 그림자(Blight on the land of sunshine)"라고 부르며 자극적인 사진들을 게재(그림3.5)하고 LA 시민들이 심각성을 인지하고 대처하도록 했다.

1943년 황갈색을 띠면서 눈을 따갑게 하고 눈물이 나게 하는 안개 형태로 시작한 스모그는, 1954년 이후 눈, 코, 기도, 폐 등의 점막을 자극하며 LA 시민들에게 심각한 불쾌감과 고통을 주는 대기오염으로 발전했다.

그림 3.4 1943.7 발생한 LA 스모그, LA 시내 진입(좌)과 LA 시내에서 따가운 눈을 닦고 있는 여인(우)

출처: "Smog in early Los Angeles", Water and Power Association.
https://waterandpower.org/museum/Smog_in_Early_Los_Angeles.html

그림 3.5 1954.10월의 LA smog 발생 시 게재한 Life Magazine 사진

출처: "Time capsule: Los Angeles smog, 1954", Chris Holmes, Grey Flannel Suit, 2012.6.5.

1952년 캘리포니아 공과대학의 생화학(bio organic chemistry) 교수인 아리 하겐 스미트(Arie Jan Haagen-Smit)는 LA 스모그 원인이 자동차 배기가스라는 것을 밝혀냈다. 그는 자동차에서 배출되는 질소산화물과 탄화수소가 강한 햇빛과 반응해 오존(O_3)을 생성하는 광화학스모그(photochemical smog) 원리를 규명하고, 오존은 황갈색 스모그 형태로 표백제 냄새뿐만 아니라 눈 자극과 호흡기 질환을 유발한다는 사실도 입증했다.

캘리포니아 주민들에게 LA 스모그는 공장 때문이 아니라 그들이 사랑하는 자동차 배기관에서 배출되는 매연과 배출가스가 원인이라는 것을 일깨워 줬다. 그러나 LA는 계속해서 산업 확장, 인구 증가, 더 많은 고속도로 건설로 자동차 대수가 급증하면서 스모그는 오히려 더 심해져 갔다.

또한 LA의 분지형 지형도 스모그에 큰 영향을 미친다. 수백 년 전 인디언들도 연기골짜기(valley of smokes)라고 불렀던 LA 지역은, 서쪽이 태평양, 동쪽이 산맥으로 막힌 분지 지형으로써 여름과 가을에는 자동차에서 배출된 오염물질이 상공으로 확산하지 못하고 정체되면서 사막 지형의 강한 햇빛에 의해 광화학반응을 일으켜 오존을 생성시킨다.

여기에 온도 역전 현상이 겹치면서 자동차와 공장에서 배출된 매연이 LA 지역 밖으로 빠져나가지 못한다. 하층의 찬 공기와, 상부의 따뜻한 공기가 자리 잡은 온도역전은 도시에서 발생한 스모그를 상부로 순환시키지 못하고 그대로 정체하는 비정상적인 공기 순환 패턴으로 나타나게 된다. 이러한 온도 역전 현상은 보통 계곡이나 해안 지역에서 흔하며, LA 지역도 그런 장소에 해당한다.

1950년대와 60년대에는 연중 200일 이상 위험한 수준의 스모그가 발생했고, 갈색과 오렌지색의 공기오염 속에서 산조차 희미하게 보였다. 1955년 오존농도는 680ppb로 최고조에 달하면서 최근의 오존농도 60ppb보다 10배 이상 높았다.

1950년 LA 지역의 자동차 등록 대수는 450만대로, 2000년 2,340만대의 1/5에 불과하지만, 1975년에 최초로 제정된 자동차 NOx 배출허용기준 3.1g/mile은 2004년 CARB의 LEV-2 기준인 ULEV 0.05g/mile 기준에 비해 62배가 높으며, NOx를 80% 저감하는 삼원촉매가 사용된 1975년 이전의 자동차는 ULEV에 비해 300배가 많은 NOx를 배출하였다.

EPA에서도 1950년대의 일반적인 자동차는 HC 13g/mile, NOx 13g/mile, CO 87g/mile 수준을 배출한 것으로 밝히고 있다.

따라서 1950년도의 LA 지역 자동차에서 배출되는 총 오염물질 배출량은 자동차 일일 주행거리에 큰 변화가 없다고 가정하면, 2004년 이후의 자동차 총배출량에 비해 50배 이상의 오염물질을 배출한 것으로 추정할 수 있어서, 지금도 좋지 않은 LA 대기오염에 비하면 1950년 당시의 자동차에 의한 대기오염이 얼마나 심각했을지를 가늠할 수 있다.

LA 스모그 해결을 위해서 미국 연방정부의 지원 아래 캘리포니아 주정부와 LA시에서 엄청난 노력을 기울여 왔지만 대기공해와의 전쟁은 지금도 진행형이다.

1943년의 LA 스모그가 발생하자 1947년에 LA 대기오염 통제국(Los Angeles County Air Pollution Control District)을 미국 최초로 설립하였다. 그러나 LA 스모그는 계속 심해졌으며 캘리포니아 자동차공해 통제위원회(Motor Vehicle Pollution Control Board)에서 자동차배출가스 제어기술(vehicle emissions control technology)을 의무적으로 적용하도록 하는 규제를 1961년에 제안하고, 1966년에 최초의 자동차 배출허용기준을 설정하였다. 차량에 부착하는 촉매장치를 개발하면서 어느 정도는 성과가 있었지만, 자동차배출가스 문제를 완벽하게 해결하는 것은 어려운 과제였다.

캘리포니아주는 1967년에 자동차 등 이동오염원을 관리하기 위해 캘리포니아 대기국(CARB; California Air Resources Board)을 설립하고, 1976년에는 공장 등 고정오염원을 관리하는 대기질관리국(AQMD; Air Quality Management District)을 신설하여 공기질 관리 체계를 구축하였다.

미 연방정부는 1955년 대기오염 통제법(Air Pollution Control Act)을 최초로 제정하여 미 공중위생국(Public Health Service)에 연구와 교육자금을 지원했으며, 1963년에는 이를 확대한 대기오염방지법(CAA; Clean Air Act)을 통과시켰다. 1970년에는 훨씬 더 강력한 수정안을 마련하고 환경보호청(EPA; Environment Protection Agency)을 창설하여 CAA 집행 권한을 부여하면서 실질적인 대기오염 방지 프로그램을 시행했다. 1990년에 대폭 개정된 CAA는 비용 효율적 접근방식에 중점을 두었다.

또한 1965년 제정된 자동차대기오염 통제법(Motor Vehicle Air Pollution Control Act)을 통해 1968년에 일산화탄소(CO)와 휘발성유기화합물(VOC)의 자동차 배출허용기준(tailpipe emissions standards)을 최초로 설정하고 1975년에 NOx 3.1g/mile을 추가하였다.

LA 스모그의 원인을 규명해 낸 하겐 스미트 교수는 CARB의 초대 의장(chairman)을 맡았으며, 그의 업적을 기리기 위해 로스앤젤레스에 있는 CARB 산하의 자동차공해 연구소는 Haagen-Smit Laboratory로 명명되었다.

(2) 광화학스모그 발생원인

광화학스모그는 휘발성유기화합물(VOC)과 질소산화물(NOx)이 태양광선의 자외선에 의해 광화학반응을 일으켜서 오존, 과산화아세틸 질산화합물(PAN;

peroxyacetylnitrate), 알데하이드 등과 같은 여러 가지 산화성 물질(광화학옥시던트(Ox-산소계 분자)인 2차 오염물질을 생성하며, 광화학반응으로 생성된 작은 분자들은 중합반응을 통해 큰 분자(에어로졸)로 성장하며 이 때문에 맑은 날에도 공기를 뿌옇고 황갈색 안개처럼 보이게 하는 스모그를 발생시킨다. 생성된 2차 오염물질은 NO_2, O_3, 지방족 알데하이드, PAN, 유기 질산염, 탄화수소 산화물 등으로, 매우 활발히 반응하고 산화력이 강하며 눈과 호흡기에 강한 자극을 준다.

광화학스모그는 대부분 대도시에서 발생하며, 대기 온도역전 상태에서 햇살이 강한 기간에 빈번히 발생하며, 특히 산이나 언덕으로 둘러싸인 분지형 지형에서 많이 발생한다. 로스앤젤레스를 비롯하여, 런던, 뉴욕, 멕시코시티, 휴스턴, 베이징, 동경, 홍콩과 함께 우리나라 서울과 같은 초대형 도시지역에서 발생하여 장시간 지속되기도 하고 위험한 수준으로 농도가 높아지기도 한다.

LA 스모그를 발생시키는 질소산화물은 화석연료를 사용하는 자동차와 석탄을 사용하는 발전소와 공단지역에서 주로 발생하는데, 연료가 연소할 때 공기 중의 질소와 산소가 높은 온도에서 결합하여 생성된다. 처음 방출될 때는 일산화질소(NO)가 대부분이고 이산화질소(NO_2)의 양은 적다. 그러나 방출된 NO는 태양광을 받아 비교적 빠르게 산화하여 대부분 NO_2로 전환되고, 다시 태양광선의 자외선을 흡수한 (NO_2는 광분해(photolysis)에 의해 NO와 산소원자(O)로 해리되는데, 이때 만들어진 산소 스모그 원자의 대부분이 공기 중의 산소분자(O_2)와 결합하여 대표적인 광화학 오염물질인 오존(O_3)이 아래의 반응식(식3.1)과 같이 생성된다.

$$NO_2 + hv \Rightarrow NO + O \qquad (식3.1)$$
$$O_2 + O \Rightarrow O_3$$

이처럼 복잡한 화학반응 과정을 거쳐 오존과 이산화질소와 같은 2차 오염물질이 만들어지며, 이때 질소 및 산소를 함유한 여러 가지 해로운 유기화합물도 함께 생성된다.

한편, 스모그의 또 다른 중요한 원인물질인 탄화수소는 시내 주유소, 용제의 휘발, 석유화학 공장, 석유정제, 석유저장소, 자동차 등에서 주로 배출되며, 자연적으로는 소나무나 감귤류 나무에서도 발생한다.

한편, 자동차 배기가스 중의 SO_2(아황산가스, 이산화황)는 공기 중의 오존과 반응하여 삼산화황(SO_3)을 만드는데, 이것이 수증기와 반응하여 황산(H_2SO_4)의 작은 입자로 되었다가 산성 안개나 산성비로 되어 지상에 떨어져 특히 식물에 큰 피해를 주며, 인체에는 눈이나 목의 점막을 자극하여 호흡곤란을 유발한다.

광화학반응은 질소산화물, 탄화수소, 자외선, 온도(18℃ 이상)의 4가지 조건이 모두 충족되면 발생하며, 맑고 바람이 없는 대도시에서 대부분 발생하고 자동차 배기가스가 주원인이다.

특히 질소산화물과 탄화수소 농도는 스모그 발생에 핵심 요인이다. 그러나 고농도의 VOC와 NOx 영역에서는 NOx 농도가 높을 때보다 낮을 때에 오존농도가 높아지는 경우가 발생한다. (그림3.6)에서 NO 농도가 낮은 주말에 높은 오존 발생이 관찰된 것을 보여주고 있다.

따라서 대도시의 스모그 대책은 VOC와 NOx 농도 연관성을 고려하여야 하며, NOx만 낮추는 정책만으로는 오존과 스모그를 해결하기 어려우며, VOC 저감 추진도 동시에 필요함을 알 수 있다.

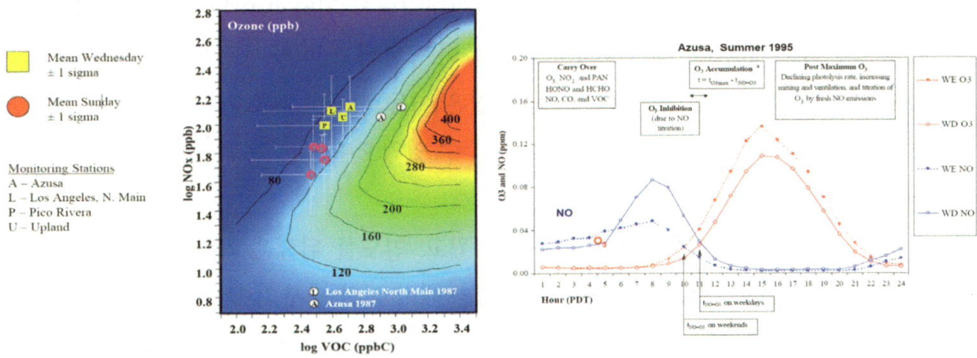

그림 3.6 NOx와 VOC 농도와 오존 발생의 상관관계

출처: "Weekend/Weekday Ozone Study in the South Coast Air Basin.", Eric Fujita, et al, 2002

2.3. 세계 대도시의 대기공해

(1) 영국 런던

영국은 산업혁명의 출발지로 명예를 얻었지만 이에 따라 세계에서 가장 먼저 대기오염의 고통을 겪은 불명예도 입었다. 1700년대부터 시작된 대기공해는 1900년대 초에 최고조에 달했으며, 1952년 겨울에는 세계 최초의 대기오염으로 기록되는 런던스모그(그림3.7)가 발생하였다.

1952년 12월 5일 화요일 발생한 런던스모그는 5일 동안 계속되면서 노인과 어린이들, 호흡기 질환이 있는 사람들의 건강에 치명적인 영향을 미쳤다. 초기 3주 동안 4,000명이 조기 사망했으며, 1953년 여름까지도 평년보다 훨씬 높아서 만성 폐질환으로 8,000명에서 12,000명의 목숨을 잃어서 평소보다 7배 이상 증가한 것으로 추정한다.

몇 주 동안의 겨울 한파로 인한 런던 시민들의 석탄 난로 난방과 런던의 공장 굴뚝과 자동차들로부터 배출된 수천톤의 미세먼지와 매연이 도시를 감싼 안개와 섞이면서 누런 갈색으로 변하였다. 더욱이 상공에 정체된 고기압으로 인하여 지표면보다 높은 곳에 있는 따뜻한 공기층이 지면에 정체된 차가운 공기를 가두는 온도역전 현상이 나타나면서, 도시를 뒤덮은 석탄 연기와 스모그는 지면에 그대로 며칠 동안을 머물렀다.

특히 석탄에 섞여 있던 유황 입자는 썩은 달걀 냄새를 풍겼으며, 유황에서 발생한 이산화황이 안개 수증기와 결합하여 황산으로 변하면서 인체에 치명적인 영향을 주었다.

짙은 스모그 때문에 5일 동안 런던을 마비시키면서 지하철 이외의 다른 교통수단들은 운행할 수가 없었다. 템스강의 보트 교통이 중단되고, 비행기도 이륙하지 못하고, 기차도 취소되었다. 한낮에도 운전자들은 짙은 어둠 속에서 헤드라이트를 켜고 차창 밖으로 머리를 내밀면서 간신히 앞으로 나갈 수 있었으며, 대부분의 사람은 차를 도로에 버리고 가버렸다.

주민들도 걸을 때 앞을 분간하기가 어려웠고, 인도를 뒤덮은 기름진 검은 스모그 덩이에 미끄러졌으며, 얼굴과 콧구멍은 검게 변해서 석탄 광부의 모습과 같았다. 건물 내부에 스며든 스모그로 인하여 화면을 제대로 볼 수 없게 된 영화관들은 문을 닫았으며, 새들도 짙은 스모그 때문에 방향을 잃고 건물에 부딪혀서 추락하게 하기도 했다.

12월 9일에 서쪽에서 불어오는 강한 바람이 런던스모그를 북해로 밀어내면서 런던 주민들은 닷새 동안의 유황 지옥에서 벗어날 수 있었다.

런던스모그의 주요 원인은 석탄 연소였다. 산업혁명 이후 18세기와 19세기에 걸친 경제성장으로 석탄 수요가 급속하게 증가하면서, 1820년에 2천만톤 사용에서 1900년에 1억6천만톤으로 증가했다.

1956년에 의회는 도시 지역의 석탄 연소를 제한하고 지방의회에 금연 구역을 설정하는 것을 허가하는 공기청정법(Clean Air Act)을 통과시키고, 주택 소유자들에게는 석탄에서 대체 난방 시스템으로 전환하도록 보조금도 지급하였다. 수년간에 걸쳐서 석탄을 가스, 석유, 전기로 전환했지만, 스모그는 주기적으로 발생했으며, 1962년에도 750명의 목숨을 앗아가는 스모그가 발생하기도 했다.

그림 3.7 런던스모그(1952.12.5~12.9)

출처: "The great smog of 1952", Christopher Klein, History, 2018.8.22.

20세기에 들어와서 대기오염이 급속하게 감소하였으며 이는 중공업으로부터 탈피한 경제구조 조정과 에너지원의 전환, 환경규제 강화 등의 다양한 정책 덕분으로 분석되고 있다. 영국 정부는 1891년에 공중보건법(Public Health Act)을 제정하여 런던의 사업체들이 깨끗하고 효율적인 에너지를 사용하도록 규제함으로써 기업들이 청정산업으로 전환하였으며, 가정의 난방과 조리용 연료도 석탄에서 가스로 대부분 전환되었다.

그러나 점진적으로 좋아지던 런던의 대기오염은 2000년 이후부터 개선이 정체되었으며 런던을 비롯한 유럽 대도시에서 대기오염이 심각한 사회문제로 다시 부상하였고, 현재까지도 대책에 부심하고 있다. 런던스모그의 원인이었던 석탄 대신 경유차가 주 배출원으로 지목되면서 경유차 대책에 집중하고 있다.

런던시의 대기질 전략(Air Quality Strategy)팀에서 분석한 대기오염물질 발생원 모델링에 의하면 런던 중심부 PM_{10}의 주요 배출원은 수송이 2008년 약 79%, 2011년 약 80%, 2015년 약 75%를 기여했다. 자동차에서는 2008년에 승용차 23%, 택시 25%, 경화물차 10~20%였다. 또한 PM_{10}의 약 35%는 타이어와 브레이크 마모에서 발생하며 보일러와 가스 연소도 주요 배출원이었다. 보리스 존슨(Boris Johnson) 런던시장(2008~2016)은 도로 교통이 런던 $PM_{2.5}$의 80%(2008년)를 차지하는 주요 배출원으로 발표했다.

(2) 중국 베이징

중국의 베이징과 인도의 뉴델리는 세계 대도시 중에서 대기오염이 가장 심각한 도시로 꼽히고 있다. 중국에서 대기오염물질 배출량이 가장 많은 도시는 대부분 중국 북쪽에 있다. 이는 중국 북서부의 추운 기후 때문에 긴 기간 동안 사용하는 겨울 난방에서 배출되는 오염물질과 북부지역의 건조한 기후에서 발생하는 흙먼지와 황사에 기인하며, 분지 지형으로 인해 공기 정체도 심하기 때문이다. 북서풍이나 서풍이 불면 이들 지역에서 발생한 오염물질은 베이징으로 이동하고 한국에도 많은 영향을 미친다.

베이징을 포함한 징진지(京津冀, 베이징·텐진·허베이) 일대가 대기오염이 심한 것은 산업구조와 에너지 사용방식, 교통 운수 시스템과 밀집한 석탄발전소 등의 복합적인 영향 때문이다. 이 지역에는 철강과 코크스, 유리 등 에너지 다소비와 오염물질 배출이 높은 기업이 밀집되어 있으며 대기오염물질 배출량이 전국 평균의 4배 정도이다. 이 지역은 중국 전체 코크스 생산량의 49%, 철강 생산량의 43%, 평판유리의 3분의 1을 차지하며, 단위 면적당 석탄 소비도 전국 평균의 4배에 이른다. 또한 원재료의 80%가 경유 화물차를 통해 운반되는 육상 교통 운수 시스템과 이 지역에 집중된 석탄 화력발전소도 대기오염을 높이는 요인이다.

우리나라 겨울철의 고농도 초미세먼지($PM_{2.5}$)는 130$\mu g/m^3$가 최고 수준이지만, 중국은 2013년 봄에 $PM_{2.5}$ 993$\mu g/m^3$을 기록하기도 했다.

급속한 산업화에 따라 대기오염 문제가 지속적으로 심해지면서 국민의 건강과 사회의 안정적인 발전에 부정적 영향이 커지고, 주민들의 불안과 반발이 거세지면서 중국 국무원은 대기질 개선대책인 "대기오염방지 행동계획"을 2013년 9월에 수립하고 대기 10조를 발표하였다. 2012년 대비 2017년의 미세먼지 수준을, 중국 전역의 지급(2급) 이상 행정도시 PM_{10} 농도 10%, 징진지, 창장·주장 삼각주 지역의 $PM_{2.5}$ 농도는 각각 25%, 20%, 15%를 감축하는 것으로 목표를 설정하였다.

특히 베이징시의 2010년에 70~80$\mu g/m^3$ 수준이던 $PM_{2.5}$를 2017년에 60$\mu g/m^3$ 수준으로 낮추겠다는 목표를 정하였다. 베이징시는 이를 달성하기 위하여 2013~2015년 사이에 배기가스 배출량 기준치 초과 및 노후 차량 122만2천대를 퇴출하면서 자동차배출가스 통제를 강화하고, 겨울철 석탄난방을 개선, 비도로 이동기계(트랙터, 불도저 등 중장비)도 통합 관리하였다. 또한 2017년에는 182억 위안(약 3조 1,268억원)을 투입하였다.

베이징의 석탄 사용량이 2013년 2,000만톤에서 지난해 300만톤으로 줄었고, 1,000개가 넘는 기업을 비수도권으로 이전시켜서 2013년 90$\mu g/m^3$이던 초미세먼지 농도를 2018년 51$\mu g/m^3$로 43% 감소시키고, 석탄에서 주로 배출되는 이산화황(SO_2) 농도는 1998년의 120$\mu g/m^3$에서 2018년에 6$\mu g/m^3$로 대폭 개선되었다. 심각한 오염일 수도 2013년 58일에서 2018년 15일로 준 것으로 보도했다(그림3.8).

이와 같은 노력 덕분에 주요 도시의 대기질이 크게 개선되고는 있으나 만족할 수는 없는 상황이며, 인접 국가인 한국과 일본보다는 여전히 좋지 않은 수준이다.

베이징 지역의 초미세먼지($PM_{2.5}$) 성분은 질산염과 황산염, 암모늄염 등 2차 무기물질이 60% 이상을 차지하고 있는 것을 밝혀졌으며, 이는 공기 중의 질소산화물·아황산가스·암모니아 등 대기오염물질이 고온 다습한 기후에서 화학반응을 통해 베이징의 초미세먼지를 늘리는 것으로 분석한다. 특히 베이징 및 징진지 일대 대기에서 질산염의 농도가 매우 높은 것으로 분석되고 있다.

그러나 자동차와 공장에서 배출하는 질소산화물과 황산화물 위주로 규제하는 현재의 정책에서 발전소나 석유화학 공장의 VOC 배출을 함께 줄이지 않는다면 감소 효과가 제한적일 수밖에 없다. **베이징의 미세먼지 대책은 질소산화물(NOx)과 암모니아(NH_3)뿐만 아니라 휘발성유기화합물(VOC)도 동시에 줄여야 하는 복합적인 정책이 필요한 상황이다.**

그림 3.8 북경의 대기오염: (좌) 2013년 봄 PM2.5 993$\mu g/m^3$, (우상) 2008년 하계 올림픽 경기장, (우하) 2013년 미세먼지 사진

출처: "China: The year in smog", Herman Wong, The Atlantic, 2013.12.20.

(3) 인도 뉴델리

인도 뉴델리는 전 세계 주요 국가 수도 중 연평균 미세먼지 농도가 가장 높은 도시이다. 글로벌 대기오염 조사기관인 IQ Air이 발표한 2017~2023년의 전 세계 주요 도시의 초미세먼지($PM_{2.5}$) 오염도 15위 순위에서 12개의 인도 도시가 차지하고 있으며, 인도 수도인 뉴델리의 연평균 초미세먼지($PM_{2.5}$) 농도는 102.1$\mu g/m^3$로 3위로 나타났다. 2018년에 최악의 도시로 조사된 이후로 조금씩 개선되고는 있지만 세계에서 가장 오염된 수도라는 불명예 자리를 차지하고 있다(그림3.9). 뉴델리는 가스실(gas chamber)이라는 오명을 받으면서 외교관들이 주재하기를 가장 기피하는 도시로 꼽히기도 한다.

뉴델리의 대기오염 원인으로는 자동차 배기가스가 가장 중요하며, 농부들의 볏짚이나 비닐, 목재 등의 영농 부산물을 태우는 관습, 산업오염, 폐기물 소각 등이다.

인도의 자동차 등록 대수는, 2022년 8월 기준으로 자동차 이륜차는 2.1억 대, 사륜차는 7천만대로서 배출가스 기준 강화와 노후차 운행금지 조치 등을 취하고 있으나 제대로 점검과 관리되지 못하고 있다는 지적을 받고 있다.

10월 말~11월 중순 힌두교 최대 축제이자 명절인 디왈리(Diwali) 기간 엄청난 양의 불꽃놀이와 폭죽이 터지면서 오염도가 더욱 높아진다. 디왈리는 빛이 어둠을 이긴 것을 축하하는 의미의 축제로서 인도인은 디왈리 때 더 많은 빛을 밝히면 더 큰 행운이 찾아온다고 믿기 때문에 뉴델리에서만 5,000t의 폭죽이 사용될 정도로 엄청난 양의 폭죽을 사용한다.

축제가 끝나는 11월 중순에 시작되는 파종 시기까지 엄청난 면적의 논밭을 불태우며, 겨울철의 추위가 닥치면 도심 빈민가에서 난방과 취사를 위해 타이어, 플라스틱 폐기물 등 각종 폐자재를 태우면서 대기오염이 극심해진다. 거기에 노후 경유차에서 배출되는 매연과 건설 현장에서 배출하는 미세먼지까지 더해진다.

겨울이 되면 기온이 낮아지고 바람이 적게 불면서 대기 정체가 더욱 심각해지면서 오염물질이 우산처럼 도시 전체를 감싼다.

계속해서 증가하는 석탄발전도 대기오염을 가중하는 요인이다. 2022년 기준으로 인도 전력 수요 중에서 석탄발전이 차지하는 비중은 75%에 달하며 석탄발전의 오염을 줄이려는 조치를 모색하고 있으나 성과를 거두지 못하고 있다.

디왈리 축제가 끝난 2019년 11월 3일부터 초미세먼지 농도가 1,000$\mu g/m^3$ 수준으로 오르다가 7일에는 이 값을 넘어서면서, 세계보건기구(WHO)의 안전기준 25$\mu g/m^3$을 40배나 초과했다. 도시 전체가 거대한 가스실로 변하면서 인디라 간디 국제공항에서 37개 항공편이 시야 확보에 어려움을 겪고 우회하기도 했다.

급기야 인도 대법원은 “이는 문명국가에서 발생할 수 없는 일”이라며 정부를 향해 대기오염을 줄일 수 있는 장기 로드맵을 마련하라고 촉구했다. 이에 뉴델리 주 정부는 차량 홀짝제와 일주일간 건설공사 중지에 이어 임시 휴교령도 내리고, 학생들에게 500만 개의 마스크도 배포했다.

2021년 11월 15일에는 대법원이 연방 및 델리주 정부에 “뉴델리와 인근 도시의 비필수 차량의 이동을 차단하고 산업 활동을 제한하는 조치를 취하라”고 사실상의 봉쇄령을 명령했다. 델리 주정부가 인도 대법원과 긴급회의를 연 끝에 델리주의 모든 초·중·고·대학교는 대면 수업이 무기한 중지됐다. 건설 작업도 중단시키고, 기업들의 직원도 절반 정도는 재택근무를 시킬 것을 권고하고, 주 내 석탄 화력발전소 11곳 중 5곳만 가동을 허용했다. 2019년 겨울 대기오염으로 휴교령이 내려진 적은 있지만, 이번처럼 전면적인 통행 차단 등의 대규모 봉쇄 조치는 인도에서 처음으로 시행된 것이다.

그림 3.9 20219.11월 뉴델리 India Gate monument PM2.5 1,000μg/m^3(좌), 디왈리 축제 불꽃(우,상), 논밭 들불(우,하)

출처: "Delhi air pollution driving tourists away and spurring rise in locals looking to leave the city", Bloomberg, 2019.11.6.

심각한 대기오염은 인도 국민의 건강도 위협하고 있다. 인도 의학연구위원회(ICMR)의 보고서에 따르면 2017년 인도의 대기오염 관련 질환 사망자 수는 124만 명에 달한다. 이는 전체 사망자 수의 12.5%로 사망자 8명 가운데 1명이 대기오염 질환으로 목숨을 잃는다는 것이다. 이 보고서는 대기오염이 흡연을 제치고 인도 사망 원인 1위에 올랐으며, 13억 5,000만 명의 인도 인구 가운데 76.8%가 심각한 대기오염에 노출됐다고 지적했다. 뉴델리의 대기오염도는 하루 담배 15개비를 피우는 것과 동일한 수준으로 평가되고 있다.

2020년에 영국의 의학저널 란셋(Lancet)의 발표에 의하면, 2017년보다 35%가 증가한 167만 명이 사망했으며, 40.5조 원의 경제손실도 초래하였다.

인도의 대기오염은 급격한 경제성장의 후유증으로써 인도 정부는 날로 심각해지는 대기오염과 국민적 불만과 관심이 높아지자 대책 마련에 고심하고 있다. 인도 정부는 국가 차원에서 미세먼지 수치 감축을 위해 2019년 1월에 청정공기프로그램(NCAP; National Clean Air Program)을 출범하면서 5년 안에 미세먼지를 30% 줄이는 목표를 설정했다.

몇 년 전만 해도 인도와 같은 유독성 대기오염 수준이었던 중국 베이징은 놀라울 정도로 대기질이 개선되고 있는 데 비하여 뉴델리의 상황은 더 악화하고 있다. 이는 중국 정부는 대기오염에 강력한 단속으로 대응하지만, 인도 정부는 강경하게 대응하지 못하는 당국들의 대처방식에 차이가 있기 때문으로 분석하고 있다.

두 나라 모두 다음 해 농사를 위해 논밭에 들불을 놓는 풍습이 있는데, 강력한 공권력을 가지고 있는 중국의 경우 들불 놓기가 미세먼지 발생의 주요 원인으로 지목되자 2015년부터 강력한 단속을 시작했으며, 2년 사이 중국 전역에서 가을철 들불 놓기 수치가 급격히 감소한 것으로 나타났다. 그러나 인도 역시 같은 조처를 취했지만, 인도 유권자 중 농민층이 차지하는 비중이 워낙 크기 때문에 강경하게 대응하지 못하고 벌금조차 사실상 부과하지 못했다.

중국이 베이징 인근에 공장 건설을 금지하거나 경유 트럭에 대해 단속하는 등의 예방조처에 집중하는 것과 달리, 인도는 오염 수치가 올라갈 때 트럭 이용 금지 등을 시행하는 등의 임시 처방식 대응을 하는 것에서도 차이가 있다.

2017년 대법원은 디왈리 축제 기간에 뉴델리를 포함한 수도권 지역에 폭죽 판매 및 유통을 금지하는 결정을 내렸지만, 많은 인도인은 폭죽놀이 금지 결정이 인도 전통을 훼손하는 일이라며 불만을 표시했다. 또한 폭죽 업체들도 대기오염의 모든 원인을 폭죽으로 몰아가고 있다면서 강하게 비난하는 등의 반발도 무시하기 어렵다.

2020년에는 인도 정부가 디왈리 기간 중 뉴델리에서 폭죽 사용을 금지하고, 폭죽 압수와 폭죽 판매상에게 벌금과 징역형을 선고하는 등의 정책을 시행했지만, 시민들의 반응이 싸늘하여서 폭죽놀이가 사라질지, 아니면 힌두교에 대한 종교적 파별이라는 논쟁으로 확대될지도 지켜봐야 할 일이다.

이처럼 뉴델리의 대기오염을 개선하기 위해서는 험난한 많은 난제가 가로막고 있다.

2.4. 우리나라 대기공해

(1) 서울 스모그와 경유차

1980년대부터 서울을 중심으로 겨울과 봄철에 "서울 스모그"로 불리는 극심한 시정장애 현상을 동반하는 대기오염이 발생하였다. 서울 스모그는 주로 경유자동차에서 배출되는 매연과 미세입자(PM_{10})와 함께 일부 가정용 연료인 연탄 연소와 노천 소각에 발생하는 미세먼지들이 한강에서 발생한 안개 수증기와 섞여서 서울 상공을 시커먼 스모그로 뒤덮고 몇 미터 앞을 구분하기 힘들 정도의 심한 시정장애 현상을 일으켰다(그림 3.10).

언론이나 전문가들은 한 달 내내 뿌연 서울의 대기오염을 아황산가스와 분진이 결합해 생긴 런던형 스모그와 유사한 형태라고 보도하다가, 차츰 런던스모그나 로스앤젤레스 광화학스모그와는 다른 새로운 유형인 한국형 서울 스모그라고 보도하기 시작했다.

미세먼지 농도는 1980년대 중반에 250$\mu g/m^3$ 이상으로 치솟다가 1990년 초에는 150$\mu g/m^3$ 수준으로 떨어졌지만, 농도가 비교적 낮은 날에도 80~100$\mu g/m^3$ 수준을 유지했다.

그림 3.10 서울 스모그 현상 (여의도 63빌딩에서 남산 방향으로 바라본 서울 도심, 5일 오전)
출처: 중앙일보 최정동 기자, 2002.2.6.

2022년 현재도 미세먼지(PM_{10}) 농도가 40$\mu g/m^3$ 수준이며, WHO 권고 수준(guideline) 15$\mu g/m^3$을 고려하면, 90년대 초까지의 서울 스모그가 얼마나 심각했는지 알 수 있다.

또한 아황산가스 농도도 1980년대 초반에는 0.1ppm까지 치솟았다가 10년 넘게 0.05ppm 이상(현재 기준 0.02ppm)을 유지하면서 건강을 위협하던 산성비와 산성눈의 주요 원인이 되었다(그림3.11).

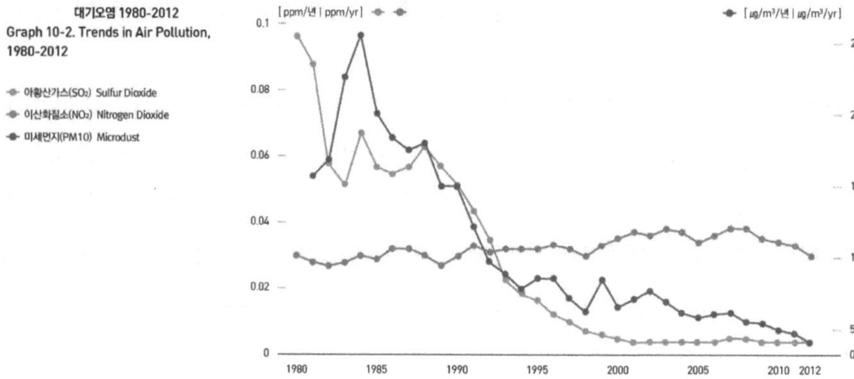

그림 3.11 1980~2005년 서울의 대기오염 변화추이(SO_2, NO_2, TSP & PM_{10})
(1980~1999년까지 TSP, 2000년 이후부터 PM_{10})

출처: 서울연구데이터서비스, https://data.si.re.kr/node/112(환경부 국립환경과학원, 대기오염측정자료, 2012년)

1990년대와 2000년대를 거치면서 대기환경 관리정책이 체계화되면서 서울을 비롯한 한국의 대기오염은 상당히 개선되었다. 자동차와 공장, 난방용 연료에서 아황산가스와 일산화탄소를 줄이는 연료 정책이 큰 효과를 가져왔다. 황 성분을 줄인 저유황유 사용 확대와 가정용 연탄(석탄) 대신 도시가스(천연가스)를 대체하는 정책이 성공을 거두었고 자동차배출가스 기준도 강화하였다.

특히 88 서울올림픽 때 국제올림픽위원회(IOC)가 서울의 대기오염 상태를 크게 우려하여 개선을 요구하였으며, 이것이 대기오염을 인식하고 개선하는 중요한 계기가 되었다.

그러나 가스상 오염물질은 개선되었지만, 입자상물질이 대기오염의 주범으로 남게 되고 입자상물질의 관리 대상 크기가 작아지면서 대기환경 관리가 점점 더 어려움에 빠져들게 된다. 1990년대 중반까지 미세먼지의 대명사였던 총 부유먼지(TSP)는 1995년에 PM_{10}으로 관리 대상이 바뀌고, 2015년에는 $PM_{2.5}$가 추가되면서 더 체계적이고 과학적인 대기환경 정책으로의 전환이 요구되었다.

미세먼지의 주 발생원이었던 공장과 난방용 연료, 가정용 연탄 문제가 개선되면서, 그동안 증가한 경유 자동차 매연과 입자상물질이 주 대상으로 바뀌었다. 1985년에 100만대를 겨우 넘어선 자동차 대수는 1997년에 1,000만대, 2014년에 2,000만대로 급증하면서 수도권에서는 1차 미세먼지뿐만 아니라 2차 미세먼지 생성의 핵심 물질인 질소산화물의 70% 이상이 자동차에서 배출되었다.

(2) 수도권특별대책과 4대 대기권역

계속해서 극심해지는 서울 스모그 문제를 해결하기 위하여 환경부는 2005년에 "수도권대기개선특별법"을 제정하여 체계적이고 대대적인 대책을 수립하였다. 서울을 비롯한, 인천과 경기지역에 수도권 대기관리권역을 지정하고 10년 이후의 대기질 목표를 PM_{10} 40μg/m^3, NO_2 22ppb로 정하고 4조 28억원의 예산을 투입하였으며, 특히 운행경유차 저공해사업에 최우선 순위를 두면서 2조 3,000억원을 사용하였다.

1960년대에 시작된 우리나라의 산업화와 공업화의 상징이던 공장의 검은 연기에서 시작된 대기오염은, 40년 뒤에는 "남산에서 인천 앞바다를 볼 수 있도록"이라는 슬로건으로 대기오염 해결을 위한 본격적인 대기 정책을 시행하게 된 것이다.

특히 노후화된 특정 경유차에 배출가스 저감장치(DPF 등)를 39만대 부착하고, 청정연료인 LPG 엔진 개조 18만대, 조기폐차 15만대 등 72만대의 저공해화를 추진하면서 수도권 지역에서 매연을 배출하는 경유자동차는 대부분 사라지고, 시정장애를 동반하던 서울 스모그현상도 크게 개선되었다.

수도권특별대책 10년의 성과(그림3.12)를 보면, PM10은 꾸준하게 감소하여 목표치에 근접하였으나, NO_2는 목표를 달성하지 못하고 정체 상태를 지속하고 있어서 수도권 대책은 절반의 성공이라는 평가를 받았다. 이후의 2기 대책에서는 NO_2는 조금씩 감소하지만, PM은 뚜렷한 개선을 보이지 않는다.

적갈색을 띠는 NO_2는 기관지염이나 폐기종, 폐렴과 같은 호흡기 질환을 유발하며 무색인 NO보다 독성이 5~7배 강하다. 또한 여름철 햇볕에서 VOC와 반응하여 오존을 발생시켜 광화학스모그를 유발하며, 공기 중의 암모니아와 반응하여 2차 미세먼지(초미세먼지)를 생성하는 전구물질로 알려지면서 최근의 수도권 미세먼지 공해 주범으로 떠올랐다.

경유차의 NOx 배출허용기준을 2000년(EURO-3)의 0.5g/km에서 2014년(EURO-6)에 0.08g/km로 6배 이상 강화하였는데도 NO_2가 줄어들지 않는 원인에 대한 의견들이 분분하였다. 가장 크게 의심받는 것은 폭스바겐 스캔달에서 발각된 내용으로 경유 자동차의 실주행(RDE) 운전에서 배출되는 NOx가 인증 시보다 15~35가 많이 배출된다는 사실이다.

중국의 급속한 산업화에 따른 대기질 악화가 우리나라에도 크게 영향을 미치면서 안개처럼 짙은 희뿌연 대기오염이 수도권을 중심으로 겨울과 봄철에 나타나기 시작했으며, 이것을 미세먼지 공해로 부르기 시작했다.

2005년부터 수도권을 중심으로 관리하여 오던 대기오염 방지정책을 수도권 외에도 오염도가 높은 지역으로 관리를 전환하기로 하면서, 수도권과 함께 중부권, 동남권, 남부권으로 4대 대기관리권역으로 확대 설정하고, 총 77개의 특별광역시 및 시군의 관리를 시작했다.

관리권역은 배출량, 기상 여건 등을 종합하여 국내 초미세먼지 농도에 미치는 기여율과 초미세먼지 생성물질 배출량의 80% 이상이 해당하는 지역이며 인구의 88% 및 국토면적의 38%를 차지한다.

대기관리권역의 대기환경개선에 관한 특별법(대기관리권역법)으로 2021.8부터 시행되었으며, 초미세먼지($PM_{2.5}$), 황산화물(SOx), 질소산화물(NOx), 휘발성유기화합물(VOCs), 암모니아(NH_3)를 관리 대상 물질로 정하고, 대기오염물질 총량 관리제나 자동차·건설기계 배출가스 억제 등이 주요 대책이다.

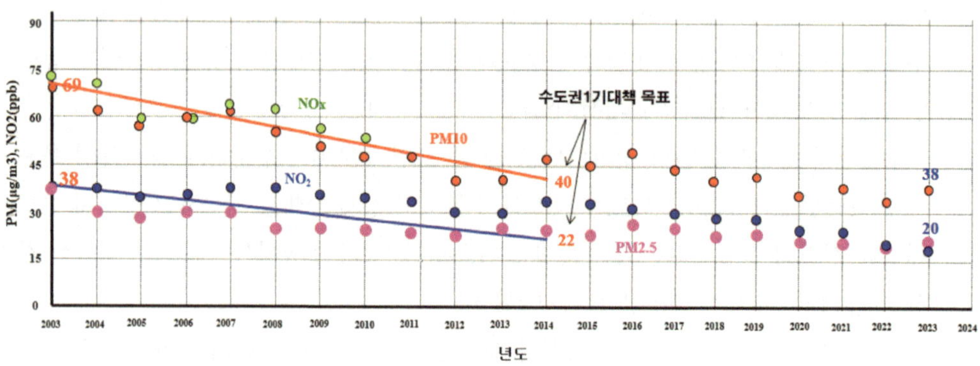

그림 3.12 수도권특별대책에 따른 PM, NOx 추이분석

출처: 2023 서울 대기질 평가보고서, 서울특별시 보건환경연구원, 2024.11.

(3) 미세먼지 공해

수도권특별대책의 성과로 2010년대에 접어들면서 서울 스모그 현상은 상당히 개선되었지만, 안개보다는 짙은 희뿌연 대기오염이 수도권을 중심으로 겨울과 봄철에 나타나기 시작하고 간혹 전국으로 확대되기도 했다. 2012년 이후에는 미세먼지(PM_{10})와 초미세먼지($PM_{2.5}$) 농도도 그동안의 감소 추세에서 다시 증가하는 경향을 나타내면서 대기오염도 심해져서 정부와 언론에서는 미세먼지 공해(그림3.13)라고 불렀다.

지난 4월 대기 중 초미세먼지 농도가 '주의보 예비단계' 수준으로 높아진 서울 종로구 세종로 일대가 미세먼지와 연무 등으로 시야가 불투명 하다.(연합뉴스 자료사진)

그림 3.13 수도권 미세먼지 공해($PM_{2.5}$ 150~200$\mu g/m^3$)(2016년 봄)

1) 미세먼지 발생원인

미세먼지가 발생하는 원인으로 언론들(2016.5.17. 일자 한국경제 기사 인용)에서는 다음의 3가지를 지목하고 있다.

첫째는 경유차량 급증이다. 2015년의 환경부 자료에 따르면 수도권의 질소산화물 배출량의 67.7%가 수송 부문에서 발생하는데, 이 중에서도 경유차가 76%를 차지한다. 질소산화물은 2차 미세먼지의 중요 유발물질이다. 더욱이 2006년 이전에 생산된 노후 경유차는 미세먼지 저감장치가 장착되어 있지 않아 입자상물질도 다량 배출된다.

둘째로 늘어나는 화력발전소도 미세먼지 악화 원인으로 꼽힌다. 감사원에 따르면 충남 지역에 몰려 있는 화력발전소가 수도권 대기오염에 미치는 기여율은 미세먼지가 3~21%, 초미세먼지가 4~28%에 이르는 것으로 조사됐다.

셋째는 중국에서 유입되는 미세먼지도 30~50%를 차지하고 있다는 게 전문가들 분석이다. 과거에는 봄철에 집중됐지만 중국에서 석탄 사용량이 늘어나는 겨울철에도 유입량이 많다.

그동안은 경유차의 매연과 입자상물질이 대기오염의 주범으로 알려져 왔지만, 질소산화물이 2차 미세먼지의 중요 유발물질이라는 것과 그동안 거의 관심을 두고 있지 않던 화력발전소가 급부상했으며, 무엇보다도 중국의 영향이 매우 높은 것을 지적했다.

2016년 6월에 환경부에서 발표한 미세먼지관리 특별대책에서, 2차 미세먼지는 NOx, SOx 등이 대기 중에서 수증기, 암모니아 등과 반응하여 2차로 생성된 초미세먼지($PM_{2.5}$)이며 정확한 생성량 추정은 한계가 있지만, 직접배출(1차 생성물)과 간접배출(2차 생성물)이 약 1:2로 구성되며, 특히 간접배출의 과학적 규명이 필요하다고 발표하였다.

2차 미세먼지 생성을 환경부가 최초로 인정한 것이며, 대부분의 경유차에 부착된 매연여과장치(DPF)로 1차 미세먼지는 대폭 감소하지만, 2차 미세먼지가 미세먼지 증가의 주요 원인이며 2차 미세먼지는 주로 경유차에서 발생하는 질소산화물에 의해서 생성되는 것으로 설명했다.

또한 수도권에서 2차 미세먼지 배출 기여도를 경유차가 29%, 건설기계 22%, 냉난방 12% 순으로, 이동오염원(mobile source)이 가장 큰 비중을 차지하는 것으로 밝혔다.

미세먼지공해 대책을 위하여 환경부에서는 2015년부터 2024년까지 제2차 수도권 대기환경개선 계획을 시행하고, 2024년 목표는 PM_{10} 30μg/m^3, $PM_{2.5}$ 20μg/m^3, NO_2 21μg/m^3, O_3 60ppb로 설정하였고, 자동차 분야에서는 2024년에 NOx 77,657톤 삭감을 목표로 하였다.

2) 중국 영향

중국의 영향에 대해서는 상당한 논란들이 있지만, 2019년 11월에 한중일 3국 공동으로 수행한 '동북아 장거리 이동 대기오염물질 국제공동연구(LTP: Joint research project for long-range trans boundary air pollutants in northeast Asia)'에서 도출한 결과는 다음과 같다.

각국의 자체 오염 기여율은 연평균 기준으로 한국 51%, 중국 91%, 일본 55%로 나타났으며, 중국 배출원이 우리나라에 미치는 영향은 32%, 일본에 미치는 영향은 25%로 분석됐다. 그러나 이 결과는 한해 평균치를 계산한 결과이기 때문에 겨울과 봄철의 고농도 미세먼지 영향력으로는 과소평가된 것이며, 우리나라 국립환경과학원의 자체 조사에서는 중국 영향을 60~80% 수준으로 평가하고 있다.

2018년에 초미세먼지 환경기준을 선진국 수준인 $PM_{2.5}$ 15μg/m^3 이하는 좋음, 36~75μg/m^{3}는 나쁨, 76μg/m^3 이상은 매우 나쁨으로 설정하였으나, 미세먼지 공해가 심한 겨울철에는 130μg/m^{3}를 초과하는 경우도 나타나고 있다. 이때의 중국 초미세먼지 농도는 300μg/m^{3}을 넘는 경우가 빈번하며 심할 경우는 500μg/m^{3}도 훨씬 초과하는 경우도 발생하고 있다.

중국으로부터 유입되는 미세먼지 영향이 많이 증가한 이유는 2000년 이후부터 중국의 경제발전에 따른 석탄 에너지 수요가 2000년 8,211TWh에서 2023년 25,538TWh로, 3.1배로 증가하고, 특히 석탄발전은 2000년 1,060TWh에서 2023년

5,742TWh로, 5.4배로 급격하게 증가하였으며 여기서 배출되는 미세먼지가 가장 큰 원인이다. 또한 겨울철에 주로 갈탄을 사용하는 가정용 난방과 공장, 자동차로부터 배출되는 미세먼지와 황사 등도 주요한 배출원이다.

중국의 에너지 수요는 2050년까지도 급격한 증가가 전망되며, 이에 따라 석탄 사용도 2050년까지는 거의 감소가 없을 것으로 예상되기 때문에 우리나라의 미세먼지 공해에 상당 기간 영향을 미칠 것으로 예상된다.

(4) 2차 미세먼지 생성 기구

최근의 대도시 대기오염은 LA 스모그와 같은 광화학스모그와 함께 미세먼지(PM, 입자상물질)가 주요 원인이다. 미세먼지는 경유 자동차에서 배출되는 1차 미세먼지(주로 PM_{10})와, 자동차에서 배출되는 질소산화물과 공장의 석탄이나 석유의 연소 과정에서 배출되는 황산화물이 대기 중의 수증기, 암모니아, 오존 등과 결합하는 화학반응을 통하여 생성되는 2차 미세먼지(초미세먼지 $PM_{2.5}$)로 이루어진다.

수도권에는 화학반응에 의한 2차 생성 비중이 전체 초미세먼지 발생량의 2/3를 차지할 정도로 높으며, 더욱이 초미세먼지의 인체 위해도가 미세먼지에 비해 더 높으므로 2차 미세먼지 저감 대책이 중요한 이유이다.

대기 중의 초미세먼지($PM_{2.5}$)는 자동차나 공장의 배출가스와 축산분뇨 등으로부터 2차로 생성된 무기질 이온(inorganic ions; 주로 NO_3^-, SO_4^{2-}, NH_4^+ 성분)과 식당이나 가정의 조리과정에서 배출된 유기탄소(organic carbon) 성분으로 이루어져 있으며, 그 외에 연소에서 배출된 카본 입자(elemental carbon)와 바다나 황사 등에서 유입된 입자(crustal), 기타 금속(metal) 입자들이 적은 부분을 차지하고 있다.

우리나라뿐만 아니라 유럽 대도시들의 대기오염은 자동차나 공장 등의 배기가스로부터 2차로 생성된 초미세먼지($PM_{2.5}$)가 주원인으로 밝혀지고 있으며, 환경부에서는 2차 미세먼지 발생과정을 (그림3.14)에서 다음과 같이 설명하고 있다.

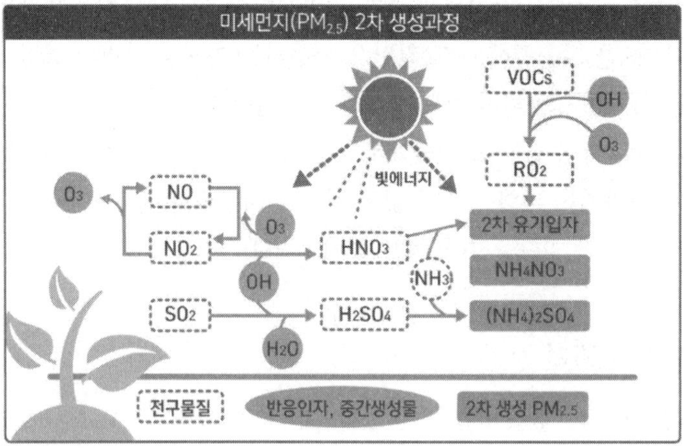

그림 3.14 2차 미세먼지 발생 기구 설명도

출처: "미세먼지, 도대체 뭘까?", 환경부, 2016.4

자동차 배기가스와 주유소 유증기 등에 많이 포함된 휘발성 유기화합물(VOCs)은 반응성이 강한 물질(OH, O_3 등)과 화학반응을 일으켜 2차 유기입자(secondary organic particles)가 된다. 또한 자동차와 각종 연소과정에서 발생한 질소산화물인 NOx(NO, NO_2)는 대기 중의 오존(O_3) 등과 반응해 산성 물질인 질산(HNO_3)을 생성하고, 이는 대기 중 알카리성 물질인 암모니아(NH_3)와 반응하여 2차 미세먼지 입자상물질인 질산암모늄(NH_4NO_3)으로 전환된다. 아울러 아황산가스(SO_2)도 수증기 등과 반응하여 황산(H_2SO_4)이 되고, 이는 다시 암모니아 등과 반응하여 황산암모늄($(NH_4)_2SO_4$)과 같은 2차 미세먼지를 생성한다.

따라서 2차 미세먼지의 전구물질인 질소산화물(NO, NO_2 등)과 황산화물(SO_2), 암모니아(NH_3) 발생량과 거동을 파악하고 이들이 $PM_{2.5}$ 질량 대부분을 차지하는 질산암모늄, 황산암모늄, 암모늄의 생성과정에 대한 이해가 필요하다.

그러나 질소산화물이 화학반응으로 2차 미세먼지를 생성하는 과정에 대해서 과학적인 오류가 있다고 주장하는 학자들도 있기 때문에 미세먼지 발생 기구에 관해서는 지속적인 연구가 필요하다.

1) 미세먼지 생성 핵입자인 탄소입자와 2차유기에어로졸

미세먼지는 자동차(주로 경유 자동차)나 석탄발전소 등에서 배출되는 1차 미세먼지인 나노 크기의 탄소 입자 핵이 있으며, 이 주위에 질소산화물, 황산화물, 암모니아, 오존 등이 흡착되고 반응하여 $PM_{2.5}$ 미세먼지로 성장한다.

다른 한편으로는 탄소입자 크기의 수천분의 일 정도밖에 안 되는 매우 작은 휘발성유기화합물(주로 휘발유 자동차에서 배출), 질소산화물 분자들이 가스 상태로 배출된 뒤 이들이 대기 중에서 햇빛에 의한 화학반응을 일으켜 2차유기에어로졸로 변환되며, 이것이 미세먼지의 핵이 된다.

질소산화물이 2차유기에어로졸을 형성하는 화학반응은 매우 복잡하고 명확하지 않으며, 따라서 2차 미세먼지를 줄이기 위해서는 1차 미세먼지인 나노 탄소 입자와 휘발성유기화합물 배출량을 줄이는 것이 중요하다.

2) 대기 중 NOx 반응과 전구물질

다양한 화합물(O_3, VOC 등의 compounds)들이 있는 대기 중에서의 NOx 반응은 상당히 복잡하며 특히 태양의 광화학반응(photochemical reactions)도 함께 나타난다. 더해서 대기층 높이에 따라서 서로 다른 성분(species)과 농도 차이에 따른 반응과 태양 방사선도 영향을 미친다.

자동차에서 배출된 NO는 대기 중의 산소나, 성층권 하부에서 오존의 촉매 분해반응(catalytic decomposition)으로 NO_2로 전환되며, NO_2는 주로 야간에 오존과 반응하여 NO_3(질산염, 질소 라디칼)을 생성한다.

NO_3 라디칼은 NO_2와 반응하여 N_2O_5(오산화이질소, dinitrogen pentoxide)를 생성하며, 정상적으로는 NO_2, N_2O_5와 열 평행(thermal equilibrium)으로 존재하며, 밤에는 현저하게 높은 농도로 나타날 수 있다. 즉, NO_3는 야간에 직접 지표로 가라앉기도 하고 N_2O_5로 변하여 가라앉기도 하며, VOC들과 반응하기도 한다. N_2O_5는 NOx의 저장소로 여겨지며, 보통은 밤중에 관찰된다.

야간에는 N_2O_5가 수분과 반응하여 HNO_3(질산)으로 변환되며, 주간에는 NO_2가 OH 라디칼과 반응하여 HNO_3을 생성한다.

$$N_2O_5 + H_2O \rightarrow 2HNO_3 \text{ (야간반응)} \qquad \text{(식3. 2)}$$
$$NO_2 + OH \rightarrow HNO_3 \text{ (주간반응)}$$

3) 전구물질 생성과 암모니아 역할 중요

대기에서의 반응으로 생기는 초미세먼지 반응물질(전구물질)은 다음과 같이 생성된다.

• 황산화물(SO_2) + 산화제 → 황산염(SO_4^{2-})

• 이산화질소(NO_2) + 산화제 → 질산염(NO_3^-)

• 질소산화물 + 휘발성유기화합물+산화제 → 2차 유기에어로졸(SOA, Secondary Organic Aerosol)

• 암모니아(NH_3) + 산성 먼지(황산염, 질산염 먼지 등) → 암모늄(NH_4^+)

염은 이온성 화합물로 양이온과 음이온이 짝을 이룬다. 즉, 질산, 황산이온은 음이온이며 이들은 양이온인 암모늄이온과 짝을 이룬다. 특히 암모니아(NH_3)는 SO_4^{2-}와 NO_3^-을 중화시키는 역할로 인해 무기입자 생성에 중요성이 매우 크며, 질소산화물의 농도가 높은 도시지역에서는 암모니아가 황산화물보다 입자상물질 생성에 결정적인 역할을 하며, 따라서 도심에서의 암모니아 생성과 농도를 줄이는 것이 중요하다.

결국 질소산화물과 황산화물이 대기 중에서 반응해서 생성하는 질산, 황산 음이온은 암모니아에서 나오는 양이온 짝을 만나서 질산염, 황산염을 형성하는 것이기 때문에, 암모니아가 없다면 질소산화물, 황산화물만으로 미세먼지가 형성되지 않을 것이라고 추론해 볼 수 있다.

따라서 2차 미세먼지의 생성을 억제하기 위해서 질소산화물이나 황산화물을 줄이는 것이 좋을지, 암모니아를 줄이는 것이 더 효과적일지에 대해서는 과학적 검증이 필요하다.

나노 탄소입자와 휘발성유기화합물의 배출을 억제하여 미세먼지의 핵을 없애버리면 2차 미세먼지의 껍질이 형성될 일이 없어서 근본적인 대책이 될 것이며, 질소산화물, 황산화물, 암모니아의 대기 중 농도를 감소시키는 것도 미세먼지 해결책이다.

4) 2차 미세먼지 성장과정

2018년 11월에 수도권에 발생한 고농도 미세먼지를 국립환경과학원에서 분석한 자료(그림3.15)에 의하면 2차 미세먼지 발생과 성장 과정을 확인할 수가 있다.

11월 1일에는 2차 미세먼지의 전구물질(precursor)인 나노 미세먼지 개수가 많이 증가하였으나, 대기 정체가 지속되면서 나노 미세먼지 개수는 줄어들고 무게와 부피가 큰 2차 미세먼지의 생성이 활발해지고 6일에는 미세먼지 질량농도가 많이 증가한 것을 알 수 있다.

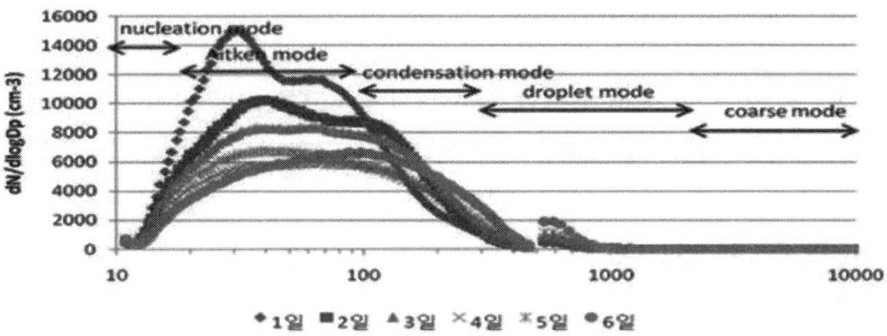

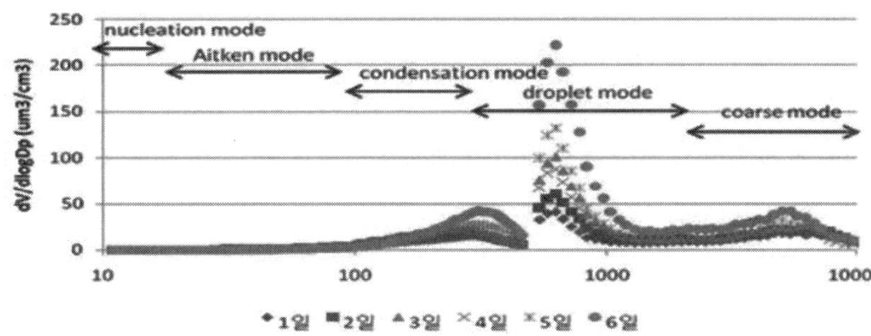

그림 3.15 수도권의 미세먼지 수 농도(상) 및 부피 농도(하)

출처: "11월 3~6일 고농도 미세먼지 발생사례 분석결과", 국립환경과학원 기후대기연구부 보도 참고자료, 2018.11.7

5) 대도시 암모니아 발생원인

우리나라의 암모니아는 농업 분야에서 70% 이상 발생하고 있지만, 농경지나 축사가 없는 수도권의 암모니아 농도는 농촌의 악취 지역 수준과 별반 차이가 없는 수준인 15ppb로 상당히 높아서 2차 미세먼지 발생의 주요 원인이 되는 것으로 보고 있다.

수도권의 암모니아 배출원인에 대해서는 규명이 진행되고 있으며, 자동차에서 배출되는 암모니아가 주요 배출원이며 현재의 CAPSS 값보다는 훨씬 더 많을 것으로 예상한다.

자동차의 암모니아 배출은 휘발유와 LPG 승용차의 삼원촉매 농후영역 반응에서 90% 이상의 암모니아가 생성된다는 것은 1970년대부터 알려졌으며, 더욱이 최근의 디젤엔진에 사용되는 선택적환원촉매(urea SCR; Selective Catalyst Reduction) 장치에서 슬립되는 암모니아까지 더하게 되면 자동차가 수도권의 2차 미세먼지 생성의 주요 원인일 것으로 우려되고 있다.

(5) 자동차 오염물질 배출량

환경경부에서는 대기환경 관리를 위해서 대기오염물질 배출량 산정을 법률로 규정하고 있으며, 대기정책지원시스템(CAPSS; Clean Air Policy Support System)을 기반으로 9가지 대기오염물질(TSP, $PM_{2.5}$, PM_{10}, SOx, NOx, VOCs, NH_3, CO, BC)을 대상으로 산정하고 있다.

자동차에서 배출되는 대기오염물질 양은 자동차의 차종별 배출계수에 연간 총 주행거리를 곱하는 VKT(Vehicle Kilometer Traveled) 모델을 기반으로 산출하고 있다.

오염물질별, 차종별, 연식별, 연료별, 평균 차속별 배출계수 식을 구하기 위해서, 먼저 서울시내 일정 구간을 운행하여 대표 차속별 주행모드를 정하고 이 주행모드를 차대동력계에 재현하고 차량을 운전하여 배출계수를 구하고, 차종별 일일 주행거리를 조사하여, (식3.3)과같이 연간 오염물질별 배출량을 산출한다.

배출량(차종, 도로) = 배출계수(차종, 도로) × 주행거리(차종, 도로) (식3.3)
총 주행거리 = 일평균 주행거리(차종) × 차량등록 대수(차종) × 365(일)

자동차를 포함한 수송분야의 2022년 전국의 오염물질 배출량을 (표3.1)에서 살펴보면, 자동차(도로이동오염원) NOx는 29.9%를 차지하며, 건설기계나 농기계, 선박과 같은 비도로이동오염원이 31.8%를 차지하여 수송부문에서 전국 배출의 61.7%를 배출하고 있다.

한편, PM10과 PM2.5의 수송부문 배출은 각각 12.8%와 29.5%를 차지하며, 비도로이동오염원이 도로이동오염원인 자동차보다 배출 비중이 높은 것을 알 수 있다.

미세먼지 공해가 심각한 서울시의 NOx와 PM_{10}, $PM_{2.5}$의 수송부문의 배출 비중을 (표3.2)에서 살펴보면, NOx는 62.64%, PM_{10} 10.8%, $PM_{2.5}$ 36.7%를 배출하여 전국보다는 더 큰 비중을 차지하고 있으며, 수도권 2차 미세먼지 대책을 위해서는 수송분야의 NOx 저감 대책이 중요함을 알 수 있다.

2015년부터 CAPSS에서 배출량 산정에 포함한, 비산먼지(자동차 재비산 먼지와 사업장 또는 공정상에서 일정한 배출구 없이 대기 중에 직접 배출되는 먼지를 총칭하며 건설업이나 시멘트, 석탄, 토사 등의 업종에서 많이 발생)와 생물성 연소(고기 및 생선구이, 노천 소각, 생활폐기물, 농업잔재물, 화목난로, 아궁이, 숯가마, 산불 등에서 발생)에서 차지하는 수도권의 비산먼지와 생물성 연소 대책도 중요함을 알 수 있다.

수도권 수송부문에서의 연도별 배출현황을 살펴보면, 도로이동오염원인 자동차의 $PM_{2.5}$는 점진적으로 감소하고 있으나, 건설기계나 농기계 등의 비도로이동오염원에서는 증가하면서 2015년부터는 자동차보다 많이 배출하고 있다. 비도로이동오염원의 NOx는 계속 증가하면서 수송부문의 NOx는 줄어들지 않고, 수도권 전체 배출량의 60% 이상을 계속 배출하고 있다.

(표3.1) 전국의 대기오염물질 부문별 배출량(2022년) (단위: 톤)

배출원 대분류	TSP	$PM_{2.5}$	PM_{10}	SOx	NOx	VOCs	NH_3	CO	BC
합계	385,464	59,459	148,355	126,743	857,026	938,341	242,227	921,783	11,042
도로이동 오염원	3,253	2,993 (5.0)	3,253 (2.2%)	247	256,268 (29.9%)	27,978	1,614	121,956	1,717
비도로이동 오염원	15,694	14,576 (24.5%)	15,694 (10.6%)	6,586	272,423 (31.8%)	64,997	110	175,274	5,742
비산먼지	306,230	15,509	94,090						125
생물성 연소	29,463	12,250	14,656	78	8,527	86,033	15	221,596	2,279

(표3.2) 서울시 대기오염물질 부문별 배출량(2022년) (단위: 톤)

배출원 대분류	TSP	$PM_{2.5}$	PM_{10}	SOx	NOx	VOCs	NH_3	CO	BC
합계	20,969	2,161	8,027	411	52,602	54,677	2,881	31,874	611
도로이동 오염원	231	212 (9.8%)	231 (2.9%)	22	20,352 (38.7%)	4,742	131	14,549	101
비도로이동 오염원	632	582 (26.9%)	632 (7.9%)	76	12,547 (23.9%)	1,426	5.3	5,635	449
비산먼지	19,716	1,056	6,821						6
생물성 연소	168	134	150	0.7	11	142	0.5	350	7

출처: 환경부 국가미세먼지정보센터 국가대기오염물질 배출량 통계, 2025.

서울시 자동차 부문의 연료별 배출현황을 (표3.3)에서 살펴보면, 경유에서 NOx 86.5%, $PM_{2.5}$ 87.7%로 대부분을 배출하고 있음을 알 수 있으며, 미세먼지의 주요 전구물질(precursor)로 주목받고 있는 암모니아는 휘발유차에서 50.4%가 배출된다.

차종별(표3.4)로는 화물차와 RV에서 NOx가 각각 30.3%와 39.5%로 배출되며, PM_{10}과 $PM_{2.5}$는 화물차에서 56.8%, 57.0%로 절반 이상을 배출하는 것을 알 수 있다.

(표3.3) 서울시 수송부문의 연료별 오염물질 배출량(2022) (단위: 톤)

연료종류		CO	NOx	PM_{10}	$PM_{2.5}$	NH_3
도로	경유	2,027	17,611(86.5%)	203(87.9%)	186(87.7%)	17
	휘발유(+HEV)	11,305(77.7%)	786	25	23	66(50.4%)
	LPG	1,059	782	1	1	47
	CNG	168	1,877	2.0	1.9	1.6
비도로	경유	5,237	11,685	625	575	5.3
	항공유	282	826	5.8	5.8	
	기타	15	36	1.5	1.4	

(표3.4) 서울시 수송부문의 차종별 오염물질 배출량(2022) (단위: 톤)

연료종류	CO	NOx	PM_{10}	$PM_{2.5}$	NH_3
승용차	6,322(43.5%)	2,558(12.6%)	16	14	62 (47.2%)
승합차	159	982	23	21	1.1
RV	901	6,172(30.3%)	38	35	15
택시	527	33	0.7	0.7	33
버스	297	2,126(10.4%)	4.5	4.1	2.4
화물차	1,323	8,046(39.5%)	131(56.8%)	121(57.0%)	7
특수차	28	76	1	0.9	0.2
이륜차	4,992(34.3%)	360	16	15	11

출처: 환경부 국가미세먼지정보센터 국가대기오염물질 배출량 통계, 2025

3절 | 자동차배출가스 종류와 발생원인

3.1. 자동차배출가스 종류

자동차용 내연기관은 화석연료인 석유(휘발유, 경유)나 가스연료(NG, LPG)를 공기 중의 산소로 연소시켜서 동력을 얻는다.

화석연료는 탄소와 수소(CnHm)의 결합물로서 이상적인 연소에서는 이산화탄소(CO_2)와 물(H_2O)만 발생한다. 그러나 연료에는 탄소와 수소 이외의 다른 성분들이 혼합되어 있으며, 공기 중에도 산소 이외에 질소나 기타 성분들로 구성되어 있으며, 엔진 연소실 내에서 연료와 공기가 혼합되어 연소하는 시간이 매우 짧으므로 완전연소를 구현하는 것은 불가능하여 따라서 엔진 연소 시 CO_2와 H_2O 이외에도 수백 종류의 배출물들이 생성된다.

엔진 배출가스는 인체에 해로운 성분들이 많으며, 그중에서 배출량이 많고 위해성이 큰 성분들은 법적으로 배출량을 규제하고 있다. 휘발유자동차의 일산화탄소(CO), 탄화수소(HC), 질소산화물(NOx)과 경유자동차에서는 입자상물질(PM)과 매연(smoke)이 추가된다. 지구온난화의 원인인 온실가스도 CO_2, N_2O, CH_4 등이 자동차 배출규제에 포함되어 있다(그림3.16).

(1) 자동차 배출규제물질

현재 자동차 배출허용기준에서 규제하고 있는 오염 배출물은 CO, HC, NOx(NO와 NO_2의 합), 메탄(CH_4), 비메탄유기가스(NMOG), 비메탄탄화수소(NMHC), 암모니아(NH_3), 포름알데히드(HCHO), 블로바이가스, 증발가스, 입자상물질(PM; Particulate Matters), 입자상물질 개수(PN; Particulate Number), 매연(smoke)이며, 온실가스는 CO_2, N_2O, CH_4, F-Gases(HFCs, PFCs), SF_6이다.

또한 미량으로 배출되고 있어서 규제는 하고 있지는 않지만, 인체 위해성 논란이 있어 관심의 대상이 되는 미규제물질로는, 휘발성유기화합물(VOC; Volatile Organic Compound), 총 부유미립자(TSP; Total Suspended Particle), 다환방향족탄화수소(PAH; Polycyclic Aromatic Hydrocarbons), 유해대기오염물질(HAPs; Hazardous Air Pollutants), 자동차배출유해물질(MSATs; Mobile Source Air Toxics) 등으로 분류되고 있다.

특히 포름알데히드(formaldehyde)와 벤젠(benzene)은 인체 유해성이 커서 규제물질에 포함하기 위한 논의가 진행되고 있다.

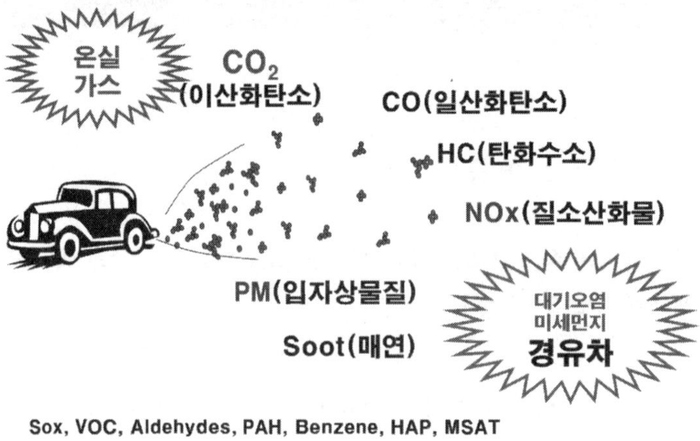

그림 3.16 내연기관 연소 시 배출가스 종류

(2) 자동차배출 독성물질(MSATs; Mobile Source Air Toxics)

미국 EPA는 자동차에서 배출되는 유해대기오염물질(HAPs)을 줄이기 위하여 이동오염원에 의한 대기 독성물질관리(control of hazardous air pollution from mobile source) 제도를 2007.2.9에 발표했다. 자동차 배출유해물질(MSATs) 목록에는 1,000종 이상이 포함되어 있으며, 주요 성분에 대한 기여도를 (표3.5)에 정리하였다.

MSATs는 암을 유발하거나 심각한 건강상 또는 환경에 영향을 미친다고 알려졌거나 가능성이 있는 물질이다. 휘발성유기화합물(VOC)이 MSATs의 많은 부분을 차지하고 있으며, VOC는 오존과 입자상물질(PM)을 생성하는데 주요 역할을 한다.

벤젠은 발암물질로 알려져 있기 때문에 특별한 관심이 있으며, 대부분의 벤젠 배출량은 자동차에 기인한다. 주요 간선도로변에서 살거나 일하는 사람들이나 자동차 안에서 대부분의 시간을 보내는 사람들이 더 많이 노출된다.

이동오염원에 의한 대기 독성물질(MSATs)은 다음의 원인으로 대부분 배출된다.

- 연료에 함유되어 있다가 연료의 증발 또는 불안전 연소로 인해 배출: 벤젠 등
- 엔진의 연소과정에서 생성: 휘발유에 함유된 벤젠과 유사한 토루엔 및 자이렌이 불완전 연소 생성물로서 배출되며 디젤입자상물질(DPM; Diesel Particulate Matter), 디젤 배출 유기물질(DEOG; Diesel Exhaust Organic Gases), 포름알데하이드, 아세트알데

하이드, 1.3부타디엔(butadiene)

- 자동차배출가스가 대기 중에서 화학반응을 일으켜 생성하는 이차오염물질: 포름알데하이드, 아세트알데하이드
- 엔진의 마모와 엔진오일과 연료의 불순물 또는 첨가제의 연소에 의한 금속산화물 배출

(표3.5) MSATs 주요 목록과 자동차 기여도(%)

Acetaldehyde(60%)	Ethylbenzene	Naphthalene(27%)
Acrorain(25%)	Formaldehyde(47%)	Nickel compounds
Arsenic compounds	n-Hexane	Polycyclic organic matter (POM)
Benzene(68%)	Lead compounds(29%)	Styrene
1,3-Butadiene(58%)	Manganese copounds	Toluene
Chromium compounds	Mercury copounds	Xylene
2,3,7,8-tetrachlorodibenzo-p-dioxine (and cogenersand TCDF cogeners)		
Diesel Particulate Matter Diesel Exhaust Organic Gases	MTBE	

출처: Mobile Source Air Toxics, Marion Hoyer, et al., EPA, 2007.10.2

(3) 자동차 배출물질의 위해성

자동차에서 배출되는 오염물질은 입자상물질(PM)과 함께 많은 종류의 가스상 물질이 있으며, 인체에 영향이 큰 배출가스들은 대기 환경법에서도 환경기준을 설정하여 관리하고 있다.

- 일산화탄소(CO)는 무색·무미·무취 가스로 피부나 점막에 대한 자극도 없어 감지가 어렵고 물에 잘 녹지 않고 공기에 비해 비중이 0.967배이다. 헤모글로빈(Hb)과의 결합력이 산소에 비해 300배 이상 커서 체내 산소 운반작용을 저해하여 조직의 저산소증을 일으켜 중독 내지는 사망에 이르게 된다.

  인지 작용과 사고능력 감퇴, 반사작용 저하, 졸음과 협심증 유발, 무의식 및 사망을 유발하며, 임신 여성의 태아 성장과 어린아이의 조직 발달에도 영향을 미친다.

• 질소산화물(NOx)은 일산화질소(NO)와 이산화질소(NO_2)를 합해서 통칭하는 용어이며 NO가 더 큰 비중을 차지하나 유해성은 NO_2가 8배 정도 더 심하다.

NO는 무색, 무취의 기체로 물에 녹기 어렵고 공기와 서서히 반응하여 NO_2로 산화하며, NO_2는 적갈색의 자극 냄새가 있는 기체로 물에 녹기 쉽고 물과 반응하여 아초산이나 초산이 된다. NO_2는 호흡 시 체내의 폐 세포에 침투하여 점막 분비물에 흡착되어 강한 질산을 형성하여 호흡기 질환을 유발한다. 따라서 유행성 독감과 같은 호흡기성 전염병에 대한 감수성이 증가하고 폐부종, 기관지염, 폐렴을 일으킬 수도 있다. 또한 천식 환자에게는 먼지나 꽃가루에 대한 감수성을 증가시킨다.

자동차 배기가스 중에서 배출량이 가장 많으며, 발생원별로 보면 자동차 등 수송 분야에서 가장 많이 배출되며, 산업, 발전 순으로 나타나고 있다. NOx는 암모니아와 함께 2차 미세먼지를 생성하는 전구물질(precursor)이며, 또한 탄화수소와 광화학스모그 반응을 일으킨다.

• 탄화수소(HC)는 화학적 성질에 따라 파라핀(paraffin), 나프텐(naphthene), 올레핀(olefin), 방향족(aromatic)으로 분류되며 이중 다환방향족화합물인 PAHs가 특히 인체에 유독하며 대부분 입자상물질에 흡착되어 있다. HC가 저농도에서는 호흡기 계통을 자극하는 정도나, 산화되어 알데하이드(aldehyde)를 발생시키면 눈, 점막, 피부 등을 심하게 자극한다. 알데하이드가 다시 산화되면 과산화물이 형성되어 광화학스모그의 원인이 되어 눈을 더 자극한다.

HC는 고분자량 탄화수소(미연소), 저분자량 탄화수소(열분해)로 대별되며, 저분자량 탄화수소는 눈 염증, 기침 및 재채기, 졸음 및 술 취한 것과 유사한 증세를 유발하고, 고분자량 탄화수소는 발암성 또는 돌연변이를 유발할 수 있다. HC는 NOx와 함께 햇빛에서 광화학스모그 반응을 일으킨다.

자동차에서 배출되는 알데하이드류 농도는 20~200ppm 정도이며 주로 포름알데하이드(formaldehyde, HCHO)가 대부분이며 아세트알데하이드(acetaldehyde, CH_3CHO), 아크롤레인(acrolein, CH_2=CHCHO)도 포함되어 있다.

포름알데하이드는 목과 기관지를 자극하며, 아세트알데하이드는 눈과 피부를 자극하며, 아크롤레인은 가장 독성이 강하여 눈과 코를 자극한다. 특히 어린이가 민감하며 호흡기 감염률을 증가시키는 것으로 보고되고 있다.

알데하이드류의 허용치는 HCHO 2ppm, CH_3CHO 100ppm, CH_2=CHCHO 0.1ppm이며, 알데하이드 발생은 엔진 연소실에서 화염 소실이나 낮은 온도에서의 완만한 연소 등에 의해 발생하며, 특히 공연비가 희박한 영역에서 급격하게 증가하는 것을 볼 수 있으며 이것은 HC의 불완전 산화에 기인한다.

• 미세먼지인 자동차 입자상물질(PM)은 대기오염물질 중 건강에 가장 해로운 물질로서 WHO는 2012년에 경유 자동차 배출 입자를 1군(Group) 발암물질로 조정했으며, 미국 CARB에서는 발암 위해도의 70%가 경유 자동차 배출 입자라고 보고했다.

특히 자동차에서 배출되는 나노입자(nanoPM)는 ① 사람의 폐포나 기관지에서 깊숙한 호흡기 계통에 흡착되고 장시간 잔류하여 폐암과 호흡기 질환을 유발한다. ② 또한 폐포 외부의 모세혈관과 폐포벽을 통한 산소교환 호흡 시 폐포를 직접 통과해서 혈액을 통해 전신 순환을 할 수 있기 때문에 심장과 심혈관 질환, 혈액의 점도를 높여 동맥경화, 뇌졸중, 심장마비와 같은 순환기 질환도 유발한다. ③ 나노미세먼지는 사람의 코 위쪽에서 뇌 앞부분까지 연결된 후각신경을 타고 뇌로 침투하여, 뇌혈관을 딱딱하게 만들어서 뇌졸중 위험도가 높아지며, 치매나 파킨슨병을 일으키는 것으로 밝혀졌다.

※ 위해도(risk)는 유해성(hazard) × 노출량(exposure)으로 평가하며, 유해 물질의 특정 농도나 용량에 노출된 개인 혹은 집단에게 유해한 결과가 발생할 확률(probability) 또는 가능성(likelihood)으로 정의한다.

3.2. 자동차배출가스 발생원인

자동차 엔진에 사용되는 화석연료는 탄소(C)와 수소(H)의 화합물(CnHm)로 구성되어 있으며 소량의 유황(S)과 산소가 함유되어 있다.

휘발유연료의 탄소 개수 분포는 C_4에서 C_{12}이며, 일반 무연휘발유(regular unleaded gasoline)의 가장 보편적인 크기는 C_5이고, 프리미엄 무연휘발유(premium unleaded gasoline)은 C_8이다. 평균 탄소 개수는 일반 휘발유는 $C_{6.9}$, 프리미엄 휘발유는 $C_{7.1}$이다(그림3.17좌).

반면 경유는 C_{10}에서 C_{22} 사이의 수천 종류의 화합 물질들의 매우 복잡한 혼합물로서, 대부분은 파라핀계(paraffin family), 나프텐계(naphthene family), 방향족계(aromatic family)이다(그림3.17우).

보통 휘발유는 c=0.855, h=0.145 비율, 경유는 c=0.863, h=0.137이며, 휘발유는 이소옥탄(C_8H_{16}), 경유는 세탄($C_{16}H_{34}$)을 대표로 사용하기도 한다.

공기의 조성성분은 몰분율(체적비율)로 질소(N_2) 78.1%, 산소(O_2) 20.9%, 아르곤(Ar)

0.9%와 기타 성분으로 이루어져 있으나, 보통 N_2=79%, O_2=21%로 계산하며, 질량 비율로는 N_2=76.8%, O_2=23.2%로 취급하고 공기 상당 분자량은 28.97kg/kmol로 계산한다.

연료 1kg에 탄소 c, 수소 h, 유황 s, 산소 o kg이 함유된 연료를 완전 연소시킬 때의 이론공연비(stoichiometric air/fuel ratio), A/F = 4.31(8/3·c + 8·h + s -o) (kg/kg)이며, 이때의 필요 공기량은 3.33(8/3·c + 8·h + s -o) Nm^3/kg이다.

보통 휘발유의 A/F는 14.8이며, 경유는 14.6이다. 가스연료인 메탄은 17.2이며, LPG 연료는 15.7이다(표3.6).

연료가 완전연소 되었을 때의 연소가스 중량은 사용된 공기와 연료의 합한 값이지만 연소가스 체적은 연료와 공기 체적의 합한 값과는 다르다.

실제 사용된 공기 중량은 이론공연비 때 사용된 공기 중량과 비교하기 위해서, 공기과잉률(λ)과 당량비(equivalent ration; Φ)를 사용하며, 물리적으로 이해하기 쉬운 공기과잉률 λ를 주로 사용한다.

- λ = 실제공연비/이론공연비(λ > 1 : 희박(lean))
- Φ = 이론공연비/실제공연비(Φ > 1 : 농후(rich))

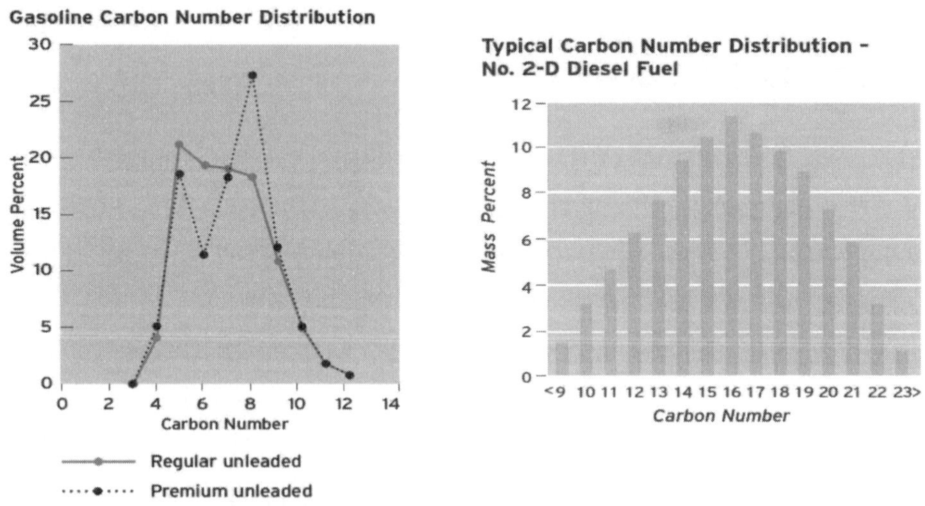

그림 3.17 휘발유(좌)와 경유연료(우)의 탄소 개수 분포

출처: Motor gasoline technical review, Chevron Productions Company, 2009.
Diesel fuels technical review, Chevron Productions Company, 2007.

(표3.6) 화석연료의 구성비와 이론공연비

연료종류	중량비		이론공연비	비고
	C	H		
고급휘발유	0.865	0.135	14.6	
보통휘발유	0.855	0.145	14.8	
이소옥탄(C_8H_{18})	0.842	0.158	15.1	ON = 100
경유	0.863	0.137	14.6	
세탄($C_{16}H_{34}$)	0.850	0.150	14.9	
메탄(CH_4)	0.750	0.250	17.2	천연가스
프로판(C_3H_8)	0.818	0.182	15.7	LPG

내연기관 연소는 피스톤의 상하운동에 의하여 연소실 내에 다양한 형태의 유동(tumble, swirl)이 발생하고 짧은 압축 기간에 연료와 공기 혼합기가 점화되어 연소, 폭발, 배출 과정을 반복하기 때문에, 보일러와 같은 일반 연소에 비해 매우 복잡한 과정을 거친다.

또한 내연기관에서 경쟁하면서 발전해 온 오토사이클과 디젤사이클의 두 기술은 연료혼합과 혼합기의 점화 과정이 다르므로 서로 다른 연소 특성과 이에 따른 배출가스 차이를 가지고 있다.

오토사이클은 휘발유(gasoline)와 가스연료(LPG, CNG), 알코올 등의 자발화 온도는 높지만, 착화온도가 낮은 연료를 사용하여 점화플러그로 점화(SI; Spark Ignition)시키는 방식이다. 반면 디젤사이클은 경유(diesel)와 바이오디젤, DME 등 착화온도는 높지만, 자발화 온도가 낮은 연료를 사용하여 압축 행정시 온도가 높아진 연소실 내에 연료를 분사하여 자기 점화(CI; Compression Ignition)시키는 방식이다.

가솔린엔진은 연료와 공기를 연소실 바깥에서 예혼합하여 연소실에 공급하며, 혼합기를 피스톤으로 압축하고 충분한 연소 분위기가 될 때 점화플러그의 전기점화 에너지(약 15kV)로서 혼합기를 점화시켜 연소시킴으로써 연소 시 발생하는 에너지를 이용한다. 반면, 디젤엔진은 공기를 먼저 연소실에 공급하여 피스톤으로 압축하여 공기 온도를 높이고, 연료분사장치로서 연료를 연소실에 분사함으로써 점화 및 연소를 시키며 외부의 강제 점화원을 사용하지 않는다.

가솔린직접분사(GDI)엔진은 디젤엔진처럼 공기를 연소실에 공급하고 연소실에 설치된 연료공급장치로 연료를 분사하고 점화장치를 사용하여 혼합기를 점화시킨다(그림3.18).

연소개념으로 보면 가솔린엔진은 예혼합연소(premixed combustion), 디젤엔진은 확산연소(diffusion combustion)에 가깝다고 볼 수 있다.

두 기술은 열효율(thermal efficiency), 연비(fuel efficiency), 배출가스(exhaust emissions), 비출력(power density), 소음(noise), 안정성(comfortability), 내구성(durability), 가격(cost) 등의 관점에 경쟁했으나, 130년에 걸친 기술 발전으로 현재는 두 기술의 차별성이 크게 줄어 들었다.

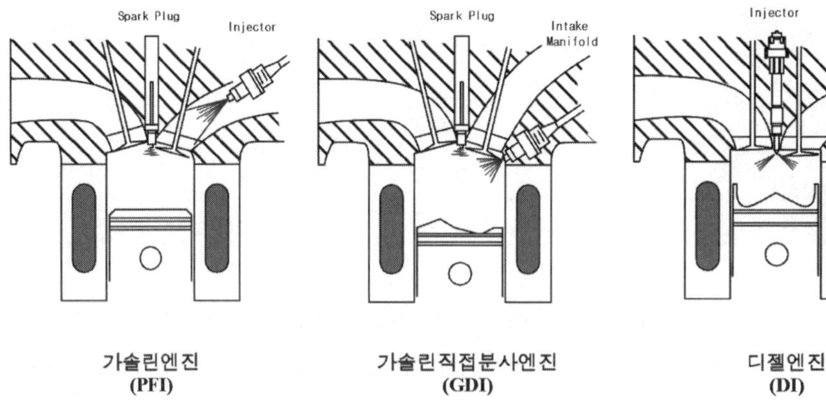

그림 3.18 가솔린엔진(좌)과 디젤엔진(우) 구조 비교

출처: 자동차와 환경, 정용일 등, 숭실대학교출판부, 2010.10.

가솔린엔진 연소는 점화플러그에서 점화된 화염이 연료 공기 혼합기에 전파되면서 연소가 이루어지며 화염 전파속도 변화폭은 크지 않기 때문에 고속 회전에서도 화염 면이 벽면까지 충분하게 전파되어 연소를 원만하게 마치기 위해서는 연소실 크기에 제한이 있다. 그러나 디젤엔진은 압축공기에 분사된 연료가 연소하기 때문에 연소에 소요되는 시간이 짧아 연소실 크기에 제한이 없으며 특히 대형엔진은 디젤엔진만이 가능하다(그림3.19).

가솔린엔진은 연소속도가 너무 빠르면 노킹(knocking)을 수반하는 급격한 압력상승이 발생하여 연소실 내에 손상을 가져온다. 따라서 엔진의 연소효율을 높이기 위해서는 압축비를 높여주는 것이 효율적이지만 노킹 한계와의 조화가 필요하다. 연료 측면에서는 연소속도를 느리게 해주는 고옥탄가연료를 사용함으로써 압축비를 높일 수 있으며 노킹 방지에 도움이 된다.

디젤엔진에서는 연료가 짧은 시간에 동시에 연소하기 때문에 가솔린엔진의 노킹과 유사한 연소가 일어난다. 분사된 연료가 쉽게 연소할 수 있도록 압축공기 온도를 충분히 올려주어야 하고, 특히 냉간시동(cold start) 시의 자기 착화온도(self-ignition temperature)까지 올리기 위해서는 압축비가 가솔린엔진에 비해 높다. 따라서 연소효율이 높으나 압축비가 너무 높으면 연소압력이 높아 연소실의 손상 우려와 피스톤 압축에 드는 에너지와 기타 기계적 마찰손실이 크며, 진동과 소음 문제도 가솔린엔진에 비해 크기 때문에 연소효율 저하를 최소화하면서 압축비를 낮출 방안이 필요하다.

디젤엔진은 공급 공기가 많으므로 배기가스 온도가 낮아 엔진 내구성에 유리하다. 그러나 분사된 연료가 연소할 때 국부적으로 공기가 부족하여 매연이 발생하며, 전체적으로는 희박연소이기 때문에 삼원촉매나 산화촉매 적용이 어렵다. 또한 압축비가 높기 때문에 연소 최고 온도가 높아 NOx 발생량이 많다.

반면, 가솔린엔진의 경우는 연료와 공기를 사전에 혼합되어 공급하기 때문에 공연비 제어가 쉬워 삼원촉매를 적용할 수 있어서 배출가스 제어에 유리하다.

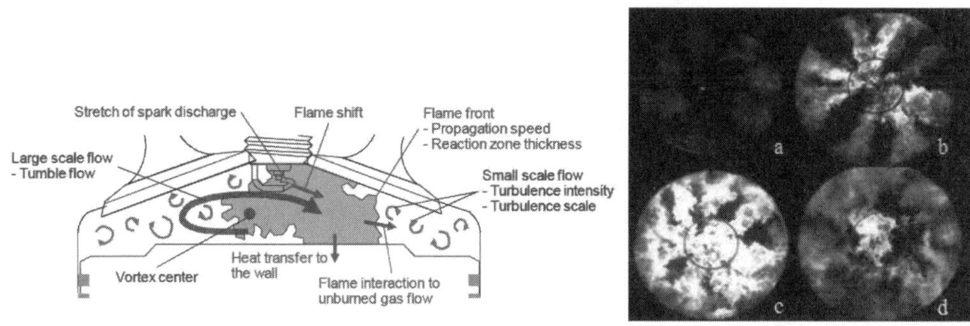

그림 3.19 오토사이클(SI) 연소실 내 유동장 및 화염전파(좌)와 디젤사이클의 분사연료 연소(우)

출처: "Simultaneous in-cylinder flow measurement and flame imaging in a realistic operating engine environment using high-speed PIV", Atsushi Nishiyama, et al. Applied Science, 2019.6.30
"디젤엔진 연소실 내 연소현상 측정", 배충식 교수, KAIST.

(1) 질소산화물(NOx) 발생원인

2차 미세먼지의 주요 원인인 질소산화물(NOx)은 주로 자동차에서 배출된다. NOx는 일산화질소(NO)와 이산화질소(NO_2)를 합한 것이며 NO가 많은 부분을 차지한다. NOx 발생은 공기 중의 질소 분자에 의한 것이며 연료에는 거의 질소 성분이 없다. 공기 질소에 의한 NO 발생은 젤도비치메커니즘(Zeldovich Mechanism)인 (식3.4)의 반응으로 발생한다.

$$N_2 + O \Leftrightarrow NO + N \qquad \text{(식3.4)}$$
$$O_2 + N \Leftrightarrow NO + O$$
$$OH + N \Leftrightarrow NO + H$$

전체 반응은 상대적으로 느리고 온도에 크게 지배되며, 반응시간과 산소농도도 중요한 인자이다. 첫 번째 식 반응이 온도에 가장 의존적이며, 고온과 디젤분사 화염 영역의 이론공연비 혼합기에서 가장 중요한 반응이다. 1,700K 이하에서도 NOx 생성이 나타나지만, 2,000K 이상에서 높게 생성된다.

엔진 연소실 내에서의 연소는 고압에서 진행되기 때문에 화염 반응 면은 0.1mm 정도로 매우 얇으면서 아주 짧은 시간 동안만 남아 있다. 또한 연소과정에서는 압력이 계속 상승하기 때문에 이미 연소한 화염 후면 가스 온도가 이제 막 타기 시작한 화염 전면 가스에 비해 훨씬 높다. 이런 이유로 엔진 연소 시 NO는 대부분 화염 후면 가스에서 발생하며 화염 전면에서 발생하는 NO양은 상대적으로 적다.

NO_2 발생량은 NO에 비해 무시해도 좋을 정도로 작다. 가솔린엔진에서의 NO_2/NO 비는 2% 수준으로 NO_2 발생량이 매우 낮고 디젤엔진에서는 10~30% 정도이다. NO_2는 연소온도가 1,200K 이하에서만 남아 있으며, 연소실 내에 차가운 영역이 많은 아이들링이나 저부하 운전상태에서 NO_2/NO 비율이 높다.

1) 가솔린엔진 NOx 발생

가솔린엔진의 연료공급은 흡기관에서 공기와 혼합되어 연소실 내로 공급되기 때문에 연료 공기는 균일하게(homogeneous) 혼합되어 연소한다고 가정할 수 있으며, 따라서 가솔린엔진 NO 발생은 젤도비치메커니즘으로 설명할 수 있다.

NO 발생에 영향을 미치는 중요한 요소는 공기연료비, 희석가스비, 점화시기이다.

- **공연비 영향**: 연소실 온도는 공연비가 약간 농후한 영역인 λ=0.9 근처에서 가장 높으나 산소농도가 낮으므로 NO 발생이 억제되며, 도리어 λ=1.1의 희박한 영역에서 풍부한 산소가 연소온도가 낮아지는 것을 억제하여 NO가 최대로 발생한다. λ=1.1을 기점으로 희박한 영역에서는 NO가 팽창행정에서 증가 속도가 일찍 동결(freeze)되어 발생량이 적어지며, 농후 영역에서는 NO 환원반응이 발생하여 농도가 낮다.

- **희석 가스비의 영향**: 연소실 내에는 앞 사이클 잔류가스와 배기가스재순환(EGR; Exhaust Gas Recirculation) 가스가 NOx 생성을 억제한다. EGR은 N_2, He, Ar와 같은 불활성가스의 역할을 하여 NOx를 저감하는 매우 효율적이고 값싼 방법으로써 최대 EGR율 25% 정도에 NOx를 60% 이상 줄일 수 있다. 그러나 과도한 EGR은 엔진작동의 부조를 초래한다. 앞 사이클 잔류가스는 주로 엔진작동 부하(load), 밸브 타이밍에 크게 영향을 받으며 작게는 엔진속도, 공연비, 압축비 등에도 영향을

받는다. 또한 배기가스 중의 산소농도가 낮으므로 연소실의 공급 산소량이 적어지며, 연소속도도 느려져서 연소온도가 저하된다.

- **점화시기 영향**: 점화시기가 앞당겨지면 상사점(TDC; Top Dead Center) 이전에 다량의 연료가 연소하기 때문에 연소 최고압력이 높아지며, 반대로 점화시기가 후퇴되면(retard) 많은 연료가 TDC 이후에 타기 때문에 연소 최고압력은 낮아져 NO가 감소한다. 그러나 점화시기를 너무 후퇴시키면 출력감소와 연비 악화가 발생하기 때문에 NO와 연비, 출력을 고려한 최적 점화시기 선정이 중요하다. 일반적으로 최고 출력 점화시기인 MBT(Maximum Brake Torque; Minimum Spark Advance for Best Torque)에서 최대토크 값이 1~2% 감소하는 점으로 후퇴시켜 사용한다.

2) 디젤엔진 NOx 발생

디젤엔진 연소는 가솔린엔진 연소와 달리 연료가 연소행정 직전에 연소실 내에 분사되기 때문에 공기와 연료가 충분하게 혼합되기 전에 연소가 시작되며, 따라서 공연비 분포가 불균일(heterogeneous)하고 연소과정이 복잡하다.

연소 시작 후 20°CA에서 NO 발생이 대부분 완료되며 NO_2 발생량은 전체 NOx의 10~20% 수준이다. 가솔린엔진과 마찬가지로 EGR 영향은 디젤엔진에서도 매우 크며, EGR 시 연소실 내 혼합기의 O_2 농도가 감소해 NOx가 감소한다.

직접분사식(DI) 디젤엔진의 연소과정은, 점화지연 기간, 예혼합연소 기간, 제어연소 기간, 후연소 기간의 4단계(그림3.20)로 진행된다. 점화지연 기간 직후의 예혼합연소 기간에서는 이론공연비 농도의 혼합기가 동시에 연소하며, 제어연소 기간에서도 이론공연비 농도의 혼합기가 확산화염(diffusion flame)을 계속한다. 전반적인 연소과정은 기연소 가스와 공기, 희박하거나 농후한 미연소 공기연료 혼합기들의 복잡한 혼합과 연소가 동시에 진행된다.

- **점화지연 기간(ignition delay)**: 분사된 연료가 발화온도까지 가열되고 점화되어 연소가 시작되기 직전까지의 기간으로 열발생률(rate of heat release)은 거의 없으며, 분사 초기의 연소실 내 온도와 압력에 좌우된다. 연소실 내 여러 지점에서 자기점화(autoignition)로 연소가 시작되며, CR 엔진에서는 0.30ms~0.75ms 사이이다. 이 기간은 분사된 연료는 작은 비말(droplets)로 쪼개지고, 증발하여, 공기와 혼합되어 연소 가능 혼합기를 형성하며, 느리지만 화학반응이 시작된다. 연료분사율과 공기연료 혼합비로 열발생률과 압력상승을 제어하여 엔진작동을 부드럽게 조절할 수 있다.

세탄가가 낮은 경유연료는 점화지연 기간이 길어져서 이 기간에 연료가 더 많이 분사되며, 따라서 더 많은 예혼합연소와 매우 급속한 연소율, 연소압력 상승, 높은 최고압력을 발생한다. 극단적인 경우는 분사된 대부분의 연료가 한꺼번에 자발화되어 디젤 노크가 발생한다. 반면 세탄가가 높은 연료는 점화지연 기간이 짧으며, 분사가 종료되기 전에 점화가 발생한다.

- **예혼합 급속연소 기간(rapid combustion by premixed fuel)**: 점화지연 기간 혼합된 연료가 자기착화(auto ignition)되어서 예혼합연소를 시작하면서 급속하게 연소해 고온과 급격한 압력상승을 유발하며 열발생률이 최고점에 도달한다. 예혼합연소 시의 압력상승은 디젤엔진 소음 강도와 비례한다. 엔진회전속도와 부하, 분사시기는 예혼합연소에 영향을 미친다.

  이 기간의 연소는 공급된 연료의 미립화, 휘발성, 연소실 내 연료분포 등에 의해 지배된다. 분사된 연료는 분무화(atomization)와 증발(evaporation)하면서 조기점화 화학반응(the pre-ignition chemical reactions)을 일으킨다.

  분사된 경유연료가 연소되는 모델(그림3.20우)을 보면, 연료가 분사되어 4°ASI(after the start-of-injection)까지 점화지연 기간을 거쳐서 예혼합연소가 시작되고 연소실 압력도 상승하기 시작한다.

  5°ASI에서 연료제트 앞부분(7)에서 PAH가 생성되고 연소실 압력이 급격하게 상승하며, 6°ASI에서 작은 검댕(soot)(8)이 발생하며 주변으로 확산화염(diffusion flame)이 전개된다.

- **제어연소 기간(mixing-controlled combustion)**: 확산연소(diffusion combustion)로도 불리며, 예혼합급속연소 이후에도 잔류 연료와 추가 공급되는 연료가 공기와 혼합하여 연소를 계속하며 제2의 열발생률 최고점을 만든다. 연료의 무화(atomization), 증발도(vaporization), 공기연료의 혼합도, 연료의 분사율 등에 의해 제어된다.

  이론공연비(stoichiometric ratio)에서는 완전연소로 물과 CO_2를 생성하지만, 농후한 혼합 상태에서는 연소가 불완전하게 되어 검댕이 발생한다. 반면 희박혼합기에서는 연소가 효율적으로 되지 못해 미연소 탄화수소(unburned hydrocarbons)를 생성한다.

  8°ASI에서 예혼합연소가 종료되고 제어연소가 시작되며, 검댕(12) 농도가 증가한다. 10°ASI에서 제어연소가 지배적이며 화염 머리 부분에 생성된 난류(head vortex) 안에서 검댕 농도가 최고치(14)가 된다.

• **후연소 기간**(late combustion): 팽창 기간에도 낮은 열발생률로 연소가 상당 기간 진행되며, 적은 양이지만 미연소 잔류 연료가 타거나, 검댕과 농후한 연료의 연소 발생물 등이 지속적으로 방출된다.

간접분사식(IDI) 디젤엔진의 경우는 분사된 연료가 부실실(swirl prechamber, turbulent prechamber)에 분사되어 대부분 연소실 벽면에서 증발하기 때문에 점화지연 기간의 연료혼합이 적어 급속연소 기간에서의 열발생률이 DI와 같은 피크는 없으나, 점화 후 혼합이 가속되어 열발생률이 점진적으로 증가한다.

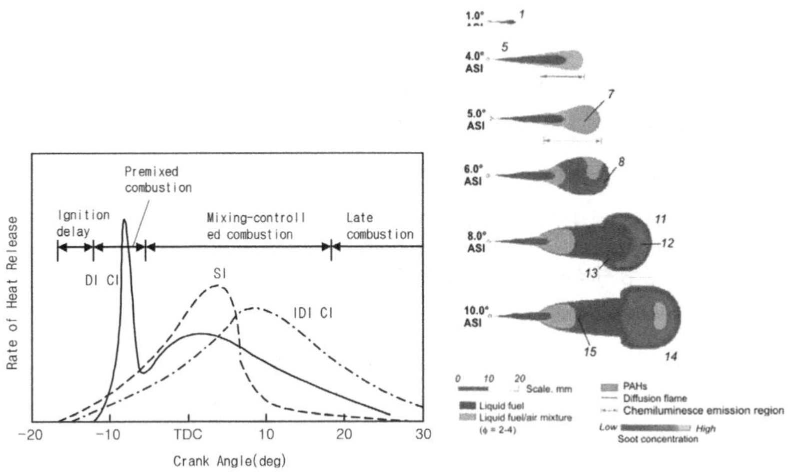

그림 3.20 엔진의 열발생률과 연소과정(좌), 디젤 분무모델 연소경과(우)

출처: Combustion in diesel engines, dieselnet.com.

국부적인 연료-공기 당량비(Φ)와 화염온도(T)는 입자상물질 생성에 큰 영향을 미치며, NOx 배출은 주로 국소 화염온도(local flame temperature)와 체류시간(residence time)에 좌우된다.

Φ-T 그래프를 사용하면 연소개념을 분석하고 비교하는 데에 유용하며, 일정한 체류시간(일반적으로 2ms) 동안 고정된 Φ와 T에서 계산된 검댕과 NOx 농도를 나타내는 Φ-T 지도(그림3.21)가 사용된다.

그림의 빨간색 화살표는 기존의 디젤 연소 경로를 나타낸 것이며, 노즐에서 분사된 연료는 압축행정 후반에 주변의 뜨거운 공기와 혼합되면서 국소 당량비가 감소하고 온도가 상승하는 단열혼합(adiabatic mixing) 과정을 시작한다. 약 800~850K에서 연료 공기 혼합기는 저온 반응영역(냉각화염 연소; cool flame combustion)으로 들어가서 온도가 급격히 증가하면서 예혼합연소 단계가 시작(그림3.55 4°ASI)되고 단열화염 온도(보라색으로 표시)까지 증가한다.

제트 코어를 통과한 연료는 공기와의 혼합으로 인해 국부 당량비가 감소함에 따라 국부 온도가 빠르게 증가하는 화염 머리의 외부둘레 영역에서 제어연소가 시작된다(그림3.20 8°ASI). 확산화염(Φ=1)의 바깥쪽 가장자리를 넘어서면 화학적 열방출이 발생하지 않으며 혼합기는 연소 생성물 온도를 낮춘다.

연소과정에서 분사된 연료는 검댕과 NOx 생성, 검댕산화 영역을 통과하며, 최종적으로 배출되는 NOx 및 검댕은 이들 영역의 체류 시간에 따라 결정된다. CO 배출은 파란색의 CO 생성 경로의 위치에 따라 결정된다.

그림의 녹색 화살표는 이상적인 균일압축착화 연소인 HCCI(Homogeneous Charge Compression Ignition)의 연료 요소가 따라가는 경로를 나타낸 것이다. 연소 전에 연료는 공기와 균일한 혼합물을 형성하며, 국부 당량비는 1보다 작은 희박 혼합이다. 분사된 연료는 저온연소(LTC) 후 예혼합 연소 경로를 통과하면서 검댕 생성 영역에서 멀리 떨어져 있어서 검댕은 발생하지 않으며, 고부하 조건에서는 노킹 연소를 피하기 때문에 NOx 생성영역으로 들어가는 경우는 거의 없다.

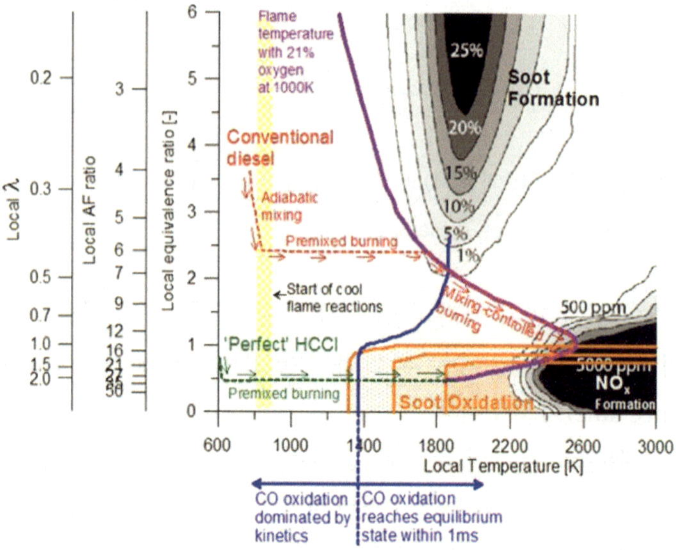

그림 3.21 디젤엔진의 Φ-T(당량비-연소온도) 지도

출처: Combustion in diesel engines, dieselnet.com.

4절 | 미세먼지 생성과 인체 위해성

4.1 미세먼지 정의

입자상물질(PM; Particulate Matters)은 눈에 보이지 않을 정도의 아주 작은 크기의 미세먼지로서, 공기 중에 부유하고 있는 상태는 에어로졸(aerosol)이며, 통상 먼지 또는 분진이라고 부른다.

먼지의 크기(입경) 범위는 0.001-1,000㎛이지만, 100㎛ 이상의 먼지는 침강하기 때문에 강하분진으로 분류하고, 입자가 미세하고 가벼워서 침강하기가 어려워 장기간 대기 중에 부유 상태로 있는 100㎛ 미만의 먼지를 부유분진(부유입자상물질) 또는 SPM(Suspended Particulate Matter)으로 부르며, 총량을 총부유입자(TSP; Total Suspended Particles)라고 한다.

런던스모그나 LA 스모그와 같은 대기오염 사건을 통하여 미세먼지가 인체에 큰 피해를 주는 것을 확인하고, 이후로 미세먼지가 인체에 미치는 영향에 대한 다양한 역학조사가 실시되었다. 입경이 10㎛보다 큰 입자들은 코에서 대부분 걸러지지만, 10㎛ 이하의 호흡성 미세먼지(inhalable particles)는 취약 집단의 질병 발생률과 사망률을 높이는 등 인체에 해로운 영향이 높은 것으로 밝혀졌다. 따라서 최근 수십 년 동안 전 세계적으로도 대기의 미세먼지 오염도는 PM_{10}을 측정해 왔다.

그러나 최근에는 미세먼지는 기관지나 폐뿐만 아니라 심장이나 뇌에도 영향을 미치며 이런 영향은 폐포에서 혈액으로 이동할 수 있는 입경 2.5㎛ 이하인 초미세먼지에 의한 것이기 때문에 $PM_{2.5}$ 측정의 필요성이 제기되었다. 따라서 미세먼지는 입자의 크기에 따라 100㎛ 이하인 총미세먼지(TSP), 지름이 10㎛ 이하인 PM_{10}, 2.5㎛ 이하인 $PM_{2.5}$로 구분하고 있으며, TSP는 대부분의 나라에서 현재는 사용하지 않는다.

미국은 1971년에 TSP 농도의 환경기준을 설정하고, 1987년에 PM_{10}, 1997년에 $PM_{2.5}$ 기준을 설정하였다. 우리나라는 1983년부터 TSP 기준을 시행하였으며 2001년에 대기환경 기준물질에서 제외하고, 1995년에 PM_{10}, 2015년부터 $PM_{2.5}$ 기준이 시행되었다.

우리나라 대기환경보전법에서 정의한 "입자상물질"은 물질이 파쇄·선별·퇴적·이적(移積)될 때, 그밖에 기계적으로 처리되거나 연소·합성·분해될 때에 발생하는 고체상 또는 액체상의 미세한 물질이며, 먼지, 매연, 검댕은 모두 입자상물질의 종류에 포함된다.

미국 환경청(EPA)은 입자상물질을 PM_{10}, $PM_{2.5}$, $PM_{0.1}$의 세 개 범주(category)로 나누고 있다.

PM_{10}은 공기역학 지름(aerodynamic diameter)이 10㎛ 이하 2.5㎛ 이상인 흡인성 조대입자(inhalable coarse particles)이며 도로변이나 산업 먼지에서 발견되는 입자이다.

미세입자(fine particles)인 지름이 2.5㎛ 이하인 $PM_{2.5}$는 연기(smoke)나 연무(haze)에서 발견되며 산불에서 직접 배출되거나 발전소, 산업 공장, 자동차에서 배출된 가스가 공기 중에서 화학반응을 일으켜 생성된다.

지름이 0.1㎛ 이하인 $PM_{0.1}$은 매우 작은 초미세입자(ultrafine particles)로서 고체 또는 액적(liquid droplets) 상태이며 대기 중에서 발견되는 전구물질(precursors)로부터 2차 생성으로 나타날 수 있으며, 지름이 대략 0.05㎛ 이하 입자들의 결합체로서 가스와 입자의 변환(gas-to-particle conversion) 형태이다.

(그림3.22)는 입자상물질 종류별 크기를 비교한 것으로, 초미세먼지($PM_{2.5}$)는 코로나바이러스(0.1~0.5㎛)보다 5배 이상 크지만, 개수를 규제하고 있는 나노미세먼지($PM_{0.05}$)는 코로나의 절반에서 1/10 크기이다.

우리나라는 PM_{10}을 미국의 정의와 다르게 "미세먼지"로 부르기 시작했으며, 따라서 미세입자(fine particle)인 $PM_{2.5}$를 "초미세먼지"라고 부르며, 초미세입자(ultrafine particle)인 $PM_{0.1}$를 "극초미세먼지"라고 부르고 있다.

수도권 대기오염의 원인으로 지목하고 있는 "미세먼지"는 "미세입자(particle)"가 올바른 용어이지만, 언론이나 정부 등에서 미세먼지로 사용하고 있어서 미세먼지는 미세입자와 동일한 의미로 사용한다.

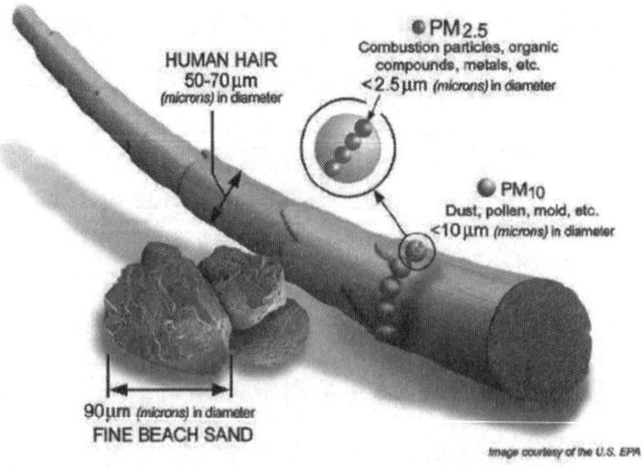

출처: 미국 EAP 홈페이지

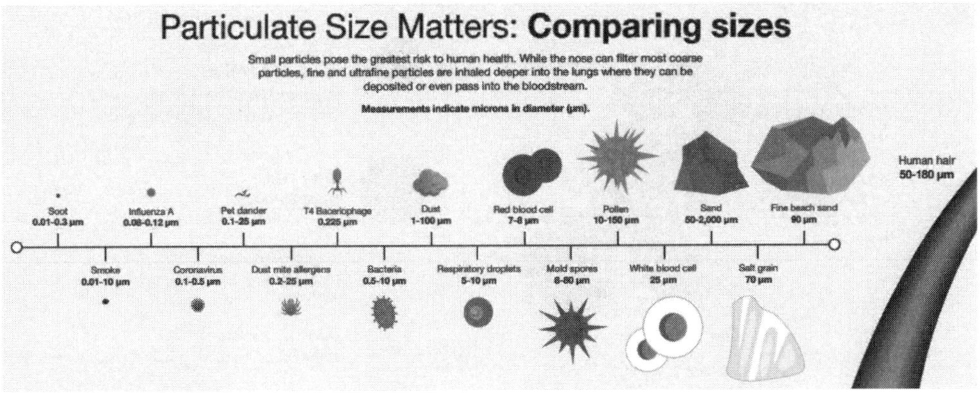

그림 3.22 입자상물질의 크기 비교

출처: 2021 World air quality report-region & city PM2.5 ranking, IQAir 2021 Report

4.2 자동차 입자상물질(PM) 발생원인

자동차에서 배출되는 입자상물질의 주성분은 탄화수소계 연료의 불완전 연소에 기인한 지름 15~30nm의 탄소 고체입자(unburned carbon solid particle)이며, 연료와 부분적으로 윤활유로부터 발생하는 가스상(gas phase) 물질들과 fines, dust, soot, mist, fog, smog 등으로 불리는 것들이 합쳐져 PM을 구성한다.

(그림3.23)에서 보듯이 미연소 탄소 입자의 크기는 10~80nm 크기이며, PM은 크게 고체분(SOL; Solid Fraction), 용해성 유기물질(SOF; Soluble Organic Fraction), 황산염입자(SO_4; Sulfate Particles)로 구성되어 있다.

자동차배출가스 입자상물질을 측정하는 우리나라 시험방법은 "시료 채취 기간 희석 시료가스 온도를 52℃(125℉) 또는 그 이하로 유지하기 위하여 충분한 유량이 요구된다. 희석터널 내부온도는 수분 응축을 방지하기 위하여 충분히 높아야 하나 측정시간 동안 시료 채취점에서 52℃(125℉)를 넘어서는 아니 된다."라고 규정하고 있다.

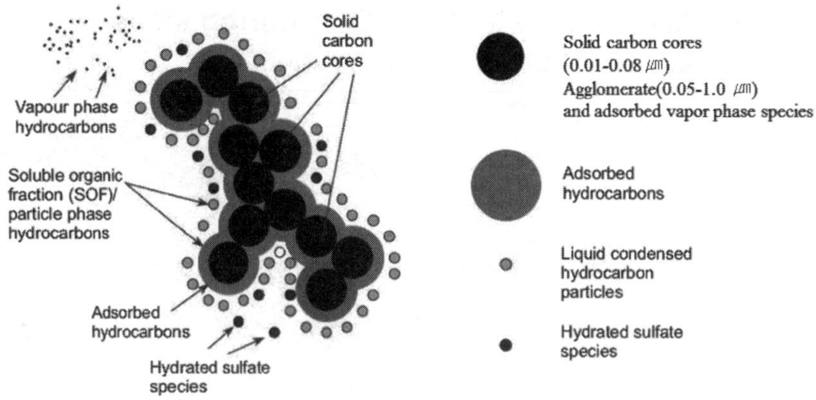

그림 3.23 분무연료의 연소 시 형성된 디젤 PM의 도식도

출처: Cleaning the Air We Breathe - Controlling Diesel Particulate Emissions from Passenger Cars, By Martyn V. Twigg, et al., Johnson Matthey PLC, Platinum Metals Rev. 2009

PM은 디젤과 가솔린엔진 모두에서 배출된다. 엔진 연소 시 발생하는 PM과 검댕은 탄화수소 연료가 온도 1000~2800k와 압력 50~100atm 조건에서 수 밀리초(millisecond) 사이에 생성되며, 국부적으로 공기가 과 부족한 곳에서 긴고리 분자(long-chain molecule)의 산소부족에 따른 열분해(thermal cracking)로 발생한다.

초기 입자는 연료 분자가 열분해로 탈수분 반응을 일으켜 검댕 전 단계의 미립자 핵을 생성하며 아세틸렌(acetylene)과 상위동족체(higher homologoues(C_2nH_2))와 PAH로 구성되어 있고 지름이 2nm 이하의 초미립자이다. 이 입자가 표면 성장(surface growth), 응집(agglomeration), 엉김(coagulation), 합체(aggregation) 등의 과정을 통하여 검댕으로 성장한다.

엔진에서의 검댕 발생은 국부적인 산소부족, 탈수분(dehydration), 분해반응(cracking reaction) 등에 기인하며, 연소온도, 혼합기 운동 형태, 연료 성분, 확산 속도, 반응시간, 연료 미립도 등의 요인에 따라 크게 변화한다.

디젤엔진의 제어연소 기간의 확산연소 중에 대량의 검댕이 발생하며 후연소 기간에 화염에 들어와서 재연소 되면서 검댕은 급속히 감소한다. 연료분사 노즐에서 분사된 연료는 분무의 중심부에서 주변으로 갈수록 공연비가 농후에서 희박해지는 국부적 공연비 분포를 한다. 공연비 농후 영역에서는 산소가 부족하여 매연이 많이 생성되고 고온 화염 영역에서는 질소산화물(NOx)이 높게 생성된다.

따라서 연료 분사압력을 높이면 연료 입자의 미립화가 좋아지고 증발률이 증가하여 연소가 개선되어서 매연과 입자상물질(PM)이 감소한다. 그러나 분사압력을 높이면 급속 연소가 발생하여 연소압력과 연소온도가 높아지면서 NOx와 소음이 증가한다.

(1) 엔진 PM의 입자크기에 따른 중량과 개수 분포

디젤엔진에서 배출되는 PM은 지름 3nm부터 10μm까지 폭넓은 크기로 분포되어 있다. 미국 미네소타대학의 키텔슨 교수(David B. Kittelson)는 디젤엔진에서 배출되는 PM 분포를 입자들의 중량과 개수에 따라 조대모드(coarse mode), 축적모드(accumulate mode), 핵모드(nuclei mode)로 나누어서 설명하고 있다(그림3.24).

또한 각 모드에 분포된 입자들은 PM_{10}, $PM_{2.5}$, $PM_{0.1}$과 함께 나노입자인 $PM_{0.05}$로 구분하고 있다.

- **조대입자(Coarse particles) or PM_{10}**: 공기역학적 지름이 10μm 이하인 미세입자
- **미세입자(Fine particles) or $PM_{2.5}$**: 공기역학적 지름이 2.5μm 이하인 미세입자
- **초미세먼지(Ultrafine particles) or $PM_{0.1}$**: 공기역학적 지름이 0.1μm(100nm) 이하인 미세입자
- **나노미세먼지(Nanoparticles) or $PM_{0.05}$**: 공기역학적 지름이 50nm 이하인 미세입자

PM 중량의 80% 이상이 집중적으로 분포된 축적모드에는 $PM_{2.5}$와 $PM_{0.1}$이 주성분으로써 입자 지름이 30~500nm 범위에 걸쳐있고 100~200nm 사이에 집중되어 있다.

조대모드는 지름 1μm 이상인 미세먼지(PM_{10})로서 전체중량의 5~20%가 모여 있으며 연소 이후의 배기관 내와 샘플 과정에서 주로 발생한다.

그러나 미세입자의 개수(PN)는 나노미세먼지($PM_{0.05}$)가 대부분인 핵모드에 집중되어 있으며, 3~50nm 범위에 분포되어 있고 10~20nm 사이에 집중되어 있다. 나노미세먼지는 전체 중량의 10% 이내지만 수량은 90% 이상이다. 가솔린흡기관분사 엔진에서 배출되는 입자는 대부분 핵모드에 분포하고 있으며, 가솔린직접분사(GDI) 엔진에서도 나노미세먼지가 높게 발생한다.

핵모드 입자는 대부분 휘발성(volatile)으로서 탄화수소계(hydrocarbons)로 이루어져 있고 일부는 탄소와 윤활유에 첨가된 금속 성분의 재(metallic ash)와 같은 고체 물질로 구성되어 있다.

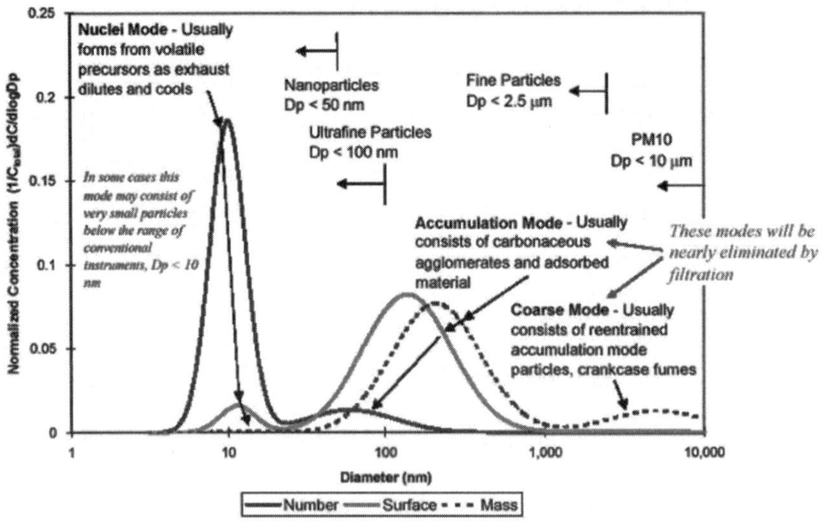

그림 3.24 디젤엔진에서 배출되는 PM의 크기에 따른 중량과 개수 분포

출처: "Sampling and Dilution Issues; Review of diesel particulate matter sampling methods", Kittelson ACES Workshop, 1998.7.31

(2) 자동차 미세먼지 개수(PN) 논란

중량 비율은 낮지만 입자 개수의 대부분을 차지하고 있는 나노미세입자는 입경이 큰 입자들에 비해서 인체 위해도가 훨씬 크기 때문에, 자동차의 PM 중량기준과 함께, PM 개수(PN)기준도 함께 설정하여 규제하고 있다.

유럽에서는 자동차배출가스에 PN 기준을 적용하고 있지만, 미국에서는 기존의 PM 중량기준을 강화하여 PN 배출을 억제하고 있다. 우리나라는 경유차에는 유럽 기준을 적용하여 경유 승용차와 대형차의 PN 기준을 설정하고 있으나, 휘발유차는 미국 기준을 적용하고 있어서 휘발유 GDI 승용차에는 PN 기준을 설정하지 않고 있다.

유럽에서는 2011년의 EURO-5에서, 우리나라는 2014년 기준에 PN 규제를 시작했으며, 경유 승용자동차의 PN 기준은 $6x10^{11}$#/km이고 경유 대형차는 $8x10^{11}$#/kWh이다. 미국은 PM 중량기준을 강화하여 PN 배출을 억제하고 있다.

PN 측정 시 핵모드 입자의 휘발성에 기인한 PN 측정 장비의 정확성과 재현성을 유지하기 위하여, PMP(Particle Measurement Program) recommendations and UNECE regulation 83, European Commission Regulation 692/2008에 의하여, 23nm 이상의 비휘발성 입자들을 측정하고 있다.

그러나 23nm 이하의 나노입자에서도 고체입자(solid particles)가 발견되고 인체 유해성에 대한 논란이 있어 오면서, 2027년부터 시행되는 EURO-7에는 PN 개수기준을 10nm 이상으로 강화하였다.

2009년에 국내 승용차를 대상으로 교통환경연구소에서 측정한 PN과 PM 배출 수준을 (그림3.25)에 비교하였다.

2006년에 국내에 시행된 EURO-4 경유 승용차 PM 기준은 25mg/km으로 측정 차량 모두가 만족한다. 그러나 휘발유 및 LPG 승용차와 함께 DPF(매연여과장치)를 장착한 경유 승용차의 PN은 기준을 만족하지만, DPF를 적용하지 않은 일반 경유 승용차는 PN 기준을 50배 이상 초과하며, DPF 장착 경유 승용차보다는 1,000배 이상 많이 배출하고 있음을 알 수 있다. GDI 엔진을 사용하는 휘발유 승용차도 PN 기준을 10배 이상 초과하는 것으로 나타났다.

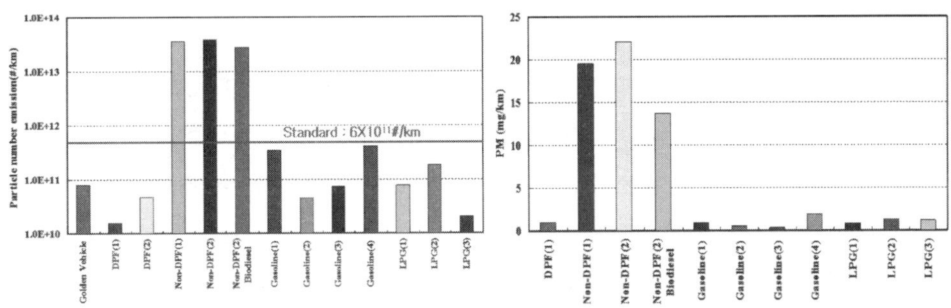

그림 3.25 2009년의 국내 승용차의 PN(좌), PM(우) 배출현황

출처: 국립환경과학원 교통환경연구소 측정자료, 2009.

(3) 자동차 타이어와 브레이크 마모 미세먼지

경유 자동차에 매연여과장치가 도입되면서 자동차 배출구에서 배출되는 미세먼지(PM)량은 크게 줄어들었으며, 따라서 타이어와 브레이크 마모에서 발생하는 미세먼지 비율이 증가하였다. 그동안 타이어와 브레이크에서 발생하는 미세입자가 대기 중의 미세입자에서 차지하는 비율에 관한 자료는 많지 않으나 최근에 관심을 가지고 연구들이 진행됐다. 특히 타이어는 재료 특성상 납·수은·카드뮴·6가크롬·프탈레이트계 물질 등 중금속 오염물질을 함유하고 있어서 일반 먼지보다 유해성이 크기 때문에 주의하여야 한다.

한국기계연구원에서 미니밴, 중형과 소형승용차, SUV 차량을 대상으로 실제 도로 주행 거리에 따른 타이어 마모량 측정실험을 2013년의 수행한 결과에 의하면, **중형승용차(2,000cc급)의 경우 1km 주행 시 100mg 수준의 타이어 마모가 측정되었으며, 이는 경유 승용차의 PM의 배출허용기준 5mg/km의 20배에 달하는 수준이다.**

그러나 타이어 마모입자는 대부분 20μm 이상의 큰 입자이며 PM_{10} 이하는 10% 정도인 것으로 추정한다. 따라서 경유 승용차 PM 기준은 PM_{10}에 해당하기 때문에 타이어 마모입자는 경유 승용차 배출의 2배 수준으로 예상할 수 있다.

유럽환경청(EEA; European Environment Agency)과 대기오염물질 장거리 이동의 감시 및 협력 프로그램(EMEP; European monitoring and evaluation of the long-range transmission of air pollution program) 협력으로 1985년에 시작한 CORINAIR 프로그램에서 조사한 타이어 트레드 마모계수는 30~300mg/km 수준을 나타내고 있다.

2019년의 영국의 연구에 의하면, 승용차의 도심에서의 타이어와 브레이크 PM_{10} 마모계수는 각각 8.7mg/km, 11.7mg/km이며 버스는 20.7mg/km과 53.6mg/km이다. 도로 노면 마모계수는 승용차가 7.5mg/km, 버스는 38.0mg/km로 산출하였다.

영국의 도로 수송분야에서 발생하는 PM_{10}과 $PM_{2.5}$를 (그림3.26)에서 보면, 자동차에서 배출되는 미세입자량은 감소하지만, 타이어와 브레이크, 도로 노면 마모에 의해서 발생하는 비 배기 미세입자량(NEE; Non-Exhaust Emissions)은 서서히 증가하여, 도로 수송분야에서 차지하는 비중이 커지고 있음을 보여주고 있다.

영국의 도로 수송분야에서 NEE의 비율은 PM_{10}은 2000년 39%에서 2016년 73%로 증가했으며, $PM_{2.5}$의 경우는 2000년 26%에서 2016년 60%로 증가했다. NEE 증가가 이러한 추세로 지속된다면 2030년까지 비 배기원의 PM_{10}은 94%, $PM_{2.5}$는 90%를 차지할 것으로 예측한다.

더욱이 미래자동차는 무거운 전기자동차로 전환될 것으로 전망되고 있어서, 타이어 마모에 의한 미세먼지 배출이 더 증가할 수 있다는 우려가 제기되고 있어서 이에 대한 대비가 필요하다.

타이어에서 초미세입자는 정속주행 조건에서는 거의 발생하지 않지만, 급발진과 급제동이나 코너링과 같은 극한 주행에서는 50nm 이하의 크기를 가지는 나노입자가 다량 발생하는 것으로 조사되고 있다. 급발진과 급제동 시에 타이어와 도로 면의 마찰로 높은 마찰열이 발생하며 이에 따라 타이어에 포함된 유기화합물과 오일류가 증발하고 응축되는 과정을 거치게 되면서 나노미세먼지 입자가 발생하는 것으로 알려져 있다.

타이어와 브레이크 마모 입자의 크기 및 개수 분포가 인체 위해성에 큰 영향을 미치기 때문에 연구도 활발하게 진행되고 있다.

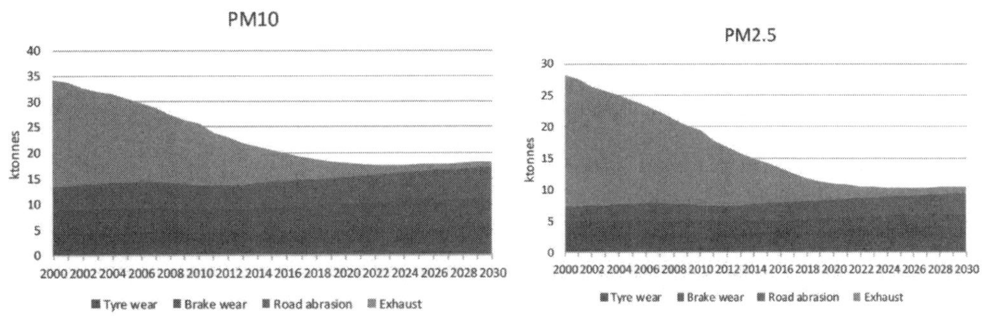

그림 3.26 영국의 도로 수송부문에서 PM_{10}(좌)과 $PM_{2.5}$(우) 배출량 추세

출처: Non-exhaust emissions from road transport, Department of Environment, Air Quality Expert Group, Food and Rural Affairs, Scottish Government, 2019.

4.3. 도로변 미세먼지

(1) 자동차배출가스 단위체적당 미세먼지 개수(#/cc)

자동차에서 배출되는 미세먼지는 대기 중으로 확산해 희석되지만, 입자상물질이기 때문에 일부는 도로변에 상당히 높은 농도로 남게 된다. 도로변의 미세먼지는 도로 보행자와 주민들의 건강에 직접 영향을 미치며, 서울시의 도로변 노출 위험인구는 38.4%(인하대학교 임종한 교수)로 대단히 높아서 도로변 미세먼지의 저감과 인체 위해성에 대한 관리대책이 중요하다.

자동차 운행이 많은 대도시 도로변의 미세먼지 개수와 무게분포(그림3.27)는 디젤엔진의 나노미세먼지 배출분포(그림3.24)와 유사한 형태를 보인다. 도로를 운행하는 자동차 배출물이 도로변 공기오염의 주요 원인이며, 특히 도로변의 나노미세먼지는 자동차가 주 배출원이기 때문이다.

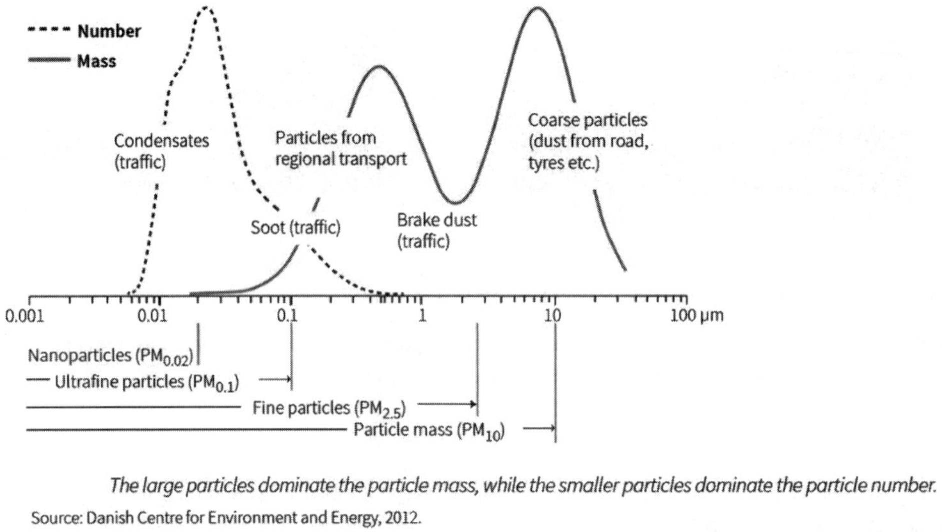

그림 3.27 대도시 도로변 공기의 미세먼지 개수와 무게 분포

출처: Clean Air Copenhagen - Air quality challenges and solutions, The Danish Ecological Council, 2014

승용차의 미세먼지 개수(PN) 배출허용기준은 $6x10^{11}$#/km로 단위 거리당 배출되는 개수이다. 자동차에서 배출되는 오염물질은 차대동력계에서 모드주행을 하면서 배출되는 양과 개수를 측정하기 때문에 단위 거리당 배출값인 g/km 또는 개수/km으로 규제하고 있다.

그러나 대기나 도로변에서 측정하는 입자 개수는 단위 체적당의 입자 개수(#/cc, #/cm^3)로 측정할 수밖에 없으므로 자동차에서 배출되는 단위 거리당 개수는 단위 체적당 개수로는 어느 수준인지를 알 필요가 있다. 이는 자동차가 단위 거리를 주행할 때 배출하는 배출가스의 총 체적을 알면 #/cc 값을 알 수 있으나, 차량과 엔진 배기량의 크기와 운전조건에 따라서 배출되는 배출량의 체적이 다르므로 대략적인 배출 범위만 환산해 볼 수 있다.

승용차의 PN 배출 수준은, 휘발유와 LPG 승용차, DPF 장착 디젤(PN 배출허용기준인 $6x10^{11}$#/km 이하)은 10^5#/cc(십만 개) 수준이며, DPF가 장착되지 않은 경유 승용차는 10^7#/cc(천만 개), GDI 엔진 승용차는 10^6#/cc(백만 개) 수준이다.

(2) 도로변 나노미세먼지 현황

자동차 나노미세먼지(PN)는 1군 발암물질로서, 대기오염보다는 인체 위해성 측면에서 관리되어야 하는 배출물질이다. 따라서 고농도의 나노미세먼지가 발생하는 대기 우심 지역에 대하여 차량 통행 제한과 함께, 자동차 통행량이 많은 도심의 도로변 거주자와 보행자의 고농도 나노미세먼지 발생 시의 신속한 대피와 주택과 아파트 주민들의 대응 행동 지침을 마련하고 홍보함으로써 미세먼지로부터 주민들의 건강 피해를 최소화하여야 할 것이다.

전 세계 42개 도시의 도로변 평균 PN을 측정한 영국 수레이 대학의 연구 결과(그림3.28)에서는 오염이 심한 델리와 상하이 등을 제외한 도시 도로변의 PN 평균값은 35,000개/cc 수준이다.

공기오염도가 가장 높은 인도 델리(Delhi)의 경우는 308,000개($3x10^5$#/cc)로서 휘발유 승용차에서 직접 배출되는 PN과 동등한 수준이며, 중국 상해(Shanghai)도 $1.2x10^5$#/cc 수준으로 공기오염이 매우 심한 것을 알 수 있다. 덴마크 코펜하겐(Copenhagen)과 핀란드 헬싱키(Helsinki) 등은 PN이 15,000#/cc 이하로 깨끗한 도시인 것을 알 수 있다.

2018년에 출퇴근 시를 중심으로 서울시의 종로, 신촌, 동작대로에서 측정한 PN 값을 녹색교통운동에서 발표하였다(그림3.29). 예상과 같이 자동차 통행량이 많은 출퇴근 시의 PN 농도가 30,000~50,000개/cc 수준으로 최고치를 보이면서 세계 평균을 넘어서고 있는 수준이다. 그러나 차도에서 100m 이상 떨어진 곳에서 PN은 도로변의 30%인 10,000~15,000개/cc 수준을 유지하고 있다.

DPF가 부착되지 않은 노후 경유 트럭이 지나갈 때의 도로변 PN은 160,000개/cc 이상으로 증가하며, 정릉터널과 같이 자동차 통행이 많은 도심 터널 내의 PN 농도는 60,000개/cc~100,000개/cc를 유지하여 자동차 배기관에서 배출된 오염물질이 희석되지 않고 그대로 정체된 수준임을 알 수 있다.

따라서 우리나라의 대기공해와 자동차배출가스 관리는 대기의 미세먼지뿐만 아니라 도로변 나노미세먼지 개수관리 정책의 병행관리가 필요하다.

서울시를 비롯한 대도시의 도로변 대기측정소와, 대기오염물질 측정장비를 탑재한 MEL(Mobile Emission Lab.) 차량을 상시 운행하면서 도로변 대기오염도와 나노미세먼지를 측정하여 도로오염 지도를 작성하고, 이를 토대로 도로변과 도로변에 인접한 주민과 주택들의 관리목표를 설정하는 정책이 필요하다.

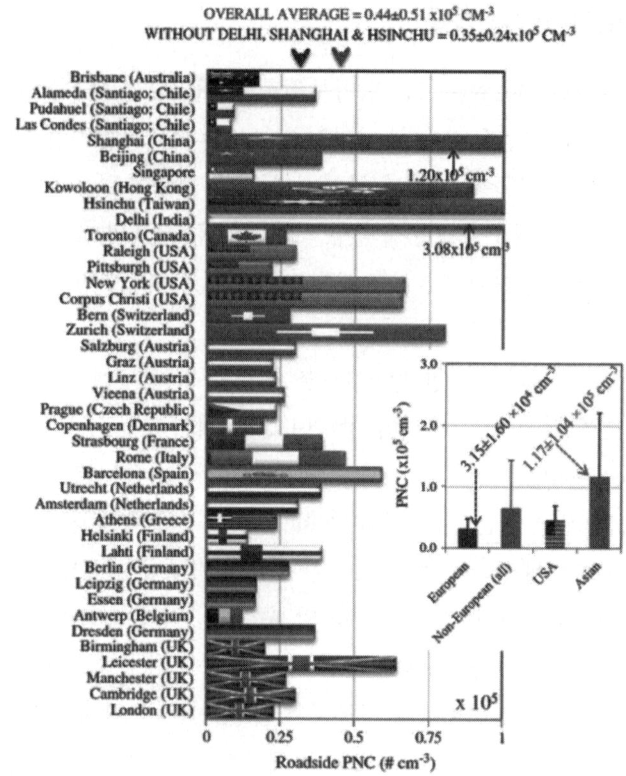

그림 3.28 전 세계 42개 도시의 도로변 PN 수준

출처: Ultrafine particles in cities, Environment international, Prashant Kumar et al, University of Surrey, United Kingdom, 2014

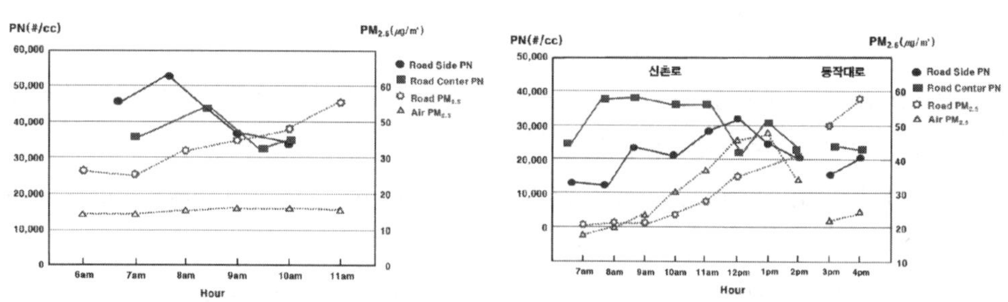

그림 3.29 동작대로(좌)와 신촌로(우)의 도로변과 중앙차로 PN 측정결과
동작대로: 2018.10.15., 9:00am 현재 기온: 13.2°C, 풍속 0.1m/s, 습도 95%, 강수량 0mm
신촌로: 2018.10.22., 10:00am 현재 기온: 13.0°C, 풍속 2.3m/s, 습도 61%, 강수량 0mm

출처: 서울시 도심도로변의 자동차 나노미세먼지(nanoPM, PM0.05) 현황분석과 저감 대책, 녹색교통운동, 서울녹색환경지원센터, 2018.12.

4.4. 미세먼지 위해성

초미세먼지($PM_{2.5}$)가 미세먼지(PM_{10})보다 인체 위해성이 높다는 것이 과학적으로 증명되면서 공기질 기준에도 $PM_{2.5}$가 도입되었다. 또한 많은 개수의 작은 입자는 동일 무게의 큰 입자 보다 표면적이 크기 때문에, 초미세먼지보다도 크기가 작은 나노미세먼지($PM_{0.05}$)가 운반한 독성성분은 폐에 있는 세포와 반응하기가 훨씬 쉬우며 폐에 더욱 깊숙이 침투할 수 있어서 인체 위해성이 가장 크다.

초미세먼지와 나노미세먼지는 크기가 워낙 작으므로 사람 코털이나 기도 점막에서 거르지 못하고 그대로 통과하여서, 비염과 중이염 기관지염은 물론, 심하면 폐암을 유발하는 것으로 알려져 있다.

2013년에 미국의 건강영향연구소(HEI; Health Effect Institute)의 나노미세먼지의 인체 위해성에 관한 연구에서, 많은 역학적 연구(epidemiologic studies) 결과 극초미세먼지와 나노미세먼지가 인간 사망(human mortality) 증가와 연계되어 있다는 것을 밝혔다.

또한 최근 들어 활발하게 진행되는 역학연구에서는 입자 질량보다는 입자개수가 건강 영향을 결정하는 데 더 중요하다는 연구 결과가 발표되고 있다. 특히 자동차 배출 미세먼지의 건강 영향에 관심이 높은 유럽지역에서는 개수농도로 인한 건강 영향에 관한 연구가 많이 이루어지고 있으며, 중국에서도 연구가 진행되고 있다. 중량농도 연구에 비하여 정량화된 연구는 부족하지만, 개수농도와 사망률에 대한 유의성 있는 상관관계 결과가 발표되고 있다.

자동차의 나노미세먼지는 경유자동차와 GDI 엔진에서 많이 배출되며, 23nm 이하에서는 가솔린 PFI 엔진에서도 다량 배출되기 때문에 대도시 교통오염원 관리는 미세먼지의 중량농도보다는 개수농도 관리가 필요하며, 이를 위해서는 국민 환경보건 안전대책에서 먼지관리 패러다임의 개선과 수정이 필요하다.

(1) 자동차 미세먼지(PM)는 1군 발암물질

1998년에 캘리포니아환경청(CARB)에서는 PM을 유해공기오염물(TAP; Toxic Air Contaminant)로 지정하고 암의 원인이 될 수 있음(Diesel exhaust may cause an increase in the likelihood of cancer.)을 발표하였으며, 2002년에 미연방환경청(EPA)에서도 PM을 발암물질(Diesel exhaust as likely to be carcinogenic)로 지적하였다.

특히 2012년에 WHO의 국제암연구소(IARC)에서 경유 자동차에서 배출되는 PM은 폐(lung)암과 방광(bladder)암 유발과 관련이 있는 1군(group 1) 발암물질로 상향 조정함으로써 자동차의 미세먼지는 더욱 중요한 관리 대상이 되고 있다. 입자크기가 작을

수록 인체 침투가 쉬우므로 지름이 2.5μm 이하인 초미세먼지($PM_{2.5}$)와 50nm의 나노미세먼지의 인체 위해성에 주의하고 있다.

자동차 나노미세먼지는 사람의 폐포나 기관지 등과 같은 깊숙한 호흡기 계통에 흡착되고 장시간 잔류하여 폐암과 호흡기 질환을 유발하며, 폐포 외부의 모세혈관과 폐포벽을 통한 산소교환 호흡시 폐포를 직접 통과해서 혈액을 통해 전신 순환을 할 수 있기 때문에 심장과 심혈관 질환을 유발하고, 혈액의 점도를 높여 동맥경화, 뇌졸중, 심장마비와 같은 순환기 질환도 일으킨다. 또한 나노미세먼지는 사람의 코 위쪽에서 뇌 앞부분까지 연결된 후각신경을 타고 뇌로 침투하여, 뇌혈관을 딱딱하게 만들어서 뇌졸중 위험도가 높아지며, 치매나 파킨슨병을 일으킨다.

자동차 미세먼지(PM)은 대기오염물질 중 건강에 가장 해로운 물질로서 인체 위해성 측면에서 관리가 시급하다.

우리나라 환경부의 유해화학물질 관리법 제2조에 의하면 유해성(hazard)이란 화학물질의 독성 등 사람의 건강이나 환경에 좋지 아니한 영향을 미치는 화학물질 고유의 성질을 말하며, 위해성(risk)이란 유해한 화학물질이 노출되는 경우 사람의 건강이나 환경에 피해를 줄 수 있는 정도를 말하는 것으로 규정한다.

즉 위해성은 유해성의 크기에 노출량을 고려해 평가하게 되며, 유해성이 큰 경우는 조금의 노출량으로도 사람에게 위해를 줄 수 있으며, 유해성이 작다고 해도 노출량이 높으면 사람에게 위해를 줄 수 있다.

즉, 위해성 = 유해성 × 노출량[사람이나 환경이 어느 정도 양(농도)의 화학물질에 노출되는 지]으로 평가된다.

(2) 자동차 미세먼지의 인체 위해성

1) 호흡기 계통 침투

자동차 엔진에서 배출되는 나노미세먼지의 입경은 50nm 수준으로써 10μm 크기의 인체 세포에 비해서 1/200 크기로서 워낙 작으므로 인체 세포를 통한 침투가 용이하고 폐나 기도 등의 인체 장기에서 흡수가 쉬워진다.

자동차 엔진에서 배출되는 초미세먼지($PM_{2.5}$)나 나노입자는 코나 기관지 점막에서 걸러지지 못하고 기관지를 지나 폐포 등과 같은 깊숙한 호흡기 계통에 침착돼 몇 개월에서 1년 이상 잔류하여 폐암을 유발한다. 일부 PM 입자는 세포막까지 침투하여 혈관으로 유입되어 심혈관계 질환을 유발한다.

호흡관은 20단계로 나누어져 있는 기관지를 거쳐 500만 개에 달하는 폐포에 도달하며, 폐포 외부에 있는 모세혈관과 폐포벽을 통하여 호흡 시 가스교환이 이루어져 산소와 이산화탄소가 교환된다. 폐포벽의 두께는 1μm 수준이며 폐포 흡입구는 호흡 주기에 따라 2~10μm 정도이다. 따라서 호흡기를 통하여 흡입된 나노입자는 쉽게 폐포에 유입된다.

2) 자동차 미세먼지의 심혈관계 질병유발

초미세먼지와 나노미세먼지는 호흡기의 폐포를 직접 통과해서 혈액에 유입되고 혈액 점성을 높이며, 점성이 높아진 혈액은 끈끈하게 변해 혈액 순환에 장애를 유발한다. 또한 인체에 들어온 나노미세먼지는 모든 기관으로 퍼져서 인체의 정상 작동에 장애를 유발하며, 심장과 심혈관 질환, 동맥경화, 심지어 뇌로 들어가서 치매까지 일으키기도 하며, 혈액의 점도를 높여 동맥경화, 뇌졸중, 심장마비와 같은 순환기 질환을 일으킨다. (출처: 임영욱 연세대 의대 환경공해연구소 부소장).

미국의 일리노이 지역 거주 노인을 대상으로 한 연구에서 미세먼지 농도가 1m^{3}당 10μg 증가할 때 심근경색을 앓았던 사람의 사망률은 2.7배로 증가하는 것으로 조사됐다. 우리나라의 한 연구에서는 심부전 환자의 사망 위험이 약 2.5배 높아졌다.

초미세먼지는 호흡기를 통해 우리 인체에 침투해 폐에 염증을 유발하고 혈액 점성을 높이며, 점성이 높아진 혈액은 끈끈하게 변해 혈액 순환에 문제를 일으킨다. 심혈관계 질환자의 경우 각종 심장 질환과 심부전의 발병 위험도가 급격하게 상승하게 된다. (출처: 나승운 교수 고려대 심혈관센터, 헤럴드경제, 2018.1.18.)

3) 나노미세먼지의 인체 뇌 침투

미국 랭커스터(Lancaster) 대학의 연구진들에 의한 연구 결과에서 멕시코시티와 맨체스터에 살고 있는 3세부터 92세 주민들 37명의 뇌 전두엽 부위에서 다량의 자철석 나노입자(magnetite nanoparticles)를 발견했으며, 이밖에 백금, 니켈, 코발트 같은 금속도 함께 발견됐다. 이런 강력한 자석 물질은 독성을 가지고 있으며 인간 두뇌에서 뇌신경을 변성시켜 알츠하이머(Alzheimer's disease)와 같은 질환을 유발할 가능성이 있다고 보고하였다.

랭커스터 환경센터의 마헤르(Maher) 교수는, “우리가 발견한 입자들은 도시의 통행이 많은 도로변에서 자동차의 엔진 연소와 브레이크 마모 열에서 발생해 공기를 오염시킨 나노입자와 거의 동일하다”라고 밝혔다.

나노미세먼지가 뇌로 침투하는 경로는 사람의 코 위쪽에서 뇌 앞부분까지 연결된 후각신경을 타고 들어간다. 미세먼지가 뇌로 침투하면, 뇌 안에서 중금속이 산화하면서 염증을 유발하게 된다. 이런 과정은 뇌혈관을 딱딱하게 만들어서 뇌졸중 위험도가 높아지며, 더 나아가 기억과 운동을 담당하는 뇌 부위를 파괴해 치매나 파킨슨병을 일으킬 수 있다.

나노미세먼지가 뇌로 침투하는 경로는 (그림3.30)에서 보듯이 사람의 코 위쪽에서 뇌 앞부분까지 연결된 후각신경을 타고 들어간다. 미세먼지가 뇌로 침투하면, 뇌 안에서 중금속이 산화하면서 염증을 유발하게 된다. 이런 과정은 뇌혈관을 딱딱하게 만들어서 뇌졸중 위험도가 높아지며, 더 나아가 기억과 운동을 담당하는 뇌 부위를 파괴해 치매나 파킨슨병을 일으킬 수 있다. (출처: The Guardian, 2016.9.5., 동아사이언스, 2016.9.6., SBS 뉴스, 2017.4.5.)

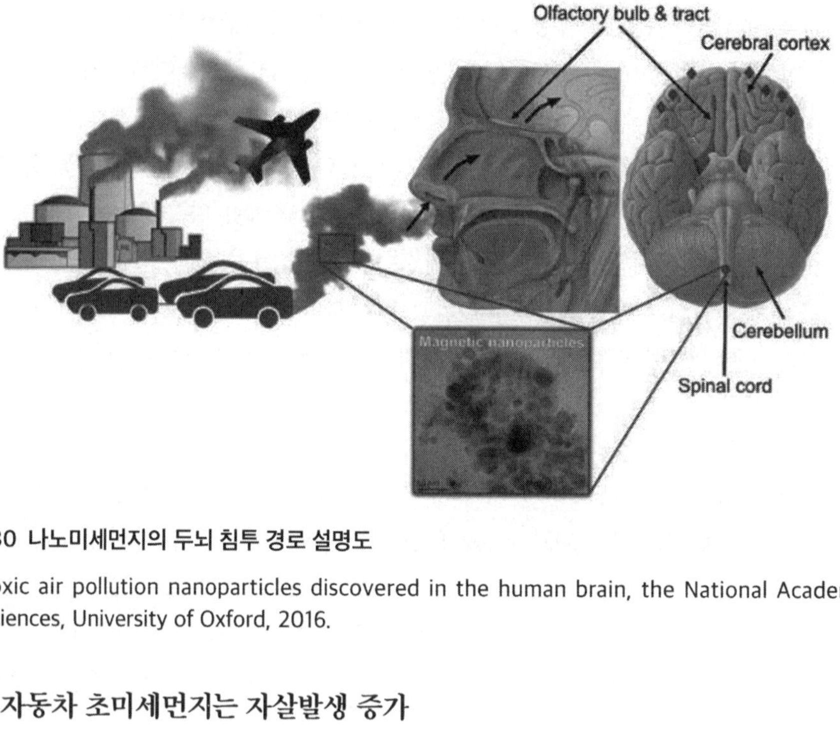

그림 3.30 나노미세먼지의 두뇌 침투 경로 설명도

출처: Toxic air pollution nanoparticles discovered in the human brain, the National Academy of Sciences, University of Oxford, 2016.

4) 자동차 초미세먼지는 자살발생 증가

서울의대 민경복 교수가 이끄는 예방의학교실 연구팀은 2002~2013년 사이의 국민건강보험공단의 표본 코호트에 등록된 성인 26만 5천749명을 대상으로 대기오염과 자살의 연관성을 추적 조사한 결과에서 자살과 관련이 가장 큰 대기오염물질은 단연 미세먼지였다.

연구팀은 11년 동안 미세먼지(PM_{10})에 가장 많이 노출된 그룹의 자살위험이 가장 적게 노출된 그룹보다 4.03배나 높은 것으로 추산했다. 이산화질소(NO_2)와 이산화황(SO_2)도 같은 비교조건에서 자살위험을 각각 1.65배, 1.52배 상승시켰다. 이런 자살위험은 도시에 거주하고, 신체·정신적 질환이 있는 경우에 더 높아지는 경향도 관찰됐다.

연구팀은 대기오염으로 생긴 신체 질환이 정신건강에도 큰 영향을 미쳐 자살위험을 높이는 것으로 분석했다. 호흡기를 통해 인체로 유입되는 대기오염물질이 체내 염증반응을 유발하는 사이토킨 단백질을 활성화하고, 이게 전신 염증 및 후속 산화 스트레스로 이어진다고 설명하고 있다.(출처: 연합뉴스, 2018.2.22.)

5절 | 자동차배출가스 저감기술

내연기관자동차의 초창기 엔진기술 개발 목표는 출력향상이었으며, 이후에 연비향상과 진동 및 소음 저감으로 이어졌다. 1950년대에 배출가스 저감기술 개발이 추가되었으며, 1990년대에는 자동차 온실가스 저감 대책이 자동차 시장의 판도를 뒤흔들게 되었다.

출력과 연비향상은 엔진 연소개선 기술이 중심이었으며, 연소실 구조(실린더 헤드와 피스톤 상부)개선을 통한 연소실 내 유동(swirl, tumble) 최적화와 연료공기 혼합 향상을 가져왔다. 기화기에서 전자식 인젝터로 발전한 가솔린엔진과, 기계식에서 전자식 CR(Common Rail)방식 연료공급장치로 발전한 디젤엔진은 연료 분사압력 증가와 분사시기, 분사형태, 가솔린 점화시기를 최적화했으며, 흡기관 구조와 T/I(Turbocharger/Intercooler) 도입으로 공기 흡기효율도 개선했다.

더불어서 휘발유연료 옥탄가와 경유연료 세탄가를 향상한 연료개선과 함께 천연가스와 LPG 등의 가스연료, DME와 xTL(GTL, CTL, BTL) 등의 합성액화연료, 옥수수와 사탕수수 등의 식물과 해초(algae) 등에서 생산하는 바이오연료가 사용되고, 최근에는 지구온난화 대책으로 태양광, 풍력 등의 신재생에너지가 생산하는 온실가스 배출이 없는 전기와 수소를 사용하는 전기차와 연료전지자동차가 내연기관자동차를 대체할 것으로 전망하고 있다.

배출가스 저감을 위해서는 연소 기술 개선과 함께 EGR(배기가스재순환) 기술을 도입하면서 질소산화물(NOx)을 줄일 수 있었으나, 계속해서 강화되는 배출허용기준에 대응하는 것에는 한계가 있었으며 엔진에서 배출된 오염물질을 배기관에서 줄이는 후처리기술(aftertreatment)이 중심이 되었다.

후처리기술의 핵심은 귀금속 촉매를 이용하여 엔진에서 배출된 오염물질은 산화, 환원, 연소(재생)시키는 기술이다.

먼저 가솔린엔진의 일산화탄소(CO)와 탄화수소(HC), 질소산화물(NOx)을 동시에 줄이는 삼원촉매(TWC; Three Way Catalyst) 변환기가 미국의 엥겔하드(Engelhard) 사에서 개발되어서 1970년대에 사용되었으며, 2000년에 디젤 매연여과장치(DPF)가 프랑스 푸조(Peugeot)에 최초로 장착되면서 매연과 PM이 획기적으로 줄어든 클린디젤엔진이 탄생하였다.

그러나 배출허용기준이 계속해서 엄격하게 강화되면서 유럽의 2005년 EURO-4 기준에서는 디젤엔진에 DPF와 함께, NOx 저감장치인 흡장촉매(LNT; Lean NOx Trap, Lean NOx Storage Catalyst)와 선택적촉매환원장치(SCR; Selective Catalyst Reduction)이 사용되었으며, 현재는 EGR과 DPF, SCR 기술이 디젤엔진에 동시에 적용되는 표준기술로 사용되고 있다.

엔진의 출력과 연비향상은 자동차 경쟁력에서 매우 중요한 요소이며 이들은 근본적으로 효율적인 연소 기술에 좌우된다. 그러나 연소가 잘되면 연소온도가 높아지고 연소온도가 높아지면 질소산화물(NOx)이 높게 발생한다. 바꾸어 말하자면, NOx 저감 연소 기술은 연비를 악화시키는 기술이다.

엔진 연소에서 NOx 농도를 높이더라도 연비를 좋게 하고 후처리장치에서 NOx를 줄이는 기술이 좋은 방법으로 떠오르지만, NOx 저감 후처리기술인 SCR 장치는 가격 부담이 있는 요소수(urea)를 공급해 줘야 하며, NOx 농도가 높을수록 더 많은 양의 요소수를 사용하게 된다.

특히 DPF 기술로 매연과 PM 문제를 개선한 디젤엔진은 장점인 우수한 연비를 유지하면서도 NOx 문제를 해결하는 것이 가장 큰 도전이다.

5.1. 배기가스재순환(EGR)

(1) EGR 원리와 효과

EGR(Exhaust Gas Recirculation)은 배기가스 일부를 흡기에 혼입(그림3.31좌)시켜서 NOx를 저감하는 기술로서 비용 효과 면에서 가장 효과적인 방법이다. 배기가스 중의 CO_2나 H_2O 등과 같은 불활성가스가 흡기의 일부와 치환되어 혼입됨으로써 혼합기의 열용량이 증대되어 실린더 내 연소가스 온도상승을 억제하며 공기과잉률을 낮추어서 열적 질소산화물(thermal NOx) 생성을 억제함으로써 전체 NOx 발생량을 줄이는 원리이다(가솔린 EGR 원리). 또한 흡기의 일부가 산소 농도가 낮은 배기가스로 치환되므로 연소실 내 산소가 감소하기 때문에 NOx 생성이 억제된다(디젤 EGR 원리).

EGR의 NOx 감소 효과는 1940년대의 연구에서 이미 보고되었으며, 1950년대 후반에 가솔린엔진에 적용하여 가능성을 조사하였고 1970년대까지 EGR은 디젤엔진의 NOx 제어 수단으로 신중하게 고려되었다.

1972년부터 1980년대 후반까지 EGR은 북미에서 휘발유 승용차와 소형 트럭 엔진의 NOx 제어를 위하여 주로 사용되었으며, 초기 가솔린엔진 적용에 이어 경유 승용차와 대형 디젤엔진에도 도입되었다. 2000년대 초반에는 냉각 EGR(cooled EGR) 기술이 북미의 대형 디젤엔진에 보편화되기 시작했다.

2010년 이후에는 EGR에 NOx 제어뿐만 아니라 연비향상 목적으로도 경량 가솔린엔진에 적용하면서 기술 범위가 확대되었다. 소형 직접분사가솔린엔진에 EGR을 사용하면 흡기의 펌핑 손실(pumping loss)을 줄이고 연소효율을 개선하며 노크 내성을 개선하고 농후한 연료공급의 필요성을 줄일 수 있다.

유럽에서는 1992년의 EURO-1 기준(NOx+HC 0.97~0.7g/km)에서 DI, 대형 IDI 엔진에 EGR 장치가 사용되었으며, 2000년 EURO-3 기준(NOx=0.5-0.25g/km)의 디젤엔진에 cooled EGR이 도입되었다.

미국에서는 2004년의 NOx 2g/bhp-hr 기준에서 cooled EGR이 대형 트럭과 버스(주로 Cummins, Volvo/Mack, DDC, International 엔진)에 적용되었으며, 유럽의 2005년 EURO-4기준(NOx 3.5g/kWh)에서 대형 트럭과 버스(주로 Scania, MAN 엔진)에서 urea-SCR과 경쟁하면서 EGR이 적용되었다.

EGR의 효과는 EGR 율을 기준으로 평가하며, EGR 율은 (그림3.31우)에서 EGR 양과 연소실에 흡입된 공기와 EGR 양을 합한 값의 비율(식3.5)로 정의한다.

$$\text{EGR율}(\%) = \frac{\text{EGR 양}}{\text{흡입공기량} + \text{EGR 양}} \times 100 \qquad (\text{식}3.5)$$

$$= \frac{Q_{egr}}{Q_a + Q_{egr}}$$

$$= \frac{[CO_2]_i - [CO_2]_{amb}}{[CO_2]_e - [CO_2]_{amb}}$$

여기서, $[CO_2]_i$: 흡기 중(Q_i)의 CO_2 농도, $[CO_2]_e$: 배기 중(Q_o)의 CO_2 농도, $[CO_2]_{amb}$: 대기 중(Q_a)의 CO_2 농도이다.

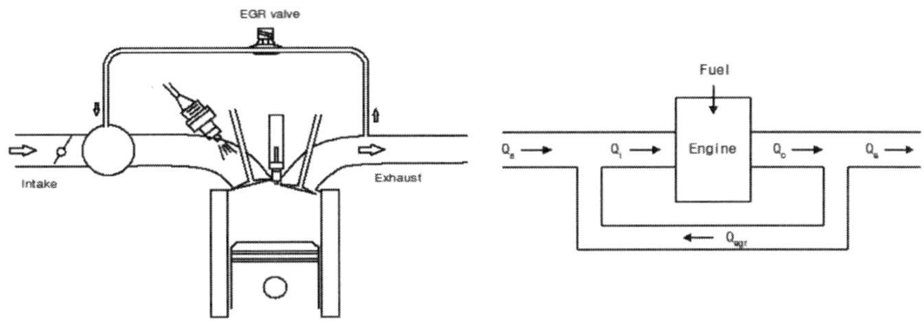

그림 3.31 엔진의 EGR 시스템 원리도(좌)와 EGR 율 정의를 위한 도식(우)
출처: 자동차와 환경, 정용일 등, 숭실대학교출판부, 2010.10.

최적 EGR율의 결정은 CO, HC, 매연과 연비가 과도하게 증가하지 않는 범위에서 결정한다. 일반적으로 EGR율이 증가하면 NOx는 줄어들지만, PM과 CO, HC가 증가하며 연비도 초기에는 약간 향상되었다가 어느 시점에서 급격하게 악화하기 때문에 이들 제반 인자를 고려하여 각각의 엔진 작동 점에서 최적 EGR 율을 결정한다.

현재에는 밸브를 모터나 솔레노이드로 제어하는 전자식 EGR 시스템이 사용되고 있으며, 엔진 회전수, 부하(분사펌프의 레버 열림 개도) 및 냉각수 온도 등에 의해 운전상태를 센서가 감지하며, EGR 밸브를 개폐함으로써 적정 EGR 양을 공급할 수 있다.

(2) 과급기(turbocharger)와 냉각(Cooled) EGR 시스템

과급기를 사용하지 않는 가솔린엔진의 EGR 통로는 흡기관의 트로틀 밸브 이후에서 배기관으로 연결되어 있어서 흡기 측의 부압으로 배기관의 배기가스를 흡입하여 재순환하며, 통로 중간에 설치되어 있는 EGR 밸브의 개폐 면적과 흡배기관 압력 차에 따라 EGR 양을 조절한다.

그러나 디젤엔진에서는 흡기관에 트로틀 밸브가 설치되어 있지 않기 때문에 흡배기관 압력 차이와 변화가 크지 않아 유량조절에 어려움이 크다. 더욱이 터보차저나 슈퍼차저를 사용하는 과급엔진(디젤과 GDI 엔진)의 경우 배기관 압력보다 흡기관 압력이 높아 EGR 공급이 어렵게 된다.

(그림3.32좌)는 터보차저의 터빈 출구에서 콤프레샤 입구로 EGR 통로를 설치한 LPL((Low Pressure Loop) 방식으로써 EGR 통로의 입구와 출구의 압력 차가 크기 때문에 넓은 엔진 작동영역에서 EGR 양을 제어할 수 있다. 그러나 배기가스가 콤프레샤와 인터쿨러를 통과하기 때문에 이들 부품의 내구성과 신뢰성에 문제를 일으키며, 또한

흡기온도가 콤프레샤의 설계온도를 초과할 수도 있다. 그러나 DPF를 통과한 깨끗한 배기가스를 공급함으로써 엔진과 터보차저의 내구성 유지가 쉽고 DPF 후단의 낮은 온도의 배기가스를 사용함으로써 EGR Cooler의 필요성을 줄일 수 있다.

반면 터빈 입구 이전의 엔진 배기관에서 콤프레샤 이후의 흡기관으로 EGR 통로를 연결한 HPL(High Pressure Loop) 방식(그림3.32우)은 배기가스가 콤프레샤와 인터쿨러를 지나가지 않기 때문에 터보차저에 영향을 미치지는 않는다. 그러나 이 방식은 엔진의 고부하 작동 시 흡기관 측 압력이 배기관 측 압력보다 높아서 EGR을 사용할 수 없으며, 따라서 엔진의 30% 부하 이하의 저부하 영역에서만 사용할 수 있다. 고부하 영역에서 작동 빈도가 높은 대형 디젤엔진에 HPL EGR 시스템을 적용하기 위해서는 강제적으로 EGR 가스를 공급하는 EGR 펌프를 사용한다.

최근에는 LPL과 HPL 방식을 함께 적용한 하이브리드 EGR 시스템도 소개되고 있다.

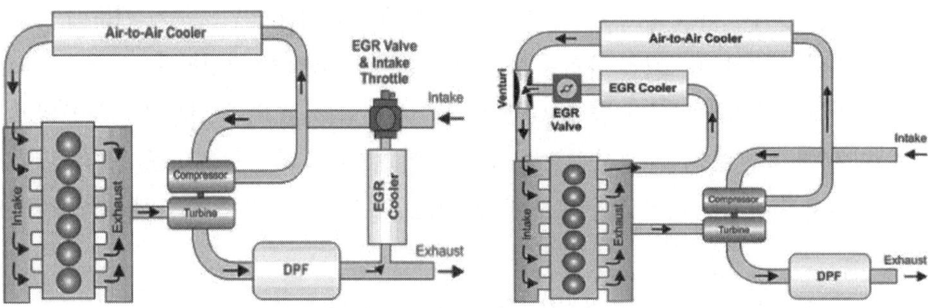

그림 3.32 LPL EGR 방식(좌)와 HPL EGR 방식(우)

출처: dieselnet.com.

EGR 가스가 흡기관에 공급되면 저부하에서의 연소 안정성 향상과 빠른 엔진 예열, 흡기매니폴드의 응축 방지 등의 이점이 있다. 그러나 연소실에 공급되는 흡기온도가 높아지면서 공기밀도가 낮아져서 공급되는 공기량이 줄어들어서 충전효율을 저하하고 공연비 제어에 악영향을 미칠 수 있다. 특히 부하가 높아지면 공연비를 높여서 연소효율을 높이고 PM 배출량을 낮게 유지하는 것이 중요하다.

디젤엔진의 배기 규제가 엄격해지면서 냉각 EGR의 필요성이 강조되고 있다. 연비와 PM의 증가 없이 NOx를 줄이는 방법으로 기존의 EGR 밸브에 엔진 냉각수를 이용한 열교환장치를 설치함으로써 적은 비용으로 높은 NOx 감소 효과를 얻을 수 있다.

EGR 냉각기(cooler)가 효율적으로 작동하기 위해서는 700°C까지 올라가는 배기가스 온도를 150°C~200°C까지 냉각시킬 수 있는 내열재료가 필요하며, 컴팩트한 설계와 압력강하 최소화, 부식방지, 매연 등에 의한 열교환장치 관로 막힘 방지 등의 주의가 필요하다.

(3) EGR 장치와 자동차 화재

2010년대 중반부터 독일 수입차인 BMW에서 자동차 화재가 빈번하게 발생하였으며, 2018년에만 80건 이상이 발생하면서 자동차 소유주들의 불안을 야기하고 소송이 제기되는 등 심각한 사회문제가 되었다. 정부가 구성한 민관합동 조사단에서 EGR 장치의 부품인 냉각기(cooler) 내의 냉각수가 끓는 보일링(boiling) 현상을 자동차 화재의 원인으로 밝혔다.

냉각수가 비정상적으로 끓어오르며 냉각기에 열충격을 주고, 열충격이 반복되면서 냉각기에 균열이 생겨서 균열 틈새로 냉각수가 새어 나온다. 이것이 엔진오일 등과 함께 침전물로 냉각기와 플라스틱 재질인 흡기 다기관에 엉겨 붙어 있다가 불꽃이 튀면 침전물에 불이 붙어 화재로 발전한다. 배출허용기준이 강화되면서 EGR 용량을 늘리면서 이에 맞는 열용량의 EGR 냉각기를 설계하지 못해서 충분한 냉각수가 채워지지 않아서 보일링 현상이 발생했을 수 있다고 판단했다.

EGR 장치는 3만 개에 달하는 자동차 부품 중의 하나지만, 작은 부품 하나라도 소홀하게 설계하면 커다란 피해를 초래할 수 있다는 교훈을 주는 사건으로 기억하게 된다.

5.2. 가솔린 삼원촉매(TWC) 변환기

자동차 배출허용기준이 계속해서 강화되면서 배출가스를 엔진 연소 기술로 줄이는 데에는 한계가 있었으며, 연소한 배출가스를 배기관에서 저감하는 가솔린 삼원촉매 변환기(TWC; Three Way Catalyst Converter)인 후처리장치가 등장하게 되었다. 삼원촉매 변환기는 휘발유자동차에서 배출되는 CO, HC, NOx의 3가지 배출가스를 80% 이상 저감할 수 있어서, 미국 EPA에서 자동차 배출허용기준을 대폭 강화하는 데에 결정적인 역할을 하였다.

삼원촉매장치가 효율적으로 작동하기 위해서는 엔진에 공기연료 혼합기를 이론공연비(stoichiometric air-fuel ratio) 영역으로 정밀하게 제어하여야 한다. 그러나 기존의 기화기(carburetor) 연료공급 방식으로는 정교한 공연비 제어가 어려우며, 솔레노이드 밸브를 사용하는 연료분사인젝터와 산소센서(이후에 공연비센서도 사용) 신호를 이용하여 공기연료 혼합비율을 정밀하게 제어하는 전자제어방식(ECU; Electronic Control Unit) 연료공급장치가 도입되었다.

이를 계기로 전자제어 기술이 자동차에 사용되었으며, 화학과 촉매, 전자 관련부품이 엔진과 자동차에 빠르게 적용되기 시작하였다.

또한 삼원촉매장치에 사용되는 촉매의 납 피독을 방지하기 위해서 무연연료로 전환되는 결정적인 요인이 되었으며, 촉매로 사용되는 백금(Pt), 로듐(Rh), 팔라듐(Pd) 귀금속 시장을 자동차가 지배하게 되었다. 지난 10년간 전 세계 백금의 35~40%, 팔라듐의 50~70%, 로듐의 80%가 자동차 촉매변환기에 사용되었다.

(1) 삼원촉매 변환기의 개발과 적용

CO, HC, NOx를 동시에 줄일 수 있는 삼원촉매 변환기는 1970년대 초에 엥겔하드 사의 화학엔지니어인 칼 케이드(Carl D. Keith)와 존 무니(John Mooney)에 의해서 설계되었으며, 1981년에 자동차에 적용되었다.

미국 EPA는 촉매회사들이 개발한 촉매변환기의 성능에 고무되어서 삼원촉매 변화기를 적용할 수 있는 수준으로 자동차 배출허용기준을 강화하려고 하였으나, 자동차 회사들은 촉매변환기는 단순히 이론적으로만 가능한 것이라고 평가 절하하면서 기준 강화에 반대하였다.

이때 판매가 부진하던 스웨덴의 볼보(Volvo)와 샤브(Saab-Scania) 자동차는 미국 점유율을 높이기 위해서 1973년에 삼원촉매를 장착하는 혁신적인 전략을 채택하고 1977년 캘리포니아 기준과 1976년 미국 기준을 만족하는 인증을 받았다. 이 결정은 미국 자동차회사들에 자극을 주었고, EPA에서 자동차 배출허용기준을 강하게 추진해 갈 수 있는 동기를 부여하였다.

삼원촉매 시스템이 정상적으로 작동하기 위해서는 이론공연비인 14.5:1 수준으로 공기와 연료량을 정밀하게 공급해 주어야 하며, 이를 위해서는 기존의 기화기 대신 전자제어식 연료공급장치가 필요하였다.

볼보자동차는, 엥겔하드가 개발한 백금과 로듐을 약 5:1로 혼합한 촉매와 로버트 보쉬사가 개발하여 사용하고 있던 제트로닉 전자제어식연료분사장치와 15,000마일 내구성을 확보한 산소센서를 이용하여 함께 개발한 λ-Sond 삼원촉매 시스템을 볼보240 승용차에 장착하여 시험용으로 캘리포니아 대기국(CARB)에 제출했다.

CARB는 이 차량이 1977년 캘리포니아 기준(HC/CO/NOx 0.4/9.0/1.5g/mi)을 충족할 뿐만 아니라, 자동차회사가 만족할 수 없다고 반대한 1970년 대기오염방지법(1976년에 연방정부 MY 1978 기준이 되었음) 기준을 50,000마일 도로 주행시험 후에도 충족시켰다는 성명을 1976년 6월에 발표했다. 그뿐만 아니라 연비도 좋아져서 1980년 미국 연비기준인 20mpg을 충족시켰다.

그러나 자동차회사들은 CARB 발표에 대해서 불만을 나타내었으며, 기술적인 비판도 뒤따랐다. 볼보자동차의 λ-Sond 삼원촉매 시스템에 사용되는 로듐 공급이 빠르게 고갈될 것이며, 6기통 엔진에는 제대로 작동하기 어려우며(볼보 엔진은 4기통 엔진), 차량 가격도 150달러 이상으로 증가한다는 것 등이었다. 그러나 1977년 봄에 샤브 자동차는 λ-Sond를 장착한 Saab99 모델을 출시했으며, 볼보는 MY 1977년형에 λ-Sond을 장착하여 성공을 거둠으로써 1978년에는 λ-Sond 시스템의 생산을 확대하였다.

이와 같이 볼보와 샤브가 캘리포니아에서 선두 자리를 차지하자 미국회사들도 자동차에 신기술을 채용하기 시작했다. 1978년에 GM과 포드자동차가 캘리포니아 판매 승용차에 삼원촉매를 장착하기 시작했고, 1981년부터 본격적으로 시작된 Tier-0기준(CO 3.4g/mi, HC 0.41g/mi, NOx 1.0g/mi)에 대응하면서 미국 전역에 판매되는 모든 승용차에 삼원촉매를 사용하기 시작했다.

자동차배출가스저감기술 개발은 1960년대와 1970년대에 걸쳐 자동차 기술의 중심적인 이슈였다. 특히 삼원촉매 변환기의 핵심기술은 GM과 포드의 자동차 회사들이 막대한 자금과 인력을 투자했음에도 불구하고 촉매 제조업체들에 의해서 개발되었다.

삼원촉매는 CVCC와 EGR, 점화지연장치 등과 같은 기존의 경쟁 기술보다도 엄격한 배출가스 기준을 조기에 충족하면서 차량의 성능과 연비를 더욱 향상할 수 있어서 자동차 시장의 큰 관심을 끌면서 주인공이 되었다.

(2) 삼원촉매 시스템과 원리

1) 삼원촉매 효과

삼원촉매는 공연비가 희박한 영역에서는 CO와 HC를 90% 이상 줄이지만 NOx 저감율은 급격하게 저하한다. 한편 공연비가 농후한 영역에서는 NOx 저감율은 90% 수준이나 CO와 HC 저감율이 떨어진다. 삼원촉매가 CO와 HC, NOx 의 3성분을 동시에 줄이기 위해서는 엔진에 공급되는 공기연료비(A/F)가 이론공연비(stoichiometric)를 중심으로 공연비 폭(window)이 존재하며, 이 폭은 상당히 좁아 공기과잉률(λ)로는 0.01 (λ=1.0±0.005)이며, A/F로 약 0.14 (A/F=14.48~14.62) 범위이다(그림3.33좌).

자동차는 가감속(transient) 운전이 많으며 정속(steady)일 경우도 속도와 부하 조건이 폭넓게 변하기 때문에 엔진은 매우 까다로운 여건이며 이와 같은 운전상태에서 공연비를 항상 삼원촉매 전환효율 폭 이내로 맞추기는 쉽지가 않다.

엔진에서 배출되는 가스의 삼원촉매 전후 농도를 비교하여 보면, CO와 HC는 공연비가 농후한 영역에서는 엔진에서의 배출농도가 높으며 촉매 저감 효율도 낮아 촉매를 거쳐도 농도가 상당히 높은 상태로 배출된다. 그러나 공연비가 희박한 영역에서는 엔진으로부터의 배출농도가 상당히 낮으며 촉매 저감 효율도 높아 CO와 HC 농도는 매우 낮음을 알 수 있다. 반대로 NOx는 희박영역에서 낮게 배출되며 이론공연비(λ=1.0) 근처에서 CO, HC, NOx 3성분 모두 촉매 이후에서 낮게 배출됨을 볼 수 있다(그림3.33우).

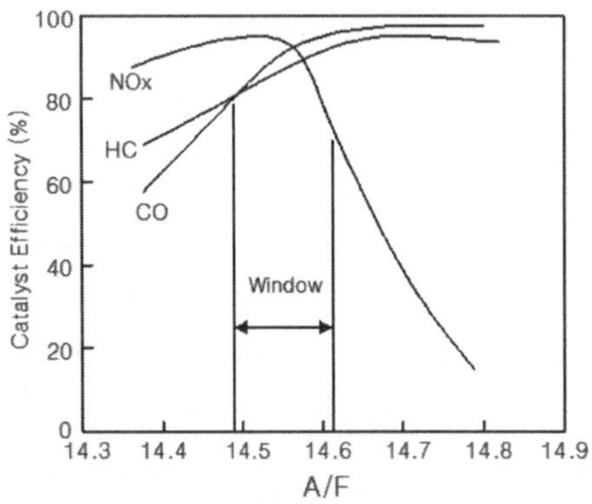

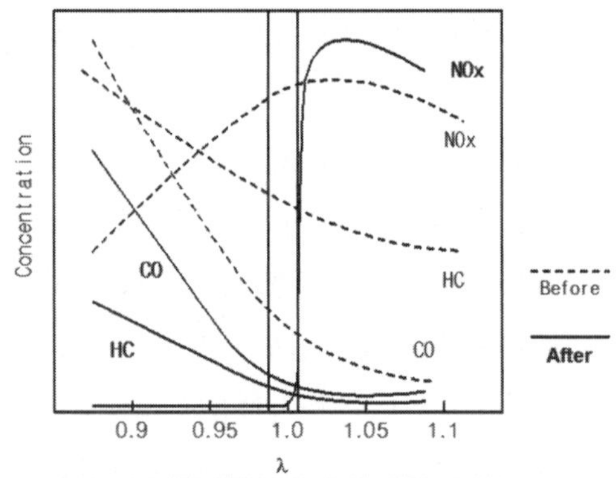

그림 3.33 공연비에 따르는 삼원촉매 전환효율(좌)과 삼원촉매 전후의 배출가스 농도(우)

출처: 자동차와 환경, 정용일 등, 숭실대학교출판부, 2010.10.

기존의 기계식 기화기 장치로는 공연비를 λ=1.0으로 조절하기가 어려워서, 솔레노이드 인젝터(injector)를 사용하는 전자제어식 연료분사시스템을 사용하여야 한다. 삼원촉매 전단의 배출관에 설치된 람다센서(λ sensor)로부터 엔진에 공급된 공연비를 감지하고 이 신호를 ECU에 보내며, ECU에서는 엔진에 흡입되는 공기유량센서 신호를 받아서 인젝터의 공급연료량을 피드백 조정(closed loop control)한다(그림3.34좌).

람다센서는 농후와 희박만을 구분하지만, 보다 정밀한 제어를 위하여 공연비와 출력이 거의 직선적으로 비례하는 린센서(lean sensor)를 사용하며, 광역산소센서(wide range oxygen sensor) 또는 UEGOS(universal exhaust gas oxygen sensor)로도 불린다(그림3.34우).

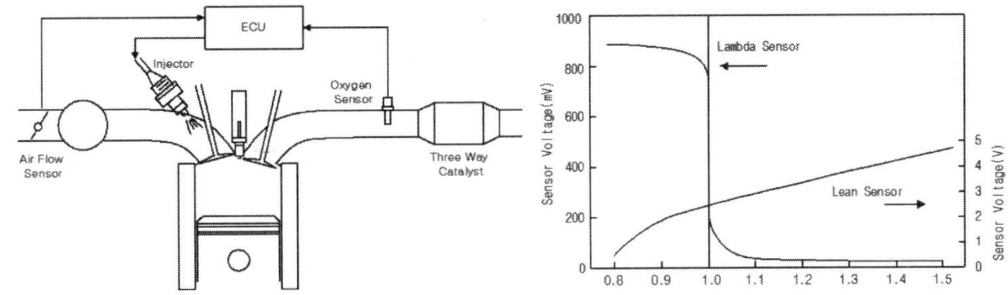

그림 3.34 삼원촉매 전자제어시스템(좌)과 람다센서와 린센서 출력특성(우)

출처: 자동차와 환경, 정용일 등, 숭실대학교출판부, 2010.10.

2) 담체와 촉매특성

촉매시스템은 촉매와 촉매를 코팅하는 담체(substrate), 담체와 촉매 사이에 중간매체인 워시코트(washcoat), 내충격성 및 보온특성 향상을 위한 매트(mat)와 캔(can)으로 구성되어 있다(그림3.35).

촉매는 초기에는 백금(Pt; platinum)과 로듐(Rh; rhodium)이 5:1(3~7g/0.5~1.5g) 비율로 사용되었으나 현재는 팔라듐(Pd; palladium)을 포함한 Pt/Pd/Rh의 3금속(trimetal) 시스템이 사용되고 있다. 백금은 주로 CO와 HC를 저감하는 산화반응을 촉진하고 로듐은 NO 반응을 촉진한다. 팔라듐은 CO와 HC의 반응개시 온도(light-off)에 유리하나 NOx 반응과 연료 중에 포함된 유황 성분에 의한 황피독(sulfur poisoning)에 불리하다.

촉매는 온도가 550°C 이상에서 정상적으로 반응하며, 촉매 전환율이 50%가 될 때의 촉매온도를 활성온도(light-off temperature)라고 하며 저온시동 성능에 중요하다. 일반적으로 삼원촉매의 활성온도는 250~300°C 이며 Pd가 Pt/Rh에 비해 100°C 정도 낮다.

가솔린엔진의 배출가스 온도는 아이들링(idling) 시 300~400°C, 최대 부하 시 900°C 정도이지만 배출가스가 촉매를 가열시키는 데는 상당한 시간이 소요된다. 그러나 HC는 시동 후 2분 이내에 80% 이상이 발생하기 때문에 저온 시동 시의 HC 저감 대책이 필요하며, 전기히터나 버너 등으로 촉매를 가열시키는 방법 등이 사용되기도 한다. 또한 기온이 낮은 겨울철에 도로 정체가 심한 대도시에서 차량운행시 촉매온도가 정상 작동온도 이하로 낮아져서 촉매가 정상적으로 작동하지 못하는 경우가 나타나며 이에 대한 대책도 필요하다.

촉매 가열속도를 빠르게 하고 겨울철 온도 저하를 방지하기 위해서는 가능한 한 엔진에 가깝게 설치하는 것이 유리하지만, 반면 촉매가 고온에 장시간 노출되면 성능이 저하되는 열화(thermal aging)가 발생하기 때문에 촉매의 적절한 장착 위치도 중요하다.

담체는 대부분 정사각형이나 6각형(hexagonal) 모양의 벌집구조(honeycomb structure)의 세라믹 모노리스(ceramic monolith)가 사용되고 있으며, 벌집모양의 셀(cell)은 촉매코팅 면적을 증가시킨다.

세라믹 담체는 코닝(Corning)사의 로드니 배글리(Rodney Bagley) 등이 1972년에 발명하였으며, 1980년대 중반까지는 촉매 교환 시 캐니스터를 교체할 필요가 없는 펠렛(pellet)이 GM 등에서 선호되었지만, 이후에 촉매 성능이 향상되어서 촉매 교환을 할 필요가 없어지면서 가격이 저렴한 세라믹 담체로 바꿨다.

워시코트는 촉매 물질의 운반체(carrier)로서 촉매 표면적을 넓혀서 분산시키는 용도로 사용된다. 실리카와 알루미나(Al_2O_3)의 혼합물인 워시코트를 세라믹 코어 위에 바르면 거칠고 불규칙한 표면을 형성하여 평평한 코어 표면보다 더 넓은 표면적이 만들어지며, 따라서 엔진 배기가스와 반응할 수 있는 촉매활성 표면(catalytically active surface)이 최대화되어서 변환기가 더 효율적으로 작동하게 된다. 촉매 코팅은 1,000℃ 이상의 고온에서도 촉매 입자들의 소결(sintering)을 방지하면서 표면적을 유지할 수 있도록 하고 있다.

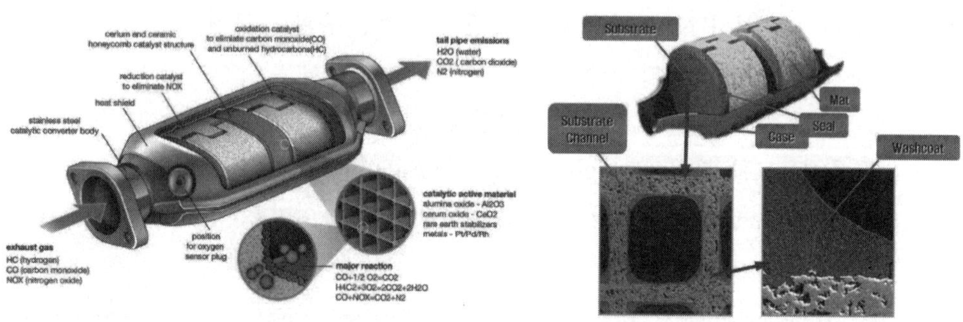

그림 3.35 삼원촉매의 구조

출처: "What are catalytic converters? How do they reduce emissions?", Harsh, CarBlogIndia.

5.3. 디젤 매연여과장치(DPF)

매연여과장치(DPF; Diesel Particulate Filter Trap)는 디젤엔진에서 배출되는 입자상물질(PM)을 80% 이상 저감할 수 있는 기술로써 2000년에 프랑스의 푸조(Peugeot) 자동차 607에 최초로 양산 적용하면서 상용화되기 시작하였다.

DPF에 대표적으로 사용되고 있는 세라믹 모노리스 필터(ceramic monolith filter)는 실린더 모양으로 내부에 사각형 혹은 다각형 모양의 통로(channel)가 벌집모양(honeycomb)으로 배열되어 있으며 채널 입구와 출구가 교대로 막혀 있다. 채널 입구로 유입된 배출가스는 채널 반대편의 출구가 막혀있기 때문에 통로의 다공질 벽을 통과하여 옆 채널 출구로 빠져나가며 입자상물질은 통로에 포집된다(그림3.36).

고체 입자인 PM을 필터에서 포집하면 엔진에 배압이 걸리며 이에 따라 출력과 연료소비율이 다소 희생되고, PM 포집량이 많아지면 필터가 막혀 파손되거나 엔진이 정지할 수 있어서 필터 내에 쌓인 PM을 태우면서(재생, regeneration) 필터를 계속하여 사용한다.

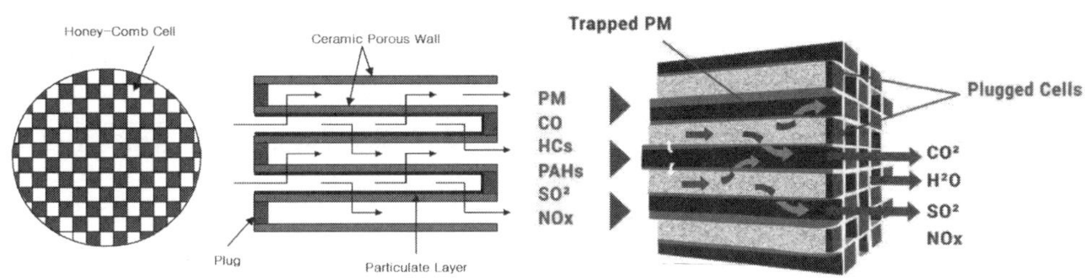

그림 3.36 매연여과장치 필터 구조와 PM 포집원리

출처: 자동차와 환경, 정용일 등, 숭실대학교출판부, 2010.10.
"The diesel particulate filter and the diesel engine", Steve Auto Clinic.

DPF는 디젤엔진의 PM과 PN을 휘발유차 배출 수준 이하로 저감시킨다. 리카르도(Ricardo)에서 측정한 DPF 장착 디젤엔진의 PN(그림3.37좌)은 기존의 DPF 미장착 엔진에 비해 99% 이상 줄이면서 휘발유나 LPG 엔진보다도 낮은 수준으로 배출됨을 알 수 있다. (그림3.37우)의 AVL 발표에서도 DPF 장착 디젤은 PM과 PN 모두 90% 이상 줄여 가솔린엔진이나 LPG 엔진과 동등한 수준이 되는 것을 보여주고 있다.

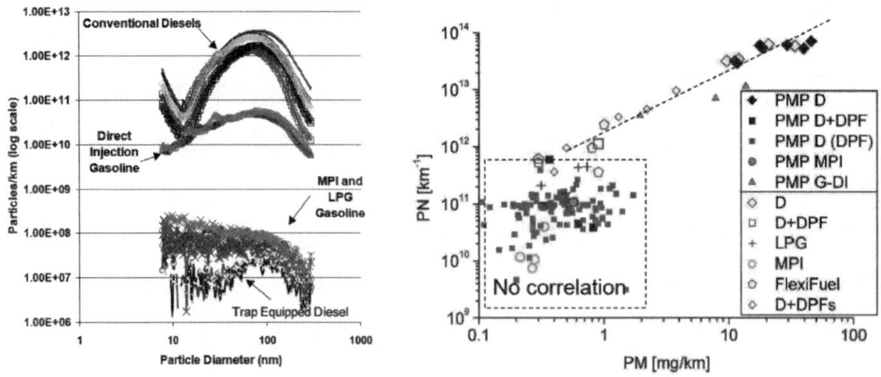

그림 3.37 50km/h에서 DPF 장착 시 PN 저감 성능(좌)과 승용차의 PN과 PM 상관관계(우)

출처: DETR/SMMT/CONCAWE Particulate Research Program 1998~2001, Jon Anderson & Barbara Wedekind, Ricardo Consulting Engineers, 2001.5.
"PN to PM correlation", AVL techDay 2013, Michael Arndt, AVL.

(1) DPF 재생방식

DPF는 PM을 포집(trapping)하는 필터 기술과 포집된 PM을 태워서 재생(regeneration)하는 기술이 핵심이며, DPF 시스템은 필터, 촉매, 캐닝, 재생제어장치로 구성되어 있다.

1) 초창기(1세대) 강제재생방식

DPF 시스템이 개발된 초기에는 필터에 포집된 PM과 검댕(soot)을 전기히터나 버너, 트로틀링 등의 외부 열원을 사용하여 PM이 연소하는 온도인 600°C까지 가열하는 강제재생(active regeneration) 기술이 사용되었다.

1992년에 미국의 도날슨(Donaldson) 사에서는 전기히터 재생방식의 DPF(그림 3.38좌)를 뉴욕시에 운행 중인 시내버스 약 400대에 탑재(retrofit)하여 시험운행(fleet test)하였다. 필터를 2개 사용하여 엔진에서 배출된 PM을 번갈아서 포집하고, 필터 전단에 설치된 압력센서로 필터에 포집된 PM양을 산출하여 재생 시기를 판단한다. 필터 내에 포집된 PM을 태워 재생할 때는 반대편 필터의 유동 밸브를 열어서 이쪽에서 PM을 포집하고, 재생할 필터로 유입되는 배기가스를 차단하는 유동 밸브를 닫고 전기히터를 작동하여 PM을 연소시킨다. 필터 앞쪽에 설치된 송풍기(blower)를 이용하여 적절하게 산소를 공급하여 PM 연소를 돕는다.

필터를 두 개 사용하는 듀얼방식(dual type)에는 재생제어가 간단하지만 구조가 복잡하고 부피가 크며 가격상승 요인이 크다. 도날슨사의 뉴욕시 시험운행도 빈발한 고장과 비용 문제 때문에 성공하지 못하고 중단하였다.

버너재생방식 기술은 독일을 중심으로 개발되어서 독일 환경청(UBA)의 프로그램 지원으로 트럭과 버스 등 대형차량에 보급되었으며, 장치의 구조가 간단한 장점이 있으나 배기가스 중의 산소를 이용하기 때문에 엔진의 다양한 운전조건에 대응하는 정교한 제어가 어려운 점이 있다.

독일의 KHD, Zeuna Starker, Webasto 사와 함께 Deutz 사는 DPFS II 시스템(그림3.38우) 버너방식 DPF 시스템이 개발하여 1994년에 운행차용으로 상용화되었다. 공급되는 연료량은 인젝터로 제어되고, 고압 공기를 이용해서 연료를 미립화한다.

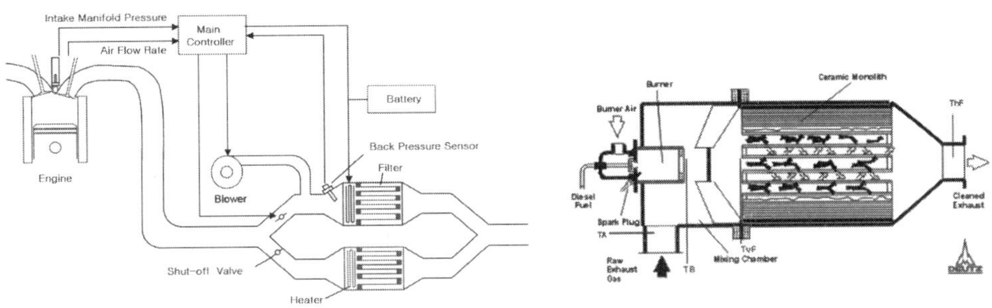

그림 3.38 전기히터(좌)나 버너(우)를 사용한 매연여과장치

출처: 자동차와 환경, 정용일 등, 숭실대학교출판부, 2010.10.
"Filters with fuel burners", DieselNet Technology Guide, dieselnet.com.

2) 촉매를 이용한 자연재생방식(2세대)

PM의 주성분인 탄소 입자는 공기 중에서는 550°C 이상에서 연소하나, NO_2 분위기에서는 250°C(그림3.39좌)에서 산화되는 것을 발견하였다. DPF 필터 앞쪽에 산화촉매를 설치하여 배기가스 중의 NO를 NO_2로 전환해서 DPF 필터 내에 포집된 PM을 NO_2 분위기로 만들어준다. 따라서 엔진의 배기가스 온도가 250°C 이상이 되면 연속으로 재생이 되며, 일반적으로 시내버스 주행 시 배출가스 온도는 주로 250°C~350°C 범위이다.

즉, 산화촉매는 배기가스 중의 CO, HC, NOx를 CO_2, H_2O, NO_2로 산화시키고, 재생 후에는 NO_2를 NO와 CO_2로 전환한다(식3.6).

산화촉매 $CO + \frac{1}{2} O_2 \rightarrow CO_2$ (식3.6)

$HC + O_2 \rightarrow CO_2 + H_2O$

$NO + \frac{1}{2} O_2 + NO_2$

재생시 $2NO_2 + C \rightarrow 2NO + CO_2$

촉매방식 DPF는 필터에 코팅만으로 해결되기 때문에 강제재생방식과 같은 추가 장치가 불필요하며, 필터에 포집된 PM을 낮은 온도에서 자연적으로 재생(passive regeneration)시키면서 연속재생이 일어난다. 따라서 필터에 포집된 매연의 양이 적기 때문에 엔진의 배압을 낮은 수준으로 유지함으로써 연비 악화와 엔진성능의 저하 요인이 적다. 포집된 PM을 가능하면 낮은 온도에서 재생시킬 수 있는 촉매개발이 기술의 핵심이다.

DPF는 PM과 CO, HC를 80% 이상 저감하며, NOx도 3~8% 정도 감소시킨다. 특히 PM중 10nm~250nm 크기의 나노미세먼지 개수도 현저하게 감소시킨다. 그러나 촉매의 성능을 유지하기 위해서는 경유의 황(sulfur) 성분을 10ppm 이하로 낮추어서 황 피독을 방지하여야 하며, 우리나라는 2009년부터 10ppm 이하의 초저유황경유(ULSD; Ultra Low Sulfur Diesel)를 보급하고 있다.

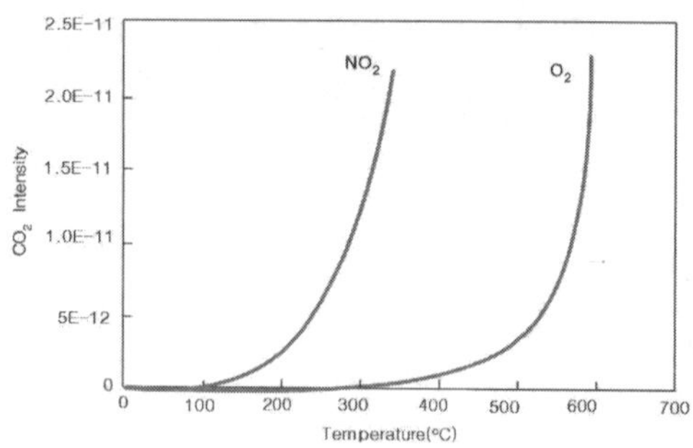

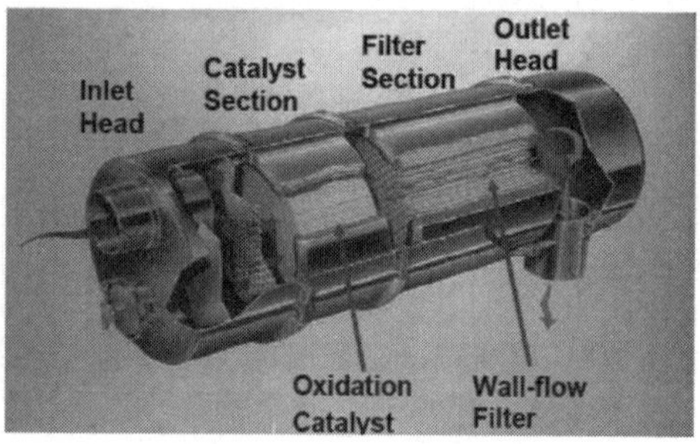

그림 3.39 PM의 NO_2에 의한 재생 온도 저하(좌)와 존슨매쉬 CRT 시스템(우)

출처: "Performance of Johnson Matthey EGRT emission control system for NOx and PM emission reduction in retrofit application", Sougato Chatterjee, et al. DEER 2002, JM.

존슨매쉬(Johnson Matthey) 사에서 최초로 개발한 촉매방식 매연여과장치는 포집된 입자상물질을 연속적으로 산화시키는 CRT(Continuous Regeneration Trap)(그림3.39우)로 불린다. 캐니스터 내부에 필터가 2개 설치되어 있으며, 전단의 백금 산화촉매(platinum-based oxidation catalyst)에서는 산화반응으로 NO를 NO_2로 변환시키고, 후단 필터에서 PM을 재생한다. CRT는 1995년에 스웨덴의 운행 버스에 최초로 적용(retrofitted)되었다.

CRT 사용을 위한 조건으로는 엔진 배출가스 온도가 275°C 이상이고, 연료 유황 50ppm 이하, NOx/PM 비가 20 이상이어야 하며, PM을 85% 이상 저감하고 HC 70%, CO 80%를 줄이는 것으로 발표하였다.

한편, 미국의 엥겔하드(Engelhard) 사에서 개발한 DPX는 존슨매쉬 사의 CRT와 동일한 원리의 촉매를 이용한 장치이다. 그러나 CRT와 같이 전단에 백금 산화촉매 필터를 설치하지 않고 포집 필터에 촉매를 직접 코팅하였다.

3) 푸조 첨가제방식

디젤엔진에서 배출되는 매연은 경유 승용차가 시장을 넓혀가는 데에 가장 큰 약점이었으며, 특히 디젤 PM에 의한 인체 유해성의 우려가 확산하면서 1970년대에 DPF 장치 사용에 대해 검토가 시작했다.

최초의 DPF 기술은 다임러벤츠가 1969년에 파이버(fibrous structures)를 사용한 검댕연소필터(soot burning filters)를 시험하였고, 1980년에 파이브세라믹 직물(fibrous ceramic yarn)로 제작된 위켈필터(Wickelfilter)를 사용한 DPF 장치를 개발하여 1986년에 스타트가르트(Stuttgart) 시내버스 6대에 부착하였다.

1992년에는 미국 도날슨 사에서 듀얼필터 전기히터방식의 강제재생방식 DPF를 운행 중인 뉴욕 시내버스 400대에 부착(retrofit)하여 시험 운행하였으며, 1995년에는 존스메쉬사의 CRT를 스웨덴의 운행버스에 적용하였다. 우리나라도 1996년에 운행 중인 서울시 청소차 1,400대에 전기히터와 버너 등으로 재생하는 강제재생방식 DPF를 부착하여 시험 운행했다.

DPF 기술의 운행차 적용이 전 세계적으로 확산하면서 문제점들이 개선되고 발전하면서 상용화에 대한 확신이 높아졌으며, 프랑스 푸조사에서는 독일의 FEV 연구소와 함께 개발한 DPF 장치를 2000년 5월에 2.2리터 고급 경유 승용차인 모델607에 최초로 제작차에 장착하였다(그림3.40).

일본 이비덴(Ibiden) 사의 실리콘카바이드(SiC; Porous Silicon Carbide Substrate) 필터와 프랑스 로디아(Rhodia) 사에서 생산한 세륨(cerium-based Eolys) 연료첨가제를 사용하여, 450°C 이하에서 자연재생이 가능한 첨가제방식(FBC; Fuel Borne Catalyst) FAP(Filter a Particles, 푸조 DPF 상품명) DPF 장치를 개발하였다.

그러나 첨가제만으로는 다양한 운전 여건에 만족하기가 곤란할 것으로 판단하여 보조 재생 방식을 추가로 사용하여 400~500km 주기마다 강제로 재생시켰다. 강제 재생을 위해서는 산화촉매를 전방에 부착하여 미연탄화수소 연소로 100°C의 발열을 시키며, 커먼레일 연료공급장치에서 다단후분사(multiple post-injection)로서 배출가스 온도를 200~250°C 상승시킨다. 첨가제 등으로 인하여 필터 내에 쌓인 재(ash)는 80,000km마다 물로서 세척하도록 하였다.

첨가제방식은 필터에 포집된 PM이 재생할 때 첨가제에 의한 폭발연소로 반응속도가 빨라서 촉매연소에 비해 재생 기간이 절반 이하로 줄어드는 장점이 있지만, 첨가제 저장용기와 첨가제를 연료와 혼합해 주기 위한 연료공급 측정센서, 첨가제 공급 펌프, 제어장치 등의 추가적인 장치가 필요하고, 주기적으로 첨가제를 공급해 주어야 하며, 첨가제에 의해 필터 내에 누적되는 재(ash)로 인한 필터 수명 단축 등의 단점이 있다.

촉매방식과 첨가제방식은 상당 기간 경쟁 관계에 있었지만, 현재는 대부분 촉매방식 DPF를 사용하고 있다.

푸조자동차는 독일의 벤츠나 BMW보다는 디젤엔진 기술력에서 뒤지며 자동차 판매도 부진한 상황을 타파하기 위하여, DPF 기술을 적용하는 기술혁신으로 어려움을 돌파하기로 결정하였다. 이는 미국에 진출해 있던 스웨덴의 볼보(Volvo)와 샤브(Saab-Scania)자동차가 판매 부진의 어려움을 타파하기 위해서 1973년에 휘발유 승용차에 가장 먼저 삼원촉매를 장착하는 혁신적인 전략을 채택했던 것과 유사한 상황이었다.

실패의 위험부담이 있는 혁신 기술을 남들보다 먼저 채용하는 판단과 용기가 위기를 기회로 반전시키고 세상을 변화시킨다는 것을 다시 한번 일깨워주는 사례이다.

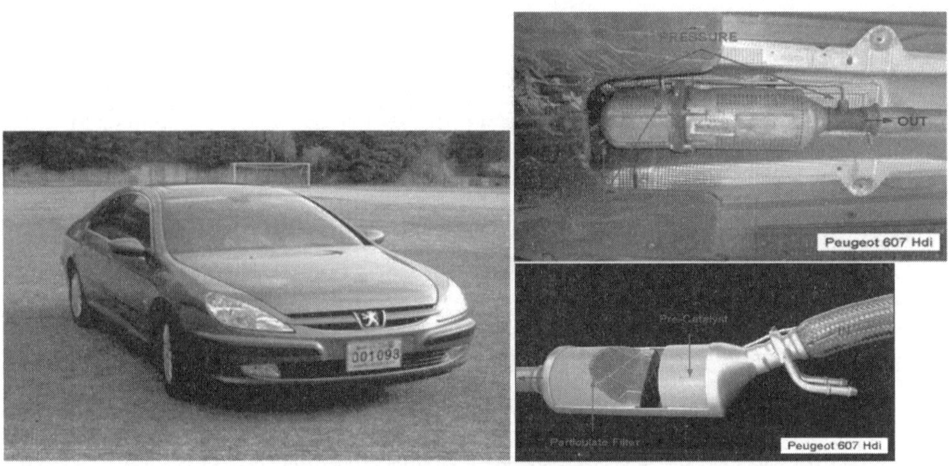

그림 3.40 Peugeot 607 경유 승용차(좌)와 차량 하부에 설치된 DPF 장치(우상)와 내부 구조도(우하)
출처: 경유 자동차 후처리장치 평가, 한국기계연구원 정용일 외, 환경부, 2004.1.30.

당시 자동차 회사들은 DPF 기술이 제작차에 적용하기에는 미완성 기술이며, 차량 가격을 상승시켜서 경유차 경쟁력을 저하할 것이라는 회의적인 시각이었으며, 푸조사에 대해서도 냉담한 반응을 보였다.

그러나 DPF를 장착한 푸조 607 경유 승용차의 1년 동안 운행 결과에 문제점이 발견되지 않는 성공에 힘입어서 DPF 부착 차종을 확대하면서 2003년 6월에 50만대, 2005년 1월에는 누적 100만대를 판매하면서 클린디젤 시대를 견인하였다.

특히 독일 환경청에서 푸조 607에 대해서 아주 만족스러운 평가 결과를 발표하면서 경유 승용차에 DPF 장치 보급을 강력하게 추진했으며, 2005년에 독일의 자동차 제조사는 2008년부터 모든 경유차에 DPF를 자발적으로 부착하도록 합의했다. EU에서도 2009년의 EURO-5 경유 승용차 기준을 PM 0.005g/km으로 강화하고, PN(PM 개수기준) $6x10^{11}$개/km 기준도 추가로 설정하여 DPF 장치를 표준부품으로 사용하도록 하였다.

미국은 휘발유 승용차와 경유 승용차의 동일한 배출허용기준을 적용하고 있어서 DPF 장치를 사용하기 이전에는 경유 승용차 운행이 불가능했으며, 경유 중량자동차에 대해서는 2007년부터 DPF 장치를 부착하도록 PM 기준을 0.1g/bhp·h에서 0.01g/bhp·h로 강화하였다.

(2) 포집 필터

필터는 DPF 시스템의 성능을 결정하는 핵심부품으로써, 입자 포집효율(filtering efficiency)과 단위체적당 여과 표면적이 넓어서 여과 용량이 크고, 엔진출력 저하 방지를 위해 배압이 작아야 한다. 또한 용융점과 열팽창, 열충격 등의 열적 특성과 기계적 특성이 우수하고, 화학적 내구성도 좋아야 하며, 저렴한 가격도 중요한 요구조건이다.

필터 내의 PM이 재생될 때는 연소온도가 1,300°C까지도 올라가는 가혹한 조건이기 때문에, 이 온도에서 녹거나 파손되지 않아야 하며, PM 포집 효율이 높으면서도 압력손실이 적어야 하고, 외부 충격에도 강하여야 한다.

DPF용 필터 시장은 다공성 필터(porous filter) 기술 경쟁의 경연장이다. 자동차 회사에서 생산하는 제작자동차용 DPF 필터는 성능과 가격뿐만 아니라, 품질관리와 생산성 등에서도 유리한 벽면유동방식(wall flow type) 세라믹모노리스 필터(ceramic monolith filter)인 SiC, 코디어라이트, AT 필터의 3종류가 사용되고 있다.

운행차 부착용(retrofit)으로도 다양한 필터들이 개발되어 사용되고 있으며, 성능과 가격을 인정받아서 제작 자동차 시장 진입도 시도하고 있다.

세라믹 계열의 필터로는 뮬라이트(mullite)와 질화규소(silicon nitride; Si3N4)) 필터가 경쟁하고 있다. 금속 소재를 사용하는 DPF용 필터 연구개발도 활발하여, 독일 HJS사에서 개발한 소결 금속필터(SMF; Sintered Metal Filter)는 제트형(jet), 위성형(satellite) 등이 있으며, 2002년에 보쉬사에서 HJS를 인수하였으나 2005년 양산 목표와 상용화를 성공시키지는 못했다. 국내의 화이버텍(주)에서는 가열된 금속 봉을 회전체에 접촉하는 독자 공정을 이용하여 다양한 종류의 금속섬유를 제조하고 직조하여 운행차용 DPF 필터에 적용하고 있다.

독일 에미텍(Emitec) 사의 PM Filter Cat.은 금속섬유 또는 금속 소결판으로 만든 다공성의 매연 포집판과 유동 교란판이 중첩되어 삼원촉매 필터처럼 개방통로(open channel) 개념의 파셜필터(partial filter)로 사용되고 있다.

세라믹모노리스 필터는 입자포집 효율이 높고, 고온에 잘 견디며 공간 활용성이 우수한 장점이 있으며, 입자포집은 표면에서의 케이크 포집(cake filtration)과 벽면에서의 심층포집(depth filtration)으로 나누어진다(그림3.41하). 또한 세라믹모노리스 필터의 특성으로는 벽두께, 셀 개수, 평균 기공크기(mean pore size), 다공도(porosity) 등이 있다.

벽면유동 필터는 세라믹 소재에 따라 코디어라이트(Cordierite) 필터, 탄화규소(SiC; Silicon Carbide) 필터, 알루미늄타이타나이트(AT; Aluminum Titanate) 필터가 사용되고 있다.

미국의 코닝(Corning)과 일본의 NGK에서 2MgO-2Al_2O_3-5SiO_2의 화학조성을 갖는 코디어라이트 필터를 1990년대 초에 개발하여 초기의 DPF용 필터로 사용하였다. 코디어라이트 필터는 기존 가솔린엔진용 삼원촉매 담체와 동일한 압출기술을 사용하여 제조할 수 있어 가격이 저렴한 장점이 있지만, 용융점(~1,460°C)이 낮아서 필터 내 PM의 이상연소 현상이 발생하면 필터가 국부적으로 녹는 문제가 나타났다(그림3.42좌).

용융점이 2,400°C로 코디어라이트 필터에 비해 우수한 SiC 필터가 일본 이비덴(Ibiden) 사에 의해 개발되어 2000년 초에 프랑스 푸조 승용차에 장착되었다. SiC 필터는 코디어라이트 필터에 비해 고온 특성과 열전도성이 우수하지만, 열팽창율이 커서 몇 개의 분할 조각(segment)을 접합하여 제조된다(그림3.42우). 연마제 원료로 사용되기도 하는 SiC 분말은 경도가 높아서 필터를 압출 성형할 때 고가인 압출금형 마모와 손상이 쉽게 일어나며, 소결 온도도 2000°C 이상으로 높아서 제조 가격이 코디어라이트 필터에 비해 2~4배 이상 높은 단점이 있다.

코닝사에서는 SiC 필터와 코디어라이트 필터의 중간 특성을 가지면서 가격이 다소 낮은 알루미늄타이타네이트(Al_2TiO_5) 필터를 2005년에 개발하여 보급하고 있다.

미국의 코닝사는 1851년에 설립되었으며, 유리와 세라믹 제품을 생산하는 세계적인 회사로서, 자동차용 삼원촉매 필터와 매연여과장치 필터 개발에서도 선구적인 회사이다. 그러나 삼원촉매를 기반으로 하는 코닝사의 코디어라이트 필터가 DPF용으로 사용되면서 PM 재생 시에 필터가 녹거나 손상되는 신뢰성 문제가 나타나면서 DPF 상용화가 지연되고 있을 때 일본 이비덴사의 SiC 필터가 돌파구를 열었다.

이비덴사는 1912년에 설립된 전력(electric power) 관련제품의 생산회사로서, 1970년대에 세라믹파이버(ceramic fiber)를 생산했고, 1999년에 SiC DPF 필터를 개발하였다. 현재는 SiC 필터와 특수탄소제품, 플라스틱 패키지판 등을 생산하고 있다.

2021년 현재 DPF 시장 규모는 118억달러(14조원) 규모이며, 2027년에 2배가 넘는 245억달러로 커질 것으로 예상하고 있다. 2020년에 SiC 필터가 60%, 코디어라이트 필터가 25% 정도 시장을 차지하고 있다. 배출가스 온도가 상대적으로 낮은 대형차량은 코디어라이트 필터를 기본으로 시장이 형성되어 있고, 소형차량의 경우에는 SiC 필터가 주로 사용되고 있다.

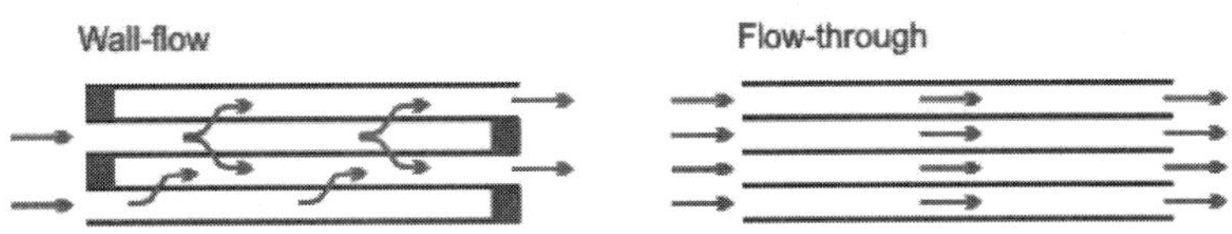

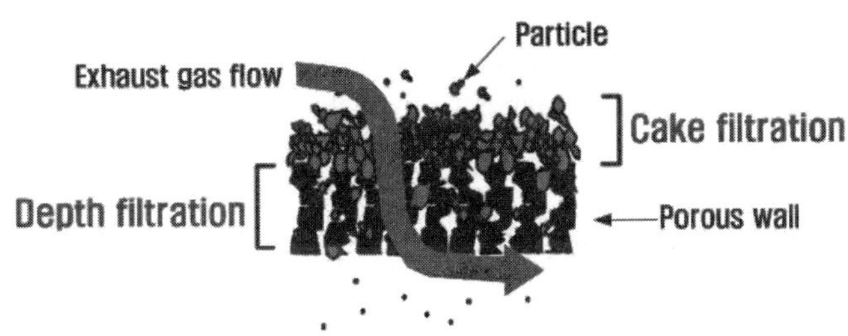

그림 3.41 Wall flow filter와 Flow-through 필터 구조(상)와 벽면유동 필터의 PM 포집 메커니즘(하)
출처: “Diesel particulate filters”, DieselNet Technology Guide, dieselnet.com.

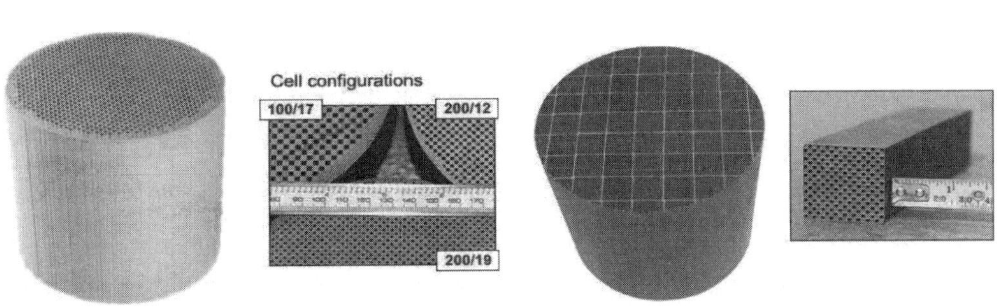

그림 3.42 Cordierite filter(좌)와 SiC filter와 Segment(우)
출처: “Diesel particulate filters”, DieselNet Technology Guide, dieselnet.com.

5.4. 선택적촉매환원장치(SCR)

질소산화물(NOx)은 1950년대에 LA 스모그를 발생시킨 광화학스모그의 원인물질 중의 하나로 규명되었고, 2000년 초반에는 2차 미세먼지($PM_{2.5}$)의 전구물질임이 밝혀졌으며, 우리나라 수도권의 대기오염도 2차 미세먼지에 의한 것으로 2016년부터 논의되기 시작했다.

경유자동차는 매연과 함께 NOx도 휘발유 자동차보다 훨씬 많이 배출되기 때문에 대도시의 스모그와 미세먼지 대기오염의 주범으로 지적되면서 경계와 퇴출의 대상이 되어왔다.

그러나 매연과 PM 배출 때문에 외면받던 경유 승용차가 2000년부터 매연여과장치를 사용하여 클린디젤로 변신하면서 자동차 시장에서 부활하기 시작했지만, NOx에 의한 2차 미세먼지 발생 문제에 부딪히면서 NOx 대책에 부심하게 되었다.

경유 승용차와 휘발유 승용차에 동일한 배출허용기준을 적용하는 미국은 2004년부터 시작하는 Tier-2에서 NOx 기준을 평균 0.07g/mi(0.044g/km)로 설정하였으며, 유럽에서는 2009년 EURO-5 기준에서 NOx 0.18g/km, 2014년의 EURO-6에서는 0.08g/km로 강화함으로써, 엔진 연소개선과 EGR 장치로 대응하던 NOx 대책은 ure-SCR이나 LNT와 같은 후처리장치 없이는 기준 대응이 불가능하게 되었다.

(1) Urea-SCR 시스템 구성 NOx 저감 메커니즘

1) 시스템 구성

자동차에 사용되는 Urea-SCR 장치는 SCR 촉매를 사용하여 배출가스 온도가 200°C 이상이 되면 배출가스 중의 NOx를, 암모니아를 사용하여 N_2로 환원하는 기술이다.

Urea-SCR 시스템(그림3.43)은 촉매코팅 담체, 요소수(urea) 분사시스템, 센서 등으로 구성된다. 요소수 분사시스템은 요소수 저장용기와 펌프, 요소수 분사노즐, 분사제어장치로 구성되어 있으며, 요소수가 -11°C에서 얼기 때문에 전기히터 등으로 보온하고 있다.

촉매는 SCR 촉매와 산화촉매를 적절히 구성하여 사용하는데 SCR 촉매는 주로 바나디아(vanadia)나 제올라이트(zeolite) 계열을 사용한다. 그리고 SCR 반응에 도움을 주는 NO와 NO_2 성분비 조정을 위해 SCR 촉매 전단에 산화촉매를 사용하고, SCR 촉매 후단에는 암모니아 슬립(slip)을 방지하기 위해 산화촉매(AOC; Ammonia Oxidation Catalyst)를 추가하여 사용한다.

촉매의 담체는 주로 코디어라이트 재질의 세라믹 허니컴을 사용한다. 그리고 SCR

촉매 전단에 요소수를 배출가스 중에 균일하게 분산시키기 위하여 믹서를 사용한다. 요소수 분사량을 피드백 제어하기 위해 SCR 입구와 출구에 NOx 센서를 장착하여 사용하며 OBD 모니터링에도 사용된다.

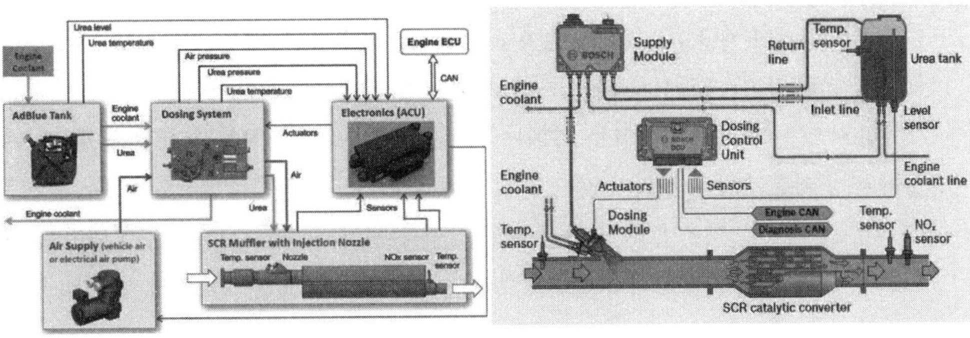

그림 3.43 Urea-SCR 장치의 Albonair urea injection system(좌)과 Bosch Denoxtronic 2.2(우)

출처: Urea dosing and injection systems, W. Addy Majewski, DieselNet Technology Guide, dieselnet.com.

(2) Urea SCR 장치의 기술적 과제

1) 촉매 효율과 내구성

바나디움 촉매는 250~450°C의 비교적 넓은 온도 범위에서, 제올라이트 촉매는 350~600°C의 고온에서 높은 NOx 저감 효율을 가지고 있으며, 이들 촉매는 알루미나(Al_2O_3)나 이산화타이타늄(TiO_2)과 같은 운반체(carrier)와 함께 사용되며 조촉매 TiO_2는 황(sulfur)에 대한 저항력을 증가시킨다.

바나디움 촉매로는 오산화바나디움(V_2O_5/TiO_2)이 많이 사용되며 높은 온도(500~550°C)에 노출되면 TiO_2가 변형되어 촉매 접촉 면적이 감소하는 것으로 알려져 있다. 바나디움 기반의 촉매는 인체에 위험하다는 연구가 일본에서 발표되었으며, 미국 캘리포니아에서는 오산화바나디움(vanadium pentoxide)을 발암물질 항목으로 분류하여 사용을 금지하고 있다. 유럽에서는 바나디움 기반 촉매를 허용하고 있지만, 일본이나 미국은 제올라이트 촉매를 사용하고 있다.

제올라이트 촉매는 바나디움 촉매에 비해 3배 정도 비싸지만, 촉매가격이 SCR 시스템 전체 가격의 10% 이내이므로 촉매 종류와 가격이 시스템 구성을 결정하는 핵심 인자는 아니다.

제올라이트 촉매는 저온 성능이 우수한 Cu-zeolite와 고온용의 Fe-zeolite로 나누어진다. 저온용 제올라이트 촉매는 ZSM-5 제올라이트가 주성분이며, 사용영역은 200~400°C이고 650°C까지 열적으로 안정하다. 저온과 고온에서의 NOx 저감 효과를 동시에 높이기 위해서 Fe-zeolite와 Cu-zeolite, 또는 바나디움 촉매를 서로 혼합하여 사용하기도 한다.

또한 다수의 상용 Cu-zeolite SCR 배합은 구리 캐버자이트(Cu-CHA)를 기반으로 한다. 캐버자이트(chabazite)는 작은 기공 크기의 특수 제올라이트로 디젤 HC를 흡착하지 않는다. 많은 Cu-CHA 촉매는 200℃~650℃의 넓은 온도 창에서 활성화되며 더 이상 저온 촉매로 불리지 않는다.

대부분의 시스템은 SCR 촉매 후단에 산화촉매(AOC)를 설치하여 암모니아 슬립을 방지하며, 덤으로 탄화수소와 일산화탄소 배출도 함께 줄이고 경유 냄새도 제어한다.

2) 요소수 품질 및 인프라 구축 문제

SCR 장치에서 암모니아를 사용하여 NOx를 환원하지만, 독성과 냄새 등의 문제로 인해서 암모니아를 직접 사용하기는 어려워서 대체 환원제가 필요하다. 암모니아로 쉽게 분해되면서 유해한 부산물이 생성되지 않아야 하고, 독성이 없고, 운반과 취급이 쉬우며, 저렴하고 공급이 쉬워야 한다.

요소(urea)($CO(NH_2)_2$)는 이런 요건을 충족하는 대체 환원제이며 물에 녹인 용액은 사용하기가 더욱 쉽다. 카바미드(Carbamide), 카보닐디아미드(Carbonyldimide), 카보닐디아(Carbonyldimine) 등으로 불리는 요소는 고체 물질로서 물에 약 50%까지 녹지만, SCR 시스템용으로는 32.5%(중량) 농도를 사용하고 이 농도에서 요소수는 -11℃에서 결빙된다.

SCR용 요소수는 시스템과 촉매의 오염을 방지하기 위하여 순도에 대한 요구 사항이 높다. 나트륨, 칼륨, 칼슘, 마그네슘, 구리, 아연, 철 또는 크롬과 같은 금속과 회분을 형성하는 인산염 함량을 낮게 관리하며, 특히 포름알데하이드는 SCR 시스템과 촉매에 퇴적하고, 노즐 오염을 가져올 수 있어서 10ppm 이하로 요구하고 있다. 요소수 품질은 제조 시뿐만 아니라 유통과정에서도 관리하고 있다.

SCR-urea 용액에 대한 산업 표준은 독일과 일본에서 최초로 채택되었다. 2003년 8월에 독일은 "NOx 환원 첨가제 AUS 32" 제목의 DINV70070 표준을 발표하였으며, 유럽의 요소수용으로 "AdBlue" 상호를 승인했다. 독일과 일본 표준을 기초로 하여 2006년에 ISO 22241-1 표준을 발표하였다. AUS 32는 Aquos Urea Solution 32.5%를 의미한다.

국내도 ISO 22241-1의 기준으로 승인된 AdBlue와 동일한 요소수 품질 기준을 설정하고 있으며, 요소 함량은 31.8%~33.2%, 밀도(@20°C)는 1.087~1.093 이다.

요소수를 소비자가 쉽게 구매할 수 있는 유통망 구축이 중요하다. 사용자의 편리성을 고려하였을 때, 요소수는 자동차 연료 주유 시에 함께 공급하는 것이 바람직하므로 주유소에서 요소수를 판매하는 방식을 도입하고 있다(그림3.44좌).

2011년 10월부터 국내에 요소수 품귀현상이 나타나면서 요소수 가격이 급상승하고 경유차 운행까지도 제한될 수 있는 상황이 발생하면서 언론에서는 요소수 대란이라고 불렀다.

우리나라는 대부분 요소수를 중국에서 수입하고 있으며 1월부터 9월까지 수입한 요소는 97.6%가 중국산이었다. 중국은 석탄에서 암모니아를 추출해서 요소를 생산하는데 호주와 발생한 외교 마찰로 인하여 호주가 석탄 수출을 중단하였으며, 이에 따라 감소한 석탄발전으로 인하여 전력난이 심해지면서 자국의 요소 생산을 줄이고 수출제한 조치를 취하면서 한국이 유탄을 맞게 된 꼴이 되었다.

요소수 가격이 10배까지 치솟는 곳도 있었으며, 배출허용기준을 한시적으로 유예해서라도 요소수 없이 경유차량 운행을 허용하자는 의견과 배기가스 배출로 인해서 대기오염이 급격하게 나빠질 수 있다는 반대 의견들이 충돌하기도 했다.

수입 다변화, 산업용 요소 사용 등의 다양한 긴급대책들이 검토되었지만, 다행히 중국 상황이 호전되면서 최악의 사태는 피할 수 있었지만, 요소수와 같은 필수 소모품의 공급에 차질이 발생하면 자동차 운행에 큰 파장을 줄 수 있다는 교훈을 남긴 사례가 되었다.

그림 3.44 요소수 주입기를 설치한 주유소(좌), 요소수 구매를 위한 대기 줄(우)

출처: 경향신문(2021.11.15.), 한국경제(2021.11.9.)

5.5. NOx 흡장촉매(LNT)

1980년대에 엔진성능과 연료소비효율 개선을 위해서 희박연소엔진(lean-burn engine) 기술이 개발되었으나 기존의 삼원촉매로는 희박조건에서 NOx의 제거가 어려워 실용화에 걸림돌이 되었다. 1994년에 일본의 도요타자동차에서 희박공연비 운전상태에서 NOx를 줄일 수 있는 새로운 개념의 삼원촉매를 개발하면서, 질소산화물 흡장·환원 촉매(NOx storage and reduction catalysts, NSR catalysts)라고 이름을 붙였다.

디젤엔진에 사용되면서 NSR 보다는 LNT(Lean NOx Trap)로 많이 불리게 되었으며, NOx Adsorber Catalyst(NAC), DeNOx Trap(DNT) 등의 다양한 이름으로 불렸다.

(1) LNT 구성과 NOx 저감 원리

1) 시스템 구성

LNT는 삼원촉매와 마찬가지로 허니컴 세라믹 담체에 비표면적이 넓은 Al_2O_3를 워시코팅(washcoating)하고, NOx의 산화와 환원에 필요한 귀금속과 NO_2 흡장촉매를 코팅하여 만든다.

촉매는 희박조건에서 NOx를 포집하였다가 농후조건에서 배출하여 NOx가 N_2와 CO_2로 변환된다. LNT 촉매는 고온 내구성이 우수하지만, 연료의 황성분 피독에 의한 성능 저하가 나타나기 때문에 연료의 유황성분을 30ppm 이하로 낮추어야 한다.

흡장촉매는 대표적으로, Alkaline earths(Ba(barium), Ca, Sr(strontium), Mg)과 Alkali metals(K(potassium), Na(sodium), Li, Cs(cesium)), Rare earth metals (La(lanthanum), Y(ytrium))이 사용되며, NOx 흡장 용량, 고온 NO_3 흡장 안정성, 황피독 특성에 차이가 있으며, Ba과 K, Na 물질을 혼합한 복합 촉매가 우수한 성능을 나타내는 것으로 알려져 있다.

가솔린엔진은 배기가스 온도가 높으므로 고온에서의 성능향상을 위하여 Ba+alkali metal 시스템이 사용되며, LD 디젤엔진의 경우는 Ba+alkali metal 소재를 피하고 있으나 HD 디젤의 경우는 사용하기도 한다.

귀금속 촉매는 백금(Pt)과 로듐(Rd)이 사용되며, 백금은 배기가스 중 NO를 NO_2로 산화시키는 역할을 하며, 로듐은 NOx를 환원시키는 촉매 역할을 한다.

LNT 작동온도 범위는 200~500℃로 넓으며 NOx 저감 효율도 80~90%로 높으나, 저온에서는 NO가 NO_2로 산화되지 못하여 흡장되지 못하고, 고온에서는 흡장촉매가 NO_3를 흡장하지 못하고 방출하기 때문에 저감 효율이 떨어진다.

LNT 기술은 차량 운행 중에 엔진 공연비에 따라 희박상태에서 포집과 농후상태에서 환원과정을 반복하여야 하므로 정밀한 엔진제어가 요구된다. 또한 NOx의 환원과정에서 농후한 조건을 만들어주기 위한 추가적인 연료분사가 불가피하며 이는 연료소비율의 악화로 이어지게 된다. 그러나 LNT 시스템은 연료 자체를 환원제로 사용하기 때문에 추가적인 기계장치 없이 구조가 간단한 장점(그림3.45좌)이 있어서 중소형 차량에 적용되고 있다.

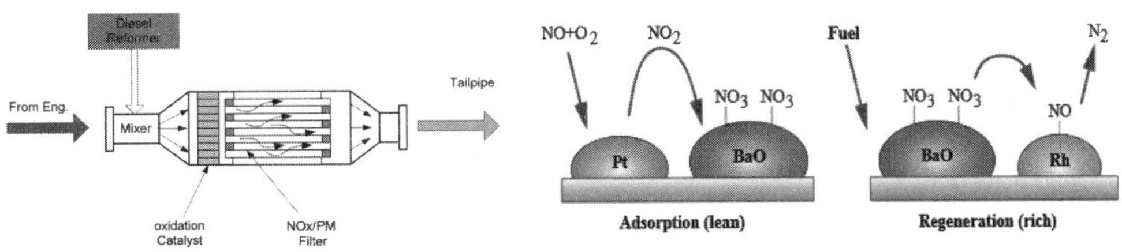

그림 3.45 LNT 촉매 구성(좌)과 NOx 흡장과 재생 전환과정(우)

출처: NOx adsorbers, W. Addy Majewski, DieselNet Technology Guide, dieselnet.com.

2) NOx 저감장치 장단점 비교

경유 자동차용 NOx 저감장치로 urea SCR과 LNT 기술이 사용되며, urea SCR 기술이 촉매반응 온도 대역이 넓고, 내구성이 우수하다는 장점이 있고 80% 이상의 높은 NOx 정화효율을 얻을 수 있어 많이 사용되고 있다. 그러나 urea SCR 장치는 요소수 공급을 위한 인프라와 차량에 요소수 저장용기와 분사장치 등의 부수적인 장치들이 있어야 하는 단점이 있다.

반면에 고가의 PGM 촉매를 사용하는 LNT는 NOx 저감 성능은 다소 떨어지지만, 요소수 운영비용을 고려한 urea SCR 장치에 비해서는, 경제성과 설치 공간 측면에서 작은 엔진에 유리하다.

6절 | 자동차환경 관리정책

자동차에 의한 대기오염을 관리하는 대책으로는 자동차배출가스 관리와 교통수요관리, 공해차량운행제한지역(LEZ) 설정 등이 시행되고 있다.

자동차배출가스 관리는 제작차의 배출허용기준 강화와 판매되어 운행되고 있는 자동차의 운행차 관리(I/M; Inspection & Maintenance), 친환경차 보급과 노후차량 조기폐차나 운행차에 저감장치를 장착하는 레트로피트 대책 등이 있다. 기존 연료품질을 강화하고, 천연가스나 LPG와 같은 청정연료를 보급하며, 바이오연료, 수소연료, 이퓨얼과 같은 탄소중립 연료도 온실가스 대책과 함께 보급하는 연료 대책도 중요하다.

급증하는 자동차 수요로 인하여 교통 정체에 의한 불필요한 에너지 소모와 환경오염 유발을 개선하기 위한 교통수요 관리도 매우 중요하다. 원활한 교통 소통을 위한 버스 체계, 철도와 경전철 등 지역 특성에 맞는 신규 대중교통 확충과 지원, 보행자 통행과 자전거 이용 등 녹색교통수단에 대한 기반 수립 등이 중요하다.

6.1. 자동차 배출허용기준 설정 경과

(1) 외국의 경과

1940년경부터 미국 로스앤젤레스 지역에서 자동차배출가스의 광화학스모그에 의한 대기오염 문제가 심각해지면서, 1955년에 최초의 대기오염통제법(Air Pollution Control Act)이 제정되었고 1963년에 대기오염통제법을 확정하여 대기오염방지법(청정공기법)인 CAA가 제정되면서 연방정부의 본격적인 대기오염 방지정책이 시작되었다.

1970년에 강력한 대기오염방지법이 개정되었고 새롭게 설립된 환경보호청(EPA)에 CAA 집행 권한을 부여하면서 실질적인 대기오염방지 프로그램이 시작되었다. 1990년에 CAA를 다시 개정하면서 자동차에 의한 오염물질 배출규제가 강화되었다(USEPA OMS-12, 1993).

1965년에 자동차대기오염통제법(Motor Vehicle Air Pollution Control Act)를 제정하고, 1968년에 CO(34g/mi), HC(4.1g/mi)의 최초 자동차 배출허용기준 설정과 1975년

에 NOx를 추가하여 CO 3.4g/mi, HC 0.41g/mi, NOx 3.1g/mi 기준으로 강화하였다. 1981년에 Tier-0 기준이 시작되었고 1994년에 Tier-1 기준을 시행하면서 본격적인 자동차배출규제가 시작되었으며, 2004년에 Tier-2, 2017년에 Tier-3 기준으로 계속 강화되었다. Tie-4 기준은 2027년부터 2033년까지 시행되며 2024.3월에 결정하였다.

미국의 자동차 공해관리체계는 EPA에서 미국 전체에 적용되는 관리대책을 마련 시행하고 캘리포니아주 등 오염이 심한 지역에서는 연방과는 별도로 독자적인 관리대책을 마련하여 시행하며, 연방 기준보다 강화되어 있어서 2~3년 후에 연방에서 이 기준을 채택하는 것이 통상적이다.

캘리포니아주는 1967년에 캘리포니아 대기국(CARB)을 설립하여 자동차와 같은 이동오염원을 관리하도록 하였으며, 미국 전역에서 가장 강화된 대기오염법을 시행해 오고 있다.

주 의회는 1988년에 캘리포니아 대기오염방지법(California Clean Air Act)을 입안하여 반응성 유기가스(ROG; Reactive Organic Gases)와 NOx, CO를 매년 5%씩 줄이도록 요구했고, 이에 따라 CARB는 1993년에 이동오염원 계획(MSP; Mobile Source Plan)을 수립하였다. MSP의 주요 내용으로는 무공해차량(ZEV; Zero Emission Vehicle) 개발과 청정연료 보급, 비도로 오염원 제어, 교통체계(transportation planning) 개선을 통한 배출저감 대책이다.

자동차배출가스 기준은 1993년에 Tier-1 기준을 시행하였고, 1994년에 연방정부 기준보다 더욱 강화된 LEV-1 기준, 2004년에 LEV-2, 2015년에 LEV-3 기준으로 강화하였다. 2026년부터는 LEV-4 기준이 시행된다.

유럽에서도 독일과 프랑스의 몇몇 도시에서는 로스앤젤레스와 같은 대기오염 현상이 발생하여 1961년부터 두 나라가 공동으로 자동차배출가스 문제를 조사하기 시작했으며, 이 결과를 기반으로 1970년에 유럽경제공동체(EEC; European Economic Community) 12개국에서 최초의 자동차 배출허용기준을 정하였다. 차량 총중량 0.4~3.5톤까지의 휘발유 차량을 대상으로 CO와 HC 배출기준을 1971년 10월 1일부터 시행하고 이후 몇 차례에 걸쳐 기준을 강화하였다.

1977년에는 NOx를 추가 규제하였으며, 1982년에는 차량의 중량을 재조정하고 NOx와 HC를 합한 양으로 규제하고 경유 차량에 대해서도 규제를 추가하였다. 1982년에는 EC 위원회에서 자동차배출가스의 위해성과 배출가스 저감기술, 경제성과 환경비용 등을 평가한 ERGA(Evolution of Regulations-Global Approach) 프로그램을 시행하였다.

이런 과정을 거치면서 1992년에 Directive 91/441/EEC에서 모든 회원국이 함께 참여하는 EURO-1 배출허용기준을 시행하였다. 1996년에 EURO-2, 2000년 EURO-3, 2005

년 EURO-4, 2009년 EURO-5를 거쳐서 2014년에 EURO-6기준으로 강화되었으며, 2027년에 EURO-7 기준이 시행된다.

특히 2015년의 폭스바겐 스캔달 이후 배출가스 관련부품의 임의설정(defeat device) 방지대책들이 강화되었으며, 2012년에 PN(Particle Number) 기준 도입과 2016년의 RDE(Real Driving Emissions), 2017년 WLTP/WLTC 시험방법이 도입되었다.

일본은 급격한 공업화의 진행으로 인해서 극심한 대기오염 공해가 발생하였고 1960년대부터 사회적인 갈등이 많았으며, 1968년에 대기오염관리법을 제정하여 이를 해결하기 위하여 노력하였다. 자동차배출가스 기준은 1966년에 국토교통성(MLIT; Ministry of Land, Infrastructure, Transportation and Tourism)에서 휘발유자동차의 CO 규제를 시작했으며, 1973년에 환경처에서 HC와 NOx 기준을 추가하였다. 경유자동차도 1972년에 매연규제를 시작으로, 1974년에 CO, HC, NOx를 규제하였다. 1986년에 10.15 모드 시험방법을 도입하고 2005년에 JC08 모드로 강화하였으며, 2019년에 WLTP 모드로 개선하였다. 2000~2002년 신단기 기준과 2005~2007년 신장기 기준, 2009~2010년 포스트 신장기 기준으로 강화하였다.

일본 환경성은 1971년에 환경청(Environmental Agency)으로 발족하여 2001년에 환경성(Ministry of Environment)으로 승격되었다.

대기오염이 극심했던 도쿄시에서는 2000년에 도쿄도 정부(TMG; Tokyo Metropolitan Government)가 대기보전조례를 제정하여 자동차배출가스 대책을 중점적으로 시행하였으며, 특히 2003년부터 노후 경유차 운행을 금지하는 디젤차 NO 작전이 수행되었다.

일본의 자동차 대수는 1960년대 말 약 3.4백만대에서 1971년에 2천만대를 넘어서고, 1990년에는 6천2백만대로 증가하면서 세계 2위의 보유 대수를 기록하였다.

차량에 의한 배출오염물질 제어를 위해서 환경성과 국토교통성은 상호협조 관계를 유지하며 환경성 장관은 대기오염법(Air Pollution Act)에 따른 자동차 배출허용기준을 수립하고, 국토교통성 장관은 도로교통법(Road Transport Vehicle Act)에서 차량의 배출규제에 필요한 내용을 확립한다. 특히 일본에서의 차량에 의한 배출저감을 위한 정책방향은 중앙공해대책심의회(Central Council for Environmental Pollution Control) 보고서를 기초로 하여 수립하고 있다.

(2) 우리나라의 경과

1975년에 보건사회부 위생국이 환경위생국으로 개편되고 1978년 6월에 환경보전법이 제정되면서 일반 승용차의 배출허용기준(환경보전법 28조, 교통부 제정)이 제정되고 정부의 자동차환경정책이 시작되었다. 1980년에 환경청으로 승격되고, 휘발유 승용차에 LA-4 모드를 사용하여 CO 26.0g/km, THC 3.8g/km, NOx 3.0g/km 배출허용기준을 설정하였으며, 1984년에 경유 승용차는 CO 980ppm, THC 670ppm, NOx 590ppm과 함께 매연농도 50% 기준이 설정되었다. 1987년에 휘발유 승용차의 기준 강화와 중량규제 방법인 CVS-75(미국의 FTP-75와 동일) 모드로 시험방법이 개정되면서 선진국형의 자동차 배출허용기준과 정책이 본격화했다.

환경청은 1990년에 환경처로 바뀌고 같은 해 8월에 대기환경보전법이 제정되어 대기환경에 대한 체계적인 관리가 시작되었다. 1993년에 경유 승용차의 배출허용기준이 강화되고 CVS-75 모드와 함께 PM 기준이 적용되었다. 1996년에 경유소형화물차에 CVS-75 모드가, 중량자동차에는 D-13 모드 적용과 함께 PM 규제도 시작하였다. 1994년에 환경처에서 현재의 환경부로 승격되었다.

휘발유 승용차는 대부분 미국에 수출하고, 경유 승용차와 SUV는 유럽에 수출하고 있는 국내 자동차회사의 여건을 고려하여, 2005년부터 휘발유 승용차는 미국 캘리포니아 기준을, 경유 승용차와 대형차는 유럽 기준인 EURO-3 기준을 적용하였다.

휘발유 승용차는 2006년에 LEV-2 ULEV 기준을 페이스인(phase-in)으로 적용하고, 2009년 이후부터는 FAS(Fleet Average System) 제도를 도입하였다.

2006년에 경유 승용차는 유럽의 ECE-15 + EUDC 시험모드와 EURO-4 기준을 적용하고, 2009년에 EURO-5, 2015년에 EURO-6 기준을 시행하였으며, EURO-6 기준에서는 DPF와 SCR 후처리장치가 함께 적용되었다. 2014년에 PN(Particle Number) 기준이 도입되고, 2017년 RDE-LDV(Real Driving Emissions)과 WLTP 시험방법이 적용되었다.

중량자동차는 2003년에 ESC 모드, 2007년에 ETC 모드로 변경되었으며, 2014년에 WHSC와 WHTC 모드와 함께 EURO-6 기준이 시행되었다.

6.2. 각국의 자동차 배출허용기준 현황과 전망

자동차에서 배출되는 오염물질을 규제하기 위해서는,

- 배출 수준이 높아서 인체와 대기환경에 영향이 큰 "규제대상 물질"을 정하고,
- 기술과 경제성을 고려한 대상 물질 별 "배출허용기준 값"을 설정하고,
- 실제 운행조건과 유사하면서 시험 측정 시의 재현성을 만족하는 "시험방법"을 정하고,
- 차종에 따라 배출 수준과 특성이 다르므로 이를 고려한 "차종분류"와,

• 판매된 차량이 배출허용기준을 준수하여야 하는 “배출가스보증기간(useful life period)” 등의 기준을 정하여야 한다.

(1) 미국 배출허용기준

2017년부터 2025년까지 Tier-3 기준이 단계적으로 도입(phase-in)되었으며, FTP 시험모드로 배출가스보증기간 15만 마일이며, 7개의 인증 빈(certification bin) 기준(표3.7) 중의 하나를 만족하면서 매년 설정된 NMOG + NOx의 평균배출량(fleet average) 기준(표3.8)을 만족하여야 하며, 2025년에 bin 30을 목표로 하고 있다. 휘발유와 경유 승용차는 동일한 기준을 적용한다.

2027년부터 2033년까지 단계적으로 도입(phase-in)되는 Tier-4 기준은 Tier-3 기준과 동일하게, bin과 fleet average NMOG+NOx 기준으로 구성되어 있다. NMOG+NOx 값은 2033년에 15mg/mi을 목표로 하고 있으며, PM 기준도 0.5g/mi로 강화하였다.

FTP-75(한국은 CVS-75로 호칭) 모드 시험법은 3단계(phase)로 나누어지며, 첫째 단계는 냉간 과도운전단계(cold transition phase (TP_{cold}))로서 20~30°C에서 12시간 이상 유지(soak)된 상태에서 냉간시동으로 505초 동안 주행하고, 둘째 단계는 안정 운전단계(stabilized phase(SP))로서 867초 동안 운전하고, 세째 열간 과도운전단계(hot transition phase(TP_{hot}))는 10분 동안 엔진을 멈춘 후 첫째 단계와 동일한 모드로 운전한다(그림3.46상).

각 단계에서 측정된 배출가스는 $0.43*TP_{cold} + 1.0*SP + 0.57*TP_{hot}$ 의 가중치로 계산한다.

SFTP(Supplemental FTP) 시험모드는 FTP-75 모드가 실제 운전상태와 일치하지 못하는 부분(약15%)을 보완하기 위하여 2001MY부터 시작하였다.

US06는 고속 고부하(high speeds and high load cycle) 운전모드로서 열간 안정(hot stabilized) 상태에서 에어콘 사용 없이 10분간 운전하며, 최고 속도 80mph과 급가속이 포함되어 있다(그림3.46하우).

SC03는 에어컨 사용(air conditioning cycle) 운전모드로서 차량 출발 직후 운전상태를 대표하는 운전모드로서 환경챔버나 표준 시험모드에 에어콘 부하가 적용된다(그림3.46하좌).

(표3.7) 미국 승용차 Tier-3 Certification Bins 기준(FTP, 150,000마일)

	NMOG+NOx	PM	CO	HCHO
	mg/mi	mg/mi	g/mi	mg/mi
Bin 160	160	3	4.2	4
Bin 125	125	3	2.1	4
Bin 70	70	3	1.7	4
Bin 50	50	3	1.7	4
Bin 30	30	3	1.0	4
Bin 20	20	3	1.0	4
Bin 0	0	0	0	0

(표3.8) 미국 승용차 NMOG+NOx 평균배출량 기준

차 종	2017	2018	2019	2020	2021	2022	2023	2024	2025
LDV, LDT1	86	79	72	65	58	51	44	37	30
LDT2, LDT3, LDT4, MDPV	101	92	83	74	65	56	47	38	30

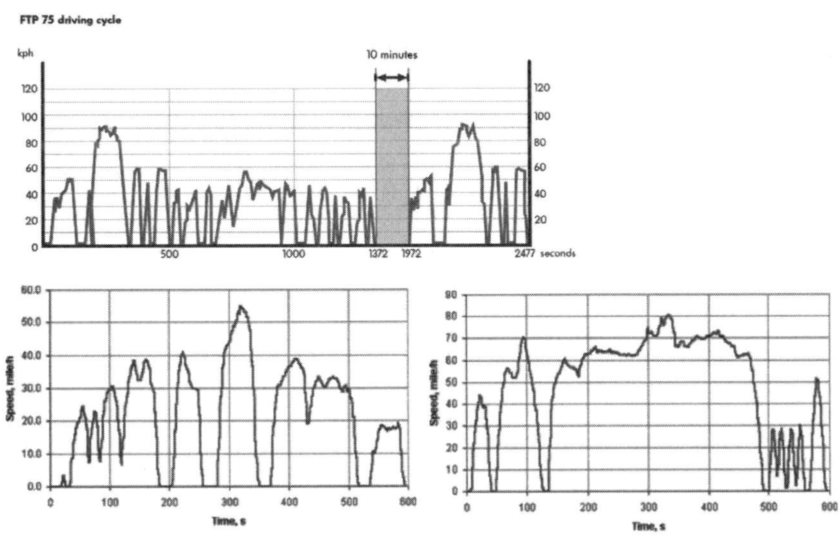

그림 3.46 미국 배출가스 측정 모드(상: FTP-75, 하좌: SC03, 하우: US06)

출처: Emission test cycle, dieselnet.com.

(2) 미국 캘리포니아 배출허용기준

2015년부터 2025년까지 LEV-3 기준이 단계적으로 도입(phase-in)되었으며, FTP 시험모드로 배출가스보증기간 15만 마일이며, 6개의 기준(표3.9) 중의 하나를 만족하면서 매년 설정된 NMOG + NOx의 평균배출량(fleet average) 기준을 만족하여야 하며, 2025년에 SULEV30을 목표로 하고 있다.

(표3.9) 캘리포니아 승용차 LEV-3 기준 (FTP, 150,000마일)

차종	Emission Category	NMOG+NOx	CO	HCHO	PM
		g/mi	g/mi	mg/mi	g/mi
All PCs LDTs ≤8,500 lbs GVW All MDPVs160	LEV160	0.160	4.2	4	0.01
	ULEV125	0.125	2.1	4	0.01
	ULEV70	0.070	1.7	4	0.01
	ULEV50	0.050	1.7	4	0.01
	SULEV30	0.030	1.0	4	0.01
	SULEV20	0.020	1.0	4	0.01
MDVs 8501-10,000 lbs GVW	LEV395	0.395	6.4	6	0.12
	ULEV340	0.340	6.4	6	0.06
	ULEV250	0.250	6.4	6	0.06
	ULEV200	0.200	4.2	6	0.06
	SULEV170	0.170	4.2	6	0.06
	SULEV150	0.150	3.2	6	0.06
MDVs 10,001-14,000 lbs GVW	LEV630	0.630	7.3	6	0.12
	ULEV570	0.570	7.3	6	0.06
	ULEV400	0.400	7.3	6	0.06
	ULEV270	0.270	4.2	6	0.06
	SULEV230	0.230	4.2	6	0.06
	SULEV200	0.200	3.7	6	0.06

PC: Passenger car, LDT: Light-duty truck, MDPV: Medium-duty passenger vehicle, MDV: Medium-duty vehicle

2026년부터 2030년까지 phase-in으로 시행되는 LEV-4 기준은 2022년 8월에 확정되었다. LEV-3를 수정하였으며, 2029년 모델 연도까지 NMOG + NOx 기준 계산에서 ZEV와 PHEV를 단계적으로 폐지하고, 저배출 차량군(low emission bins)을 포함한 새로운 분류를 도입하고 고배출 차량군을 삭제한다. 고고도(high altitude) NMOG+NOx 한도와 신속주행 기준(quick drive-away stsndards)을 도입하고, MDV의 플리트 기준(fleet standards)도 도입한다.

(3) EU 배출허용기준

2014에 EURO-6 기준(표3.10)이 시행되었으며, 2015년의 폭스바겐 스캔달의 여파로 배출가스 관련부품의 임의설정(defeat device)을 개선하기 위하여 WLTP 인증모드(그림3.47우)와 실주행시험(RDE) 방법 도입 등 시험방법에 대한 여러 차례의 변동이 있었다.

- **EURO-6b(2015.9)**: GDI 엔진의 PN 기준검토, RDE 시험방법으로 모니터링 시작
- **EURO-6c(2018.9)**: GDI PN 기준 확정, WLTC 시험법 시작
- **EURO-6d-TEMP(2019.9)**: RDE 시험 시행과 잠정 CF(Conformity Factors) (NOx 2.1, PN 1.5) 적용
- **EURO-6d(2021.1)**: RDE 시험과 CF (NOx 1.43, PN 1.5) 확정
- **EURO-6e(2023.9)**: RDE CF 개정(NOx 1.10, PN 1.34)
- **EURO-7(2026.11.29.)**:

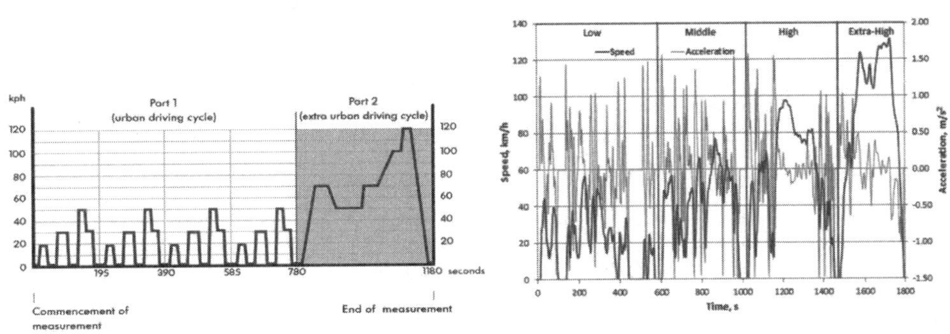

그림 3.47 EU NEDC(ECE+EUDC) 사이클(좌)과 WLTP Class3 사이클(우)

출처: Standard, dieselnet.com.

EURO-7 기준은 2026년 11월부터 시행되며, EURO-6 기준을 2배 정도 강화하겠다는 애초 계획은 회원들의 강력한 반발로 인하여 거의 동일한 수준으로 결정되었다.

가솔린차량의 저온(-7°C)시험 시 CO 15g/km, HC 1.8g/km 기준이 적용되고, PN 측정범위를 현재의 지름 23nm 이상에서 10nm 이상으로 강화한다. 증발가스 기준은 1.5g/test로 강화되며, 승용차에 암모니아 슬립은 적용되지 않는다.

BEV와 PHEV 배터리 내구성은 최소성능요구기준(MPR; Minimum Performance Requirement)을 충족해야 한다. 소형차(M1, M1)의 경우 최소 5년/10만km에서 80%, 최대 8년/16만km에서 72% 이상을 만족하여야 한다.

브레이크와 타이어 마모에 의한 미세입자 기준도 도입된다. 소형차(M1,N1)의 브레이크 마모입자(PM10)는 3mg/km 이하이며 BEV는 7mg/km 이하이다. 2030년부터는 PN 기준을 적용하고 PM_{10} 기준도 강화할 예정이다. 타이어마모 기준은 2028.1월부터 시행되며 기준값은 추후 결정한다.

(표3.10) EU 승용차 배출허용기준(Category M1)

	적용년도	CO	HC	HC+NOx	NOx	PM	PN
Positive Ignition(Gasoline)							
EURO-1	1992.7	2.72(3.16)	-	0.97(1.13)	-	-	-
EURO-2	1996.1	2.2	-	0.5	-	-	-
EURO-3	2000.1	2.3	0.20	-	0.15	-	-
EURO-4	2005.1	1.0	0.10	-	0.08	-	-
EURO-5	2009.9	1.0	0.10	-	0.06	0.005	-
EURO-6	2014.9	1.0	0.10	-	0.06	0.005	$6x10^{11}$#/km
EURO-7	2026.11.29	1.0	0.10	-	0.06	0.0045	$6x10^{11}$#/km
Compression Ignition(Diesel)							
EURO-1	1992.7	2.72(3.16)	-	0.97(1.13)	-	0.14(0.18)	-
EURO-2, IDI	1996.1	1.0	-	0.7	-	0.08	-
EURO-2, DI	1996.1	1.0	-	0.9	-	0.10	-
EURO-3	2000.1	0.64	-	0.56	0.50	0.05	-
EURO-4	2005.1	0.50	-	0.30	0.25	0.025	-
EURO-5a	2009.9	0.50	-	0.23	0.18	0.005	-
EURO-5b	2011.9	0.50	-	0.23	0.18	0.005	$6x10^{11}$#/km
EURO-6	2014.9	0.50	-	0.17	0.08	0.005	$6x10^{11}$#/km
EURO-7	2026.11.29	0.50	-	0.17	0.08	0.0045	$6x10^{11}$#/km

(4) 우리나라 배출허용기준

우리나라의 자동차 배출허용기준은 1978년에 교통부에서 제정한 환경보전법 28조에 의거해서 일반 승용차의 배출허용기준이 최초로 제정되었으며, 1980년에 LA-4 모드 시험법을 적용한 휘발유 승용차 기준과 1984년에 경유 승용차 기준이 설정되었다.

1987년에 CVS-75(미국 FTP-75) 모드 시험법으로 개정되었으며, 1990년에 대기환경보전법이 제정되고 이에 의거하여 1991년 2월, 1996년 12월, 2000년 1월, 2002년 7월, 2006년 1월, 2009년 1월, 2013년 1월, 2016년 1월에 휘발유 승용차 기준이 개정되었다(표3.11).

경유 승용차 기준은 1991년 2월, 1993년 1월, 1996년 1월, 1998년 1월, 2000년 1월, 2002년 7월, 2006년 1월, 2009년 9월, 2014년 1월, 2017년 10월에 개정되었다(표3.12).

자동차 종류는 국토교통부의 자동차관리법 시행규칙 [별표1]에서 자동차 등록관리와 안전기준 적용을 위해서, 운송목적에 따라 승용자동차, 승합자동차, 화물자동차, 특수자동차, 이륜자동차의 5개 차종으로 구분하고, 규모별로 경형(초소형/일반형), 소형, 중형, 대형으로 세분하고, 유형별은 구조와 용도에 따라 세분하고 있다.

반면 자동차 배출허용기준 적용과 인증을 위해서 환경부의 대기환경보전법 시행규칙 [별표5]에서, 경자동차, 승용자동차, 화물자동차, 이륜자동차의 4차종으로 분류하고 있다(표3.13).

(표3.11) 2016년1월1일 이후 휘발유, 가스자동차(대기환경보전법 시행규칙 [별표 17])

차종		일산화 탄소	질소 산화물	탄화수소 (배기관가스) 및 질소산화물	탄화수소		포름 알데히드	측정 방법
					블로바이 가스	증발가스		
경자동차, 소형 승용·화물자동차, 중형 승용·화물자동차	기준1	2.61g/km	-	0.100g/km	0g/1 주행	0.35g/테스트	0.0025g/km	CVS-75 모드
		5.97g/km	-	0.087g/km	-	-	-	US06 모드
		2.0g/km	-	0.062g/km	-	-	-	SC03 모드
	기준2	1.31g/km	-	0.078g/km	0g/1 주행	0.35g/테스트	0.0025g/km	CVS-75 모드
		5.97g/km	-	0.075g/km	-	-	-	US06 모드
		2.0g/km	-	0.044g/km	-	-	-	SC03 모드
	기준3	1.06g/km	-	0.044g/km	0g/1 주행	0.35g/테스트	0.0025g/km	CVS-75 모드
		5.97g/km	-	0.075g/km	-	-	-	US06 모드
		2.0g/km	-	0.044g/km	-	-	-	SC03 모드
	기준4	1.06g/km	-	0.031g/km	0g/1 주행	0.35 g/테스트	0.0025g/km	CVS-75 모드
		5.97g/km	-	0.075g/km	-	-	-	US 06 모드
		2.0g/km	-	0.044g/km	-	-	-	SC03 모드
	기준5	0.625g/km	-	0.019g/km	0g/1 주행	0.35g/테스트	0.0025g/km	CVS-75 모드
		5.97g/km	-	0.031g/km	-	-	-	US06 모드
		2.0g/km	-	0.012g/km	-	-	-	SC03 모드

		0.625g/km	-	0.0125g/km	0g/1 주행	0.35g/테스트	0.0025g/km	CVS-75 모드
	기준6	5.97g/km	-	0.031g/km	-	-	-	US06 모드
		2.0g/km	-	0.012g/km	-	-	-	SC03 모드
	기준7	0g/km	-	0g/km	0g/1 주행	-	0g/km	CVS-75 모드
대형 승용·화물자동차, 초대형 승용·화물자동차		4.0g/kWh	0.40g/kWh	0.14g/kWh	0g/1 주행	-	-	WHTC 모드

(표3.12) 2017년 10월 1일 이후 경유자동차(대기환경보전법 시행규칙 [별표 17])

차 종	구 분	일산화 탄 소	질 소 산화물	탄화수소 및 질소산화물	입자상 물질	입자개수	측정 방법
경자동차 소형 승용차 중형 승용차		0.5g/km 이하	0.08g/km 이하	0.17g/km 이하	0.0045 g/km 이하	6×10^{11}#/km 이하	WLTP
소형 화물차 중형 화물차	RW≤ 1,305kg	0.5g/km 이하	0.08g/km 이하	0.17g/km 이하	0.0045 g/km 이하	6×10^{11}#/km 이하	
	1,305kg <RW≤ 1,760kg	0.63g/km 이하	0.105g /km 이하	0.195g/km 이하	0.0045 g/km 이하	6×10^{11}#/km 이하	
	RW> 1,760kg	0.74g/km 이하	0.125g/km 이하	0.215g/km 이하	0.0045 g/km 이하	6×10^{11}#/km 이하	
대형 승용차·화물차 초대형 승용차·화물차		1.5g/kWh 이하	0.40g/kWh 이하	0.13g/kWh 이하	0.01g/kWh 이하	8×10^{11}#/kWh 이하	WHSC
		4.0g/kWh 이하	0.46g/kWh 이하	0.16g/kWh 이하	0.01g/kWh 이하	6×10^{11}#/kWh 이하	WHTC

RW(Reference Weight)는 시험중량으로써 공차중량에 운전자 중량(75kg)을 뺀 상태에서 100kg을 더한 수치로 한다.

(표3.13) 2015년 12월 10일 이후 자동차 등의 종류(대기환경보전법 시행규칙 [별표5])

종류	정의	규모	
경자동차	사람이나 화물을 운송하기 적합하게 제작된 것	엔진배기량이 1,000㏄ 미만	
승용 자동차	사람을 운송하기 적합하게 제작된 것	소형	엔진배기량이 1,000㏄ 이상이고, 차량총중량이 3.5톤 미만이며, 승차인원이 8명 이하
		중형	엔진배기량이 1,000㏄ 이상이고, 차량총중량이 3.5톤 미만이며, 승차인원이 9명 이상
		대형	차량총중량이 3.5톤 이상 15톤 미만
		초대형	차량총중량이 15톤 이상
화물 자동차	화물을 운송하기 적합하게 제작된 것	소형	엔진배기량이 1,000㏄ 이상이고, 차량총중량이 2톤 미만
		중형	엔진배기량이 1,000㏄ 이상이고, 차량총중량이 2톤 이상 3.5톤 미만
		대형	차량총중량이 3.5톤 이상 15톤 미만
		초대형	차량총중량이 15톤 이상
이륜 자동차	자전거로부터 진화한 구조로서 사람 또는 소량의 화물을 운송하기 위한 것	차량총중량이 1천킬로그램을 초과하지 않는 것	

(5) OBD(배출가스 자가진단장치) 기준

배출가스 자가진단장치인 OBD(On-Board Diagnostic)는 배출가스 관련부품에 오작동이 발생한 경우, 오작동을 진단해서 해당하는 오작동 코드를 자동차에 탑재된 제어용 컴퓨터에 저장하고 오작동 표시등을 점등하고, 표준화된 진단장치를 통해 오작동 코드를 확인할 수 있는 장치를 말한다.

캘리포니아(CARB)에서 1991년에 OBD-1 기준을 최초로 도입하였으며, 1994년에 OBD-2로 강화하고, 1996년에는 경유차에도 적용하였다. 미국 연방정부(EPA)는 1994년에 LDV, LDT에 OBD를 도입하고 2005년에 HDV에 적용하였다. 유럽은 200년부터 OBD-2와 유사한 내용인 EOBD를 적용했다.

우리나라는 "제작자동차 시험검사 및 절차에 관한 규정 제5조"에서 배출가스 자가진단장치 설치를 의무화하고 있다. 휘발유 및 경유자동차는 2005.1월부터 미국의 OBD-2, 경유자동차는 유럽의 EOBD를 적용하고 있으며, 2005년 10%, 2006년 30%, 2007년 100%로 점진적(phase-in)으로 적용하였으며, 2014년에 기준이 강화되었다.

휘발유자동차의 감시 항목으로는, 촉매, 실화(misfire), 증발가스계통, 2차공기공급계통, 에어컨계통, 연료계통, 산소센서, 배기가스재순화계통, 블루바이가스 환원계통, 써모스탯과 기타부품인 차속센서, 크랭크각도센서, 노크센서, 트로틀위치센서, 냉각수센서, 캠위치센서, 연료조성센서, 변속기전자부품, 공회전속도 자동조절용 모터와 밸브 등이 포함되어 있다.

경유자동차 감시항목으로는, 촉매장치의 효율 악화, 매연여과장치의 기능 및 완전성, 연료분사장치, 전자식 연료량/연료분사시기 액추에이터의 전기회로 단선 및 단락과 완전한 기능 오작동, 배출가스 관련부품 또는 배출가스와 관련되고 엔진제어장치에 연결된 파워트레인 관련부품중 오작동, 배출가스와 관련되고 컴퓨터에 연결된 파워트레인 관련부품의 전기회로 단선 및 단락, 배기가스재순환 장치의 오작동 및 효율 악화, 첨가제를 사용하는 질소산화물 저감 후처리장치와 첨가제 공급 시스템의 오작동 및 효율 악화, 첨가제를 사용하지 않는 질소산화물 저감 후처리장치의 오작동 및 효율 악화 등이다.

감시부품으로는, 산화촉매, 산소센서, 배기가스재순환장치, 가변밸브 타이밍장치, 매연포집필터, 질소산화물 후처리장치, 흡기압력제어장치 등이다.

6.3. 경유자동차 대책

(1) 폭스바겐 스캔달(디젤게이트)

DPF와 SCR/LNT 장치를 장착해 미국의 배출허용기준을 충족한 경유 승용차들은 블루텍(BlueTec) 시스템을 갖춘 메르세데스벤츠의 GL320을 시작으로 2007년에 미국 시장에 진입했다. 당시 온실가스 감축이 큰 관심사였고, 연비가 우수하면서 매연이 거의 없는 클린경유자동차가 대안으로 주목받으면서 인기를 끌었다. 미국 경유 승용차 시장이 2025년경에는 유럽 수준으로 성장할 것이라는 기대 속에 유럽 자동차회사들이 미국 자동차 시장 진출을 확대해 갔다.

그러나 2015년 폭스바겐의 경유 승용차가 실제 도로 주행에서 인증 기준보다 15~35배 많은 질소산화물을 배출하는 속임수 장치를 사용한 사실이 드러나면서 폭스바겐 스캔달(VW Scandal; Diesel Gate로도 불림)이 발생했다.

미국의 ICCT(International Council for Clean Transportation)는 웨스트버지니아대학(WVU)에 의뢰하여 PEMS 장비로 VW Jetta와 VW Passat, BMW X5 등 3대의 경유 승용차를 실도로 운전(RDE)한 결과를 2014년 5월에 보고서로 발표하였다.

(그림3.48좌)의 시험 결과에서 보듯이 VW 2012 Jetta TDI, 2013 Passat TDI에서 미

국의 NOx 인증기준(0.044g/km)의 15~35배가 높게 배출되었으며, ICCT는 이 결과를 캘리포니아환경국(CARB)에 보고하면서 사건이 밝혀지기 시작했다.

이후 CARB로부터 조사 결과를 통보받은 폭스바겐은 2014년 12월에 자발적 리콜을 실시해 ECU의 소프트웨어를 개선하였으나, CARB에서 개선 효과가 미흡함을 확인하고, 2015년 8월 18일에 미국 환경청(EPA)과 CARB에서 폭스바겐에 배출가스 관련부품 임의설정(defeat device) 법령위반을 공식 통보하였다.

폭스바겐은 경유 승용차 판매 중단을 발표하고, 전 세계에 판매한 1,100만대 경유 승용차에도 미국과 동일한 소프트웨어를 사용하였다고 밝혔다. 미국 EPA는 폭스바겐 경유차 5종에서 임의설정을 확인하고, 미국에 판매된 48만대에 리콜을 지시했으며, 법무부와 합의해 43억달러의 벌금(criminal and civil fines)을 부과했다. 폭스바겐은 이 벌금에 더하여 민사소송 합의금 175억달러를 스캔달 처리 비용으로 지불하면서 회사의 재정과 이미지에 큰 타격을 입었다.

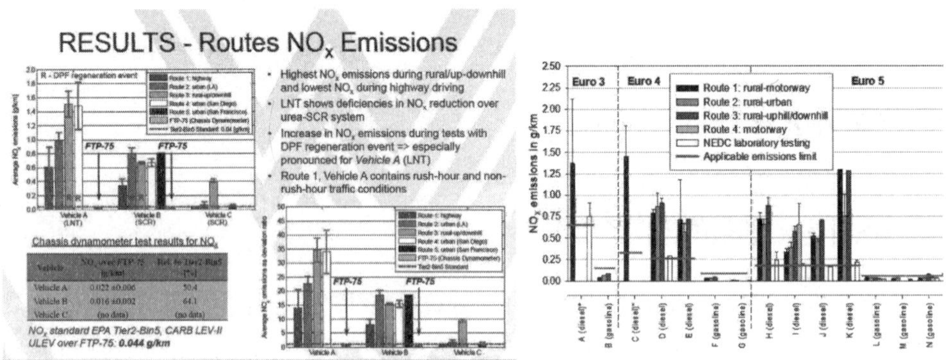

그림 3.48 WVU의 RDE 시험결과(좌)와 유럽 JRC의 2012년 RDE NOx 결과(우)

출처: In-use emissions testing of light-duty diesel vehicles in the United States, Dr. Gregory J. Thompson, West Virginia University, 2014.5.15.
JRC, International Seminar in Seoul, 2012.

자동차 배출허용기준이 지속적으로 강화되었음에도 대도시의 대기오염이 개선되지 않았으며, 경유차의 높은 NOx로부터 발생한 2차 미세먼지가 주요 원인으로 지목되었다. 이에 따라 클린디젤에 대한 신뢰가 무너지고 자동차회사로부터 속았다는 분노로 경유차에 대한 불신이 확산했다. 공기오염이 심해진 파리와 런던 등 유럽의 대도시는 경유차 운행 중단을 선언했으며, 경유차의 본고장인 독일에서도 경유차 운행 중단을 추진하는 사태가 발생하게 되었다.

유럽은 배출허용기준의 강화에도 불구하고 실주행 시에 NOx 배출이 감소하지 않고 있다는 사실을 폭스바겐 스캔들 이전에 이미 인지하고 있었으며, 이를 개선하기 위해서 배출가스 측정 방법 개선과 기준 강화를 검토 중이었으나, 미국에서 이 문제가 쟁점화되었다. 이후 세계 각국은 주요 자동차업체의 디젤엔진에 대해 조사를 시작했고 유사한 결과들이 밝혀지면서 이른바 디젤게이트로 번졌다.

미국의 폭스바겐 스캔들 사건은 우리나라에서도 큰 파문을 일으켰다. 국내에 판매된 폭스바겐과 아우디 경유 승용차에 대해 정부는 즉각적인 조사를 실시하였고, 2015년 11월 26일에 15개 차종 12만6천대의 인증을 취소하고 판매를 중단시켰으며, 141억원의 과징금을 부과하고 리콜명령을 내렸다.

이어 국내에서 운행 중인 18개 종류의 경유 승용차를 대상으로 RDE 시험을 시행한 결과, NOx 평균배출량이 인증기준 0.08g/km의 5.75배에 달하는 0.46g/km로 나타났다. 특히 닛산 캐시카이(Nissan Qashqai)는 1.67g/km을 기록하여 인증 기준치의 20.8배를 초과하면서 가장 높았고, 임의설정(defeat device) 위반으로 판정되어 판매 중단과 리콜을 명령받았다.

제조사들이 이처럼 임의설정을 통해 실주행 중 NOx 배출을 높게 조작하는 이유는, 연비를 향상시켜 판매 경쟁력을 확보하기 위함이다. 폭스바겐의 경우 인증시험 중에는 NOx 저감장치가 정상적으로 작동되도록 설정하고, 배출가스 농도를 감시하기가 어려운 실제 운행 시에는 작동을 완화하거나 중단되도록 조작하여 배출가스 농도를 은폐한 대표적인 사례이다.

폭스바겐 스캔들 이후로 경유자동차에 대한 사회적인 인식이 급격히 악화되었고, 미세먼지와 온실가스 문제가 맞물리면서 경유자동차 퇴출 움직임이 분격화되었다. 나아가 내연기관자동차 판매 중단으로 번지면서 자동차의 전동화를 촉진하는 결정적인 계기가 되었다.

140년이 넘는 자동차 역사에서 동력원의 핵심이었던 내연기관의 퇴출에 불을 지핀 디젤게이트는 자동차 역사에 새로운 장을 열게 한 중대 사건으로 기억될 것이다.

(2) 배출가스 시험방법 강화와 RDE 규정

엔진제어장치(ECU)는 자동차의 운전상태를 모니터링하면서 인증시험 중인지 또는 실도로 주행인지를 판별할 수 있으며, 실도로 운전 시는 인증 시와 다르게 배출가스저감장치를 조작할 수가 있다. 또한 차대동력계에서 시험하는 인증시험 측정사이클은 엔진운전 영역이 실주행 시에 비해서 속도(speed, rpm)와 부하(load)가 낮은 부분 영역이기 때문에, 인증시험 영역을 벗어난 곳에서는 대부분의 제작사에서 배출가스저감장치의 제어와 작동을 정지시킨다.

EU에서는 실주행 시의 임의설정을 방지하기 위하여, 실주행시험(RDE Real Driving Emission) 규정과 기준을 설정하였고, 동시에 실험실의 인증시험 운전모드도 NEDC 모드에서 WLTP로 강화하였다.

RDE 시험법은 실내에서 시험하는 인증시험 대신에 시험대상 차량에 배출가스측정장치(PEMS)를 설치하고 정해진 운전구간을 실제 운전하면서 배출가스를 측정하는 시험법(그림3.49)이며, WLTP 인증시험 측정사이클도 실주행 시의 엔진운전 영역까지 대폭 확장하였다(그림3.50).

2018년의 EURO-6c에서 WLTP 시험모드를 적용하고, 2019년의 EURO-6d Temp에서 RDE 시험을 시작하였다. RDE 시험 도로들의 특성과 운전자에 따라서 측정 편차가 크기 때문에 CF(Conformity Factors)를 적용하며, NOx CF는 2.1에서 시작하여 2021년에 1.43, 2023년 EURO-6e에서는 1.10로 조정하여 88mg/km를 RDE NOx로 허용한다. PN CF는 1.5에서 2023년에 1.34로 강화하였다.

RDE 주행 경로는 거리 기준으로 도심 34%, 교외 33%, 고속도로 33%로 분배하고, 측정시간은 1시간 30분~2시간 사이로 하고, 최고속도 145km/h 이하, 도심에서 평균 차속 15~40km/h 등 속도와 대기조건, 경사, 풍속, 차량 중량 등의 조건들을 규정하고 있다. 측정된 데이터 분석은 이동평균구간(Moving Averaging Window) 법과 파워빈(Power Bin) 법을 적용한다.

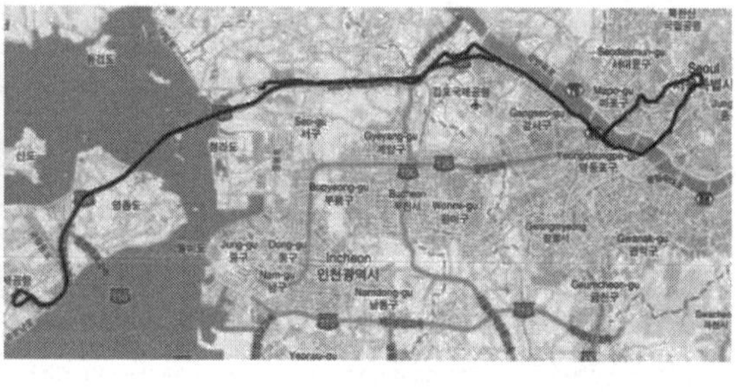

그림 3.49 PEMS 설치 시험차량(좌)과 PEMS 주행 경로(광화문, 공항고속도로)(우)

출처: "경유차 실주행 NOx 배출현황 및 개선방안", 환경부 교통환경과, 2015.4.29.

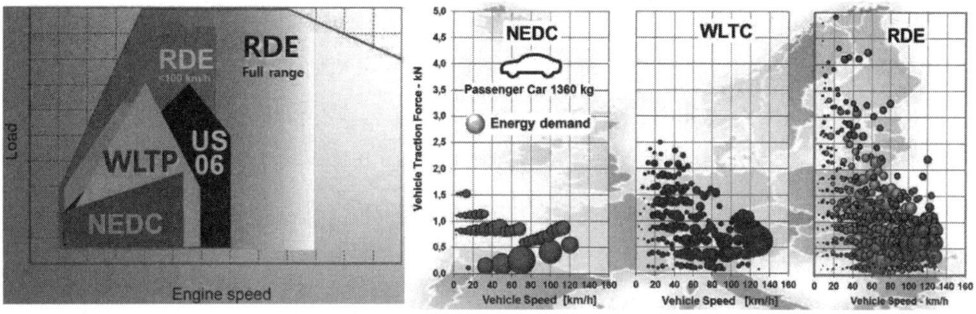

그림 3.50 인증시험 모드별 엔진 운전영역(좌)과 차량 운전영역(우)

출처: "AVL M.O.V.E. A New Solutions for the Upcoming EU6c - Real Driving Emissions (RDE) Legislation", Graz; AVL List GmbH; 2014.
"자동차 환경규제 국제표준화 동향", 엄명도, 국립환경과학원 교통환경연구소, 2015.3.17.

(3) LEZ(Low Emission Zone), 저배출지역, 공해차량운행제한지역

1996년 7월에 스웨덴은 스톡홀름(Stockholm)을 포함한 3개 도시에서 자동차에 의한 대기오염이 심하여 건강에 위험한 지역을 EZ(Environment Zone)로 설정하고, 배출 오염이 심한 대형차량(heavy goods vehicles)을 대상으로 차량의 통행을 제한하는 제도를 최초로 시행하였다(그림3.51). 2007년과 2008년 사이에 독일, 네덜란드, 이탈리아, 런던 등에서 시행을 잇따랐으며, 2022년 현재는 320개 이상의 도시를 중심으로 활발하게 진행되고 있고, 2025년에는 507개 도시를 예상한다.

LEZ는 도시의 대기오염을 개선하기 위해서 취할 수 있는 가장 효과적인 조치이며, 초기에는 미세입자(PM10, PM2.5) 저감을 목표로 했으나, 현재는 이산화질소(NO2)와 2차로 발생하는 오존(O3) 저감도 함께 대상으로 삼고 있다.

이 제도의 성공적인 추진을 위해서는 무엇보다 주민들의 참여가 중요하며, 위반 차량의 색출 방법이 확실해야 하고 효과적인 벌금제도와 친환경차량 구매나 개선에 대한 지원제도가 병행되어야 한다.

LEZ 제도가 효과를 거두면서 추가해서 혼잡지역(CZ; Congestion Zone)을 2007년에 스톡홀름에서 시작했으며, 영국 런던(그림3.52)에서 2019년에 ULEZ 제도를 도입하면서 2021년 6월에 유럽을 중심으로 수십 개 도시들이 모여서 ZEZ(Zero Emission Zone) 제도 시행을 결의했다.

제로배출구역(ZEZ)은 자동차 오염 배출물과 온실가스 배출을 줄이는 두 가지 목적을 가지고 있으며, 이를 구현하는 방법은 크게 두 가지가 있다. 즉, 교통량을 줄이거나 내연기관자동차 운행을 차단하고 전기차와 수소연료전지차 운행만 허용하는 것이다. 일부 플러그인 하이브리드 차량은 임시기간 동안 진입을 허용하는 지역도 있다.

우리나라는 2005년에 환경부에서 수도권대기개선특별법을 제정하고 수도권 24개 시를 특별대책지역으로 지정하였으며, 2016년 8월에 노후경유차 운행제한지역을 설정하였다. 2017년 3월에는 국토교통부에서 한양도성 내부를 녹색교통진흥특별대책지역으로 지정하기도 하였다. 그러나 유럽의 LEZ 제도와 같은 성과를 얻기 위해서는 보다 체계적이고 효율적인 제도 시행이 필요하다.

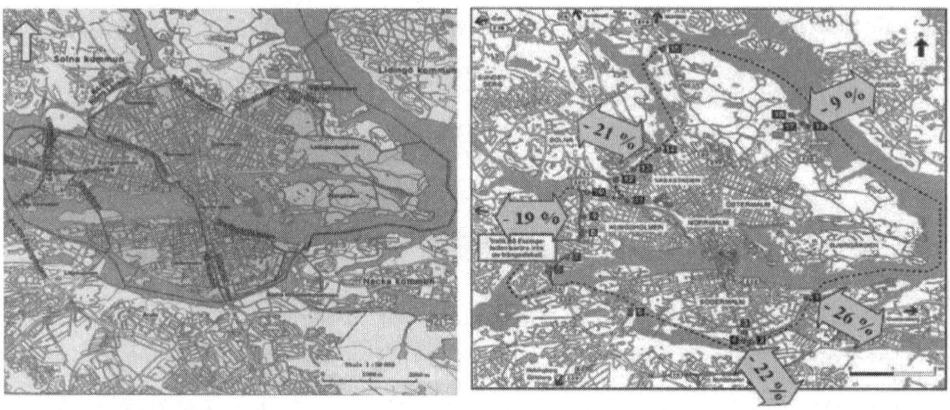

그림 3.51 스톡홀름 EZ와 CZ

출처: Urban Access Regulations in Europe.
https://urbanaccessregulations.eu/countries-mainmenu-147/

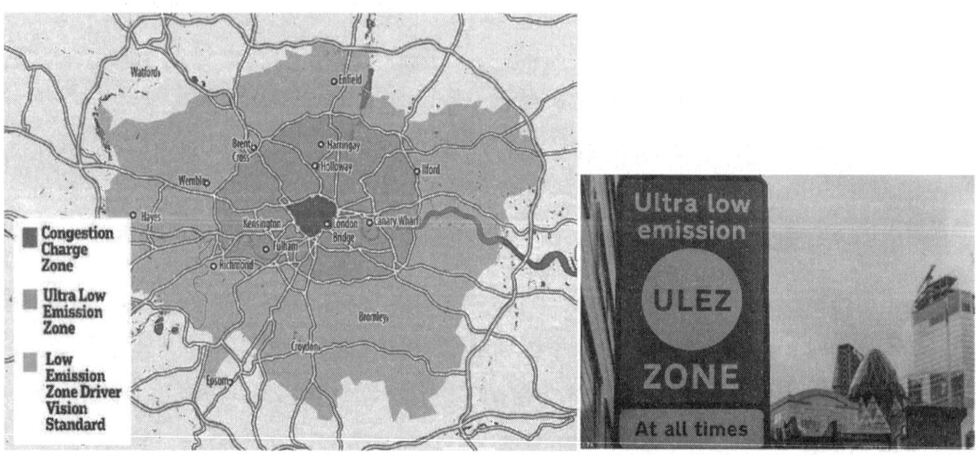

그림 3.52 런던의 LEZ, ULEZ, CCZ 지도(좌)와 도로 표시판(우)

출처: "London's controversial Ultra Low Emissions Zone only reduced nitrogen dioxide levels by 3%", HCA Barbieri News, 2021.11.16.

4장.

환경과 에너지 시대

- 기후변화와 내연기관자동차 퇴출 -

2007년 4월, IPCC는 4차 평가보고서 '기후변화 2007'에서 "기후온난화는 명백하며, 온실가스 농도 증가가 원인이다"라고 밝힘으로써 온실가스 감축 논의가 본격화했다.

2010년 IEA는 ETP(Energy Technology perspectives) 보고서에서 지구 온도상승을 2°C 이하로 제한하고, CO_2 농도를 450ppm 이하로 유지해야 인류가 생존할 수 있다고 제시했으며, 2015년 12월에 개최된 파리협정은 이를 명시하며 화석연료 시대의 종언을 선언했다. 이어 2018년 'IPCC의 지구온난화 1.5°C 특별보고서'는 목표 온도를 1.5°C로 수정했다. 2021년 5월에 IEA는 '2050년 넷제로(Net Zero by 2050) 보고서'를 통해 순배출량 제로(NZE)시나리오를 제시했다.

온실가스 감축을 위해서는 화석연료를 신재생·저탄소 에너지로 전환하고, 내연기관자동차를 전기차나 수소차로 대체하는 것이 핵심이다. 전기차는 태양광이나 풍력으로 생산한 온실가스 배출이 없는 재생에너지 전력 사용을 전제로 하며, 따라서 환경문제는 에너지 문제와 직결되며, 충분하고 경제적인 재생에너지 확보와 친환경자동차의 가격 경쟁력이 관건이다.

그러나 인류는 끊임없는 성장과 한계가 없는 풍요를 추구하면서 재생에너지 생산 속도가 따라가지 못할 정도로 에너지 소비를 지속적으로 늘리고 있다. 에너지 사용은 증가하면서 온실가스를 줄이겠다는 '더 많은 에너지, 더 적은 탄소(more energy and less carbon)'라는 요구가 과연 온실가스 감축목표 실현을 가능하게 할 수 있을지 진지한 성찰이 필요하다.

또한 중국과 인도 등 개발도상국과 미국과 유럽 등 선진국 간의 온실가스 배출과 감축 책임을 둘러싼 갈등이 심화하고 있다. 온실가스 저감 대책이 경제적·사회적 약자를 만들면서 기후정의에 벗어난다면, 그 대책은 성공하기 어렵다.

아울러 과학기술에 대한 과도한 의존은, 실증되지 않은 미래기술들이 성공하면 지금 화석연료를 계속 사용해도 나중에 흡수해서 제거하면 제로로 맞출 수 있다는 위험한 사고방식으로 이어질 수 있어서, 당장 추진해야 할 과제를 미래에 떠넘기는 것에 대한 경계가 필요하다.

1절 | 기후변화와 온실가스 대책

자동차 배기가스 중 온실가스가 지구온난화의 원인으로 밝혀지면서 화석연료를 사용하는 내연기관자동차도 온실가스의 주요 배출원으로 지목되면서 자동차 시장에서 퇴출하고 전기차로 전환하는 시나리오가 전개되고 있다.

본 장에서는 자동차에서 배출되는 온실가스 현황과 함께 내연기관자동차의 전망을 살펴보기로 한다.

1.1. 온실가스가 기후변화 원인(IPCC 4차 보고서)

2007년 4월에 IPCC의 4차 평가보고서인 "기후변화 2007"에서 "기후온난화는 명백하며, 온실가스(GHG; Green House Gas) 농도 증가가 원인이다."라고 밝힘으로 그동안의 지구온난화 원인에 대한 논란을 종식하고 온실가스 저감방안에 대한 논의가 시작되었다.

이 보고서는 세계 130개국의 과학자 2,500여 명이 참여하여 작성하였으며, 보고서에서 밝힌 지구온난화와 온실가스 관계의 핵심을 다음과 같이 정리하고 있다.

- 기후시스템의 온난화는 현재 관찰되는 지구 평균기온과 해수 온도의 상승, 광범위한 눈과 빙하의 융해 및 지구 평균 해수면 상승의 관측 자료에서 명백히 나타난다. 20세기 중반 이후 지구 평균 기온의 상승은 대부분 인위적 온실가스 농도의 증가에서 기인했을 가능성이 매우 높다. 지난 50년 동안 남극대륙을 제외한 모든 대륙에서 평균적으로 상당한 인위적 온난화가 진행되었을 가능성이 상당히 높다.
- **인류의 활동 때문에 발생한 지구 온실가스 배출량은 산업화 이전부터 증가했으며, 1970년부터 2004년 사이에는 70%나 증가하였다. 1750년 이래 인간 활동의 순효과(net effects)가 지구온난화의 주범 중 하나였다는 것은 명백하게 확실하다.**
- 대기 중의 이산화탄소 농도는 산업혁명 전의 280ppm에서 2005년 379ppm으로 증가하였으며, 이 추세라면 2040~2050년경에는 대기 중 이산화탄소 수치는 자연 수준의 2배인 550ppm에 달해 대재앙이 발생하며, 또한 온난화로 인해 지구의 기온은 2100년까지 섭씨

1.8~4.0°C 상승할 것으로 예상되고 해수면도 2100년까지 17~58cm 상승(극지방 해빙 시 10~20cm 추가)하고 키리바시 같은 나라와 상하이, 부에노스아이레스 같은 도시들이 침수되는 위험한 상황에 도달할 것으로 예측하였다.

IPCC의 4차 평가보고서는 그동안 내연기관을 개발하여 온 엔지니어들에게는 충신이던 CO_2를 한순간에 역적으로 바꿔버렸다. 효율 향상은 내연기관 연구에서 가장 중요한 개발목표이며 이를 위해서는 연소실 내에 공급된 연료의 이상적인 연소에 초점을 두었으며 연소가 잘 이루어질수록 CO_2 배출이 많아지기 때문에 CO_2 배출이 많은 엔진이 좋은 엔진으로 평가받았다. 그러나 2007년 4월 이후부터는 CO_2 배출이 작은 엔진으로 개발목표가 바뀌게 된 것이다.

IPCC(Intergovernmental Panel on Climate Change; 기후변화에관한정부간협의체)는 국제연합의 전문기관인 유엔세계기상기구(WMO; World Meteorological Organization)와 유엔환경기구(UNEP; UN Environmental Plan)에 의해 1988년 11월에 설립된 조직으로, 인간 활동에 대한 기후변화의 위험을 평가하는 것이 임무이고, 가입국은 WMO와 UNEP 회원국에 한정하고 있다.

IPCC는 기후변화와 관련된 전 지구적인 환경 문제에 대처하기 위해서 각국의 기상학자, 해양학자, 빙하 전문가, 경제학자 등 3천여 명의 전문가로 구성한 정부 간 기후변화 협의체로서, 독자적인 연구를 추진하지 않으며 기후변화를 감시하거나 관련 현상으로 야기되는 문제 자체에 대해서는 발표하지 않는다.

주된 활동은, 당사국총회(COP; Conference Of the Parties)와 유엔기후변화협약(UNFCCC)에 관련된 의제의 실행 여부에 대한 주제 보고서를 작성하고 출판하는 데에 있다.

IPCC 평가보고서(AR; Assessment Report)는 1990년에 최초로 발간되었으며, 1995년, 2001년과 기후온난화의 원인이 온실가스라고 판단한 4차 평가보고서를 2007년에 발간하였다. 이후에도 계속하여 평가보고서를 발간하여 2014년에 5차 평가보고서, 2018년에 지구온난화 1.5°C 특별보고서, 2022년에 6차 평가보고서를 발간하였다.

IPCC가 발표하는 보고서는 기후변화 논쟁 및 공식 토론에서도 널리 사용되고 있으며, 각국 및 국제사회의 기후변화에 대한 관심도가 높아짐에 따라 전반적으로 국제연합의 기후협력패널에 대해서는 가장 설득력이 있는 것으로 받아들여지고 있다.

UNFCCC(United nations Framework Convention on Climate Change)의 정식명칭은 "기후변화에관한기본협약"이며 일반적으로는 "유엔기후변화협약"으로 불린다. 중대한 기후변화가 일으킬 가능성에 대해 인정하는 내용을 담은 국제협약으로, 1992년 6월 리우회의(유엔환경개발회의: UNCED)에서 채택되었고, 94년 3월 21일 발효되었다.

유엔기후변화협약은 각국의 온실가스 배출, 흡수 현황에 대한 국가통계 및 정책 이행에 관한 국가보고서 작성, 온실가스 배출 감축을 위한 국내 정책 수립 및 시행, 온실가스 배출량 감축 권고 등을 주요 내용으로 삼고 있다.

유엔기후변화협약은 최고 의결기구로 당사국총회(COP)를 두고 있으며, 협약의 이행 및 과학·기술적 측면을 검토하기 위해 이행부속기구(SBI)와 과학기술자문부속기구(SBSTA)를 두고 있다. COP는 1995년 이후 매년 개최되고 있으며 이후의 기후변화에 대한 협상은 당사국총회를 통해서 의사결정이 이루어지고 있다.

1.2. 온실가스 배출과 저감 시나리오

IPCC와 함께 국제에너지기구(IEA; International Energy Agency)는 온실가스 시나리오를 개발하고 있다. 이들 시나리오는 미래 인구 수준에 대한 예상과 경제활동, 거버넌스 구조, 사회적 가치 및 기술적 변화의 양상을 고려하여 개발되었으며, 기후변화에 관한 미래 취약성 평가를 위해 과학자 및 정책 분석가가 참여하였다.

IEA는 석유 소비국을 중심으로 1974년에 경제협력기구(OECD)의 산하단체로 설립되었으며, 석유 산유국의 공급과 감축 정책에 대항해 참가국 간에 석유의 긴급 융통을 하거나 소비의 억제, 대체에너지의 개발 촉진을 목적으로 하며, 석유공급 위기에 대응하기 위해 각종 에너지 자원 정보를 분석 및 연구하고 있다.

IEA는 1991년에 시작된 IPCC/OECD/IEA greenhouse gas inventory programme에서 IPCC와 협력을 시작하여 IPCC 보고서의 시나리오 작성에 폭넓게 참여하고 있다. 특히 전 세계 각국의 에너지 통계와 에너지효율 데이터들을 구축하여 IPCC의 온실가스 보고서의 타당성과 효용성을 향상하면서 범지구적인 온실가스 대책 정책을 실질적으로 주도하고 있다. 온실가스 시나리오는 크게 IPCC와 IEA 시나리오의 2개 카테고리로 나누어진다.

(1) IPCC 시나리오

IPCC에서 개발한 온실가스 시나리오는 대기 중의 온실가스 농도 범위에서 시작하여 향후 초래될 수 있는 기후 온도 범위까지 설명하고 있다.

이는 물리적 기후 시나리오(Physical Climate Scenarios)로 불리며, 일반적으로 지구 기후가 대기 GHG 농도 변화에 보이는 반응을 나타내는 지구 기후모델 결과인 일반순환모델(General Circulation Models)을 나타낸다.

대표농도경로(RCP; Representative Concentration Pathways)에 기반을 둔 IPCC 시나리오는 제5차 IPCC 평가보고서(AR5)에서 채택된 물리적 기후 시나리오의 예이다.

이 시나리오는, 어떤 종류의 물리적 영향이 있을 수 있을까?, 기후변화의 물리적 결과가 더 심각해지면 어떻게 될까?, 언제, 어디서, 누구에게, 어느 정도까지 느껴질 수 있는 것일까? 와 같은 의문에 대한 탐색에 도움을 준다.

대표적인 IPCC 시나리오인 AR5 RCP 시나리오(그림4.1)에서는 CO_2 배출 경로 및 지구기온 결과를 예측하고 있다.

- RCP8.5는 배출 감축 정책이 없을 경우의 온실가스 고배출 시나리오로서, 2100년에 온실가스 농도가 1,000ppm 이상으로 상승하고 지구 기후 온도가 3.2~5.4°C가 높아진다는 것을 보여 준다.
- RCP6.0은 중간-고배출 시나리오로 2080년경에 온실가스 배출량이 최대가 예상되며 그 후에는 감소하는 내용이다.
- RCP4.5는 중간 배출 시나리오로 비교적 야심 찬 시나리오이며, 온실가스 배출이 2040년까지는 조금씩 증가하고 이후부터 감소하는 시나리오이지만, 파리협정에서 동의한 2℃ 제한/1.5℃ 목표 수준에는 미치지 못한다.
- RCP2.6은 파리협정에서 정해진 2℃ 제한/1.5℃ 목표와 일치하는 유일한 IPCC 시나리오로서, 2020년경에 온실가스가 최대로 배출하고 이후에 감소하여 2100년 전까지 마이너스 순 배출이 된다는 야심 찬 온실가스 배출·감축 시나리오이다.

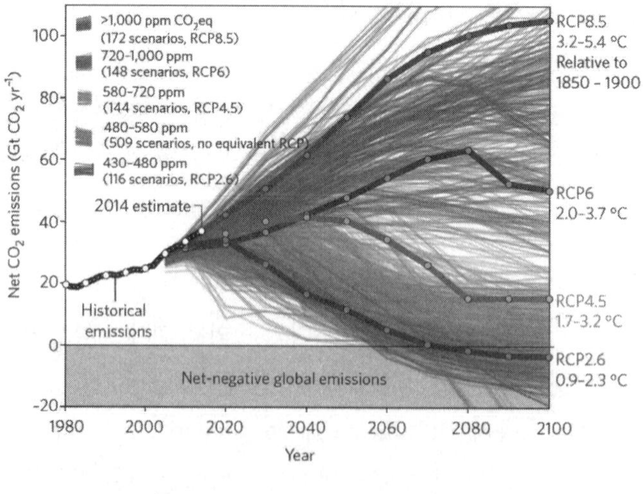

그림 4.1 IPCC AR5 RCP Scenario(2014)
Carbon. dioxide emission pathways until 2100 and the extent of net negative emissions and bioenergy with carbon capture and storage (BECCS) in 2100

출처: Betting on negative emissions, Sabin Fuss, et al., Nature climate change Vol 4, 2014.10.

(2) IEA 시나리오

IEA 시나리오는 여러 정책과 에너지 및 경제적 경로에서 원하는 수준의 기온상승을 달성할 수 있는 전환 시나리오(Transition Scenarios)이며, 매년 발행하는 WEO(World Energy Outlook) 보고서와 부정기적으로 발간되는 ETP(Energy Technology Perspectives) 보고서에서 시나리오를 제시하고 있다.

전환 시나리오는 일반적으로 온실가스 배출 제한을 위한 기후정책의 개발 및 기후 친화적 기술 전개에 대한 타당한 가정을 제시하며, 에너지 공급 및 GHG 배출과 관련해서 정책 및 기술이 경제활동과 에너지 소비, GDP 및 다른 주요 요인들과 어떻게 상호작용을 하는지에 대한 결론을 모델링에 기반하여 도출하기도 한다. IEA 이외에도 여러 다른 기관들의 전환 시나리오들이 있다.

IEA의 대표적인 시나리오는 2DS(2 Degrees Scenario)와 450ppm 시나리오이며, SDS(Sustainable Development Scenario), NPS(New Policies Scenario), RTS(Reference Technology Scenario), B2DS(Beyond 2 Degree Scenario) 등의 여러 시나리오가 발표되고 있다.

1) IEA WEO(World Energy Outlook) 450ppm 시나리오

2010년에 ETP 보고서에서 제안한 초기의 시나리오로서, 인류의 생존을 위해서는 지구 온도상승을 2℃로 제한하여야 하며, 이를 위해서 CO_2 농도를 450ppm 이하로 유지하여야 한다고 제시하였다.

Blue map scenario로 부르기도 했으며, 연료와 전기 사용 효율 향상, 연료전환, 발전효율과 연료전환, 원자력, 신재생에너지, CCS(Carbon Capture and Storage) 기술들을 사용하여 2050년에 $14GtCO_2eq.$ 배출을 달성하여 2010년 대비 50%를 저감하고 2050년에 예상되는 배출량(BAU) 57Gt의 75%를 줄이는 시나리오이다(그림4.2상).

분야별 저감목표는 2050년에 BAU 대비 $43GtCO_2eq.$의 전체 삭감량 중에서 수송분야(자동차와 선박, 항공)에서 37%인 16Gt을 줄이도록 가장 높게 설정하였으며, 전력 32%, 산업 17%, 건물 14% 순으로 저감 목표를 제안하였다(그림4.2중).

자동차 분야에서는 기존 도로를 이용한 화물이나 여객 운송을 효율적이면서 친환경적인 고속철도나 연안해운 등으로 운송수단을 전환하는 모달전환(Modal Shift)과 에너지(연비)효율 향상, 전기나 수소, 바이오연료 자동차 등으로의 전환을 통하여, 2050년에 $5GtCO_2eq.$를 배출함으로써 2010년 7.5Gt 대비 33%를 저감하고, 2050년 BAU 16Gt보다는 11Gt을 줄여 62.5%를 낮추는 시나리오를 발표하였다(그림4.2하).

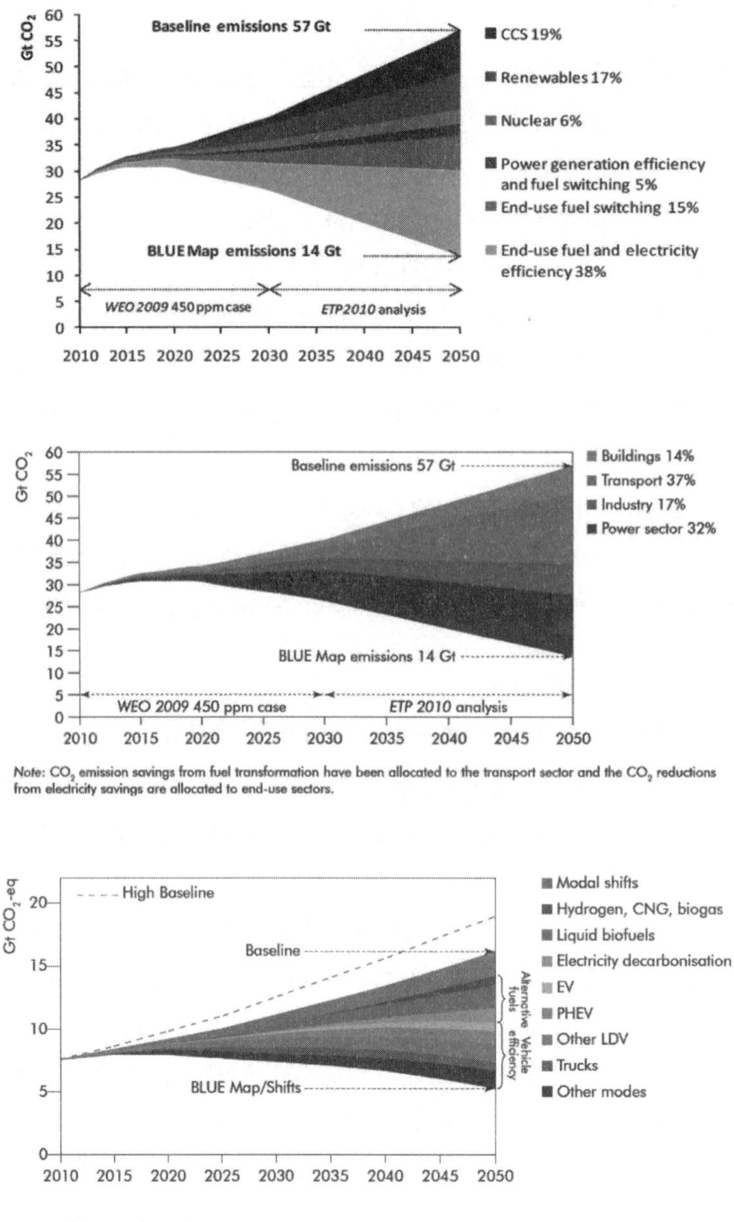

그림 4.2 IEA 450 scenario의 Blue map
(상)기술대책별, (중)분야별, (하)수송분야 대책

출처: IEA ETP 2010

2) 2DS(2 Degrees Scenario)

IEA ETP 2017 보고서에서 제시안 시나리오로서, 에너지 시스템의 개발경로와 지구 온도상승을 산업화 이전의 기온 대비 2℃로 제한하기 위한 최소 50% 확률을 위한 시나리오이다.

IPCC 2014 AR5 RCP 시나리오의 RCP2.6 궤적을 달성하고자 하며, 2050년의 GHG 배출을 2013년 대비 60%의 감축을 목표로 설정하며 2050년 이후 탄소중립이 이루어질 때까지 지속적인 저감을 설정하고 있다.

2DS에서는 장기적으로 안정적이고 적절한 비용의 에너지 시스템 확보를 위한 에너지 부문에서의 변화가 매우 중요하다는 것을 강조하고 있다. 2DS와 함께 B2DS, RTS를 함께 비교하고 있다. RTS는 2015년의 파리협정에서 약속한 국가온실가스감축목표인 NDC(Nationally Determined Contributions)를 포함한 세계 각국이 저감을 약속한 현재의 노력을 근거로 한 저감 시나리오이다.

2DS의 2060년 재생에너지 사용 비율이 35%로서 2007년의 Blue Map(450ppm)시나리오에 비해서 2배 이상 높아졌지만, CCS와 연료전환 비율은 낮아졌다(그림4.3).

특히 발전 부문에서는 2060년의 발전량이 2014년의 2배 이상 증가하면서도, 재생에너지는 23%에서 74% 증가, 화석연료는 67%에서 11% 감소를 제시하였다. 단위 발전량당 배출되는 온실가스양인 탄소배출계수(CI; Carbon Intensity)는 2014년의 525gCO_2/kWh에서 2060년에는 15gCO_2/kWh로 97% 이상 저감을 제안하였다(그림 4.4).

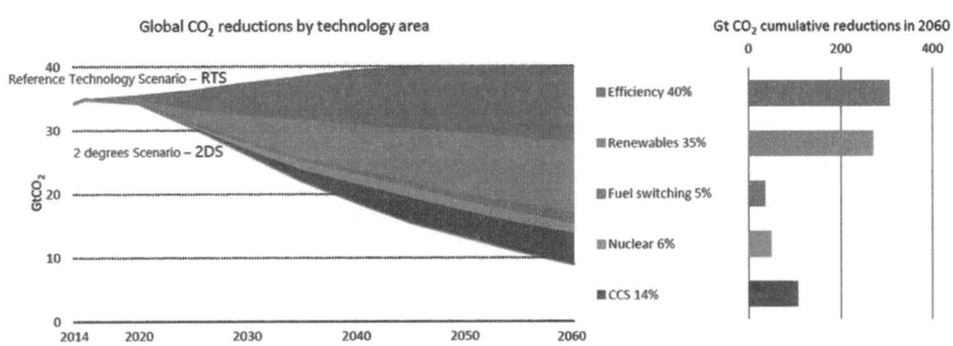

	효율 향상	재생에너지	CCS	연료전환	원자력	전력효율 향상
Blue Map (2007)	38%	17%	19%	15%	6%	5%
2DS (2017)	40%	35%	14%	5%	6%	

그림 4.3 IEA 2DS 대책별 시나리오

출처: Energy Technology Perspectives 2017, Catalysing energy technology transformations, Jean-Francois Gagne, IEA, 2017.6.

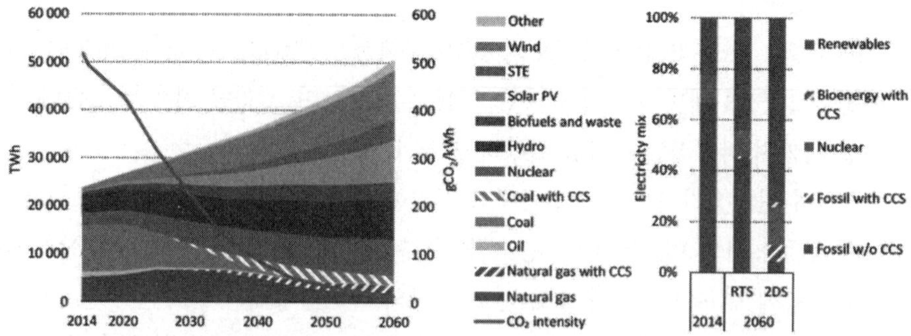

Sources: Data for 2014 from IEA (2016a), *World Energy Statistics and Balances* (database), www.iea.org/statistics/; IEA (2016c), *CO_2 Emissions from Fuel Combustion* (database), www.iea.org/statistics/.

	발전량	화석연료	원자력	재생에너지	CO_2 Intensity
2014	24,380TWh	67%	10%	23%	525gCO_2/kWh
RTS		46%	9%	45%	
2DS (2060)	51,000TWh	11%	15%	74%	15gCO_2/kWh

그림 4.4 IEA 2DS 발전(Global Electricity Generation) 시나리오

3) SDS(Sustainable Development Scenario)

국제적으로 합의된 목표를 달성하기 위한 통합적 접근 방법을 제시한 시나리오로서 IEA WEO(World Energy Outlook) 2018에 제시하고 있다. 450 시나리오와 유사하게 지구 온도상승 폭을 2℃ 미만으로 하며, 더 나아가 1.5℃로 제한하기 위한 노력을 촉구하는 파리기후변화협정(Paris Agreement)과 맥락을 같이하며, 이와 더불어 보편적인 에너지 접근과 대기 오염 저감이라는 목표를 함께 달성하기 위한 방향을 제시한다.

이 시나리오에서 요구되는 에너지전환의 범위 및 속도는 단순한 한 가지 방법으로는 달성할 수 없으며, 잠재력이 있는 다양한 에너지원과 기술들이 모두 활용되어야만 달성할 수 있다.

4) NPS(New Policies Scenario)

WEO의 핵심이 되는 시나리오로서, 세계 각국 정부가 이미 시행하고 있는 정책과 조치들뿐만 아니라 파리협정 목표를 달성하기 위해 세계 각국이 유엔 기후변화 협약에 제출한 온실가스 감축을 위한 NDC와 재생에너지 사용, 에너지효율 향상, 대체연료 사용, 탄소가격 책정, 에너지 보조금 개혁 등 발표된 모든 정책을 포함하여 현재의 의욕적인 정책이 가게 되는 방향을 제시하고 있다.

NPS는 SDS에 비해서 2040년의 에너지 증가가 크고 특히 화석연료(석탄, 석유, 가스) 증가가 높다. SDS는 2000년에 비해 2040년의 총에너지가 37% 증가하고 화석연료는 거의 증가가 없다. 그러나 NPS에서는 2040년의 총에너지는 2000년에 비해 77% 증가하고, 화석연료는 63%가 더 증가할 것으로 분석되고 있다(그림4.5). 이런 결과로 (그림4.6)에서 보듯이 NPS에서는 온실가스가 도리어 증가하는 것으로 나타나 SDS의 온실가스 감축 목표와는 큰 차이를 보인다.

그러나 NPS는 온실가스 저감을 위한 국제적인 압력이 계속 증가하고 정부의 기후변화에 대한 정책 의지가 증대되고 기술변화가 지속되리라는 것을 고려하지 않았으며, 또한 NPS는 재생에너지와 CCC 기술의 효율 향상 및 가격이 낮아지는 것도 고려되지 않았기 때문에 온실가스 저감 수준이 저평가된 것으로 분석된다.

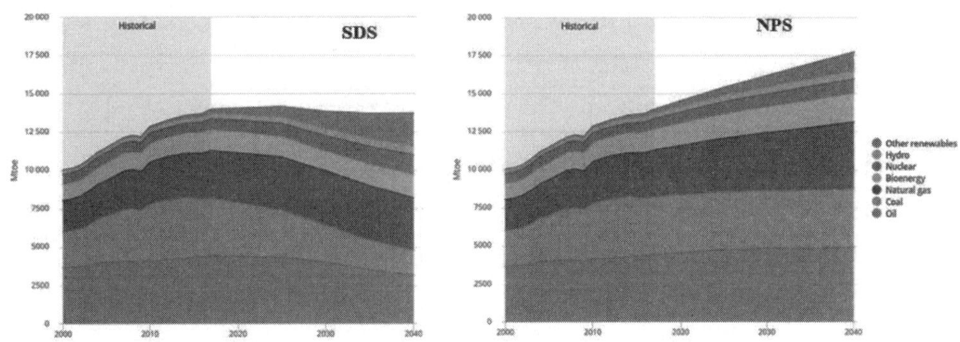

그림 4.5 SDS/NPS의 1차 에너지 수요예측

출처: IEA World Energy Outlook 2018

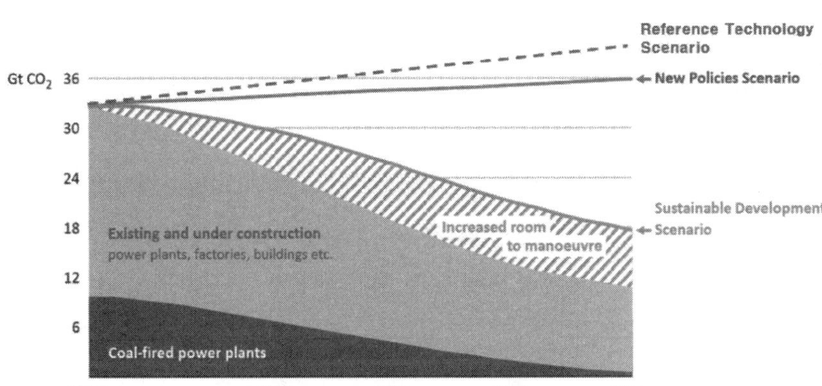

그림 4.6 SDS와 NPS의 온실가스 저감목표

출처: The IEA Sustainable Development Scenario, Andrew prag, Katowice, 2018.12

(3) 지구온난화 1.5°C 보고서

IPCC는 2014년의 5차 평가보고서 발간 이후에 2018년 10월에 지구온난화 1.5°C(Global Warming of 1.5°C) 특별보고서를 발간하였다. 2015년에 개최된 제21차 당사국회의(COP21)에서 채택한 파리협정에서 "산업화 이전 수준 대비 지구 평균 기온 상승을 2℃보다 현저히 낮은 수준으로 유지 및 1.5℃까지 제한하기 위해 노력할 것"이라는 공동 목표를 명시하였으며, IPCC에 지구온난화의 영향 및 관련된 온실가스 배출 경로에 대한 특별보고서를 제공하도록 요청하였다. IPCC 5차 보고서에서는 지구 온도 2℃ 상승 시나리오를 제시했지만, 2℃도 위험하다는 군소 도서국들과 민간 운동가들의 강력한 주장을 반영해서 1.5℃ 상승을 채택했다.

이 보고서는 기후변화 위협에 대한 범지구적 대응 강화와 지속가능한 발전, 빈곤 퇴치 노력 측면에서 산업화 이전 수준 대비 지구온난화 1.5℃의 영향과 관련 온실가스 배출 경로 등의 내용을 담고 있다.

지구온난화가 현재 속도로 지속된다면 2030년에서 2052년 사이에 1.5℃에 도달할 가능성이 있으며 10년마다 약 0.2℃ 상승하는 꼴이다. 현재 2030년까지의 각국 기후 대책으로는 1.5℃ 온난화 방지 목표 달성은 불가능할 것으로 우려되며, 2030년까지의 각 국가별 목표를 반영한 경로를 추정하면 약 3℃ 온난화가 초래될 전망이다.

CO_2 배출이 2055년에 넷제로에 도달하고 non-CO_2 복사강제력이 2030년까지 증가하다가 이후 감소하는 경로는 2100년경에는 1.5°C 상승으로 그칠 수 있다. 그러나 CO_2 순 배출량을 2055년까지 0으로 줄이더라도 non-CO_2 순 강제력이 2030년 이후 일정하게 유지한다면 1.5°C 억제는 어려워진다.

기후 관련 리스크는 지구온난화가 점진적으로 1.5℃에서 안정화되는 경우보다 온난화가 오버슛(Overshoot; 일시적으로 초과하는 경우)이 될 때 더욱 크며, 특히 정점 온도가 높을 때 더 크다. 어떤 영향들은 일부 생태계의 손실과 같이 장기간 지속되거나 비가역적일 수 있다.

1.5℃ 경로에서, 범 지구의 인위적 CO_2 순배출량은 2030년까지 2010년 대비 최소 45%(40~60%) 감소하고, 2050년(2045년~2055년)경에는 넷제로에 도달한다. 이에 비해, 2℃ 미만으로 지구온난화를 제한하는 것은 대부분의 경로에서 2030년까지 최소 20%(10~30%)의 이산화탄소 배출량이 감소하고 2075년(2065~2080년)에 넷제로에 도달하는 것을 의미한다.

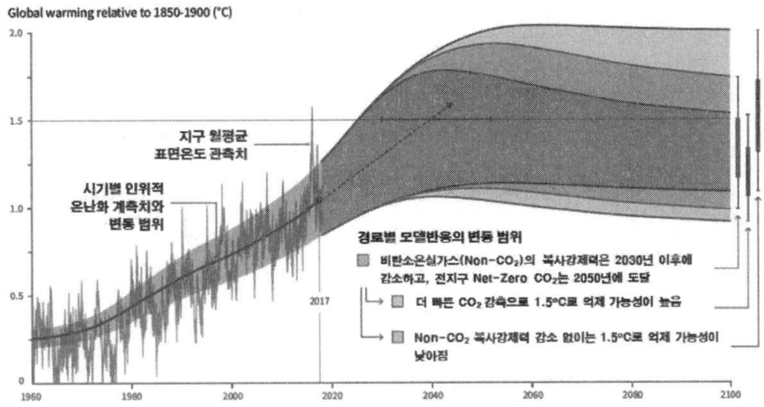

그림 4.7 관측된 범 지구 기온변화와 모식화된 인위적 배출(anthropogenic emission) 및 강제력 경로 (forcing pathway)에 따른 모델의 반응

출처: Global Warming of 1.5°C, IPCC, 2018.10.

(4) 온실가스 변화추이, Energy-Emissions Mismatch

지구온난화 방지를 위한 온실가스 저감 대책이 시작된 이후에 10년 동안의 온실가스 저감 실태는 IEA 2DS와 SDS 시나리오를 전혀 따라가지 못하고 있었다(그림4.8).

2019년의 BP(British Petroleum)의 연보(annual report)에서는 "energy-emission mismatch"라는 제목으로 온실가스 배출상황을 다음과 같이 설명하였다. 기후변화에 대한 사회적 요구와 실제 진행 속도 사이에는 에너지 수요와 탄소 배출량이 수년간 가장 빠른 속도로 증가하면서 불일치가 증가하고 있으며, 세계는 지속 불가능한 길(unsustainable path)을 걷고 있다. 탄소 배출량이 계속 증가할수록 넷제로 탄소 배출량의 조정은 더 어려워지고 더 큰 비용이 들 것이다.

인류는 에너지 사용량의 증가와 온실가스 저감을 동시에 요구하고 있다(more energy and less carbon). 미국 에너지관리청(EIA; Energy Information Administration)에서는 2050년까지도 신재생에너지 증가보다는 전체 에너지 수요 폭이 더 커서 화석연료가 이를 대체함으로써 화석연료 사용이 더 증가하고 온실가스 배출량의 증가(그림4.9)가 예상된다. 화석연료에서는 석탄은 감소하고, 석유는 현상을 유지하고 가스 사용량이 증가할 것으로 예측한다.

온실가스 저감은 지구온난화의 재앙을 막을 수 있는 유일한 길로 제시되어 있고, 이를 구현하기 위해서는 현재의 화석연료를 재생, 저탄소 에너지로 전환하는 것이 가장 핵심이다. 그러나 인류의 에너지 사용량이 계속 증가하면서 온실가스 저감목표를 달성할 수 있을지에 대한 성찰이 필요하다.

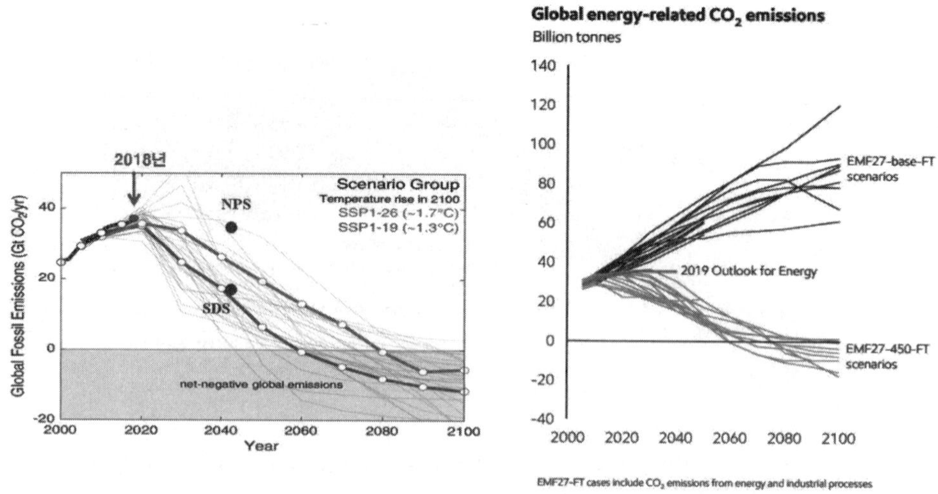

그림 4.8 IEA 시나리오와 온실가스 배출량

출처: “Analysis: Fossil-fuel emissions in 2018 increasing at fastest rate for seven years”, CarbonBrief, 2019.5.
2019 Outlook for energy: A perspective to 2040, Exxon mobile.

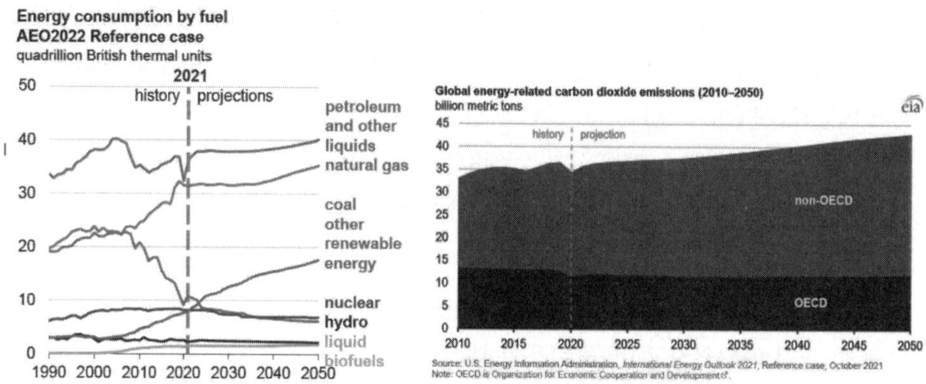

그림 4.9 미국 에너지 수요 전망(좌)과 전 세계 에너지분야 온실가스 배출전망(우)

출처: Annual Energy Outlook 2022, 2021, EIA.

1.3. 2050 탄소중립(Net Zero) 시나리오

(1) 배경과 목표

파리협정에서 1.5°C 목표 달성을 명시하면서, IEA는 이의 달성을 위한 2050년 넷제로(Net Zero by 2050) 보고서를 2021년 5월에 발간하면서 순배출량제로(NZE)시나리오를 제시하였다.

1.5° 시나리오에 따르면 2030년까지 2010년 대비 CO_2 배출량을 최소 45% 감축하고, 2050년까지 CO_2 배출이 제로가 되고, 2060년~2070년 사이에 CO_2 이외의 온실가스까지 넷제로 GHG가 되어야 한다.

넷제로를 위해서는 1,000억~1조톤의 이산화탄소흡수(CDR; Carbon Dioxide Removal)가 필요하며 메탄(CH_4)과 에어로졸 등 CO_2 이외의 다른 온실가스도 감축이 필요하다. 넷제로가 2070년에 달성되면 2100년에 2.0°C 수준으로 증가한다.

IEA WEO 2021의 시나리오에서는 2050 NZE에서는 지구 표면 온도가 1.5°C에서 멈추지만, STEPS에서는 2100년에 2.6°C를 초과하고, APS에서도 2.1°C를 넘는 것으로 분석한다(그림4.10).

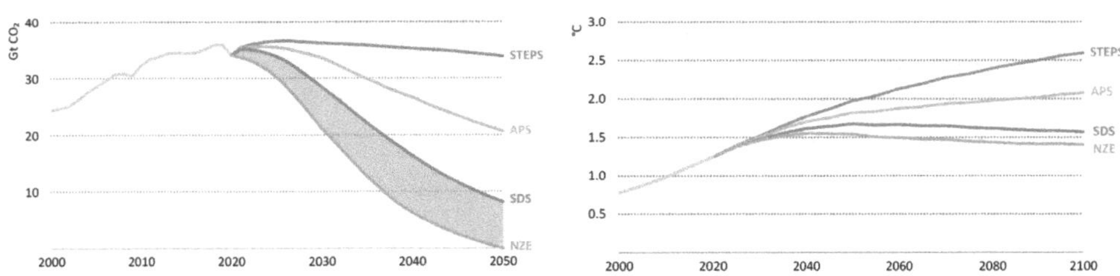

그림 4.10 시나리오별 CO_2 삭감과 지구 표면 온도상승 예측

출처: World Energy Outlook 2021, IEA.
(STEPS: Stated Policies Scenario, APS: Announced Pledges Scenario, SDS: Sustainable Development Scenario, NZE: Net Zero Emissions by 2050 Scenario)

2050년 에너지 수요는 1990년에 비해 1.5배로 증가(그림4.11좌)하지만, IEA NZE의 에너지 공급 시나리오에서는 2050년에 화석연료 사용은 20% 수준으로 떨어지고, 재생에너지와 원자력 발전이 화석연료를 대체하여 80% 수준으로 증가한다. 세부적으로 살펴보면 석유와 석탄이 11.25%, 천연가스가 11.25%, 원자력 11.25%, 재생에너지 66.25%(풍력 17.5%, 태양광 20%, 수력 5%, 바이오에너지 23.75%) 수준이다(그림4.11우).

전기발전 믹서는 태양광과 풍력발전이 주도하며, 원자력 발전과 수소, 화력발전 + CCUS를 포함하는 재생에너지의 총발전량 대비 점유율은 2020년 29%에서 2050년에 90% 수준을 전망하고 있다.

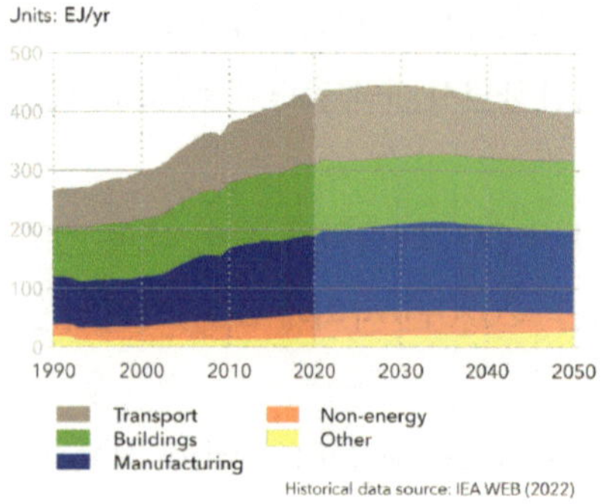

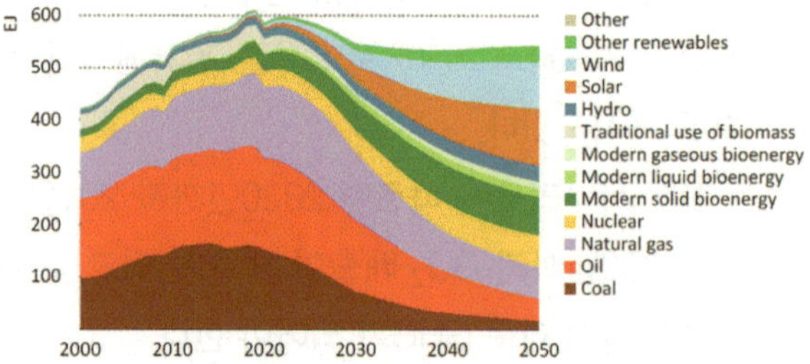

그림 4.11 Final energy demand by sector(좌), Total energy supply(우) in the NZE

출처: Energy transition outlook 2022, DNV.
Net Zero by 2050: A roadmap for the global energy sector, IEA, 2021.5.

수송분야의 온실가스 저감 시나리오는 승용차나 소형화물, 버스에서는 2070년 이전에 제로에 도달하지만, 중대형 화물차와 선박, 항공에서는 배출이 지속된다. 중대형 화물은 2000년에 비해 70~80%가 감소하지만, 선박과 항공분야에서는 상당히 느리게 줄어드는 것으로 예상한다(그림4.12).

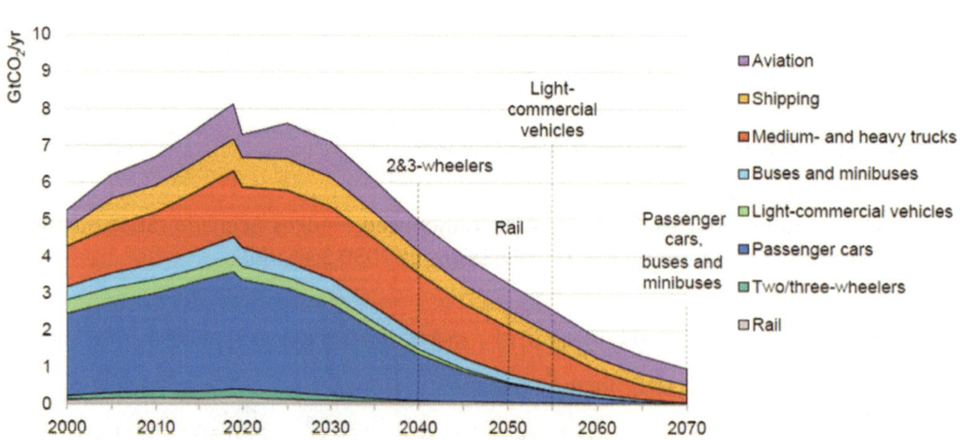

그림 4.12 수송분야 CO_2 배출량 시나리오

출처: Energy technology perspective 2020, IEA, 2020.9.

수송분야의 사용 에너지는 2070년에 전기 33%, 바이오연료 24%, 수소 18%를 포함하여 무탄소 또는 저탄소배출의 비화석연료가 90% 이상 사용될 것으로 전망한다(그림 4.13).

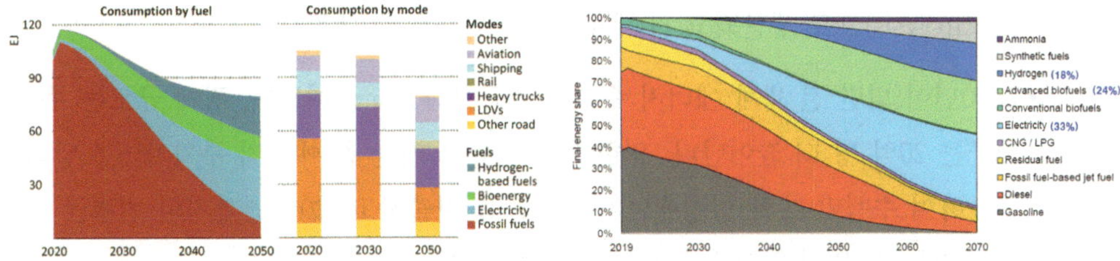

그림 4.13 수송분야 연료와 운송체별 에너지 수요 전망

출처: Net Zero by 2050: A roadmap for the global energy sector, IEA, 2021.5.
Note: LDVs = Light-Duty vehicles; Other road = two/three wheelers and buses.

(2) 넷제로 달성경로(Net Zero Pathway)

IEA의 NZE 시나리오에서는 지금까지의 모든 정부의 기후공약이 완전히 달성되더라도 2050년까지 넷제로 달성은 불가능한 것으로 결론을 내고, 넷제로를 달성하기 위한 대책과 경로를 제시하였으며 다음과 같이 요약하고 있다.

- 사용 가능한 깨끗하고 효율적인 에너지 기술을 즉시 대규모로 구축해야 하며, 여기에는 2030년까지 630GW에 이르는 태양광발전과 390GW에 이르는 풍력발전의 증설이 포함되며 이는 2020년의 4배에 달한다.

- **NZE에서 2030년까지의 CO_2 감소는 대부분 현재의 기술(전기, 수소, 바이오에너지, 탄소 포집이용(CCUS))로 달성된다. 그러나 2050년에는 절반의 감소가 현재 시연(demonstration) 단계이거나 프로토타입단계 기술(차세대배터리(Advanced Batteries), 수전해수소(Hydrogen Electrolysers), 직접공기포집(DACS))에서 달성되며, 이를 위해서는 대대적인 혁신적 진보(accelerated innovation)가 필요하다.**

- 새로운 화석연료 공급 프로젝트와 새로운 석탄발전소에 대한 추가 투자는 중단하고, 새로운 내연기관 승용차 판매는 2035년까지 중단되어야 한다. 석유와 가스 수요 감소는 일부 전통적인 에너지 안보 위험을 줄일 수 있지만, 전기 시스템과 중요 광물에 대한 의존도가 증가함에 따라 잠재적인 새로운 취약성이 나타난다.

- 바이오가스, 수소 및 수소기반 연료는 빠르게 성장하여, 2020년의 1%에 비해 2050년에는 전 세계 최종 에너지의 거의 20%를 차지한다. 전기의 90%는 신재생에너지로 발전되며 액체 바이오연료가 2050년에 전 세계 항공 연료의 45%를 공급하게 된다. 저탄소수소는 500Mt 이상이 생산되며 이 중 약 60%는 전기분해 방식(electrolysis)으로 생산되고 전 세계 발전량의 20%를 사용한다.
- 2050년이 되면 전 세계 에너지 수요는 지금보다 8% 줄어들며, 경제 규모는 두 배, 인구는 20억 명 더 늘어난다. 또한 2030년까지 연간 총 에너지 투자가 5조 달러로 급증하여 수백만 개의 청정에너지 일자리를 창출하고, 2050년까지의 연평균 에너지 투자는 GDP 대비 현재보다 연 1% 높아진다.
- 에너지 안보(energy security)는 NZE 과정에서 진화한다. 전기 시스템의 유연성, 사이버 보안, 그리고 중요한 광물의 신뢰할 수 있는 공급은 점점 더 중요해지고 있다. 전 세계 석유 수요가 감소함에 따라, 공급은 점점 더 적은 수의 저가 생산자들에게 집중된다.
- 정부 조치(government action)는 전 세계적으로 넷제로 배출을 달성하는 데 핵심적이다. NZE는 에너지 장관의 소관을 훨씬 뛰어넘어서 정부 간 조정접근(co-ordinated cross-government) 방식이 필요하다. 또한 전례 없는 수준의 국제 협력이 필요하다. 이를 통해 혁신을 가속화하고, 국제 표준을 개발하며, 새로운 인프라를 촉진하여 국가 시장을 연결할 수 있다. 이러한 협력이 없다면 넷제로 배출로의 전환은 수십 년 지연될 것이다.
- 운송부문의 배출량은 2030년에 20%, 2050년에 90% 감소한다. 초기는 운송 시스템의 운영 및 기술적 효율성, 모달 시프트 및 도로 운송의 전기화가 이루어진다. **2030년까지 전기차는 60% 이상을 차지하고 연료전지 또는 전기자동차는 중형 트럭 판매의 30%에 도달한다. 2035년까지 전 세계적으로 판매되는 거의 모든 자동차는 전기자동차이며, 2050년까지 판매되는 거의 모든 대형트럭은 연료전지 또는 전기자동차이다.** 저탄소 연료와 운송 형태 변화는 장거리 운송에서 배출량을 줄이는 데 도움이 되지만, 항공과 운송은 여전히 개선해야 할 과제이며 2050년에 330Mt CO_2를 배출한다.

2050년 넷제로 달성을 위해서는 태양광과 풍력발전 등의 무탄소전기뿐만 아니라 저탄소수소와 바이오연료 사용도 중요하다. 또한 이들 에너지를 생산하고 줄이는 CCUS(Carbon Capture, Utilization and Storage, 배출구에서 이산화탄소를 포집·이용·

저장하는 기술)와 같은 현재 기술의 개선과 함께 차세대배터리와 물분해수소, 직접공기포집(DACS; Direct Air Capture and Storage, 공기 중의 이산화탄소를 포집·저장하는 기술), BECCS(Bioenergy Carbon Capture and Storage), 지구공학(Geoengineering)에 의한 태양복사관리(Solar Radiation Management) 기술 등과 같은 혁신적인 기술들의 사용이 필요하다고 지적하고 있다.

그러나 이들 기술은 실증되지 않은 기술들이 대부분으로써 화석연료를 많이 그리고 오랫동안 사용하려는 의도가 엿보이고 넷제로를 지연시키는 방해요인이 된다는 우려가 있다. 지금 우선 배출하고 나중에 흡수해서 제거하여 제로로 맞추면 된다는 논리로 활용되는 무분별한 접근을 허가함으로써 탄소 배출량이 계속 증가하고 있다.

따라서 넷제로 달성을 위하여 시험 되지 않은 이산화탄소 제거 메커니즘에 의존하는 것은 잘못되고 어리석은 일이며, 넷제로 달성에 회의적이라는 주장도 적지 않은 것을 고려하면 2050 넷제로 달성을 위해서는 혁신적인 접근과 예상을 뛰어넘는 노력이 필요하다.

1.4. 기후변화 협약

지구온난화를 억제하기 위한 국제사회의 노력은 1980년대 이후부터 진행됐다. 제1라운드는 1992년 브라질 리우에서 채택된 기후변화협약이며, 2라운드는 1995년부터 협의가 시작되어 1997년에 구속력 있는 온실가스 감축목표를 설정한 교토의정서이다. 제3라운드는 2015년에 채택된 신기후체제 기반의 파리협정부터이다.

(1) 유엔기후변화협약(UNFCCC)

1992년 6월 지구정상회의라고도 불리는 브라질 리우데자네이루의 유엔환경개발회의(UNCED; United Nations Conference on Environment & Development)에서 채택된 유엔기후변화협약(UNFCCC)은 선진국과 개도국이 공동의 그러나 차별화된 책임(common but differentiated responsibilities)에 따라 각자의 능력에 맞게 온실가스를 감축할 것을 약속하였으며, 그해 연말에 158개국이 서명하고 1994년 3월 21일 발효되었다.

주요 내용으로 각국의 온실가스 배출과 흡수 현황에 대한 국가통계 및 정책 이행에 관한 국가보고서를 작성하고, 온실가스 배출 감축을 위한 국내 정책을 수립·시행하고 이를 공개하여야 하며, 통계자료와 정책 이행에 대한 보고서를 COP에 제출해야 한다.

기후변화협약은 최고 의결기구로 당사국총회(COP)를 두고 있으며, 각국 환경 또는 기후변화 관련 장관급들이 참여하여 UNFCCC 협약의 이행 방법 등 주요 사안들을 전반적으로 검토하며, COP는 1995년 이후 매년 개최되고 있으며 이후의 기후변화에 대한 협상은 COP를 통해서 의사결정이 이루어지고 있다.

협약의 이행 및 과학·기술적 측면을 검토하기 위해 이행부속기구(SBI; Subsidiary Body for Implementation)와 과학기술자문부속기구(SBSTA; Subsidiary Body on Scientific and Technical Assistance)를 두고 있으며, COP에서 논의될 주제와 채택될 결정문들을 준비하며 1년에 2차례에 걸쳐 2주씩 미팅을 진행한다.

- 유엔기후변화협약은 차별화된 책임 원칙에 따라 협약부속서 1(Annex I)에 포함된 42개국에 대해 2000년까지 온실가스 배출 규모를 1990년 수준으로 안정화할 것을 권고하였다. 부속서 1에 포함되지 않은 개도국에 대해서는 온실가스 감축과 기후변화 적응에 관한 보고, 계획 수립, 이행과 같은 일반적인 의무를 부여하였다.
- 반면, 협약부속서 2(Annex II)에 포함된 24개 선진국에 대해서는 개도국의 기후변화 적응과 온실가스 감축을 위해 재정과 기술을 지원하는 의무를 규정하였다.

우리나라는 1993년 12월 기후변화협약에 가입하여 1994년 3월부터 적용받았다.

UNFCCC는 기본협약(Framework Convention)의 성격이며, 1997년 교토의정서 채택으로 선진국에 감축의무가 부여되었고 2015년 파리협정 채택 후 선진국뿐만 아니라 개도국까지 의무 범위를 확장하면서 신기후체제가 출범하였다.

(2) 교토의정서(Kyoto Protocol)

1997년 12월 11일 일본 교토에서 개최된 제3차 유엔기후변화협약 당사국총회(COP3)에서는 선진국들의 온실가스 감축의무 수치를 규정한 교토의정서(Kyoto Protocol)가 채택되었으며, 2005년 2월 16일 발효되었다.

교토의정서의 정식 명칭은 기후변화에 관한 국제연합규약의 교토의정서(Kyoto protocol to the United Nations framework convention on climate change)이다. 교토의정서는 법적 구속력(legally binding)을 갖는 국제협약으로써 170개국이 합의한 환경 조약이다.

- 온실가스를 이산화탄소(CO_2), 메탄(CH_4), 아산화질소(N_2O), 불화탄소(PFC), 수소화불화 탄소(HFC), 불화유황(SF_6)의 6가지로 정의하였다.

• 부속서 1 국가들에 제1차 공약기간(2008~2012년) 동안 온실가스 배출량을 1990년 수준 대비 평균 5.2% 감축하도록 하는 법적 구속력을 가진 의무를 부과한 것이 가장 주목할 내용이다.

• 또한 신축성 메커니즘(flexibility Mechanism)으로 불리는 청정개발체제(CDM; Clean Development Mechanism), 배출권거래제(ETS; Emission Trading Scheme) 및 공동이행제도(JI; Joint Implementation)를 도입하여, 온실가스를 비용 효과적으로 감축하고 개도국의 지속 가능한 발전을 지원할 수 있는 계기를 마련하였다.
  - 공동이행제도(JI)는 선진국인 A 국이 선진국인 B 국에 투자하여 발생하는 온실가스 감축분을 A 국의 배출저감 실적으로 인정하는 제도이다.
  - 청정개발체제(CDM)는 선진국이 개도국에 자본과 기술을 투자하여 발생한 온실가스 감축분을 선진국의 배출저감 실적으로 반영하는 제도이다.
  - 배출권거래제(ET)는 온실가스 감축의무가 있는 국가에 배출 한도를 부여한 후 이들 국가 간에 배출권의 거래를 허용하는 제도이다.

그러나 교토의정서에서는 개도국의 강한 반발로 인하여 개도국의 자발적 의무부담이 제외됨으로써 선진국(38개국)들에만 온실가스 감축 책임을 지우고 있다. 미국이 애초부터 의정서 참여를 거부하고 세계 최대 온실가스 배출국인 중국과 3위 인도 등 개도국에는 감축의무가 부과되지 않아서 실효성이 없다고 지적되어왔다. 제1차 공약기간 동안 감축의무를 지는 국가들의 온실가스 배출량이 전 세계 배출량의 22% 불과하였다.

또한 매번 새로운 공약 기간을 정하고 개별 국가별 감축목표를 정하는 것은 어려운 작업이어서, 체제가 지속될 수 있을지도 불확실한 상황에서는 기후변화에 적극적으로 대응하기가 어려웠다. 따라서 기후변화에 제대로 대응하려면 새로운 체제가 필요하다는 인식이 퍼지기 시작했다.

우리나라는 온실가스 배출이 계속 증가하였으며, 특히 에너지 사용에서 80% 이상이 발생하였다. 경제성장에 따라서 에너지 사용과 온실가스가 지속적으로 증가할 것으로 전망되고 있어서 경제적 충격을 완화할 수 있는 대비책 수립에 비상이 걸렸다.

(3) 파리협정(Paris Agreement)과 신기후체제 출범

2015년 12월 파리에서 개최된 제21차 당사국총회(COP21)에서는 2020년부터 모든 국가가 참여하는 신기후체제의 근간이 될 파리협정(Paris Agreement)이 채택되었으며, 2016년 4월 22일 미국 뉴욕에서 서명된 후 11월 4일 공식 발효되었다.

선진국에만 온실가스 감축 의무를 부과하던 기존의 교토의정서 체제를 넘어 195개국 당사자의 모든 국가가 자국의 상황을 반영하여서 참여하는 보편적인 체제가 마련되었으며, 교토의정서 체제와는 다른 새로운 기후체제라는 의미로, 신기후체제(New Climate Regime)로 부른다.

2005년에 발효되어 2020년에 만료되는 교토의정서를 대체하는 신기후체제는 2020년 이후의 기후변화 대응을 담은 국제협약으로, 장기목표, 감축, 시장 메커니즘 도입, 적응, 이행점검, 재원, 기술 등이 주요 내용으로 담겨 있다.

파리협정 발효 이후 이듬해에 개최된 COP22에서는 2018년까지 파리협정 이행에 필요한 세부 지침을 마련하자는 데 합의하였다. 2018년의 COP24에서는 파리협정 제6조(국제탄소시장) 지침을 제외한 감축, 적응, 투명성, 재원, 기술이전 등 8개 분야 16개 지침을 채택하였다. 그리고 2021년 제26차 당사국총회(COP26, 글래스고)에서 6년간 치열한 협상을 진행해 온 국제탄소시장 지침을 타결함으로써 파리협정의 세부이행규칙(Paris Rulebook)을 완성하였다.

- 파리협정은 지구 평균기온 상승을 산업화 이전 대비 2℃보다 상당히 낮은 수준으로 유지하고, 1.5℃로 제한하기 위해 노력한다는 장기목표로 모든 국가가 2020년부터 기후행동에 참여하며, 모든 국가가 스스로 결정한 자발적 감축목표(INDC; Intended Nationally Determined Contributions)를 제출하고 국내적으로 이행토록 하고 있으며, 재원 조성은 선진국이 선도적 임무를 수행하고 여타 국가는 자발적으로 참여하도록 하고 있다.

- 파리협정은 기후행동 및 지원에 대한 투명성 체제를 강화하면서도 각국의 능력을 고려해 유연성을 인정하고 있으며, 2023년부터 5년 단위로 파리협정의 이행 및 장기목표 달성 가능성을 평가하는 전 지구적 이행점검(global stocktaking)을 실시한다는 규정을 포함하고 있다.

- 차별적인 책임 원칙에 따라 감축목표 유형은 선진국은 절대량 방식을 유지하며, 개도국은 자국 여건을 감안해 절대량 방식과 배출 전망치(BAU) 대비방식 중에서 채택하도록 했다.

온실가스 감축목표의 효과적인 달성을 위해 유엔기후변화협약 중심의 시장 이외에도 당사국 간의 자발적인 협력도 인정하는 등 다양한 형태의 국제 탄소시장 메커니즘 설립에 합의했다. 다만 각국의 기여 방안 제출은 의무로 하되, 이행은 각국이 국내적으로 노력하기로 합의하였지만, 국제법적 구속력은 부여하지 못했다.

지구 전체 온실가스 배출량의 95%를 배출하는 188개국에서 제출된 INDC가 모두 달성되더라도 2.7~3.7℃의 기온상승이 예측되었으며, 2021년의 IPCC의 6차 보고서에서는 각 국가가 제출한 2030년 감축목표(NDC)를 분석한 결과 국가들이 제출한 NDC를 달성하더라도 파리협정에서 목표로 하는 2℃와 1.5℃ 목표는 달성하기가 쉽지 않으리라고 전망되었다(표4.1).

기존 NDC를 계속 유지한다면 2030년 이후에는 매우 급진적인 감축이 필요하므로, IPCC의 보고서에서는 2030년까지 기존에 제출된 NDC보다 더욱 강화된 감축 노력이 필요하다고 촉구하였다.

(표4.1) 각국의 INDC 제출 현황

당사국	목표형태	2030년 감축목표(1차)	상향 수정안
EU	절대량	1990년 대비 40%	55%
미국	절대량	2005년 대비 26~28%(2025년 목표)	50%(2030년목표)
중국	원단위(1인당 GDP)	2005년 대비 60~65%	
영국	절대량	1990년 대비 68%(2035년 목표)	78%
독일	절대량	1990년 대비 55%(2035년 목표)	
일본	절대량	2013년 대비 26%	46%
인도	원단위(1인당 GDP)	2005년 대비 33~35%	
러시아	절대량	1990년 대비 25~30%	
캐나다	절대량	2005년 대비 30%	40~45%
한국	BAU -> 절대량	37%	2017년 대비 24.4% 2018년 대비 40%

출처: 온실가스 감축, 대한민국 정책브리핑, 2019.12.11.

우리나라는 2015년 6월 INDC(자발적 감축목표)를 제출하였으며, 2030년 온실가스 감축목표를 배출전망치(BAU; Business As Usual) 대비 37% 감축을 목표로 하였다. 2020년에 제출한 2차 NDC에서는 2017년 대비 24.4% 감축으로 BAU 대비에서 절대량 대비 감축으로 변경하였다. 그러나 우리나라 목표는 국제사회가 추구하는 2050 넷제로를 달성하기에는 부족하다는 비난과 함께 선진국으로써의 역할과 국제사회에서 기후정의에 입각한 공정한 책임을 분담하라는 압력으로, 2018년 대비 40% 감축(2030년 배출량 436.6백만톤) 목표로 수정하여 2021년에 제출하였다.

2035년의 NDC를 제출 기한인 2025년 2월 10일 현재, 195개국 중 13개국이 제출하고 나머지 95%의 국가들이 제출하지 못하였다.

(4) 교토의정서와 파리협정 비교

교토의정서 1차 공약 종료 기간인 2012년에 대비하여, Post-2012 체제 출범을 준비하였으나 감축목표나 개도국에 대한 재정지원과 같은 핵심 쟁점을 둘러싸고 선진국과 개도국이 간극을 좁히지 못함에 따라 좌초되고 말았으며, 2012년 카타르 도하에서 개최한 COP18에서 교토의정서의 제2차 공약 기간을 2013년부터 2020년으로 설정하는 도하합의(Doha Amendment)를 채택하였다.

2013년 폴란드 바르샤바의 COP19에서 당사국들은 지구 기온상승을 산업화 이전 대비 2°C 이내로 억제하는 데 필요한 2020년 이후의 국가별기여방안(INDC)을 자체적으로 결정하여, 2015년 COP21 이전에 사무국에 제출하기로 하였다.

1992년 리우회의에서 의제21(Agenda 21)이 채택되면서 지속가능한 발전 달성을 위한 논의 및 의사결정 과정에서 산업계, 어린이와 청소년, 농부, 원주민, 지방정부, NGOs, 과학기술자 그룹, 여성, 노동자와 노동조합의 아홉 개 주요그룹(major group)의 참여가 필수적이라 강조하였으며, 2019년 COP25에서는 기후목표상향연맹(Climate Ambition Alliance)을 결성하여 전 세계 지방정부를 포함한 다양한 주체자들이 기후행동에 참여할 수 있도록 하였다.

2023년 COP28에서는, 화석연료의 단계적 감축 방안과 2030년까지 재생에너지 비중 3배 확대에 117개국이 서약하고, 2050년까지 2020년 대비 원전 용량 3배 확대 선언(Net Zero Nuclear Initiative)을 22개국이 채택했다.

특히 IEA 사무총장은, 2030년 이전에 화석연료 수요는 최고점에 도달할 것으로 예상되며, 화석연료 성장 시대의 종말을 준비해야 한다고 주장했다. 산유국을 중심으로 CCUS를 통해서 탄소배출을 상쇄할 수 있다는 주장은 실현 가능하지 않으며, 이 기술은 특정분야(중공업, 수소생산 등)에서 순차적으로 순배출 제로를 달성하기 위한 필수기술이지만, 현상 유지를 위한 방법은 아니라고 선을 그었다. 이에 대해 석유수출기구(OPEC)는 매우 위험하고 비현실적인 주장이라고 격렬하게 반발하면서, IEA 전망은 전례 없는 규모의 에너지 혼란을 야기하고 세계 경제와 수십억 인구에 끔찍한 결과를 초래할 것이며, 에너지산업에 대한 신규 투자와 중단을 요구하는 저해 행위라고 주장했다.

COP28의 최종 합의에서는, 환경단체들의 요구인 화석연료의 단계적 퇴출(phase-out)

대신, 전환(transitioning away from fossil fuels in energy systems)으로 명기하면서 지구 기온상승에서 화석연료가 가진 역할을 규명하고 향후 석탄과 석유, 가스에 대한 의존을 줄이기 위한 노력을 개괄적으로 담으면서, 2015년 파리협정 이후 기후와 관련해서는 가장 큰 진전으로 평가하고 있다. 또한 2025년까지 각국이 더욱 강력한 탄소감축 계획을 제출하도록 하였다.

향후 2050 넷제로를 달성하기 위해서는 국가뿐만 아니라 지방정부(LGMA; Local Government and Municipal Authorities)는 탄소중립 이행을 위한 중요한 이해당사자이며, 자치단체국제환경협의회인 이클레이(ICLEI; Local Government for Sustainability)가 LGMA 그룹의 주관기관(focal point)으로서 구심점 역할을 하고 있다.

LGMA는 협약의 논의 과정에 옵서버(observer) 자격으로 참여하여 지방정부의 입장을 대변해 오고 있으며, 이클레이는 매년 당사국총회에 참가하여 기후변화 지속가능성 분야에서 지방정부의 의견을 전달하는 협력 창구 역할을 맡고 있다.

1.5. 수송분야 기후변화 대응

2015년 12월에 파리협정(Paris Agreement) 채택과 함께 신기후체제가 시작되었으며, 2021년의 IEA 순배출량제로(NZE)시나리오가 제시되면서 본격적인 온실가스 저감이 추진되기 시작했다.

그러나 온실가스 저감의 중요성이 강조되고 대책 시나리오들이 계속 발표되는데도 불구하고 온실가스는 지속적으로 증가하고, 지구온난화에 의한 기후변화는 더 악화하고 있어서, 2019년에 영국 가디언은 기후변화(climate change)를 기후위기(climate crisis), 기후비상사태(climate emergency), 기후붕괴(climate breakdown) 등의 용어로 바꾸었다.

또한 기후변화 회의론자(climate sceptic)라는 표현을 기후변화 부정자(climate denier)로 대체하기로 했으며, 19세기 이래로 계속된 수많은 과학적 연구와 조사로 입증된 명백한 사실에 대해 회의론이라는 표현은 어울리지 않는다고 강조했다.

2007년에 IPCC에서 온실가스가 지구 기후온난화의 원인임을 밝혀지면서 10년 동안은 지구인들에 대한 홍보로 온실가스 저감의 필요성에 대한 인식과 경각심을 고취하고, 이후부터는 각국 정부들의 대책과 함께 온실가스의 최대 배출처인 기업들의 참여를 끌어내기 위한 대안들이 집중적으로 제시되고 있다.

1) 내연기관자동차 판매금지와 전기차 보급

IEA의 자료에서 2023년에 인류가 인위적으로 배출한 전체 온실가스 배출량은 37,723 $MtCO_2$이며, 연소 활동에 의한 배출량이 34,789$MtCO_2$으로 92.2%를 차지한다. 대부분은 화석연료인 석탄과, 석유, 천연가스 연소에서 배출된 것이다.

석탄연소가 가장 많아서 전체 온실가스의 41.5%가 배출되며 이중의 약 72%에 달하는 온실가스가 석탄발전(전체 온실가스의 29.9%)에서 배출된다. 새로운 발전소 건설을 막고 기존 석탄발전소도 폐쇄하자는 석탄동맹과 같은 활동이 전개되고 있는 이유이다.

다음으로는 석유에서 11,334 $MtCO_2$가 배출되어 전체 온실가스의 30.0%를 차지하며, 수송분야에서 8,213 $MtCO_2$가 배출되면서 석유의 72.5%에 달하는 온실가스(전체 온실가스의 21.7%)를 생성한다. 수송분야 내에서는 도로부문(자동차)이 74.7%(6,137 $MtCO_2$), 항공 11.5%(941 $MtCO_2$), 선박 10.4%(856 $MtCO_2$) 순으로 온실가스를 배출한다.

따라서 석유를 최대로 소비하고 있는 수송(transport)이, 발전(electricity and heat sectors), 산업(industry), 건물(buildings)과 함께 온실가스 저감 대상이 되며 특히 자동차 분야에 집중하고 있다.

디젤 내연기관은 가솔린엔진에 비해 연소효율이 높아서 온실가스가 20% 정도 적게 배출된다. 2000년에 디젤 매연여과장치(DPF)가 상용화되어 매연과 PM을 휘발유차 수준 이하로 줄일 수 있게 되면서 디젤엔진은 클린디젤로 탈바꿈하였다. 따라서 연비가 우수하고 온실가스도 적게 배출하는 클린디젤 승용차는, 1997년에 일본 도요타가 상용화시킨 하이브리드자동차와 함께 온실가스 문제에 대처할 수 있는 해법으로 부상하였고 휘발유 중심의 승용차 시장을 변모시킬 게임 체인저로 관심을 받았다.

2009년에 일본 미쓰비시가 양산한 아이미브(i-MiEV)는 전기차 시대를 점화시켰지만, 짧은 주행거리와 높은 가격으로 인하여 전기차의 발전 가능성을 지켜볼 필요가 있었다.

그러나 자동차 시장 확대에 열중하던 경유 승용차가 2015년 미국에서 적발된 폭스바겐 스캔달 이후에 디젤게이트(Diesel Gate)로 번지면서 경유 승용차에 대한 불신을 초래하고, 전기차 기술의 발전 추세에 밀려서 내연기관자동차 퇴출까지를 초래하게 되었다.

일론 머스크가 창립한 미국의 테슬라(Tesla)가 2008년에 로드스터 전기차 출시를 시작으로 모델S(2012년), 모델X(2015년)에 이어 2017년에 출시한 모델3가 성공을 거두면서 전기차가 자동차 시장에서 자리매김할 수 있음을 증명하였다. 중국도 2012년부터 BYD를 필두로 전기차 산업을 본격적으로 육성하여 전기차 시장을 견인하면서 전기차는 내연기관자동차를 대체할 수 있는 미래자동차로 급속하게 부상하였다.

2016년에 들어서면서 유럽 국가들이 내연기관자동차 판매금지 법안을 발표하기 시작하였다. 가장 급진적인 노르웨이가 2025년부터 내연기관자동차 판매를 금지한다고 2016년 6월에 결정하였으며, 네덜란드, 영국, 스웨덴, 덴마크도 2030년부터 판매금지를 발표하였다. 경유차 종주국인 독일과 자동차 강국인 프랑스도 내연기관자동차 판매금지를 법제화하면서 한 발짝 물러섰다.

2021년 7월 14일 EU 집행위원회가 2030년까지 신차 탄소배출 감축량을 기존 37.5%에서 55%로 높이고, 2030년까지 내연기관자동차 판매를 65% 줄이고, 2035년엔 전면 금지하는 내용의 핏포55(Fit for 55) 입법안을 발표하면서 내연기관자동차 퇴출 시간표를 확정하였다.

자동차 대국인 일본도 2035년까지 판매하는 자동차를 전부 무공해차나 하이브리드차로 전환할 계획이며, 탄소중립에 소극적인 중국도 2035년부터 순수내연기관자동차 생산을 중단하고 하이브리드와 전기차를 50%씩 보급하기로 결정하였다.

미국은 2030년까지 전기차 50% 달성을 목표로 세웠으며, 캘리포니아주는 2035년에 내연기관자동차 판매를 금지하겠다고 발표했다.

우리나라는 구체적인 내연기관자동차 퇴출 시점을 확정하지는 않았지만 2050 탄소중립 시나리오를 통해 2050년 무공해차 100% 전환이라는 목표를 세웠으며, 이를 달성하기 위해서는 2040년 이전에 내연기관 퇴출을 전망하고 있다.

지방정부와 대도시들도 내연기관자동차 운행 중단을 발표하고 있다. 파리와 로마는 2024년부터 경유차 진입을 금지하고, 아테네, 마드리드, 멕시코시티는 2025년부터 경유차 진입을 금지하기로 하였다. 파리나 런던을 포함한 많은 도시도 2030년부터는 내연기관자동차가 없는 거리를 선언하고 있다.

2) EV30@30

청정에너지장관회의(CEM; Clean Energy Ministerial)에서도 전기차(플러그인하이브리드차 포함) 보급을 한층 강화하기 위해서 2017년의 제8차 회의에서 EV30@30 캠페인을 시작하였다. 이는 2030년까지 전기차 판매 30%를 달성하자는 목표이며, 국제에너지기구(IEA)에서 상세한 분석(Global EV Outlook 2019)을 게재하였다.

신정책시나리오(NPS) 분석에 따르면 2030에 전 세계 전기차 판매량은 2,300만대에 이르며, 누적 기준으로는 1억3천만대가 보급될 것으로 보고 있다. 반면 EV30@30 시나리오에서는 2030년 전기차 판매는 4,400만대로 NPS보다 2대가 많으며, 누적 대수는 2억 5천만대로 전망하고 있다. 순수전기차(BEV)는 1억7천9백만대에 도달하고, 플러그인하이브리드(PHEV)는 7천3백만대를 전망하고 있다.

NPS 시나리오에서는 자동차의 온실가스를 220MtCO_2eq. 줄이지만 온실가스 저감목표에 못 미치며, EV30@30에서는 540MtCO_2eq.를 상쇄하여 NPS의 2배 효과를 가져온다.

자동차 온실가스 배출허용기준을 강화하면서 내연기관자동차 퇴출 정책을 강력하게 추진하는 정부와 빠르게 성장하는 전기차 시장에 대응해서 자동차 제작사들도 긴박하게 움직이고 있다.

2017년 7월에 스웨덴의 볼보자동차가 2019년부터 신차는 전기차로 생산하겠다고 선언하고 2030년에 전기차만 판매하겠다는 발표를 시작으로, 2018년에는 폭스바겐이 2029년까지 전기차 75종을 출시하고 2035년까지 유럽에서 내연기관자동차 판매를 중단하겠다고 결정하였다.

이듬해인 2019년에 메르세데스벤츠는 2030년까지 전기차 비중을 50% 생산하고 2039년에 탄소중립차만 생산하겠다고 발표하였다. 아우디도 2025년까지 30개 이상의 전동화차를 출시하고, 이는 전체의 40%를 차지할 것이라는 탄소중립 로드맵을 발표하였으며, 르노는 2030년 90%의 전기차 판매 비중을 계획 중이다.

미국의 제너럴 모터스는 2035년부터 내연기관자동차 생산을 중단하고, 포드는 2030년부터 유럽에서 전기차만 판매하며, 크라이슬러는 2028년까지 순수전기차 라인업으로 전환하기로 하였다.

일본의 도요타는 2025년에 순수내연기관자동차(하이브리드는 유지) 판매를 중단하고, 혼다는 2040년부터 전기차만 판매하기로 하였다.

우리나라의 현대차그룹은 2035년 유럽 시장 100% 전동화(전기차·수소차·하이브리드차), 2040년까지는 유럽·미국·중국 등 주요 시장에 전동화, 2045년까지는 전면적인 전동화로 전환하겠다는 전략을 발표했다.

자동차회사들은 지구온난화 대책과 자동차 온실가스 배출규제 강화로 내연기관자동차 종식과 전동화로의 전환은 피할 수 없는 대세로 받아들이고 있다. 그러나 전기차가 갖고 있는 한계를 고려해서 보다 실용적이고 신중한 접근 방식을 요구하고 있다.

전기차의 가격이 내려가고는 있지만 아직은 내연기관자동차보다는 상당히 비싸서 정부 보조금 없이는 구매하기가 부담스러우며, 주행거리도 빠르게 늘고 있지만 친환경성을 빼면 내연기관자동차의 성능과 편의를 넘어섰다고 보긴 어렵다. 특히 트럭이나 버스 등 대형차와 고성능 모델에서는 전동화에 어려움을 안고 있으며, 전기차 충전인프라 구축 속도도 나라별로 차이가 있다.

화석연료 자동차나 하이브리드차보다 비싼 전기차로의 전환을 무리하게 강요하면 중산층이 자동차 소유를 감당하기 어렵게 되고 따라서 이동의 자유를 제한받게 되는 심각한 사회 문제가 야기될 수 있다.

유럽연합(EU)이 2035년에 하이브리드차를 포함한 내연기관자동차 판매를 금지한 법안을 재검토해서 하이브리드차가 무공해차량으로 전환하는 데 과도기적 역할을 하자는 주장도 있다. 하이브리드차는 내연기관의 부품을 제조하거나 조립하는 근로자들이 수만 개의 일자리를 잃지 않게 할 수 있다.

전기차와 배터리에 필요한 원자재 가격이 매우 불안정하며, 리튬이나 니켈 등 전기자동차 생산에 필요한 원료를 광산업과 협력하여 채굴 및 정제 등의 생산 능력을 늘리는 노력도 필요하다.

2022년에 들어서면서 전기차 판매가 부진하면서 전기차 산업이 어려운 상황에 빠져들자, 전기차 전환속도 조절론이 급부상하고 있다. 영국을 비롯한 몇몇 국가들과 벤츠를 비롯한 자동차회사들이 전기차 전환 기간을 5년 늦추자는 속도 조절 전략수정을 제시하고 있어서 추이를 지켜볼 필요가 있다.

1.6. 우리나라 기후변화 대응정책

(1) 2030 NDC

우리나라는 2009년에 '2020년 온실가스 배출전망(BAU) 대비 30% 감축'이라는 자발적인 목표를 제시하고, 2011년에 저탄소녹색성장기본법을 제정하여 목표 이행을 위한 법적 기반을 마련하였다. 이후 2012년에 온실가스·에너지 목표관리제 실시, 2014년에 온실가스 감축 로드맵 수립, 2015년 배출권거래제 시행, 2010년·2015년 국가 기후변화 적응대책을 마련하였다.

신기후체제 핵심 중의 하나인 NDC에 참여하기 위해서 2015년 6월에 '2030년의 온실가스 배출전망(BAU) 대비 37%' 감축목표를 포함한 국가별 기여방안(INDC)를 제출하였으며 UN에 2016년 11월 3일 공식 NDC로 등록되었다.

2030 국가 온실가스 감축목표 달성을 위해 국무조정실 주도로 관계부처와 함께 2016년 12월에 '제1차 기후변화대응 기본계획' 및 '2030 국가 온실가스감축 기본로드맵'을 수립하였고, 2018년 7월에는 '2030 국가 온실가스감축 기본로드맵 수정안'을 마련하였다.

2019년 10월에는 '제2차 기후변화대응 기본계획'을 수립하였다. BAU 방식을 절대량 방식으로 수정하고 2030년까지 2018년 대비 40%를 감축하는 2030 NDC 상향안을 2021년 10월 영국 글래스고에서 개최된 COP26에서 발표하고 2021년 12월 유엔에 제출하였다.

2021년에 제출한 2030 NDC(표4.2)는 2030년에 온실가스 436.6백만톤 배출을 목표로 하고 있으며, 이것은 2018년 배출량 727.6백만톤의 40%(291백만톤)을 감축하는 것이다. 수송분야에서는 2018년의 98.1백만톤에서 37.8%(37.1백만톤)를 줄여서 61백만톤을 배출하는 목표를 설정하였다.

온실가스 감축정책의 변화에 따른 우리나라의 시나리오를 (그림4.14)에서 보듯이 2030년과 2050년의 목표를 달성하기 위해서는 매년 2천3백만톤(3.4%) 이상을 줄여야 하는 엄청난 노력이 요구됨을 알 수 있으며, 주요국의 2030 NDC와 넷제로에서도 동일한 어려움을 안고 있다.

COVID-19로 인하여 2019년과 2020년에 온실가스 배출이 감소하였으나 2021년에 다시 증가하였다. 이후에도 전 세계 총배출량은 증가하고 있지만, 영국, 독일, 프랑스 등 EU 국가와 미국, 일본 등의 선진국들은 감소세를 보이며 다행히 우리나라도 2022년부터 감소하고 있다.

온실가스 저감목표(NDC)는 현재까지 4차례에 걸쳐서 수립과 수정과정을 거쳤다.

1차는 2014년 1월에 2020년 저감목표를 설정하였다. 2020년 BAU 776백만톤 대비 30%인 233백만톤을 감축하여 543백만톤 배출목표를 설정하였으며, 부문별 감축률은 수송이 34.3%로 가장 높으며, 산업은 18.5%로 설정하였다. 2차는 교토의정서 체제 이후 출범할 파리협정 체제에 신속하게 대응하기 위해서 2015년 6월에 2030년 목표를 수립하였다. 2030년 BAU(851백만톤) 대비 37%를 감축하여 536백만톤 배출목표를 설정하고, 국내에서 25.7%를 삭감하고 국제시장을 활용하여 11.3%(9,600만톤)를 추가 감축하기로 하였다. 수송분야의 감축률이 24.6%로 가장 높으며, 배출이 가장 많은 산업부분의 감축률은 11.7%로 낮게 할당하였다.

3차는 2018년 7월에 수정되었으며, 2030년 BAU 대비 전체 감축률 37%는 그대로 유지하면서 국내 감축률을 32.5%로 확대하고 해외감축량을 4.5%로 축소 조정하였다. 국내 감축량이 증가함으로써 수송분야 29.3%, 산업부문 20.5%로 강화되었다.

4차는 2021년 12월에 유엔에 제출한 내용으로, 2018년 배출량의 40%를 감축하여 2030년에 436.6백만톤 배출을 목표하고 있다. 수송분야는 2018년의 37.8%(37.1백만톤), 산업분야 14.5%(37.91백만톤)를 감축한다.

2035 NDC 감축목표는 2018년 대비 53%~61%로 결정하였다.

(표4.2) 2030 NDC 상향목표(2021.12) 부문별 감축목표

(단위: 백만톤CO_2eq.)

구분	부문	기준연도('18)	現 NDC ('18년 比 감축률)	NDC 상향안 ('18년 比 감축률)
배출량*		**727.6**	536.1 (△191.5, △26.3%)	**436.6** (△291.0, △40.0%)
배출	전환	269.6	192.7(△28.5%)	145.9(△45.9%)
	산업	260.5	243.8(△6.4%)	230.7(△11.4%)
	건물	52.1	41.9(△19.5%)	35.0(△32.8%)
	수송	98.1	70.6(△28.1%)	61.0(△37.8%)
	농축수산	24.7	19.4(△21.6%)	18.0(△27.1%)
	폐기물	17.1	11.0(△35.6%)	9.1(△46.8%)
	수소	-	-	8.4
	기타(탈루 등)	5.6	5.2	3.9
흡수 및 제거	흡수원	-41.3	-22.1	-26.7
	CCUS	-	-10.3	-11.2
	국외 감축**	-	-16.2	-37.5

출처: "국가 탄소중립 녹색성장 전략 및 기본계획, 관계부처 합동, 2023.3.

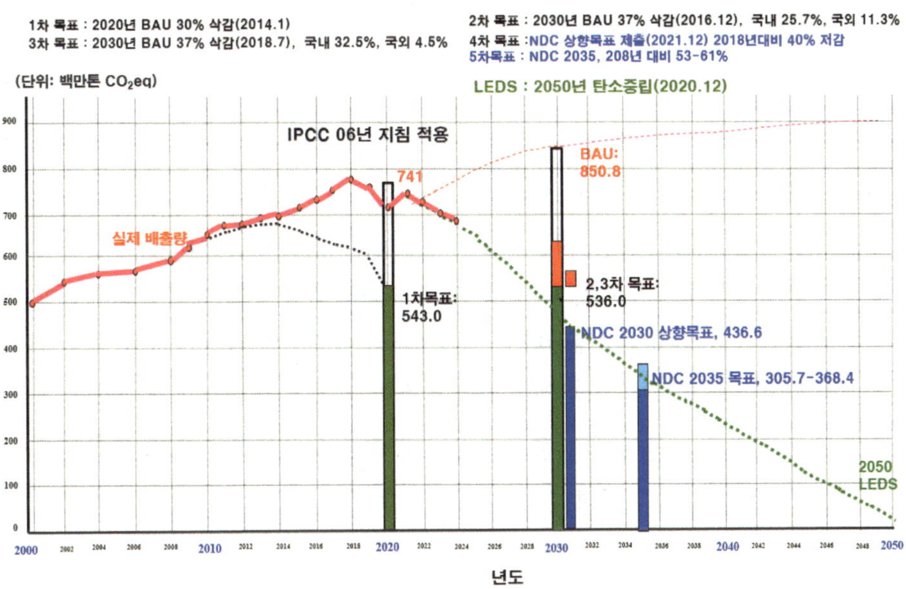

그림 4.14 우리나라 온실가스 감축목표(2030 NDC, 2050 LEDS) 저감정책 변화과정

출처: 정부발표 자료들 참고

(2) 2050 탄소중립(Net Zero)

IEA에서 발표한 순배출량제로(NZE) 시나리오를 달성하기 위한 국제사회의 기후변화 노력에 동참하기 위하여 우리나라도 2020년 12월에 2050 탄소중립을 선언하였다. 학계와 산업계, 시민사회 등 다양한 분야의 민간 전문가가 참여하는 포럼의 결과를 토대로 장기 저탄소발전전략(LEDS, Long-Term Low Greenhouse Gas Emission Development Strategy) 비전을 설정하고, 2050 탄소중립의 기본방향으로 국가 전반의 녹색 전환 방향을 제시하였다.

① 깨끗하게 생산된 전기·수소의 활용 확대, ② 에너지효율의 혁신적인 향상, ③ 탄소제거 등 미래기술의 상용화, ④ 순환 경제 확대로 산업의 지속가능성 제고, ⑤ 탄소 흡수 수단 강화 등 5대 기본방향을 마련하였다.

또한 2050 탄소중립 달성을 위해서 가장 핵심 되는 에너지로서 재생에너지를 사용한 무탄소 전력, CCUS 적용한 화력발전, 수소에너지 사용을 제시하였다.

- 온실가스 배출이 없는 전력 생산이 2050 탄소중립의 달성을 위해서는 가장 중요한 요소이며 이를 위해서는 태양광과 풍력을 기반으로 하는 재생에너지 보급 확대가 가장 시급하다.

- 석탄발전과 LNG 발전소에서 배출되는 이산화탄소가 CCUS 기술을 사용하여 대기로 배출되지 않는다면 화력발전은 재생에너지의 간헐성과 변동성 문제 해결과 에너지 안보 강화 차원에서 중요한 역할을 할 수 있다.

  따라서 CCUS는 2050 탄소중립뿐만 아니라 2030 NDC 달성을 위해서도 중요한 온실가스 감축 옵션이다. 그러나 CCUS 기술은 비용, 저장소, 사회적 수용성 확보, 규제와 인센티브의 병행을 통한 충분한 시장 유인책 형성이 중요하다.

- 또한 수소를 중요한 에너지원으로 사용하여 산업발전과 온실가스 감축을 추진하고자 2019년에 '수소경제 활성화 로드맵'을 발표하였다. 재생에너지를 활용한 그린수소(green hydrogen)를 생산하고 이를 수소연료전지와 다양한 모빌리티 등에 활용하여 탄소 중심의 화석연료에서 친환경수소에너지로의 전환을 추진한다.

  2050 탄소중립 달성을 위한 수송부문의 핵심 비전으로는 ① 친환경차의 대중화, ② 저탄소 연료 사용 강화, ③ 물류체계의 녹색화, ④ 교통 수요관리 개선을 설정하였다.

  석유 연료를 기반으로 하는 수송 시스템은 친환경과 자율주행 중심의 미래차로 전환하게 되며, 철도와 선박, 항공기를 포함하는 수송 수단은 전기와 수소, 바이오연료와 같은 청정에너지를 동력원으로 사용하게 된다.

2030년에 신차의 1/3을 전기차와 수소차로 판매하여, 2030년까지 전기차 300만대, 수소차 85만대 누적 보급을 목표로 설정하였다. 또한 2050년까지 전기화, 수소화가 어려운 항공과 해운부문은 바이오연료 사용을 확대하고 장기적으로는 전기와 수소를 에너지원으로 전환한다.

그러나 2050 탄소중립 달성 가능성에 대한 회의론과 불만이 나오고 있다. 캐나다의 저명한 통계분석 학자인 바츨라프 스밀은 2024년 5월에 발표한 '교토에서 2050까지의 중간평가'라는 보고서에서, 2050 탄소제로는 가능성이 거의 없는(highly unlikely) 목표라고 밝혔다.

2022년의 에너지 소비에서 화석연료 비중은 82%이며, 이것은 1997년의 86%에 비해서 미미한 감소이며, 화석연료의 절대 소비량은 25년 동안 오히려 55%가 증가하였다. 인류가 이용하고 있는 자동차, 철, 시멘트, 집, 식품, 컴퓨터 등은 엄청난 규모의 에너지 소비 덩어리이며, 이것을 반세기 사이에 무탄소에너지로 대체한다는 것은 전문가나 정책 입안자들의 규모에 대한 감이 없기 때문이라고 지적하고 있다.

2절 | 온실가스 배출현황

2.1. 온실가스 종류

(1) 온실가스의 온난화발생 메커니즘

태양으로부터 지구에 도달한 태양에너지의 일부는 지구의 대기층에 반사되어 우주로 방출되고 나머지는 대기를 통과한다. 대기를 통과하면서도 절반 정도는 대기에 흡수되고 나머지는 지구 표면에 도달하며 이때는 대부분 가시광선 파장의 햇빛이다. 지표면에 도달한 햇빛은 가시광선보다도 파장이 긴 적외선으로 바뀌면서 지구 복사열의 형태로 반사된다. 이 복사열이 대기층을 통과하면서 수증기와 이산화탄소, 메탄 등의 온실가스에 일부는 흡수되어 다시 지표로 돌아와서 지구 온도를 높이는 효과를 가져오며, 이를 온실효과(Greenhouse Effect)라고 부른다.

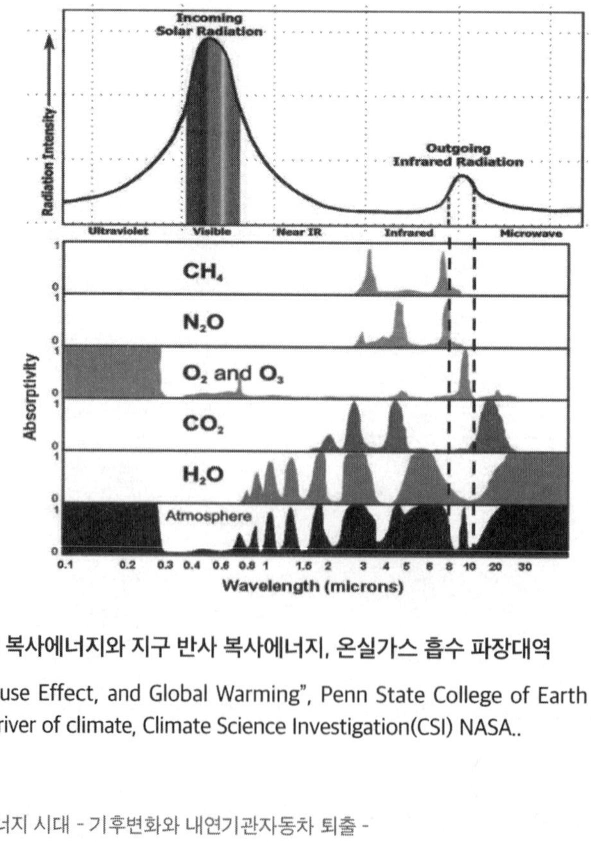

그림 4.15 태양 입사 복사에너지와 지구 반사 복사에너지, 온실가스 흡수 파장대역

출처: "The Greenhouse Effect, and Global Warming", Penn State College of Earth and Mineral Science Energy: The driver of climate, Climate Science Investigation(CSI) NASA..

햇빛은 온도에 따라서 다양한 파장이 있다. 온도가 높으면 파장이 짧으며 파장이 길어지면 온도가 낮아진다. 파장이 짧은 순으로는 감마선, X선, 자외선, 가시광선(보라색에서 빨간색 순), 적외선, 마이크로파, 라디오파 등으로 나누어진다.

태양로부터 지구에 들어오는 햇빛은 주로 자외선과 가시광선으로 0.4~0.7㎛ 파장대이며, 지구 표면에서 반사되는 햇빛은 온도가 낮아져서 7~13㎛ 파장대의 적외선이다.

이산화탄소는 13~19㎛, 수증기는 4~7㎛ 파장대의 빛을 강하게 흡수하지만, 이들과 함께 메탄과 아산화질소 등의 온실가스 농도가 높아지면 지구 반사 복사열 파장대인 7~13㎛ 영역에서도 햇빛을 흡수하는 능력이 높아지게 된다(그림4.15).

(2) 규제 6종 온실가스

온실가스(GHG; Green House Gas)는 "지구 대기 속에 존재하며 땅에서 복사되는 에너지를 일부 흡수함으로써 온실효과를 일으키는 기체"로 정의된다. 즉, 지구를 둘러싸고 있는 온실가스는 식물 재배용 온실 천장에 설치된 유리와 같은 효과를 가져온다.

온실가스는 크게 직접 온실가스(Direct GHG)와 간접 온실가스(Indirect GHG)로 구분되며, 직접 온실가스는 직접적으로 온실효과를 발생시키는 온실가스로서 수증기, 오존(O_3), 이산화탄소(CO_2), 메탄(CH_4), 아산화질소(N_2O), 수소불화탄소(HFCs), 과불화탄소(PFCs), 육불화황(SF_6), 염화불화탄소(CFCs)가 있다.

수증기와 오존은 자연적 현상으로 발생하고, CO_2, CH_4, N_2O는 자연적 현상 및 인간의 활동으로 발생하고, 수소불화탄소(HFCs), 과불화탄소(PFCs), 육불화황(SF_6), 염화불화탄소(CFCs)는 인간의 활동으로 발생하는 온실가스이다.

수증기는 자연적으로 순환하며 인위적으로 조정할 수 없고, 오존은 온실효과에 대한 기여도가 낮아 규제의 대상에서 제외된다. 또한 염화불화탄소(CFCs)는 이미 몬트리올의정서에 의해 규제받고 있어 제외되었다.

따라서 교토의정서에서 규제 대상이 되는 온실가스는 CO_2, CH_4, N_2O, HFCs, PFCs, SF_6의 직접 온실가스 6종이다.

간접 온실가스로는 질소산화물(NOx), 일산화탄소(CO) 및 비메탄유기화합물(NMVOC)이 있으며, 대기 중에서 오존이나 CO_2, N_2O를 형성하여 온실가스 효과를 일으킨다. 이들 물질은 장거리 월경 대기오염물질에 관한 협약(convention on long-range transboundary air pollution)과 같은 국제협약에서 제한하고 있으며 파리협정의 감축목표 대상은 아니다. 그러나 이들 간접 온실가스는 총배출물에 고려되고, 국가 온실가스 인벤토리 협약에 보고되어야 한다.

1) 이산화탄소(CO_2)

화석연료 사용으로 배출되는 대표적인 온실가스이며 동식물의 호흡 과정, 유기물 부패, 화산 등의 자연 활동으로도 대기 중에 배출되고 식물의 광합성 작용과 해양 흡수로 약 60%가 제거되고 40%가 대기 중에 남아서 농도가 증가한다.

산업혁명 이전의 280ppm에서 2015년에 400ppm을 넘어섰으며, 2024년 6월 현재 426.9ppm이다. 우리나라 안면도 기후변화 감시소에서 관측된 CO_2 농도는 2023년 12월에 427.6ppm(종합기후변화감시정보, www.climate.go.kr)으로서 지구평균보다도 높다. CO_2 체류 수명은 200년에서 1,000년까지 가기 때문에 배출된 CO_2는 그대로 누적된다(그림4.16).

2) 메탄(CH_4)

메탄은 이산화탄소 다음으로 중요한 온실가스로서 ppb 단위로 대기 중에 존재한다. 주로 습지와 바다, 대지, 쌀농사, 발효, 화석연료 사용 등 다양한 인위적, 자연적 요인으로 발생하며, 대기 중의 수산화(OH) 라디칼에 의해서 소멸한다. 체류 수명은 12년으로 다른 온실가스에 비해 짧아서 배출량을 줄이면 빠른 효과를 볼 수 있다. 1750년 이전의 대기 중의 농도는 700ppb였으나 2021년에 1,908ppb를 기록하면서 메탄의 증가 속도가 빨라지고 있어서 메탄 저감 대책도 중요하다.

3) 아산화질소(N_2O)

발생원은 해양과 토양 등이며, 석탄을 캐거나 질소비료 산업공정을 통해서 발생한다. 연료의 고온 연소시에도 발생하며 특히 디젤엔진에서 0.1g/km 수준으로 배출된다. N_2O는 성층권으로 올라가서 광분해되어 성층권 오존을 파괴하면서 소멸한다. 대기 중의 농도는 산업혁명 이전에 270ppb에서 2021년에 334.5ppb를 기록했다.

4) 육불화황(SF_6)

전기를 통하지 않는 특성이 있어서 전기제품이나 변압기 등의 절연가스로 사용되며, 반도체 생산공정에서도 다량 사용된다. 온난화지수가 23,900으로 가장 높으며, 3,200년 동안 소멸되지 않고 온난화에 영향을 미친다. 대부분은 성층권이나 그 상층에서 짧은 파장의 자외선에 의해 파괴된다.

5) 불화탄소 계열(HFCs, PFCs)

HFCs는 냉장고나 에어컨의 냉매로 사용되는 기체로 불연성, 무독성이며 오존층을 파괴하는 가스이다. PFCs는 전자제품이나 도금산업, 반도체 제조 시의 세척용, 소화기 등에 사용된다.

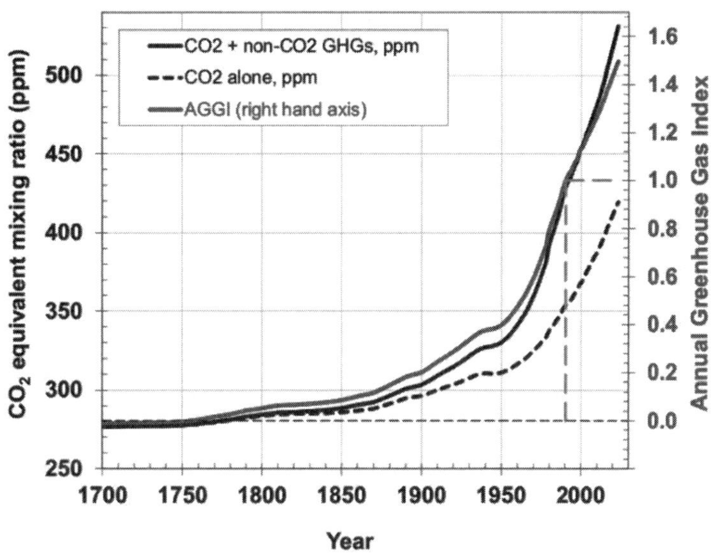

그림 4.16 온실가스 농도추이

출처: Annual Greenhouse Gas Index(AGGI), NOAA Global Monitoring Laboratory, 2022. Spring.

6) 수증기(Water Vapor)

수증기는 맑은 하늘에서는 36~66%, 구름을 포함하면 66~85%로 이산화탄소에 비해 2~3배가 높으면서 가장 큰 온실효과를 가지고 있다. 수증기 농도는 지역적으로는 차이가 있으며, 관개장(irrigated fields) 근처나 발전소 냉각 등을 통해 인위적으로 배출되는 수증기는 전 지구 기후변화에 끼치는 영향은 무시할 만한 수준이다.

공기 중의 수증기 농도는 매우 다양하며 온도에 따라 크게 달라지는데, 극저온 지역에서는 0.01% 미만에서 약 32℃의 포화 공기에서는 3질량% 까지 차이가 난다.

수증기량은 배출량이 아니라 기온에 의해 조절되며, 따라서 다른 온실가스의 영향에 반응한다. 기온이 상승하면 수증기량이 증가하고 늘어난 수증기는 온실가스로 작용하여 기온상승을 증폭시키는 포지티브 피드백(positive feedback) 작용을 한다. 그러나 공기 중에 수증기량이 어느 수준으로 증가하면 응결되어서 비로 내리게 되어 일정 수준의 농도로 자동 조정되는 강우 시스템에 의하여 지구의 온도를 새로운 평형으로 안정화한다고 분석하고 있다.

즉, 수증기는 근본적으로 이산화탄소와 달리 대기 잔류시간은 10일이고, 습도가 높은 공기는 수증기 일부가 물방울이나 얼음 입자로 응축해 강수가 되며, 인위적 배출원에 의해 대기로 유입되는 수증기 플럭스도 자연적 증발로 인한 것보다 상당히 적어서 장기적 온실가스 효과에 크게 기여하지 않는다고 보며, 고도 10km 이하의 대류권 수증기는 복사강제력에 기여하는 인위적 가스로 간주하지 않는다. 그러나 수증기는 이산화탄소보다 몇 배 강력한 온실가스이기 때문에 지구온난화 작용을 주도한다는 주장도 있다.

(그림4.17)은 공기(수증기를 제외한 건조공기)를 구성하는 가스들의 분자 개수(molecular count)를 나타낸 것으로써 미량의 온실가스들이 지구 온도상승을 주도하고 있다는 것을 알 수 있다.

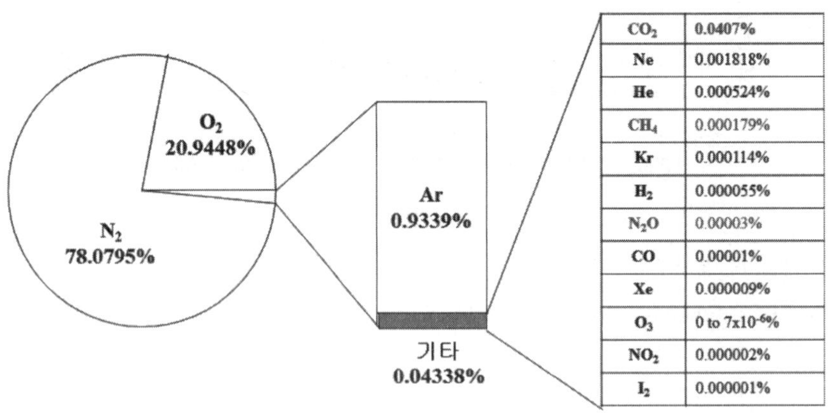

그림 4.17 건조공기를 구성하는 가스 조성(분자 개수)

출처: 기상청

(3) 단수명 기후오염물질(SLCP; Short-Lived Climate Pollutants)

6종의 규제 온실가스 이외에도 온난화에 영향을 미치는 물질들이 많으며, 이들 중에서도 수명이 짧은 물질을 단수명 기후오염물질(SLCP)로 부른다. 온난화에 영향이 큰 SLCP로는 규제 온난화가스인 메탄과 HFCs을 포함하여, 매연, 검댕(BC; Black Carbon), 유기카본(OC; Organic Carbon), $PM_{2.5}$, 대류권 오존, SO_2, NOx, NMVOC(including BVOC), CO, NH_3 등이 있다.

이들은 대부분 화석연료 생산과 연소, 자동차에서 발생하며, 온실효과뿐만 아니라 인체 위해성도 높고, 생태계, 농업 생산성에 해로운 영향을 미치는 위험한 대기오염물질이기도 하다. SLCP는 CO_2보다 훨씬 짧은 시간 동안 대기 중에서 머물지만, 기후온난화의 잠재력은 몇 배 더 클 수 있다. SLCP는 지구온난화의 45%까지 차지하고 있으며, 저감 조치를 취하지 않으면 인간 활동으로 인한 온난화의 절반 이상을 차지할 것으로 예상한다.

CO_2나 N_2O와 같이 소멸 기간(수명)이 긴 온실가스는 이미 배출된 가스를 단기간에 줄일 수가 없으며, 추가적인 배출량을 줄이는 대책에 집중할 수밖에 없으므로 감소 효과가 느리고 장기적으로 접근하게 된다. 반면에 수명이 짧은 SLCP은 이미 배출된 가스와 함께 추가적인 배출저감 대책을 동시에 수립함으로써 단기간에 온실가스를 줄이는 효과를 가져올 수 있다. CO_2를 저감하여 2050년 2°C 이하로 달성하는 목표에서 SLCP를 함께 줄이면 0.6°C만큼 더 줄일 수 있는 잠재력을 가지고 있다.

미국 CARB에서는 2016년에 SLCP 중에서 수송에서 배출되는 매연과 검댕, 오일과 가스장치와 매립지에서 배출되는 메탄, 냉장고나 발포 단열재, 분무제(aerosol propellants) 등에서 발생하는 HFC를 대상으로 별도의 특별 저감 정책을 수립하고 있다.

1) 블랙카본

블랙카본은 바이오매스와 화석연료의 불완전 연소에 기인하며, 주거지와 상업적 연소, 수송분야에서 80% 이상이 배출되며, 자동차 엔진과 요리, 농업용 노천 연소, 산불 등에서 발생한다. 블랙카본의 수명은 며칠에서 몇 주 정도로 짧으면서 지역적이다.

블랙카본 입자가 눈이나 얼음 위에 쌓이면 햇빛 흡수를 증가시켜서 더 빨리 녹게 하므로 해빙(sea ice)과 빙하(glaciers)를 녹게 하는 데에 기여할 수 있다. 또한 블랙카본 중의 미세먼지($PM_{2.5}$)는 호흡기 질환과 심혈관 질환의 원인이 된다.

블랙카본을 줄이기 위해서는 나무나 바이오매스 대신 더 깨끗한 연료로 전환하고, 석탄발전을 재생에너지나 가스와 같은 청정에너지원으로 전환하는 것이 중요한 대책이다. 자동차도 청정연료 사용과 매연여과장치 적용 등의 대책이 중요하다.

2) 메탄

메탄은 인간 활동 때문에 60% 이상이 배출된다. 쌀 생산과 가축사육(반추동물의 위 속의 박테리아에 의한 메탄 생성) 등의 농업과 천연가스와 석유의 생산과 유통, 도시 매립지의 폐기물 및 폐수 관리가 전 세계 메탄 배출의 93%를 차지한다. 추가적인 저감 대책이 없으며, 2030년에 25%가 증가할 것으로 예상한다.(UNEP & WMO 2011)

메탄은 대기 수명이 약 12년이고 지구온난화지수는 CO_2의 21배로서 미국에서는 온실가스 배출량의 약 10%를 차지하고 전 세계적으로는 약 16%를 차지한다.

유정과 가스정에서 메탄을 태워서 이산화탄소로 전환하고, 식단 연구를 통하여 가축 개체수를 감소할 수 있으면 가축 사육으로부터 메탄 배출량을 줄일 수 있다. 메탄 저감은 대류권 오존(tropospheric ozone) 발생을 감소시켜서 대기질을 향상한다.

3) 대류권 오존

오존은 대류권과 성층권(stratosphere) 모두에서 발생한다. 대류권 오존은 방출되는 오염물질이 아니라 메탄, 일산화탄소, 질소산화물, 휘발성 유기화합물 등의 화학 반응으로 생성된다. 대기 중에서의 수명은 몇 시간에서 몇 주까지 다양하며, 대류권 오존의 온난화 효과를 줄이기 위해서는 전구체 배출량을 줄여야 한다. 특히 메탄은 대류권 오존 발생의 약 절반을 차지하기 때문에 메탄 배출저감이 가장 중요하다.

지표면 오존과 일산화탄소, 이산화질소는 모두 건강에 유해하므로 EPA에서 대기 오염물질로 규제하고 있다. 이들은 대부분 화석연료 연소에서 발생하며, 따라서 발전소나 산업시설, 자동차에서 화석연료 사용을 줄이면 대류권 오존을 감소시킬 수 있다.

4) HFCs

HFCs은 몬트리올 의정서에 따라 단계적으로 폐지된 오존층 파괴 물질인 CFCs (Chlorofluorocarbons)와 HCFCs(Hydrochlorofluorocarbons)의 좋은 대체물이다.

불소화가스(F-gas)는 4가지 종류가 있는데, 대부분이 사람이 만든 것으로 HFCs (Hydrofluorocarbons), PFCs(Perfluorocarbons), SF_6(Sulfur Hexafluoride, 육불화황), NF_3(Nitrogen Trifluoride, 삼불화질소)이 있으며 이들의 사용은 계속 증가할 것으로 예상된다.

F-기체는 모두 기후변화에 영향을 미치지만, HFC는 유일하게 수명이 짧다. HFC는 에어컨, 냉장, 발포제(foam blowing), 에어로졸 추진제, 용제(solvent)로 사용되며, 결함이 있는 장비나 정비 불량, 부적절한 폐기로 인한 누출 등에서 발생한다.

HFC의 온난화지수는 이산화탄소보다 훨씬 더 커서 온난화 영향이 상당히 크며 전 세계의 생산에 대한 통제가 없는 상황에서 계속 증가할 것으로 예상되기 때문에 저감 대책이 중요하다.

(4) 지구온난화지수(GWP)와 온실효과

GWP는 이산화탄소(CO_2) 1kg이 지구온난화에 미치는 영향을 기준으로 다른 온실가스 1kg이 지구온난화에 기여하는 정도를 나타낸 지숫값이다. 일정 기간(20년 또는 100년) 동안 1kg의 이산화탄소가 기후 시스템에 가두어둔 에너지의 총량을 1로 정하고 다른 온실가스가 가두어 둘 수 있는 에너지양을 상대적으로 표현한다.

GWP는 온실가스의 복사강제력과 대기 중에 머무는 시간과 관련이 된다. 대기 중에서 쉽게 사라지는 물질은 초기에는 기후변화에 끼치는 영향이 크지만, 시간이 흐를수록 작아진다. 반면에 대기 중에 오래 머무는 물질은 계속해서 관찰하여야 한다. 메탄의 경우 20년 동안에는 그 지수가 84 정도인데 100년 동안에는 28이다. 반면에 대기 중 수명이 긴 육불화황의 경우 20년 동안의 GWP는 16,300이고 100년 동안이면 22,800이다. 따라서 GWP를 확인할 때는 시간 단위를 함께 고려하여야 한다(표4.3).

다른 온실가스 배출량은 지구온난화지수를 곱하여 CO_2 상당(equivalent)인 CO_2eq. 로 나타낸다. 즉, GWP가 25인 메탄 1kg은 25kgCO_2eq.로 환산된다.

연도에 따라서 복사강제력이 변하기 때문에 GWP도 평가 연도에 따라서 차이가 있다. (표4.4)에서 보듯이 IPCC 평가보고서(AR)별로 GWP 값의 차이가 있으며, 가장 최근의 값을 사용하는 것이 합리적이다.

2018년 폴란드 카토비체에서 개최된 COP24에서 채택된 파리협정 이행규칙(Paris Rulebook)에서는 "각 당사자는 IPCC 5차 평가보고서(AR5)의 100년 시간-수평(time-horizon) GWP 값이나, 파리당사자회의(CMA)에서 합의한 후속 IPCC 보고서의 100년 시간-수평 GWP 값을 사용하여 CO_2eq.로 표시된 온실가스 총량 및 저감 보고서를 작성하여야 한다."라고 정리하고 있다.

(표4.3) 기간에 따른 지구온난화지수 차이

온실가스	GWP100				GWP20			
	AR4	AR5		AR6	AR4	AR5		AR6
CO_2	1	1		1	1	1		1
CH_4 fossil	25	28	34	29.8	72	84	86	82.5
CH_4 non-fossil	25	28	34	27.2	72	84	86	80.8
N_2O	298	265	298	273	289	264	268	273

출처: IPCC 6차 평가보고서(AR6), 2021.

(표4.4) 지구온난화지수(GWP)와 수명

온실가스	지구온난화지수(100년)						수명
	AR1 (1990)	AR2 (1995)	AR3 (2001)	AR4 (2007)	AR5 (2013)	AR6 (2021)	
CO_2	1	1	1	1	1	1	200~1000년
CH_4 fossil	21	21	23	25	28	29.8	12년
CH_4 biogenic	18.25	18.25	20.25	22.25	25.25	27.0	
N_2O	290	310	296	298	265	273	114년
HFC-134a	1200	1300	1300	1430	1300	1526	14년
PFCs	6,500~ 9,200					7380	>10,000
SF_6		23900	22200	22800	23500		3,200

출처: IPCC 평가보고서(Assessment Report)들

2.2. 온실가스 배출현황

(1) 이산화탄소(CO_2) 배출현황

1) 중국이 최대 년간(Annual) 배출국

전 세계 CO_2 배출량은 서서히 증가하다가 1950년대에 50억톤에서부터 증가 속도가 빨라졌으며, 2020년의 COVID-19의 여파로 352.6억톤으로 잠시 떨어졌다가 2021년부터 다시 상승하여 2023년에 377.9억톤으로 올라갔다.

2023년의 CO_2 배출현황을 살펴보면, 중국이 119.0억톤 배출로 전체의 31.5%를 차지하면서 최대로 배출하고 있다. 이어서 미국 49.1억톤으로 13.0%, 인도 30.6억톤(8.1%), 러시아 18.2억톤 순이다. EU 27개국의 배출은 25.1억톤으로 6.64%를 차지하며, 우리나라는 5.77억톤으로 1.53%를 차지한다.

중국, 미국, 인도의 상위 3개국이 전체 배출의 52.6%를 차지(그림4.18)하고 있다. 미국과 EU 등의 배출량은 서서히 감소하고 있지만, 중국과 인도의 증가 폭이 줄어들지 않아서 전 세계 배출량은 계속 증가하고 있다.

2006년을 기점으로 중국이 미국을 넘어서서 CO_2 최대 배출국이 되었으며, 미국은 이때를 기점으로 배출량은 감소하고 있다. 2019년부터는 중국이 미국의 2배를 넘어서고 있다.

CO_2 배출을 주도하고 있는 중국과 인도의 에너지 사용 현황과 전망을 보면 상당기간은 석탄과 화석연료 사용이 줄어들기 어려워서 온실가스가 단시간에 줄어들기는 쉽지 않을 것이다. 2023년 현재 중국은 에너지 사용량에서 석탄 53.85%, 석유 19.17%를 차지하며, 인도는 석탄 56.34%, 석유 27.10%를 차지한다.

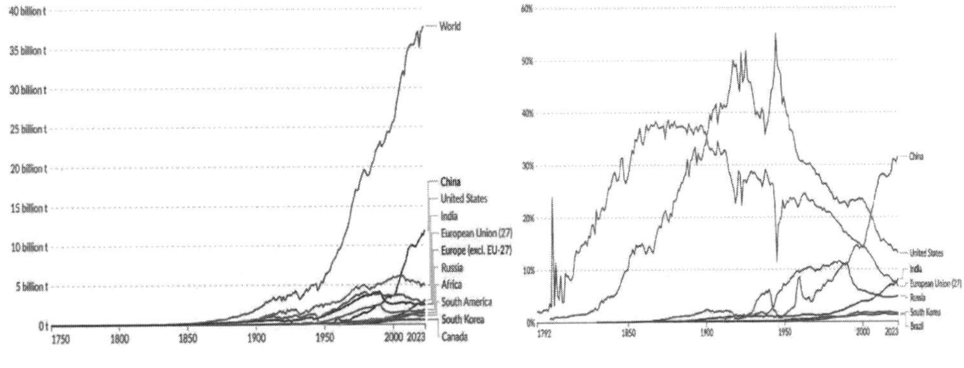

그림 4.18 2022년 주요국 CO_2 배출현황(좌)과 국가별 배출 비율(우)

출처: "CO_2 emissions", Hannah Ritchie, Max Roser, Our World in Data 2025.5.

2) 미국이 최대 누적(Cumulative) 배출국

1751년부터 2023년까지 누적된 CO_2 배출량은 1.81조톤이며, 2023년 현재 미국이 4,318.5억톤으로 전체의 23.83%를 차지하여 1위이며, 이어서 유럽 27개국이 2,984.5억톤으로 16.47%, 중국 2,725.3억톤(15.04%), 러시아 1,212.7억톤, 영국 797.8억톤, 일본 687.6억톤, 인도 628.7억톤 순이다(그림4.19).

우리나라의 누적 CO_2는 201.1억톤으로 전체의 1.1%를 차지한다.

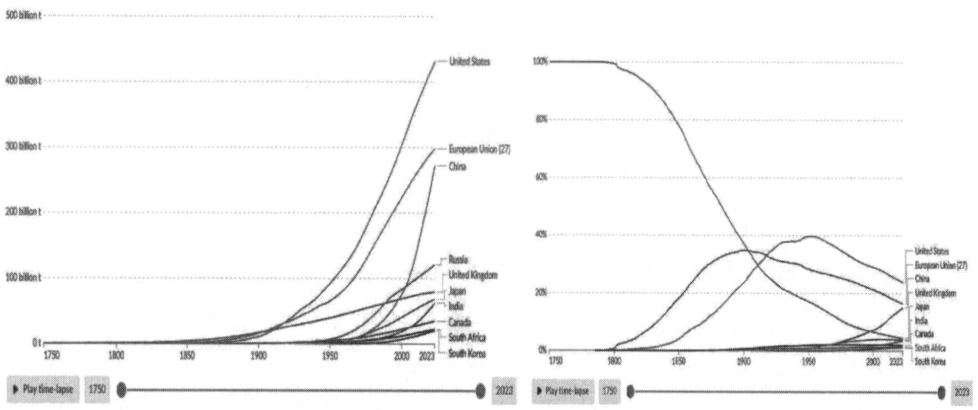

그림 4.19 주요국 CO_2 누적배출현황(좌)과 국가별 누적배출 비율(우)

출처: "CO_2 emissions", Hannah Ritchie, Max Roser, Our World in Data 2025.5.

CO_2 수명이 200년 이상임을 감안하면 지구온난화의 원인은 지금까지 온실가스를 배출한 선진국들의 책임이 훨씬 크며, 경제발전을 도모하고 있는 후진국과 개발도상국에 화석연료 에너지 사용 중단을 요구하기가 어려운 상황이라서, 온실가스 저감이 쉽지 않음을 알 수 있다.

"기후변화는 이미 불공정한 세상에 불평등을 더하고 있다"라는 마크롱 프랑스 대통령의 연설(COP23)이 의미하는 바가 크다.

3) 온실가스 대부분이 화석연료에서 발생

온실가스 배출량의 대부분은 화석연료 에너지 사용에서 배출(2016년 73.2%)되며, 에너지분야에서는 수송(16.2%), 건물(17.5%), 산업(24.2%)에서 배출된다.

수송분야에서는 도로 11.9%, 항공 1.9%, 선박 1.7%, 철도 0.4%가 배출된다(그림 4.20좌).

2018년의 에너지 관련 CO_2 배출을 섹터별로 보면, 수송 23%, 산업 23%, 건물 10%, 발전40%(석탄발전 29%, 가스발전 9%, 석유발전 2%)이다(그림4.20우).

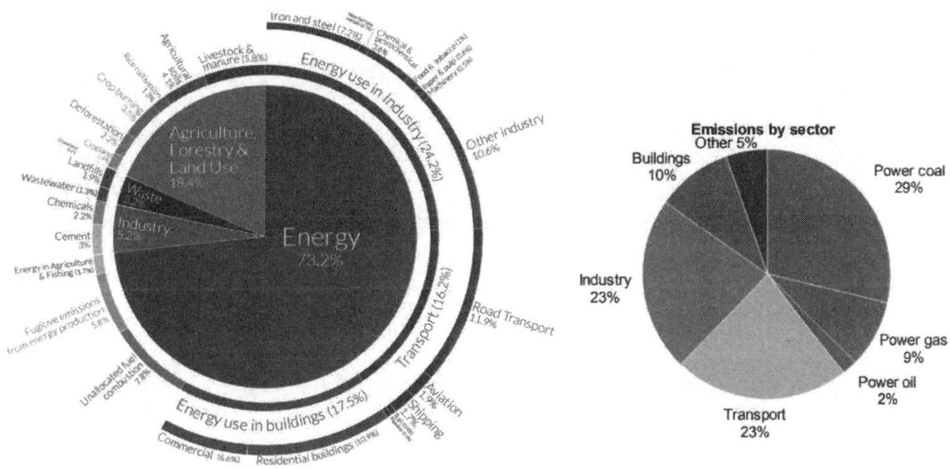

그림 4.20 섹터별 2016년 GHG 배출 비율(좌)과 2018년 에너지 관련 CO_2 배출 비율(우)

출처: Our World in Data,
The role of CCUS in low-carbon power systems, IEA, 2020.6.

4) CO_2는 전체 온실가스의 71.6% 비중

2023년 온실가스 총배출량은 571억톤CO_2eq.(LULUCF 제외)로 CO_2 배출량은 390톤으로 전체의 68%를 차지하고, 타 온실가스(CH_4, N_2O, F-gases)는 181억톤CO_2eq.이다.

2023년 인벤토리 LULUCF를 포함하는 571억톤 GHG에서 CH_4와 N_2O는 각각 17.2%와 4.6%를 차지하며 대부분 농업, 폐기물처리, 가스분출(gas flaring)에서 발생한다. 불화계가스(HFCs, PFCs, SF_6 and NF_3)는 산업공정에서 발생하며 3%를 차지한다.

부기(Bookkeeping) LULUCF를 포함한 611억톤 GHG에서는 CO_2 63.8%, CH_4 16.0%, N_2O 4.3%, F-gases 2.8%, LULUCF CO_2 6.5%를 차지한다(그림4.21).

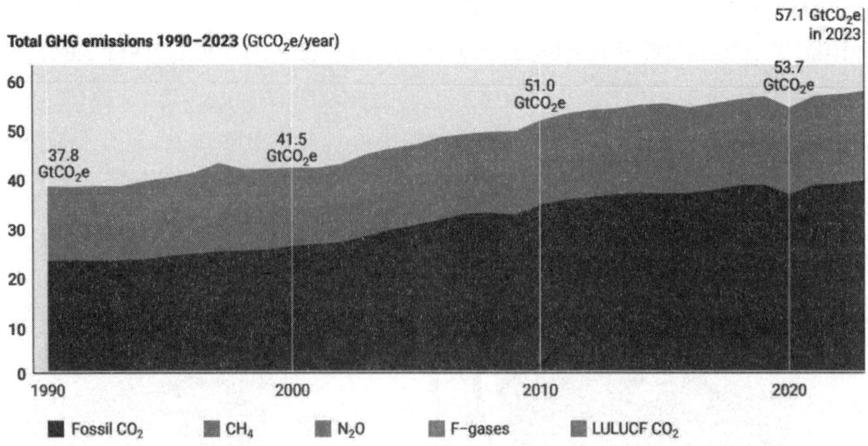

$GtCO_2e$	2023	2022	2021	2010-2019 (average)
GHG	57.1±5.4	56.3±5.4	55.9±5.4	53.8±5.5
Fossil CO_2	39±3.1	38.2±3.1	38.1±3	36.3±2.9
LULUCF CO_2 (global bookkeeping)	4±2.8	4.3±3	4.3±3	5±3.5
LULUCF CO_2 (national inventory*)	-	-	-2.8±-2	-2.9±-2
CH_4	9.8±2.9	9.6±2.9	9.4±2.8	9±2.7
N_2O	2.6±1.5	2.5±1.5	2.5±1.5	2.4±1.4
F-gases	1.7±0.5	1.6±0.48	1.5±0.46	1.2±0.35

그림 4.21 LULUCF를 고려한 온실가스 경과(상)와 모델에 따른 배출량 차이

출처: Emission Gap Report 2024 - No more hot air ... please!, UNEP.

(2) 메탄(CH_4) 배출현황

메탄의 수명은 12년으로 짧지만, 20년의 지구온난화지수는 이산화탄소의 80배, 100년은 25배로 높다. 특히 최근에 메탄 농도 증가가 커지면서 메탄의 온실가스 영향에 대한 우려가 증폭되고 있다. 현재 메탄 배출량은 총 4억톤 규모이며, 온실가스로 환산하면 100억톤CO_2eq. 수준으로 전체 온실가스의 20%를 차지한다.

미국 국립해양대기청(NOAA)에서 밝힌 2021년의 대기 메탄 농도의 증가량은 18ppb로 1983년부터 측정이 시작된 이래로 가장 큰 폭으로 증가했고 2023년에는 11ppb가 증가했다. 또한 메탄 농도는 1,922ppb로 산업화 이전보다 2.6배가 높아졌으며, 온난화에 23%를 기여하고 있다(그림4.22).

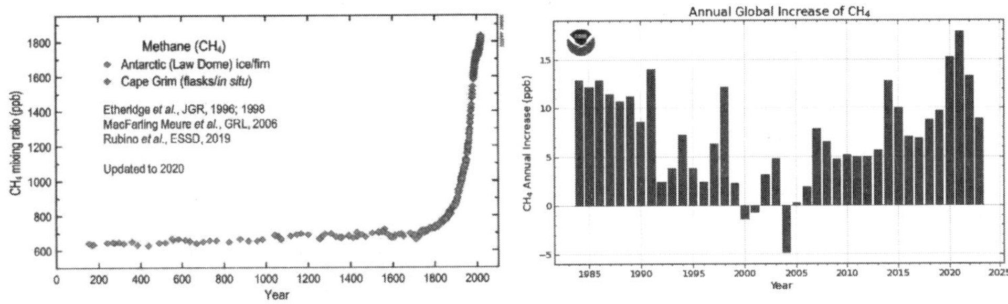

그림 4.22 공기 중의 메탄 농도(좌)와 연간 농도 증가(우) 추이

출처: "Global methane emissions have risen nearly 10 percent over last 20 years", Future Earth Staff Member, Future Earth, 2020.7.15.
"Global CH_4 monthly means", Global Monitoring Laboratory, 2024.

빨라지는 메탄 증가에 대한 대책으로, 2030년까지 전 세계 메탄 배출량을 2020년 대비 30% 감축하자는 글로벌 메탄서약(Global Methane Pledge)을 미국과 EU 주도로 추진하였으며, 우리나라도 2021년의 COP26에서 가입하였다.

메탄은 인간 활동에 의한 인위적인 배출과 자연적인 배출로 나누어진다. 인류가 배출하는 메탄은 크게 농업분야와 화석연료 생산분야로 나누어지며 전체의 77%를 차지한다.

농업분야에서 40% 정도 배출되며, 가축사육 31%(주로 소나 양의 되새김 트림과 방귀), 벼농사 8%, 기타 1%이다. 화석연료 생산에서는 원유와 천연가스에서 26%, 석탄 채굴 11%로 37%가 배출된다.

지금처럼 지구 온도가 빠르게 올라가면 북반구 고위도 지역의 영구동토층이 녹으면서 여기에 묻혀 있던 메탄이 빠져나오면서 메탄 발생이 크게 늘 수 있어서 땅속 메탄은 지구의 시한폭탄이다. 온실가스 감축을 서둘러서 지구 온도상승을 막아야 땅속 메탄 배출을 막을 수 있다.

(3) 우리나라 온실가스 배출현황과 저감 대책

1) 2022년 온실가스 배출현황

IPCC 96 지침에 의한 우리나라의 2022년 온실가스 총배출량(LULUCF 제외 시)은 671.2백만톤CO_2eq.이며, 1990년도 총배출량 292.1백만톤에 비해 2.3배로 증가했다. COVID-19로 인하여 2019년과 2020년에 감소하다가, 2021년에는 다시 증가한 후 2022년부터 감소를 보이고 있으며, 2023년은 잠정 624.2백만톤CO_2eq.이다. LULUCF 흡수량이 38.5백만톤CO_2eq.로서 순배출량은 632.7백만톤이다.

IPCC 06 개정지침에 의한 2022년 총배출량은 724.3백만톤CO_2eq.이며, 순배출량은 686.5CO_2eq.이다.

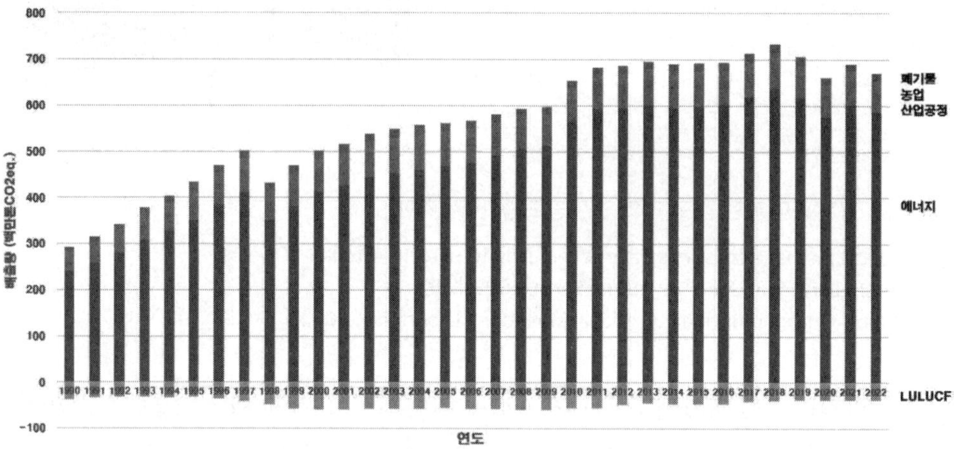

그림 4.23 2022년까지 국내 온실가스 분야별 배출량

출처: 2024년 국가 온실가스 인벤토리 보고서, 환경부 온실가스종합정보센터, 2024.7.

분야별로는 에너지분야에서 585.98백만톤CO_2eq.(비중 87.3%)를 배출하였으며, 에너지분야 중 연료 연소 부문에서 99.2%인 581.4백만톤의 온실가스가 발생하였다(그림4.23).

연료 연소에서는 에너지산업 (43.4%), 제조업·건설업(30.8%), 수송(95.8백만톤으로 연료 연소의 16.4%, 전체 온실가스의 14.3%) 순으로 나타난다.

온실가스 종류별 비중은 CO_2 614.8만톤 배출로 91.6%를 차지하고, 이어서 CH_4 27.1백만톤CO_2eq.로 4.0%, N_2O 2.2%, HFCs 1.1%, SF_6 0.6%, PFCs 0.5% 순이다.

2) 2030 NDC 대책

기후변화대응 기본계획은 저탄소녹색성장기본법에 따라 20년 계획기간으로 5년마다 수립하도록 하고 있으며, 2016년 12월에 1차 기본계획을 수립하였으며, 2차 기본계획은 2019.10월에 수립하였다.

파리협정에서 자발적 감축목표(INDC) 제출 시 선진국에는 기준 연도에 대비해서 감축목표를 설정하는 절대량 방식을 요구하고 있는 점을 고려해, 2021년 12월에 유엔에 제출한 2030 NDC에서는 2018년 배출량의 40% 감축하여 2030년에 436.6백만톤 배출을 목표하고 있다. 2030년의 수송분야 배출 목표는, 2018년에 배출되는 98.1백만톤의 37.8%(37.1백만톤)를 줄인 61.0백만톤이다.

온실가스 감축을 위한 수송부문의 대책은 다음과 같다.

- 2030년까지 전기차 362만대, 수소차 88만대, 하이브리드차 400만대 보급 등으로 친환경차 보급을 확대하고 친환경차 전환 제도개선과 전기 및 수소충전소 인프라를 확대한다.
- 대중교통 이용을 확대하고 연계 교통과 철도 중심 교통체계를 강화하고, 운행 제한 제도를 확대하는 등의 수요관리를 통하여 자동차 주행거리를 4.5%(2018년 대비) 감축한다. 자동차 탄소포인트제도와 친환경운전 활성화, 연비기준 강화를 통하여 에너지 절감을 추진한다.
- 경유차가 사용하는 바이오디젤 혼합률을 3%에서 8%로 상향하고, 액화천연가스(LNG)를 연료로 하는 친환경선박 보급을 확대하고, 운항 최적화 등 해운 에너지효율을 개선하고, 항공기 운영 효율도 개선한다(표4.5).

(표4.5) 2030 NDC(2021.12) 감축목표와 수단

(단위: 백만톤CO_2eq.)

구분	부문	기준 연도 (2018)	NDC ('18년대비 감축률)	주요 수단
배출량*		727.6	436.6 (△291.0, 40.0%)	
배출	전환	269.6	149.9 (△44.4%)	• 유류, 석탄발전 축소, 신재생에너지 발전 확대 • 암모니아 등 무탄소연료 혼소도입으로 전원 믹스 구성
	산업	260.5	222.6 (△14.5%)	• 철강: 전기 고로대체, 미래기술 조기 상용화 • 석유화학: 친환경원료로 전환, 자원순환을 통한 폐플라스틱 원료 확대 • 시멘트: 에너지효율 개선, 친환경연료(폐플라스틱,전기) 전환 • 기타: FEMS 도입확대, 석유석탄발전 설비를 LNG와 바이오매스 발전으로 전환
	건물	52.1	35.0 (△32.8%)	• 제로에너지 건축, 그린모델링으로 단열과 에너지소비 최소화 • 고효율 기기 보급 및 에너지효율 기준 강화 • 스마트에너지 관리로 실시간 에너지 자동제어 • 태양광·지열·수열 등 신재생에너지 보급확대, 지역난방 열공급효율 확대

배출	수송	98.1	61.0 (△37.8%)	• 수요관리: 대중교통, 연계교통, 철도중심, 운행제한제도 확대 등으로 자동차 주행거리 감축 • 친환경차 보급: 노후차교체, 전기차·수소차 450만대 보급, 제도개선 및 인프라확대 • 자동차 포인트제, 친환경운전 활성화, 온실가스 및 연비기준 강화 • 경유차의 바이오디젤 혼합율 상향(8%) • 친환경선박 보급, 운항 최적화, 해운 에너지효율 개선, 항공기 운영효율화
	농축수산	24.7	18.0 (△27.1%)	• 저탄소 농업: 논물관리방식 개선, 질소질 비료사용 축소 • 가축관리: 가축분뇨 에너지화, 저탄소·저단백사료 보급, 축산생산성 향성, 식생활 전환으로 축산 온실가스 배출저감 • 고효율 설비보급: 농기계연료 저탄소연료전환, 노후어선 엔진 교체
	폐기물	17.1	9.1 (△46.8%)	• 폐기물 감량 및 재활용 • 바이오플라스틱 확대(15~20%) • 바이오가스, 메탄가스 회수 및 활용확대
	수소	-	7.6	• 천연가스 활용으로 수소 추출 • 수전해 수소기술 개발과 상용화, 부생·해외수입 수소 공급확대
	기타	5.6	3.9	• LED 조명, 재생에너지 확대
흡수 및 제거	흡수원	-41.3	-26.7	• 산림,임업: 산림경영의 지속 가능성 증진, 숲가꾸기, 목재활용, 도시숲 확대 • 해양 등 기타: 연안 및 내륙습지 신규조성, 바다숲 조성, 하천 수변구역 및 댐 홍수터 활용
	CCUS	-	-10.3	• 대용량 저장소 확보, 해외 폐가스전과 폐유전 확보 • CCU 상용화 R&D, 다양한 제도적 지원과 민간 확산
	국외 감축	-	-33.5	• 국제 논의와 해외 감축사업 진행, 양자 및 다자협력 활성화, 국제탄소시장 활용 극대화

출처: 2030 국가온실가스 감축목표(NDC) 상향안, 관계부처 합동, 2012.10.18.

3절 | 자동차 온실가스 배출현황과 저감방안

자동차 온실가스 저감 대책으로는, 화석연료 대신 온실가스 배출이 없는 연료와 자동차를 보급하고, 자동차의 에너지 사용량을 줄이는 것이다.

온실가스 배출이 없는 전기와 수소를 사용하는 전기차와 수소연료전지차와 같은 친환경차를 내연기관자동차와 대체하고, 이퓨얼이나 바이오연료 등 탄소중립 연료(CO_2 Recycle Fuel)를 내연기관자동차에 사용하는 대책이 가장 효과적이다.

과도기적인 대책으로 온실가스 배출이 적은 경유자동차나 하이브리드자동차 보급도 추진되었지만, 미세먼지의 주범인 경유 자동차는 기피의 대상이 되었으며, 내연기관을 사용하는 하이브리드자동차도 보급 대상에서 제외하자는 주장이 제기되고 있다.

생산할 때 온실가스가 배출되지 않는 무탄소전기와 그린수소 사용은 당연하며, 이퓨얼과 바이오연료도 충분한 공급량이 필수적이며, 이들 연료의 가격 경제성 확보도 중요하다.

화석연료뿐만 아니라 전기나 수소연료를 사용하더라도 에너지 절약은 중요하며, 대중교통 확대와 자동차 수요관리, 운전경로 및 운전 최적화, 경제 운전 등으로 자동차 운행대수와 운행거리를 줄여서 에너지 사용량을 줄여야 한다.

친환경자동차와 연료가 기존의 내연기관자동차와 화석연료에 비해 가격이 저렴하고 성능이 우수하면 시장경제에 맡겨도 쉽게 보급되겠지만, 현실은 그렇지가 못하다.

자동차 온실가스 및 연비기준과 전기자동차의 전비기준을 단계적으로 강화하는 강력한 정책도구를 사용하고, 친환경자동차와 연료에 보조금을 지원하면서 내연기관자동차에서 전기와 수소연료전지자동차로 전환을 유도하고 있다.

3.1. 전 세계 자동차 온실가스 배출현황과 전망

1) 수송분야 온실가스 배출현황

2015년 12월에 개최된 파리협정(Paris Agreement)에서 신기후체제와 함께 "화석연료 사용 종식"을 선언한 이후로 화석연료를 사용하는 내연기관자동차 사용을 중단하겠다는 국가들이 유럽을 중심으로 속출하였으며, 자동차 회사들도 내연기관 개발 중단을 선언하였다.

수송분야의 온실가스(GHG) 발생은 2016년 기준으로 77.0억톤으로 전 세계 온실가스 발생량 475.3억톤의 16.2%를 차지하며, 수송분야에서는 도로가 73.5%, 항공 11.7%, 선박 10.5%, 철도 2.5%를 차지한다.

부문별 CO_2 배출 동향을 (그림4.24)에 나타내고 있으며, 수송부문의 2021년 기준 CO_2 배출현황은 전체 378.6억톤의 20.2%인 76.5억톤이 배출되었으며, 수송분야에서는 도로가 58.6억톤으로 76.6%, 항공 9.3%, 선박 11.1%, 철도 1.2%를 차지한다(그림4.25).

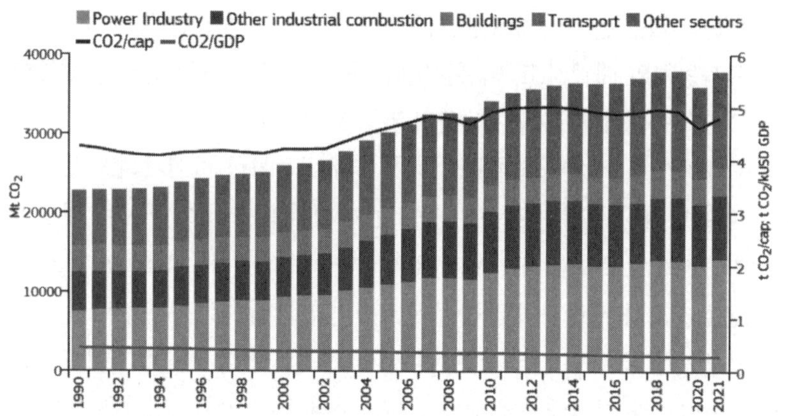

Year	CO_2 emissions Mt CO_2/yr	CO_2 emissions per capita t CO_2/cap/yr	CO_2 emissions per unit of GDP PPP t CO_2/kUSD/yr	Population
2021	37857.576	4.811	0.282	7.869G
2020	35960.674	4.618	0.283	7.787G
2005	30161.575	4.614	0.367	6.537G
1990	22717.732	4.264	0.438	5.328G

그림 4.24 Global fossil CO_2 by sector

출처: CO_2 emissions of all world countries, JRC Science for Policy report, 2022.

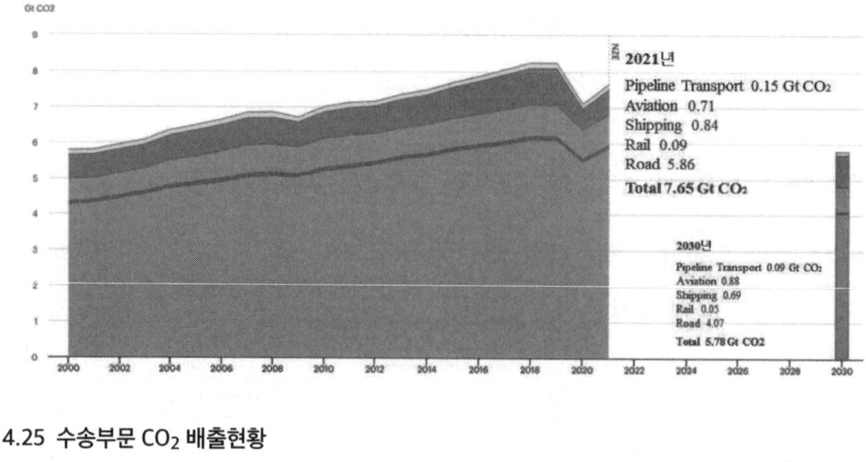

그림 4.25 수송부문 CO_2 배출현황

출처: Transport Analysis sectoral overview, Jacob Teter, IEA, 2022.9.

2) 수송분야 온실가스 저감 시나리오

IEA에서 발표한 최초의 수송부문 온실가스 저감 시나리오인 Blue Map(그림4.26)에서는 2050년에 BAU의 37%(15.9GtCO_2eq.) 삭감을 목표로 정하고, 이를 실현하는 방법으로 2050년에 순수 내연기관 승용차 판매를 19%로 줄이고 하이브리드차와 수소연료전지차를 포함한 전기자동차 판매를 81%로 늘리는 시나리오를 제시하였다.

여기에는 하이브리드자동차와 플러그인하이브리드자동차(PHEV)가 절반가량 포함되어 있어서 2050년에도 내연기관(엔진)은 56%가 탑재되는 것으로 전망하였다.

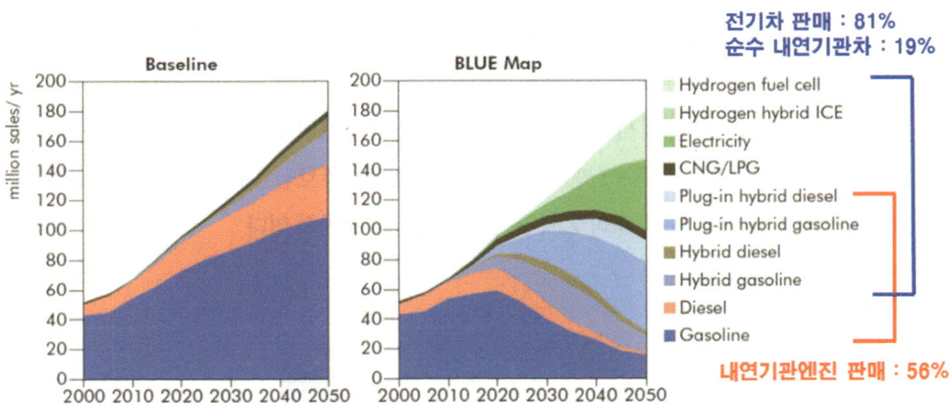

그림 4.26 Blue Map의 승용차 판매 시나리오

출처: Energy Technology Perspectives(ETP) 2010, IEA. 2010.4.

IEA의 ETP 2017 보고서에서 제시한 자동차 온실가스 저감이 계획대로 잘 진행될 경우인 2DS의 2060년 LDV 시장(등록) 전망에서는, 전 세계 LDV 등록 대수 22.1억 대 중에서 연료전지자동차(FCEV)는 2% 수준, 순수전기자동차(BEV)는 5.7억대로 26%, PHEV는 32%, HEV는 17%이고, 내연기관자동차(ICEV)는 23%로 5억대 수준이다.

FCEV와 BEV, PHEV를 합한 미래자동차의 총 대수는 60%에 이르나, PHEV, HEV, ICEV에 사용되는 내연기관은 2060년에도 72%가 사용될 것으로 전망하였다.

이 당시만 해도 하이브리드자동차는 전기차로 가기 위한 과도기 기술로 판단했지만, 최근에는 하이브리드자동차도 내연기관을 사용하기 때문에 조기에 퇴출해야 한다는 주장들이 제기되고 있다.

2020년에 ICCT에서 발표한 2050년까지의 수송분야 전주기 온실가스 저감 시나리오(그림4.27상)에서는 2050년에 아무런 대책이 없는 기본 시나리오(BAU)에서 210

억톤이 배출될 것으로 평가하였다. 자동차회사가 온실가스기준 및 연비기준과 무배출가스(Zero Emission) 자동차 보급 약속을 제대로 지키고, 재생연료 기준도 준수한다고 가정한 야심 찬 실현 가능한 시나리오(Ambitious Yet Feasible Scenario)에서는, 2050년에 40억톤을 배출하여 BAU보다 170억톤을 저감하고, 2020년 배출 120억톤의 2/3인 80억톤을 줄이는 것으로 분석했다.

(그림4.27하)에서는 수송 매체별 CO_2 증가와 저감량을 분석하였다. 내연기관자동차는 매년 2%의 온실가스를 증가하지만, 승용차(LDV) 분야에서는 연비향상(2020~2030년 년 0.5%, 2030~2050년 연 0.25%, 2050년에 2020년 대비 47% 향상)과 전기자동차 보급(2030년 35% 판매, 2050년 총 보급 대수의 66%)으로 2050년에 75억톤을 줄여 수송분야의 44%를 줄인다.

대형차(HDV) 분야에서도 연비향상(2050년에 2020년 대비 41~43% 향상)과 전기자동차 보급(2030년 5~33% 판매, 2050년 트럭 총보급 대수 42%)으로 2050년에 37.5억톤을 줄여 수송분야의 22%를 줄일 것으로 전망하였다.

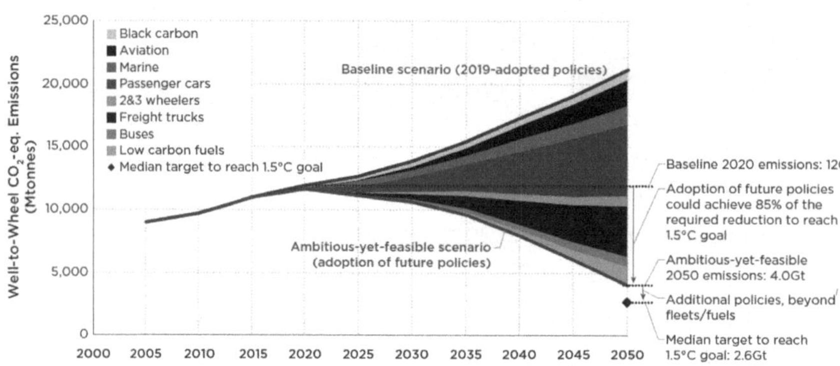

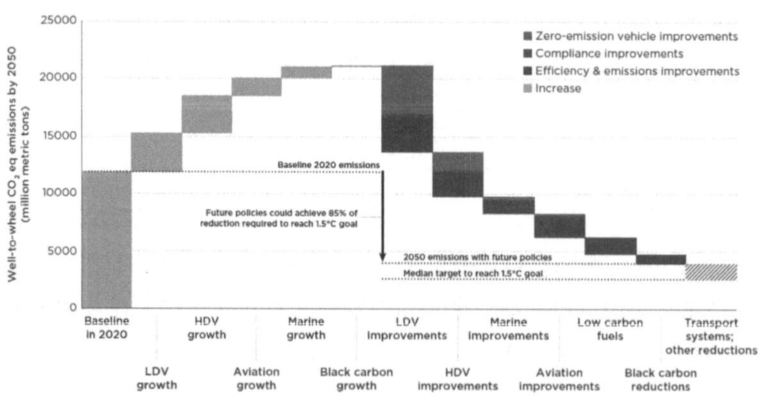

그림 4.27 수송분야의 전주기 CO_2 저감 시나리오(Ambitious Yet Feasible Scenario)(상)와 주요 수송 매체별 저감 분석(하)

출처: Vision 2050, A strategy to decarbonize the global transport sector by mid-century, ICCT, 2020.

3.2. 자동차 온실가스 배출규제 동향

자동차 온실가스 배출기준은 유럽이 주도하고 있으며, 2050년에 10g/km를 목표로 하고 있다. 이 기준을 만족하기 위해서는 전기자동차나 연료전지자동차와 같은 친환경저탄소자동차 보급이 필수적이며, 바이오연료과 이퓨얼(e-fuel), 수소연료를 사용하는 내연기관자동차 운행도 예상된다.

자동차 온실가스 배출기준은 자동차 선진국에서는 대부분 시행되고 있으며, 먼저 승용차에 설정되었고, 대형차도 일본을 필두로 미국, 유럽에서 설정하였으며, 한국과 중국도 시행을 준비하고 있다.

1) EU 자동차 CO_2 기준

자동차 온실가스 규제는 EU가 가장 먼저 추진하였다. 1998년 10월 룩셈부르크에서 개최된 EU 환경이사회에서 2008년까지 신규 자동차의 CO_2 평균배출량을 제한하는 자동차 이산화탄소 배출 제한 협약을 승인함으로써 시작되었다. 한국과 일본은 2009년부터 이 협약 가입에 서명하였고 2004년에 165g/km 중간단계 점검을 받았다.

2012년부터 본격적으로 승용차 온실가스기준이 시작되었으며, 신차의 평균 CO_2 배출을 130g/km로 하고 바이오디젤 등의 대체기술을 추가 적용하여 120g/km를 준수하도록 승용차 온실가스기준을 설정하였으며, 2012년에 65%, 2013년 75%, 2014년 80%, 2015년 100% 기준을 적용하는 페이스인(phase-in) 방식을 도입하였다. 아울러 밴(van)은 2012년에 175g/km, 2015년에 160g/km 기준을 적용하였다.

이후에도 2021년에 승용차의 CO_2 기준을 95g/km로 강화하였고, 2025년에 2021년 기준의 15% 강화(80.8g/km), 2030년까지 55%(42.8g/km), 2035년까지 100% 낮추는 법안을 제정하면서 자동차 CO_2 저감 요구가 매우 거세다.

그러나 자동차 중량이 커지면 이를 고려하여 허용기준을 완화하도록 설계되어 있으며, 우리나라도 유럽 기준체계와 동일한 형식을 사용하고 있다. CO_2만 대상으로 하고 다른 온실가스기준은 설정하고 있지 않으며, CO_2 측정은 NEDC 사이클을 사용하였으며 2021년부터는 WLTP 사이클을 적용하고 있다. CO_2 배출이 50g/km 이하인 차량에 대한 슈퍼크레딧(Super Credit), ZLEV 계수(factor) 적용, E85(에탄올 85%) 연료 사용 등에 대한 인센티브 혜택을 주고 있다.

반면, 기준 초과 시 벌금(penalty)을 부과하고 있으며, 처음 1g/km 초과에 차량당 5유로, 두 번째 g/km 초과 시는 15유로, 세 번째는 25유로, 네 번째는 95유로를 부과하였다. 2019년 이후부터는 초과 g/km당 95유로를 적용하고 있다.

2) 미국 자동차 CO_2 기준

미국은 캘리포니아 주정부(CARB)가 2009년에 323g/mi(201g/km) GHG 기준을 승용차(PC/LDT1)에 처음으로 설정하였으나, CO_2는 대기오염물질로 규정되어 있지 않기 때문에 주정부가 CO_2 규제를 할 권리가 없다는 이유로 자동차회사가 캘리포니아 주정부를 상대로 소송을 제기하는 등 초기에는 논란이 있었다.

미국 정부(EPA)에서도 2012년에 승용차에 263g/mi 온실가스(CO_2eq.)기준을 시행함으로써 자동차 온실가스 규제를 본격적으로 시작하였다. 미국은 자동차 온실가스와 연비기준을 두고 있으며 자동차 제작사는 두 기준을 모두 만족하도록 하고 있다.

자동차 풋 프린트 커브(footprint curve)를 적용하여 자동차가 차지하는 면적이 크면 허용 기준값이 높아지도록 설계되어 있으며, 측정방법은 FTP-75와 HWFET 사이클을 사용하며, 2008년 이후에는 SFTP와 저온시험(-6.7°C cold temperature)이 추가된 EPA5 사이클 시험법이 사용되고 있다.

EPA는 2017년(212g/mi)부터 2025년(143g/mi)까지 온실가스기준을 설정하고 CARB도 이 기준을 적용하였다. 그러나 온실가스 정책에 비판적인 트럼프 정부는 2018년 8월에 SAFE(Safer Affordable Fuel Efficiency) 기준을 제정하여 연비와 온실가스기준을 완화하였다.

다시 바이든 정부로 바꾸면서 2021년 12월에 온실가스와 연비기준을 트럼프 정부 이전 수준으로 개정하였다. 2023년의 승용차 GHG 기준을 166g/mi(103g/km)에서 2026에는 132g/mi(82g/km)로 차례대로 강화하였다. 트럭(light truck)도 2026년에 187g/mi (116g/km), fleet(combined cars & light truck) 값은 161g/mi(100g/km)로 설정하였다.

(그림4.28)에 각국의 승용차와 소형화물차의 온실가스기준을 미국 CAFE 기준으로 환산하여 비교하였다.

2023년 4월에 바이든 정부는 승용차와 소형트럭을 2027년 모델부터 매년 평균 온실가스 배출량을 13%씩 줄여서 2032년에는 2026년에 비해 56%를 줄인 82g/mi의 새로운 온실가스기준을 발표하였다. 배터리도 5년 또는 6만2천마일 주행 동안 80%, 8년/10만마일 동안 70%의 성능을 유지하여야 한다.

이 기준으로 2030년에 전기차 판매 비중이 60%로 높아지며 2032년에는 67%를 차지하게 되어 전기차 전환속도가 한층 더 빠르게 추진되게 된다. 이 규정은 행정부와 자동차 산업계, 환경단체, 소비자 간의 싸움으로 귀결될 것으로 평가한다. 또한 미국의 기후목표를 달성하는 데에 중요한 역할을 하면서도, 중국이 전기차동차 시장을 주도하는 것을 더 이상 방치하지 않겠다는 의도도 크게 작용하고 있다.

대형자동차 온실가스 저감 대책은 일본이 2015년에 트럭 7.09km/L(369.6 CO_2 g/km), 버스 6.30km/L(416.0 CO_2 g/km) 연비기준을 설정함으로써 세계에서 가장 먼저 시작하였다. 이어서 미국이 2017년 EU는 2019년부터 대형차 온실가스(연비)기준을 시행하였다.

우리나라는 2023년에 시행하였으며, EU는 2025년 시행을 목표로 모니터링 작업을 진행하고 있으며, 중국도 대형차 온실가스기준을 준비하고 있다.

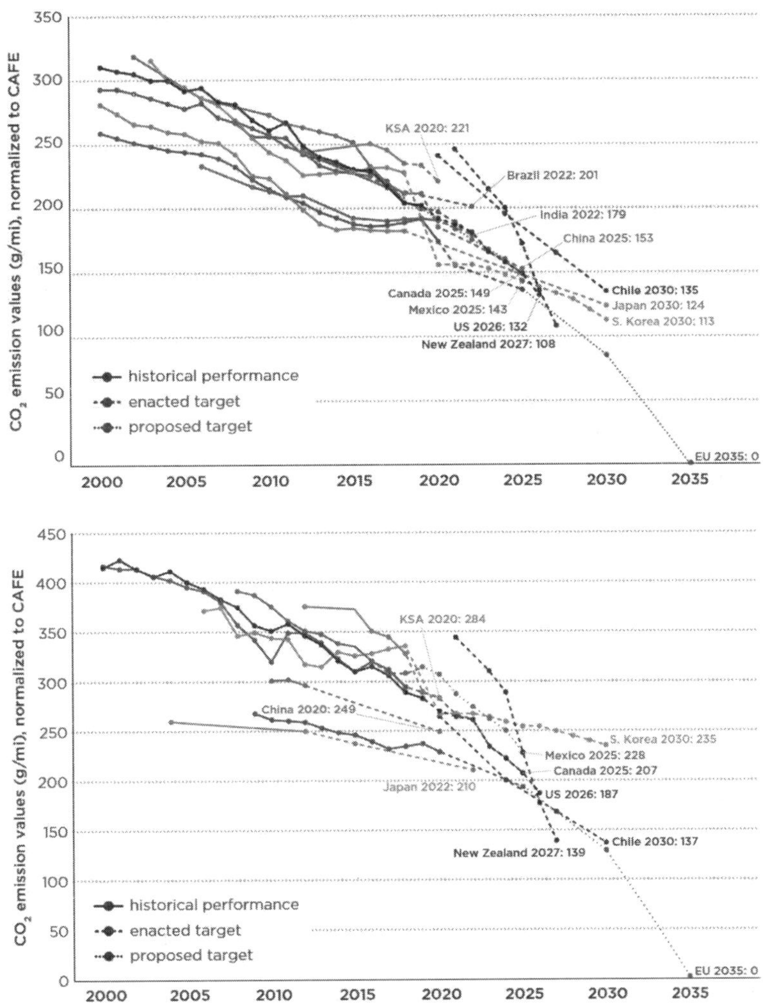

그림 4.28 승용차(상)와 소형화물차(하)의 온실가스기준 동향(CAFE 기준으로 환산)

출처: US light-duty vehicle greenhouse gas standards for model years 2023-2026 and corporate average fuel economy standards for model year 2024~2026, ICCT. 2022.6.

3.3. 우리나라 자동차 온실가스 배출허용기준과 배출현황

1) 자동차 온실가스 배출량 현황

우리나라의 2021년 수송분야 온실가스 배출량은 96.946백만톤으로 전체 온실가스의 14.3%를 차지하며, 수송부문에서는 도로에서 93,667천톤CO_2eq.으로 수송부문의 96.62%를 차지하며, 항공 1,695천톤(1.75%), 해운 1,279천톤(1.32%), 철도 214천톤(0.22%) 순으로 배출한다. 도로부문의 온실가스 종류별 배출은 CO_2가 92,996천톤으로 도로부문의 99.28%를 차지하며, CH_4 0.48%, N_2O 0.24%가 배출되고 있다(표4.6).

(그림4.29)는 2009년부터 2022년까지의 수송부문과 도로의 온실가스 배출 추이를 보인다.

(표4.6) 2021년 자동차 온실가스 배출현황(천톤CO_2eq.)

	도로	항공	해운	철도	기타	계
수송부문	93,667 (96.62%)	1,695 (1.75%)	1,279 (1.32%)	214 (0.22%)	90 (0.09%)	96,946
도로 온실가스 종류별	CO_2	CH_4	N_2O			
	92,996 (99.28%)	445 (0.48%)	226 (0.24%)			

출처: 2023년 국가 온실가스 인벤토리 보고서, 환경부 온실가스종합정보센터, 2024.7.

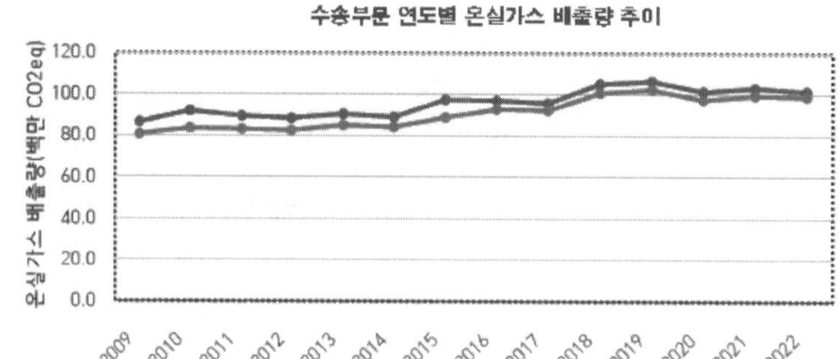

그림 4.29 우리나라 수송분야와 도로부문 온실가스 배출추이

출처: 교통부문 온실가스관리시스템(KOTEMS, kotems.or.kr)

2) 자동차 온실가스 배출허용기준

우리나라의 자동차 온실가스 배출허용기준은 2012년 연비기준과 함께 도입되었다. 승용차의 온실가스기준 140gCO_2eq./km, 연비기준 17km/L였으며, 미국의 복합모드(Combined Mode, FTP-75 + HWFET 모드) 측정방식을 적용하였다. 자동차회사는 연비 또는 온실가스기준 중 유리한 기준을 선택할 수 있도록 하여 미국의 온실가스와 연비기준을 동시에 만족해야 하는 제도보다는 완화하였다.

2015년까지는 페이스인(phase-in) 방식을 적용하였으나, 2016년부터는 EU와 동일하게 자동차 공차중량을 고려한 기준을 적용하여 2020년에 평균 온실가스 CO_2 97g/km 또는 연비 24.1km/L기준을 설정하였다. 2021년 2월에는 2021년부터 2030년까지의 기준을 제정하고 2030년에 70g/km로 강화하였다.

온실가스기준 초과 시 과징금을 부과하며, 초기에는 1g/km 초과 시 대당 1만원을 부과하였으나, 2017년부터는 3만원, 2020년 이후는 5만원으로 인상하면서, 제조사 매출액의 1% 이내로 과징금 상한액을 제한하고 있다.

3) 자동차 평균 온실가스 수준

(그림4.30)과 (표4.7)에 2005년부터 2022년까지의 자동차 온실가스기준과 실제 배출되는 평균 온실가스 수준을 정리하였다.

자동차 온실가스기준이 적용된 2012년 이전에는 평균 온실가스가 연 7.9g/km(3.8%)씩 감소하여 2011년에는 CVS-75 모드 기준으로 160g/km 수준이었다. 이를 복합모드로 환산하면 140g/km로, 2011년에 이미 2015년 기준에 도달한 셈이다.

CVS-75 모드 연비는 복합모드 대비 약 0.87배 낮아, 온실가스가 0.87배 많이 배출되는 것을 의미한다. CVS-75 모드 측정값은 유럽의 NEDC 모드 측정값과는 유사한 수준이다.

2012년부터 시행된 온실가스 기준은 140g/km 목표를 2015년까지 30%, 60%, 80%, 100%로 단계적(phase-in) 적용을 하였다. 이에 따라 제작사에게 온실가스를 줄이지 않아도 되는 기회를 제공한 셈이 되었다. 2012년에는 판매 차량의 30%만 140g/km를 만족하면 되고 나머지 70%는 준수하지 않아도 되어서 자동차회사가 평균 온실가스 배출을 140g/km 이상으로 배출해도 이를 제재할 수가 없었으며, 실제로 140g/km를 초과하였다.

2016년부터 기준이 강화되었지만, 온실가스는 줄어들지 않았으며, 2020년에는 140.5g/km 수준으로 기준치인 97g/km을 45%나 초과하였다. 승합차 및 소형화물차도 각각 200.6g/km과 208.1g/km를 배출하여 기준값 166g/km를 크게 초과하였다.

환경부는 에코이노베이션 기술을 적용하여 보정하면 승용차의 온실가스 평균배출량은 125.2g/km라고 밝히고 있지만 그래도 29%나 초과한다. 기존의 자동차 온실가스 저감 대책이나 기준 체계로는 2030년 기준 70g/km와 2030 NDC 준수가 쉽지 않을 것임을 짐작할 수 있다.

2016년 이후 기준은 유럽과 미국의 온실가스기준과 유사한 체계로 구성되어 있지만, 개선해야 할 다음의 문제점들을 내포하고 있다.

- 배출허용 값은 자동차 공차중량을 고려하는 아래 식으로 산출하며, 따라서 자동차가 무거워지면 더 높은 기준값이 허용되기 때문에 자동차를 소형화 경량화하여 온실가스를 줄여야 하는 추세와는 역행된다.

배출허용기준 = T + a × (M-Mo)

T: 배출목표값(자동차회사가 준수하여야 하는 기준값이 아님)으로, 2016년 127g/km에서 2020년 97g/km로 연차별로 하향 조정
a: 계수로 2016년 0.0533에서 2020년 0.0407로 연차별로 하향 조정
M: 실제 자동차 평균 공차중량
Mo: 1421.8kg(기준 설정 시에 고려한 자동차 평균 공차중량)

2020년 배출허용기준은 97 + 0.0407 × (M-1421.8)이며, 2020년 현대자동차 승용차 평균 공차중량이 1640.5kg이기 때문에 평균 온실가스 허용기준은 105.9g/km가 된다. 즉, 자동차가 더 커지고 무거워지면서 배출목표 값인 97g/km보다 8.9g/km를 더 배출해도 되도록 허용되어 있다.

승용차 시장의 대형화와 SUV 판매 증가 등으로 인하여 2016년부터 2022년 사이에 승용, 승합차의 평균 공차중량은 122kg이 무거워져서 연평균 20kg이 증가하였으며, 미국이나 유럽보다도 더 무거운 것으로 확인된다. 이런 추세는 당분간 계속될 것으로 전망되기 때문에 온실가스 저감에 커다란 장애요인이 되고 있다.

따라서 온실가스기준을, 공차중량을 삭제한 단일 값으로 설정하거나, 차종별로 공차중량을 고려할 경우는 배출목표값(T)을 전체 평균기준으로 설정하여 준수하도록 하는 등의 개선이 필요하다.

- 저공해자동차 판매실적을 슈퍼크레딧으로 적용하고 있으며, 50g/km 이하의 하이브리드차는 1대 판매 시 2대로 인정하고, 전기차는 1대 판매 시 3대, 수동변속기 장착차량, 경차 등을 적용하고 있다.

2020년 국내 승용, 승합차 총판매 대수는 1,796,362대이며, 전기차와 수소연료전지차가 51,330대 판매되었다. 따라서 슈퍼크레딧은 102,660대로서 평균온실가스 계산 시 총 판매 대수는 1,899,022대가 되어 평균온실가스는 실제보다 5.7% 낮게 산출되는 결과가 나온다. 경차와 수동변속기 등의 타 크레딧까지를 고려하면 2020년의 실제 평균온실가스는 140g/km보다도 상당히 높아진다.

2021년 이후 기준에서는 슈퍼크레딧을 조정하였지만, 온실가스 저감 대책의 핵심으로 추진되고 있는 전기차보급 대수가 급속하게 증가하게 되면 평균온실가스는 실제보다 과도하게 낮게 평가될 것이다.

(표4.7) 우리나라 자동차 평균온실가스 배출추이(g/km)

	년도	2012	2013	2014	2015	2016	2017	2018	2019	2020	2021	2022	2023
전체	복합		149.4	150.0	150.9	150.9	151.4	149.7	149.0	146.0	141.4	134.8	133.1
	도심	171.8	172.7	173.3	173.9	173.1	172.9	169.5	168.2	166.0	160.4	152.8	147.8
	공차중량(kg)	1,485	1,510	1,583	1,591	1,583	1,610	1,636	1,640	1,663	1,671	1,705	1,713
승용	복합		140.8	141.5	143.4	143.7	143.9	141.4	140.7	140.5	136.9	130.3	128.8
	도심	164.2	164.9	165.1	166.8	166.3	165.8	161.2	159.8	160.6	156.1	148.2	143.4
	공차중량(kg)			1,497	1,543	1,573	1,595						

출처: 자동차 에너지소비효율 분석집(2013~2024), 한국에너지공단.
"우리나라의 자동차 온실가스 배출은 감소하고 있는가?", 가천대 최회명 교수, Auto Journal, KSAE 2019.12.

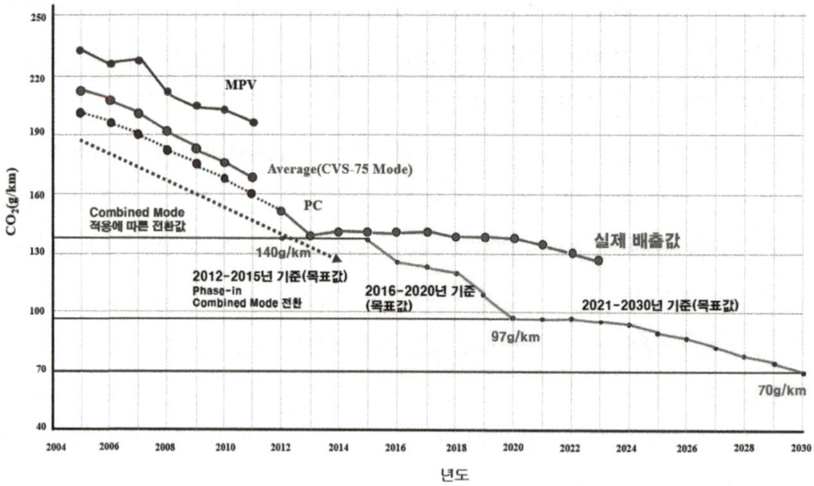

그림 4.30 우리나라 승용차 온실가스기준과 평균수준 추이

출처: 자동차 에너지소비효율 분석집(2006~2023), 한국에너지공단

우리나라와 유사한 온실가스기준 체계를 시행하고 있는 EU와 승용차 온실가스 배출추이를 비교(그림4.31)해 보면, EU는 2015년까지는 CO_2가 감소하다가 2019년까지는 증가하였지만, 2020년에 다시 크게 감소하고 있다. 그러나 우리나라는 2013년부터 2020년까지 큰 변동 없이 일정 수준을 유지하고 있어서 유럽과는 격차가 점점 벌어지고 있어서 시급한 대책이 필요하다.

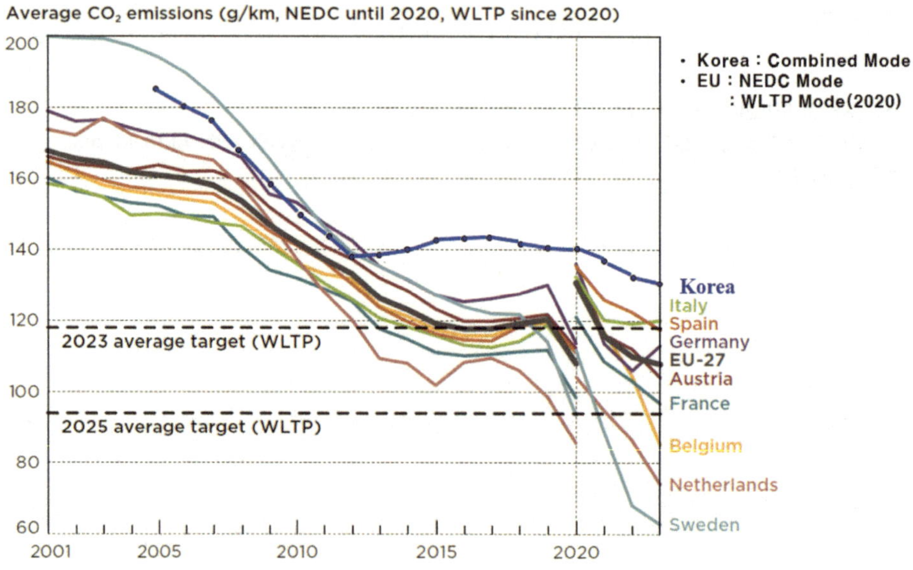

그림 4.31 우리나라와 EU의 승용차 온실가스 동향

출처: European Vehicle Market Statistics, Pocketbook 2024/25, ICCT 2025.

4절 | 지구온난화 논란

4.1. 지구온난화 담론

(1) 온실가스의 양면성

이산화탄소가 지구온난화를 일으키는 대표적인 온실가스로 알려졌지만, 동시에 생명 유지에 필수적인 기체이기도 하다. 만약 대기 중에 이산화탄소가 없으면 식물을 비롯한 대부분의 생명체가 생존할 수 없게 된다. 적정량의 일산화탄소는 생명체가 살 수 있는 지구 온도를 유지해 준다.

지구는 240W/m^{2}의 복사에너지를 우주로 방출하지만, 대기 중의 온실가스가 이 중의 일부를 흡수하여 지표를 따뜻하게 유지한다. 이 덕분에 현재의 지구 평균온도인 15°C를 유지하며, 만약 온실가스가 없다면 지구 표면 온도는 현재보다 33°C가 낮은 영하 18°C까지 떨어진다. 즉, 온실가스의 온실효과 덕분에 인류가 살기에 적합한 기온이 유지되고 있다.

그러나 대기 중의 온실가스 농도가 적정 수준을 넘어설 경우, 지구 복사열의 흡수량이 증가해 지구온난화 문제가 발생하게 된다. 좋은 온실가스가 나쁜 온실가스로 바뀌게 되는 것이다.

미국 컬럼비아대학의 해양·지구과학자 월러스 브루커(Wallace S. Broecker)는 1984년 미국 하원의 기후소위원회의 초청 강연에서 "기후시스템은 갑작스럽게 국면을 전환(jump abruptly)할 수 있으며, 우리는 지금 기후시스템이라는 성난 짐승(angry beast)을 데리고 장난을 치고 있는 셈이다"라고 경고했다.

산업혁명 이전 대기 중 이산화탄소 농도는 약 280ppm이었지만, 인간의 산업활동과 특히 석탄과 석유와 같은 화석연료의 연소로 2020년에 420ppm을 넘어섰다. 그 결과 지구 평균기온은 산업화 이전보다 1.09°C 상승했으며, 이 추세가 이어지면 2040년에는 1.5°C에 도달할 것으로 전망된다.

2024년 7월에는 지구 평균기온이 17.09°C로 사상 최고치를 기록했다. 2024년에 1월부터 9월까지의 평균온도(global land and ocean average temperature)는 1901~2000년 평균온도인 14.1°C보다 1.28°C가 높았으며, 이것은 2023년의 1.11°C를 웃도는 수치로, NOAA의 175년 관측 역사상 가장 높은 온도로 예상된다.

(2) 지구 기후변화와 온난화 담론

지구 대기가 온실가스와 같은 작용을 한다는 개념을 1822년에 프랑스의 수학자이자 물리학자인 푸리에(Jean-Baptiste Joseph Fourier)가 처음 제시하였으며, 1856년에 아일랜드의 실험 물리학자인 존 틴들(John Tyndall)이 이산화탄소가 열을 가두어 지구를 따뜻하게 하는 실험적 증거를 제시하면서 이산화탄소가 온난화를 일으키는 주범이라는 이론을 제기했다. 또한 선사시대의 빙하기에 대한 원인을 찾는 도중 대기의 수증기도 온실효과를 발생시킨다고 주장했다.

1903년에 노벨 화학상을 받은 스웨덴의 화학 물리학자인 스반테 아레니우스(Svante Arrhenius)는 이산화탄소 농도가 2배로 증가하면 지구 온도는 5~6℃ 상승한다는 논문을 1896년에 발표하면서 온실효과가 지구 기온을 상승시킨다는 이론을 밝혀냈다.

미국의 윌리스 브로커 박사는 1975년 8월 사이언스지에 “기후변화-우리는 지구온난화라는 벼랑에 서 있는가? (Climate change: Are we on the brink of a pronounced global warming?)”라는 논문을 발표하면서 지구온난화라는 용어를 처음으로 등장시켰다.

제2차 세계대전 이후 국제사회는 기후 문제의 심각성을 인식하고, 1950년에 UN 산하에 세계기상기구(WMO; Wold Meteorological Organization)를 창설하고 세계적인 기상관측 체제를 수립하고 관측의 표준화 등을 추진하였다. 이후 인간이 배출하는 온실가스가 기후변화의 원인이고 거기에 대한 대책을 내놓아야 한다는 논의가 시작되었으며, 당시의 전문가들은 온실효과로 인한 지구의 온난화가 지구 기후에 엄청난 영향을 준다는 실험 결과를 보이기 시작했다. 또한 1980년대 컴퓨터의 발전으로 시뮬레이션 분석을 통해 지구온난화가 예상보다 두 배 빠르게 진행되고 있음이 확인되었다.

지구온난화에 대한 우려가 고조되고 논쟁이 가열되자, 1988년 WMO와 UN 환경기구들은 국립연구소와 기상청, 과학기관 등에 관련된 사람들을 중심으로 기후변화에관한 정부간패널(IPCC; Intergovernmental Panel on Climate Change)을 창립했다. IPCC의 평가보고서와 IEA의 시나리오를 바탕으로 해서, 유엔기후변화협약(UNFCCC)의 당사국회의(COP)를 중심으로 범지구적인 온실가스 대책과 정책을 수립하고 시행을 주도해 오고 있다.

(3) 인류세(Anthropocene) 시작

지구의 미래 기후를 예측하기 위해서는 과거의 지구변화를 정확하게 이해할 수 있어야 한다. 미래를 예측하는 과학적 근거는 과거에 있기 때문이다. 지구의 나이는 약 46억 년이지만 인류의 기원인 호모사피엔스가 등장한 지는 20만년에 불과하다. 지구의 역사에 비하면 인류의 역사는 지극히 짧으며, 지구 나이가 하루(24시)라면 인류는 겨우 3초 정도 살고 있는 셈이다.

지구의 역사는 지질시대로 구분하며, 지표면이 형성된 시생대(Archean Era), 지구 모습을 갖추기 시작한 원생대(Proterozoic Era), 다양한 생물이 등장한 고생대(Paleozoic Era, 58,000만년~22,500만년 전), 공룡의 시대였던 중생대(Mesozoic Era, 22,500만년~6,500만년 전), 인류가 출현한 신생대(Cenozoic Era, 6,500만년 전)로 나눈다.

신생대는 제3기와 제4기로 다시 나누며, 제4기는 거대 포유류가 번성한 플라이스토세(Pleistocene, 258만년~12,000년 전, 홍적세, 빙하기)와 인류의 문명이 시작된 신석기시대(the Neolithic Age)를 포함한 홀로세(Holocene, 1만년 전, 충적세 또는 현세)로 구분하며, 현재는 홀로세가 지속되고 있다.

스위스 과학자 루이 애거시(Louis Agassiz)가 1837년 저술한 "빙하기의 연구"라는 책에서 과거에 북극에서 지중해까지의 유럽 대륙 전역이 거대 빙하로 덮인 적이 있다는 사실을 맨 처음 과학적으로 증명했다. 반대 의견들이 있었지만, 추가적인 증거들로서 1850년대에는 빙하기 이론이 정설로 받아들여졌다.

이후에 많은 지질학자들이 빙하기 이전에 온난기후가 존재했었다는 증거들을 확인했으며, 빙하들이 녹아서 만든 거대한 빙하호수가 붕괴하면서 대홍수를 일으켜 지구 기후가 급격히 변한 사실도 밝혀냈다. 인류는 약 280만년 전부터 이어온 빙하기 속에 살고 있으며, 현재는 간빙기에 놓여있다. 빙하기와 간빙기는 태양 주변을 도는 지구 궤도 변화에 따라 주기적으로 반복되며, 약 5만년 후에는 다시 빙하기가 도래할 것으로 예측된다.

지구온난화가 그대로 진행되면 2030년에는 300만년 전의 플라이오세 중기 기온(현재보다 1.8~3.6°C 높음)에 이르고, IPCC AR5의 RCP8.5 시나리오로 진행되면 2100년에는 6,500만년 전의 에오세 수준, 2150년에는 현재보다 13°C가 높아질 것으로 전망된다(그림4.32).

지구의 빙하기는 약 9만년간 지속하다가 간빙기 1만년을 거쳐 다시 빙하기로 돌아가는 10만년 사이클이며 지금은 1만년 이상 간빙기가 계속되고 있다. 원래라면 거대한 빙하가 대륙을 뒤덮는 재앙의 빙하기가 시작될 시점이지만 이산화탄소 농도가 300ppm 이상 유지되면서 주기가 변형되어 앞으로도 10만년은 간빙기가 지속될 가능성이 있어서, 온실가스는 인류에게 구원인 셈이다. 그러나 이산화탄소가 600ppm 이상으로 농도가 높아지면 지구 기후와 생태계에 엄청난 재앙과 파멸을 몰고 오는 야누스의 두 얼굴이 될 것으로 우려된다.

19세기 말에는 지구 기후가 더워지고 있다는 온난화론이 우세했으며, 온화한 날씨는 농사나 생명체 활동에 바람직하며 온실가스가 빙하기의 도래를 저지해 주는 긍정적인 역할을 하는 것으로 받아들여지기도 했다. 일부 학자들은 석탄을 지하에 보관했다가 언젠가 닥쳐올 빙하기에 들어서면 잘 통제된 방식으로 태우면 석탄의 온실가스로 빙하기를 막을 수 있어서, 석탄이 인류를 지켜줄 기후조절 도구로 생각되기도 했다.

지금까지는 지질시대를 구분하는 원동력은 자연에 의한 지구의 환경 변화였지만, 이제는 인간의 활동이 지구시스템 변화를 주도하고 있다. 특히 지구온난화로 인한 폭염과 한파, 폭우와 가뭄 등 극단적인 기상현상이 발생되고, 빙하가 녹으면서 바다 해수면이 상승하여 일부 섬나라는 사라질 위기에 처해있다. 인간 활동은 지구온난화 이외에도, 해양오염, 쓰레기 문제 등으로 지구의 토양과 바다, 대기 등에 중대한 영향을 미치고 지구 생물들의 생태계도 변화시키는 등 지구환경 변화를 주도하는 새로운 지질학적 힘으로 작용하고 있다.

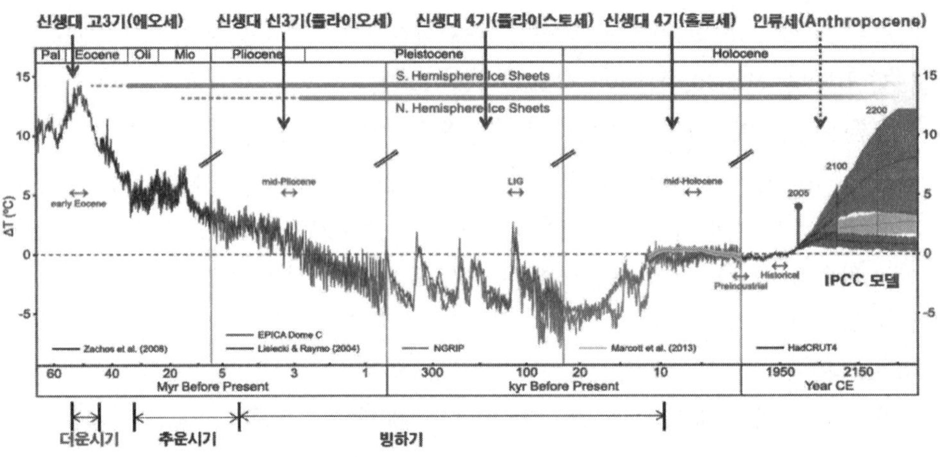

그림 4.32 신생대이후의 지구 기후변화

출처: Pliocene and Eocene provide best analogs for near future climates, K.D.Burk, et al., Nelson Institute for Environmental Studies, University of Wisconsin-Madison, 2018.11
"지구온난화 지속 땐...10년뒤 기후, 300만년 전으로 역주행", 이근영의 기상천외한 기후 이야기, 한겨레, 2018.12.12.

1995년 노벨 화학상을 받은 네덜란드의 화학자 파울 크뤼천(Paul Jozef Crutzen)은 인간의 활동이 지구의 새로운 지질시대를 열었다고 주장하며 인류세(Anthropocene)라는 용어를 제안하면서 논의를 점화시켰다.

인류세가 타당한지, 그 시점은 언제가 타당한지에 대한 활발한 논의가 진행되면서, 2010년에 국제지질학회(IGC, International Geological Congress) 산하에 인류세 워킹 그룹(AWG, Anthropocene Working Group)을 설치하여 인류세를 홀로세 다음의 공식적인 지질시대로 인정하기 위한 연구를 시작했다.

2024년 우리나라 부산에서 개최된 국제지질학회 총회에서 인류세를 새 지질시대로 도입하는 것은 시기상조라고 결론지었으나, 플라스틱과 암석으로 만들어진 새로운 물질인 플라스티스톤(plastistone; 플라스틱암석)이나 플라스티글로머레이트(plastiglomerates), 뉴락(new rock) 등의 인류세 증거가 활발하게 논의되었다

홀로세가 시작된 지 11,000년밖에 되지 않았음에도 불구하고, 새로운 지질시대로 전환할 만큼 인류는 지구 역사에 강력한 영향력을 미치고 있다.

새로운 지질시대의 전환 여부는 인간 활동이 남긴 흔적인 암석이나 빙하, 심해 침전물 등 자연의 기록으로 남을 수 있는지에 달려 있다. 이 같은 지질학적 흔적을 남기기 위해서는 전 지구적이면서도 장기적인 변화가 있어야 한다.

지금까지 인류는 경제성장이 더 나은 삶을 가져오고 자유와 정의가 확장되면서 풍요로운 사회를 만들 것이라고 믿어 왔다. 그러나 이제는 성장을 통한 해결이라는 기존의 생각에서 벗어나, 형평성과 회복력을 중심으로 하는 새로운 방향 전환이 필요하다.

기후위기를 기술만으로 해결하려는 접근 또한 위험하다. 에너지 소비와 성장을 전제로 하는 해결책으로는 인류의 지속 가능한 생존이 어려우며, 대체에너지를 확대하는 것보다 에너지 사용을 줄이는 노력이 더 중요하다.

인류세를 둘러싼 지질학적 논의가 이어지고 있지만, 지구온난화를 극복하고 인류의 미래와 삶을 위한 새로운 담론이 활발하게 전개되기를 기대한다.

(4) 킬링곡선

1958년부터 킬링(Charles David Keeling)은 남극과 하와이 마우나로아(Mauna Loa)에서 대기 중 이산화탄소(CO_2) 농도를 매일 측정하기 시작했다. 그가 발표한 킬링곡선(Keeling Curve)(그림4.33)은 1850년대부터 제기되어 왔던 '온실가스가 지구온난화의 주범'이라는 주장에 과학적인 확신을 더 해주었다.

민간과 군에서 지구와 행성 환경에 관한 체계적인 정보를 얻기 위해 1957년 7월부터 1958년 12월까지 실시된 국제 지구물리학의 해(IGY; International Geophysical Year)(IGY) 프로그램에서, 참여 연구원인 과학자 킬링이 마우나로아 화산과 남극에 이산화탄소 측정 장비를 설치해 유명한 킬링곡선을 작성한 것이다.

킬링곡선은 이산화탄소에 대한 세계인들의 큰 관심을 불러일으켰으며 오늘날까지도 온실효과의 상징이 되고 있다. 킬링의 측정은 20세기에 얻은 환경 관련 데이터 중에서 가장 중요한 자료로 인정받고 있다.

측정 초기 12개월의 자료에서 이미 이산화탄소 농도가 증가하는 것이 확인되었고, 2년 후인 1960년에는 남극의 자료를 추가해 대기 중 이산화탄소 농도 증가를 확인하여 발표하였다. 킬링은 2005년 심장마비로 사망할 때까지 47년 동안 마우나로아 관측소에서 이산화탄소 농도를 지속적으로 측정하였다.

1958년 측정이 시작될 당시 이산화탄소 농도는 313ppm이었으며, 1970년 중반까지는 매년 1.3~1.4ppm이 증가하다가, 증가 폭이 점점 커져서 2010년에는 매년 2ppm 이상으로 늘었고, 2013년에 400ppm을 넘어섰다. 이 같은 증가 추세는 화석연료의 연소로 배출되는 온실가스 배출량과 거의 비례한다.

현재 마우나로아 관측소는 스크립스 해양연구소(SIO)와 미국 해양대기청(NOAA)이 공동 운영하고 있으며, NOAA는 1970년대부터 전 세계적으로 온실가스 농도를 측정하기 시작했다. 현재는 지구온실가스기준네트워크(GGGRN; Global Greenhouse Gas Reference Network)를 통해 전 세계 약 100개 사이트에서 모니터링하고 있다.

킬링곡선은 1년 주기로 상승과 하강의 진동을 반복하면서 증가한다. 이산화탄소 농도는 5월 말에 최고, 9월 말에 최저를 기록하는 데, 이는 지구 북반구의 온대 지역에서는 식물이 잎을 피워서 성장하는 여름에는 공기로부터 이산화탄소를 흡수하고 겨울에는 이산화탄소를 배출하는 식물의 광합성 현상과 관련이 있다.

한편, 킬링의 측정 이전 시대의 대기 중 이산화탄소 농도에 대한 의문을 해소하기 위해 과학자들은 남극 빙하를 분석하였다. 1984년 소련의 남극 보스토크 기지에서 소련의 고기후학자들이 채취한 깊이 2,200미터의 빙하 코어 분석을 통해 약 16만년 동안의 이산화탄소 농도 변화를 밝혀냈다. 이후에 여러 연구진과 과학자들이 남극과 그린란드에서 빙하 코어를 채취하여 데이터를 확장하면서 현재는 80만년 동안의 이산화탄소 농도 데이터(그림4.34)를 완성하였다.

지구는 여러 차례의 빙하기와 간빙기를 거치는 동안 이산화탄소의 농도에 큰 변동이 있었음을 알 수 있었다. 빙하기에는 200ppm, 간빙기에는 280ppm 수준을 유지했으며, 약 2000년 전에도 간빙기 최고의 280ppm 농도 수준을 유지하고 있었음을 알 수 있다.

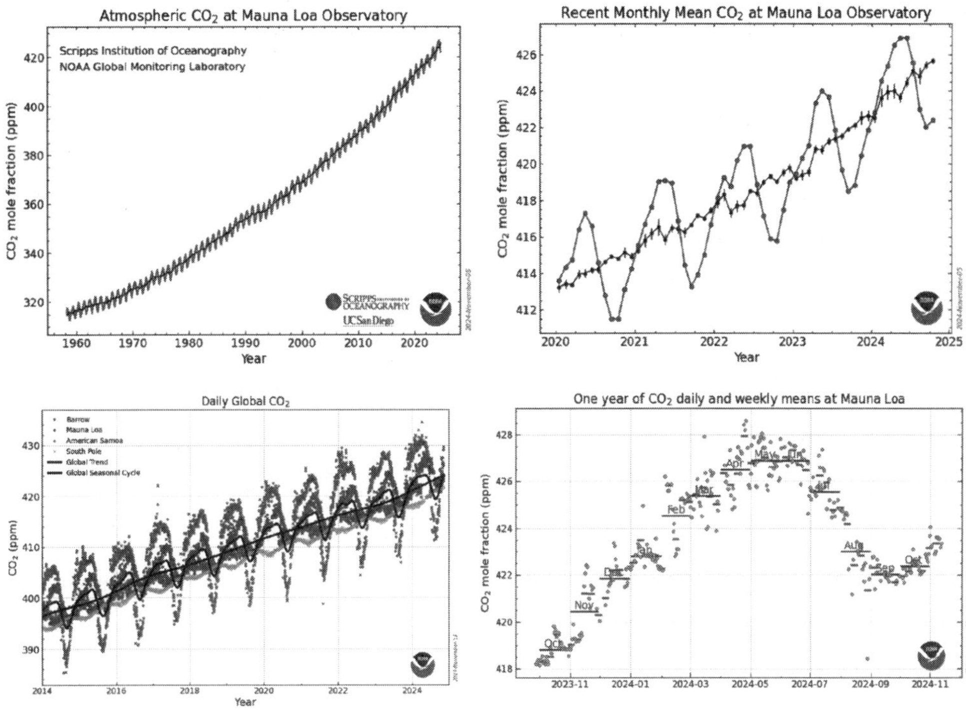

그림 4.33 Keeling Curve

출처: Trend in atmospheric carbon dioxide, Global Monitoring Laboratory, NOAA. 2024. https://gml.noaa.gov/ccgg/trends/

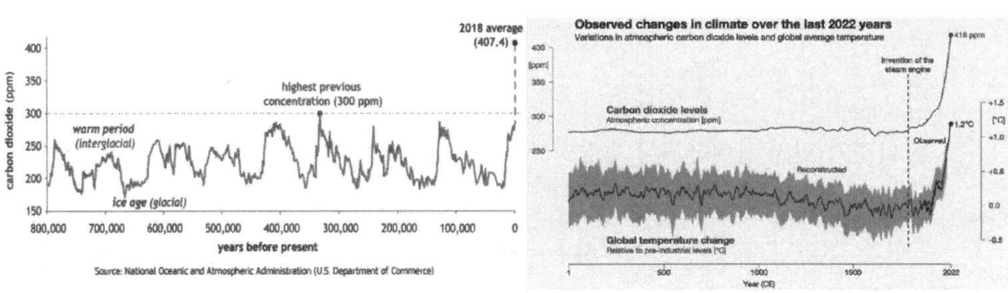

그림 4.34 지난 80만년 동안의 CO_2(좌)와 2000년 동안의 CO_2, 온도(우) 변화

출처: Global energy and climate outlook 2019: Electrification for the low-carbon transition, JRC Research Center, 2020.
"Explaining GHG; Understanding greenhouse gases, sources and impacts", Akash Boopathi, Conservesolution, 2023.11.21.

4.2. 기후변화 이슈와 쟁점

(1) 기후변화 대처가 어려운 이유

지구온난화의 원인인 온실가스 저감 대책과 저감 시나리오가 의욕적으로 추진되고 있지만, 여기에 동참해야 하는 각국 정부, 기업, 시민들의 이해관계가 복잡하게 얽혀있어서 실현에는 많은 어려움이 따른다.

온실가스는 대기오염물질처럼 인체에 직접적인 피해를 주는 오염물질이 아니며, 지구 기후를 변화시켜서 재해를 일으키기 때문에 온실가스의 피해와 위험성을 체감하기가 어렵고 공감대 형성도 쉽지 않다.

또한 산업과 경제의 기반이 되는 화석연료에서 대부분의 온실가스가 발생하기 때문에, 경제성장과 온실가스 배출은 비례관계에 있다. 결국 화석연료를 대체할 획기적인 에너지원이 등장하지 않는 한 온실가스 배출은 지속적으로 증가할 수밖에 없다.

1) 공유지의 비극

지구온난화의 위험을 막기 위해 세계 각국은 유엔기후변화협약을 맺고 교토의정서를 채택하고, 파리협정과 신기후체제를 출범시키고, 2050 탄소중립(Net Zero) 시나리오를 목표로 온실가스 배출량을 줄이기 위한 노력을 이어가고 있다. 그러나 온실가스는 여전히 줄어들지 않고 기후위기는 더욱 심화되고 있다.

온실가스 문제는 세계의 모든 국가와 사람들, 기업들이 동시에 함께 대처해야 하는 범지구적인 과제이기 때문에, 한 나라가 앞장서더라도 다른 나라가 동참하지 않으면 실질적인 효과를 기대하기 어려우며, 오히려 손해를 본다고 생각하기 쉽다. 다른 나라가 먼저 참여하거나 동참이 확실하게 보장될 때 나도 참여하겠다고 생각하기가 쉽다.

이는 1833년 영국의 경제학자인 윌리엄 포스터 로이드(William Foster Lloyd)가 주장한 공유지의 비극(the tragedy of the commons) 개념과 같다.

사람들이 공유하는 모든 자원, 대기, 바다, 강, 초원, 숲과 같은 공유자원은 개인의 이익을 우선시할수록 남용될 우려가 크고, 결국 고갈되어 모두가 피해를 보게 된다. 환경과 온실가스 문제도 마찬가지이다.

모든 국가는 지구 기후위기가 닥칠 것이라는 사실을 알면서도 더 많은 이익을 얻기 위해 자원과 환경을 경쟁적으로 이용해 왔고, 그 결과 배출된 온실가스의 피해는 전 세계가 함께 겪게 되는 결과를 초래하고 있다.

이러한 공유지의 비극을 막을 수 있는 가장 강력한 방법은 정부의 개입이다. 정부는 공유지를 사유화하거나, 세금 부과와 탄소배출권과 같은 규제를 통해 남용을 억제할 수 있다. 그러나 이러한 정부의 개입이 항상 성공하는 것은 아니다.

기후변화와 같은 지구환경 문제를 해결할 수 있는 세계정부 수준의 조정이 필요하지만, 현재로서는 유엔기후변화협약 당사국총회(COP)에서 올바른 합의를 도출하고 모든 국가와 전 세계인이 참여하는 것만이 지속 가능한 해결의 길을 열 수 있다.

2) 비대칭성과 오염자부담원칙

공기 중에 배출된 이산화탄소는 자연적으로 소멸하는 데에 200년에서 길게는 1,000년까지 걸리기 때문에 한 번 배출되면 오랫동안 누적된다. 지금까지 배출된 온실가스의 60% 이상은 미국과 유럽 등 선진국이 차지하지만, 현재는 중국과 인도 등 개발도상국이 매년 60% 이상을 배출하고 있다. 이와 같은 온실가스 배출의 시간적 비대칭성은 온실가스 감축 책임을 둘러싼 선진국과 개발도상국 간의 갈등을 심화시키고 있다.

또한, 온실가스를 주로 배출한 나라는 선진국과 개발도상국들이지만, 온실가스 배출이 적은 후진국들이 기후변화로 더 큰 피해와 고통은 받는 공간적 비대칭도 심각하다.

COP에서도 기후변화를 일으키지 않았음에도 피해를 보고 있는 후진국과 개발도상국에, 역사적 책임이 큰 선진국과 현재 배출이 많은 중국, 인도에 손실과 피해보상을 요구하고 있다. 그러나 책임을 져야 하는 국가들이 온실가스 손실과 피해기금 참여를 회피하면서, 환경문제 해결의 기본원칙인 '오염자부담원칙'이 제대로 지켜지지 않고 있다.

3) 지평선의 비극

온실가스 농도의 증감에 따른 기후변화의 영향은 1~2년 안에 드러나는 것이 아니라 매우 장기적인 문제이다. 따라서 현재의 의사결정권자들은 자신의 임기 내에 결과를 확인하고 평가받는 현안이 아니기 때문에 관심이 없거나 오히려 무책임한 정책과 약속을 남발할 수가 있다.

정치나 경기 순환은 대체로 4년, 기업이나 금융권은 2~3년 정도의 단기 전망에 머문다. 반면 기후변화는 이보다는 훨씬 먼 수십 년, 수백 년에 걸친 지평선 너머에 있는 장기 과제이기에 정부나 국제사회가 효과적으로 대응하기 어렵다. 우리나라에서 탈석탄 정책이나 원전 가동 같은 중대 사안이 대통령 임기 5년에 좌우되는 현실도 이런 문제의 한 단면이다.

캐나다 출신 경제학자인 마크 카니(Mark Carney)는 이런 현상을 지평선의 비극(the tragedy of horizon)으로 부르며, 공유지의 비극이 환경경제학에서 대표적인 문제라면, 기후변화에서는 지평선의 비극이 더 큰 장애라고 지적했다. 지평선의 비극은 기후변화 대응에서 큰 걸림돌이며, '미래를 현재로 가져오는 것'이 지평선의 비극을 해결하는 방법이라는 마크 카니의 언급을 기억해야 할 것이다.

4) 선진국의 사다리 걷어차기

지금의 기후위기는 선진국들의 산업화 과정에서 화석연료로부터 뿜어낸 온실가스 때문이며, 후진국과 개도국들은 책임이 적다. 그러나 기후붕괴로 인한 피해는 해수면 상승으로 인하여 침수되고 있는 태평양의 섬나라나 인도네시아 등의 열대 개도국에 집중되어 있다. 실제로 인도네시아는 수도 자카르타가 빠르게 바다에 잠기고 있어 수도 이전을 추진하고 있다.

해수면 상승과 홍수에 대응하려면 국가가 산업화를 통해 부유해져야 하지만, 이를 위해서는 많은 에너지 자원이 필요하다. 그러나 선진국들은 기후붕괴에 대처하기 위해서는 석탄발전과 같은 값싼 화석연료 에너지 사용을 금지하고 대신에 태양광이나 풍력발전과 같은 비싼 재생에너지로의 전환을 요구하고 있다. 이는 선진국들이 화석연료로 산업의 기반에 먼저 오르고 난 후에 타고 올라간 사다리를 후발국이 따라 올라오지 못하게 걷어차 버리는 꼴이다.

전 세계 인구의 2/3는 여전히 산업화를 이루지 못한 개발도상국에 살고 있다. 그들은 선진국처럼 저렴하고 풍부한 화석연료를 이용해 경제를 성장시키고자 하지만, 지구온난화 방지 명분으로 그들의 희망과 요구를 막고 있다. 예를 들어 아프리카는 세계 인구의 16.7%를 차지하지만 온실가스 배출은 3.6%에 불과하며, 1인당 탄소 배출량은 한국의 1/13 수준이다. 인터넷과 휴대전화로 선진국의 생활 수준을 알고 있는 이들에게는 기후 붕괴를 막는 것보다는 배고픔과 전력 공급을 해결하는 것이 훨씬 더 절박한 현실이다.

온실가스 배출 1위인 중국과 3위인 인도 역시 산업화를 지속하고 있어 단기간에 석탄 사용을 줄이기가 어렵기 때문에 선진국의 재생에너지 전환 요구는 갈등의 원인이 되고 있다.

기후변화 대응만큼 에너지 안보, 식량, 물, 생물 다양성과 같은 문제도 중요하며, 이런 문제들은 전 세계 빈곤이 줄어들 때 비로소 해결할 수 있다. 가난한 사람들이 더 나은 삶을 누릴 권리가 있으며 이를 위해서는 값싼 에너지가 필요하다.

온실가스 감축 대책이 경제적·사회적 약자를 만들어낸다면 이 대책은 성공하기 어렵다. 마크롱 프랑스 대통령의 우려처럼, '기후변화는 이미 불공정한 세계에 불평등을 더하고 있다'라는 사실을 잊지 말아야 한다.

5) 기후정의

스웨덴의 환경 영웅인 그레타 툰베리(Greta Thunberg)는 최근 노르웨이 최북단 핀마크(Finnmark) 고원의 풍력발전소 건설에 반대하는 시위에 참여했다. 이 지역은 원주민 사미족이 24만 마리의 순록을 목축하고 있으며, 순록의 주요 이동 경로인 포센 반도에 유럽 최대 규모의 풍력발전소가 들어서고 있다.

2021년에 노르웨이 대법원이 포센 풍력발전 단지가 오랫동안 순록을 길러 온 원주민 사미족의 오랜 생업과 권리를 침해했다고 판결했다. 순록은 풍력발전의 터빈날개 소음에 민감하게 반응하며, 이는 전통적인 목축에 심각한 영향을 미치고 있다.

그레타 툰베리는 화석연료에 의존하는 세계를 끝내야 한다고 주장하지만, 그 과정에서 원주민의 권리와 인권을 희생하면서 이루어져서는 안 된다고 주장한다. 기후정의는 모두의 정의를 포함해야 하며, 한쪽만의 이익을 위한 기후대응은 진정한 기후정의가 될 수 없다. 원주민의 권리와 인권도 기후행동과 함께 가야 한다.

(2) 기후변화 논란과 이슈

1) 과학기술 해결에 과도한 의존

과학기술은 인류의 삶에 지대한 영향과 변화를 불러왔으며 앞으로도 과학기술의 역할은 계속될 것이다. 인류가 지닌 지식과 기술 발전 DNA는 기후위기와 에너지 문제를 해결할 수 있다는 믿음을 가능하게 한다.

2050 탄소중립(Net Zero)을 구현하는 핵심도 다양한 기술들이다. 2030년까지는 현재의 기술인 전력화(electrification)와 수소(hydrogen), 바이오에너지(bio energy), 탄소포집사용저장(CCUS) 기술을 통해 목표를 추진하고, 2050년까지는 현재는 시연(demonstration) 단계거나 프로토타입 단계에 있는 차세대배터리(advanced batteries), 수전해수소(hydrogen electrolysis), 직접공기포집(DACS; Direct Air Capture and Storage) 기술의 상용화를 통해 달성하고, 이를 위해서는 대대적인 기술 혁신과 진보를 제시하고 있다.

그러나 온실가스 배출저감 노력만으로 지구온난화를 막기 어렵다는 우려 속에, 태양복사에너지를 조절하거나 지구환경과 기후시스템을 인위적으로 조절하거나 통제하려는 지구공학(Geoengineering) 논의가 이어지고 있다. 성층권에 황산염을 살포하거나, 우주 공간에 태양광을 굴절시키는 거울을 설치하며, 사막에 반사성 플라스틱을 덮는 등의 **태양복사관리**(solar radiation management) 기술이 그 예이다. 그러나 지구공학적 처방은 인위적인 조절이 어떤 결과를 초래할지 아무도 정확하게 예측하기 어려우며, 특정 지역의 기후를 왜곡시킬 수 있는 부작용도 예상되어 신중한 접근이 요구된다.

수송분야에서는 내연기관이 사용할 수 있는 무탄소연료인 이퓨얼(e-fuel), 바이오연료(bio-fuel), 암모니아(무탄소전기로 생산한 수소로부터 제조), 수소연료들이 제시되고 있으며, 심지어 엔진 배기구에서 직접 CO_2를 포집하는 MCC(Mobile Carbon Capture) 기술도 언급되고 있다.

그러나 신재생에너지가 충분하게 공급되지 못하고 기대만큼 역할을 하기 어렵다는 현실적 한계가 지적되고 있어, 온실가스를 줄일 수 있는 혁신적인 기술개발과 투자가 필요하다는 점은 설득력을 얻고 있다.

문제는 이들 대부분의 기술이 아직 실증되지 않았고, 상용화되어 대규모로 적용되더라도 기대만큼 온실가스를 줄일 수 있을지를 확신하기가 어려운 기술들이다. 그럼에도 이런 기술들이 성공하면 온실가스를 줄일 수 있다는 논리를 내세워, **우선 배출하고 나중에 흡수해서 제거하여 제로로 맞추면 된다고 접근하면서, 화석연료를 많이 그리고 오랫동안 사용하려는 의도가 엿보여서 넷제로를 지연시키는 방해 요인이 된다는 우려가 크다.**

이런 접근은 정치인들과 기업에 경제성장에는 영향을 주지 않으면서 기후위기를 해결할 수 있다는 위험한 착각을 부추길 수도 있다.

특히 CCUS 기술이 상용화되면 화석연료에서 배출되는 탄소를 포집하면 되기 때문에 화석연료를 계속 사용할 수 있으며, DACS 기술이 상용화되기만 하면 온실가스는 더 이상 문제가 되지 않는다는 환상을 주고 있다. 그러나 상용화할 수 있을지, 가능하더라도 언제 적용이 될 수 있을지를 가늠하기가 어려운 이들 기술에 대한 기대는 지금 당장 화석연료 사용을 줄여야 하는 노력을 약화하거나 방해할 수 있다.

탄소저감 기술과 지구공학은 인류가 치명적인 환경 위기에서 벗어날 수 있도록 준비해야 할 비상 탈출 의자(ejector seat)이며, 근본적인 해법은 아니다. 인류를 안전하게 지키는 확실한 방법은 온실가스 저감을 위하여 사회·정치적으로 합의된 방식으로 즉각적이고 지속적으로 신속하게 감축하는 것이다. 기후변화 해결을 위해서는 경제, 사회, 정치, 인권 등이 서로 긴밀하게 연결되어 있음을 이해하고, 이를 통합적으로 인식하는 근본적인 인식 전환이 필요하다.

2) 기후-경제 통합모델의 불확실성과 민감도

지구를 대상으로 직접 실험할 수가 없어서 과학자들은 컴퓨터 시뮬레이션을 통해 미래기후를 예측한다. 그러나 각국의 기후모델마다 결과가 다르게 나타나고 있다. 이는 지구 온도를 높이는 다양한 증폭작용과 반대로 온도를 하강시키는 프로세스가 복잡하게 얽혀 있어 불확실성이 매우 크기 때문이다. 예를 들면, 구름은 기후시스템에 큰 영향을 미치지만, 기후모델에서 정확하게 재현하기가 어렵고, 숲이나 해양, 빙하의 온실가스 흡수와 방출 같은 탄소순환 과정도 모델에서 재현하기가 쉽지 않다.

이런 물리적 변수뿐만 아니라 에너지 소비, 토지 활용, 인구, 도시화 같은 사회경제적 변수까지 반영하여 미래기후를 계산하는 기후-경제 통합모델에서는 어떤 에너지를 사용하여 어떤 유형의 사회를 만들 것인가에 따라 50년, 100년 뒤의 지구 기후변화를 예측하려고 한다. 이와 같은 불확실성이 많은 복잡한 변수 속에서 기후모델의 핵심 목표는 온실가스 농도 상승에 따른 지구 온도상승 폭을 예측하는 것이다. 대기 중 이산화탄소 농도가 두 배로 증가할 때 지구 표면의 평균온도가 상승하는 정도를 평형기후민감도(equilibrium climate sensitivity)로 삼는다.

IPCC 3차 보고서에서는 기후민감도를 3°C로 추정하고 불확실성 범위를 1.7~4.5°C로 제시했으며, 2014년의 IPCC 5차 보고서에서는 기후민감도를 1.5~4.5°C로 제시했다. 2021년에 발간된 IPCC 6차 보고서에서는 2.5~4.0°C로 범위를 좁혔다. 특히 하한값이 1.5°C에서 2.5°C 높아졌으며 이는 기후위기가 더 심각하게 진행될 수 있다는 것을 의미한다.

그러나 일부 기후과학자들은 지구시스템은 생각보다 기후변화에 안정적으로 반응하고 있으며, IPCC에서는 기후민감도를 과대평가해 사람들에게 불안감과 공포감을 주고 있다고 주장한다. 대표적인 과학자로는 수학적 모델을 개발하여 기상학 발전에 큰 공헌을 한 미국 MIT 공대의 리처드 린젠(Richard Lindzen) 교수가 있으며, 2001년에 홍채 이론을 도입한 기후민감도 계산에서 온도상승은 1°C 정도로 제한적이라고 주장하면서 학계에 큰 파장을 일으켰다.

또한 관측 기반 연구에서는 기후민감도가 낮게, 기후모델에서는 민감도가 높게 나타나는 경향이 있다. 이에 따라 기후모델 연구자들은 모델을 개선하여 불확실성을 줄이고 기후민감도의 신뢰성을 높이기 위한 개선을 계속하고 있다.

3) 온실가스 발생원과 발생량

2023년에 총 571억톤CO_2eq.의 온실가스가 지구에 배출되었으며, 이 중에 인간의 화석연료 사용에서 70% 이상의 온실가스를 배출하였으며, 토지에서 20% 이상을 차지하는 것으로 알려져 있다.

그러나 동물과 세균에서 연 1,500억톤 이상의 온실가스가 생성된다고 주장하는 일부 학자들도 있으며, 시베리아 영구동토층이 녹으면서 온난화에 상당한 영향을 미칠 수 있는 메탄이 방출될 위기에 있고, 물먹는 하마처럼 이산화탄소를 흡수하는 바다의 역할, 소를 포함한 가축들의 메탄 저감을 위한 사육 기술과 육식 식단 개선, 기후변화 자물쇠인 토양 보존을 위한 재생농법과 비료 사용법 개선 등 화석연료 이외에도 다양한 온실가스 발생원과 흡수원들이 있으며 여기에 대한 조사·연구와 대책이 필요하다.

• 영구동토층 해빙으로 메탄가스 등 온실가스 대량 방출, 온난화 가속

빠르게 진행되는 지구온난화 현상으로 영원히 얼어붙어 있을 줄 알았던 북극 알래스카 동토와 만년 해빙이 몇 년 내에 녹을 위기에 처해있는 것으로 밝혀지면서, 해저와 동토층에 갇혀있던 엄청난 양의 메탄가스가 대기 중으로 방출되면서 온난화를 부추기는 악순환에 대한 우려가 커지고 있다. 동토층에 매장되어 있는 탄소는 지금까지 대기 중에 축적된 온실가스양과 유사한 1.7조톤으로 추정되는 막대한 양이다.

지구 온도가 높아지면 북극지방의 영구동토가 녹고 여기서 방출된 메탄가스는 다시 지구 온도를 높이는 되먹임 현상이 발생하면서 걷잡을 수 없는 메탄가스 방출로 이어질 가능성이 높아서 영구동토층은 기후재앙을 부르는 시한폭탄으로 우려되고 있다.

• 바다가 대기 중 이산화탄소 흡수

대기 중으로 배출된 이산화탄소는 50%가 대기에 남아 있고, 20%는 육상 생태계에, 30%는 해양에 흡수된다. 바다는 대기의 열 흡수뿐만 아니라 온실가스 흡수원으로써의 중요한 역할을 하고 있다.

봄 여름철에 해양 표면에 사는 식물 플랑크톤이 급격하게 늘어나서 활발한 광합성 작용으로 대기 중의 이산화탄소를 흡수한다. 겨울철에는 수온이 떨어지고 바람이 불면서 해양 표층의 이산화탄소 용해 반응이 활발하게 나타나서 온실가스 흡수가 많이 증가한다.

그러나 인간 활동에 의한 온실가스 배출이 증가하면서 바다의 온실가스 저장고 역할에 부하가 걸려서 2000년 이후 해양의 이산화탄소 흡수 능력이 떨어지고 있다. 지구온난화로 인한 바다의 온도상승과 이산화탄소 흡수량 증가로 인한 바다의 산성화가 원인으로 지목되고 있다.

산업혁명 이후 바다의 산성도는 0.1pH 감소한 것으로 나타나지만, 2100년쯤에는 0.4pH까지 감소할 것으로 예측한다. 해양 산성화가 심화하면 미세플랑크톤이 번성하면서 이산화탄소를 흡수하는 큰 플랑크톤의 성장이 방해받게 되어서 바다의 온실가스 흡수 능력이 저하되는 것으로 분석한다.

바다에 사는 고래가 탄소저장고 역할을 하며 또한 고래가 싼 똥이 식물 플랑크톤을 번성하게 하여 이산화탄소를 흡수하는 것으로 알려지면서 고래의 온실가스 저감 능력에 대한 과학적 평가의 필요성도 제기되고 있다. 따라서 줄어든 고래 개체를 복원해서 기후위기에 대응하는 자연기반해법(NBS; Natural-Based Solution)도 주목받고 있다.

연안 및 해양 생태계에 저장된 탄소를 블루카본(blue carbon)이라고 부르며, 45개국이 블루카본을 이용하여 국가온실가스감축목표(NDC)를 달성하겠다고 밝히고 있다. 맹그로브(mangrove), 염습지(salt marsh), 잘피림이 대표적인 블루카본 저장소이며 이 모든 서식지는 연안에 집중되어 있다. 전 지구의 2%에 불과한 연안 지역이 해양 퇴적물에 저장된 탄소의 50%를 저장하고 있다. 최근에는 갯벌을 블루카본 후보군에 포함하고 있으며 우리나라도 이에 대한 과학적 검증 노력이 필요하다.

• 토양의 탄소 저장고

토양이 저장하고 있는 탄소량은 대기 탄소량의 2~3배나 되며, 따라서 땅을 잘못 건드리면 더 큰 지구온난화에 직면하게 된다. 미국 일리노이주립대의 아툴 제인(Atul Jain) 교수가 발표한 농업 활동과 연계된 모델링 결과를 보면, 식품 생산과정에서 발생하는 전과정평가(LCA) 온실가스는 173억톤으로 인간 활동에 의한 온실가스의 35%를 차지한다. 이 중에서 동물성 식품 생산에서 연간 99억2,300만톤이 발생하여 57%를 차지하며, 식물성 식품에서 49억630만톤 발생으로 29%를 차지한다.

동물 식품에서는 육류 생산 시 발생하는 온실가스가 세계 온실가스 배출량의 11%를 차지하며 이 중에서도 소고기(beef) 생산이 전체 식품의 25%를 차지한다. 소의 트림과 방귀의 메탄과 소의 배설물에서 아산화질소가 발생한다. 저 메탄 사료 개발 등으로 메탄을 줄이는 소의 사육 방법과 기술혁신이 필요하고 육식 소비를 줄이는 식단 개선도 중요하다.

비료로 사용되는 분뇨와 합성비료에서도 연간 26억톤의 온실가스가 발생하며 이는 전 세계 항공과 해운분야 배출량을 합한 것보다 많다. 비료에서 주로 만들어지는 아산화질소(N_2O)는 지구온난화지수(GWP)가 273인 주요 온실가스로서, 2/3는 땅에 살포된 이후에 발생하고 1/3은 생산과정에서 발생한다.

비료의 탄소 배출량을 2050년까지 지금의 20% 수준까지 줄일 수 있다는 연구

결과도 있어서 작물의 생산성에 영향을 주지 않으면서 비료 사용을 줄이는 방안이 필요하다. 식량을 생산하는 방법을 다시 생각해 봐야 하며, 탄소배출을 줄이면서 세계 인구를 먹여 살릴 수 있는 기술과 정책이 중요하다.

(3) 기후변화 회의론과 쟁점

온실가스가 기후변화의 직접적인 원인인지에 대해서는 여전히 명확하게 규명되지 못한 부분이 있다. 이러한 불확실성을 근거로 미국 트럼프 행정부는 인간이 지구환경 변화의 주범이라는 것을 믿지 않는다고 공언하고 파리협정도 탈퇴하였다. 일각에서는 지구온난화에 관한 과학적 설명을 쓰레기 과학(junk science)이라고 주장하는 극단적인 모습을 보이기도 한다.

지구온난화 자체가 허구라면서 이를 부정하는 완전한 기후변화 부정론자와 지구온난화 자체는 인정하지만, 과학적 증거가 부족하거나 위험성이 과장되었다고 보는 합리적 회의론자들도 있다. 자신의 과학과 이론에 기반한 합리적인 회의론자들과는 기후변화에 대한 논쟁과 대화를 하면서 함께 연구를 진행하여 기후과학의 발전을 도모할 필요가 있다.

2019년에 영국 가디언(Guardian)지는 기후변화(climate change) 대신 기후비상사태(climate emergency)나 기후위기(climate crisis), 기후붕괴(climate breakdown) 등으로 용어를 바꾸고, 지구온난화(global warming)를 지구가열(global heating)로 과학적으로 정확한 용어를 사용하여 기후위기의 위급함을 독자들과 명확하게 소통하고자 하였다. 거기에 더하여 기후변화 회의론자(climate sceptic)를 기후변화 부정자(climate denier)로 바꿔 부르기로 했다.

그러나 지구를 대상으로 지구온난화 실험을 직접 수행하는 것은 불가능하며, 복잡한 변수가 많은 지구의 기후변화에 대해서 과학적으로 규명하는 것도 쉽지 않으며 과학자 간에도 이론과 견해차들이 있어서 불투명한 점들이 존재한다. 대부분 컴퓨터 시뮬레이션에 의존하고 있는 기후변화 예측은 민감도와 불확실성이 존재한다.

기후학자들은 모든 기상이변을 최후 심판과 같은 묵시론적인 표현으로 온난화 탓으로 돌려서 사람들에게 온난화 피로현상을 유발하기도 한다. 특히 온실가스 농도가 증가하면 지구 기온이 5°C이상 올라가고 상승한 해수면에 인류 문명이 붕괴할 것이라는 극단적인 주장을 내세우는 것도 대중의 피로감과 기후변화를 불신하게 만드는 요인으로 작용하기도 한다.

지금까지 기후변화를 부정하면서 지구온난화 원인으로 제시된 근거들은, 태양흑점

활동에 의한 영향, 지구가 소빙하기에서 벗어나면서 나타나는 자연스러운 온난화 현상이라는 지구 순환주기이론, 저개발국들의 발전을 막으려는 선진국들과 기후산업 종사자, 극단적 환경주의자들의 합작품이라는 음모론 등이 있지만, 대부분 반론과 검증을 거쳐 설득력을 잃었다.

다만 공기 중의 0.04%밖에 안 되는 이산화탄소보다는 수증기의 양 되먹임(positive feedback) 효과가 온도상승에 더 큰 영향을 미친다는 주장과, IPCC에 모여 있는 과학자와 정치인들이 확실한 과학적 증거나 증명 없이 온실가스가 지구온난화의 원인이라고 내린 합의에 대해서는 논란의 여지를 남기고 있다.

1) 수증기 영향

수증기(water vapor)는 최대의 온실가스이며, 이산화탄소보다 온실효과가 2~3배가 크다. 대기 중의 CO_2 농도는 400ppm(0.04%) 정도이지만 수증기는 1~4만ppm(1~4%)에 이른다.

그러나 수증기가 온실가스 효과에 가장 크게 기여하지만 대기 내의 수증기량은 배출량이 아니라 기온에 의해서 조절되기 때문에 수증기는 기후변화 강제력이 아니라 되먹임 매개체(feedback agent)로 간주한다. 즉, 기온이 상승하면 수증기량이 증가하고 늘어난 수증기는 온실가스로 작용하여 기온 상승을 증폭시키며, 이것을 수증기 양 되먹임(positive feedback)이라고 부른다.

그러나 수증기의 대기 잔류시간은 10일 정도이고, 수증기는 응축성(condensable)이어서 습도가 높아지면 물방울이나 얼음 입자로 응결되어 비나 눈으로 내리게 되어 일정 수준의 농도로 자동 조정된다. 이것을 음 되먹임(negative feedback)으로 부르며 이와 같은 강우 시스템으로 지구의 온도를 평형으로 안정화하기 때문에 장기적인 온실가스 효과에는 크게 기여하지 않는 것으로 분석한다.

일 년에 2ppm(100만개 공기 분자 중에 가운데 2개) 증가하는 이산화탄소 입자가, 지표에서 반사되는 적외선이 우주로 빠져나가지 못하도록 해서 지구 기온을 오르게 한다는 것은 직관적이나 감각적으로 이해하기가 쉽지 않다. 수증기의 영향을 과소평가하고 이산화탄소 배출에만 관심을 두고 있다는 비판이 제기될 수 있는 상황이다.

온실효과는 적지만 이산화탄소가 수증기 온도를 올리는 방아쇠(trigger) 역할을 하며, 수증기가 온실가스 효과를 주도한다는 이론도 있다. 즉, 산업화로 인해 증가한 이산화탄소가 지표면과 대기 온도를 높였으며, 높아진 대기 온도가 수증기량을 늘려서 온실효과를 키우기 때문에 지구온난화가 진행된다는 것이다.

지구의 수증기량은 인위적으로 조절할 수가 없고, 피드백시스템에 의해 지구 온도

평행을 유지하기 때문에 장기적인 온실가스 효과에 기여하지 않는다면, 이산화탄소 농도가 280ppm에서 450ppm으로 겨우 0.017%(170ppm) 증가하는데 지구 온도가 2℃ 증가할 수 있느냐는 부정적인 의문의 해소가 필요하다.

(그림4.35)에서 1981~2010년 동안의 지구 절대습도(specific humidity)가 계속 증가하는 것을 보이면서 습도 역설(humidity paradox)을 설명하고 있다. 지구가 따뜻해지면서 지구 표면에서 더 많은 물이 증발하여 더 따뜻한 공기가 더 많은 수증기를 보유하는 것을 보인다. 일반적으로 공기는 온도 1℃ 상승 시 7%의 수분 함량이 증가한다.

수증기 평균 농도 증가가 지구 온도상승에 영향을 미치는 온실효과는 아직은 불명확하지만, 공기 중의 수분량이 높아지면 강수량이 증가하고, 허리케인과 같은 극한 상황에서는 더욱 위험도를 높인다. 또한 습도가 높으면 매우 더운 날에 열 스트레스(heat stress)의 위험을 높일 수 있다.

MIT 공대의 리처드 린젠 교수는 "온실효과로 인한 지구 온도상승은 맞지만, 그 상승 폭은 미미한 수준이며 인류에 대한 위협이 되지 않는다. 온실효과는 수증기와 구름에 의해서 발생하며 이산화탄소, 메탄, 아산화질소 등의 영향은 거의 없다. 일부 기후모델은 지구 온도상승 폭의 한계치를 3℃로 추정하고 있지만, 이조차도 그다지 위협적인 수준은 아니다."라고 주장하고 있다. 더불어서 "일부 정치인들은 특정한 정치적 목적을 위해 과학연구에 개입하거나 자금을 제공하고 있으며, 과학계나 심지어 유엔까지도 이를 좌시하고 있다"라고 비판하고 있다.

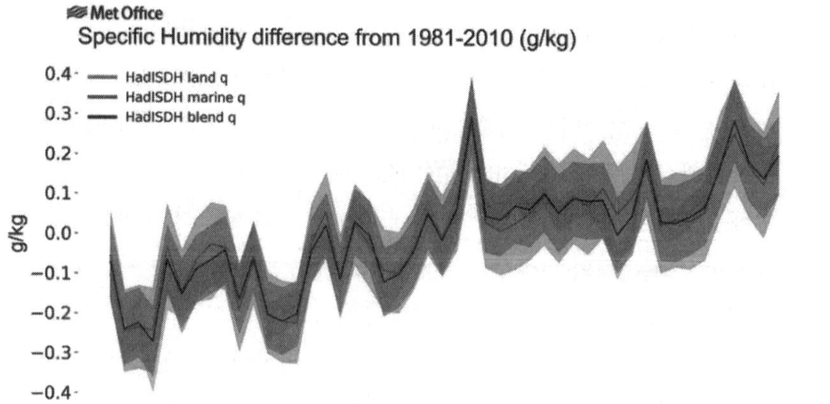

그림 4.35 1981~2010년 동안 지구 절대습도 변화(지표(green), 해양(blue), 세계평균(dark blue))

출처: "Guest post: Investigation climate change's humidity paradox", Dr. Kate Willett of Met Office Hadley Centre, carbonBrief, 2020.12.1.

4.3. 탄소중립 달성을 위한 주요기술

(1) 탄소포집·이용·저장(CCUS)기술

1) CCUS 기술에 대한 평가 논란

CCUS 기술에 대한 평가는 그 어느 때보다 첨예하게 엇갈리고 있다. IEA와 IPCC 등 주요 국제기구는 2050 넷제로 달성을 위해 CCUS가 필수적으로 필요한 기술이라고 강조하고, 탈탄소화뿐만 아니라 자원순환을 촉진하는 중요한 역할을 할 수 있다고 주장한다. 또한 그레이와 블루수소 공급에서도 CCUS가 핵심적 역할을 할 것으로 전망하고 있다.

현재 CCUS는 낮은 기술 완성도와 미흡한 가격 경쟁력, 높은 정책 의존도, 저장소 확보의 어려움, 사회적 수용성 등 여러 과제를 안고 있다. 그러나 연구개발비 투자와 정부의 정책적 지원을 통해 이러한 한계를 점차 극복할 수 있을 것으로 기대한다.

반면 CCUS에 대한 기대가 커질수록 우려의 목소리도 높아지고 있다. 가장 오랜 기간 CCUS 사업을 추진해 온 미국 내에서도 경제성과 실효성, 환경성 논란이 끊이지 않고 있으며, 대규모 상용화를 위해 천문학적인 비용이 수반되는 데 비해서 실제 CO_2 감축효과는 기대에 미치지 못한다는 지적이 많다. 전과정평가(LCA)에서도 CO_2의 감축 효과가 기대보다는 적다는 분석도 제시되고 있다.

극단적인 비판 의견으로는, 탄소포집 기술은 현실성이 없는 과장된 기술인데도 불구하고 마치 기후위기를 해결해 줄 유력한 기술인 것처럼 환상에 쫓겨서 자본가들과 국가들이 이 기술에 투자하고 있다고 비판한다. 탄소포집 기술은 기존 사회·경제 체제에는 손상이나 변화를 전혀 주지 않고도 기후위기에 대처할 수 있다는 잘못된 신호를 주어, 정부나 정치가들에게 기후위기 대처를 위한 모험이나 부담을 주지 않기 때문에 선호할 수밖에 없다고 주장한다.

탄소포집 기술이 실현되면 기후위기는 전혀 걱정할 필요가 없으므로, 사람들로 하여금 기후위기에 당장 대응하지 않아도 되는 빌미를 주며, 자본가들 역시 조만간 탄소포집 기술이 상용화될 것이라는 핑계를 대며 화석연료의 사용을 계속하려고 한다. 즉, 탄소포집 기술은 기후위기 대응을 가로막는 방해물 역할을 한다는 것이다.

재생에너지는 단기간에 화석연료를 대체할 만큼 급속하게 성장하기는 어려우며, 간헐성 문제도 극복해야 하는 숙제가 있기 때문에 재생에너지만으로 2050 탄소중립을 실현하는 것은 어렵다. 따라서 원자력과 함께 CCUS 기술을 적용한 화석연료 사용과 수소연료 제조를 병행하면서 순차적으로 재생에너지 중심 체제로 전환하는 전략이 현실적이라는 견해도 힘을 얻고 있다.

CCUS 기술에 대한 과도한 기대와 기술 낙관주의에 의존해 현재의 책임을 불확실성이 큰 미래기술에 전가하는 것은 경계하여야 한다. CCUS 기술이 모든 온실가스 문제의 해답이 될 수 없으며, 지역과 국가의 여건에 따라 CCUS가 감당할 수 있는 기여 범위를 합리적으로 설정해 추진해야 할 것이다.

2) CCUS 기술개요와 개선점

CCUS는 CCS(Carbon Capture Storage)와 CCU(Carbon Capture Utilization)를 합한 개념이다. 이산화탄소를 포집하고, 포집된 이산화탄소를 저장하거나, 이산화탄소를 필요한 곳에 이용(사용)하는 기술을 의미하며 화석연료의 연소로 방출되는 이산화탄소를 공기 중으로 방출되지 못하게 하는 기술을 의미한다(그림4.36).

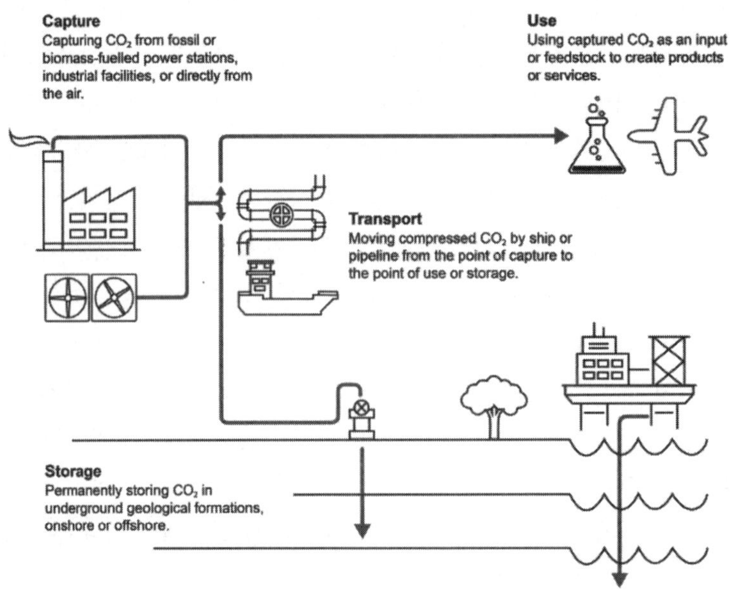

그림 4.36 CCUS 기술 개요 설명도

출처: Energy technology perspectives 2020, Special report on carbon capture utilisation and storage, IEA, 2020.9.

2023년 기준으로 전 세계에는 45여 개의 CCUS 시설이 상업용으로 가동되고 있으며, 이 중 절반은 미국에서 운영되고 있다. 천연가스 생산과정에서 발생하는 CO_2 포집 시설이 가장 많다.

CCUS 초기시장은 아직은 낮은 기술 완성도와 부족한 기술경쟁력, 높은 정책 의존도를 가지고 있다. 2023년 CCS 기술로 처리한 온실가스는 약 4,900만톤으로 글로벌 CO_2 배출량의 0.1%에도 못 미치지만 2050년에는 56억톤으로 증가할 전망이다.

IEA는 2020년의 EPT 보고서에서 2070년의 CCUS의 CO_2 삭감 기여도를 15%로 예측하고, 2021년의 Net Zero 보고서에서는 2050년에 18%로 전망하고 있다. 우리나라는 2030 NDC 달성에 CCUS는 3.8%를 기여하며, 2050 탄소중립 달성에는 12.3%까지 높아질 것으로 기대한다.

또한 CCUS는 블루수소 생산에 중요한 역할을 할 것으로 예상한다. 천연가스를 개질하여 그레이수소를 생산할 때 부산물로 발생하는 CO_2를 포집하여 처리하면 저탄소수소인 블루수소로 전환된다. 현재는 그레이수소가 90% 이상 생산되지만, 2050년에는 그린수소 62%, 블루수소 38% 생산을 전망하고 있다.

CCS의 가격 경쟁력이 그린수소 시대로 가기 위해서는 매우 중요한 역할을 하게 된다. 에너지까지를 적용한 비용분석(LCOE; Levelised Cost Of Energy)을 보면 그린수소가 $6/kg이며 블루수소는 $2/kg 수준이다. 그린수소 목표가격인 $1.5/kg에 도달하기까지는 블루수소가 그린수소로 가는 교두보 역할을 할 것으로 기대된다.

(2) 직접공기포집(DAC; Direct Air Capture) 기술

UNIPCC에서는 탄소중립 달성을 위해서는 탄소 배출량을 줄이기 어려운 분야의 배출량을 상쇄하기 위한 탄소 제거(CDR; Carbon Dioxide Removal) 기술의 사용이 불가피하다고 지적하고 있다.

DAC는 CDR의 중요한 기술 중의 하나로서, 대기 중의 온실가스를 직접 포집해서 CO_2 농도를 영구적으로 감소시켜 주는 탄소 네거티브(carbon negative) 기술이며, 발전소와 같은 CO_2 배출 시절과는 무관하게 어느 장소에도 설치할 수 있다. DAC는 거대한 팬(fan)으로 공기를 흡입하고, 흡입된 공기 중에서 CO_2만을 물리·화학적으로 분리해서 포집하는 기술이다.

그러나 대기 중의 CO_2 농도는 0.04%(400ppm)밖에 되지 않기 때문에 이렇게 낮은 농도의 CO_2를 선별해서 포집하는 것은 상당히 어렵다. 또한 99.96%의 공기를 함께 빨아들여야 하므로 포집 과정에서 엄청난 전력을 필요로 하며, 발전 단가가 높은 재생에너지 전기를 사용하면 경제성이 떨어질 수밖에 없다.

2023년 현재 전 세계적으로 18개의 DAC 시설이 운영되고 있으며, 연간 포집할 수 있는 CO_2양은 만1천톤 규모로 미미한 수준이다. 또한 DAC의 CO_2 포집 비용은 톤당 $250 ~600 수준으로 CCS의 $60/톤에 비해서도 너무 높아서 경제성이 떨어지는 약점이 있으며, 향후 $100/톤을 포집 비용 목표로 잡고 있다.

탄소 제거는 필요하지만, DAC 기술은 비용 대비 효과가 너무 떨어지기 때문에, 재생에너지 시설 등에 투자하는 것이 더 나은 전략이라는 주장도 제기되고 있다.

그러나 탄소중립에 DAC 이외의 다른 CDR 기술이 기여하기에는 시간이 부족하며 DAC의 경제성을 높이고 보편화하면 기후위기를 늦추는 게임 체인저가 될 수 있다고 평가하면서, 투자를 확대하고 있다.

스위스 클라임웍스(Climeworks)가 북아일랜드에 연 3,500톤을 제거할 수 있는 세계 최대의 DAC 시설인 맘모스(Mammoth)를 가동하고 있으며(그림4.37), 캐나다 카본엔지니어링(Carbon Engineering), 미국 글로벌서모스탯(Global Thermostat) 등도 대표적인 기업이다.

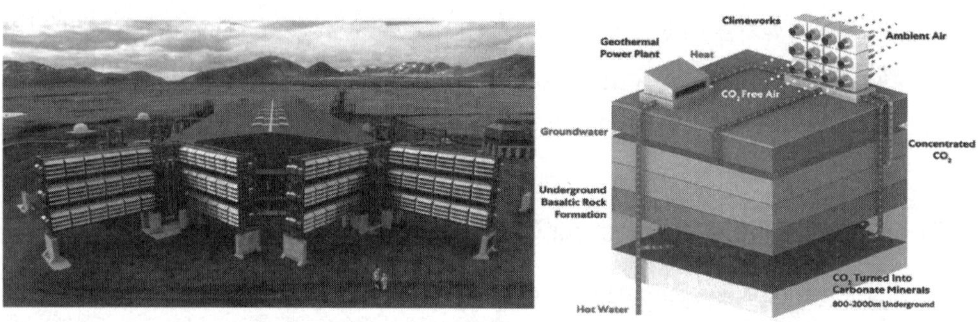

그림 4.37 Climeworks의 DAC 맘모스(좌)와 포집 원리(우)

출처: "연 3만6,000톤 제거 클라임웍스, 세계 최대 탄소포집시설 '맘모스' 가동 시작", 윤원섭 기자, Greenium, 2024.5.10.
"How direct air capture works (and 4 important things about it)", Jennifer L, Carbon Credit, 2022.6.2.

(3) 지구공학

온실가스 감축 대책이 적극적으로 추진되고 있으나, 각국이 합의한 온난화 억제 목표 달성 전망은 여전히 밝지 않다. 국가별 NDC 2030 온실가스 감축 계획은 지구온난화를 억제하기에는 부족하며, 모든 나라가 감축 계획을 100% 이행한다는 가정 역시 현실성이 떨어진다.

이처럼 기후변화 대응에 대한 우려가 커지면서, 과학자들은 지구 온도를 낮추거나 대기 중 온실가스를 제거할 수 있는 다양한 방안을 제안해 왔다. 이러한 방안은 크게 두 가지 범주로 나누어진다.

첫째는 지구가 태양에너지를 반사하는 반사율(Albedo)을 높여서 지구 온도를 낮추는 방법이다. 반사율을 1.5~2%만 높여도 온실가스 농도 상승에 따른 온난화를 상쇄할 수 있다고 주장한다. 태양복사관리(SMR; Solar Radiation Modification) 기술로 지구에 들어오는 태양에너지 자체를 줄이자는 것이다.

둘째는 자연계에서의 CO_2 흡수능력을 인위적으로 높이거나 별도의 장치를 사용하여 대기 중의 CO_2를 직접 제거하는 방법이다. 두 방식 모두 지구와 기후, 생태계의 물리적·화학적 특성을 조작(manipulation)한다는 관점에서 지구공학(geoengineering) 또는 기후공학(climate engineering)으로 불린다.

성층권에 에어로졸을 뿌리고, 우주 공간에 대형거울을 설치하여 태양 빛을 반사하는 우주 거울(space mirror)이나 우주 태양 차단막(space sunshade) 설치, 사막에 반사 플라스틱을 덮어 태양광을 반사, 해양에 철분 비료를 쏟아붓는 것들을 포함한다.

노벨상 수상자인 대기화학자 폴 크루첸(Paul Crtzen)은 지구 성층권에 이산화황과 같은 황화물 에어로졸 150만톤을 살포하여 태양에너지를 우주 공간에 반사하면 온실가스 농도 550ppm 수준의 온난화를 상쇄할 수 있다고 주장했다. 그러나 이산화황 입자는 지구 오존층을 손상하고 산성비로 생태계에도 악영향을 끼칠 수 있는 위험성이 있다. 이산화황 대체제로 탄산칼슘을 뿌려서 햇빛을 차단해서 온도상승을 억제하는 성층권통제섭동실험(SCoPEx; Stratospheric Controlled Perturbation Experiment)도 하버드대 연구팀에서 추진되고 있다. 그러나 이 또한 대기의 산성화를 촉진해서 산성비를 내리게 해서 피해를 준다는 우려가 있다.

하늘에 바닷물을 공급하여 구름의 양을 증가시키면 구름 반사율이 높아져서 햇빛을 더 많이 반사하는 아이디어도 있다.

이산화탄소 포집 방안 가운데는 해양의 식물성 플랑크톤 성장을 촉진하는 철 성분과 같은 영양물질을 살포하면 이산화탄소를 흡수하는 광합성 과정이 활발해지고, 공기 중의 이산화탄소를 대량 흡수하며 급속히 증식한다. 이들이 바다 밑으로 가라앉으면서 이산화탄소를 해저에 격리할 것이란 아이디어다. 그러나 얼마나 많은 이산화탄소를 포집할지 알기 어렵고, 산화질소나 메탄과 같은 다른 온실가스 농도를 증가시킬 가능성이 있으며, 해양 산성화를 증가시킬 위험도 있다는 경고가 나온다.

바다에 잿물과 같은 성분인 수산화나트륨을 투하하여 바다 표면을 알칼리성으로 만들어서 대기 중의 CO_2를 흡수하게 하는 시도도 계획되고 있다.

탄소배출을 상쇄(Carbon Offsets)시키기 위해서 나무나 옥수숫대와 밀짚과 같은 농업 부산물을 깊은 바닷속에 그대로 집어넣거나 숯으로 만든 뒤 땅속에 묻는 방안도 제안되고 있다. 대기 중의 이산화탄소는 식물에 흡수돼 탄소로 바뀌었다가, 식물이 죽어 부패하는 과정에서 다시 이산화탄소로 대기 중에 방출되는 순환 과정을 반복하며, 이 순환을 차단하거나 순환하는 속도를 늦추자는 아이디어다.

이와 비슷한 개념으로 1990년대부터 논의가 시작해서, 2018년에 IPCC가 강조한 바이오에너지포집저장(BECCS; Bioenergy and Carbon Capture Storage) 기술이 있다.

BECCS는 바이오에너지와 CCS를 결합한 온실가스 마이너스 배출(negative emission) 대책으로, 화석연료 대신 농작물이나 나무 등의 바이오연료를 사용하여 연소시킬 때 발생하는 CO_2를 포집하고 저장하는 기술이다.

농작물이 광합성을 통해 공기 중의 CO_2를 흡수하도록 하고 농작물을 수확해서 바이오에너지를 생산하고, 바이오에너지를 사용할 때 나오는 CO_2를 공기 중으로 배출하지 않고 포집하여 저장(CCS)하면 결과적으로 공기 중의 CO_2를 흡수하여 제거하는 마이너스 배출이 된다.

수자원 고갈과 생물 다양성 손실, 식량부족 문제 등을 고려하면 BECCS로 줄일 수 있는 CO_2양은 연간 8억8천톤 수준으로 추산되며, 2020년 화석연료 연소에서 발생하는 CO_2 306억톤의 3% 수준이다.

그러나 이와 같은 지구공학 방안들은 기술적으로 일부 가능하다고 해도 적용하기가 쉽지 않다. 예기치 못한 부작용과 막대한 비용에 따른 경제적 타당성 문제와 함께 지구 시스템을 교란할 수가 있기 때문이다. 또 이 기술은 마약과 같아서 한번 쓰면 계속 써야 한다는 문제점도 있다.

지구공학 반대론자들이 가장 우려하는 것은 알베도 조작으로 지구 온도를 관리하다 문제가 생겨 중단하는 상황이 발생하면, 누적된 온실가스에 의한 온난화 효과가 한꺼번에 분출되면서 기후시스템에 큰 혼란이 빚어질 수가 있기 때문이다. 또한 과학의 힘을 이용한 손쉬운 해결 방법이 있다는 인식이 커지면 지금과 같은 힘든 온실가스 감축 노력을 지속하도록 설득하기가 어려워져서 온실가스 감축 노력을 저해할 수 있다는 우려도 크다. 지구공학 연구가 많은 진전이 있었고 모델링도 발전했지만, 이를 실행했을 때의 부작용과 또 다른 기후위기를 불러올 수도 있는 잠재적 위험에 대한 더 많은 경험적 증거가 필요하다.

반면, 지구공학 찬성론자들은 인류가 최악의 상황을 피하면서 온실가스를 감축할 시간을 벌어줄 수 있는 수단이라고 주장하지만, 그동안은 공개적인 논의는 금기시됐다. 그러나 그동안의 온실가스 감축 경과가 기대만큼 추진되지 못하면서, 지구공학에 대한 관심이 높아지고 위상도 올라가고 있다.

미국 국립과학원(NASEM)이 2015년에 발표한 기후개입 보고서(Climate Intervention: Carbon dioxide removal and reliable sequestration and climate intervention: Reflecting sunlight to cool earth)에서 "최악의 기후변화를 피하고자 이산화탄소 제거 기술을 적용해야 할 필요성이 점점 증가하고 있으며, 연방 기관들이 연구개발을 지원해야 한다"라고 권고했다. 또 알베도 조작에 대해서도 "기후를 바꿀 수 있을 규모로 현시점에서 적용돼서는 안 되지만, 연구 프로그램은 발전시키고 실행해야 한다"라고 권고했다.

IPCC의 2014년 제5차 종합보고서에서는 지구공학 이산화탄소 제거(CDR)와 태양복사관리(SRM)를 평가한 뒤 "이산화탄소 농도를 의미 있게 감소시키기 위해 이산화탄소 제거 기술을 광범위하게 장기적으로 적용할 필요가 있다"라고 밝혔다. 특히 CDR 기술의 하나인 BECCS를 온난화 억제에 필요한 핵심 수단의 하나로 꼽았다.

2023년 3월에 유엔환경계획(UNEP)의 전문가 패널에서는, 현재로서는 중단기적으로 대규모 지구공학 해법을 현장에 배치하는 것은 타당하거나 현명하지는 않지만, 지금의 기후행동이 불충분할 때는 이런 견해를 바뀔 수 있는 것으로 발표하였다.

현재는 지구공학 기술과 관련된 국제사회의 일치된 의견이나 규범이 없는 상태이지만, 문제는 지구공학 실험이 이미 세계 각지에서 진행되고 있다는 것이다. EU 집행위는 지구공학 기술이 논의되는 것은 위험이 상당하다는 것을 뜻하며, 관련 규제의 필요성을 피력하면서 위험성과 가능성 모두를 논의할 수 있는 국제회담을 제안하기도 했다.

미국 국립과학원에서는 2021년 보고서(Reflecting sunlight: Recommendations for solar geoengineering research and research governance)에서 태양지구공학 연구의 추진과 2억달러 예산 지원을 제안하였다. 이에 따라 조 바이든 행정부가 2022년 연방 예산법에 지구공학 연구에 2억달러를 최초로 지원하였으며, 2022년 10월에 미국 백악관 과학기술정책실(OSTP)에서 태양지구공학 기술 타당성 평가를 위한 5개년 계획을 수립하였다.

미국 정부가 연구예산을 지원하면서 지구공학 연구에 대한 움직임이 시작되었지만, 지구공학 실험의 부작용과 불확실성, 위험에 대한 불안감과 우려를 불식시키면서, 미래 기후 문제가 최악으로 치닫는 것을 방지할 수 있는 보조수단과 대체 처방으로써 과학에 근거해서 대비할 수 있도록 연구를 발전시켜야 할 것이다.

5장.
미래친환경자동차 시대
- 전기차와 수소연료전지차 -

자동차회사들은 온실가스 배출규제를 지구온난화 대응을 위한 불가피한 선택으로 받아들이며, 내연기관자동차 종식과 전동화 전환을 피할 수 없는 흐름으로 인식하고 있다. 그러나 전기차 가격은 여전히 높아 정부 보조금 없이는 소비자 부담이 크고, 트럭이나 버스 등 대형차와 고성능 모델의 전동화에도 기술적·경제적 한계가 존재한다. 국가별 전기차 충전인프라 구축 속도 격차도 여전히 크다.

전기차 가격과 함께 전기요금도 중요한 변수로 떠오르고 있다. 유류비 연동제, 기후·환경 요금제도, 재생에너지 기반의 무탄소 전력 전환 등은 전기요금 상승 요인으로 작용할 수 있다.

자동차 시장을 둘러싼 국제 경쟁도 치열하다. 미국과 유럽은 전기차 시장을 주도하고 있는 중국을 견제하며 자동차 산업의 패권을 놓고 치열하게 경쟁하고 있다. 자동차회사들은 배터리의 안정적인 공급과 수익성 확보를 위해 배터리 내재화를 추진하고 있으며, 이 과정에서 배터리 제조사와의 협력과 경쟁이 동시에 전개되고 있다. 또한 차세대배터리로 주목받는 전고체배터리와 기존 리튬이온배터리의 경쟁은 향후 배터리 시장 구도를 바꾸며 전기차 경쟁의 핵심 변수가 될 전망이다.

2022년 이후 전기차 판매가 기대에 못 미치면서 '전기차 캐즘' 현상이 나타났고, 전기차 전환속도를 둘러싼 회의론이 제기되고 있다. 전기차만을 탄소중립의 유일한 해법으로 보는 시각에 대한 반론이 늘면서, 하이브리드차나 플라그인하이브리드차(HEV/PHEV), 재생순환 친환경연료 등을 포함한 다양한 대안을 고려해야 한다는 전환속도 조절론이 힘을 얻고 있다.

캐즘 극복을 위해서, 보조금 지원을 중단하거나 줄여온 정부 정책의 재검토 요구도 커지고 있다. 2025년이면 전기차와 내연기관자동차의 가격이 같아질 것이라는 가격 패리티(price parity) 전망이 흔들리면서, 보조금에 의존하지 않는 시장 체제를 언제, 어떻게 구축할 수 있을지에 대한 고민이 필요하다.

전기차와 수소차가 미래차의 주역이 될 것이라는 전망에는 큰 이견이 없지만, 한편으로는 이퓨얼, 바이오연료 같은 탄소중립 연료와 수소, 암모니아와 같은 무탄소 연료를 활용한 내연기관자동차도 일정 기간 공존할 수 있다는 주장도 제기되고 있다.

1절 | 미래자동차 전망

(1) 자율기반 친환경자동차 시대로 이행

자동차는 이제 친환경성, 안전성, 편의성을 동시에 충족해야 하는 시대로 접어들었다. 주요국들은 환경과 연비 및 안전 규제를 강화하고 있으며, 이에 따라 자동차회사들은 내연기관의 효율을 높이는 한편 전기자동차를 중심으로 한 친환경저탄소자동차를 개발하고 있다.

지구온난화에 따른 기후위기를 막기 위해 온실가스의 주 배출원인 화석연료 사용을 중단하고, 석유나 가스 등의 화석연료를 사용하는 내연기관자동차를 퇴출하고 있다. 이에 따라 지금까지 자동차의 주 동력원으로 사용되어 오던 내연기관은 이차전지(battery)와 수소연료전지(fuel cell)로 대체되면서, 전기전동화 기반의 전기자동차와 연료전지자동차 시대로 전환되고 있다.

자동차 동력원의 변화와는 다른 축으로 자동차 사고를 줄이고 편의성을 높이는 자율주행차 기술도 빠르게 발전하고 있다. 자율주행 기술은 센서와 모터가 장착된 전기차를 기반으로 하면 구현이 쉬우므로 전기차 기반의 자율주행차 시장으로 성장하고 있다.

전자, 정보통신기술, 반도체기술, 인공지능기술이 하드웨어와 소프트웨어로 접목되고, 5G와 같은 통신 인프라가 확장되면서 자율화와 연결성을 극대화하고 있다. 이런 추세에 따라서 자동차는 이제는 단순한 이동 수단을 넘어서 생활공간과 이동성을 결합한 수단으로 변모하며, 자동차산업의 패러다임은 전기동력 기반 자율주행차 중심으로 급속하게 전화하고 있다.

자동차 산업은 제조업을 넘어 종합 모빌리티 산업으로 진화하고 있으며, 하드웨어 중심의 기계제조와 판매의 틀을 넘어 소프트웨어 중심으로 전환되고 다양한 서비스까지 제공하는 구조로 확장되고 있다. 자동차는 주요한 인터넷 디바이스로서 통신과 사물인터넷(IoT)을 결합한 커넥티드카(Connected Car), 스마트카(Smart Car)로 발전하고 있다. 더불어서, 공유경제 개념이 자율주행기술과 맞물려서 개인이 차량을 소유하지 않고 기업이 소유한 자동차를 필요할 때마다 이용하면서 수송 자체가 서비스로 인식되는 미래형 운송 서비스인 MaaS(Mobility as a Service)도 등장하고 있다.

미래자동차는 환경오염과 교통체증, 교통사고 개선과 함께 우리의 일상생활 자체를 변화시키는 모빌리티 산업의 핵심으로 자리 잡아가게 될 것이다.

동력원의 변화는 내연기관 기술을 버리고 전기와 수소연료전지로 대체하는 기술전환을 의미하며, 자율주행기술은 기존 자동차 기술에 IT와 AT를 접목하여 심화 발전시키는 자동차 기술혁신의 관점에서 바라보게 된다.

(2) 내연기관자동차 퇴장과 전기차 부활

2007년 4월에 IPCC의 4차 평가보고서(기후변화 2007)에서 "기후온난화는 명백하며, 온실가스 농도 증가가 원인이다."라고 규정하면서 온실가스 저감을 위한 범지구적 논의가 시작되었다. 이후 2015년 12월 신기후체제 기반의 파리협정(Paris Agreement)에서 "화석연료 사용 종식(The end of the fossil fuel era)"이 선언되면서 내연기관자동차 운행중단과 퇴출 시나리오가 구체화되었다.

2000년에 매연여과장치 적용으로 매연을 크게 줄인 클린디젤차는 휘발유차보다 온실가스 배출이 적어 기후변화 대책에 적합한 자동차로 홍보되며 미국 시장에 진출하였다. 휘발유 승용차 중심의 시장을 변모시킬 게임 체인저로 주목받으면서 경유차 시대의 도래에 대한 기대를 모았다.

그러나 2015년에 폭스바겐의 NOx 저감장치 조작 사건인 '폭스바겐 스캔달'이 미국에서 발생하면서 경유 승용차에 대한 신뢰가 무너졌다. 경유차에서 배출된 질소산화물(NOx)에 의해서 생성되는 2차 미세먼지가 대도시 공기 악화의 원인으로 지목되면서, 어렵게 쌓은 클린디젤의 명성과 믿음에 대한 배신감으로 경유차에 대한 불신이 급속하게 확산되고 시장에서 퇴출당하는 지경까지 이르렀으며, 이는 내연기관자동차 판매 중단 움직임까지 이어졌다.

2009년에 일본 미쓰비시는 아이미브(i-MiEV) 전기차를 양산하며 내연기관자동차 퇴출에 불을 붙였다. 이어 2017년 미국 테슬라(Tesla)의 모델3 전기차가 큰 성공을 거두면서 전기차가 자동차 시장에서 내연기관자동차를 대신할 수 있음을 입증하였으며, 2012년부터 전기차 산업을 육성한 중국은 BYD를 중심으로 세계 전기차 시장을 견인하는 중심축으로 부상하였다.

이런 추세에 맞추어서 유럽 각국은 2016년부터 내연기관자동차 판매금지 일정을 속속 발표하였다. 노르웨이가 앞장서서 2025년부터 내연기관자동차 판매금지를 결정하고 네덜란드, 영국, 스웨덴, 덴마크가 2030년부터 판매금지를 발표하였다. EU 집행위원회는 2030년까지 신차의 탄소배출을 55% 감축하고, 2035년에 내연기관 판매를 금지하는 핏포55(Fit for 55) 입법안을 2021년에 발표하면서 내연기관자동차의 퇴출을 공식화했다.

각국 정부의 온실가스 규제 강화와 친환경자동차 보급정책에 발맞추어 자동차회사들도 내연기관자동차 생산 중단과 전기자동차 신규 투입 계획들을 내놓았다. 가장 먼저 볼보(Volvo)가 2017년에 '내연기관자동차 종말'을 선언하며 2019년부터 순수 내연기관자동차 자동차 생산을 중단했다. 이어 폭스바겐(VW)은 2018년, 세계 최초로 내연기관자동차를 발명하고 내연기관 기술을 주도해 온 독일의 메르세데스벤츠도 2019년에 향후 20년 내 내연기관자동차 생산을 중단하겠다고 선언하면서 전기차 중심의 탄소중립 실현을 선언했다.

이제 자동차 산업은 내연기관자동차에서 전기차로 패러다임이 바뀌는 이행기(transition period)에 들어섰으며, 2030년경에는 전기차 시대의 본격적인 도래가 예상된다. 박물관 속에서 잠자던 전기차가 100년 만에 화려하게 부활하여 내연기관자동차의 자리를 위협하게 되었다.

한국과 일본은 미래 수소경제 육성을 선언하고 수소연료전지 시장을 주도함으로써 2015년 무렵에는 연료전지자동차도 미래 친환경자동차로 조명되기 시작하였다. 미국과 독일, 중국도 연료전지자동차 육성과 시장 진입을 선언하면서 수소연료전지자동차도 새로운 강자로 부상하였으며 전기자동차와 함께 미래자동차의 핵심 경쟁자가 되었다.

특히 수소연료는 에너지 운송체(energy carrier)의 역할이 주목받고 있으며, 저장성과 운송에 유리해 미래자동차의 한 축이 될 것으로 전망된다. 연료전지자동차는 전기자동차보다는 10년 정도 늦게 시장에 진입한 만큼 기술 발전과 시장 형성에 시간이 더 필요하다.

전기자동차나 연료전지자동차가 미래자동차 시장의 주역으로 자리 잡기 위해서는 차량 성능과 가격 경쟁력, 충전소 인프라 확충이 중요하며, 무엇보다 충분하고 저렴한 무탄소전기와 무탄소수소의 안정적 공급이 필수적이다.

(3) 미래자동차 전환속도

자동차 기술의 발전전망과 예측에는 언제나 시행착오와 오류가 따른다. 2000년대 초반 가장 널리 인용되던 글로벌인사이트(Global Insight)의 미래자동차 전망(그림5.1좌)에 따르면, 내연기관자동차는 점차 감소하고 그 자리를 하이브리드차(HEV)가 대신하며, 2035년경에는 수소연료전지차가 시장을 지배할 것으로 전망했다. 당시에는 전기자동차는 전망에조차 포함되지 않았다.

하지만 미국 에너지성(DOE) 산하 국립재생에너지연구소(NREL; National Renewable

Energy Laboratory)가 2011년에 발표한 미래 그린카 로드맵(그림5.1우)에서는 플라그인하이브리드카(PHEV)가 시장을 주도하다가 전기차와 수소연료전지차 시대로 넘어가는 흐름을 예측했다. 2009년 일본 미쓰비시가 아이미브 전기차를 양산하면서 전기차에 대한 기대가 급속히 커졌고, 수소연료전지차 전망은 상대적으로 약화되었다.

이후 2018년에 현대자동차가 넥쏘 수소연료전지자동차를 발표하면서 일본 도요타자동차의 미라이 수소연료전지자동차와 경쟁 구도가 형성되자, 수소연료전지자동차에 대한 관심이 다시 높아졌다. 이에 따라 미래자동차 시장은 전기자동차와 연료전지자동차의 경쟁 구도 전망으로 변하고 있다.

이처럼 과거 기술 발전의 역사에서 배울 수 있듯이 현시점에서 예측하는 미래자동차 기술 전망과 발전 방향은 얼마든지 달라질 수 있음을 알 수 있다. 예상하지 못한 새로운 기술 등장을 항상 염두에 두고, 변화에 유연하게 대응하며 미래시장을 준비하는 것이 중요하다.

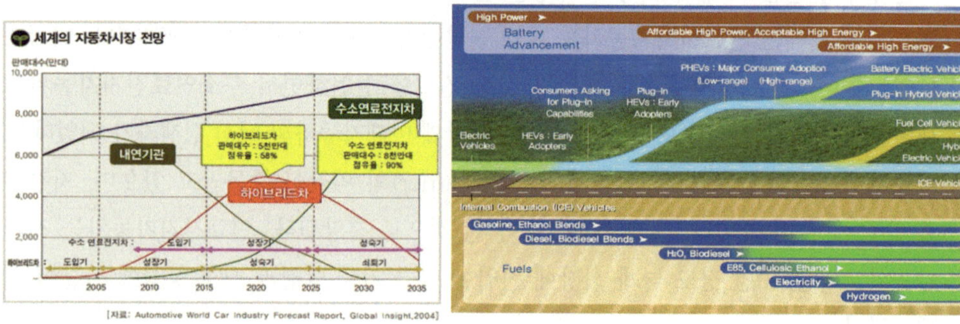

그림 5.1 2004년 글로벌인사이트 미래자동차 시장 전망(좌)과 미국 NREL의 2011 그린카 기술 로드맵(우)

출처: Automotive world car industry forecast report, Global Insight, 2004.
KATS(기술표준원) 기술보고서, 2021.7.31.

전기차 시대의 전환에는 막대한 전력 수요 증가와 함께 무탄소 전력의 확보가 필수적이며, 수소연료전지자동차도 마찬가지로 무탄소수소의 안정적 공급이 전제되어야 한다. 이는 재생에너지 기술 발전과 시장 성장과도 밀접하게 연계된다.

EU에서 추진하고 있는 2035년의 내연기관자동차 판매금지 정책에 독일과 이탈리아, 프랑스 정부가 반대동맹을 결성하여 제동을 걸었다. 이들은 전기차만이 넷제로를 위한 유일한 길로 여겨져서는 안 된다는 점을 강조하며, 기존 내연기관 엔진에 재생합성연료(e-fuel)와 수소 사용을 허용하는 방안을 제안하였다. **이러한 흐름은 미래자동차 시장이 전기자동차와 연료전지자동차로 급격하게 전환하는 것이 현실적으로 쉽지 않으**

며, 향후 상당 기간 내연기관자동차와 하이브리드자동차가 친환경자동차와 공존할 것임을 시사한다.

내연기관자동차와 엔진은 앞으로 최소 20~30년 동안 자동차 시장의 주요 수익원(cash cow)으로 남을 것으로 예상된다. 따라서 내연기관 시대에서 미래 친환경자동차 시대로 원활하게 전환하기 위해서는 정부와 산업계의 긴밀한 협력과 전략적 정책을 마련하여 추진하는 것이 필요하다.

2절 | 전기자동차(EV)

2.1. 전기차 개발역사와 시장전망

(1) 1차 전기차 시대

전기자동차는 가솔린 내연기관자동차 보다 50년 먼저 세상에 등장했다. 1837년에 영국의 데이비슨(Robert Davidson)이 갈바니전지로 구동하는 실용적인 전기차를 개발한 것이 그 시작이다. 이후 1939년 미국의 디트로이트전기(Detroit Electric)가 문을 닫을 때까지 전기차는 약 100년의 역사를 이어왔다(그림5.2).

1890년대에는 전기차, 증기차, 내연기관자동차가 치열하게 경쟁하였으며, 1900년대 초 뉴욕 등 대도시에서는 전기차가 점유율이 50%에 달할 정도로 인기도가 높았다. 전기차는 조작이 간편하고 운전이 쉬워 여성들에게 인기가 높았으며, 부유층의 시내 운전용 차량으로도 선호되었다(1장 3절 3.3 (2) 참조).

유명한 발명가인 토머스 에디슨은 전기자동차가 내연기관자동차를 이기고 미래 교통수단의 주역이 될 것이라는 믿음을 갖고 전기차용 배터리 개발에 몰두하였으나, 높은 가격과 무게, 긴 충전시간, 짧은 주행거리, 낮은 속도 등의 한계를 극복하지 못해 전기차 시대를 열지 못했다.

1950년대에는 엑사이드 배터리(Exide battery)를 개발한 내셔널유니온일렉트릭컴퍼니(National Union Electric Company)에서 최고속도 96km/h, 1회 충전 주행 1시간의 '헨니킬로와트(Hennry Kilowatt)' 승용차를 생산했지만, 휘발유차의 두 배에 달하는 가격을 극복하지 못하고 1961년에 생산을 중단하였다.

뮌헨 올림픽이 열렸던 1972년에는 BMW가 의전용 전기차(1602e)를 제작하여 배출가스와 차량 소음 없이 마라톤 경기를 촬영하고 선수들에게 물을 나누어 주는 데 활용되었다. 이후 니켈카드뮴전지(NiCD; Nickel-Cadmium Battery), 은아연전지(silver-zinc potassium hydroxide battery) 등 다양한 배터리 기술이 개발되면서 전기차에 대한 관심이 높았지만, 실제 양산으로는 이어지지 못했다. 1970년대와 1980년대의 에너지 위기 속에서도 전기차에 대한 요구는 높았지만, 상용화된 전기차는 등장하지 못했다.

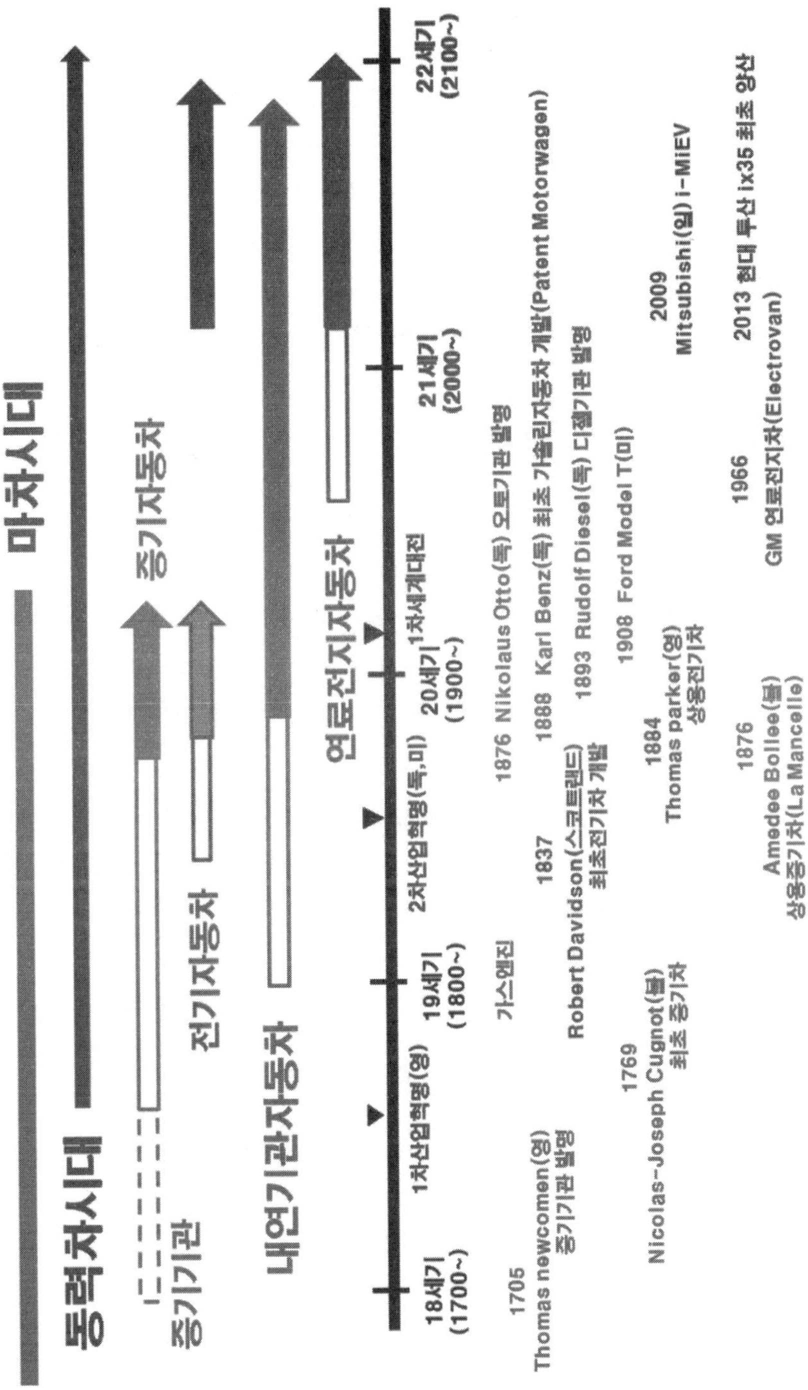

그림 5.2 자동차 기술변화 연대표

(2) 2차 전기차 시대

1980년대에 들어 자동차배출가스로 인한 대기오염이 사회적 문제로 대두되면서, 이를 근본적으로 해결할 수 있는 대안으로 전기자동차가 제시되었다. 그러나 배터리 기술의 한계로 실용화는 지연되었다. 1990년대 초반 들어 배터리 신기술의 가능성이 열리면서 미국을 중심으로 전기차 개발이 급속히 추진되었다.

캘리포니아 주정부(CARB)는 2000년경 전기차 시대가 열릴 것으로 기대하며, 자동차업계의 강한 반발에도 불구하고 1992년에 ZEV(Zero Emission Vehicle) 기준을 제정하고, 1998년부터 ZEV 2%의 의무판매를 규정하는 등 전기자동차 보급을 법으로 추진하였다.

이에 따라 GM의 EV1을 필두로, 크라이슬러의 TEVan, 포드 자동차의 Ranger EV 픽업, 일본 혼다의 EV Plus, 도요타의 RAV4 EV 등이 개발되었다. 그러나 집중적인 연구투자에도 불구하고 배터리 성능이 기대만큼 성과를 거두지 못하면서 전기자동차 기술발전이 주춤했고, ZEV 규제 시행도 2003년으로 연기되었다.

자동차회사들은 캘리포니아 시장에 전기차를 판매하면서 CARB의 요구에는 영합하는 듯하면서도 소비자들은 전기차에 관심이 없다는 인상을 주도록 충분하게 홍보하지 않는 소극적인 태도를 보였으며, CARB의 전기차 의무규제에 대한 정유회사들의 로비도 극심하였다.

GM은 1996년 납축전지(lead-acid battery)를 사용하여 주행거리 110~160km의 1세대 EV1(Gen 1)(그림5.3)을 출시하면서 전기차 시대의 문을 열었고, 1999년에는 니켈수소합금전지(NiMH; Nickel-Metal Hydride Battery)를 장착한 2세대 EV1(Gen 2)를 생산하여 주행거리 160마일(260km)을 달성하였다.

2002년까지 총 1,117대가 생산되어 임대형식으로 판매되었고, 전기차충전소도 캘리포니아에 150개가 설치되었다. 차량 가격은 34,000달러로 신기술 제품치고는 높지 않았으며, 자동차 가격을 3년간 나눠서 내는 리스 형식으로 판매되었기 때문에 구매 부담도 덜 해서, 판매량이 예상보다는 나쁘지 않았다. 충전 여건도 그렇게 나쁘지 않아서 전기차가 주목받을 수 있을 것으로 기대가 컸다.

그러나 배터리 성능이 기대만큼 향상되지 못하고 시장 수요도 높지 않아서 GM은 임대했던 전기차를 전량 회수해 폐기하고, 2003년에 EV1 프로그램을 중단하였다. 자동차회사들이 제기한 CARB의 무공해자동차 의무판매제 폐지 소송에서 승소하면서 전기차 보급정책이 힘을 잃고 전기차 시대에 대한 기대도 사라졌다. 개발비가 높은 전기차 대신 하이브리드차나 천연가스차 판매로 절충안을 끌어내면서, GM도 적자를 감수하면서 EV1 프로그램을 계속할 이유가 없어졌다.

한편, 전기차의 인기에 위기감을 느낀 정유업계의 로비로 인해 GM이 EV1 전기차를 의도적으로 폐기했다는 의혹이 제기되고, 이 사건은 "누가 전기차를 죽였나(Who killed the electric car?)"라는 다큐멘터리 영화도 나왔을 정도로 전기차에 대한 논란을 불러일으켰다.

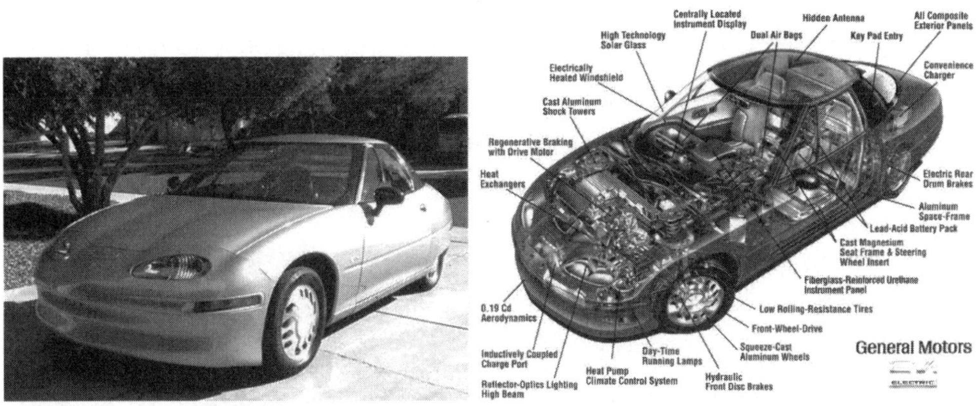

그림 5.3 GM EV1과 차량에 적용된 기술들

출처: "Here's the history behind GM's revolutionary electric car from the 90s that disappeared", Business Insider, 2016.3.
"History of the electric vehicle", Wikipedia, the free encyclopedia.

(3) 3차 전기차 시대

1974년에 영국의 휘팅엄(Stanley Whittingham) 박사에서 시작된 리튬전지 개발은, 미국 오스틴대학의 구디너프(John Goodenough) 교수, 일본 아키라 요시노(Akira Yoshino) 교수 등의 연구 성과를 거쳐, 2004년 MIT 공대의 엣밍 치앙(Yet-Ming Chiang) 교수팀이 리튬이온전지를 자동차용으로 상용화할 수준으로 발전시켰다.

2009년 미쓰비시자동차가 리튬배터리를 탑재한 아이미브(i-MiEV) 전기자동차(그림 5.4)를 양산하면서, 세 번째 전기차 시대가 본격적으로 열렸다.

2007년에는 온실가스가 기후온난화의 주된 원인으로 지목되었고, 2015년 파리협정에서 화석연료 사용 종식이 선언되면서 전기차 보급의 필요성이 커졌다. 같은 해에 발생한 폭스바겐 스캔달은 경유차 운행 중단뿐만 아니라 내연기관자동차 퇴출을 가속하면서, 전기차 보급 전환으로 급선회하게 되었다.

이후 유럽 각국이 내연기관자동차 판매금지 법안을 발표하고 주요 자동차회사들의 내연기관 개발 중단을 선언하면서, 미국 테슬라(Tesla)와 중국 BYD가 세계 전기차 시장을 견인하였다.

우리나라도 현대기아자동차가 2010년 12월에 리튬이온배터리를 탑재한 i10 기반 전기차 블루온(BlueOn)을 출시하면서 전기차 시대의 문을 열었다. 이어 2016년에는 전기차 전용 플랫폼을 적용한 아이오닉(Ioniq) EV를 출시하여 본격적인 전기차 시장 경쟁에 뛰어들었다.

전기차가 시장에 다시 등장한 지 13년이 지난 2022년에는 글로벌 신차판매의 10%를 넘어서는 가파른 성장을 기록했고, 현대차의 전기차 누적 판매도 100만대를 돌파했다.

120년 전 토마스 에디슨이 미래 교통수단의 주역으로 꿈꾸던 전기자동차가 드디어 자동차 산업의 주류로 자리 잡게 된 것이다.

그림 5.4 일본 미쓰비시자동차의 전기자동차 i-MiEV 외형과 구조

출처: "Here's the history behind GM's revolutionary electric car from the 90s that disappeared", Business Insider, 2016.3.
"History of the electric vehicle", Wikipedia, the free encyclopedia.

(4) 전기차 시장과 주요국가 정책

1) 전기차 시장 전망 시나리오

IEA에서는 2019년에 세계 각국 정부가 이미 시행하고 있는 정책과 파리협정 목표를 달성하기 위해 세계 각국이 유엔 기후변화 협약에 각국이 제출한 온실가스 감축을 위한 기여방안(NDC) 등의 모든 정책을 포함하여 정책효과를 분석한 NPS(new polices scenario)를 발표하였다.

NPS 분석 결과에서는 2040년의 총사용 에너지는 2000년에 비해 77% 증가하고, 화석연료는 63%가 더 증가할 것으로 전망되면서 온실가스가 도리어 증가하여 추가적인 대책이 필요함을 강조했다.

특히 자동차 분야에서는 전기자동차 보급을 강화한 EV30@30 시나리오를 제안하면서, 2030년의 판매 비율을 30%로 높여서 애초의 판매계획인 2천3백만대에서 3천2백만대로, 기존 누적등록전망 130만대에서 253백만대로 전기차 보급을 높일 것을 제시하였다.

이 당시에는 전기차 보급에 대한 전망은 평가기관에 따라서 불확실성과 편차가 매우 컸으며, 블룸버그가 2040년에 누적 대수 8억대로 최대로 전망했으나 BP와 OPEC을 비롯한 정유회사들은 1.5~3.5억대 보급을 전망했다(그림5.5좌).

2015년에 ICCT에서 분석한 전기차 판매 전망에 따르면, 자동차 선진국에서는 2035년부터 2045년 사이에 전기차가 100% 판매되며, 2050년에는 전 세계 전기차 판매는 신차의 90%가 될 것으로 분석한다. 그러나 20205년 블룸버그 전망에서는 2040년의 전 세계 전기차 판매는 40% 수준이며, 북유럽 국가와 중국이 70% 정도를 유지할 것으로 전망하고 있다(그림5.5.우). 2050 넷제로 경로에서는 2035년까지는 대부분 전기차가 판매되고, 2050년까지 판매되는 모든 대형트럭은 연료전지 또는 전기자동차이다.

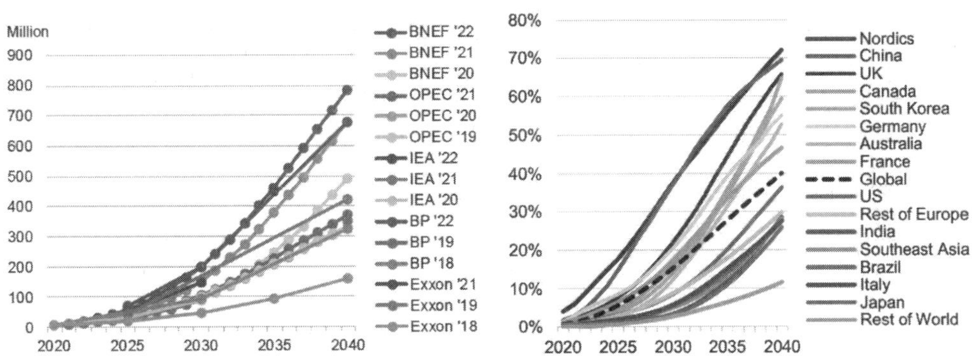

그림 5.5 전기차 보급전망(좌: 누적보급 대수, 우: 신차 판매 비율)

출처: Zero-emission vehicle factbook, A BloombergNEF special prepared for COP27, 2022.11.
Electric Vehicle outlook 2025, BloombergNEF, 2025.

2) 전기차 보급 현황

세계 전기차(BEV+PHEV) 시장은 2017년에 신차 판매의 1%를 넘어서면서 잠재력을 보이기 시작했고, 2020년을 기점으로 본격적인 성장 국면에 들어섰다. 2022년에는 전년 대비 55% 판매가 증가했으며, 2023년에도 전년 대비 35%가 늘어나 신차 판매의 15.8%를 차지하였다(그림5.6). SNE 리서치 조사에 따르면, 순수전기차(BEV) 판매도 998만대로 전체의 11.1%를 차지한다.

2023년 기준 전 세계 전기차 누적 보급 대수는 4,000만대로 전체 자동차의 2.7%를 넘어서면서 내연기관자동차에서 전기차로의 본격적인 이행기(transition period)로 들어섰음을 보여준다.

그러나 전기차 시장은 중국 60%, 유럽 25%, 미국 10%로 편중이 심하며, 미국 내에서도 절반 이상이 캘리포니아에 집중되어 있다. 따라서 전기차 붐은 아직 전 세계적인 현상이라기보다는 일부 지역 중심의 움직임에 가깝다. 전기차가 전 세계 국가와 모든 지역의 자동차 시장을 주도하기에는 많은 시간이 필요한 상황이다.

또한 젊은 층의 얼리어답터 수요만으로는 지속적인 성장을 기대하기 어렵고, 주류 중산층 소비자들의 참여가 필수적이다. 그러나 오랜 기간 형성된 중산층들의 생활 방식과 인식이 쉽게 변하지 않아 확산 속도는 예상보다 더디다.

더욱이 2023년부터 전기차 시장의 성장세가 둔화하면서 '전기차 캐즘(EV chasm)'이 나타나고 있다. 이를 일시적인 수요 조정으로 보고 곧 회복될 것이라는 전망도 있지만, 한편에서는 전기차만이 탄소중립의 유일한 해법이 아니라는 인식이 확산하고 있다. 이에 따라 HEV/PHEV와 재생순환 친환경연료 내연기관자동차를 포함하는 새로운 대안을 고려하여 전기차 전환속도를 조절해야 한다는 주장도 제기되고 있다.

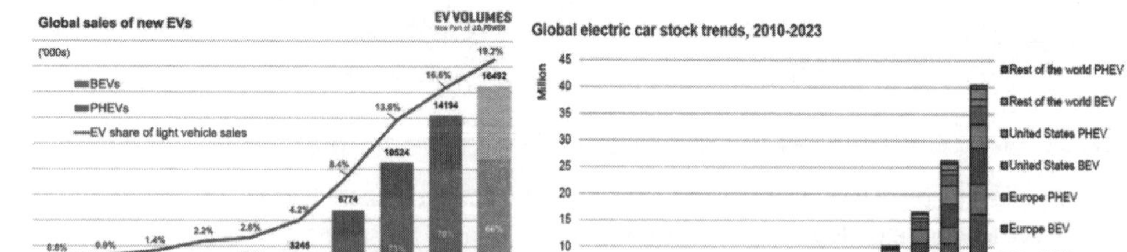

그림 5.6 전 세계 전기차(EV+PHEV) 판매와 등록대수 동향

출처: "Is the global EV market slowing down?", Autovista24 part of J.D.Power, 2024.9.3.
Global EV outlook 2024, IEA.

3) EU 정책

2025년부터 내연기관자동차 판매를 중단하겠다고 발표한 노르웨이를 필두로, 덴마크, 네덜란드, 아일랜드, 아이슬란드는 2030년부터, 프랑스, 포르투갈, 스페인은 2040년부터 판매를 중단하겠다고 발표하는 등 많은 국가가 동참하고 있다.

EU 집행위원회가 2035년에 이퓨얼(e-fuel)을 사용하는 내연기관을 제외한 내연기관자동차 판매를 금지하는 내용의 핏포55(Fit for 55) 입법안을 2023.3월에 의결함으로써 내연기관자동차 퇴출이 가시화되었다.

이와 같이 온실가스 감축을 주도하는 유럽은 전기차 보급에 가장 적극적이지만 러시아-우크라이나 전쟁 여파로 유럽지역의 전기료가 급등하였고, 전기차 캐즘에 직면하면서 전기차 인기가 급격하게 식고 전기차 시장의 성장이 둔화하고 있다.

또한 대부분의 전기차와 배터리가 중국과 한국, 일본으로부터 수입되고, 전기차 보조금도 테슬라와 BYD, 현대자동차 등 다른 나라 기업들이 혜택을 모두 가져간다는 불만이 나오면서 전기차 보조금을 축소하거나 중단하고 있다.

앞장서서 전기차를 보급하였지만, 중국을 필두로 하는 외국기업이 유럽 시장을 잠식하면서 유발된 전통 내연기관자동차 시장의 위기까지 느끼면서 더 이상 방치하지 않겠다는 강력한 전기차 산업정책을 도입하고 있다.

내연기관자동차 판매금지는 소비자의 선택권을 제약하고 물가를 자극할 수 있으며, 수천 개의 일자리를 파괴하거나 부와 고용을 창출하는 전체 산업부문을 해체할 수 있는 자기 파괴적 정책이며, 전기차가 넷제로를 위한 유일한 길이 아니기 때문에 전기차 전환속도의 조절이 필요하다는 의견이 부상하고 있다.

희토류와 리튬 등 배터리의 핵심 원자재를 2030년까지 EU 역내에서 10%를 생산하고 40%를 가공해야 하며, 15%를 재활용하는 자체적 생산과 공급망을 강화하는 내용의 핵심원자재법(CRMA; Critical Raw Materials Act)이 2024년 3월에 최종 승인되었으며, 배터리의 전주기 정보를 디지털화하는 배터리여권(battery passport) 제도도 2026년부터 시행하기로 하였다.

또한 중국 전기차에 최대 45.3%의 고율 관세를 부과하기로 2024년 10월에 결정하고, 중국의 배터리 전기자동차 가치 사슬이 불공정한 보조금 혜택을 받고 있으며 이로 인하여 EU의 생산업체가 경제적 피해를 보고 있다고 세금부과 이유를 밝혔다.

배터리 여권제도는 ESG 성과와 배터리 제조 이력, 성능 업그레이드 이력, 배터리 수명 연장 및 재활용 데이터를 담아서, 배터리의 생산, 사용, 재활용 과정을 투명하게 기록하고 관리하기 위한 시스템이다.

2025년 2월에는 자동차를 비롯한 철강과 금속, 화학 등의 에너지 산업과, 청정산업을 대상으로 탈탄소화와 경쟁력 강화를 위한 청정산업딜(Clean Industrial Deal)을 발표하였다. 이는 2019년에 발표한 그린딜(Green Deal)의 2050 탄소중립 목표를 유지하면서 산업경쟁력 강화를 통한 경제성장을 동시에 추구하겠다는 전략이다.

4) 미국 정책

미국은 2030년까지 전기차 50% 달성을 목표로 세웠으며, 캘리포니아주에서도 2035년부터 모든 승용차와 트럭을 무공해자동차(zero-emission vehicles)로 판매하도록 하는 행정명령을 내려 내연기관자동차 신규 판매를 금지함으로써 미국 전역으로 확산할 것인지 관심이 높아지고 있다.

2032년까지 전기차 67%를 판매하겠다는 바이든 정부의 새로운 온실가스기준은 세계 자동차 시장을 전기차로 이동시키는 전환점이 될 수 있을 것이다.

그러나 가장 중요한 자동차 시장인 미국에서도 중국의 전기차와 배터리 독점을 견제하기 위한 자국 중심의 전기차 정책을 강화하면서 2022년에 인플레이션감축법(IRA; Inflation Reduction Act)을 바이든 대통령이 서명하였다. IRA Section 13401에서 전기차 세액공제 조건을 담아서 친환경차 보급 확대를 위한 보조금을 북미지역(미국, 캐나다, 멕시코)에서 최종 조립된 전기자동차에 대해서만 세액공제를 받을 수 있도록 하였으며, IRA 법안 발효(2023년 1월) 즉시 효력을 발생하였다.

2024년 1월 이전에는 배터리 내 주요 부품의 50% 이상을 북미에서 제조되거나 조립된 경우 세액공제 대상이 될 수 있으며, 매년 증가하여 2029년에는 100%가 적용된다. 주요 부품으로는 셀, 모듈, 양극재, 음극재, 전해액, 첨가제 등이 포함된다. 또한 전기차 배터리 제조에 사용된 핵심 광물의 40% 이상(2024년 1월 이전)이 미국이나 미국의 FTA 체결 국가에서 추출되거나 처리되어야 하며, 2027년 이후에는 80%가 적용된다. 핵심 광물로는 리튬, 니켈, 망간, 코발트, 알루미늄, 흑연 등의 50여 종이 포함된다.

중국을 견제하고 미국 중심의 배터리 공급망을 구축하여 기술 패권에서 주도권을 잡기 위한 목적으로 제정되는 법이지만, 배터리 핵심 소재인 리튬·코발트의 80% 이상, 흑연의 90%를 중국으로부터 수입하고 있는 한국에도 큰 걸림돌이 되고 있다.

그러나 새롭게 시작하는 트럼프 정부에서는 IRA를 폐지하고 전기차 보조금 자체를 폐지하겠다고 선언하고 있어서 전기차 캐즘의 탈출이 더욱더 어려워질 수도 있다는 우려가 커지고 있다.

미국과 유럽이 자국 우선 정책을 적극적으로 펴면서 전기자동차 시장의 패권 경쟁이 전개되고 쉽게 자리를 양보하지 않겠다는 내연기관자동차의 저항으로 무섭게 휘몰아치는 경쟁과 변화의 소용돌이 속에서도, 전기차 시장은 성장을 계속하면서 결국에는 새로운 질서로 재편될 것이라는 전망이 우세하다.

그러나 극복해야 할 난제들도 기다리고 있다. 중국과 영국은 2022년에 보조금을 중단했으며, 독일도 보조금의 단계적 축소를 발표하는 등 구매보조금 지원 중단이 전기차 시장 성장세에 큰 영향을 미치고 있으며, 에너지 요금 상승의 움직임도 커다란 장벽이다.

5) 중국 정책

중국은 2024년에 전기차 11,622천대 이상을 판매하여 전기차 시장을 확고하게 차지하고 있으며, 유럽 3,104천대와 미국 1,836천대 판매로 이들 지역이 세계 전기차 판매의 93.9%를 차지하고 있다(표5.1).

중국의 자동차 산업은 고속으로 성장하여 2009년에는 세계 최대 자동차 생산 및 소비국으로 부상하였다. 그러나 기존의 내연기관자동차는 선진국과의 기술격차를 넘기 어렵다고 판단하고, 이를 극복하기 위해서는 뚜렷한 선두 주자가 없이 새롭게 시작하는 전기차 시장에서 선진국을 추월하여 세계 자동차 강국으로 나서고자 하는 전략을 추진하고 있다. 동시에 내연기관자동차에서 발생하는 대기오염과 에너지 문제를 해결하고자 전기차를 중심으로 친환경저공해자동차 산업으로 패러다임을 전환하고 있다.

중국은 전기자동차 배터리의 핵심 소재인 리튬 등의 세계 희토류 생산과 수출을 거의 장악하고 있어서 전기차 경쟁에서 유리한 위치를 차지하고 있다.

전기차는 제8차 5개년계획 기간인 1991년에 전기자동차 개발을 중점과학기술프로젝트에 편입시키면서 중국 경제정책에서 빠질 수 없는 중요한 자동차 정책으로 자리 잡았고, 지속적인 투자에 힘입어서 2021년부터는 세계 전기차의 50% 이상을 생산하면서 전기자동차 강국으로 약진하고 있다.

탄소중립에 소극적이던 중국은 2035년부터 순수내연기관자동차 생산을 중단하고 하이브리드와 전기차를 50%씩 보급하는 정책으로 전환하였다.

(표5.1) 주요 국가 및 전기완성차별 전기차(BEV+PHEV) 판매현황(천대)

구분		2023		2024		성장률 (21~22)
		판매대수	판매비중	판매대수	판매비중	
국가별	중국	8,317	59.5	11,622	65.9	38.7%
	유럽	3,135	22.4	3,104	17.6	-1.0%
	북미	1,667	11.9	1,836	10.4	11.9%
	한국		2.1	162.987	2.0	61.2%
회사별	BYD	2,885	20.6	4,137	23.5	43.4%
	테슬라	1,809	12.9	1,789	10.1	-1.1%
	Geely	867	6.2	1,386	7.9	59.8%
	상해기차	907	6.5	1,018	5.8	12.2%
	현대차그룹	560	4.0	550	3.1	-1.8%
전기차 합계		13,984	(5.9%)	17,633	(9.9%)	26.1
완성차 전체						

출처: SNE리서치(2025.1)

6) 일본 정책

새로운 전기차 시대의 시작을 촉발했던 일본이지만 전기차 시장을 개척하는 데에는 소극적으로 천천히 움직이고 있다. 하이브리드자동차 시장을 가장 먼저 열면서 적극적으로 확장하던 때와는 대조적이다.

하이브리드자동차로 큰 성공을 거둔 도요타자동차를 비롯한 일본 자동차회사들은 하이브리드차 성공의 덫에 갇혀서 전기차 전환 속도가 느리다는 분석과 함께, 급격하게 전기차가 보급되면 일본 내 부품업체들이 도산하고 일자리가 줄어들 수 있다는 우려 때문에 일본 정부가 의도적으로 전환속도를 늦추게 하고 있다는 해석도 있다.

그러나 일본 정부와 자동차회사들은 전기차 시대를 착실하게 준비하고 있으며, 일본 기업들이 본격적으로 뛰어드는 시점이 전기차의 본격적인 경쟁이 시작되는 시기가 될 것이라는 관측도 나오고 있다.

도요타는 배터리 내재화를 통한 전기차 경쟁력을 확보하고, 꿈의 배터리로 불리는 전고체배터리 기술의 선두 주자 자리에 있으면서 2030년에 30종의 전기차 모델 도입과 연간 350만대 판매를 목표로 계획하고 있다. 일본 정부도 2035년까지 판매하는 자동차를 전부 무공해차나 하이브리드차 전환을 발표하였다.

7) 우리나라 전기차 정책

대한민국도 2022년에 전기차를 16만대 판매하여 4번째로 많이 생산한 국가이다.

우리나라의 전기자동차 보급목표는 2025년에 28.8만대(판매율 15%), 2030년 42만대 판매(판매율 24.4%)이며, 누적(등록) 대수로는 2025년 1.13백만대(전체자동차의 6%), 2030년 3백만대(13%), 2040년 8.3백만대(35%)를 계획하고 있다. 급속충전기는 2022년 1만기, 2025년 6.9만기, 2030년 14.5만기 설치를 계획하고 있다(표5.2).

우리 정부의 전기자동차 보급 목표를 신뢰할 만한 전망기관들의 분석자료를 (그림 5.7)에 비교하였다. IEA의 2DS에서는 전기자동차(PHEV 포함) 보급(등록) 목표를 전세계 자동차 등록 대비 2030년 10.6%, 2040년 17.35%로 제시하고 있으며, 예측기관 중에서는 가장 낙관적인 전망자료를 발표한 블룸버그도 2030년 9.4%, 2040년 24.9%이지만, 우리나라는 이들보다도 높은 의욕적인 목표를 설정하고 있음을 알 수 있다.

반면, 보수적인 전망의견을 제시하고 있는 에너지 관련 기관들의 전망을 살펴보면, OPEC은 2030년 6.3%, 2040년 13.6%, 엑손은 이보다도 훨씬 낮은 2030년 2.8%, 2040년 7.6%를 제시하고 있다.

전기차 구매보조금이 전기차 보급에 중요한 역할을 하며, 전기차 가격이 내려가지 않으면 보급 대수 증가에 따른 보조금을 정부가 감당하기 어려워지게 되고, 이는 전기차 보급에 결정적인 변수가 될 수 있다. 따라서 이른 시일에 전기자동차 가격이 내연기관자동차와 경쟁력을 확보하는 것이 전기차 보급정책에서 매우 중요하다.

(표5.2) 우리나라 전기자동차(BEV) 보급목표

년도	~2018	2019	2020	2022	2025	2030	2040
판매대수 (실제판매대수)		(46,966)	78,000 (46,909)	157,500 (162,987)	288,000	420,000	
총보급 대수	60,985	107,951	134,952	433,000	1,130,000	3,620,000	8,300,000
급속전기충전소 (누적)		5,936 (완속 12,061)		2.1만 (완속 18.4만기)	6.9만 (완속 52만기)	14.5만기 (완속 108.5만기)	

※출처: 전기자동차 보급확대 및 시장활성화 계획(녹색위, 2014.12)
미세먼지관리 종합대책(관계부처합동, 2017.9.26.)
3차에너지기본계획(2019.6.4.)
2030 국가 온실가스 감축목표(NDC) 상향안(관계부처합동, 2021.10.18.)

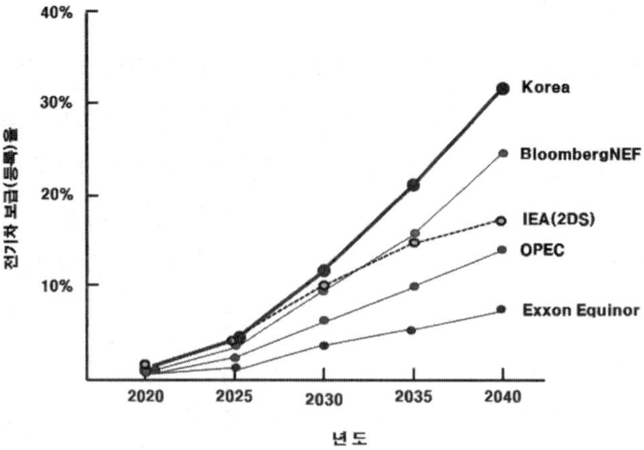

그림 5.7 우리나라와 예측기관의 전기자동차 보급률 비교분석

출처: ※ 예측기관자료: IEA, BloombergNEF 자료 등 참조
※ 한국 자동차 등록전망 자료: "자동차 보유대수 추정에 관한 기초연구" (황상규 등, 교통개발연구원, 2000)를 토대로 추정
※ 전 세계 자동차 등록전망 자료: "What cars will be driving in 2050?" (Fuel Freedom Foundation, 2017.2) 자료 참조

(5) 전기차자동차 회사 동향

2022년에 미국의 테슬라(Tesla)가 보급형 모델인 모델Y 754,549대 판매와 모델3 492,597대 판매로 지속적인 시장을 확대하면서 1위를 지키고 있으며, 중국의 비야디(BYD)와 초소형 전기차에 집중하고 있는 상해기차(SAIC)가 2, 3위를 차지하고 있다.

특히 BYD는 2022년 3월에 전기차로의 전환을 선포하고 배터리·부품을 직접 생산하는 등 전방위적인 전기차 집중 전략을 통해 판매를 확대하고 있으며, 브라질과 호주, 일본, 독일에 승용차 판매망을 구축했다. PHEV를 포함하는 전기차 판매에서는 1,870천대를 판매하여 BEV만 생산하는 테슬라보다 1.4배를 판매하였다.

국내 전기차 시장은 테슬라가 차량 가격을 인상하면서 보조금 혜택 대상에서 제외되어 판매량이 감소했으며, 현대차그룹의 성장세가 지속되었다. 현대차그룹은 2021년부터 본격화한 모델 다양화 전략으로 2022년 국내시장의 73.9%를 점유하면서 독보적인 위치를 차지했다.

2023년 이후부터의 글로벌 전기차 시장은 소비자가 실질적으로 구매할 수 있는 전기차 가격이 가장 중요한 경쟁요인이 될 것이며, 내연기관자동차를 대체할 수 있는 높은 상품성을 갖춘 모델의 적기 출시 등의 전략이 시장 점유율을 좌우할 것으로 전망된다.

당분간은 테슬라와 BYD, 상해기차가 상위그룹을 형성하겠지만 유럽 자동차회사들과 한국 현대차의 도전과 함께 일본 도요타의 동향을 눈여겨봐야 할 것이다. 전기차 선발그룹과 기존 자동차회사들과의 경쟁 구도가 빠르게 전개되고 있다.

1) 테슬라(Tesla)와 GM

테슬라는 리튬이온배터리를 사용하는 전기자동차 회사로서 2003년 7월에 미국 실리콘밸리에 설립되었다. 자동차 소프트웨어, 에너지저장장치도 함께 제조하고 있다.

마틴 에버하드(Martin Eberhard)와 마크 타페닝(Marc Tarpenning)이 창업하였으며, 일론 머스크(Elon Reeve Musk)가 650만달러를 투자하면서 최대 주주이자 회장이 되었다.

2014년에 자율주행 기능인 오토파일럿(AutoPilot)을 발표하면서 가장 우수한 자율주행 시스템을 장착하고 있다. 2010년부터 도요타자동차와 제휴하여 개발과 생산 분야에서 협력하면서 자동차업계의 애플이라고 불릴 정도로 빠르게 성장하여 전기자동차 시장을 주도하고 있다.

2020년에 전기차 누적 100만대 판매를 돌파하였으며, 2024년 한 해에 1,789천대 이상을 판매하여 전기차 시장의 10.1%(표5.1)를 점유하였다.

2006년 5월에 최초의 전기차 모델인 테슬라 로드스타 시제품을 선보이고, 2008년 3월에 전기 스포츠카인 로드스타를 출시했다. 이는 새로운 전기차 시대의 출발점이라고 일컬어지는 미쓰비시의 i-MiEV 양산 전기차보다 1년 빠르게 출시된 것이다. 2008년 6월에는 프리미엄급 세단인 모델S를 공개하고, 4년 뒤인 2012년 11월에 실제 제품을 출시하면서 전기차 시장에 돌풍을 일으켰다. 미래적이고 세련된 디자인은 모터트랜드에서 올해의 차로 선정되기도 했다.

2012년 2월에 크로스오버 SUV인 모델X를 공개하고 2015년 9월에 출시하면서 소비자들의 뜨거운 호응을 받았으며, 2017년에 보급형 세단인 모델3(애초는 모델E로 계획했으나 소송으로 인하여 E를 옆으로 뒤집은 3으로 명명한 것으로 전해지고 있다)를 출시하고 2019년에 컴팩트 SUV인 모델Y를 공개하면서 SEXY 라인업을 완성하였다.

특히 모델3는 2018년 말에 미국 프리미엄자동차 시장에서 판매 1위를 차지하고 2021년에는 세계 1위에 올랐다. 우리나라에는 2019년 8월에 출시되면서 가장 많이 팔리는 수입 자동차에 올랐다.

테슬라는 기존의 완성차들 이상으로 소비자들에게 인정받으면서 급성장하였지만, 초기에는 제조 속도가 쏟아지는 주문량을 따라가지 못해서 수율 측면에서 문제가 발생하면서 회사 수익성 악화를 가져왔다. 또한 리콜과 높은 불량률 등으로 인하여 지속적인 적자가 발생하면서 투자자들이 소송까지 하는 위기를 맞기도 했다.

그러나 2018년 3분기부터 모델3의 생산량 증가에 힘입어서 흑자로 전환되면서 성장 가도를 달리기 시작했으며, 앞선 2017년 4월에는 테슬라 주가가 상승하여 시가총액이 포드와 GM 자동차를 앞지르면서 미국 넘버 1 자동차회사로 등극하였다.

테슬라의 전략에서 가장 관심을 끄는 것은 전기자동차와 배터리 생산공장인 기가팩토리(Gigafactory)이다. 많은 부품을 용접으로 이어가는 공정 대신 기가프레스(gigapress)를 이용하여 알루미늄을 녹여서 단 하나의 부품으로 찍어내면서 공정이 줄고 불량률이 적어지고 생산성이 올라갔다. 또한 컨베이어벨트를 제거하고 소프트웨어 능력을 극대화한 로봇생산방식으로 생산의 유연화와 위험부담을 줄여주는 대표적인 스마트공장(smart factory)을 운영하면서, 여기에서 생산되는 배터리의 가격을 30% 정도 낮출 수 있을 것으로 기대한다.

자체 운영체제(OS)를 갖추고 차량 통합제어 능력을 기반으로 구조를 단순화하고 반도체 숫자를 크게 줄임으로써, 반도체 부족 사태의 영향을 최소화하고 결품된 반도체는 소프트웨어를 수정하여 대처하였다.

기존 자동차회사들은 ECU가 보통 30~40개, 고급차량은 70~100개 정도가 사용되지만, 테슬라 모델3는 단 5개의 ECU를 가지고 운영된다. 기존 자동차회사들은 차량에 전자제어 기능이 점진적으로 추가되면서 하드웨어와 소프트웨어를 납품하는 부품회사에 적용을 맡겨왔기 때문에 전자제어가 기능별로 분산되어 있고 OS도 제각각인 경우가 많아서 모든 ECU 기술을 파악하기가 어렵다. 반면 테슬라는 전기차를 처음 설계할 때부터 소프트웨어와 하드웨어가 통합된 고유의 전자제어 플랫폼을 사용했기 때문에 ECU의 핵심기술들을 파악하고 있어서 기술개선과 비용 저감을 빠르고 쉽게 할 수 있다.

공용부품의 범위와 규모를 넓히는 것이 원가 저감에 효과적이며, 전기차에 최적화된 레고블록형 설계방식을 사용하여 모델3과 모델Y의 부품을 80%에 달하는 수준으로 공유하면서 2021년에 93만대를 판매하고 12%라는 놀라운 영업 이익률 가져왔다. 전기차로는 수익을 내기 어렵다는 기존 자동차회사의 인식을 불식시키면서, 독일 고급차보다도 높은 이익률을 가져왔다.

전기차 가격은 내연기관자동차를 넘어서기 위한 최대의 관건이며, 테슬라가 3,000만원대 가격인 모델2 출시를 예고하면서 전기차 가격 파괴의 선봉장으로 나서고 있다.

기존 자동차 회사보다 2배 이상 높은 16%에 달하는 영업 이익률을 바탕으로 2023년 초부터 모델3와 모델Y 가격을 인하하면서 전기차 가격 경쟁에 강한 드라이브를 걸고 있다. 이는 기존 내연기관자동차와 가격 경쟁력을 가지면서 기존 전기차회사들의 경쟁력을 약화하겠다는 의도가 내포되어 있다.

GM도 탄소중립에 대한 대비를 위해서 전기차 생산을 위한 투자를 확대해 오고 있으며, 당분간은 손실이 예상되지만, 장기적인 관점에서 전기차 기술에 대해 투자한다는 방침을 보인다.

전기차에서 테슬라를 따라잡겠다는 전략으로, 하드웨어 측면에서는 얼티움플랫폼(Ultium Platform), 소프트웨어 측면에서는 엘티파이(Ultifi)플랫폼을 축으로 커넥티비티와 자율주행 기술을 개발하여 다양한 가격대의 전기차를 시장에 공급한다는 전략을 세우고 있다.

결국은 합리적인 가격의 전기차 공급이 경쟁의 핵심으로써 본격적인 전기차 시대에서 강자로 살아남기 위해서는 비용 저감이 최우선이라는 기본과 원칙에 충실해야 한다는 자세이다.

2) 비야디(BYD)

중국 전기차회사인 비야디는 중국 친환경차 시장의 성장에 힘입어 2024년에 플라그인하이브리드차를 포함한 전기자동차 4,137천대를 판매하여 세계 1위를 차지하였고, 중국 친환경자동차 시장에서도 1위의 전기차회사이다.

비야디는 Build Your Dream(BYD) 사명을 뜻하며 왕촨푸 회장이 1995년에 광둥성에서 배터리 사업을 시작으로 설립하였으며, 2003년에 시안진촨 자동차회사를 인수하면서 전기차 시장에 진출하였다. 모듈을 없애고 배터리팩에 바로 담는 CTP(Cell-to-Pack) 방식을 활용한 리튬인산철의 블레이드 배터리(blade battery)를 사용하고 있으며, 열관리가 우수하고 단가가 낮아서 주목받고 있다.

BYD의 성장 뒤에는 중국 정부의 에너지 절감 및 신에너지자동차산업 발전계획에 의한 전기차 산업의 육성지원 정책이 큰 발판이 되었다. 또한 2008년에 투자의 귀재로 불리는 워런 버핏이 BYD 주식의 9.9%를 매입하면서 회사 주가가 급등하였고, 이를 계기로 글로벌 전기차 시장의 주목을 받게 되었다.

BYD는 전기차 기술개발에 투자를 아끼지 않으며, 전기차의 핵심기술인 배터리(NCM 622)와 모터, ECU 기술을 모두 보유하고 있다. 전기모터 구동 핵심소재인 IGBT(전력반도체)의 양산 기술도 확보하고 있다.

2008년에 플러그인하이브리드자동차(PHEV) F3DM을 처음으로 선보이고, 2009년에 전기자동차 E6를 발표하였으며, 2014년 한해에 PHEV 친(秦) 1.5천대를 판매하면서 전기자동차 회사로 자리를 잡았다. 또한 2020년에 프리미엄 세단인 한(韓)을 발표하면서 중국 전기차 시장에서 커다란 호응을 일으키면서 판매가 급증하였다.

2016년에 한국에 진출하여 전기버스 판매를 시작으로 2025년에는 소형 SUV도 판매하고 있다.

전기자동차를 중국 경제성장의 동력으로 지정하면서 정부가 강력하게 지원하는 BYD는 지속적으로 성장할 것으로 예상되며, 미국 테슬라와 함께 세계 전기차 시장을 주도할 기업으로 전망된다.

2024년 4분기를 기점으로 BEV만으로도 테슬라를 제치고 세계 최대의 전기차회사로 발돋움했으며, PHEV를 합하면 테슬라보다 2배 이상의 시장 점유율을 보인다.

3) 유럽 자동차회사들

유럽 정부의 강력한 온실가스 규제와 친환경자동차 보급정책에 발맞추어서 자동차회사들도 내연기관자동차 생산 중단과 전기자동차 신규투입 계획들을 발표하였다.

볼보(Volvo)는 2019년부터 순수내연기관만 탑재한 자동차 생산을 중단하고 순수전기차(BEV)와 하이브리드자동차(PHEV, HEV)를 생산하여 2025년 전기차 누적 100만대를 판매하겠다고 2017년에 발표하면서 '내연기관자동차 종말'을 가장 앞서서 선언한 자동차회사가 되었다.

미국에서 경유 승용차의 임의설정(defeat device)으로 곤욕을 치른 폭스바겐(VW)은 2026년부터는 새로운 엔진 개발을 중단하고 2040년에 내연기관자동차의 생산과 판매를 중단하겠다고 2018년에 발표하면서 내연기관 퇴출에 합류하였으며, 2025년까지 전기차 80종을 출시하여 200만대 이상을 판매할 계획을 수립하였다.

이듬해인 2019년에는 세계 최초로 내연기관자동차를 발명하고 내연기관 기술을 주도해 온 메르세데스벤츠(Mercedes-Benz)도 "앰비션 2039" 비전을 발표하면서 20년 뒤에는 내연기관자동차를 더 이상 만들지 않겠다고 선언했다.

유럽의 프리미엄 브랜드들도 서로 다른 전략으로 탄소중립이라는 목표를 향해서 전기차 시장의 성장세에 맞춰서 준비하고 있다. 이들 중에서는 7세대 7시리즈를 앞세운 BMW가 2022년에 세계 시장 2.9%의 판매 비율로 전기차 시장에 가장 앞장서고 있으며, 내연기관자동차 기술의 선두에 있는 메르세데스 벤츠는 비전 EQXX로 전기차에서도 가장 효율적이고 우위의 최고급 차별화 전략을 추진하고 있다.

전용 플랫폼 MEB를 탑재한 폭스바겐과 아우디, 안전한 전기차를 추구하는 볼보의 EX90 등도 전기차 시장에 대비하고 있다.

전기차 보급이 일정 수준 궤도에 올랐기 때문에 정부가 전기차 구매를 유도하는 제정 지원을 계속할 단계가 지났다고 판단하여, 전기차 구매보조금 혜택을 축소하거나 중단하면서 전기차 판매가 감소하는 현상이 나타나고 있다. 자동차회사들이 전기차 수요를 확보하기 위해서는 전기차 가격을 내연기관자동차 수준으로 낮추는 것이 중요하며, 이를 위해서는 배터리와 차량 생산 비용을 줄이는 것이 급선무이다.

4) 도요타

일본의 도요타와 렉서스는 외형상으로는 다른 메이커에 비해서 전기차 대비가 더딘 모양새이다. 그러나 탄소중립과 미래모빌리티 서비스 제공업체로 전환한다는 원칙을 고수하면서 전기차 사업을 착실히 준비해 오고 있다.

도요타는 많은 대수의 하이브리드전기차(HEV)는 적은 대수의 순수전기차(BEV)보다 이산화탄소 총 저감량이 많다고 주장하며, 아직도 석탄발전에 의존하는 많은 나라의 전기 탄소배출계수(CI)가 높고, 전기차의 에어컨 작동 시 에너지효율 등을 고려할 때 전기차의 전과정평가(LCA) 차원에서의 검토가 필요하다는 입장을 보이고 있다.

세계의 많은 나라와 지역은 환경에 따라서 사용하는 에너지가 다양하며, 전기차 수요에 따라서 리튬과 핵심소재 가격이 급격하게 상승하는 등의 변동이 심한 상황에서 전기차가 자동차의 온실가스 문제를 모두 해결할 수 있다는 주장이 합리적인지에 관한 질문도 던지고 있다.

전기차 전략에 렉서스를 앞장세워서 2030년까지 전체 1,000만대 중 800만대를 전동화 모델로 바꾸고 이 중에서 순수전기차는 350만대로 설정하였으며, 2035년에는 렉서스의 모든 모델을 배터리전기차로 전환하기로 했다. 이 목표대로 간다면 토요타가 가장 빠른 속도로 탄소중립의 길을 갈 수 있다고 보고 있다.

도요타는 하이브리드자동차에서 축적된 배터리와 BMS, 전기모터 기술의 노하우를 바탕으로 하면 전기차 개발은 어렵지 않다는 강점을 강조하고 있다. 향후의 전기차 시장은 유럽이 주도할 것으로 전망하여 유럽 전기차 시장 공략에 공을 들이고 있다.

5) 현대차

2024년에 전기차 550천만대 판매로 세계 6위를 차지하면서, 유럽과 미국의 선진시장에 안착하고 있다는 평가를 받고 있다.

현대차그룹은 전기차뿐만 아니라 연료전지자동차와 자율주행차까지 개발에 속도를 내고 있다. 현대차그룹은 2030년까지 국내 전기차 분야에 24조원을 투자하고, 2025년에는 전기차 전용공장을 신설하여 총 31종의 전기차 라인업을 갖춰서 글로벌 전기차 판매 톱3을 목표로 하고 있다.

현대자동차는 2010년에 16.4kWh 리튬이온배터리를 탑재한 i10 베이스 전기차인 블루온(BlueOn)(그림5.8)을 정부 지자체에 공급하면서 시범운행을 시작했고, 2016년에 순수전기차 아이오닉(IONIQ) EV를 양산하여 28kWh 리튬이온배터리 탑재로 1회 충전거리 169km를 달성하였다. 2018년에는 64kWh 용량의 배터리로 406km의 긴 주행거리를 달성한 SUV 코나 엘렉트릭으로 고객들에게 다가갔다.

2019년부터는 포터2 일렉트릭 전기차를 출시하여 상용 전기차 시대를 열었고, 2021년 2월에 전기차 전용 플랫폼인 e-GMP(Electric-Global Modular Platform)(그림5.9)를 기반으로 72.6kWh 대용량 배터리로 429km를 주행하는 아이오닉 5를 공개하여 미래 전기차의 새로운 기준을 제시하고, 이듬해에는 아이오닉 6를 출시하였다. 현대차그룹은 기존 자동차회사 중에서는 가장 적극적으로 전기차와 친환경자동차로 전환하고 있는 것을 알 수 있다.

그림 5.8 현대 최초 전기차 BlueOn(좌)과 전용플랫폼을 적용한 IONIQ 5(우)

출처: "시속 130km 전기차 블루온 청와대 질주", 뉴데일리경제, 2010.9.9.

그림 5.9 현대자동차 전기차 전용 플랫폼 e-GMP, (좌)구성도 (우) 평면모양

출처: "현대차그룹의 글로벌 전기차 전용 플랫폼 E-GMP에 관해 묻다", 현대차그룹 Tech, 2020.12.11.

2.2. 전기차 시대로 가기 위한 극복과제

전기차 보급은 기후위기 극복을 위한 수송분야의 최우선 과제로 추진되어 왔다. 초기에는 전기차 시장 조성을 위해 발생하는 웬만한 문제점들은 조용히 묵과하며 개선의 기회를 제공했지만, 전기차 판매 비율이 10%를 넘어서고 보급 대수가 4,000만대를 돌파하여 전기차 시대로 본격이행(transition period)하고 있는 지금은 상황이 달라졌다. 전기차로 전환해야 한다는 당위성과 현실의 한계가 충돌하는 시점에 와 있으며, 이제는 작은 문제도 숨기기 어렵다. 개선을 통해 내연기관자동차를 넘어서는 경쟁력을 입증해야 전기차의 대중화가 가능하다.

초기의 전기차가 안고 있던 짧은 주행거리와 긴 충전시간 문제는 점차 해소되고 있으나, **일반 소비자가 구매하기에 부담이 되는 높은 차량 가격과 합리적인 전기요금 체계 확보가 핵심과제이다. 이는 과거 증기차와 전기차를 제치고 내연기관자동차가 승리할 수 있었던 이유와도 맥락을 같이 한다.**

보급 초기에는 정부의 구매보조금이 전기차 가격 부담을 완화했지만, 전기차 보급 대수가 일정 수준에 이른 지금은 보조금을 축소하거나 폐지되고 있다. 또한 전기차의 40%를 차지하는 배터리 원자재 가격의 불안정과 공급망 경쟁에서 우위를 점하려는 각국의 움직임이 전기차 산업의 불확실성을 키우고 있다.

온실가스 배출이 없는 무탄소·저탄소 전기생산 확대 역시 시급한 과제이다. 전기차 증가에 따른 전력 수요 대응, 그리고 태양광과 풍력과 같은 재생에너지로 화석연료 기반 전기를 얼마나 빠르고 저렴하게 대체할 수 있을지는 논란이 많고 상반된 의견과 전망이 대립하고 있다.

전기차 충전기와 인프라 문제는 자금 투입으로 어느 정도 해결 가능하지만, 국가별 여건에 따라 시간과 공간의 제약이 크다. 미국이나 중국과 같은 방대한 나라가 전국에 전기 공급망을 설치하여야 하고, 우리나라와 같이 아파트나 주택이 밀집된 국가는 충전설비 설치 공간 확보가 난제이다.

미래 전기차 시대로 나아가기 위해 풀어야 할 주요 쟁점들은 다음과 같다.

- **높은 전기차 가격**: 내연기관자동차보다 비싼 전기차 가격이 최대 걸림돌이며, 중국이 전기차의 핵심소재인 리튬과 희토류들을 독점하여 무기화하고 있는 것이 큰 부담이다.
- **보조금 축소**: 초기 전기차 보급을 유도하기 위해 지원하던 전기차 구매보조금을 축소하거나 종료하면서 전기차 가격이 높아지고 전기차 구매 의욕이 약화하고 있다. 최근의 전기차 캐즘의 주원인이다.
- **충전인프라 부족**: 충전소를 찾아가는 시간과 긴 충전시간으로 인한 충전 스트레스도 상당한 부담으로 작용하고 있다.

- **수요층 한계**: 젊은 층과 얼리어답터(early adopter) 중심의 구매는 이미 이루어졌으며, 주류 중산층 소비자들의 수요 확대가 필요하다.
- **보급 편중**: 전기차는 주로 중국(60%), 유럽(25%), 미국(10%), 일본, 한국 등의 일부 국가와 지역에 편중되어 있으며, 전 세계의 내연기관자동차를 대체하기 위해서는 전기차 보급 국가들의 확대와 여건 조성이 필요하다. 특히 전력 사정이 열악한 국가에는 전기차 사용을 강요하기가 어려우며, 전기생산 인프라 건설을 위한 범지구적인 지원 대책이 필요하다.
- **전기요금 인상 우려**: 무탄소전기 생산을 위해서는 태양광이나 풍력과 같은 재생에너지 이용이 핵심이지만, 이들 기술은 전기생산 단가가 높으며, 따라서 전기차 운용 전기요금이 인상될 요인이 커진다. 또한 내연기관자동차가 사용하던 연료 유류세를 전기차가 사용하는 전기요금에서 거둬들이게 되면 전기요금의 인상 요인이 된다.
- **LCA(전주기평가) 기준 도입**: 화석연료 전기를 사용하는 전기차는 전주기평가에서는 온실가스 배출이 제로로 평가되지 않는다. 그러나 자동차 LCA 기준이 도입되면 전기차에 부여하고 있는 CO_2 credit이 축소될 것이며 따라서 자동차 제작사의 전기차 보급에 적극성이 떨어질 수 있다. 전기생산 시의 탄소배출계수(CI)를 낮추는 것이 급선무이며, 저탄소재생연료 내연기관을 사용하는 HEV나 PHEV가 BEV와의 경쟁력을 가질 수 있다.
- **전기차 시장 패권 경쟁**: 내연기관자동차 시장을 주도하고 있는 미국과 유럽에서 중국의 전기차와 배터리 독점을 견제하면서 미래자동차 시장 패권 경쟁이 격화되고 있다. 그러나 중국이 전기차 핵심부품인 리튬과 희토류를 장악하고 있어서 전기차 시장 확대와 성장에는 예측하기 어려운 변수들이 잠재해 있다. 또한 미국 트럼프 정부의 친환경정책 폐기와 IRA 폐지, 전기차 보조금 폐지 등의 정책들이 전기차 시장에 불안한 요소로 작용하고 있다.
- **전기차 화재 우려**: 대부분 배터리에 의해서 발생하는 전기차 화재는 물로서 진화하기가 어려운 애로점이 있다. 특히 아파트 지하 주차장에서 발생하는 전기차 화재는 피해가 커서 주민들의 전기차 기피 현상을 가져오고 있어서 전기차 보급에 부정적인 영향을 미치고 있다.

(1) 일회충전 주행거리

1) 이미 500km 이상 주행 가능

전기차 보급 초창기에는 일회 충전 시 주행거리가 짧은 것이 가장 큰 장애 요인이었으나, 배터리 성능(비중량, 비체적당 에너지 용량) 향상과 가격 저감으로 배터리 용량을 늘릴 수 있어서 주행거리 불만은 점차 해소되고 있다.

2010년대의 1세대 전기차는 16~25kWh 용량의 배터리를 사용하여 1회 충전 주행거리가 200km 이내였다. 대표적으로는 2009년의 미쓰비시 i-MiEV가 16kWh 배터리로 주행거리 160km였으며, 2011년 닛산 리프(Leaf)는 24kWh 배터리로 160km를 주행했다. 현대자동차 아이오닉(IONIQ)은 2016년에 28kWh 리튬이온배터리로 169km, 2017년의 기아차 소울(Soul)은 30kWh/180km, 르노삼성 SM3 ZE은 35.9kWh/213km를 달성했다.

2016년 이후부터는 배터리 용량이 2배가량 커지면서 주행거리도 500km까지 도달하는 2세대 전기차가 출시되기 시작했다. 2020년에 현대자동차 코나(Kona) EV는 주행거리 406km, 기아차 소울부스터(Soul Booster)는 386km, GM 쉐보레 볼트(Bolt) EV는 414km를 보였으며, 재규어 I-Pace와 테슬라 모델S와 같은 스포츠형 전기차가 출시되었다. 그러나 80% 급속충전에 1시간 가까이가 소요되는 충전속도 개선 과제와 비싼 전기차 가격이 문제로 남았다.

2021년에는 주행거리가 500km 이상이 되면서 80% 충전시간도 10분 내외이면서 내연기관자동차나 하이브리드차와 경쟁할 수 있는 수준의 가격으로 3세대 전기차 시대가 시작되었다. 현대자동차 아이오닉6가 140MPGe 전비로, 581km(2023.1 미국 EPA 인증) 주행거리를 달성했으며, 폭스바겐 ID.3는 550km(2020.9), 테슬라 모델3는 576km 주행거리를 나타냈다.

2020년의 미국 전기승용차 평균 주행거리는 250마일(400km), 최고 주행거리 400마일(640km)로 초창기 전기차의 3배 이상의 주행거리를 보인다. 3세대 전기차는 배터리 1kWh당 6km 주행성능(전비)을 가짐으로써 일회 충전거리 400km가 상용화되면서 짧은 주행거리에 대한 우려가 많이 해소되었다.

루시드 에어 그랜드 투어링은 주행거리 830km, 벤츠 EQS 450+AMG는 788km의 주행거리를 확보했고, 2024년 말에 출시 예정인 현대 SUV 아이오닉7도 주행거리가 770km에 달한다. 2025년경의 4세대 전기차는 주행거리 600km, 2030년에는 800km 이상의 주행거리를 달성할 수 있을 것으로 예상된다.

그러나 주행거리는 탑재된 배터리 용량에 좌우되기 때문에 차량 가격과 적정 주행거리에 대한 타협이 필요하다.

2) 배터리 성능향상과 차량설계 개선

전기차의 1회 충전 주행거리가 향상된 가장 큰 이유는 배터리 가격과 성능개선에 기인한다. 2010년의 초창기 전기차에 사용된 배터리의 에너지 밀도는 90Wh/L(팩 기준), 100Wh/kg(셀 기준) 수준이었으나, 2020년에는 450Wh/L, 300kW/kg으로써 체적이 5배, 중량은 3배가 줄어들었다(그림5.10). 배터리 가격도 2010년의 $1,000/kWh(팩 가격)에서 2020년에는 $180/kWh로 10년 사이에 80% 이상 떨어졌다.

예를 들면, 2023년에 581km를 달성한 현대자동차 아이오닉6 롱랜지 전기차는 77.4kWh 배터리를 탑재하여 셀 기준 250kg, 팩 기준으로 약 450kg의 배터리 무게를 가지고 있으며, 이것은 2010년의 최초 전기차인 블루온의 16.4kWh 배터리의 400kg 수준 무게와 큰 차이가 없으면서 배터리 설치 공간은 도리어 줄어들었으며, 배터리 가격도 1,600만원에서 1,400만원으로 낮아졌다.

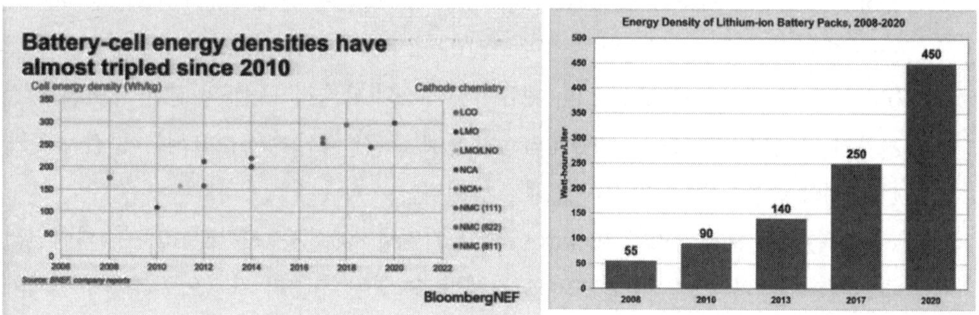

그림 5.10 리튬배터리 에너지 밀도 증가현황

출처: "BloombergNEF: Lithium-Ion Battery Cell Densities Have Almost Tripled Since 2010", Kyle Field, CleanTech news, 2020.2.19.
"Next-Generation Cobalt-Free Cathodes-A Prospective Solution to the Battery Industry's Cobalt Problem", Nitin Muralidharan, et al. Advanced Energy Materials, 2022.1.

내연기관자동차가 단위 연료를 사용할 때의 주행거리(km/L) 또는 100km 주행을 위해서 소요되는 연료량(리터/100km) 등으로 나타내는 연비(연료소비율; fuel consumption rate, fuel economy)는 자동차의 에너지효율 성능에서 매우 중요한 지표이다.

마찬가지로 전기자동차의 에너지효율을 전비(전기연료소비율)라고 부르며, 우리나라는 단위 키로와트당 주행거리(km/kWh)로 표기하고, 미국은 환산갤런당 마일(MPGe; mile per gallon equivalent)로 표시한다. 즉, 휘발유 1갤런의 에너지를 33.7kWh 전기에너지로 환산한 것이며, 1MPGe = 0.047748km/kWh로 계산된다.

우리나라와 미국은 도심주행시험(UDDS)과 고속도로주행시험(HWFET), 정속주행시험(CSC)으로 구성된 MCT(multi cycle test mode)를 사용하여 전체 전력사용량, 구간별 전력사용량, 총주행거리를 측정하고 보정계수 0.7을 곱하여 전비를 구한다.

복합전비 6.0km/kWh로 1회 충전 주행거리 524km(우리나라 산업부 인증)를 보이는 아이오닉6 롱레인지 모델은 동일한 용량의 배터리 77.4kWh를 사용하는 아이오닉5 모델 전비 5.2km/kWh, 주행거리 458km보다 15% 우수하다. 이는 아이오닉6의 공차중량이 1,930kg으로 아이오닉5보다 15kg 가벼우며, 아이오닉6의 공력계수 CD가 0.21로 아이오닉5의 0.288에 비해 73% 수준으로써 장거리 고속주행에서 공기저항을 현저하게 적게 받기 때문에 복합전비와 주행거리가 좋아진다.

전기차 주행거리는 배터리 용량에 비례해서 증가하지만, 차량설계의 개선에도 상당한 영향을 받을 수 있음을 알 수 있다. 이외에도, 배터리관리시스템(BMS; battery management system), 열관리 기술, 난방과 공조시스템, 배터리 중량 저감을 포함하는 차량 경량화, 타이어기술 등도 차량 전비와 주행거리 향상을 위해서 중요한 기술들이다.

주행거리로 경쟁하던 전기차는 이제는 전비 경쟁으로 변화하고 있다.

3)겨울철 기온 영향

기온이 낮은 추운 겨울철에는 배터리 성능이 저하한다. 리튬이온배터리는 양극과 음극, 분리막, 전해질로 구성되어 있으며, 기온이 떨어지면 전해질이 높아지면서 양극과 음극 사이의 리튬이온 이동 능력이 저하되고 따라서 전류의 양이 줄어든다. 또한 음극을 이루는 흑연도 온도가 떨어지면 리튬이온의 전해질 이동이 방해를 받는다. 이런 복합적인 이유로 추운 날씨의 전기차 주행성능은 따뜻한 날에 비해서 줄어들게 된다.

리튬이온에 적당한 작동온도는 20~21°C며, 이보다 낮거나 높은 온도에서 성능이 떨어지기 때문에 겨울철 낮은 기온뿐만 아니라 여름철 땡볕에 전기차를 세워두어서도 안 되는 이유이다(그림5.11).

또한 엔진의 폐열을 이용하는 내연기관자동차의 히터시스템과는 다르게 배터리의 전기로 차량 내부를 데워줘야 하므로 전기차 주행거리가 줄어들 수밖에 없다.

독일 ADAC의 테스트 결과에 따르면 전기차는 영하의 온도에서 주행거리가 최대 50%까지 감소하는 것으로 나타났다. 영상 14도에서 215km를 주행하는 코나 EV는 영하 7도에서 147km를 주행해서 32%가 감소했으며, 폭스바겐 ID.3는 영상에서 324km를 주행하지만, 영하 7도에서 162km를 주행해서 테스트 모델 중 최대 하락폭인 50% 감소를 나타냈다.

2022년에 국내에서 운행되는 전기차도, 현대자동차 아이오닉6와 테슬라 모델3 등은 약 80% 수준을 보이지만, 메르세데스벤츠 EQA250은 68%, 폭스바겐 ID.4 Pro는

71% 수준으로 줄어든다.

우리나라 환경부에서는 2011년부터 전기차 보조금 제도를 시작했으며, 2018년에는 주행거리와 배터리 용량 등 전기차 성능을 고려한 지원제도로 개선하였다. 2021년에는 저온성능을 적용하였으며 영하 6.7°C 기준의 저온 주행거리를 측정하여, 2021년은 상온 1회 충전거리의 65~70% 수준, 2022~2023년은 65~75%, 2024년부터는 70~80% 수준을 만족하여야 전기자동차 보조금을 지원한다.

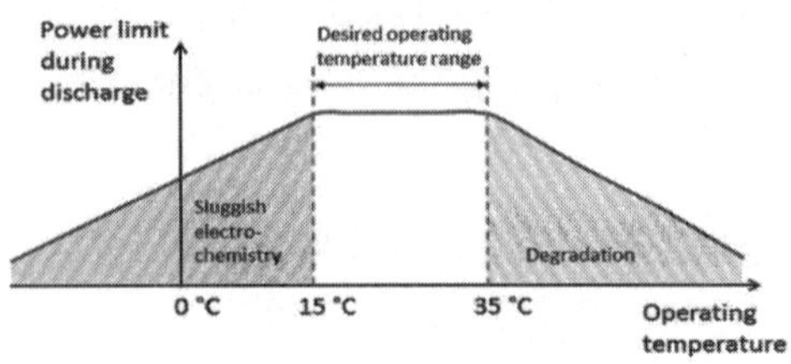

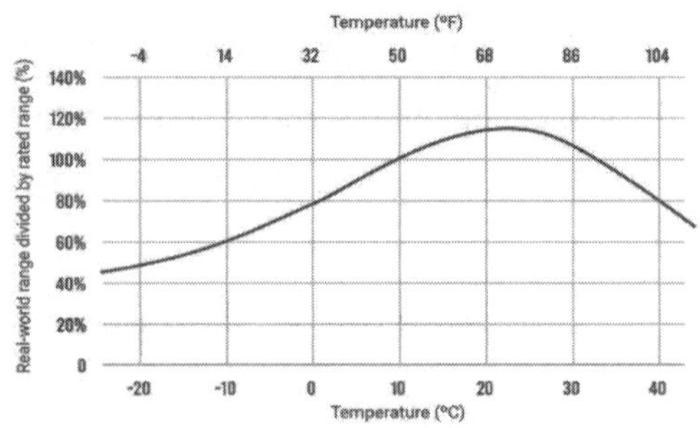

그림 5.11 외부온도에 따른 리튬배터리 성능(좌)과 전기차 주행거리(우) 영향

출처: "Will your battery operate effectively in hot weather?", Linda, GridEdge news, 2016.3.7.
"To what degree does temperature impact EV range?", Geotab, Charlotte Argue, 2023.2.6.

(2) 충전시간과 충전기, 충전소 설치

1) 충전시간

전기차 배터리의 충전시간은 전기차 구매 시 고려하는 중요한 요인 중의 하나이다. 딜로이트(Deloitte) 조사 결과에도 긴 충전시간이 전기차를 구매하지 않는 이유의 15%에 달한다. 근본적으로 충전시간은 전기차의 배터리 용량과 주행거리에 비례한다.

충전기의 발전으로 충전시간이 줄어들고 있지만, 주행거리를 늘리기 위해서 배터리 용량이 증가하면서 충전시간 단축이 주요 이슈로 주목받고 있다.

현재는 10분 급속충전으로 200km 수준의 거리를 주행할 수 있는 충전기술이 사용되고 있으며, 향후 이보다는 더 향상될 수 있을 것으로 기대된다. 그러나 충전시간을 줄이는 기술은 배터리의 수명 단축 방지, 충방전 효율 향상, 열발생 관리 등의 기술적으로 풀어야 하는 어려운 과제들이 수반되어 있다.

우리나라는 전기자동차 충전장치를 충전속도에 따라서 완속, 급속, 초급속 충전시스템으로 나누고 있다.

완속충전기는 전력용량 3.3kW, 5kW, 7kW가 있으며, 교류전압을 자동차에 내장된 컨버터를 사용하여 직류로 변환하여 사용한다(on-board charger). 완속충전기는 충전시간이 느린 단점이 있지만 배터리 열발생이 적어 수명 단축이 적은 장점이 있다.

3.3kW 충전기는 휴대용으로 일반 콘센트에 꽂아서 바로 사용할 수 있으며 정격전류가 15A 이하이기 때문에 충전속도가 가장 느리다. 64kWh 배터리 기준으로 충전시간이 20시간 이상 소요되지만, 여행지 등에서 충전이 필요할 때 사용할 수 있다. 아파트나 주차장, 빌딩 등에서 주로 사용되는 5kW, 7kW 충전기는 9~15시간 정도의 충전시간이 필요하다.

급속충전기는 50kW, 100kW, 200kW가 주로 사용되며, 충전기에서 변환된 직류를 바로 사용한다(Off-board charger). 60~70kWh 전기차 배터리 기준으로 30분~1시간 이내에 배터리 용량의 80%까지 충전할 수 있다. 그러나 배터리 충전 시에 열화현상으로 인하여 배터리 수명을 단축할 수 있다.

초급속충전기는 300kW와 350kW가 사용되며 충전시간은 약 20분이 소요된다. 현대차 아이오닉5는 800V 전압의 350kW급 충전기를 사용하여 18분 만에 80%까지 충전할 수 있어서 충전시간이 가장 빠른 것으로 주장한다.

우리나라 정부는 1회 충전 주행거리를 현재의 500km에서 2025년까지 600㎞로 늘리고, 전기차 충전속도도 현재 18분 수준에서 2030년에는 5분으로 줄인다는 목표를 세웠다.

우리나라의 현행 전기안전관리법에서는 전기차충전소 용량이 1,000kW를 초과할 경우는 설비 소유 점유자가 전기안전관리자를 직접 선임하고 상주시켜야 하므로 인건비 등의 부담으로 인하여 1,000kW 미만으로 운영하고 있다. 따라서 350kW 충전기가 동시에 3대 이상 작동하면 1,000kW를 초과하지 못하도록 충전기들은 낮은 출력으로 충전하도록 하고 있어서 전기안전관리법의 개선도 필요하다.

한편, 미국이나 유럽의 충전기는 레벨(level)1, 2, 3로 구분하고 있다.

레벨1 충전기는 전기차 구매 시에 제공되며 일반 벽면 콘센트에 코드를 꽂거나 벽에 장착할 수 있는 별도의 충전기를 구매해서 사용하기도 한다. 충전시간은 시간당 6~8km 주행할 수 있는 수준이다. 전원 콘센트와 차량 사이에 통신이 없으므로 충전속도가 느릴 뿐만 아니라 차량에 위험한 안전문제가 발생할 수 있어서 비상 상황을 제외하고는 사용하지 않는 것이 좋다.

레벨2 충전기는 벽, 기둥 또는 바닥에 세워져 있는 표준 AC 충전 스테이션으로써 공공 또는 상업용 주차 공간, 사무실 또는 아파트 주거 지역에서 주로 사용된다. 다양한 지능형 기능과 스마트연결 옵션, 다양한 안전기능과 결합해 있어서 가정용 충전으로도 사용하고 있으며 충전속도는 레벨1보다 5~15배 빠르다.

레벨3 충전은 15분 이내에 충전되는 고속충전시스템으로써 주유소와 같은 정류장에서 상업용으로 사용된다. 충전소 자체 내에 대형의 DC 변환기(converter)가 설치되어 있기 때문에 충전소 규모가 크다.

배터리 충전속도는 배터리 사양과 충전기 출력뿐만 아니라 배터리관리시스템(BMS)의 충전로직, 배터리 잔량, 온도 등의 다양한 요인들의 영향을 받는다.

추운 겨울에는 낮은 기온 때문에 배터리의 전해질이 굳어지면서 저항이 증가해서 충전속도가 15%~2배까지도 저하되기 때문에 겨울철에는 실내 급속충전기를 이용하는 것이 좋다. 또한 충전량이 80%에 도달한 이후에는 충전속도가 더 느려지기 때문에 전기요금을 고려하면 급속충전기에서는 80%까지만 충전하는 것을 권장한다.

2) 충전 표준규격

전기 커넥터는 일본에서 시작한 차데모(CHAdeMO; charge de move), 미국과 유럽, 우리나라에서 사용하는 콤보(Combo, CCS; combined charging system), 중국의 GB/T 등이 병존하고 있으며, 공개적으로 사용 가능한 충전기로 전기차를 충전하려면 표준화와 공동의 프로토콜이 합의되어야 한다(그림5.12좌). 유럽과 같이 국가 간 차량 이동이 많은 지역에서 특히 중요하며 규격을 통일하면 편의성이 향상되고 비용도 절감된다.

일본의 도쿄전력(TEPCO; Tokyo Electric Power Co.)에서 가장 먼저 2010년에 개발한 차데모는 IEC6185 및 IEC62196과 같은 국제 표준에 따라 커넥터 규격을 정한다. 최대 400kW/1,000V의 충전기가 규정되었으나, 900kW의 충전기까지도 고려의 대상이 되고 있다.

차데모는 초기에는 시장 점유율이 높았으나 일본이 전기차 및 충전기술 개발에 소극적으로 대응하면서 이제는 미국과 유럽, 우리나라에서 사용하는 콤보가 주도하고 있으며 글로벌 표준이 되고 있다.

콤보방식은 폭스바겐, 아우디, BMW, GM, 볼보 등 유럽과 미국의 자동차회사들에 의해 시작됐지만, 현재는 한국 등 아시아 제조사들도 참여하고 있다. 콤보는 IEC(62196), SAE(J1772) 및 ISO 표준으로부터 AC 및 DC 표준을 차용해 왔으며, 350kW까지 충전기 표준을 규정하고 있다.

테슬라의 독자규격인 NACS로 최대 250kW 전력을 공급하는 급속 DC 슈퍼차저(supercharger)를 사용하고 있으며 네트워크 확장을 위해 콤보와 호환성을 높이려고 하고 있으며, 유럽에서는 이미 콤보와의 호환성을 확보했다.

일본과 중국은 공동개발 중인 급속충전 규격 ChaoJi 및 자국 규격을 인도 등 신흥국 시장에 보급하고 우위를 되찾으려고 시도하고 있지만 표준 판도를 뒤집기는 쉽지 않으리라고 예상된다.

350kW 이상의 급속충전기에는 커넥터와 케이블에서 전력과 전압손실이 커지고 열이 발생하기 때문에 효율적인 열관리가 필요하며, 설계가 잘못되면 케이블과 커넥터의 부피가 커지고 뜨거워져서 취급이 어려울 수 있다. 케이블 내부에 냉각수가 흐르는 튜브를 설치하여 열발생을 관리함으로써 큰 전류를 흐르게 하면서도 케이블의 무게를 크게 줄여서 높은 성능과 더 짧은 충전시간을 제공할 수 있는 액체냉각(liquid cooling) 기술도 부상하고 있다(그림5.12우).

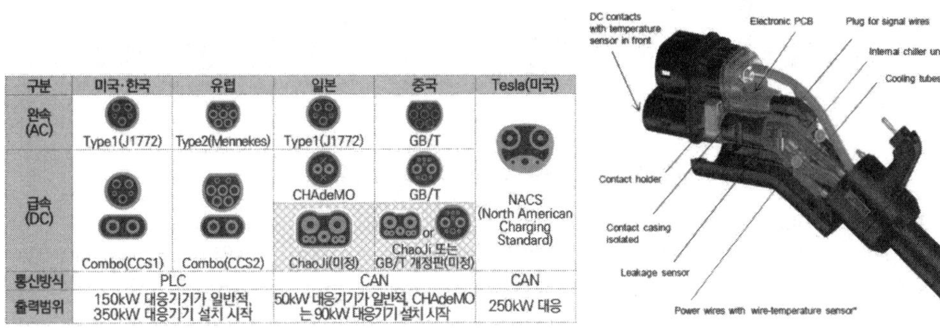

그림 5.12 지역별 전기차 완속, 급속충전 표준규격(좌)과 475kW 초급속충전 커넥터 예(우)

출처: 전기차 급속충전 규격 표준화 동향과 시사점, 이서현, 한국자동차연구원 산업동향 Vol. 113, 2023.3.27. "What's the status of EV charging connector standards?", Jeff Shepard, Connectortips, 2022.3.29.

3) 전기자동차 충전소

전기차 충전인프라는 전기차 확산에 매우 중요한 역할을 한다. 전기차 확산 속도와 충전기 보급 속도의 조화가 필요하며, 충전기 대수당 전기차 대수 비율이 중요한 지표가 된다.

교류(AC) 완속충전기는 주거지나 주택 등의 가정용, 대중교통 차량이나 택시 등의 차고지 전용, 상점이나 관공서 등 도심의 주요시설에 공용으로 사용되고 있으며, 직류(DC) 급속충전기는 주유소와 비슷하게 도로상에 설치되고 있다.

우리나라도 거주지나 직장 등 생활 거점에는 완속충전기를, 고속도로 같은 이동 거점에는 급속충전기를 설치하는 투트랙 전략을 사용하고 있으며, 정부는 고속도로 휴게소 중심으로 급속충전기를 늘리는 방향으로 충전기 보급을 추진하고 있다.

전 세계적으로는 2023년 말 현재 390만대의 공용충전소(PCP; Public Charging Point)(완속충전소 250만대, 급속충전소 140만대)가 운영되고 있으며, 중국이 완속

충전소의 60%, 급속충전소의 89%를 차지하고 있다(그림5.13좌).

ZEVTC(Zero-Emission Vehicle Transition Council) 회원국에서 1.53억대의 전기차 운행이 전망되는 2030년에는 6백만대의 충전소가 필요할 것으로 추정하고 있으며, 미국과 유럽은 각각 2백만대 운영을 예상한다(그림5.13우).

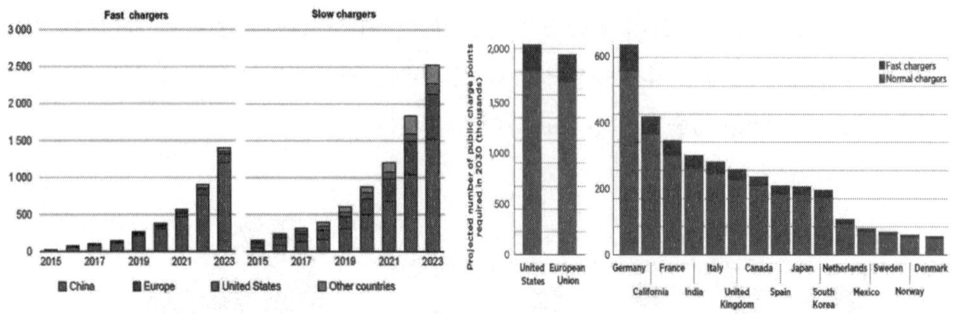

그림 5.13 공용충전소 누적대수 현황(좌)와 2030년 충전소 수요전망(우)

출처: Global EV Outlook 2024. IEA, 2024.4.
Deploying charging infrastructure to support an accelerated transition to zero-emission vehicles, Marie Rajon, et al., ICCT, 2022.9.

전 세계의 2022년 충전소당 전기차 대수는 10대 수준이지만, 미국은 24대, 노르웨이는 30대가 넘어서며 전기차 대수가 증가하면서 충전소 확대의 중요성이 더 강조된다. 2023년의 전기차 1대가 사용할 수 있는 공용충전소의 충전용량은 평균은 3.5kW/EV이며, 한국이 5kW/EV 수준으로 가장 여유로운 여건이다.

지역 여건과 운전자의 필요에 따라서 충전소당 전기차 최적 대수는 다를 수 있지만, 특히 가정이나 직장의 충전소를 사용할 수 없는 경우에는 공용충전소가 매우 중요하다.

미국의 바이든 대통령은 당선 공약으로 2030년까지 충전소 50만 곳 확보를 제시했으며, 미국 교통부에서 발표한 국가 전기차 인프라프로그램(NEVI)에서는 2022년부터 5년간 전기차 충전인프라 구축을 위해 총 50억달러를 투자할 계획을 담았다. 고속도로를 따라 전기차 충전인프라를 구축할 예정이다.

유럽은 개별 국가 단위와 EU 집행위 중심의 대체연료 정책이 공존한다. EU 집행위는 상호운영 보장과 전기차 충전인프라 배치조율, 공통표준 채택 등 회원국 간 인프라의 통일성에 중점을 두고 있다. EU는 공용충전 지점을 2025년에 100만 곳, 2030년에 300만 곳으로 확대하는 것을 목표로 세워두고 있다.

우리나라 환경부에 따르면 2024년 말 현재 전국의 전기차 충전기는 총 394,132기이며, 완속충전기 349,556대(88.7%), 급속충전기가 44,576대(11.3%)가 운영되고 있다. 전기차 대수는 712만대로 충전기 1대당 전기차 1.81대가 할당된다. 그러나 장거리 운전자들이 사용하는 급속충전소는 1대당 전기차 16.0대꼴이기 때문에 고속도로 휴게소에서는 한 시간 이상을 기다리는 어려움을 전기차 운전자들이 겪고 있다.

2025년까지 충전기 57.7만기를 확충한다는 계획으로, 완속충전기 설치 시 보조금을 500만원(30kW 이상) 140만원(7~11kW급) 지원하며, 350kW 이상 초고속충전기는 최대 7,500만원까지 지원하고 있다(2023년 기준). 정부가 주도했던 전기차 충전인프라 구축사업을 2023년부터 민간주도형 사업으로 활성화해서 부족한 충전소 확대를 가속하며, 인프라 시설 증가뿐만 아니라 휴게소, 주유소, 환승주차장 등 교통 거점을 중심으로 충전효율이 높은 급속충전기를 배치해서 충전효율도 높일 계획이다.

전기차 충전시스템은 전기차-충전기-충전사-전력망 등 연결된 주체가 많아서 상당히 복잡하게 이루어져 있다. 또한 전기차 충전 가치사슬(value chain)은 전기생산 및 공급, 충전소 제조 및 설치(판매), 네트워크 관리용 소프트웨어와 플랫폼, 고객 서비스 및 유지관리 등으로 연결되어 있다.

글로벌 전기차 충전 시장규모는 2022년 465억달러(약 65조원)에서 2030년 4,173억달러(약 584조원)로 약 9배 성장할 것으로 전망된다. 국내 전기차 충전기 사업(제조설치·유지보수·전력소비) 시장규모는 2022년 약 3,000억원에서 2030년 2.5조원으로 8배 성장할 것으로 추정된다.

전기차의 대중화 시대에 대비하기 위해서는 충전인프라가 단순한 충전 서비스에서 고객들의 대기 시간을 활용할 수 있는 서비스 공간과 콘텐츠를 제공하는 장소로 변모하는 것이 필요하다.

(3) 전기차 가격과 전기요금

켈리블루북(Kelly blue book)에서 발표한 2022년 미국의 전기차 평균가격은 7,900만원으로써 내연기관자동차 6,500만원에 비해 20% 이상 비싸다. 우리나라의 경우는 가격 차이가 더욱 심해서 전기차가 내연기관자동차 가격의 1.5배에 달한다. (니로 EV 5,000만원, 니로 HEV 3,000만원 수준)

내연기관자동차 수준의 전기차 가격이라야 대중들이 부담 없이 전기차를 구매할 수 있으며, 합리적인 전기요금 또한 전기차 구매를 결정하는 중요한 요소가 된다.

즉, 전기차가 내연기관자동차와의 경쟁에서 이겨서 전기차 시대를 열어가기 위해서는 경제성 확보가 가장 중요하다. 전기차를 빠르게 늘리는 데는 환경 의식보다는 돈(실

질적인 혜택)이 효과적이다.

2,000달러 이상을 하던 동력자동차들이 1908년에 포드 모델티가 1/3수준인 850달러 가격으로 판매를 시작하고, 1924년에 260달러로 자동차 가격을 1/10로 낮출 수 있었던 것이 전기차와 증기차와의 경쟁에서 이겨서 내연기관자동차 대중화 시대로 갈 수 있었던 가장 핵심 요인이었다.

1) 배터리 가격

전기차 가격의 50%를 배터리가 차지하고 있기 때문에 배터리 가격을 낮추는 것이 전기차 가격 경쟁의 핵심이다.

(그림5.14)에서 보는 바와 같이 2010년 이후 배터리 가격은 연 20%씩 떨어졌으며, 팩 가격(pack price) 기준으로 2024년에 $92/kWh로 떨어지고, 2030년엔 58달러, 2035년에 45달러 하락할 것으로 블룸버그(BloombergNEF)는 전망하고 있다. 65kWh 배터리를 사용하는 소형전기차의 2024년 배터리 가격은 650~700만원 수준이며, 배터리 중량은 2020년에 400kg에서 2025년에 260kg으로 줄어든다. (배터리팩 에너지 밀도: 2020년 160Wh/kg, 2025년 250Wh/kg 전망)

그러나 MIT 등과 같이 신중한 전망을 제시하는 기관들은, 배터리 소재가 몇몇 국가에 독점되어 있어서 배터리 수요가 증가하면 소재 가격이 상승할 가능성이 있어서 배터리 가격이 2030년에도 $124/kWh 수준에 머물 것이라는 분석을 제시하고 있다.

지속적으로 가격 저감을 유지해 오던 리튬이온배터리는 2022년에는 $166/kWh(팩 가격)로 2021년보다 도리어 7% 상승했으며, 미국 DOE에서도 2022년 배터리팩 평균 가격은 $153/kWh로 조사되었다. 그러나 2023년에는 전기차 수요가 감소하고 배터리 소재 생산이 증가하면서 배터리 가격은 $144/kWh로 떨어지고 2023년에는 115/kWh로 최저값을 보이면서 롤러코스터를 타고 있다(그림5.15). 배터리 가격은 2026년경에 가서야 $100/kWh 이하로 떨어질 것으로 전망한다.

원재료와 부품가격 변동이 배터리 가격 결정의 가장 큰 요소이며, 배터리 제조사와 자동차회사들은 이런 변동성에 대비해서 채광(mining)과 정제(refining)에 직접 투자하는 공격적인 전략으로 전환하고 있다.

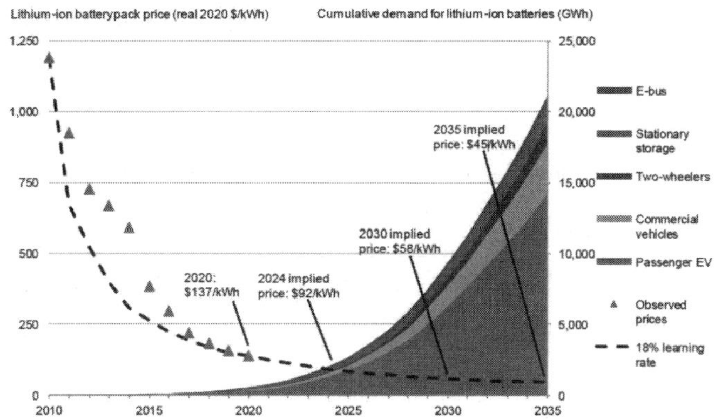

그림 5.14 리듐이온 배터리 가격 전망

출처: Hitting the EV inflection point, Electric vehicle price parity and phasing out combustion vehicle sales in Europe, BloombergNEF, Transport & Environment, 2021.5

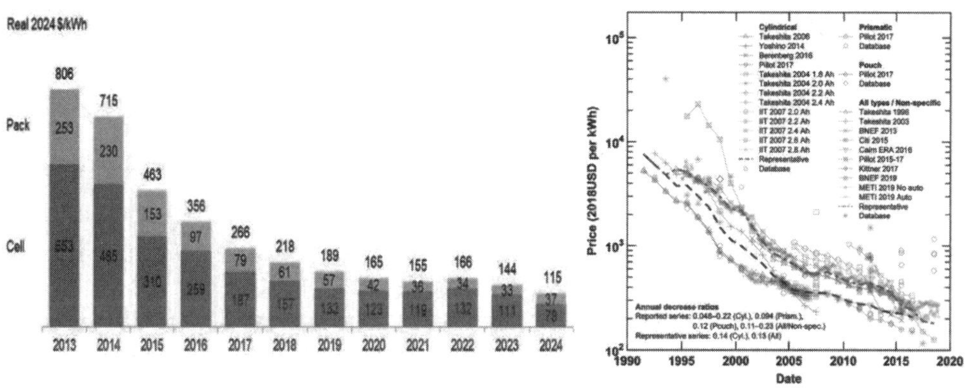

그림 5.15 리듐이온 배터리 가격 동향

출처: "BNEF: Lithium-ion battery pack prices drop to record low of $115/kWh", Marija maisch, PV magazine, 2024.12.11.
"MIT team reexamines rates of Li-ion cost decline", Green car congress, 2021.3.24.

배터리 핵심 소재인 리튬 가격 변동을 보면, 2016년에 3배가 상승하여 톤당 3,000만원으로 전기차 1대당 120~240만원을 차지하여 전기차 가격에 큰 부담이 되었으며, 2022년 상반기부터 또다시 급등하여 톤당 1억원을 넘어선 후에 2023년에 다시 떨어지고 있다.

한국 배터리 기업이 주도해 오고 있는 니켈·코발트·망간(NMC) 삼원계의 양극재 주요 소재인 코발트 가격이 2020년의 $33,000/톤에서 2022년 3월에 $82,700/톤으로 2.5배가 치솟았다가 2023년에는 다시 떨어지고 있다. 양극재의 핵심 원료로 사용되고 있는 코발트 가격에 부담을 느끼고 있는 배터리 업계들이 코발트 함량을 낮추고 알루미늄이나 다른 원료의 비중을 높이고 있어서 중장기적으로는 코발트 사용이 줄어들 전망이다.

양극재의 주요 소재인 니켈 가격 변동도 심하다. 2022년 초에 $27,300/톤이던 가격이 3월에는 $42,995/톤으로 1.6배 급등하였고, 후반에는 다시 떨어졌다.

이와 같이 배터리 핵심 원자재 가격이 안전성을 유지하지 못하고 변동성이 심한 상황에서 우리나라 배터리회사들은 대부분 수입에 의존하고 있으며, 특히 중국 의존도가 90%를 넘어서기 때문에 안정적인 공급망 구축이 시급한 상황이다.

(그림5.16)에서 보듯이 배터리와 소재의 수요는 빠른 속도로 증가하며 원소재의 공급이 충분하게 따라가지 못하고 가격이 상승할 가능성이 클 것으로 분석된다.

원자재 가격이 안정된 대부분의 자동차 부품은 생산물량이 증가하면 가공과 제조비 단가가 낮아져서 부품 가격이 떨어지는 것이 일반적이지만, 배터리는 원소재를 광산에서 채굴하기 때문에 수요와 공급으로 가격이 결정되며, 따라서 배터리의 양산에 의한 가격 감소 효과를 기대하기는 쉽지 않다.

중국기업이 주도하는 리튬인산철(LFP) 배터리는 가격이 20% 저렴하고 수명이 긴 장점이 있으나 반면 무게가 무겁고 에너지 밀도가 낮아서 주행거리가 짧은 단점이 있다. 그러나 CATL의 주도로 알루미늄 등을 추가해 에너지 밀도를 230Wh/kg으로 높여서 NMC의 250Wh/kg에 근접하는 개량형 LFP를 개발함으로써, 현재의 시장 점유율 30%를 확대해 갈 것으로 전망하고 있다.

전기차 시대로 가기 위해서 필수적인 재생에너지 발전설비와 전기차는 화석연료 기반 내연기관자동차보다 더 많은 광물을 필요로 한다. 전기차는 6배, 태양광과 풍력발전 설비는 석탄과 가스발전보다 9배가 많은 광물자원이 요구된다. 리튬, 니켈, 코발트, 망간, 흑연은 배터리 성능과 수명, 에너지 밀도에 매우 중요하며, 희토류는 풍력터빈과 전기차 모터 영구자석에 필수적인 소재이다. 또한 구리와 알루미늄은 전력 관련 기술의 핵심이다. 향후 20년 동안 구리와 희토류 수요는 40% 이상, 니켈과 코발트는 60~70%, 리튬은 90% 증가할 것으로 IEA는 전망하고 있다.

리튬이온배터리의 가격은 지난 10년간 85%가 줄었지만, 원자재 비용이 차지하는 비중은 5년 전 40~50%에서 현재는 50~70%로 커졌다. 또한 이들 광물의 편중도는 석유나 천연가스보다 높아서 지정학적인 위험부담을 가중시키고 있다. 동시에 수요가 급격하게 증가할 것이라는 전망은 광물 공급의 가용성과 신뢰성에 우려를 제기하면서 가격 변동성을 야기하고 있다.

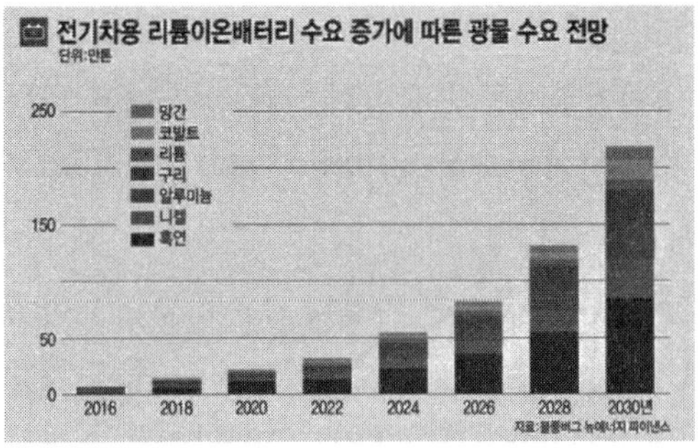

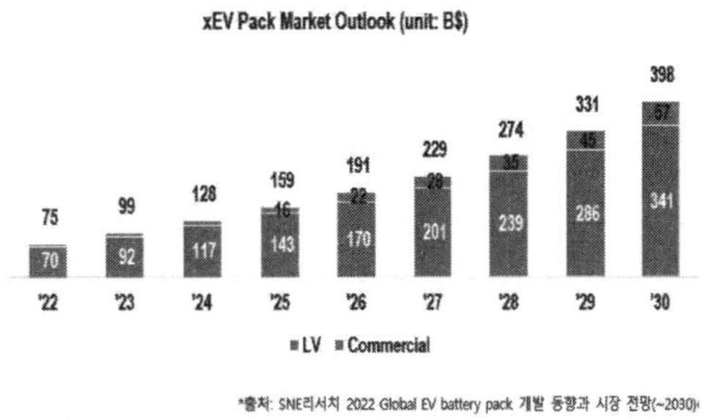

그림 5.16 전기차 리듐이온 배터리의 소재(좌)와 배터리팩 시장(우)전망

출처: 전자신문, 2017.8.23.
SNE 리서치 2022 Global EV battery pack 개발 동향과 시장전망.

전기차 가격에 대한 주류의 전망으로는 **2025~2026년경에 정부의 보조금 없이도 전기차 가격이 내연기관자동차와 경쟁할 수 있는 수준(price parity)으로 떨어질 것으로 분석한다.** 배터리팩 가격이 $100/kWh 이하이면 전기차가 내연기관자동차와 가격 경쟁할 수 있을 것으로 분석하고 있으며, 2025년경부터 $100/kWh 이하로 떨어질 것으로 전망한다.

BloombergNEF나 McKinsey는 정부 보조금 없이 전기자동차가 내연기관자동차와 경쟁할 수 있는 수준으로 가격이 낮아지는 시기를 2025년으로 예상하며, 이때는 차량 가격의 50%를 차지하고 있는 배터리 가격이 $100/kWh(팩 기준 $87/kWh)로 하락할 것으로 전망하고 있다.

미국에서는 전기차가 내연기관자동차와 가격 격차가 줄어들고 있는 데다 연료와 유지비용을 감안하면 2~5년에 차량 가격 차이를 극복할 수 있을 것이라는 낙관적인 전망을 발표하고 있다.

테슬라가 주도하는 전기차 가격 인하와 BYD, VW 등의 보급형 소형전기차 모델 출시로 전기차 가격 경쟁이 심화하고 전기차 시장 점유율 확대 전쟁이 시작되었다.

그러나 우리나라는 보급 초창기인 2014년에 4,100만원대이던 소울전기차가 2021년에 4,200~4,800만원이고, 2019년에 4,800만원으로 출시된 니로EV는 2024년에 4,800~5,100만원이며, 중형승용차인 아이오닉6도 5,200~6,300만원 수준을 유지하고 있어서 내연기관자동차와 경쟁하기 위해서는 3~4년 이내에 2천만원 이상의 가격을 낮추는 것은 쉽지 않아 보인다.

가격 경쟁이 심화하면 단기적으로는 판매이익이 감소하기 때문에 양산 능력을 높여서 규모의 경제를 달성하는 소수의 생존기업 위주로 전기차 시장구조가 개편될 가능성이 있다.

2) 전기차 구매보조금

전기차 보급 초기에는 전기차 가격이 내연기관자동차에 비해 1.5배 이상으로 비싸기 때문에 보조금 지원 없이는 보급이 거의 불가능하며, 전기차 구매보조금은 정부의 전기차 보급을 위한 가장 중요한 정책도구이다.

우리나라는 초기에는 전기차 성능에 상관없이 2천만원 이상의 보조금을 지원하였으나, 2023년부터는 전기차 연비와 일회 충전 시 주행거리, 사후관리 역량 등을 기준으로 보조금 체계를 개선하고 보조금 차등 폭을 확대하였으며, 8,500만원을 초과하는 고가의 고급형 전기차에는 보조금을 지원하지 않는다.

국고보조금은 최대 680만원에서 최저 201만원이며, 지방보조금은 지자체에 따라 차이가 있으며, 인천시는 국비와 시비를 합쳐서 최대 1,030만원, 서울시는 860만원이며, 경남 거창군은 1,830만원으로 가장 많이 지원한다. 지자체별로 편차가 큰 역차별 문제는 해결해야 할 과제이다.

현재의 보조금 체계에서 연간 10만대를 보급하면 1조원 이상의 보조금이 소요되어 보급 대수가 많아지면 보조금 지원 규모가 과도해져서 정부 재원에 부담이 되기 때문에, 언제까지 보조금을 지원할 것인가가 하는 것은 전기차 보급확대에 결정적인 역할을 한다.

정부에서는 보조금을 단계적으로 축소하여 2023년에 완전히 중단하는 것으로 계획하였으나, 2020년의 뉴딜종합계획에서 2025년까지 연장하여 4.5조원을 추가 지원하겠다는 계획을 발표하였다. 보조금은 전기차 구매자뿐만 아니라 전기차 제조사의 개발과 판매전략에도 직접적인 영향을 주기 때문에 예측 가능한 정책 수립이 중요하다.

전 세계적으로 전기차 판매 대수가 증가하면서 보조금을 축소하거나 중단하는 나라가 나타나면서 전기차 판매에 미치는 영향에 촉각을 세우고 있다.

영국이 2022년 6월에 가장 먼저 전기차 구매보조금을 중단했다. 2조원 이상을 투입해서 전기차 50만대를 보급하면서 이제는 전기차 보유자의 이용 편의성 개선을 위한 충전망 확충에 집중하고 있다. 독일과 스웨덴도 2023년에 보조금을 중단하였으며 프랑스, 노르웨이 등도 전기차 구입보조금 삭감과 폐지를 검토하고 있다.

2023년 11월에 보조금을 중단한 독일은 자국 기업의 어려움을 해소하기 위해서 2028년까지 세액공제와 보조금 지급 부활을 검토하고 있다.

전기차 산업 육성에 사활을 걸었던 중국도 2023년부터 보조금을 중단하였으며, 전기차 판매가 반토막이 났지만, 다시 회복하고 있다. 중국 정부는 자국 내의 전기차 제조사가 원가절감을 할 수 있는 기술 수준에 도달해 있고 기술개발에 매진할 수밖에 없도록 함으로써 글로벌 경쟁력도 향상할 수 있다는 자신감을 가진 것으로 보인다. 실제로 제조사들은 리튬인산철(LFP) 배터리 가격을 낮추고 성능을 향상하는 데에 주력하면서 보조금 중단에 대처하면서 경쟁력을 키우고 있다.

정부의 구매보조 지원금으로 전기차 보급을 견인했으나 최근에는 보조금을 없애거나 줄이는 등 시장경제 원리로 전환하면서 본격적인 전기차 시대로 진입하고 있다.

3) 전기요금과 운영비

전기차 가격과 함께 전기차 운행을 위해서 사용되는 전기요금은 전기차 구매를 결정하는 또 다른 주요 요소 중의 하나이다.

우리나라는 전기차 보급확대를 위해서 초기에는 전기차 충전요금의 특례할인 제도를 시행했으며 이에 따라 전기차 운전 비용은 내연기관자동차의 1/4 수준이었다.

그러나 전기차 충전요금의 특례할인을 2020년부터 단계적으로 축소하였으며, 이전의 173.8원/kWh에서 2020.7.6.부로 255.7원/kWh로, 1.47배로 인상하였고, 2021년에 292.9원/kWh(50kW 충전기)와 309.1원/kWh(100kW 충전기), 2022.9월에는 324.4원/kWh(50kW 충전기)와 347.2원/kWh(100kW 충전기)로 2배 정도 인상되면서 저렴한 전기차 운영비의 장점이 점진적으로 줄어들었다.

더욱이 우리나라 전기요금은 OECD 평균의 60%(가정용) 수준으로 OECD 최하위권에 속하며, 독일이나 영국의 1/3 수준이다. 에너지와 환경관련 민간단체조차도 서민의 고통을 감내하더라도 에너지 가격을 제대로 반영하여 합리적인 전기요금을 책정하여 에너지 낭비를 줄여야 한다고 한목소리로 주장하고 있다. 우리나라는 세계에서 8번째로 에너지를 많이 사용하는 나라이지만 에너지효율은 유럽 국가의 절반 수준이다.

한국전력은 원료가격 상승분을 정부로부터 반영 받지 못해서 생산 원가보다 35%나 싼 전기를 판매하여 연간 30조원의 적자를 내고 있으며, 2024년 6월 현재 202조원의 부채로 인한 위험한 재무상태 때문에 전기요금 인상을 추진하고 있다.

탄소중립을 위한 신재생에너지 전환 가속화와 러시아-우크라이나 전쟁으로 인한 국제 에너지 가격 인상이 겹치면서 2022년에 독일과 영국을 비롯한 EU 국가들의 전기요금이 급등하였다. 이로 인하여 전기차 충전비용이 내연기관자동차 주유비보다 비싸지면서 전기차 구매가 줄어들고 전기차 전환속도도 늦어지지 않을까 우려되고 있다.

유럽은 이미 5~7배까지 전기요금을 올렸고, 일본도 40~50% 인상하였으며 우리나라도 전기요금 인상을 피해 갈 수 있는 상황이 아니다. 영국은 전기차가 사용하는 전기요금이 내연기관자동차 연료비보다 커진 상황이다.

더욱이 전기요금 체계에 새롭게 도입되는 유류연료비 연동제나 기후·환경요금 제도 등도 전기요금 인상으로 이어질 수 있으며, 장기적으로는 신재생에너지에 의한 무탄소전기 생산체계로 전환되면 전기요금이 인상될 가능성이 높은 것도 복병이다. 따라서 전기자동차의 큰 장점이던 저렴한 운행비용은 전기요금 인상으로 인하여 내연기관자동차와 차이가 줄어들고 있으며, 전기자동차 보급확대에 장애 요인이 될 것이기 때문에 신중한 대비가 필요하다.

전기자동차 가격과 유지비(전기요금)가 반영된 TCO(total cost of ownership) 측면에서 경제성을 확보하면서 시장경제 원리로 작동되도록 하는 것이 전기자동차 대중화의 지름길이다.

(4) 발전량 증가와 온실가스 저감 효과

1) 전기차 보급에 따른 소요 전력량

전기차 보급 대수가 적은 초기에는 잉여전기로 전기차의 사용 전력량을 감당할 수 있지만, 대수가 증가하면 전기차에 공급하는 전기발전을 위해서 발전소를 추가로 건설하여야 한다.

전기차 전비와 내연기관자동차가 사용하는 연료의 에너지 환산으로 우리나라의 전기차 보급에 따른 소요 전력량을 추산해 보면, 2040년 전기차 보급 목표인 830만대가 보급되면, 현재 발전량의 약 5%가 필요하며, 휘발유와 경유차 모두가 전기차로 100% 전환되면 발전량의 35%가 추가로 필요한 것으로 산출된다.

IEA(Global EV Outlook 2023)에서도 전기차 보급에 의한 2030년의 전 세계 전기 추가수요는 3.8% 수준(APS)이며, 미국이 6.3%, 유럽 5.7%, 중국 4.0%로 분석하고 있다.

2) 전기 발전믹서와 온실가스 저감 효과

전기차 보급의 근본적인 목적은 내연기관자동차가 사용하는 화석연료로부터 배출되는 온실가스를 없애기 위해서 전기차로 대체하는 것이며, 따라서 전기차가 사용하는 전기는 온실가스를 배출하지 않는 무탄소전기 사용을 전제로 하고 있다.

현재 사용되고 있는 전기는 석탄과 천연가스, 원자력, 수력, 재생에너지 등에 의해 발전되며, 각 나라에 따라서 발전믹스는 많은 차이가 있다.

2023년의 주요국의 단위 전력당 배출되는 온실가스양인 탄소배출계수(CI; Carbon Intensity)를 살펴보면, 인도 713gCO_2eq./kWh, 중국 582gCO_2eq./kWh로 최고 수준이며, 일본(485gCO_2eq./kWh), 한국(431gCO_2eq./kWh)도 상위권이 속한다. 미국은

369gCO_2eq./kWh로 세계평균 481gCO_2eq./kWh보다는 낮지만, 중위권에 속한다.

한편, EU의 평균은 292gCO_2eq./kWh(2022년)이며 독일(381gCO_2eq./kWh), 영국(238gCO_2eq./kWh)은 높은 편이지만, 프랑스(56gCO_2eq./kWh), 스웨덴(41gCO_2eq./kWh), 노르웨이(30gCO_2eq./kWh)는 아주 낮게 배출하고 있다.

따라서 중국에서 운행하는 전기차는 노르웨이보다 19배나 많은 온실가스를 배출하는 결과가 나타난다.

IEA에서는 전기차 보급으로 온실가스 감축을 달성하기 위해서는 탄소배출계수를 2014년의 525gCO_2eq./kWh에서 2060년에는 15gCO_2eq./kWh로 97% 이상을 줄이도록 제안하고 있으며, 무탄소전기 생산이 전기차 보급 이유의 핵심임을 알 수 있다.

2050년까지 CI 전망은 아시아 국가들은 200gCO_2eq./kWh 수준으로 상당히 높으며, 미국이나 유럽은 절반인 100gCO_2eq./kWh 수준으로 예상하고 있어서 IEA 기대만큼 낮추기가 쉽지 않아 보인다.

또한 IEA에서는 2020년 전 세계 전기차의 온실가스 배출량은 내연기관자동차에 비해 70~80% 수준으로 상당히 많이 배출되는 것을 분석하고 있다.

2021년에 적용된 우리나라의 단위 전력당 온실가스 배출계수는 478.1gCO_2eq./kWh(온실가스종합정보센터)로서, IEA의 2DS에서 제시한 2060년 탄소강도(CI) 15gCO_2/kWh을 달성하기 위해서는 97%를 낮추어야 한다.

전비 6.0km/kWh인 현대차 아이오닉6 전기차는 79.7g/km 온실가스 배출로 산출되며, 이는 2021년 승용차 평균 136.9g/km(복합모드)의 58% 수준이다.

우리나라 발전믹스는 석탄 34%, 천연가스 29.2%, 원자력 27.4%, 석유 0.4%, 재생연료 8%(2021년 기준)이며, 2020년 12월의 "제5차 신·재생에너지 기술개발 및 이용·보급 기본계획"에서 2034년의 신재생에너지 비중을 13.7%, 발전량 중 신재생에너지 비중은 25.8%로 목표를 정하였다. 참고로 석탄발전시의 탄소강도는 946.6gCO_2eq./kWh로서 천연가스 발전 탄소강도 407.8gCO_2eq./kWh에 비해 2배 이상이 높다.

우리나라의 2030년 전기차 보급목표인 362만대를 달성하게 되면, 전기차의 온실가스 배출을 영(zero)으로 보고 경유 승용차를 대체한다고 가정할 때 7.56백만톤의 온실가스가 감소한다. 이 값은 우리나라 국가 총배출량의 1.15%에 해당하며, 도로부문 자동차의 8.1% 저감 효과로 산출된다. 그러나 전기생산 시 온실가스 배출계수를 고려하면 저감 효과는 절반으로 줄어들게 된다.

따라서 전기차 보급으로 온실가스를 줄이려는 목적을 제대로 달성하기 위해서는 전기차 보급 대수를 확대하는 것만큼 신재생에너지 발전율을 높이는 것이 중요함을 알 수 있다.

3) 전기차 온실가스 전과정평가(LCA)

전기차는 온실가스를 직접 배출하지는 않지만, 석탄이나 LNG 등의 화석연료를 사용하여 생산한 전기를 전기차가 사용하면 간접적으로 온실가스를 발생하게 된다. 또한 배터리나 부품과 전기차 생산과 제조과정에서도 온실가스가 발생한다.

화석연료를 사용하는 내연기관자동차에서 직접 배출되는 온실가스(TTW; Tank To Wheel)와 함께, 자동차 연료(휘발유, 경유, 가스연료, 바이오연료, 전기, 수소 등) 생산(WTT; Well To T, WTP; Well To Pump) 및 자동차 생산과정에서 발생하는 모든 온실가스(CTG; Cradle To Grave)를 전과정평가(LCA; Life Cycle Assessment)라고 한다.

즉, 자동차 온실가스 전과정평가는 제조 이전단계(원료 채굴 및 가공, 재료 생산), 제조단계(차량 부품 제조, 조립), 폐기 및 재활용 과정, 운행단계, 연료생산 전과정(WTP)에서 발생하는 온실가스 결과의 합산이다.

전과정평가 모델은 미국 아르곤국립연구소(Argonne National laboratory)의 GREET(Greenhouse gases, Regulated Emissions, and Energy use Transportation), 캐나다 (S&T) Consultants Inc. 의 GHGenius, 유럽 LBST Inc.의 E3 Database 등 다양한 도구들이 사용되고 있다.

많은 국가와 연구자들이 사용하고 있는 GREET는 ANL에서 1993년 10월부터 개발을 시작하였으며, 연료생산과 자동차 운행 시 발생하는 온실가스인 WTW(WTT + TTW)를 평가했다. 현재는 자동차와 부품 제조단계와 폐기 및 재활용을 포함하는 전과정평가 모델인 GREET2를 개발하고 있다.

2019년에 국내에서 판매되고 있는 전체 승용차를 대상으로 연구한 WTW 평가결과(그림5.17)를 살펴보면, 휘발유차와 경유차는 큰 차이가 없지만 하이브리드차는 상당히 줄어드는 것을 알 수 있다. 전기차는 내연기관자동차에 비해 50~60% 수준을 배출하지만, 석탄발전 전기를 사용할 경우는 동급수준 경유차와 차이가 없어서 전기차 온실가스는 발전믹스에 좌우된다는 것을 알 수 있다.

수소차도 그린수소로 가는 중간 단계인 천연가스 개질수소(SMR; Steam Methane Reforming)를 사용하면 하이브리드자동차보다도 온실가스 배출이 많은 것으로 평가된다.

한편, ICCT에 의뢰하여 유럽의 전기차 LCA 온실가스를 분석한 T&E 보고서(그림5.18)에서는, EU 27개국 전기차 평균 온실가스는 동급 휘발유차보다 69% 적게 배출되는 것으로 분석되었다. 가장 깨끗한 전력망을 사용하는 경우는 83%까지 감소하였으며, 중국산 배터리와 석탄발전이 가장 많은 전력을 사용할 때는 37%만 줄어들었다.

자동차 온실가스 저감을 위해서는 전기차가 내연기관자동차를 대체하는 잠재력을 가지고 있는 것을 확인할 수 있지만, 재생에너지로 생산한 무탄소전기 공급이 중요하다는 것도 알 수 있다.

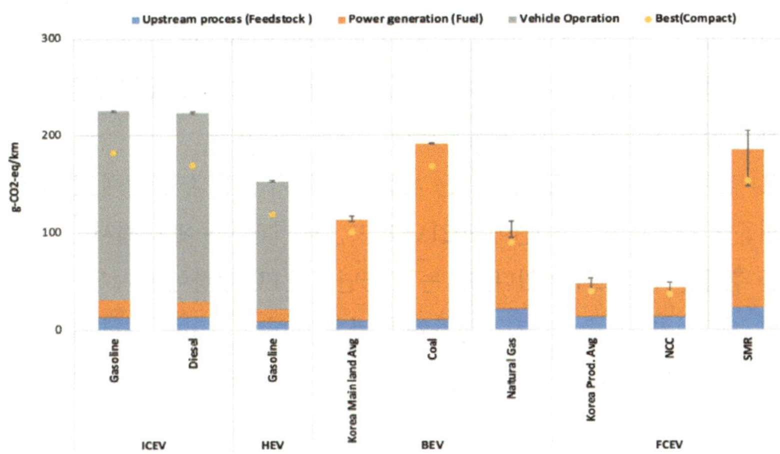

그림 5.17 국내 자동차 LCA 분석(WTW)

출처: “국내 자동차 LCA 온실가스 배출량 분석”, 서울대 송한호 교수, KSAE Auto Journal 2021.5.

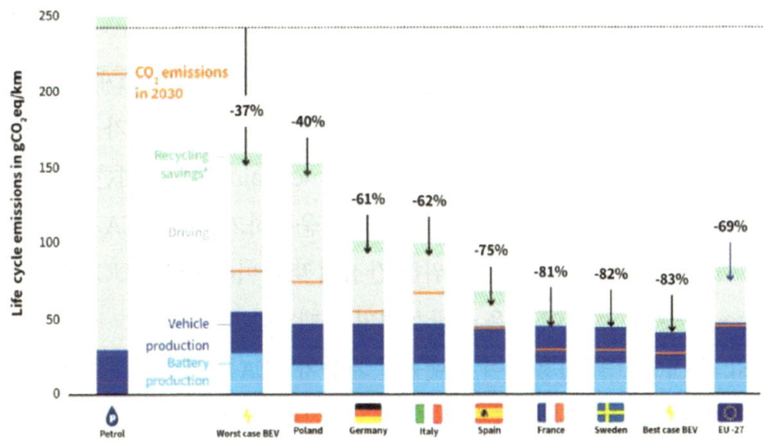

그림 5.18 유럽 전기차 LCA 분석결과

출처: Update-T&E's analysis of electric car life cycle CO_2 emissions, T&E, 2022.5.

자동차 온실가스 발생량은 전과정평가(LCA) 측면에서 관리되어야 하고 이를 위해서는 자동차 온실가스기준에 LCA 도입이 필요하다는 주장이 확산하고 있다. 전기차와 수소차는 현재는 온실가스가 배출되지 않는 무공해자동차로 평가되고 있지만 엄격한 환경성 평가 측면에서는 무공해가 아니라는 주장이 거세다.

이미 유럽이나 중국 정부는 자동차 LCA 기준 적용을 검토 중이고 유럽에서는 전기차 배터리에 대한 전과정 탄소 배출량 표기 의무화 등의 환경규제를 강화하는 움직임이 있다. 유럽 정부와 Euro NCAP(European New Car Assessment Programme)이 운영하는 Green NCAP은 2030년 이후에 자동차 CO_2 LCA 규제를 도입할 것을 요구하고 있다.

EU 집행부인 유럽위원회(EC)는 자동차 온실가스 LCA 규제에 대해서 가장 먼저 논의를 시작했으며, 2030년에 2021년의 37.5% 저감목표에 대해서 LCA를 고려한 규제를 추가할지 검토하고 있다. EC는 2025년까지 EU 시장에 출시된 승용차와 경상용차의 전과정평가 CO_2 배출량 평가와 일관된 데이터 보고를 위한 공통 방법론 보고서를 발행하고, 필요한 경우 입법 제안을 포함한 후속 조치를 유럽 의회와 이사회에 전달하겠다고 한다.

UN 산하 국제자동차규제조화포럼(WP29)에서도 자동차 전과정평가 전문가작업반을 구성하고 2025년 말 채택을 목표로 표준화된 평가방법을 개발 중이다.

우리나라도 2024년 1월에 대기환경보전법에 자동차온실가스 전과정평가에 대한 국가의 지원근거를 마련하고, 산학연이 참여하는 '자동차온실가스 전과정평가 환경포럼'을 구성하여 제도 도입을 준비하고 있다.

자동차 전과정평가에서는 수만 개의 부품과 수백 종류의 소재들, 수천 개의 공급사슬로 이루어져 있는 완성차 제조과정과 원유와 가스, 셰일가스, 전기, 수소 등의 다양한 연료생산 경로 등 때문에 불확실성(uncertainty)이 존재한다.

RFS(Renewable Fuel Standards) 제도를 운용하기 위해 LCA 방법론을 사용하고 있는 미국도 바이오연료 생산을 위한 간접적 토지이용변화(ILUC; Indirect Land Use Change)는 가장 논란이 많은 불확실성의 주제였다.

ANL의 GREET을 사용하여 오랫동안 자동차 LCA를 조사해 온 미국에서도 현재의 LCA 방법론과 그에 따른 결과에는 많은 개선이 필요하다고 인정하고 있다. 방법론은 일관성이 있어야 하고, 평가 모델은 공개적이고 투명해야 한다고 주장한다.

불확실성보다 더 주목해야 할 LCA의 특성은 계산 방법과 기술적·환경적 조건의 다양성(variability)이다. 미국의 배터리 전기차는 휘발유차에 비해 전과정에서 평균 50%의 온실가스 저감 효과가 있다. 하지만 지역마다 발전 방식의 차이와 기후에 민감한 전기차의 효율을 고려하면 차량 운행의 지리적 조건에 따라 다양한 온실가스 저감 효과의 차이를 보이게 된다.

자동차 LCA는 굉장히 복잡한 절차와 방대한 양의 데이터가 요구된다. EC의 연구를 진행한 리카르도(Ricardo) 연구소는 현재까지 LCA 접근 방법이 정부 정책의 결정을 위한 정보제공 수단으로는 도움이 되지만, 규제는 시기상조라고 생각한다. LCA를 통해서 누구나 동의할 수 있는 결과를 도출하기 위해서는 자동차만의 표준화된 방법론은 필수적이며, 명확한 가정의 정의가 필요하고, 일관되고 표준화된 데이터 세트의 개발이 필요하다고 주장한다. 따라서 EC는 현재까지 누구나 동의할 수 있는 최종적인(definitive) LCA 평가방법은 없다고 판단하고 LCA를 자동차 규제 수단으로 삼기에는 아직은 시기상조라는 결론을 내리고 있다.

IEA도 전기차 보급 활성화를 위해 1994년부터 HEV TCP(기술협력 프로그램)에서 자동차 LCA를 연구해 왔다. 국가나 기관마다 ISO 표준과 같은 LCA의 기본적인 방법론을 준용하여도, 전력배출계수, 적용지역, 배터리 용량, 연비 시험모드, 전주기 주행거리, 재활용 여부, 데이터 소스 등에 따라 차량의 LCA 평가결과가 상당히 큰 차이를 보이고 있음을 설명하고 있다. IEA 연구에서는 차량의 전 주기 주행거리와 수명, 전력배출계수가 가장 큰 영향을 미치는 인자로 제시하였다.

자동차 LCA 평가는 불확실성과 다양성에 대한 개선을 통하여 표준화된 방법론이 제시되면 자동차규제로 도입될 것으로 예상된다.

자동차 LCA 기준이 도입되면 전기차가 받던 혜택과 장점이 줄어들면서 자동차회사들이 전기차 개발과 판매를 소극적으로 대응할 가능성이 커서 전기차 보급확대에 차질을 초래할 수가 있기 때문에 이에 대한 대책이 필요하다.

(5) 전기차 시장 현황과 전망

1) 전기차 캐즘 직면

급속히 성장하던 전기차 시장은 2022년에 들어서면서 판매 부진을 겪으면서 이른바 전기차 캐즘(chasm)에 직면했다. 2021년 전 세계 신차 판매는 전년 대비 109.1% 증가했으나, 2022년에는 56.9%, 2023년 33.5%, 2024년에는 26.1%로 성장세가 둔화하고 있다. 미국에서도 순수전기차(BEV) 판매가 감소한 반면, 하이브리드차 판매가 증가하였다.

신기술이 초기 수용자에서 대중 시장으로 확산하는 과정에서 일시적인 수요 정체 현상이 나타나며, 이를 캐즘이라 부른다. 전기차 캐즘에 대해서는 낙관과 비관의 상반된 시각이 나타나고 있다.

낙관적 시각은 지금의 전기차 캐즘은 일시적인 수요 둔화로서 곧 극복될 것이며 이번을 계기로 경쟁력이 약한 기업은 도태되고 강한 기업이 살아남으며 시장이 재편될 것으로 본다. 모든 신기술이 성공을 향해서 가는 길에는 장애물이 있으며, 전기차도 예외는 아니다. 전기차 시장의 성장이 멈춘 것이 아니라 다소 늦어진 것이며, 여전히 내연기관자동차나 하이브리드차보다는 빠른 성장세를 보이고 있다는 것이다.

반면 부정적인 시각에서는 전기차 구매보조금 중단과 축소, 전기차 가격 하락 지연, 전기차 화재 등으로 인해 소비자 신뢰가 약화되면서, 전기차 시장은 '죽음의 계곡'에 들어섰으며 전기차 보급은 쉽게 회복되기 어려울 것으로 우려하고 있다.

화석연료 사용 중단과 전기차만이 넷제로의 유일한 해법이 아니며, HEV/PHEV를 포함한 친환경차와 재생순환 친환경연료(e-fuel, 바이오연료, 수소연료 등)를 병행하는 새로운 대안이 필요하다면서 전기차 전환속도 조절론이 부상하고 있다.

영국은 2030년에 시행하기로 한 내연기관 신차 판매 금지 시점을 5년 연기하였으며, 볼보와 메르세데스 벤츠, GM, 포드, 도요타 등의 주요 완성차 업체들도 전기차 투자계획과 전동화 전략을 연기하거나 수정했다. 중국에서는 2024년 들어 PHEV 판매율이 BEV를 앞지르면서 전기차 캐즘의 극복 대안으로 주목받고 있다.

전기차 캐즘을 극복하기 위한 핵심은 전기차 가격 인하다. 세계 1위 전기차 제조업체인 BYD가 최대 34%까지 전기차 가격 인하 계획을 발표하면서 중국발 가격 인하 경쟁이 본격화되었으며, 이는 동시에 수익성 악화와 불확실성을 확대해서 전기차 캐즘이 장기화할 가능성도 제기되고 있다.

전기차 보급확대를 중심으로 한 자동차 온실가스 감축정책 역시 전기차 수요가 감소하면서 조정이 불가피해지고 갈등도 유발되고 있다. 유럽에서는 2035년 내연기관 신차 판매 금지법안의 연기 논의가 이어지고 있으며, 영국을 비롯해 프랑스, 스웨덴, 네덜란드 등도 탄소중립 추진 속도를 재검토하는 그린래쉬(greenlash; green + backlash) 현상이 확산하고 있다.

2) 전기차 시장 패권경쟁

중국이 전기차를 앞세워서 세계 자동차 시장에 도전하면서, 자동차 시장을 주도하고 있는 미국과 유럽이 중국을 견제하면서 자동차 패권 경쟁이 심화하고 있다.

■ 미국 인플레이션감축법(IRA)

미국에서는 중국의 전기차와 배터리 시장의 독점을 견제하기 위한 자국 중심의 전기차 정책을 강화하면서 바이든 대통령이 서명한 인플레이션감축법(IRA; Inflation Reduction Act)이 2022.8.16. 발효되었다. 이 법안에서는 미국 내 생산시설 투자유치를 도모하고 있으며, 특히 북미 내에서 최종 조립되는 친환경차에 배터리 부품 요건과 광물 요건 충족 시 각각 3,750달러를 지급(신차 최대 7,500달러, 중고차 최대 4,000달러 공제)하는 보조금 제도를 채택하였다.

또한 2023년부터 전기차 배터리에 사용된 핵심 광물의 40%(매년 10% 증가, 2027년 80% 이상), 주요 부품의 50%(매년 10% 증가, 2029년 100%) 이상을 미국 혹은 미국과 FTA를 맺은 국가에서 조달하도록 하는 배터리 원산지 규정도 적용하였다.

즉, 전기차 세액 공제 혜택을 적용받기 위해서는, 최종 조립조건이 북미(North America)여야 하며, 배터리 핵심광물(critical minerals)조건과 배터리 부품조건은 전기차 탑재 배터리 부품 중 일정 비율 이상이 북미에서 제조(manufactured) 또는 조립(assembled)된 경우에 한한다.

또한 해외 우려집단(foreign entity of concern, 국무장관과 재무부, 법무부가 정한 해외 테러단체 또는 미국 외교정책과 안보에 해로운 활동에 참여한 단체나 인물)으로부터 추출, 처리, 재활용된 광물이 조금이라도 포함되거나, 부품의 일부라도 포함된 배터리가 탑재된 전기차는 지원대상에서 배제된다는 추가 규정도 두고 있다.

중국을 견제하기 위한 목적으로 제정되는 법이, 배터리 핵심 소재인 리튬·코발트의 80% 이상, 흑연의 90%를 중국으로부터 수입하고 있는 한국에도 큰 걸림돌이 될 것으로 우려된다.

■ 유럽의 핵심원자재법(CRMA)

대부분의 전기차와 배터리가 중국과 한국, 일본으로부터 수입되고 있는 유럽은 더 이상 외국기업이 유럽 시장을 잠식하는 것을 방치하지 않겠다는 강력한 전기차 산업정책을 도입하고 있다.

희토류와 리튬 등 배터리의 핵심 원자재를 2030년까지 EU의 연간 전략원자재 수요량에 대비해서 채굴 10%, 제련 및 정제 40%, 재활용 15%까지 역내 생산역량을 확대하는 동시에, 역외 특정국에 대한 전략원자재 수입 의존도가 65%를 넘지 않도록 하는 자체적 생산과 공급망을 강화하는 내용의 핵심원자재법(CRMA; Critical Raw Materials Act)이 EU 이사회에서 2024.3.18. 최종 승인되었다.

배터리용 리튬, 망간, 천연흑연, 니켈 및 희토류 등 16개 전략원자재(strategic materials)와 34종의 핵심원자재(critical raw materials)를 선정하면서, EU에 진출한 배터리 관련 기업에 큰 영향을 미칠 것으로 예상된다. 특히 EU 전기차용 배터리의 38% 이상을 수출하고 있는 우리나라 배터리 업체의 면밀한 대책이 필요한 상황이다.

또한 '중국의 배터리 전기자동차 가치 사슬이 불공정한 보조금 혜택을 받고 있고, 이로 인해 유럽연합의 생산업체가 경제적 피해를 볼 우려가 있다는 사실이 밝혀졌다'라면서 중국산 전기차에 최대 45.3%의 관세를 2024.10.30.부터 부과하기로 결정하였다. 테슬라에 17.8%, 비야디(BYD)에 27.0%, 지리자동차에 28.8%, 상하이자동차에 45.3% 등이 적용된다.

EU에서는 배터리의 전주기 정보를 디지털화하는 배터리여권(battery passport) 제도도 용량이 2kWh 이상인 모든 산업용과 자동차용 배터리를 대상으로 2027년 2월에 시행된다. 배터리 여권은 배터리의 화학성분, 제조과정에서의 환경적 영향, 재활용 및 재사용 가능성, 배터리 수명 및 성능 데이터 등의 디지털 정보를 제공하여, 배터리의 생산, 사용, 재활용 과정을 투명하게 기록하고 관리하기 위한 시스템이다.

배터리여권 제도는 지속 가능성과 추적 가능성을 높인 배터리 공급망을 구축하여 환경에 미치는 영향이 최소화될 수 있을 것으로 기대한다.

(6) 전기차 화재 우려

최근 빈번하게 발생하는 전기차 화재는 전기차에 대한 소비자 신뢰를 악화시키고 있다. 전기차 화재는 배터리의 화학적 특성으로 인해 내연기관자동차보다 진화가 어렵고, 특히 아파트 지하 주차장과 같은 밀폐된 공간에서 발생할 경우 피해가 크다. 아파트 비중이 높은 우리나라에서는 이러한 화재에 대한 두려움이 더욱 크게 나타난다.

소방청과 국립소방연구원 등의 자료에 따르면, 2023년 국내 전기차 화재 발생률은 0.013%로 내연기관자동차의 0.016%보다 소폭 낮아 내연기관자동차와 비교해 특별히 더 위험하다고 단정하기는 어렵다. 그러나 전기차 화재 진화가 어려워서 피해가 커질 수 있어 제조사·소비자·정부가 함께 예방 대책을 마련이 시급하다.

전기차 화재는 배터리 결함이나 충돌 등의 원인으로 운전 중뿐만 아니라 충전과 주차 중에도 발생하며, 원인이 명확하게 규명되지 않은 경우도 많다. 전기차 화재가 발생하면 대부분은 배터리의 측면에서 수평 방향으로 제트화염이 분출되며, 팝콘 튀기는 소리나 휘슬소리를 내면서 화염온도 1,000°C 이상으로 빠르게 확산한다. 화염이 위 방향으로 치솟는 내연기관자동차 화재와는 달리 전기차 화염은 옆으로 번지기 때문에, 인접 차량으로 옮겨붙는 데 1~2분 이내로 순식간에 번지기 때문에 위험성이 훨씬 높다.

화재 원인으로는 리튬배터리 내의 분리막 손상 등 셀 제조 불량이 자주 지목된다. 리튬이온은 수분에 민감하여 공기 중에 노출되면 수분과 반응하여 열을 발생시키고, 물과 직접 접촉하면 폭발할 수 있다.

분리막이 손상되면 양극과 음극이 쇼트되어 화학반응이 연쇄적으로 발생하고, 급격한 온도상승으로 열폭주가 발생한다. 분리막 손상 원인으로는 리튬 덴드라이트가 주로 지적되었으나, 지하 주차장에서 자동차가 내뿜는 고온의 열기가 배터리 온도를 높이면 배터리의 전해질이 기화되면서 가스가 발생하고 배터리 내부 압력을 높여서 분리막이 녹고 쇼트가 발생하여 열폭주가 발생한다는 주장도 있다.

GM은 배터리가 완전히 충전되어 충전량이 100%에 가까울 때 화재 위험이 있다고 판단해서, 충전량을 90%로 제한하는 소프트웨어 업데이트를 실시했으며, 이후 추가적인 안전 조치로 충전 한도를 80%로 낮추었다.

전기차 배터리는 충격 방지를 위해서 단단한 케이스에 밀폐되어 있어 진화가 쉽지 않다. 내연기관자동차 화재는 1시간 이내에 진화되지만, 전기차 화재는 8시간이나 걸리며, 소화에 사용되는 물의 양도 100배 이상이 필요하다. 전기차 화재를 진화하는 방법으로는 물을 지속적으로 뿌려 배터리 온도를 낮추고, 질식소화 덮개를 사용하여 외부 화염을 차단하거나, 전기차를 이동식 소화수조에 담그는 방법 등이 사용된다.

근본적 해결책으로는 휘발성 액체 전해질을 사용하는 리튬이온배터리 대신, 고체 전해질을 사용하는 전고체배터리가 주목받고 있다. 그러나 전고체배터리는 화재 위험이 크게 낮지만, 해결하여야 할 기술적 과제들이 많아서 상용화는 2030년 이후로 예상된다.

우리나라의 친환경자동차법에 따르면 2022년 1월까지 100세대 이상 신축 아파트는 총주차면의 5% 이상, 기축 아파트는 2% 이상 충전시설 및 전용 주차구역을 확보하도록 하고 있지만, 지상과 지하를 별도로 규정하진 않았다. 그러나 최근에 건설되는 아파트는 지상의 차량 운행이 금지되고 주차장 설치도 불가능하므로 전기차 충전소는 지하 주차장에 설치할 수밖에 없는 여건이어서, 전기차 화재에 대한 우려가 더 클 수밖에 없다.

전기차 보급확대를 위해서는 배터리 안전성 향상과 함께 전기차 화재진화 기술 개발과 정부의 안전관리 대책 마련이 중요하다.

2.3. 전기차용 2차배터리

(1) 리튬이온배터리 구조와 장단점

배터리(전지)는 사용하면 재충전하지 못하는 일회용 전지인 일차전지와 재충전하여 다시 사용할 수 있는 이차전지로 나누어진다.

이차전지인 리튬이온배터리(LIB; Lithium-Ion Battery)는 양극(cathode), 음극(anode), 전해액(electrolyte), 분리막(sperator)으로 구성(그림5.19좌)되어 있으며, 전해액에 담겨 있는 양극과 음극에서 전기화학반응이 발생하여 화학에너지를 전기에너지로 전환하며, 이때 생성된 전기에너지를 연결 회로를 통하여 외부로 공급한다.

양극과 음극, 전해질에 사용되는 소재와 물질에 따라서 전지의 전압과 수명, 용량, 안정성 등이 크게 차이가 난다.

배터리 외부에서 전기를 가해서 충전을 시키면 양극에 있는 리튬이온들이 음극으로 이동하며, 이동한 리튬이온은 흑연 층상구조로 되어있는 음극에 안착한다. 즉, 양극에서는 전자를 잃는 산화반응이 일어나고, 음극에서는 전자를 얻는 환원반응이 일어나는 비자발적(irreversible) 화학반응이 진행된다.

충전이 완료된 배터리에서 전기를 사용하면 음극에 있던 리튬이온이 양극으로 이동하는 방전 과정인 자발적 화학반응(reversible)이 진행된다. 음극은 리튬이온 전자를 잃게 되는 산화반응이 발생하고, 양극에는 리튬이온이 다시 돌아오는 환원반응이 일어난다(그림5.19우).

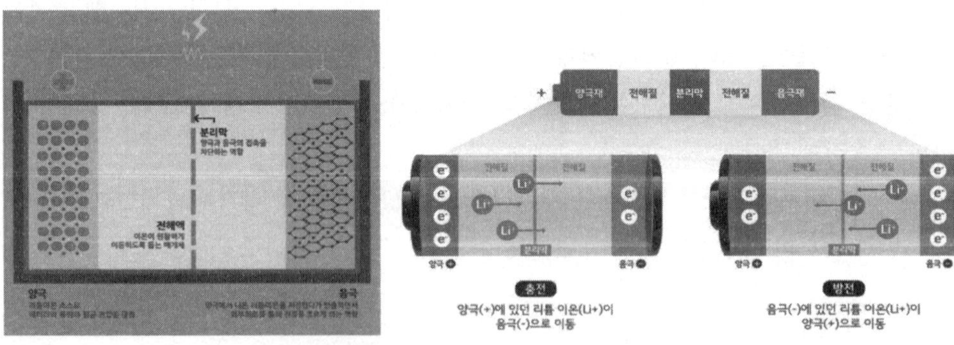

그림 5.19 리튬이온전지 구성(좌)과 충방전 원리(우)

출처: "리튬이온배터리의 4대 요소", 삼성SDI, 2018.1.18.
"리튬이온배터리의 구조와 작동 원리", Inside Igensil Battery Lab., 2021.11.11.

충전기나 전기분해 등에서는 일반적으로 양극을 anode, 음극을 cathode로 정의하지만, 이차전지에서는 반대로 사용하고 있어서 혼돈이 있을 수 있다. Anode와 cathode는 전류가 흐르는 방향에 의해 정의되는 개념으로, 전류의 방향은 전자(음전하)가 움직이는 방향과 반대로 정의된다. 양전하를 띈 양이온의 이동 방향은 전류의 방향과 같다.

리튬이온배터리는 방전(discharge) 시의 기준으로 양극(cathode)과 음극(anode)을 정의한다.

1) 양극(Cathode)

양극 소재는 전자를 잃고 양이온이 되려는 경향이 강한 리튬이 사용된다. 그러나 원소상태의 리튬은 불안정하므로 리튬과 산소를 결합한 리튬산화물 형태인 수산화리튬(LiOH)과 탄산리튬(Li_2CO_3)이 사용된다.

수산화리튬은 양극재 배합에서 배터리 에너지를 높여주는 니켈과의 합성이 쉬워서 고밀도, 고용량을 요구하는 전기차 배터리에 주로 사용되며, NCM(니켈코발트망간), NCA(니켈코발트알루미늄) 등의 삼원계 배터리의 양극 소재이다.

탄산리튬은 주로 인산철을 양극재로 사용하는 소형 전기차용 리튬인산철산화물(LFP; Lithium Ferrous Phosphate, $LiFePO_4$) 배터리나 에너지 밀도가 낮은 가전제품, IT 기기용 배터리에 사용된다.

리튬 사용 비중이 높으면 배터리 용량이 커지며, 양극 구조에 따라 양극과 음극의 전위차가 크면 배터리 전압이 커진다. 양극재와 화학적으로 반응해서 전기에너지를 만들어서 전극반응에 관여하는 물질을 활물질(active material)이라고 부르며, 어떤 양극 활물질을 사용했느냐에 따라 배터리의 용량과 전압이 결정된다.

양극 활물질은 리튬이온이차전지의 핵심 소재로서 전체 재료비의 35% 이상을 차지한다. 니켈, 코발트, 망간, 알루미늄, 인산철 등의 소재를 조합한 LCO(리튬·코발트산화물), LMO(리튬·망간산화물), NCM(니켈·코발트·망간), NCA(니켈·코발트·알루미늄), NCMA(니켈·코발트·망간·알루미늄), LFP 등의 다양한 고성능 양극재가 개발되고 있다.

최근 양극은 NCA 및 NCM의 고가 코발트 함량을 줄이고 니켈 함량을 높여서 에너지 밀도를 높이면서 가격을 낮추는 데에 중점을 두고 있다. 그러나 니켈 함량이 증가하면 양극재의 구조적 안정성이 줄어들고, 고온 환경에서 열적분해가 쉽게 일어나는 단점과 함께 화재 위험도 증가한다.

배터리 양극재의 혁신적인 개선을 위해서는 LFP, NCA, NCM 등의 인터칼레이션형(intercalation; 층상구조 물질의 층간에 분자, 원자, 이온이 삽입되는 현상) 소재에서 변환형 소재로 전환하고 있다. 장래 시장을 주도할 주요 변환형 활성 양극재로는 금속불소 기반 양극(예: 플루오르화철 또는 플루오르화구리)과 황 기반 양극이며 배터리 셀 가격을 2030년까지 $50/kWh, 2040년까지 $30/kWh로 낮추는 열쇠가 될 것으로 전망된다.

2) 음극(Anode)

음극은 양극에서 나온 리튬이온을 저장하거나 방출하여 외부 회로에 전류를 흐르게 하는 역할을 한다. 배터리가 충전 상태일 때는 리튬이온은 음극에 저장되어 있으며, 양극과 음극을 전선으로 연결하면 전선을 통하여 전기가 발생(방전)하며 음극에 저장되어 있던 리튬이온은 전해질을 통해 양극으로 이동한다.

음극재는 가격이 저렴하고 층상구조이기 때문에 많은 이온을 안정적으로 저장할 수 있는 흑연(graphite)이 주로 사용되지만, 에너지 밀도가 높지 않고 충전 속도가 빠르지 않으며, 충방전 과정이 반복되면 흑연 구조가 변화하고 이온의 저장량이 줄어들게 되면서 배터리 수명이 줄어드는 취약점이 있다.

음극 재료가 갖추어야 할 요건들은 리튬의 전극전위에 근접한 전위를 가져야 하고, 부피당 무게당 에너지 밀도가 높아야 하며, 뛰어난 충방전 안전성과 고속 충방전에 견딜 수 있어야 한다. 음극재의 에너지 밀도 향상을 위해서 코팅기술과 전극 패킹기술을 개선하지만, 한계가 있으며, 실리콘 음극재와 같은 전극 재료를 변경하는 것이 효율적이다.

기존에 사용하던 층상구조의 천연흑연은 가격이 저렴하지만, 층상구조의 불균일성과 불순물로 인하여 사용 중에 팽창이 발생하여 안정성이 떨어지는 문제가 있다. 이를 개선하기 위해서 3,000°C 이상의 고온에서 열처리된 인조흑연을 사용하며 안정성이 높지만, 가격이 비싸다.

최근에는 흑연 대신 실리콘 음극재에 주목하고 있으며 에너지 용량이 흑연보다 10배가량 높아서 전기차 주행거리를 크게 늘릴 수 있어서, 흑연이 주도하는 음극재는 실리콘 음극이 혁신적인 역할을 할 것으로 기대된다. 그러나 충방전 중 부피팽창으로 인하여 음극 구조의 균열과 전극 파손을 유발할 수 있으며, 낮은 전도성으로 충방전 성능이 저하하는 단점이 있다. 실리콘과 탄소 기반 소재의 복합화로 안정성과 전기 전도성 문제 해결을 시도하고 있다.

배터리에서 전기를 사용(방전)할 때 음극에서 전자방출을 도와 성능을 높이기 위해서 음극활물질이 사용되고 있으며, 음극에는 구리 기재 위에 활물질, 도전재, 바인더가 입혀져 있다.

양극재가 배터리 에너지 밀도 향상의 고용량화와 출력에 주요한 소재지만, 음극재

기술은 배터리 충전 속도와 수명을 결정한다. 음극재는 전체 재료비의 14%를 차지하여 양극재보다는 상대적으로 비중은 작지만, 성장률이 높아서 2025년경에는 현재 시장규모의 4배 이상으로 성장할 전망이다.

3) 전해액(Electrolyte)

전해액은 배터리 내부의 양극과 음극 사이에서 리튬이온이 원활하게 이동하도록 돕는 매개물이다. 이온 전도도가 높아야 하며, 안전을 위해 전기화학적 안정성과 발화점이 높아야 한다. 전해액은 배터리 재료비 원가의 8%, 셀 전체 원가의 5% 정도를 차지한다.

전해액은 리튬염(lithium salt), 유기용매(organic solvent), 첨가제(additive)로 구성된다.

- 전해질염인 리튬염은 전해액의 약 45%를 차지하며 리튬이온이 통과하는 통로 역할을 하며, 따라서 리튬이온은 용매에 쉽게 용해(dissolved)되거나 해리(dissociated)(이온으로 쪼개지는 것) 되어야 이동이 원활하다.

  소형 IT용 배터리에서는 육불화인산리튬($LiPF_6$) 리튬염이 범용 전해질로 많이 사용되지만, 열적으로 불안정하고, 수분과 반응하면 불화수소산(HF)이 생성되어 배터리 성능을 저하하는 단점이 있다. 전기차용 중대형 배터리에서는 LiFSI(F전해질), $LiPO_2F_2$(P전해질), LiDFOP(D전해질), LiBOB(B전해질) 등을 $LiPF_6$와 혼합하여 사용하고 있다.

  전해질은 리튬이온의 이동성(movement), 용출성(dissolution), 화학적 안정성(chemical stability)이 요구된다.

- 유기용매는 리튬염을 잘 용해해서 리튬이온의 원활한 이동을 돕는 유기 액체로서 높은 용해도와 낮은 점도를 가져야 한다. 또한 높은 이온전도도(이온을 전달하는 효율)를 가져야 하며, 리튬은 수분을 만나면 급격한 반응을 일으키기 때문에 물과 반응하지 않는 용매를 사용하여야 한다. 전해액의 약 25%를 차지하고 있다.

  첨가제는 전지의 수명, 과충전 방지, 안정성, 에너지 출력밀도 향상 등의 특정 목적을 위해서 소량으로 첨가되는 물질이며, 리튬이온이 양극과 음극 사이를 원활하게 이동할 수 있도록 도와주면서 배터리 성능이 저하되는 것을 방지하는 역할을 한다.

  첨가제는 양극 첨가제와 음극 첨가제로 나누어진다. 양극 첨가제는 양극의 구조를 안정화시키면서 표면보호, 열화 및 발열 억제, 과충전 방지 등의 역할을 하며, 음극 첨가제는 용매 분해방지, 열화 및 발열 억제, 용량 유지 등의 기능을 가진다.

첨가제는 전해액 용매에 잘 녹고 화학적 안정성이 높으며 고객의 요구에 맞추어서 사용하며, 전해액의 약 30%를 차지한다.

커피와 비교하면, 리튬염은 커피 원두, 유기용매는 물, 첨가제는 시럽에 해당한다고 볼 수 있다. 전해액은 다양한 소재개발과 노하우 기반의 고객 맞춤형 최적 조합이 중요하며, 배터리 수명, 충방전 효율, 과충전 방지, 저온방전 억제 등의 다양한 측면의 성능개선을 위한 연구개발이 지속적으로 진행되고 있다.

폭발의 위험이 있는 액체 전해질 대신 화학적으로 안정한 폴리머(polymer, 고체 또는 젤 형태의 고분자 중합체) 상태의 전해질을 사용하는 리튬이온폴리머배터리도 개발되었다. 누액과 폭발의 위험성이 낮으며, 3mm 정도의 얇은 두께와 소형 제작이 가능해서 디자인 특성도 우수하여 휴대전화와 태블릿PC 등 모바일 기기에 사용되고 있다. 그러나 제조 공정이 복잡하여 가격이 비싸며, 이온 전도율이 떨어지고 저온 특성이 떨어지는 단점이 있다.

2002년에 LG화학이 전기차용으로 최초로 개발하였으며, 2010년 GM 볼트전기차에 채택되었다. SK가 개발한 리튬폴리머배터리는 2010년에 현대차 블루온전기차에 탑재되었다.

리튬이온배터리에서는 액체 전해액이 사용되고 있지만, 액체 전해질이 가진 불안정성의 단점을 해결하기 위해서 차세대배터리로 개발되고 있는 전고체배터리(solid state battery)의 가장 핵심기술이 전해질 소재개발이다.

4) 분리막(Sperator)

분리막은 내부의 미세한 구멍을 통해서 리튬이온만 이동하게 하고, 전자는 흐르지 못하도록 하여 양극과 음극이 서로 섞이지 않도록 하는 물리적·전기화학적 역할을 가지고 있다. 또한 분리막은 안전을 위해 높은 전기 절연성과 열 안정성이 요구되며, 일정 이상의 온도에서는 자동으로 이온의 이동을 막는 기능도 갖추고 있다.

분리막은 리튬이온배터리의 안전성과 폭발 방지를 위한 핵심 소재로서 분리막 개발과 공급업체 변경을 위해서는 4년 이상의 까다로운 승인 절차를 거쳐야 한다. 분리막은 폴리에틸렌(PE)과 폴리프로필렌(PP)과 같은 합성수지가 널리 사용되고 있으며, 분리막을 얇게 하여 배터리를 소형화하는 연구가 이뤄지고 있다.

양극과 음극이 배터리의 기본 성능을 결정한다면 전해액과 분리막은 배터리의 안전성을 결정짓는 구성요소라고 할 수 있다.

(2) 리튬이온배터리 기술현황과 발전전망

1) 배터리 성능 인자와 개발목표

가장 중요한 배터리 성능 인자는 에너지 밀도(energy density, specific energy)와 출력밀도(power density, specific power)이며, 이외에도 안정성, 수명, 충전 용이성, 충전효율, 충전시간, 저온 성능 등의 다양한 요소들이 있다.

에너지 밀도는 단일 전지에 저장되는 에너지양으로써 1회 충전 시 주행할 수 있는 주행거리를 결정하며, 출력밀도는 배터리 단위 무게당 출력으로써 전기자동차의 가속력과 최고속도를 결정한다. 전기자동차용 배터리는 에너지 밀도가 중요하며, 하이브리드자동차는 출력이 큰 배터리를 필요로 한다.

일반적으로 에너지 밀도와 출력밀도는 트레이드오프(trade-off) 관계를 가진다. 배터리 출력을 높이기 위해서는 고출력 양극·음극 소재를 사용하고, 전극을 얇게 코팅하고, 전도성 물질 함량을 늘리는 방법 등이 있고, 에너지 밀도를 감소시키지 않고 출력을 높이기 위해서는 배터리 부품들의 저항을 줄이고, 분리막의 투과도를 높이는 복합적인 기술 적용이 필요하다.

미국의 차세대 초저연비자동차사업(PNGV)의 일환으로 구성된 USABC(United States Advanced Battery Consortium) 2014년 보고서에서는 전기차용 이차전지의 에너지 밀도 장기 개발 목표를 300Wh/L과 200Wh/kg으로 제시하였다(표5.3).

(표5.3) USABC goals for advanced batteries for EVs (2014)

Parameter	Mid Term	Long Term
Power Density(W/L)	460	600
Specific Power(W/kg) - discharge 80% DOD/30sec	300	400
Energy Density(Wh/L)	230	300
Specific Energy(Wh/kg) C/3 discharge rate	150	200
Cycle life(cycle) - 80% DOD	1,000	1,000
Selling Price($/kWh) -25,000 units@40kWh	<150	100

* DOD; depth of discharge
출처: Department of Energy(DoE) final report compilation for the research and development of high-power and high-energy electrochemical storage devices, USABC, 2014.6.

일본의 신에너지산업기술종합개발기구(NEDO; New Energy and Industrial Technology Development Organization)가 2008년에 발표한 보고서에서는 전기자동

차가 본격적으로 상용화되기 위해서는 100Wh/kg 수준의 에너지 밀도가 500Wh/kg 수준으로 5배 이상 성능이 향상되어야 하며, 가격도 현재의 1/10 이하가 되어야 가능할 것으로 전망하였다(그림5.20좌). 또한 리튬배터리 기술의 한계가 250Wh/kg의 에너지 밀도이며 기술을 뛰어넘는 새로운 기술의 발전이 필요할 것으로 전망하였다.

NEDO의 "차세대 자동차용 고성능 축전 시스템 기술개발" 프로젝트의 일환으로, 2015년에 2세대 리튬이온전지의 에너지 밀도 목표를 200~300Wh/kg으로 1세대의 2배로 설정하였다. 2030년이 목표인 3세대 전지는 용량과 안전성 문제로부터 자유로운 전고체전지, 리튬금속전지, Li-S전지, Li-공기전지 등의 차세대리튬이온전지 등이 개발되고 있다(그림5.20우).

미래의 전기차용 배터리로 리튬이온배터리의 성능을 향상하면서 계속 사용할 것인지 아니면 새로운 차세대 배터리로 전환될 것인지는 전기차 기술을 결정하는 중요한 관심사이다.

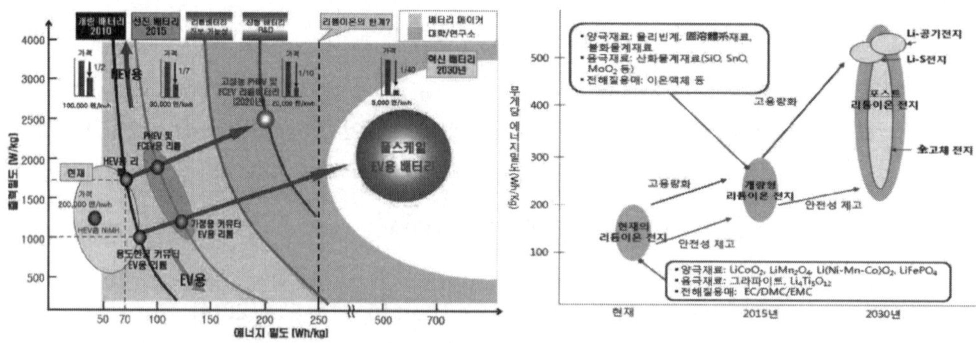

그림 5.20 일본의 전지기술 전망(좌)과 리튬이온전지 개발방향(우)

출처: 차세대 자동차용 축전지기술개발, 일본 신에너지산업기술종합개발기구(NEDO) 보고서(2008).
"일본의 리튬이온 이차전지 시장 및 기술개발 동향", 지역경제포커스 10-10호, 대외경제정책연구원(KIEP), 2010.3.29.(일경 일렉트로닉스 2010.1.11. 자료)

2) 배터리 성능수준

1991년대에 일본 소니(Sony)가 최초로 상용화한 에너지 밀도 80Wh/kg 배터리는 현재 300Wh/kg 수준까지 향상되었다. 그러나 전기자동차가 대중화되기 위해서는 400Wh/kg 이상으로 작고 가벼워야 할 것으로 전망한다.

베이징에 있는 중국과학원 물리학연구소에서 분리막 코팅 기술을 사용한 초박형 금속리튬을 음극에 적용하여 700Wh/kg이 넘는 연구용 파우치형 리튬이온배터리 개발에 성공했다고 발표하였다. 그러나 에너지 밀도는 안전을 보장하면서 점진적으로 개선해야 하며, 고체배터리를 통해서 목표를 구현될 수 있을 것으로 전망되고 있다.

미국 DOE와 블룸버그에서 조사한 자료에서도 리튬이온배터리 팩의 체적당 에너지 밀도는 2008년 55Wh/L에서 2020년에 450Wh/L로 8배가 증가하였으며, 셀의 중량당 에너지 밀도는 2010년의 3배인 300Wh/kg에 도달하였다.(그림5.21).

전기차 시장을 주도하고 있는 테슬라도 2025년에 에너지 밀도를 50% 향상한 400Wh/kg 배터리를 개발하겠다고 발표하였으며, 2020년 9월에 개최한 배터리데이에서는 기존에 사용하던 2170 배터리보다 에너지 용량 5배, 출력 6배를 향상한 4860 배터리를 공개하기도 하였다.

120년 전에 토마스 에디슨이 추구했던 "충분한 에너지 용량, 가볍고 작은 부피, 빠른 충전, 저렴한 가격"의 배터리 개발은 지금의 연구자들에게도 같은 고민으로 남아 있다.

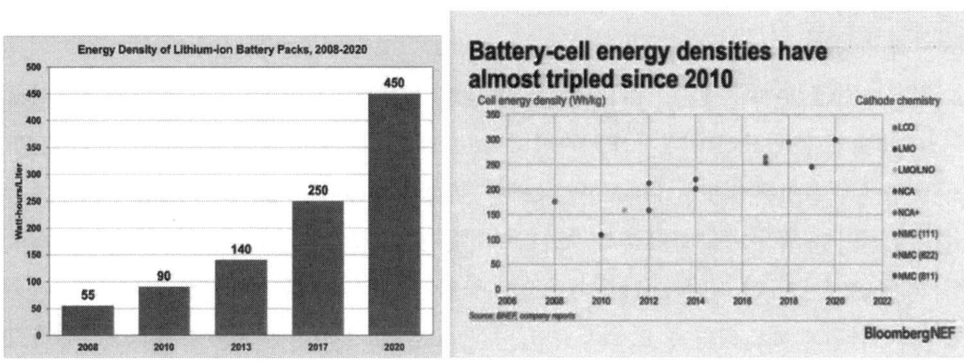

그림 5.21 리튬배터리 에너지 밀도 변화추이

출처: "FOTW #1234, April 18, 2022: Volumetric energy density of lithium-ion batteries increased by more than eight times between 2008 and 2020", Office of Energy Efficiency & renewable Energy, MOE, 2022.4.18.
"BloombergNEF: Lithium-ion battery cell densities have almost tripled since 2010, Kyle Field, CleanTech news, 2020.2.19.

3) 삼원계와 LFP 경쟁

한국의 LG에너지솔루션, SK온, 삼성SDI 등 배터리 3사는 삼원계 배터리를 주축으로 전기차 시장에 진출하였으며, 중국의 CATL(닝더스다이)과 BYD는 LFP 배터리 기술을 주무기로 하고 있다.

삼원계 배터리는 양극재를 리튬코발트산화물(LCO)를 기본으로 니켈, 코발트, 망간, 알루미늄 등 3~4개의 비철금속으로 구성하여 삼원계 또는 사원계 배터리로 불린다. 반면 코발트 대신 인산철을 넣어 LFPO($LiFePO_4$)로 양극재를 구성하면 리튬인산철산화물(LFP) 배터리로 불린다.

LFP 배터리는 삼원계 배터리보다 성능이 떨어지고 에너지 밀도가 낮아 전기차의 설치 공간이 커지고 차량의 무게가 무거워지며 주행거리 확보에 불리하다. 그러나 LFP 배터리는 가격이 저렴하면서 안정성이 높다는 장점이 있다.

LFP 배터리에 들어가는 리튬인산철은 올리빈구조(olivine structure)로 되어 있어서 매우 안정적이고 과충전 또는 과방전으로 인한 화재 위험이 낮으며, 배터리 셀의 열화현상도 적어서 배터리 수명이 긴 편이다.

LFP는 중국 시장을 주도하고 있는 CATL과 BYD가 개발을 선도하면서 중국 전기차의 60%가 사용할 정도로 중국 시장에서 주류로 사용되고 있으며 이를 바탕으로 글로벌 전기차 시장에서 가장 빠르게 성장하고 있다. 반면 국내 배터리 3사는 NCM 중심의 삼원계 배터리에 집중하면서, 중국과 한국의 배터리 기업은 각자의 시장에 주력했다.

그러나 2020년경부터 LFP 배터리에 대한 세계적인 관심이 높아지기 시작하면서 NCM 중심의 균형이 깨지기 시작했다. 테슬라를 시작으로 벤츠와 폴크스바겐이 LFP 탑재를 선언했으며 현대차그룹도 LFP를 포함하는 배터리 다변화 전략을 발표했다.

전기차 시장이 확대되고 대중화되면서 품질 중심의 경쟁에서 가격경쟁으로 빠르게 옮겨가게 된 것이다. LFP의 가격이 삼원계 배터리보다 30%가량 저렴하며, 더욱이 삼원계 배터리의 주요 원재료인 니켈, 코발트 가격이 급상승하면서 LFP의 가격 경쟁력을 더 강화했다.

CATL은 LFP 성능을 꾸준하게 개선하여 NCM 삼원계와의 격차를 줄여 왔다. 기존 LFP에서 철 소재를 빼고 마그네슘, 망간, 아연, 알루미늄 등의 소재를 혼합해서 적용한 M3P 배터리를 2022년에 발표하면서 기존 LFP보다 에너지 밀도를 15% 높였다. 에너지 밀도가 230Wh/kg 수준으로 향상되면서 한국 기업의 주력인 NCM 배터리의 250Wh/kg에 근접하였다.

또한 패키징을 기존의 셀-모듈-팩 기술에서 모듈을 생략하고 셀을 배터리 팩에 바로 조립하는 3세대 셀투팩(CTP; Cell-To-Pack) 기술을 적용하여 조립함으로써 배터리 비용을 낮추고 에너지 밀도를 높여서 한 번 충전으로 1,000km를 주행할 수 있는 기린(Qilin) 전기차를 2022년 10월에 발표하고 2023년 3월에 양산을 시작했다.

전기차 캐즘을 극복의 핵심인 전기차 가격 인하의 요구는 배터리 시장에 가장 큰 충격으로 다가오고 있다. 중국의 BYD와 CATL이 LFP 배터리의 낮은 에너지 밀도와 성능 저하의 약점을 개선하면서 저렴한 제조 비용의 이점으로 인하여 전기차 제조사들이 LFP 배터리 사용으로 돌아서고 있다. 특히 배터리가 많이 사용되는 EV 트럭이 주도하고 있다.

한국 K-배터리 3사의 NCM 삼원계가 중국 업체들보다 주행거리가 길다는 것을 더 이상 강점으로 주장하기가 어렵다. 한국형 LFP 배터리 개발을 추진하고, 한편으로는 기존 삼원계 배터리에서 가격이 비싼 코발트를 다른 금속으로 대체해서 가격 경쟁력을 확보하는 기술개발이 중요하다.

4) 셀과 패키징

전기차를 구동하기 위해서는 수십 개에서 수천 개에 달하는 배터리 셀(cell)을 묶어서 하나의 프레임에 넣어서 모듈(module)로 만들어서 열과 진동 등 외부 충격으로부터 안전하고 효율적으로 관리한다. 여기에 배터리관리시스템(BMS)과 냉각장치 등을 추가하여 하나의 팩(pack)으로 만들어서 전기차에 탑재한다.

주행거리를 늘리기 위해서 에너지 밀도가 높고 안전성이 확보된 배터리 셀 개발에 집중하여 어느 수준으로 향상되면서 최근에는 모듈과 팩의 효율적인 설계와 구성에 관심이 높아지고 있다. 전기차에는 팩 형태로 탑재되기 때문에, 팩 스펙이 전기차의 성능과 디자인을 결정하는 역할을 한다. 따라서 팩의 크기를 줄이고 최적화하기 위한 다양한 팩 기술이 개발되고 있다.

또한 모듈을 생략하고 셀을 팩에 바로 탑재하는 설계와 디자인도 개발되는 등, 셀과 모듈, 팩을 다양하게 배치하는 배터리 디자인 경쟁이 전개되고 있다.

(3) 차세대배터리: 전고체배터리(SSB; Solid-State Battery)

리튬이온배터리가 가지고 있는 에너지 밀도 한계와 화재에 따른 폭발 위험성을 극복하기 위하여 차세대 배터리도 활발하게 연구되고 있다. 리튬-황전지, 리튬-공기전지, 나트륨/마그네슘전지, 바나듐전지 등이 연구되고 있으며, 전고체전지가 가장 유력한 후보로 전망되고 있다.

현재 상용화된 리튬이온배터리는 화재의 위험성에 취약하며 화재가 한번 발생하면 진화가 매우 어렵다. 배터리 내부의 분리막이 손상되면 액체상태의 전해질과 음극·양극이 섞이면서 열 폭주가 발생하고 내부에서 산소가 발생해서 불이 잘 꺼지지 않기 때문이다.

리튬이온배터리에 사용되는 액체 상태의 전해질을 고체 전해질로 대체하면 화재 위험을 대폭 줄이면서 고체 전해질이 분리막 역할까지 해서 배터리 밀도도 높일 수 있어서 전고체배터리는 꿈의 배터리로 불린다(그림5.22).

배터리의 전극을 두껍게 만들 수 있으면 면적당 용량을 올려서 에너지 밀도를 높일 수 있다. 그러나 리튬이온배터리는 양극을 두껍게 만들면 양극 내부에 액체 전해질 침투가 어렵게 되어서 원하는 성능을 얻기가 어려워진다. 반면 전고체배터리는 양극에도 사전에 고체 전해질이 섞여서 들어가기 때문에 전극을 두껍게 만들어도 이온 전달에 방해 요인이 없다.

또한 리튬금속을 음극으로 직접 사용하면 에너지 밀도 측면에서 가장 좋지만, 리튬은 불에 잘 붙는 위험성이 있기 때문에 흑연이나 실리콘을 혼합해서 사용하고 있다. 전고체배터리는 음극을 잘 제조하면 리튬을 음극으로 직접 사용하는 기술이 가능하다. 삼성SDI가 발표한 무음극(anode-less) 기술이 그 예이다.

이런 기술 덕분에 에너지 밀도 300~350Wh/kg이 한계인 리튬이온배터리에 비해서, 전고체배터리 에너지 밀도는 400~490Wh/kg까지도 가능할 것으로 예상한다.

전고체배터리의 전해질은 산화물계와 고분자계, 황화물계가 연구되고 있으며, 산화물계는 효율이 낮으며, 고분자계는 저렴하고 개발이 쉽지만, 배터리 성능과 안전성이 다소 낮다. 반면 황화물계는 기술개발은 어렵지만 전도성과 안전성이 높아 가능성이 가장 높은 전해질로 꼽히고 있다.

전고체배터리는 이론적으로는 단순해 보이지만 실제 적용과 양산 기술은 어려움이 많아서 2030년 이후에 실증이 이루어지고 2035년 이후에 상용화가 가능할 것으로 전망하고 있다. SNE 리서치에서도 전기차 배터리 시장은 상당 기간 리튬이온배터리(LIB) 중심으로 전개되며, 2030년에 LIB 시장은 4배 이상 성장할 것으로 전망하면서 전고체배터리 시장에 대해서는 다소 회의적이다.

전고체배터리는 계면 저항, 전해질 두께, 입자응집, 보이드(void) 형성 등의 문제점들과 양산을 위해서 해결하여야 과제들이 많다.

고체는 액체보다 밀도가 높으므로 이온이 고체 전해질을 이동하는 것이 어려우며 이온의 이동 속도가 떨어지면 전지 출력이 낮아진다. 또한 액체 전해질은 전극과 전해질 계면에 빈틈없이 접촉되지만, 고체 전해질은 미세한 틈이 생기게 되며 그로 인해서 전극간 이동 저항이 발생하고 출력 저하로 이어진다.

전고체배터리는 리튬금속을 음극제로 사용하면서 리튬이온이 양극 사이를 왔다 갔다 하면서 리튬금속 표면에 나뭇가지 모양의 수지상 결정체인 덴드라이트(dendrite)가 발생하며, 이는 리튬이온 이동을 방해하고 충방전 효율 저하와 수명을 단축한다.

황화물고체 전해질은 리튬, 인, 황, 염소 원소들의 조성으로 만들어진 아지로다이트(argyrodite) 구조가 사용된다. 이들 소재 중에서 황화리튬(lithium sulfide; Li_2S)의 가격은 \$1,500~2,000/kg으로 리튬이온배터리 전해액 \$9/kg의 150배 이상에 달하는 고가여서 큰 장애요인이다. 그러나 황화리튬은 현재는 시약 수준의 소량으로 생산되기 때문에 고가이지만 양산하게 되면 가격은 크게 낮아질 수 있을 것으로 예상된다.

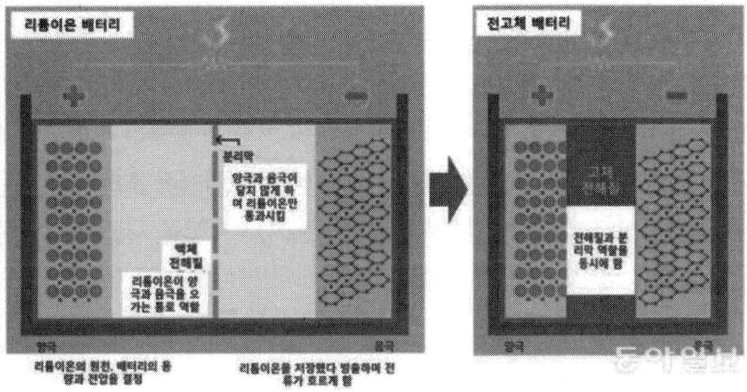

그림 5.22 리튬이온배터리와 전고체배터리 구조 비교

출처: "꿈의 배터리냐 거품이냐.. 투자자를 위한 전고체 이야기[딥다이브]", 한애란 기자, 동아일보, 2023.7.19.

도요타자동차는 2000년대 초반부터 전고체전지 연구를 시작하여 가장 앞선 기술력을 가지고 있다. 2021년 도쿄올림픽에서 전고체 전기차를 공개하였으며, 2023년에는 10분 충전에 1,200km를 달리는 전고체배터리 전기차를 2027년에 출시하여 리튬이온배터리 전기차 시장을 전고체배터리 시장으로 바꾸겠다는 전략을 선언하였다.

우리 정부는 2025년에 상용화를 목표로 전고체배터리 개발을 지원하고 있으며, 현대자동차도 자체적으로 개발하고, 삼성SDI는 2027년 양산을 추진하고 있다. 각국 정부와 함께 전기차와 배터리 업계가 전고체배터리 상용화를 앞당기기 위한 기술개발에 총력전을 벌이고 있다.

전고체배터리의 상용화 지연의 우려 때문에 반고체배터리(semi-solid state battery)도 관심을 받고 있다. 리튬이온배터리의 액체 전해질과 전고체배터리의 고체 전해질의 중간 형태인 젤이나 점토, 수지 형태의 전해질을 사용하는 것이다. 중국 CATL을 주축으로 개발되고 있으며 전해질을 응축해서 사용한다고 해서 콘덴스드배터리(condensed battery)로도 불린다.

반고체배터리는 리튬이온배터리와 전고체배터리의 중간 성능을 갖고 있으며, 에너지 밀도가 300Wh/kg 이상을 달성하여 CATL에서는 전고체배터리 수준에 가깝게 개발했다고 발표하고 있다. 또한 화재에 대한 위험도 훨씬 낮으며, 대량양산도 가능해서 제조 비용도 절약된다. 중국 둥펑자동차는 간펑리튬사의 반고체배터리를 탑재하여 2023

년 1월에 세계 최초의 양산형 반고체배터리 승용차를 출시하였다.

그러나 반고체배터리는 본질적인 배터리 혁신이 기술이 아니며, 전고체배터리가 상용화되면 사라질 기술로 평가되지만, 전고체배터리가 상용화되기 이전까지 반고체배터리가 과도기의 배터리 시장을 점령할 수도 있다.

반고체배터리 기술은 중국이 앞선 반면, 전고체배터리 기술은 일본과 한국이 전념하고 있다. 특히 일본이 전고체배터리 상용화에 성공하면 한국과 중국이 지배하고 있는 배터리 시장 구도를 바꿀 수도 있어서 치열한 배터리 기술 전쟁의 결과가 무척 흥미롭다.

100년 전 포드자동차가 자동차 가격을 1/4로 낮춘 모델티를 출시하여 자동차 시장을 재편하고 대중화시킨 것처럼, 전고체배터리가 전기차 시장을 새롭게 재편하고 대중화시킬 수 있는 게임 체인저가 될지 기대가 된다.

(4) 리튬이온배터리 제조사 현황

1) 배터리 시장현황

소니에서 리튬이온배터리를 상용화시켜서 가전제품에 사용한 지 18년 후인 2009년에 미쓰비시자동차에서 i-MiEV 전기차에 리튬이온배터리를 탑재하여 양산하면서 새로운 전기차 시대를 시작하였다. 테슬라에서 2006년 5월에 로드스타 시제품을 선보이고, 2008년 3월에 전기 스포츠카인 로드스타를 출시했지만 양산 제품은 아니었다.

전기차 배터리의 상위 10위권 생산업체들은 모두 아시아 기업들로서 미국과 유럽의 노력에도 불구하고 아시아 제조업체들이 시장을 지배하고 있다. SNE 리서치의 조사에 의하며, 2024년 기준으로 중국업체가 76.2%로 절대적인 위치를 차지하고 있으며, 한국 19.8%, 일본 4.0% 순이다. 중국의 CATL이 36.8%의 시장을 점유하고 있으며, 중국 BYD 17.1%, 한국의 LG에너지솔루션이 11.6%, 일본 파나소닉이 4.0%의 시장 점유율을 보인다(표5.4).

2024년에 전기차 배터리 총사용량이 787.9GWh로 전년 대비 11.7%로 상승하였다. 전기차 캐즘으로 인하여 전기차 배터리 시장이 확대 폭이 줄어들고는 있지만 배터리 제조사들의 경쟁은 계속되고 있다.

한편, 중국 시장을 제외한 전 세계 시장 점유율에서도 중국이 빠르게 증가하고 있다. 한국 3사의 점유율은 48.6%로 전년도 53.4%에 비해 4.8%로 떨어지면서 약세를 보였지만 중국은 27.8%에서 34.6%로 빠르게 확장하고 있다.

완성차 업체들의 전기차 가격 인하 경쟁에 힘입어서 CATL이 리튬인산철(LFP)배터리를 중심으로 해외시장을 공략하면서 시장 점유율이 빠르게 상승하였다.

(표5.4) 배터리 제조사별 연간 누적 글로벌 전기차용 배터리 점유율(%)과 총사용량

순위	제조사명	2021 301.5GWh	2022 517.9GWh	2023 705.5GWh	2024 787.9GWh
1	CATL	33.0	36.2	35.4	36.8
2	BYD	8.7	13.9	16.0	17.1
3	LG에너지솔루션	19.7	14.1	14.4	11.6
7	CALB	2.6	3.6	4.5	4.6
5	SK 온	5.7	5.9	5.5	4.5
4	파나소닉	12.0	7.0	7.1	4.0
6	삼성 SDI	4.8	4.7	4.7	3.7
8	Guoxuan	2.2	2.7	2.3	2.7
9	EVE	0.8	1.4	2.2	2.3
10	Sunwoda	0.9	1.8	1.6	2.0
	기타	9.5	8.7	6.3	6.3
	합계	100.0	100.0	100.0	100.0

출처: "배터리 사용량 늘었지만.. 중국 성장에 K배터리 점유율 10%대 하락, SNE 리서치분석", 연합뉴스, 2025.1.7.

배터리 기술이 전기차 미래를 결정하는 핵심부품이기 때문에 완성차 업계와 배터리 업체 간의 치열한 협상과 합종연횡이 진행되고 있다. 배터리 가격과 안정적 수급 확보가 가장 중요한 과제이며, 이를 위한 업계 간 배터리 가격 협상, 배터리 공급가와 원자재 가격 연동제 추진, 완성차회사의 배터리 안정적 수급처 확보와 공급사 다변화 등의 노력이 진행되고 있다.

미국 자동차회사와 일본 및 한국 배터리 제조사 간의 활발한 협력이 진행되고, 유럽 자동차 회사는 유럽 내 배터리 공급시스템을 구축하고 발전시키는 계획을 추진하고 있다. 중국과 일본 한국 자동차회사들은 각각 자국 내의 배터리 제조사와 협력을 추진하고 있다.

중국에 진출한 유럽 자동차회사들은 중국 배터리 업체와 협력을 진행하고, 중국 배터리 제조사는 유럽 OEM 업체에 공급하기 위해서 유럽에 합작 공장을 설립하고 있다.

미국 테슬라사는 일본 파나소닉과 셀 생산 라인을 공동으로 구축하였고, GM은 LG에너지솔루션, 포드는 SK온과 공장 건설을 추진하는 등 미국 전기차회사는 한국과 일본 배터리 업계와 긴밀한 협력관계를 구축하고 있다.

유럽의 폭스바겐과 BMW, 볼보는 노스볼트(Northvolt)에 투자하여 배터리 공장을 건

설했으며, 스텔란티스와 다임러는 ACC(Automotive Cells Company)와 협력하고 있다.

현대자동차는 국내 배터리 3사와 2020년 6월에 배터리동맹을 결성하였으며, 일본 토요타는 파나소닉과 중국 SAIC(상하이모터)는 CATL과 협력관계를 구축하면서 자국의 기업을 보호하는 국가정책을 추진하고 있다.

한편, 완성차 업체들의 배터리 내재화(battery internalization)가 커다란 이슈로 떠오르고 있다. 2020년 9월 테슬라의 배터리데이에 이어, 2021년 3월 폭스바겐의 파워데이를 거치면서 완성차사들의 배터리 내재화가 시작되었다. 테슬라와 비야디에 이어서 도요타와 GM, 폭스바겐도 배터리 내재화 계획을 발표하고 있으며, 우리나라의 현대차도 2027년부터 배터리 시제품 제조를 준비하고 있다.

자동차회사들에는 이차전지 개발과 생산에 다소 시간이 필요하겠지만, 공급 안정성과 비용 때문에 배터리 생산에 뛰어들게 될 것이다. 승용차 엔진과 같이 배터리도 직접 생산하는 체계로 가야만 수익성과 경쟁력을 확보할 수 있기 때문이다. 테슬라는 배터리 소재까지 직접 채굴하면서 배터리 소재와 배터리, 전기차까지 통합생산 체계를 갖추려고 하고 있다.

초기에는 배터리회사와 자동차업계가 협력하지만, 자동차회사들의 배터리 내재화로 인하여 결국은 경쟁 관계로 전환될 것으로 예상된다.

2) 국내외 배터리회사 현황

우리나라 배터리 업계는 빠르게 성장하고 있으나, 중국과 일본 업체들과의 경쟁과 공장 신규 가동으로 인한 수율 안정화와 비용 부담 등이 극복하여야 할 과제이다.

중국 CATL과 한국 LG에너지솔루션, 중국 BYD가 3강 체제를 형성하고 있으며, 일본의 파나소닉이 뒤따라오고 있다. 이어서 SK온, 삼성SDI가 추격하고 있으며, EU에서도 전기차 배터리 산업에 보조금을 투입하고, 스웨덴의 노스볼트(폭스바겐 투자)도 배터리 사업을 시작하는 등 유럽 국가들도 배터리 산업에 적극적으로 참여하고 있다.

■ LG 에너지솔루션은 2020년 12월 1일에 LG화학에서 배터리 사업부문을 분할해서 설립되었다. 1992년에 시작된 이차전지 연구는 2010년에 미국 GM의 볼트전기차에 배터리를 탑재하면서 전기차용 배터리 분야를 주도할 수 있는 계기가 되었다.

1998년에 국내 최초로 리튬이온배터리의 대량생산 체제를 구축하고 2000년부터 전기차 배터리 사업에 진출해서 20년 만인 2020년에 세계 점유율 1위를 차지하고 흑자 전환에도 성공하였다. 매출은 2020년에 12조원에서 2023년에 33.7조원으로, 지속적으로 성장했으며, 2030년에는 100조원 매출을 전망하고 있다.

양극재를 직접 생산하고, 안정성을 강화한 분리막과, 제작이 용이하고 수명이 긴 파우치타입 배터리를 생산한다. 중국과 폴란드, 미국에 해외공장을 두고 있으며, 미국 애리조나주에 원통형 배터리와 리튬인산철(LFP) 배터리 공장에 대규모로 투자하는 등 해외 생산에도 적극적이다. 2022년에 200GWh 생산에서 2023년 300GWh, 2025년에는 540GWh 확대를 계획하고 있다.

■ SK온(On)은 배터리 사업을 통해서 2030년까지 글로벌 넘버 원으로 도약하겠다는 목표를 가지고 2021년 10월에 SK이노베이션의 자회사로 출범하였다.

SK는 1996년 6월에 이차전지 사업을 시작하여, 1998년에 리튬이온배터리 개발에 성공하였다. 2005년 12월에 이차전지 사업에 본격적으로 진출하였으며 2006년에 하이브리드자동차용 중대형 리튬이온배터리를 개발하여 2009년에 다임러그룹 계열사인 미쓰비시후소에 공급하였다. 2010년에는 현대차 블루온 전기차에 16.4kWh 리튬이온폴리머배터리를 탑재하였으며. 2014년에는 기아차 소울에 27kWh 리튬이온배터리를 탑재하여 출시하였다.

2011년 1월에 SK그룹이 4개 독자 경영체제로 분리되면서 SK이노베이션이 출범하였다. 2018년에 서산 배터리 2공장 가동을 시작으로, 2019년 11월 중국 창저우, 2020년 초 헝가리 코마롬 공장을 완공하였다. 미국 조지아주 공장에 더해서, 미국 포드사와 합작으로 블루오벌 SK(BlueOval SK)를 테네시·켄터키주에 설립을 진행하고 있다.

파우치형 배터리가 주력상품이며, 각형, 리튬인산철(LFP), 전고체배터리 등 다변화를 추진하고 있으며, 2021년 40GWh, 2023년 88GWh 배터리 생산능력을 2025년 220GWh, 2030년 500GWh 이상으로 확대할 계획이다.

2022년 7.6조원 매출에도 불구하고 영업이익을 얻지 못하고 있다. 낮은 수율이 수익성을 막는 요소로 지적되고 있어서 최우선 개선 과제로 설정하였으며, 2024년에 흑자로 전환되고 있다.

■ 삼성SDI(Samsung Display Interface)는 1970년에 삼성NEC로 출범하여 몇 차례의 상호 변경을 거쳐서 1999년 12월에 삼성 SDI로 이름을 변경하였으며, 삼성그룹의 전자 계열사이다. 1994년에 니켈수소배터리 연구를 시작으로 배터리 사업을 시작하였으며, 1998년에 1,650mAh 원형 리튬이온배터리를 개발하고 2001년에는 세계에서 가장 얇은 2.8mm 각형 배터리를 개발하였다.

2000년에 천안사업장에 생산공장을 준공하면서 리튬이온배터리 사업에 본격적으로 진출하였으며, 2009년에는 BMW의 전기차용 배터리 공급업체로 선정되면서 업계를 깜짝 놀라게 했다. 2010년에 울산공장에서 전기차 배터리 생산을 본격적으로 시작하고, 2014년에는 중국 전기차 시장 진출을 위해서 서안에 삼성환신 공장을 설립하고, 2017년에 헝가리 괴드시(부다페스트 인근)에 공장을 가동하여 유럽 거점도 마련하였다.

미국에도 스텔란티스사와 합작으로 인디애나주 등 3곳에 배터리 공장을 건설하고 있으며, 중국 3곳, 오스트리아, 베트남, 말레이시아에도 해외 생산공장을 가지고 있다.

4680 원통형 배터리 생산을 위해서 2023년에 헝가리 괴드공장을 증축하며 20GWh 생산 능력을 보유하고 있다.

2022년에 총매출은 20조원이며, 전기차 배터리는 36GWh 생산으로 $7,478백만(9조원) 매출을 달성하였으며, 2027년경에 200GWh 생산을 전망하고 있다.

경쟁사와 기술격차를 크게 벌려서 추격이 불가능하게 만드는 초격차 기술 경쟁력을 바탕으로 전고체배터리 기술개발에도 앞장서고 있다.

■ CATL(Contemporary Amperex Technology CO. Ltd.; 닝더스다이)은 쩡위췬(Zeng Yuqun) 회장이 2011년에 중국 푸젠성 닝더시에 설립되었다. CATL은 중국 정부의 전기차 육성 보조금과 지원 정책으로 초고속 성장하였지만, 기술개발에도 집중투자하면서 설립 10년도 되지 않아서 글로벌 전기차 배터리 시장 1위에 올랐다. 주로 내수에 의존하여 성장하였지만, 2021년부터 정부의 배터리 보조금이 폐지되면서 글로벌 업체와 경쟁하고 있다.

중국 내에서는 BYD와 경쟁 관계이고, 대외적으로는 한국의 LG 에너지솔루션, SK온, 삼성 SDI, 일본 파나소닉과 경쟁하고 있다. 2017년에 세계 판매량 1위에 오른 후 계속해서 1위를 유지하고 있다.

CATL은 테슬라, BMW, 폭스바겐, 다임러 AG, 현대, 혼다, 리 오토, NIO, PSA, 도요타, 볼보, XPeng 등의 업체들과 협력하고 있으며, 중국에서는 BAIC 모터, 지리, GAC 그룹, 위통 버스, 중통 버스, 샤먼 킹 롱, SAIC 모터, 포톤 모터 등이 고객이다.

2021년 7월에 가격이 40% 이상 저렴한 나트륨이온배터리를 공개하면서 저속 전기차나 에너지저장장치에 사용을 진행하고 있다.

특히 CATL은 한 번 충전으로 1,000km를 주행할 수 있는 저가의 LFP 배터리인 기린(Qilin)을 2023년 3월에 양산하면서 한국 배터리 업계 제품인 NCM 삼원계와 성능 격차를 줄이고 있다.

2025년경에는 고도로 집적화된 5세대 스마트 CTC(Cell To Chassis) 배터리를 출시하여 주행거리를 800km까지 늘일 수 있을 것으로 전망한다. 전고체배터리와 무금속 양극소재 등 신기술 개발에도 투자를 계속하고 있으며, 이동수단의 석유 에너지 완전 대체를 목표로 하고 있다.

■ BYD(Build Your Dreams; 비야디자동차)는 1995년 2월에 왕촨푸 회장이 중국 광둥성 선전시에 배터리회사로 시작하여 2000년에 리튬배터리 연구에 대규모 투자를 단행하여 이듬해에 글로벌시장 4위에 올라섰다.

2003년에 시안친촨자동차를 인수하여 전기자동차도 생산하고 있다. 중국 정부의 전기차에 대한 전폭적인 지원이 BYD 성장에 결정적인 역할을 했으며, 2023년 상반기에는 전기차 배터리의 글로벌 생산량에서 BYD가 LG 에너지솔루션을 제치고 2위로 올라서면서 빠르게 성장하고 있으며 배터리 생산량도 60GWh로 커졌다.

(5) 배터리 수급전망

전기자동차 시장 성장에 맞물려서 소요되는 배터리 사용량도 많이 증가할 것으로 전망되면서, 배터리 업체의 증설도 활발하게 이루어지고 있다.

2019년에 블룸버그에서 전망한 2030년의 전기차용 리튬배터리 수요는 2,000GWh이며, 이는 전기차 판매 대수 3,000만대에 전기차가 평균 66kWh 용량의 배터리를 사용할 것으로 추정하였다(그림5.23좌).

반면 2023년에 SNE리서치의 2030년 수요 조사에서는 전기차 5,600만대 판매로 3,647GWh 배터리가 필요하며 연간 성장률(CAGR; Compound Annual Growth Rate)이 37%에 달할 것으로 예측하였다(그림5.23우).

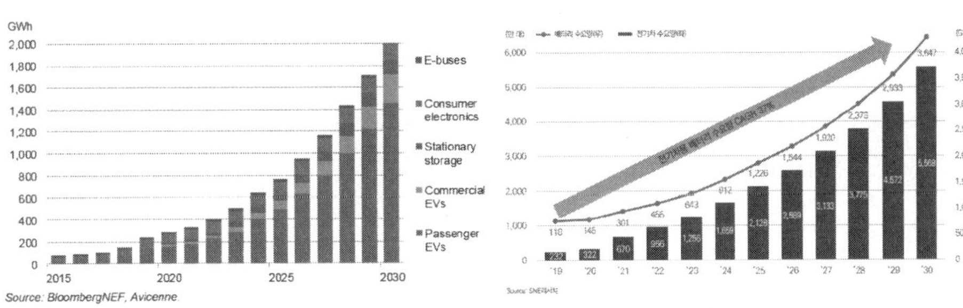

그림 5.23 전기차용 리튬배터리 수요전망, (좌) 블룸버그, (우)삼정

출처: Electric Vehicle Outlook 2019, BloombergNEF, 2019.5.15.
배터리 생태계 경쟁역학 구도로 보는 미래 배터리 산업, 삼정 인사이트 Vol.84, 삼정KPMG 경제연구원, 2023.

2023년 현재의 리튬이온배터리 생산시설 용량은 2.2TWh이며 중국과 한국, 일본에서 주로 생산하고 있다. 그러나 배터리 투자는 유럽과 미국 지역에서 지속적으로 증가하고 있어서 2025년에는 7.4TWh로 증가할 것으로 전망되며, 중국과 유럽, 미국공장에서 대부분 생산될 것으로 예상된다.

그러나 배터리 업체들의 생산능력 투자에도 불구하고 2024년부터는 배터리 공급이 부족할 것으로 예상되며, 2030년에는 공급이 수요보다 11%가 부족할 것으로 전망되어서, 특히 자동차사와 배터리사와 상호 매칭 관점에서 보면 더 심각한 상황이 예상된다.

테슬라의 일론 머스크는 배터리 데이(2020.9.23.)에서 "2022년이 되면 배터리는 심각하게 부족할 것"이라는 글을 남겼으며, 미국 월스트리트저널은 "중국이 배터리의 모든 생태계를 통제하고 있다"라고 보도하기도 했다.

배터리에 사용되는 소재들도 배터리 수요에 따라 함께 증가하며, 소재 가격이 배터리 가격에 영향을 미쳐서 2022년 이후에는 소재 가격의 폭등으로 배터리 가격도 상승하고 있다(그림5.24).

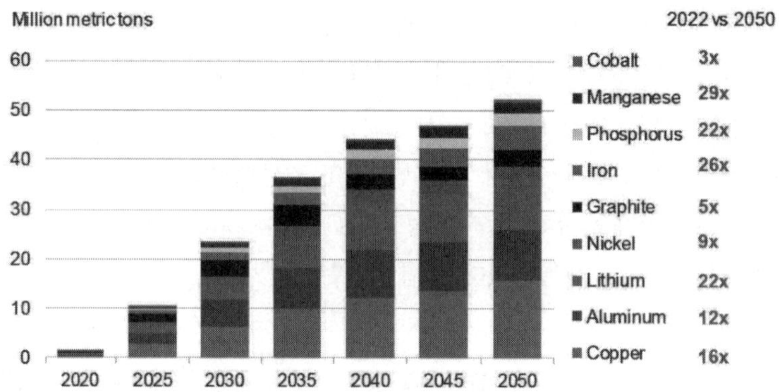

그림 5.24 2050 Net Zero 시나리오의 리튬이온배터리용 소재수요 전망

출처: Electric vehicle outlook 2023, BloombergNEF, 2023.

2.4. 하이브리드자동차 기술과 전망

(1) 하이브리드자동차 기술개요

하이브리드자동차(HEV; Hybrid Electric Vehicle)는 엔진과 전기모터를 효율적으로 조합해서 동작시키는 시스템으로써 내연기관자동차에 비해 배기가스와 연비 성능을 크게 향상시켰다.

하이브리드자동차는 로흐너와 페르디난드 포르쉐가 1898년에 제작한 휘발유-전기 하이브리드의 믹스트(Mixte)와 동일한 오래된 개념이며, 1997년 10월에 도요타자동차가 프리우스(Prius) 하이브리드자동차를 세계 최초로 양산을 시작하면서 하이브리드자동차를 현대 기술로 재탄생시켰다.

1998년 10월 룩셈부르크에서 개최된 EU 환경이사회에서 자동차의 CO_2 평균배출량 기준을 논의한 후에 2008년부터 140g/km, 2012년까지 120g/km으로 기준을 설정하면서 EU가 자동차 온실가스 감축을 선도하였다.

자동차의 온실가스 감축을 위해서는 전기차가 가장 효율적이지만 전기차의 상용화가 지연되면서, 하이브리드자동차와 경유자동차가 대안으로 서로 경쟁하였다. 하이브리드자동차는 그동안 개발되어 온 이차전지 기술을 활용하여 내연기관과 조합하면 시급한 공해 문제를 개선하면서 향후에는 전기자동차로 전환할 수 있어서 전기자동차 시대로 가기 위한 과도기 기술(bridge technology)로 평가되었다.

하이브리드자동차의 장점으로는 동력원의 다양성을 꼽을 수 있다. 기존의 가솔린이나 디젤엔진뿐만 아니라 압축천연가스(CNG), 연료전지(fuel cell), 가스터빈 등을 사용할 수 있으며, 에너지 저장장치도 전기에너지를 저장하는 축전지(battery)와 축전기(capacitor) 이외에도 회전력을 저장하는 플라이휠(flywheel), 유압을 저장하는 축압기(accumulator), 압력실린더(pressure cylinder) 등으로 다양하며 태양에너지 이용도 가능하다.

현재는 내연기관과 배터리를 결합한 하이브리드자동차가 대부분이며, 특히 도심 주행에서 연료절감 성능이 우수하며 내연기관자동차에 비해서 유해 배출가스와 이산화탄소 배출이 적다. 그러나 하이브리드자동차 실용화를 위해서는 두 개 이상의 동력원을 사용하는 데에 따른 구조의 복잡성 때문에 중량과 차량 가격이 상승하는 문제점을 안고 있다.

1) 하이브리드자동차 종류

하이브리드자동차는 발전기(generator)와 구동모터, 엔진의 조합에 의한 동력전달 방식에 따라서 다양한 형태의 HEV 구조가 가능하며, 일반적으로 직렬방식(series type)과 병렬방식(parallel type), 동력분기방식(power-split type)으로 구분된다(그림5.25).

- 직렬방식 HEV에서는 엔진은 구동축을 직접 구동하지 않고 전기를 발생시키는 발전기에 연결되어 있다. 발전기와 구동모터 사이의 배터리는 구동축에서 요구되는

출력과 속도에 관계없이 엔진출력과 속도가 독립적으로 제어되도록 구성되어서 엔진출력의 완충작용을 한다.

직렬방식은 구조가 간단하고 제어가 쉬워서 초기 하이브리드자동차에 많이 적용되었다. 최적점에서 엔진이 운전되기 때문에 유해 배출가스가 적은 장점이 있지만, 동력전달 효율이 나쁜 단점이 있다. 또한 차량의 가속성능과 최대속도를 고려하면 병렬방식에 비해 크고, 무겁고, 값비싼 구동모터를 사용한다.

■ 대부분의 하이브리드자동차는 병렬방식을 사용하며, 전기모터와 엔진(내연기관)이 공통으로 사용하는 동력전달장치(transmission)를 거쳐서 구동축을 구동시킨다. 엔진과 전기모터 모두가 구동원으로 사용되기 때문에 동력전달효율을 높여서 연비에 유리한 방식이다. 그러나 직렬방식과 반대로 기계적인 구조의 복잡성으로 인하여 차량 제작이 까다롭고 가격 상승 요인이 많다.

모터와 엔진의 구성 방법에 따라서 여러 종류의 병렬식 하이브리드자동차가 개발되고 있다. 변속기와 모터 사이에 클러치 제어를 사용함으로써 모터는 엔진의 보조용으로만 사용되고 EV 모드가 없는 FMED(Flywheel Mounted Electric Drive) 방식은 소프트타입(soft type) HEV로도 불린다.

모터와 엔진 사이에 클러치를 장착해서 모터가 엔진의 보조뿐만 아니라 EV 모드가 가능한 TMED(Transmission Mounted Electric Drive) 방식은 하드타입(hard type) HEV로도 불린다. 출발과 저속주행에서는 모터로만 주행하는 EV 모드가 가동되고, 고속주행과 가속, 등판주행에서는 모터와 엔진이 동시에 구동된다. 엔진효율이 좋은 구간에서는 엔진으로만 주행하고, 배터리 충전량이 부족할 때는 엔진이 배터리를 충전하는 모드가 있다. 또한 브레이크 페달을 밟으면 회생제동 모드로 충전한다.

이 외에도 2개의 클러치를 사용하는 DCT(Double Clutch Transmission) 방식, 전후의 축을 분리해서 엔진과 모터가 각각 구동하는 축분리방식(axle-split type) 등이 있다.

■ 동력분기방식은 2개의 모터와 동력분기를 위한 유성기어(planetary gear)를 사용하여 직렬과 병렬이 융합된 직병렬방식(series-parallel type)의 일종으로 볼 수 있다. 모터1은 주로 발전용으로 사용되고, 모터2는 차체 구동에 사용된다. 저속 운행시에는 모터2로만 구동하며, 엔진은 모터1로 시동을 건다. HEV 모드에서는 엔진과 모터2를 모두 사용하여 차체를 구동시키고 회생모드에서는 모터2로 충전한다.

도요타의 THS(Toyota Hybid System) 시스템이 대표적이며, 도요타 특허를 회피하기 위한 다양한 기술들이 개발되고 있다.

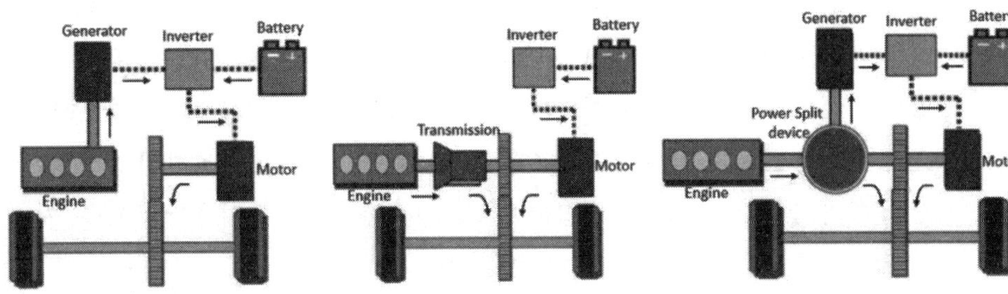

직렬방식 병렬방식 동력분기방식

그림 5.25 HEV 시스템 분류

출처: "Hybrid Electric Vehicle Types", Shradha Jadhav, LinkedIn, 2021.7.18.

하이브리드자동차 기술의 발전에 따라 직렬과 병렬방식의 분류로만 정의하기에는 구조가 다양하고 복잡해지면서 다양한 개념으로 분류하고 있다.

구동모터와 엔진의 동력을 어느 수준으로 사용하는지, 즉 하이브리드화(hybridization) 정도에 따라 ISG(Idle Stop & Go), 마이크로(micro), 마일드(mild), 풀(full) 하이브리드 시스템으로 분류한다.

하이브리드자동차는 최소한 다음의 기능을 한 개 이상 작동하고 있다.

- 엔진 아이들 스탑/출발(idle stop/start): 신호등 등에서 차량이 정차하면 엔진 작동이 멈추고, 차량 출발 시 가속 페달을 밟으면 엔진이 시동 걸림
- 엔진동력에 전기모터 구동력 보조(electric torque assistance): 가속 시 모터 구동력을 추가(torque filling)하거나, 엔진 최고토크에 모터 구동력을 추가(torque boost)
- 제동 시 에너지 회생(regenerative braking)
- 전기모터로 구동(electric driving): 자동차 출발시 엔진 작동 전에 모터 구동력으로만 운전
- 운전 중 배터리 충전(battery charging during driving): 최소 잔존 배터리용량(SOC; State Of Charge)을 유지하기 위해서 운전 중 엔진에서 배터리 충전

• ISG HEV: 납산축전지(lead-acid battery) 12V 사용, 주행 중 차량 정차 시 작동

• Micro HEV: 납산축전지(lead-acid battery) 12V 사용, SOC 90% 유지, ISG 기능에 더하여, 회생제동과 차량 운전 중 배터리 충전 기능

• Mild HEV: 제한적인 전기구동 기능(limited electric drive)을 갖춘 하이브리드자

동차로서, 전기모터가 내연기관과 변속기 사이의 크랭크축에 설치된 스타터-제너레이터(integrated starter-generator) 형식이 많이 사용되며 엔진 시동과 발전기 역할을 수행한다. 기존의 엔진 힘으로 구동하던 보조기계들(에어컨 컴프레서, 제너레이터, 냉각펌프, 브레이크 시스템 등)을 배터리 전기로 구동하여 엔진 출력 손실을 크게 줄인다. 리튬이온배터리 48V 사용, SOC 60% 유지, Micro HEV 기능에 모터 구동력 보조로 부스트 기능을 이용한다.

- Full HEV: 리튬이온배터리, SOC 50% 유지, 고전압배터리는 150~650V, Mild HEV 기능에 전기모터 구동 기능, 출발 시 전기모터로 구동하고 일정 속도 이상에서는 엔진과 전기모터가 공동으로 바퀴를 구동하며, 하이브리드자동차의 주류 기술로 사용된다.

특히 마일드하이브리드자동차(MHEV)는 48V 하이브리드자동차로도 불린다. 하이브리드자동차나 전기차는 기본적으로 전압이 높을수록 모터를 고출력화할 수 있으며 효율도 높아지게 된다. 그러나 전압이 높아지면 감전 사고의 위험이 커져서 48V 시스템이 생산비용을 낮추면서 높은 효과를 얻을 수 있어서 안전과 비용을 고려한 합리적인 전압으로 받아들여지고 있다.

마일드하이브리드차량은 2016년부터 유럽과 중국을 기점으로 양산되기 시작하였다. 미국에서 디젤게이트로 어려움을 겪은 폭스바겐이 MHEV를 대안으로 선택하여 가장 적극적으로 적용하였다. 1.5TSI 가솔린터보엔진과 48V 마일드하이브리드 시스템을 통해서 골프승용차에서 높은 연비와 성능을 확보했다. 우리나라의 현대기아자동차도 2018년에 씨드 GT에서 마일드하이브리드 기술을 적용하기 시작했다.

2020년에 전망한 2025년까지의 하이브리드자동차 시장은 병렬형하이브리드 중심의 마일드와 풀하이브리드자동차가 성장할 것으로 예상한다.

(2) 도요타 하이브리드자동차 프리우스(Prius)

1) 프리우스 하이브리드자동차의 도전

도요타자동차는 1997년 12월에 세계 최초로 하이브리드 승용차인 프리우스(Prius)를 양산하면서, 휘발유와 경유자동차가 양분하고 있던 자동차 시장에 새로운 강자로 부상하였다.

프리우스는 1,500cc 110마력 앳킨슨사이클(Atkinson cycle) 방식의 가솔린엔진과 교류영구자석식 동기모터를 장착하고, 동력분기(power-split) 방식의 THS(Toyota

Hybrid Synergy Drive) 기술을 적용한 풀하이브리드 차량이며, 1.78kWh 니켈메탈 수소(Ni-MH; Nickel-Metal Hydride) 배터리를 장착하였다(그림5.26).

발진과 저속 운전 시에는 엔진 작동을 중지하고 모터로 주행하며, 후진 시에는 모터를 역회전시켜 사용한다. 가속 시에는 엔진 동력에 모터 구동력을 추가하고, 감속 및 제동 시에는 회생제동 발전으로 배터리를 충전하며, 정지 시에는 모터와 엔진을 모두 정지한다.

프리우스의 배출가스(CO, HC, NOx)는 규제치의 1/10 수준이며, 가속 성능 등 차량 성능은 1,500cc 동급의 A/T 차량과 동등 이상 수준이었다. 미국 CARB 인증시험에서 시내(city)연비 48mpg(20.3km/L), 고속(hwy)연비 45mpg(19.0km/L)를 보였다.

1970년대의 석유파동과 함께 자동차 배기가스 규제가 도입되면서 친환경고효율 자동차에 대한 요구가 거세지면서 피아트나 BMW, 볼보 등의 여러 자동차회사가 하이브리드자동차의 실증연구에 나섰지만, 양산이 쉽지 않았다. 1990년대에 들어서서 배터리 기술의 실용화 가능성이 타진되면서 미국을 중심으로 전기차 개발이 급속하게 추진되었으며, 미국 GM에서 EV1 전기차를 1996년에 선보였다. 그러나 차량 무게가 무겁고, 가격도 너무 비싸서 순수전기차가 사용하기에는 배터리 기술이 역부족이었다.

이런 분위기에서 도요타자동차는 1993년 9월에 미래차프로젝터 팀인 G21을 신설하고, 21세기 지구(global)를 위한 차로서 가장 현실적인 대안으로 하이브리드자동차를 선택하였다. 당시의 내연기관자동차 연비인 14km/l보다 2배 이상 높은 28km/l를 목표로 정하고, 1995년 6월에 프리우스(Prius, 라틴어로 "앞서다"라는 의미)라는 차명을 정하고, 1995년 11월에 도쿄 모터쇼에 프로토타입을 출품하면서 이름을 세상에 알렸다.

그림 5.26 도요타 하이브리드자동차 프리우스(Prius) 내부도(좌)와 사용엔진(우)

출처: "토요타 프리우스: 세상을 바꾼 원조 하이브리드", 피카미디어, 2022.6.22.

1세대 프리우스의 출고 가격은 215만엔으로 상당히 비싼 편이었으나 내수시장을 대상으로 판매하기 시작하면서 한 달 만에 3,000대를 수주하는 좋은 호응을 얻었다. 그러나 이듬해에 북미와 유럽에서 2만대를 수출하였으나 반응이 기대에 미치지 못했다. 이후 2003년에 출시된 2세대 프리우스가 글로벌시장에서 주목받기 시작하고, 이어 출시된 3, 4세대 프리우스는 세계적인 히트 모델로 자리 잡으면서 1세대 프리우스의 실패를 만회하였다. 프리우스는 출시 20년 만에 누적 1,000만대를 판매하는 업적을 달성하였다.

미국의 최대 소비자 전문지인 컨슈머리포트에서 10년 연속 최고의 친환경차(green car)로 선정되는 등 프리우스는 하이브리드차의 대명사이자 대표적인 친환경차로 자리 잡으면서, 도요타자동차를 최고의 친환경자동차회사라는 이미지로 부각하고 도요타 자동차 매출에 일등 공신 역할을 하였다.

2) 도요타하이브리드(THS) 기술

도요타자동차의 THS는 동력분기(power-split) 시스템의 가장 대표적인 기술이다. THS는 주로 발전기로 동작하는 작은 모터인 MG1과, 구동모터로 동작하는 큰 모터인 MG2의 2개의 모터와 유성기어(planetary gear)를 사용한 동력분할장치(PSD; Power Split Device)로 구성되어 있다.

승압 컨버터를 사용하여 구동모터의 전압을 275V에서 500~650V로 높인 THS-II를 프리우스 2세대에 적용하고, 3세대 THS 기술은 다른 하이브리드 차종에도 공용화할 수 있도록 HSD(Hybrid Synergy Drive)로 개선하였다(그림5.27중,우).

동력분할장치는 엔진과 모터의 구동력 비율을 조절하여, 엔진과 MG1, MG2의 구동력 전환을 부드럽게 작동하게 하는 THS의 핵심부품이다. 유성기어 내부의 유성 캐리어(planetary carrier) 회전축은 엔진과 직접 연결되어 있으며, 피니언기어(pinion gear)를 통해서 외부 링기어(ring gear)와 내부 선기어(sun gear)에 동력을 전달한다. 링기어 회전축은 모터와 연결되어 구동력을 바퀴에 전달하고, 선기어는 발전기에 직결되어 있다. 처음에는 체인 드라이브(chain drive)를 사용하였으나, 소음 감소를 위해서 2010년에 기어 드라이브로 개선하였다(그림5.27좌).

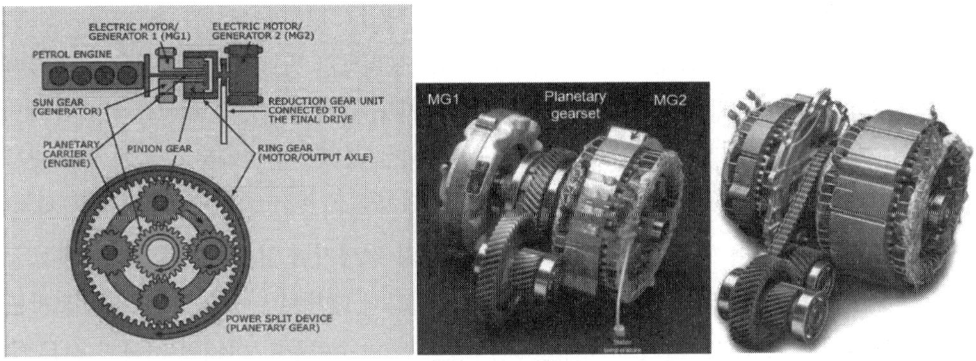

그림 5.27 도요타 프리우스의 PSD 설명도(좌), HSD(중), THS II(우)

출처: "Toyota Hybrid System THS II", Toyota, 2003.

전기자동차가 미래자동차의 대세가 되면서 하이브리드자동차는 사라지는 듯했지만, 전기차 판매 대수가 증가하면서 예상치 못했던 문제점들이 제기되고 전기차 시장이 주춤하고 있다. 전기차 화재에 대한 불안감과 부족한 충전인프라에 대한 불편함, 전기차 구매보조금 축소나 폐지, 소비자들의 자동차 구매 대출을 위한 높은 고금리 환경, 중동지역 전쟁 등이 전기차 시대로의 전환에 발목을 잡고 있다. 특히 내연기관보다 비싼 차량 가격과 전기요금 상승이 소비자들로부터 외면받고 있으며, 자동차 업계의 빠른 전기차 전환에 따른 재정적 손실과 직원들의 퇴출도 상당한 부작용으로 나타나고 있다. 얼리어답터에 의해서 견인되어 오던 전기차 시장이 대중의 영역으로 넘어오면서 난관에 부딪히고 있다.

전기차 판매는 계속 늘고 있지만 성장세는 떨어지고 있다. 2021년 115.5%였던 전세계 전기차 판매(전년 대비) 증가율은 2022년에 61.2%, 2023년 상반기에는 41.0%로 급감(마크라인즈, KB증권 자료)하는 전기차 캐즘에 직면하면서 전기차 시대의 도래가 주춤하고 있다.

2024년 초반에 들어서면서 전기차 전환속도 조절론이 급부상하고 있다. 메르세데스벤츠는 전동화 전환 목표를 5년 연기하고, GM은 상반기 전기차 생산 40만대 목표를 폐기하는 등 상당수의 자동차회사가 전기차 투자계획과 전동화 전략을 수정하면서 당분간은 하이브리드자동차로 돌아서고 있다.

전기차는 미래가 아니라 유행일 뿐이었다는 극단적인 평가가 나오기도 한다. 전기차 시대로 가는 과정은 순탄치만은 않은 정체기와 성장통을 겪게 될 것으로 전망하고 있다. 기술혁신이 대중화로 이어지기 전의 일시적인 정체현상인 캐즘(chasm)이 전기차 시장에서도 나타나고 있으며 이를 극복하는 데에는 전기차 가격 인하가 촉매

제 역할을 할 것으로 보인다.

전기차가 완전히 대중화되기 전까지는 하이브리드차 판매가 다시 늘어날 수 있다는 하이브리드자동차의 부활이 예상되면서, 자동차 시장이 전기차에서 하이브리드자동차 경쟁으로 돌아오고 있다는 기대가 나오고 있다. 포드자동차는 전기차 생산규모를 당분간 줄이고 하이브리드차 개발에 총력을 기울인다는 전략을 앞장서서 발표하기도 했으며, 도요타는 제2의 하이브리드차 전성기 조짐에 미소를 짓고 있다.

그러나 반값 전기차 시대가 오면 전기차가 다시 대세로 반전될 것이라는 전망도 나오는 상황이라서, 전기차 시대로 가는 로드맵이 순탄할지 아니면 지금과 같은 우여곡절들을 겪으면서 하이브리드차나 내연기관자동차와 오랜 시간을 동행하게 될지는 전망하기가 쉽지 않다.

프로스트앤설리반(Frost & Sullivan)의 2020년 친환경차 시장 전망 보고서에 의하면, 2025년 HEV 판매 대수는 2020년 535만대의 3.4배인 1,834만대로 증가하며, 친환경자동차(xEV)의 50% 이상을 차지할 것으로 전망한다.

(3) 플러그인하이브리드자동차(PHEV)

1) 기술 개요

플러그인하이브리드자동차(PHEV; Plug-in Hybrid Electric Vehicle)는 하이브리드자동차보다 용량이 큰 축전지를 장착하고 전원 플러그를 자동차에 연결하여 이차전지에 충전이 가능한 하이브리드자동차이며, Go-HEV(Grid-connected Hybrid, Gas-optional Hybrid), EREV(Extended Range Electric Vehicle) 등으로도 불린다. 하이브리드자동차보다는 전기자동차에 가까운 개념으로 일본의 하이브리드자동차 기술에 대항하기 위하여 미국의 자동차회사를 중심으로 개발되었다.

일반적으로 60km 이내의 단거리는 엔진의 사용 없이 배터리의 전기만으로 운행하고 더 이상의 거리는 엔진을 구동하여 주행하면서 배터리도 충전한다. 하이브리드차에 적용되는 엔진기술, 모터 및 동력분배장치, 배터리 및 회생제동기술 등의 대부분 기술이 그대로 적용되면서 전기차 기능이 추가된다. 따라서 하이브리드자동차보다 연비가 좋으며 배출가스도 낮게 배출한다.

1989년에 로흐너와 페르디난드 포르쉐가 제작한 로흐너포르쉐(Lohner-Porsch) 믹스트(Mixte)는 플러그인하이브리드의 개념이었다.

근대 PHEV 발명가인 UC Davis 기계과의 앤드류 프랭크(Andrew Frank) 교수는, 1971년에 연구를 시작해서 1975년에 "8개의 12V 배터리와 터빈 발전기(turbine genset)를 탑재한 트럭을 밤새 전기로 충전(plug in overnight)하는 터보전기하이브리드(turbo-electric hybrid) 시스템으로 50마일(80km)을 전기로만 주행했다고 발표하였다. 1990년 초반에는 미국 국방부와 GM, 포드, 닛산자동차를 비롯한 여러 기관으로부터 자금 지원을 받아서 학생들과 함께 프로토타입 플러그인하이브리드차 제작을 시작했다. UC Davis 팀은 DOE/USCAR가 주최하는 미래자동차(future car)와 미래트럭(future truck) 경연대회에서 우승하였다.

1989년에는 아우디자동차에서 136마력의 2.3리터 5기통 엔진과 니켈카드뮴(nickel cadmium) 배터리를 사용하여 12.6마력의 모터로 후륜을 구동하는 아우디듀오(Audi Duo) 병렬방식 플러그인하이브리드차를 개발하여 10대 정도만 생산한 것으로 알려졌다. 이후 1998년에 Duo PHEV 두 번째 버전을 발표하고 60대를 제작하였으나 기존 승용차보다 2배나 비싼 가격으로 인하여 구매 고객이 없어서 생산이 중단되었다.

1990년대 중반에 GM 사업부에서 EV1에 소형 터보발전기를 부착하여 프로토타입 주행거리확장(range-extender) 트레일러를 개발하고, 전기에너지를 사용할 경우의 장점을 주장하였다. 무제한 전기차(Unlimited EV), 배터리지배적하이브리드(Battery Dominant Hybrid), 에너지하이브리드(Energy Hybrid) 등의 이름으로 불렸다.

2001년에 미국 에너지부(DOE)는 국가하이브리드차 우수센터(National Center of Hybrid Excellence)를 설립하여 UC Davis의 프랭크 교수를 이사로 임명하고 GM의 연구 자금을 확보하였다. 전력연구소(EPRI)에서는 하이브리드와 플러그인하이브리드자동차의 비용 및 효율성에 관한 보고서를 발표하면서, PHEV가 순수 전기로 주행할 수 있는 거리를 PHEV-마일로 지정하였다. 예를 들면, PHEV-20은 전기로만 20마일(32km)을 주행할 수 있는 것으로 지정된다. 2004년 9월에 캘리포니아자동차계획(California Cars Initiative)에서 도요타 프리우스에 130kg 납산배터리(lead-acid battery)를 추가로 탑재하여 PRIUS+로 이름을 붙인 PHEV로 개조하였다.

2003년에 르노자동차는 엘렉트로드(Elect'Road) PHEV를 유럽에 판매하기 시작하였다. 니켈 카드뮴 배터리팩을 장착하고, 10리터 연료탱크와 500cc 수냉식 가솔린엔진은 교류발전기를 작동하는 주행거리확장용으로 사용되며 150km를 주행하며 약 500대가 판매되었다.

다임러크라이슬러도 2004년 9월에 메르세데스벤츠 스프린터(Sprinter) 311 CDI 밴(15인승) PHEV를 프랑크푸르트 모터쇼에 전시하고, 이듬해에 프로토타입을 완성하여 4대를 시험 운전하였다.

2007년 1월에 GM은 시보레 볼트(Chevrolet Volt) PHEV-40을 디트로이트 모터쇼

에 선보였으며, 2008년 9월 GM 창립 100주년 행사에서 양산형 디자인이 공개되었다. 2010년 3월에 디트로이트 햄트랙 조립공장(Hamtramck assembly plant)에서 생산되기 시작하였다. 2월에는 미국 에너지성(DOE)에서 PHEV 기술개발 계획을 발표하고 5월에 천9백만달러의 5개 연구 사업을 선정하였다.

2007년 7월에 도요타자동차는 리튬이온배터리를 탑재한 프로토타입 PHEV Prius를 공공도로에서 시험할 수 있도록 정부 허가를 요청하였으며, 2009년에 디트로이트 모터쇼에 출시하고 2012년에 정식 판매를 시작하였다.

2) GM Volt

PHEV 기술개발의 선두 주자인 제너럴 모터스는 2010년 볼트(Volt) 판매를 시작했다. 16kWh 리튬이온배터리와 1.4리터 가솔린엔진으로 구성된 볼텍(VOLTEC) 파워트레인시스템을 사용하였다(그림5.28).

기존의 HEV나 PHEV와는 다소 차이가 있으며 엔진 구동을 최소화하고 주행거리 확장전기차 개념이 큰 PHEV이다. 배터리 용량이 커서 배터리로만 주행할 수 있는 거리가 56km(EPA 기준)로서 전기차와 PHEV의 중간 특성을 가지고 있으며, GM에서는 전기차로 홍보하기도 했다. 2016년에 18.4kWh 배터리와 1.5리터 엔진을 탑재하여 1회 충전 주행거리를 89km로 개선한 2세대 볼트를 출시하였다.

당시만 해도 리튬이온배터리의 안정성에 대한 우려가 있어서 사용이 금기시되고 있어서 GM이 리튬이온배터리를 채택하자 도요타에서 비현실적이라는 비판이 많았다. 그러나 결과적으로는 전기차가 리튬이온배터리를 사용하는 계기를 제공하게 되고, 볼트에 배터리를 제공한 LG 화학도 리튬이온배터리의 성능과 완성도를 인정받는 계기가 되었다.

볼트는 2012년과 2013년에는 베스트셀러였으며, 2018년까지는 6위 이내에 드는 판매실적을 보였다. 그러나 2017년부터 도요타 프리우스프라임 PHEV가 판매 1위 자리를 차지하게 되면서 GM은 순수전기차(BEV)에 집중하고 2019년부터 볼트 생산을 중단하였다.

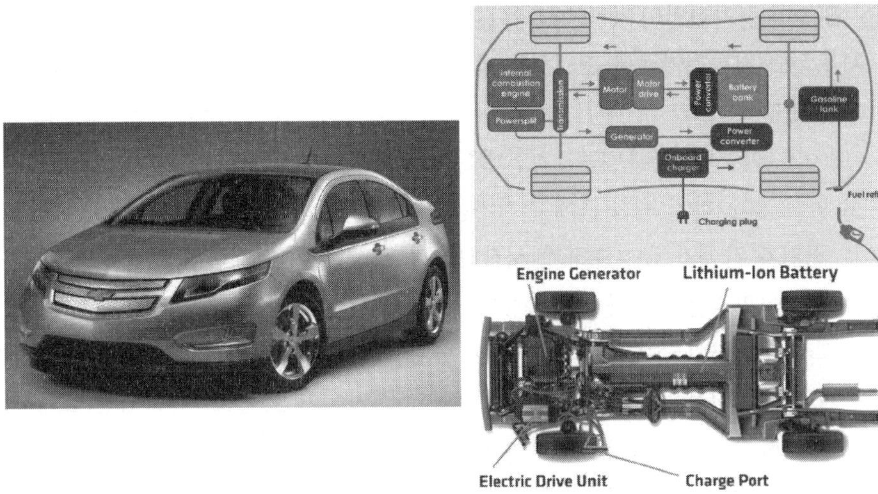

그림 5.28 GM Volt PHEV(좌) 외관과 Block diagram of series-parallel PHEV(우상), Volt powertrain 내부구조(우하)

출처: "Volt (Gen1)-PHEV". https://ocw,tudelft.nl/course-resdings/2-4-2-volt-gen-1-phev/
"GM formally unveils the production version of the Volt", Green Car Congress, 2008.9.16.

3) 향후 전망

PHEV는 전기자동차에 가까운 개념으로 높은 차량 가격과 유지 비용에 비해 경제성이 떨어지는 하이브리드차의 보완 기술로 개발되었다. 또한 일본 하이브리드자동차의 미국 시장 진입에 대항하기 위하여 미국의 자동차회사를 중심으로 개발되어 보급되었다.

PHEV는 전원을 외부에서 공급받아 충전함으로써 기존 HEV에 비해 연료 효율성이 높고 배출가스도 적게 배출하는 장점이 있어서, HEV를 대체하면서 전기차 시대로 가는 가교역할을 할 수 있는 자동차로 기대하고 있다.

그러나 PHEV는 배터리를 충전하지 않고 운행하면 내연기관자동차와 유사한 운전이 되며, 실제도 예상보다 많은 오염물질을 배출한다고 환경단체에서 주장하고 있다. EU에서는 2035년부터 내연기관자동차 판매를 금지하기로 하였으며, 내연기관을 탑재하는 PHEV도 퇴출에 포함되어 있다.

한편으로는 2050 탄소중립 달성을 위해서 BEV 보급만을 최종 목표로 하는 것은 시장의 현실을 잘 모른다는 주장도 있다. BEV 전환을 위해서는 지속적인 구매보조금 지원과 대폭적인 배터리와 전기차 가격 저감, 충전인프라 구축을 위한 막대한 투자 등의 조치가 지속되어야 하지만 현실적으로는 각국 정부의 재정과 자동차회사들의 경영 상황이 지속 가능하기 어렵다는 것이다.

BEV나 전기화만이 넷제로의 유일한 해법이 아니며, HEV/PHEV를 포함한 친환경 자동차와 친환경연료를 고려하는 새로운 대안이 필요하다는 주장이 설득력을 얻어 가고 있다.

2022년의 전기차 판매는 1천만대를 넘어섰으며, 이 중에 PHEV가 27%를 차지하고 있다. 2022까지 누적 판매 전기차는 2천9백만대이다. 2020년과 2021년을 기점으로 전기차 판매가 급상승하기 시작하면서 BEV 판매는 계속 증가하지만 2022년에 PHEV와 HEV 판매가 다소 둔화했다.

그러나 2023년 들어서서 BEV 판매 증가율이 주춤해지면서 HEV와 PHEV 판매가 증가하기 시작했다. 얼리어답터에 의해서 견인되어 오던 전기차 시장이 대중화로 가는 과정에서 판매 부진의 어려움에 빠지면서 하이브리드차 판매가 다시 늘어나고 있는 등, 전기차 시장의 전망은 예측하기 어려운 상황이다.

미국은 2022년에 5.8%에 불과했던 전기차 판매를 2032년에는 67%로 설정하는 장밋빛 목표를 발표하고, 유럽연합(EU)은 2035년에 내연기관자동차를 시장으로부터의 퇴출 견해를 밝히고 있지만, 정책 목표가 비현실적이며 수정되어야 한다는 목소리가 높다. 전기차 시대로 가고자 하는 열망과 정책 의지는 높지만, 장애요인과 장벽들이 예상보다 높은 상황이다.

PHEV를 전기차로 분류하여 PHEV+BEV를 전기차 통계로 사용하였다. 그러나 2019년에 유럽자동차제조협회(ACEA)에서 ECV(Electrically Chargeable Vehicle, 외부충전자동차) 개념을 도입하면서 전기자동차(Electric or Electrified Vehicle)를 세분화하였으며, PHEV와 BEV를 분리하여 사용하기도 한다.

- ECV: 외부에서 전기를 충전하는 전기자동차로 BEV(Battery Electric Vehicle)와 PHEV(Plug-in Hybrid Electric Vehicle)이 포함, EU 대체동력(Alternative Powertrain)으로 분류
- HEV: 전기는 내부의 엔진에 의해서 발전되며 ECV에서 제외, EU의 대체동력에서 제외
- FCEV: 연료전지에 의해서 전기가 발전되며 ECV에서 제외
- xEV: BEV, PHEV, HEV, FCEV 모두 포함

2.5. 무탄소전기생산

수송분야의 2050 넷제로 달성을 위해서는 전기차 보급과 함께 탄소배출이 없는 전기공급이 필수적이다. IEA는 단위발전량당 배출되는 온실가스양인 탄소배출계수(CI; Carbon Intensity)를 2014년에 525gCO_2/kWh에서 2060년에는 15gCO_2/kWh로 97% 이상 줄이는 것이 필요하다고 제안하였다. 이를 달성하기 위한 전기발전 믹서는 태양광과 풍력발전이 주도하며, 총발전량에서 재생에너지의 점유율은 2020년 29%에서 2050년 90% 수준으로 끌어올리고, 원자력 발전과 수소, 화력발전+CCUS의 보완이 필요함을 강조하고 있다. 수송분야에서 총발전량의 6% 수준을 사용할 것으로 전망한다.

수송분야의 온실가스는 승용차나 소형화물, 버스에서는 2070년 이전에 제로에 도달하며, 수송분야의 사용 에너지는 2070년에 전기 33%, 바이오연료 24%, 수소 18%를 포함하여 무탄소 또는 저탄소배출의 비화석연료가 90% 이상 사용될 것으로 전망한다.

미국 EIA(IEO 2021)에서 전망한 2050년의 재생에너지 비중은 40.3%(태양광 24.2%, 풍력 16.1%)로서 2020년의 10.5%에 비해 비중이 4배 가까이 증가할 것으로 전망하고 있다. 특히 태양광발전은 2020년 0.84TkWh에서 2050년 10.2TkWh로 12배, 풍력은 1.75TkWh에서 6.79TkWh로 3.9배 규모로 증가하기 때문에, 태양광과 풍력발전이 미래 무탄소전기의 핵심이 될 것임을 알 수 있다(그림5.29).

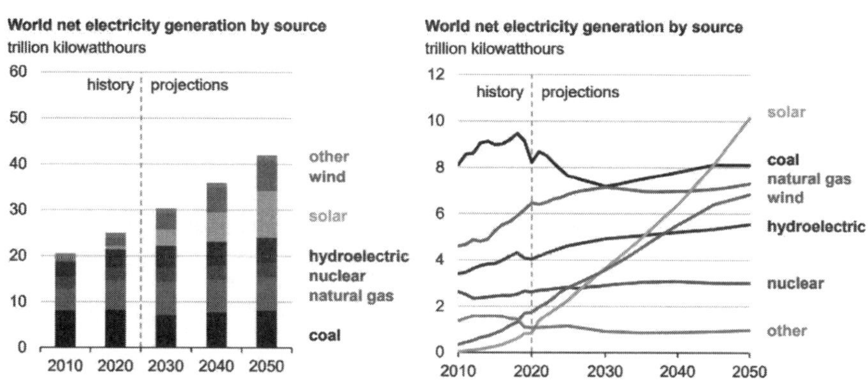

2020 : solar 3.2%, coal 33.1%, NG 25.8%, wind 7.3%, hydro 16.1%, nuclear 10.5%, other 4%
2050 : solar 24.2%, coal 19.4%, NG 17.5%, wind 16.1%, hydro 13.3%, nuclear 7.1%, other 2.4%

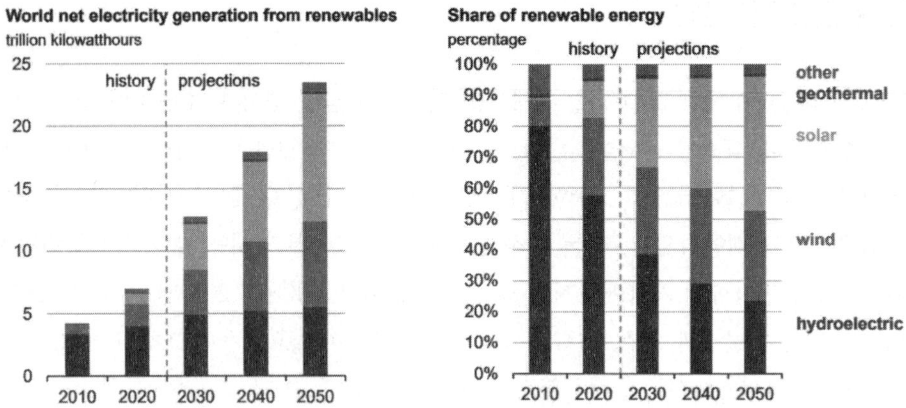

2020 : hydro 58%, wind 25%, solar 12%, geo 1%, other 4%
2050 : hydro 24%, wind 29%, solar 43.5%, geo 1%, other 2.5%

그림 5.29 전세계 전기생산의 에너지원별(상)과 신재생에너지별(하) 추세

출처: International Energy Outlook 2021, U.S.Energy Information Administration, 2021.10.6.

(1) 태양광발전

태양광발전은 태양전지가 태양의 빛에너지를 이용하여 전기를 생산하는 발전기술을 말한다. 태양전지는 PV 셀(photovoltaic cell) 또는 솔라셀(solar cell)로 불린다. 기본 소자인 셀(cell) 반도체는 햇빛을 받으면 광전효과(photoelectric effect, photovoltaic effect)에 의해 전자(electron)와 정공(hole)이 발생하여 양극과 음극이 형성되고 그 전극에서 전류가 생성된다. 여러 개의 셀을 연결한 모듈(module, 패널(panel)로도 부름)에서 필요한 전압과 전류를 만들고, 축전지(storage battery)와 전력변환장치(power converter)를 사용하여 태양광발전시스템을 구성한다.

1839년에 프랑스 물리학자인 에드몽 베크렐(Edmond Becquerel)가 광전효과를 발견하고, 1887년에 하인리치 헤르츠(Heinrich Hertz)가 셀레니움(selenium)의 광전효과를 연구하여 1~2%의 Se cell을 개발하여 사진기에 사용하였다. 1954년에 벨랩(Bell lab.)에서 효율 4%의 실리콘 태양전지를 개발하였으며, 1958년에 미국 뱅가드 위성(Vanguard satellites)에 최초로 태양전지를 탑재하였다.

1973년의 오일쇼크 이후 태양전지 연구개발이 집중되면서 상업화가 급진전했으며 현재는 효율 15%, 수명 20년 이상, 모듈 가격 $1/W 내외의 제품이 상용화되어 있다.

1) 태양광발전 전망과 개선점

태양광발전은 청정한 태양에너지를 무한하게 사용하며, 필요한 장소에서 필요 전력량에 따른 규모를 쉽게 설치할 수 있고, 유지보수가 쉽고 무인화도 가능하며, 수명도 20년 이상으로 길다.

그러나 지역별 일사량에 의존하기 때문에 전력 생산량의 편차와 변동성이 크며, 생산 에너지 밀도가 낮아 넓은 설치 면적이 필요하고, 초기 투자비와 발전단가가 높은 단점이 있다.

태양광발전은 넷제로 달성을 위해서 가장 중요한 에너지원으로써 급속하게 증가하고 있지만 지속가능한 성장을 위해서는 해결하고 개선하여야 할 과제들도 적지 않다.

- 가장 첫 번째 과제는 태양광발전 가격이 기존의 발전비용보다 비싸지 않아야 한다.

  특정 발전소에서 생산된 전력단위(kWh)당 평균 실질 발전비용으로 LCOE (Levelized Cost Of Electricity)를 사용하며, 발전비용에는 초기 투자비, 유지운영비(폐기비를 포함하는 경우도 있음) 및 연료비가 포함되며, 미래비용과 편익을 현재 가치로 환산하는 할인율도 고려한다.

  블룸버그 분석에 따르면, 2009년에 $300/MWh를 넘었던 글로벌 태양광발전 비용은 2022년에 $45/MWh(≈59원/kWh) 수준으로 떨어졌으며, 이는 기술 발전과 대량생산, 세금혜택이 중요한 요인으로 작용하였기 때문이다(그림5.30좌).

  기술 발전으로 태양광 패널 가격이 지속적으로 하락(그림5.30우)하고, 태양광 셀 효율이 4%에서 15~20% 수준으로 높아졌다. 중국은 태양광 패널의 원료인 폴리실리콘의 최대 생산국이라는 이점과 정부의 막대한 보조금 지원에 힘입어 태양광 패널을 대량생산하고 가격을 낮추면서 세계 태양광 산업을 좌지우지하고 있다. 세계 태양광 모듈 생산량 순위 10위 기업 중에 8곳이 중국 업체인 것을 보면 알 수 있다.

  태양광과 같은 재생에너지로 발전한 전기가격이 기존 시장 단가보다 높을 때 그 차액을 지원해 주는 제도는, 1998년에 독일에서 재생에너지법(EEG)을 제정하여 가장 먼저 시행했으며 대부분의 국가에서도 유사한 제도를 시행하고 있다. 이 제도는 기업이나 개인이 재생에너지 사업에 참여하면 이익을 보장해 주는 사업구조를 만들어 주기 때문에 태양광과 풍력발전 시장을 키우는 데에 결정적인 기여를 했다.

  미국이나 중국은 이미 태양광발전의 가격 균형점(grid parity)에 도달하였으며, 우리나라는 2027년으로 전망하고 있다. 그러나 좁은 국토에서 발전설비용 토지 확보가 어려운 우리나라는 경제성 확보가 어려운 상황으로 미국이나 중국과는 상당한 차이가 있다.

에너지경제연구원 조사에 의하면, 우리나라의 2021년 태양광발전 LCOE는 지상 10kW에서 152.0원/kWh부터 20MW에서 123.4원/kWh 범위로서 글로벌 가격보다 2~3배가 높게 나타나고 있다.

IEA와 NAE(Nuclear Energy Agency)가 공동으로 발간한 보고서(Projected costs of generating electricity 2020 edition)에서도, 2025년의 우리나라 태양광 LCOE 전망치는 $96.6/MWh(유틸리티), $98.1/MWh(상업용)로써 원자력 $53.3/MWh, 석탄 $75.6/MWh에 비해서 상당히 높게 나타났다. 참고로 풍력은 $140.2/MWh(육상), $161.0/MWh로 태양광보다도 높다.

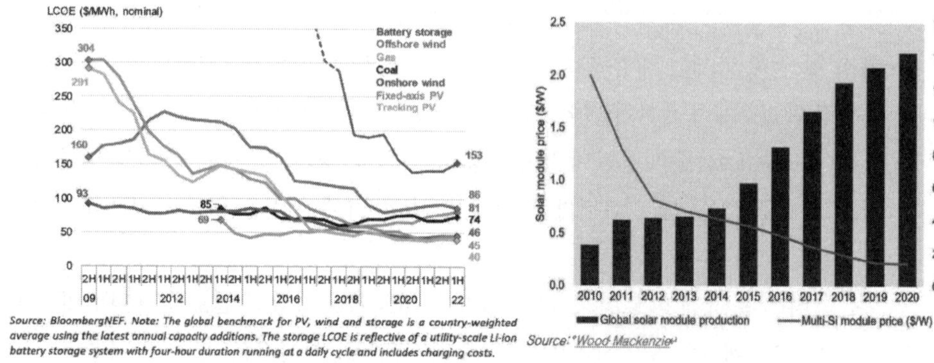

그림 5.30 Global LCOE(2009~2022)(좌)와 PV 판넬 생산과 가격추이(우)

출처: "Cost of new renewables temporarily rises as inflation starts to bite", BloombergNEF, 2022.6.30.
"Solar technology got cheaper and better in the 2010s. Now what?", Xiaojing Sun, Greentechmedia, 2019.12.17.

(2) 풍력발전

1) 풍력발전 현황과 전망

풍력발전 시장은 2000년부터 시작하여 2010년 이후에는 태양광발전과 함께 빠르게 성장하고 있다. 2023년 전 세계 풍력발전량은 2,304.44TWh이며 발전설비는 1,017.20GW이다. 태양광발전과 비교하면 설비는 72% 수준이지만 이용율(capacity factor)이 태양광발전보다 커서 발전량은 1.4배가 높다.

태양광발전과 마찬가지로 중국이 전 세계 풍력발전 설비의 43.4%인 441.89GW를 보유하고 있으며, 발전량도 885.87TWh로써 38%를 생산하면서 가장 앞서 있으며. 다음으로는 미국이 발전설비 148GW(14.6%), 발전량 425.23TWh(18.5%)이며, 독일 순이다. 우리나라는 3.41TWh 발전량과 2.17GW 발전설비가 설치되어 있으며 태양광에 비해서는 크게 뒤떨어져 있으며, 새 정부에서는 해상풍력발전을 중심으로 풍력발전 비중을 높이겠다고 의욕을 보이고 있다.

미국 EIA의 전망에서 풍력발전은 2050년에는 2020년의 4배 가까이 성장해서 태양광발전과 함께 무탄소전기 재생에너지의 주축이 될 것으로 전망하고 있다. 유럽은 2027년에 풍력발전 설비를 2022년의 2배로 증설하고, 2050년에는 풍력발전이 재생에너지(grid-connected renewable energy)의 50%에 이를 것으로 전망한다.

해안에서 멀리 떨어진 바다에 풍력발전기를 설치하면, 소음이나 주민의 민원이 적으면서도 풍속이 높고 균일한 양질의 바람을 이용할 수 있고, 설치 공간의 제약이 적어 대규모 단지 조성이 가능하므로 해상풍력이 빠르게 성장할 것으로 기대하고 있다. 또한 해상풍력의 이용률은 40~50% 수준으로 태양광 17%, 육상풍력의 25%에 비해서 높으며, 발전출력 편차도 태양광보다 낮은 장점을 가지고 있다.

그러나 태양광발전이나 육상풍력발전보다는 경제성 측면에서는 다소 불리하지만 장치가 대형화되면서 비용은 점점 낮아지고 있다. 우리나라의 해상풍력발전 LCEO는 $0.191/kWh(2022년)로써 아시아 평균 $0.085/kW보다는 높은 수준이다. 참고로 중국은 $0.077/kWh, 일본 $0.221/kWh이며, 유럽 평균은 $0.074/kWh이다.

해양풍력단지는 건설을 계획해서 상업 운전하기까지는 7년 정도가 소요되는 대규모 사업으로써, 우리나라 실물경제를 견인해 온 중공업과 조선업이 역할을 이어갈 수 있는 중요한 분야이다. 해상풍력설비 비율은 풍력설비 전체의 10% 이내로서 아직은 육상풍력이 주를 이루고 있지만, 해상풍력은 새롭게 진입하는 기술로서 2035년 이후는 해상풍력이 주가 될 것으로 전망한다.

해상풍력 기술의 핵심은 배처럼 바다에 띄우는 부유 기술과 대용량 터빈이다. 부유식은 파도에 의한 마찰과 터빈 회전 시 발생하는 진동 문제가 해결되어야 한다. 장치도 대형화되고 점점 더 먼 바다로 나가고 있다. 유럽은 현재 해변에서 130km, 수심도 60m 수준까지 진출하고 있으며, 향후는 200km까지 나아갈 것으로 전망한다.

2) 풍력발전 문제점과 개선방향

풍력발전에 가장 중요한 바람이 연중 안정적으로 불어오는 장소를 찾기가 쉽지 않아서 비용이 많이 소요되는 먼바다로 나아가게 된다.

블레이드가 돌면서 햇빛을 주기적으로 가리는 새도우 플리크(shadow flicker)에 의한 스트레스 유발과 소음과 특히 저주파 소음이 발생하여 주변 주민들의 반발과 민원이 발생하며 인체에도 영향을 미친다는 연구 결과도 발표되고 있다. 또한 겨울에 눈이 블레이드에 쌓여서 얼어붙은 상태에서 블레이드가 회전하면 큰 덩치의 눈이나 얼음덩어리가 날아가서 주변에 큰 피해를 줄 수 있다.

블레이드 회전에 의한 마찰열로 화재가 발생하는 경우가 있으며, 유독가스가 발생하고 진화가 어렵다. 블레이드 소재가 유리섬유와 각종 화학소재이기 때문에 수명(평균 20년)이 끝나면 재활용이 어려워서 폐기 처리에 대한 문제도 발생한다. 회전하는 블레이드에 부딪혀서 죽는 조류가 의외로 많아서 환경단체의 비난을 받기도 하며, 블레이드를 흰색으로 채색하게 되어 있는 규정을 색상을 변경하는 등의 조류 충돌에 대한 대책이 필요하다.

화석에너지 빈국인 우리나라는 자연의 선물인 태양광이나 풍력과 같은 재생에너지 생산도 그렇게 유리하지 않은 여건이다. 또한 정부가 미래 에너지로 육성하겠다는 수소연료도 외국으로부터 수입에 의존할 수밖에 없는 상황이다.

정권이 바뀔 때마다 흔들리는 탈원전과 탈석탄과 같은 에너지 정책의 정치화는 중단하고, 시나리오별 에너지 수요 전망(outlook) 체제로 전환하여 중장기적인 로드맵(roadmap)으로 우리나라에 적합한 최선의 에너지정책을 추진하는 것이 절실하다.

3절 | 수소연료전지자동차(FCV)

3.1. 연료전지자동차 개요와 시장전망

2009년에 iMiEV 전기자동차가 발표되기 이전까지는 연료전지자동차가 미래자동차 시대를 주도할 것으로 전망하였다. 특히 미국 에너지성(DOE)의 지원으로 1980년대 후반부터 시작된 연료전지자동차 개발은, 2002년 1월에 지엠(GM), 포드(Ford), 다임러크라이슬러(Diemler-Chrylser) 등의 자동차회사와 국립연구소, 대학이 함께 참여하는 프리덤카(Freedom CAR)와 연료 파트너쉽(Fuel Partnership) 프로그램이 시작되면서 연료전지자동차 개발 및 수소공급 인프라 기술개발이 본격화했다.

1966년에 지엠에서 일렉트로밴(Electrovan)을 발표하면서 시작된 연료전지자동차는 2014년 도요타 미라이(Mirai)와 2018년 현대자동차 넥쏘(Nexo) 생산을 기점으로 본격적인 연료전지자동차 개발이 시작되었다.

연료전지자동차의 주요 부품은 연료전지스택(fuel cell stack)과 스택운전장치(수소와 공기공급, 열관리 등), 운전장치 스택에서 생성된 전기를 변환하는 전장장치(전력변환장치, 감속기, 구동모터 등), 연료로 사용되는 수소저장장치(hydrogen storage tank) 등으로 구성되어 있다(그림5.31).

외부의 전원에서 배터리에 충전된 전기를 사용하는 전기자동차와는 다르게 연료전지자동차는 연료전지에서 만들어진 전기를 사용한다. 따라서 모터에서부터 바퀴를 구동하는 구조는 전기자동차와 동일하지만, 수소연료공급장치와 연료전지 구동을 위한 주변 장치들이 필요하다.

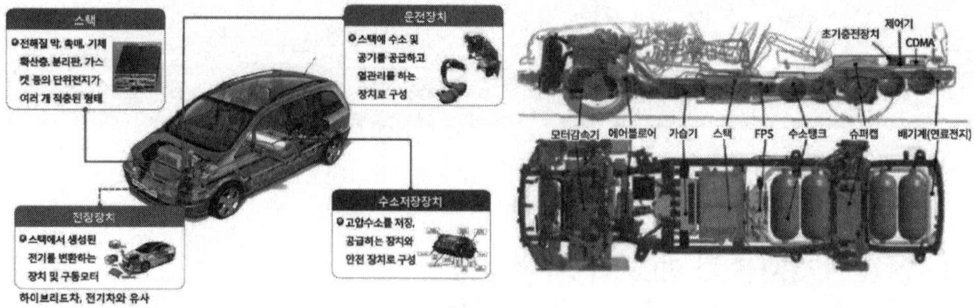

그림 5.31 연료전지자동차 주요구성(좌)과 언더플로어 부품배치구조(우)

출처: HeeChun Lim, Korea Hydrogen Industry Association, 2016.10.
수소전기차, 한국자동차연구원, 2023.

연료전지자동차 개발 초기에는 기존에 사용하고 있는 휘발유나 경유, 천연가스, 메탄올 등의 연료에서 수소를 생산하는 연료변환기(개질기)(reformer) 시스템에 관한 연구가 활발하였다. 그러나 연료개질기의 불충분한 효율과 복잡한 구조 등으로 인하여 연료변환기를 사용하지 않고 직접 수소연료를 충전하는 방향으로 바뀌었다.

(1) 전기자동차 경쟁

리튬배터리 전기자동차가 등장한 이후 배터리 성능이 빠르게 향상되고 가격이 점점 내려가면서 연료전지차는 점점 관심 밖으로 밀려났다. 전기자동차 보급이 본격화되자 정부와 자동차회사들은 전기차 확대에 집중했고, 배터리 기술의 발전으로 주행거리가 예상보다 길어지면서 연료전지자동차의 입지는 좁아졌다. 전기차보다 1.5배나 비싼 가격과 느린 충전소 인프라 확충 탓에 대부분의 자동차회사는 연료전지차 개발을 중단하고 전기차로 방향을 전환하였다.

그러나 2010년대 중반 한국과 일본이 미래 수소경제 육성을 선언하고 수소연료전지 시장을 주도하면서 연료전지자동차가 미래자동차로 재조명되기 시작했다. 독일과 중국도 잇따라 수소연료전지자동차 시장 진입을 선언하면서 전기차와 경쟁 구도가 형성되었다.

2015년 이후 현대자동차의 넥쏘(Nexo)(그림5.32)와 도요타자동차 미라이(Mirai)(그림5.33), 혼다자동차 클레리티(Clarity) 등 고성능 수소연료전지 승용차와 SUV 자동차가 등장하면서 연료전지자동차는 내연기관자동차와 전기차에 이어서 또 하나의 미래자동차 축으로 자리 잡았다.

2020년 도요타가 2세대 모델인 미라이2를 출시하고, BMW는 2019년 i Hydrogen NEXT에 이어서 ix5 FCV를 선보였으며, 다임러그룹도 양산형 GLC F-Cell을 공개하였다. 2024년 6월에 혼다가 CR-V e:FCEV를 미국 오하이오공장에서 생산을 재개하면서 연료전지자동차의 미래에 대한 기대의 끈을 놓지 않고 있다.

2019년 일본에서 개최된 G20 회의에서 IEA가 발표한 "수소미래에 대한 보고서(The future of hydrogen)"는 수소연료와 수소연료자동차가 2050 넷제로 달성에 중요한 역할을 할 것으로 전망하면서 수소경제에 대한 세계적인 관심을 높였다. 수소연료는 저장성과 운송 측면에서 유리하며, 특히 수소연료는 에너지 측면보다는 에너지 운송체(energy carrier) 역할로서의 가치가 주목받으면서, 전기에너지와 경쟁 구조를 형성하고 있다.

수소는 천연가스나 셰일가스(shale gas)를 개질해 생산할 수 있어 풍부한 공급량이 확보되며, 가격도 저렴하여 재생에너지 전기에 비하면 시장 경쟁력에서 유리하다. 한편, 개질시 발생하는 온실가스는 CCUS 기술을 통해 80% 이상 저감할 수 있어 블루수소(blue hydrogen)를 활용하여 전기차와 경쟁하는 전략이 설득력을 얻고 있다.

연료전지차는 약 23,800개의 부품으로 구성되어서 3만 개 부품의 내연기관자동차를 대체할 수 있으며, 18,900개 수준의 전기차에 비하면 부품 산업과 고용인력 유지 측면에서도 장점이 있다. 또한 장거리 운행 차량은 전기차보다 연료전지자동차의 운영비용이 낮다. 따라서 전기차는 주행거리가 비교적 짧은 중소형 승용차에 적용하고, 연료전지차는 장거리를 주행하는 대형 화물차나 버스에 적용하는 미래자동차 역할론이 제시되기도 한다.

충전시간이 짧고 주행거리가 압도적으로 길며, 수소연료 공급 잠재력이 크다는 점에서 현대자동차와 도요타자동차를 비롯한 일부 자동차회사는 연료전지자동차를 포기하지 않고 있으며, 2030년 이전에 수소연료전지자동차 시장이 열릴 것으로 기대하고 있다.

2023년에 들어서면서 인류가 수천 년 동안 사용할 수 있을 만큼 풍부한 백색수소(골드수소)가 지하에 수조톤이 매장되어 있을 가능성이 있다는 뉴스들이 나오고 있어서, 수소연료전지자동차에 대한 기대감은 더욱 높아지고 있다.

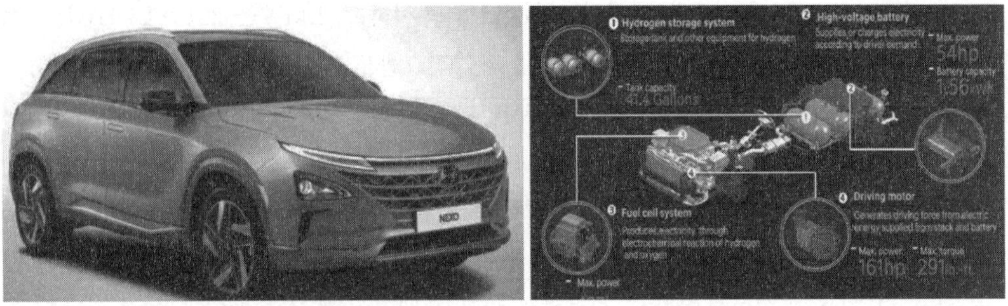

그림 5.32 현대자동차 Nexo FCV(2018)

출처: "2019 Hyundai Nexo: Fuel-cell refinement, SUV Luxury", Paul Seredynski, SAE mobility engineering tech, 2019.1.1.

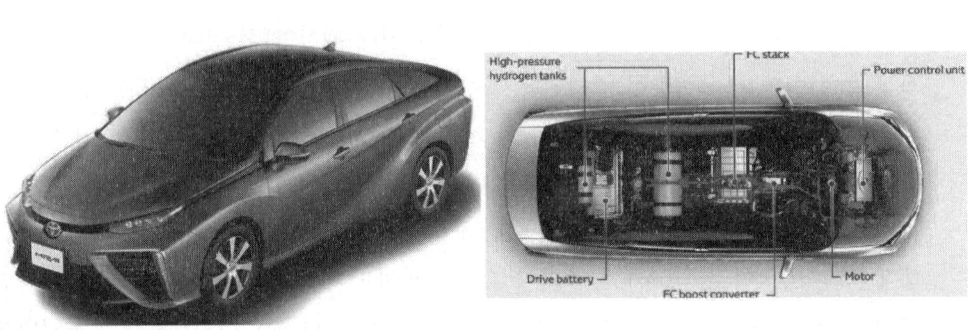

그림 5.33 도요타자동차 Mirai(2014)

출처: "Toyota ushers in the future with launch of Mirai fuel cell sedan", Toyota, 2014.11.18.

(2) 연료전지자동차 개발경과

연료전지는 1839년 영국의 윌리엄 그로브(William Groves)에 의해 발명되었으나, 당시에는 단순한 전기발생의 원리를 확인하는 수준이었다. 현재는 수소연료전지가 일반적이지만, 당시는 석탄이 에너지의 주류였기 때문에 직접석탄연료전지(direct coal fuel cell)의 개발이 목표였다. 이후 1세기 동안 청정에너지의 사회적인 요구와 소재기술의 발전으로 연료전지기술이 크게 발전했다.

1933년 영국의 토마스 베이컨(Thomas Francis Bacon)이 수소와 산소를 사용하는 연료전지 연구를 시작하면서 본격적인 개발이 이루어졌다. 그는 1958년에 알카라인(AFC; Alkaline) 연료전지를 발표하였고, 1965년에는 GM이 개발한 이온교환수지 전해질 연료전지가 유인우주선 제미니5호에 탑재되었다. 이는 현재의 고분자전해질막 연료전지의 원형이라 할 수 있다. 1969년 인류가 최초로 달에 착륙한 아폴로 11호에는 세대의 수소연료전지가 탑재되었으며, 각각 2,300W 전력을 생산하여 우주선 내의 기기를 작동시키고, 발전 과정에서 생긴 물은 우주비행사들이 식수로 사용되었다.

자동차용으로 널리 쓰이는 고분자전해질막 연료전지(PEMFC; Polymer Electrolyte Membrane Fuel Cell)는 양성자교환막 연료전지(Proton-Exchange Membrane Fuel Cell)로도 불리며, 1980년대 후반 무공해자동차의 동력원으로 주목받으면서 급속히 발전하였다. PEMFC 전해질막인 불소계막 나피온(nafion)은 1960년대 말에 미국 듀퐁(DuPont)사에서 개발되었고, 1987년 캐나다의 발라드파워시스템(Ballard Power System)이 이를 적용한 고분자전해질막 연료전지를 개발하였다.

미국 에너지성(DOE)은 1992년부터 수소와 연료전지 관련 연구를 주관하면서, 2002년 1월의 '프리덤카(Freedom CAR) 프로그램'을 통해 연료전지자동차와 수소공급 인프라 기술개발이 본격화했다. 연방정부와 빅스리 자동차회사들 중심의 USCAR(United States Council for Automotive Research) 협력으로 1993년에 자동차 연료효율 향상(more fuel-efficiency)을 위한 PNGV(Partnership for a New Generation of Vehicles)가 추진되었으며, 프리덤카는 PNGV의 후속으로 계속되었다.

유럽연합은 제6차 프레임워크 프로그램(2002~2007)에서 정지형 및 수송용 연료전지 개발을 추진하여 저가격화 및 첨단재료 개발에 주력하였다. 2003년부터 30대의 연료전지 버스를 유럽의 10개 도시에 투입하여 지역별로 연료전지 버스와 수소 인프라에 대한 평가를 진행하였다.

일본은 2002년 12월 2일 도요타와 혼다가 각각 연료전지자동차 한 대씩을 정부에 임대 형식으로 전달하고 고이즈미 총리가 직접 그 자동차들을 시승함으로써 일본이 미국과 유럽을 제치고 연료전지자동차를 판매하기 시작한 첫 번째 나라가 되었다. 다음 날 도요타는 캘리포니아 대학에 6대를, 혼다는 로스앤젤레스 시청에 1대를 임대함으로써 미국 정부가 연료전지자동차의 상업화를 승인한 첫 번째 연료전지자동차가 되었다.

일본 통산성 공업기술원 산하 신에너지 개발기구(NEDO; New Energy Development Organization)는 1992년부터 2001년까지 10년간의 프로그램으로 고분자전해질 연료전지 시스템 개발을 추진하였으며, 2002년부터 2005년까지 연료전지 실증 프로젝트(JHFC; Japan Hydrogen & Fuel Cell Demonstration Project)를 추진하였다. 이 프로젝트에는 자동차회사(8개사), 석유/에너지 관련기업(13개사), 정부 관련부처 등이 참여하였으며, 승용차와 버스를 대상으로 연료전지자동차의 에너지절약 효과 연구와 안전 등에 관한 법규 및 기준 작성을 위한 데이터 확보 등을 목표로 진행하였다.

우리나라의 연료전지자동차 개발은 2000년부터 정부연구소와 대학을 중심으로 시작되었다. 2002년에 제2차 국가에너지기본계획에서 기후변화 대응을 위해서 신재생에너지 보급을 결정하고 수소와 연료전지, 풍력, 태양광의 3대 분야를 중점적으로 선정하였다. 수송용연료전지(PEMFC)를 비롯한 가정용, 건물용, 전력사업용 연료전지 개발과 수소충전소 시범운행 사업은 2006년에 시작하였다.

2000년대에 들어서면서 상용화 가능성이 높은 수소연료전지자동차가 등장하였다. 2002년 혼다 FCX-V4는 일본과 미국에서 최초로 도로 운전을 승인받고 공공기관 운행용으로 출시된 연료전지자동차로서 양산용은 아니지만, 상용화가 가능한 연료전지자동차의 출발점이 되었다.

이어 포드 Focus FCV, 닛산 X-Trail FCV04, 벤츠 F-Cell, 쉐보레 Equinox FC 등이 잇따라 발표되면서 연료전지자동차 시대를 향한 발걸음이 빨라졌다.

GM은 1997년부터 연료전지자동차 개발을 시작해서 2005년에 시퀄(Sequel)을 발표하고, 2006년에 이쿼녹스(Equniox)를 개발하여 100대를 생산하고 드라이브웨이 실증 프로젝트를 시행하였다. 그러나 2009년에 파산을 겪으면서 수소연료전지자동차 사업은 중단되었다.

다임러벤츠도 미래 에너지원으로 수소에 주목하고, 일찍부터 연료전지자동차에 관심을 기울였다. 1975년에 프랑크푸르트 모터쇼에 브레멘 모델에 수소연료전지를 탑재한 미니버스를 선보였으며, 1994년 4월에 밴모델(MB100)을 기반으로 캐나다 발라드파워시스템 연료전지 12개를 탑재한 NECAR(Next Electric Car)1을 발표하였다. 1996년에는 V-클래스 기반의 세계 최초의 연료전지승용차 NECAR2를 발표하고, 메탄올 리포밍 NECAR3를 1998년에 선보였다. 1999년에 발표한 NECAR4는 기존 A-클래스 차량과 동일한 좌석 배열을 사용한 기념비적인 프로토타입 연료전지자동차이다.

그러나 수작업 연료전지로 인하여 495kg이 더 무겁고 가격도 $350,000이 더 높았다. 2000년에 연료 가격과 충전인프라를 고려하여 메탄올연료를 사용하는 NECAR5를 발표하고, 2002년에 미국 샌프란시스코에서 워싱턴 DC까지 연료전지자동차 최장 주행거리인 5,250km를 달성하였다. 또한 2002년에 세계에서 가장 작은 크기의 연료전지를 탑재한 A-클래스 F-Cell을 발표하였다.

2017년에는 배터리와 연료전지 구동장치를 탑재한 하이브리드와 플라그인하이브리드 모델인 GLC F-CELL을 최초로 공개하였다. 그러나 2020년에 연료전지자동차 사업을 중단한다고 선언하였다.

혼다자동차는 2008년에 FCX 클레리티(Clarity)를 발표하고, 2016년에 2세대를 선보였으나 연료전지차의 수익성 악화로 인하여 2021년에 관련 사업을 중단했다. 그러나 2024년 6월에 미국 오하이오주 공장에서 EREV(주행거리확장) 기술을 적용한 CR-V e:FCEV 중형 SUV 연료전지차를 생산하면서 다시 시장에 복귀했다.

독일의 아우디자동차도 2018년 현대차와 수소차동맹을 결성했지만, 2020년 5월에 사업 중단을 발표하고 시장에서 물러났다. BMW도 수소자동차에 지대한 관심을 가지고 있다. 1979년에 휘발유와 액체수소로 작동하는 수소내연기관 개발을 시작으로 2006년에 하이드로겐7을 수소와 휘발유연료를 전환해서 사용할 수 있는 겸용(bi-fuel) 자동차를 발표하였지만, 수소내연기관 연구를 중단했다. 액화수소를 사용한 내연기관 엔진은 효율성이 떨어지고 충분한 주행거리 확보가 어려워서, 연료전지기술로 변경한 것으로 알려졌다. 연료전지자동차 개발을 위해서 도요타와 파트너쉽을 맺고 2019년 i Hydrogen NEXT를 선보였으며, 2023년에 ix5 FCV 프로토타입을 발표하고 2025년 양산을 계획하고 있다.

현재 도요타 미라이2, 현대자동차 넥쏘, BMW의 ix5 FCV가 연료전지자동차 시장의 본격적인 부활을 준비하고 있다.

(3) 현대자동차 연료전지자동차 개발역사

현대자동차는 1998년부터 1,500만달러를 투자하여 수소연료전지자동차 개발을 시작하였으며, 2000년에 IFC 사의 75kW급 연료전지를 탑재한 산타페 1세대 FCV를 제작하여 2002년에 캘리포니아 연료전지시범사업(CaFCP; California Fuel Cell Partnership)에서 300마일을 완주하면서 이름을 알리기 시작했다(그림5.34좌).

2004년에 80kW급 투산 FCV, 2005년 스포티지 FCV, 2008년 모하비 FCV를 개발하였다. 2013년 2월에 100kW 연료전지스택으로 588km를 주행할 수 있는 투싼 ix35 FCV 양산 라인을 세계 최초로 구축하고 덴마크와 스웨덴 등 18개국에 수출하였으며, 2018년 2월에 3세대 연료전지자동차인 넥쏘(NEXO)를 공개하면서 연료전지자동차의 선두주자로 나서게 되었다. 넥쏘 기술은 경쟁 회사인 도요타자동차의 미라이(Mirai) FCV을 추월하는 수준이었다.

넥쏘는 출력 113kW, 주행거리 609km, 복합연비 96.2km/kg으로서 1세대 모델인 투싼 수소전기차보다 40% 이상 향상되었으며, 현대차의 미래 모빌리티 비전의 자율주행 기술을 적용하였다. 수소연료전지 모듈과 모터·감속기·배터리 등 핵심부품들의 국산화는 개수 기준으로 99%, 가격 비중으로 95%에 이르며, 기체확산층의 국산화만 남아 있다.

연료전지 상용차 개발도 활발하게 추진하고 있으며, 2018.10월에 수소전기버스인 일렉시티 FCEV 양산과 울산 시내 시범운행을 시작으로, 2020년에는 수소연료전지 트럭인 엑시언트 수소트럭(XCIENT Fuel Cell)(그림5.34우) 10대를 스위스에 수출하였다. 190kW급 최고출력 350kW(476ps/228kg-m), 400km 주행, 32kg 수소저장 탱크를 탑재하였다.

유럽 시장 공략을 위하여 2019년 9월 스위스 기업과 합작으로 '현대 하이드로젠 모빌리티'를 설립하고 2025년까지 수소전기트럭 1,600대를 생산·공급하여 수소 신사업에 활용할 예정이다.

현대자동차는 수소연료전지시스템 사업분야를 특화하고 확장하기 위해서 2020년에 HTWO 브랜드를 런칭시켰으며, 2021년에 하이드로젠 웨이브(Hydrogen Wave)를 통해서 현대자동차의 수소자동차 전략인 "수소비전 2040"을 발표하고 자체적으로 개발하고 있는 연료전지시스템을 공개하였다. HTWO grid 솔루션으로 수소생산부터 활용까지의 전 분야를 아우르는 밸류체인을 구축할 계획이다.

연료전지시스템 개발은 2003년에 시작되었으며, 2013년에 투싼 ix35 FCV에 1세대 연료전지시스템을 탑재하였으며, 2018년에 2세대 연료전지시스템을 넥쏘에 탑재하였다. 1세대연료전지시스템 가격은 2003년의 프로토타입의 10% 수준으로 줄였으며, 차세대시스템에서는 20% 수준을 목표로 하고 있다.

초기의 시스템은 3만km(800시간)의 내구성능을 갖췄지만, 1세대 연료전지시스템은 10만km(3,000시간), 2세대에서는 16만km(5,000시간)의 내구성능을 확보했으며, 차기 3세대에서는 50만km를 개발 목표로 하고 있다. 3세대 연료전지시스템의 출력은 100kW와 200kW의 두 종류로 개발하며, 부피 대비 출력을 2배로 높이고, 3,000만원으로 추정되는 가격도 50% 이상 낮출 계획이다. 2025년에 2.5세대 94kW 연료전지와 150kW 모터를 장착하여 720km를 주행할 수 있는 차세대 넥쏘가 출시되었다.

2040년 수소사회 실현을 위한 현대자동차와 정부의 수소 로드맵이 예정대로 추진될지 관심있게 지켜볼 일이다.

그림 5.34 현대자동차 2000년 1세대 FCV 싼타페(좌)와 2020 엑시언트(우)

출처: 현대자동차

(4) 연료전지자동차 시장전망

2015년 이후의 연료전지자동차 판매는 2022년에 20,704대로 연평균 89%로 급성장했으나 2024년에 12,866대로 감소하였다.

한국의 현대차는 전년 대비 23.5%로 판매가 감소하였으며, 도요타는 50.1%가 감소하였다. 중국이 수소 상용차를 중심으로 성장하면서 수소차 시장점유율 1위를 차지하였다. 2022년 한국의 승용차 FCV 보급 대수는 29,300대이며 연료전지버스도 운행되고 있다.

많은 기관이 연료전지자동차 보급 전망을 긍정적으로 발표하였으나, 2021년 이후에 연료전지자동차 확산이 주춤해지면서 연료전지자동차에 대한 전망도 수면 아래로 가라앉아 버린 상황이다. 연료전지차 가격과 함께 충전인프라 부족과 수소생산과 저장비용 문제 등의 경제성 확보가 해결하여야 할 과제이다.

수소에너지와 FCV 역할에 대해서 큰 기대를 하고 있는 IEA에서는 2015년의 보고서에서, 2030년에 800만대 판매, 2050년에는 전체 승용차 대수의 30% 판매로 BEV와 비슷한 수준으로 예상한다.

또한 IEA는 연료전지자동차는 화물이나 버스 등 대형차에 많이 보급될 것으로 전망하고 있으며, 2040년의 중형 화물차에는 하이브리드차와 전기차 등이 절반 정도 보급되겠지만, 2070년경에는 대부분이 전기차와 연료전지차로 운행되며, 특히 대형 화물차의 절반은 연료전지차가 차지할 것으로 전망하고 있다.

3.2. 연료전지시스템 기술

(1) 연료전지 핵심부품

1839년에 영국의 윌리엄 그로브(William Groves)가 전기분해 셀의 양전극에 수소와 산소를 공급하면 외부 전도체를 통하여 전류가 흐르는 것을 발견하여 연료전지 원리를 발표하였다.

연료전지시스템은 핵심이 되는 스택(stack)과 공기공급시스템, 연료(수소)공급시스템, 온도관리시스템, 에너지관리시스템(제어기술), 전력변환 및 전기구동시스템, 수소저장시스템으로 구성되어 있다(그림5.35).

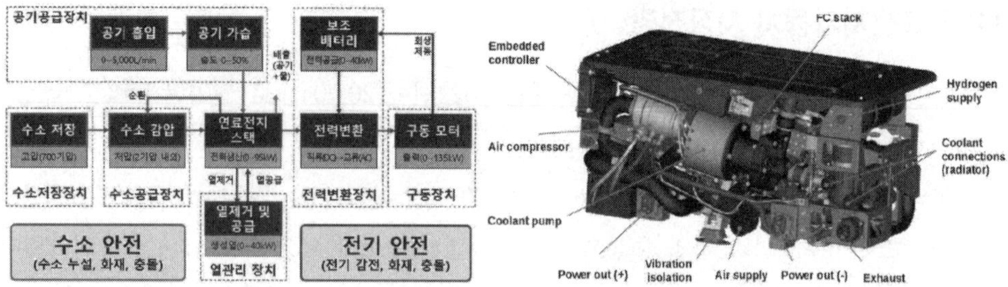

그림 5.35 수소연료전지자동차 시스템 구성(좌) 패킹된 fuel cell engine(우)

출처: "수소경제 현황과 미래", 권낙현 실장, 수소융합얼라이언스추진단, 2020.3.
"Fuel Cells", Dieselnet Technology Guide, 2023.

1) 연료전지 작동원리

수소가스를 음극(anode, 연료극)에 공급하면 수소는 백금촉매 표면에 흡착되면서, 전기화학반응(electrochemical reaction)으로 전극 표면에서 수소이온인 양자(protons)와 전자(electrons)로 분리되고 다시 합쳐지는 반응이 반복적으로 발생한다.

음극에서 발생한 양자(수소이온)는 멤브레인(PEM)을 통해서 양극(cathode, 공기극)으로 이동하고, 양극에 공급된 산소(공기)와 결합하여 물(수증기)을 생성한다. 이때 수소이온(H+)의 "+" 밸런스를 맞춰주기 위해서 전자(e-)가 필요하다.

양쪽 극 사이에 설치되어 있는 모터 등을 구동할 수 있는 전기를 발생한다(그림 5.36).

: 음극(연료극)에서의 반응식: $H_2 \rightarrow 2H^+ + 2e^-$

: 양극(공기극)에서의 반응식: $O_2 + 4H^+ + 4e^- \rightarrow 2H_2O$

연료전지의 연료를 수소로 사용할 경우의 연료전지 반응은 "$2H_2 + O_2$(산화제) $\rightarrow$ $2H_2O$ + 전기"이다

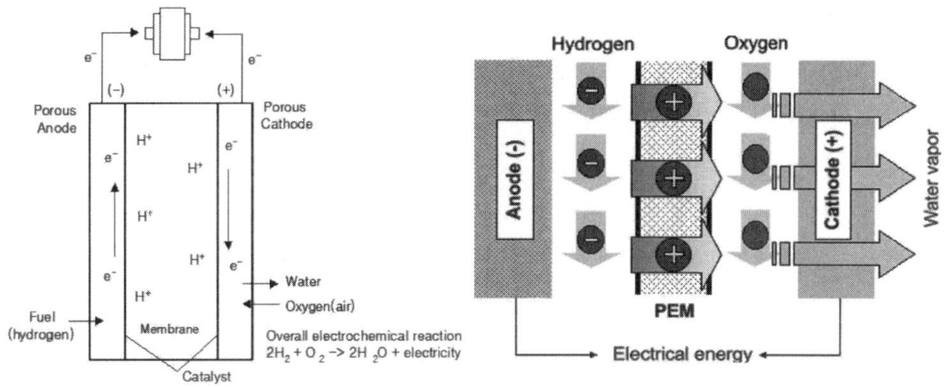

그림 5.36 연료전지 스택의 기본작동(좌)과 PEM 연료전지 작동(우)

출처: 자동차와 환경, 정용일 등, 숭실대학교출판부, 2010.10.
"Fuel Cells", Dieselnet Technology Guide, 2023.

2) 스택

연료전지 스택은 멤버레인(MEA), 전극(electrode), 기체확산층(GDM; Gas Diffusion Medium), 분리판(seperator)으로 구성되어 있다(그림5.37).

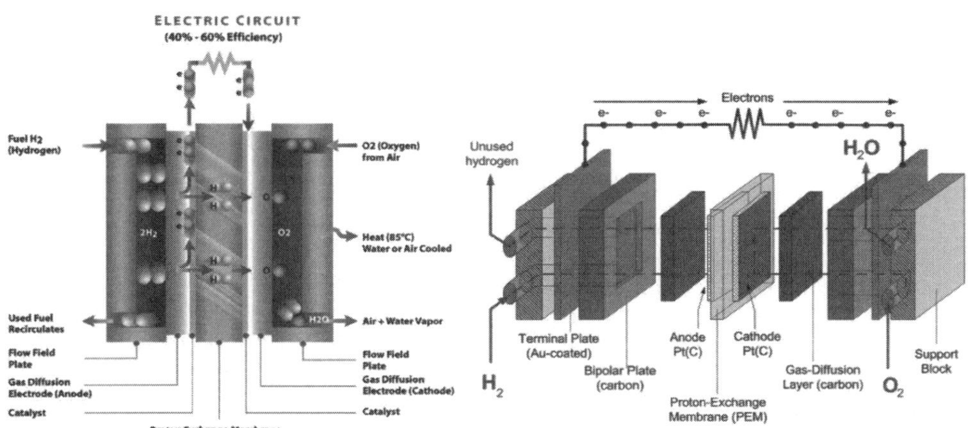

그림 5.37 PEM 연료전지 스택 주요 구성부품

출처: "What is the working principle of PEM fuel cell?", thesixtech.com, 2020.11.10.
"Components & properties of the fuel cell", Parth Maheshwari, Skill-Lync, 2021.9.1.

- MEA(Membrane Electrode Assembly)는 수소이온을 통과시키는 고분자전해질막(PEM; Polymer Electrolyte Membrane)과 막 좌우에 전극(연료극(음극; anode)과 공기극(양극; cathode))이 연결되어 있으며, 전극 안쪽에는 백금촉매(Pt/C catalyst)층이 있다.

PEM은 특정한 물질을 선택적으로 통과시키는 특수 고분자 멤브레인을 전해질로 사용하며, 주 기능인 수소이온 전달 이외에, 기체 상태의 산소와 수소를 차단하며 전자의 직접 전달을 방지하기 위한 절연체 역할도 한다. 따라서 PEM은 수소이온 전도성이 높으면서도 전자 전도성은 낮아야 하며, 반응 기체의 이동이 적어야 한다. 또한 기계적·전기화학적 안정성도 높아야 한다.

특히 멤브레인은 운전 중에는 가습 된 상태를 유지하기 때문에 수분에 의한 팽창이 적어야 한다. 두께는 가능하면 얇아야 하며(50nm 이하), 다공성 기질(porous substrates)을 사용하여 기계적 산화 특성을 강화하고, 대량생산이 가능하여야 한다.

막이 너무 건조하면 이온 전도도가 감소하여 저항 전압(ohmic voltage) 손실이 증가하며, 과도한 수화(excessive hydration)는 반응 가스의 이동을 방해하는 막 범람(membrane flooding)을 초래한다. 수분의 흡수로 인하여 멤버레인의 부피와 무게는 초기 건조 상태에 비해서 각각 최대 20%와 50%까지 증가한다.

대표적인 제품으로 1968년 듀폰에서 개발한 불소계(sulfonic acid) 나피온(nafion, perfluorocarbonsulphonic acid) 막이 사용되고 있으며, 탄화수소계 멤버레인도 개발되고 있다.

전해질(electrolyte)의 종류에 따라서, 알칼리성(AFC; Alkaline Fuel Cell) 인산형(PAFC; Phosphoric Acid Fuel Cell), 고체고분자전해질형(PEMFC), 용융탄산염(MCFC; Molten Carbonate Fuel Cell), 고체산화물형(SOFC; Solid Oxide Fuel Cell), 직접메탄올형(DMFC; Direct Methanol Fuel Cell), 직접에탄올형(DEFC; Direct Ethanol Fuel Cell), 직접탄소형(DCFC; Direct Carbon Fuel Cell) 등이 있다.

PEMFC는 다른 형태의 연료전지에 비해서 전류밀도가 크고 고출력이며 100°C 미만의 온도에서 작동되며, 구조가 간단하고 시동성과 응답 특성이 빠르며 내구성이 우수하다. 또한 60% 수준의 에너지 변환효율로 기존의 내연기관에 비해서 1.5배 이상으로 높고 유해 대기오염물질을 배출하지 않는 장점을 가지고 있어서 자동차 동력원으로 가장 적합하다.

■ 전극은 수소가 산화되는 연료극(음극)과 산소가 환원되어 물이 발생하는 공기극(양극)의 두 개로 구성되어 있으며 주로 백금을 입힌 흑연 소재가 사용된다.

촉매층(CL; Catalyst Layer)은 전기화학 반응이 일어나는 전극 표면이다. 촉매층의 역할은 반응 가스 공급경로 제공, 물(수분)제거, 멤브레인 방향으로 양자 운반, 집전체(current collector) 방향의 전자전도 등을 위한 반응을 촉진하는 것이다.

연료극의 수소 산화반응 속도는 공기극의 산소환원반응(ORR; Oxygen

Reduction Reaction)에 비해 5배 이상 빠르므로 촉매의 활성 증대보다는 수소연료의 불순물(10ppm 이하의 CO와 S)에 의한 활성 저하를 막는 내피독성 촉매 개발이 중요하다. 그러나 공기극에서는 ORR 반응속도가 낮으면 시스템 성능저하에 큰 영향을 미치기 때문에 고활성 촉매 개발이 중요하다.

높은 활성도(high activity)로 인하여 백금이 PEM의 최적 재료로 사용되고 있지만, 높은 가격과 CO와 같은 오염물질에 대한 중독 민감성(poisoning susceptibility) 등의 단점 때문에, 루테늄(ruthenium), 팔라듐(palladium), Pt 합금(Pt-Co, Pt-Ni, Pt-Fe, Pt-V, Pt-Mn, Pt-Cr) 등과 함께 저렴한 금속을 사용하여 백금 사용량을 줄이는 연구가 집중되고 있다. 미국 DOE는 백금 사용량의 장기 목표로 50kW 스택의 양극 백금량을 0.05mg/cm^{2}으로 제시하였으며, 이를 달성하기 위해서 백금층의 박막화(10nm 이하)와 Pt 나노입자 코팅 등의 방법이 연구되고 있다.

2005년의 승용차 스택에 0.90mg/cm^2, 총 110g 백금이 사용되면서 스택 가격은 $125/kW(Pt $30/g 가격 기준)이었으나, 2020년에는 백금 사용량이 14% 수준인 0.125mg/cm^2, 12.5g이었으며 스택 가격은 $40/kW로 32%가 낮아졌다.

■ 기체확산층(GDM, GDL)은 분리판으로부터 유입되는 수소와 공기를 더욱 미세하게 확산시켜 MEA에 균일하게 공급하며, 부산물 제거와 MEA의 기계적 지지체, 촉매층(CL)의 부식(corrosion)과 침식(erosion)을 방지한다. GDL 표면에 물방울이 쌓이면 반응물의 유동을 방해하기 때문에 적절한 수분 제거 전략이 필요하며, 기체확산 매체층이 필요한 이유 중의 하나이다. 탄소 섬유가 얽혀있는 구조(carbon paper, carbon cloth, expanded and sintered metals)로 되어 있으며, GDM의 기공률과 기공 크기 및 분포, 두께, 발수처리 정도 등은 연료 운전 조건에 맞춰서 결정한다. 약 7μm 지름의 섬유(fibers)를 바인더로 뭉쳐서 만든 카본 페이퍼는 GDL에 사용되는 최첨단 소재 중의 하나이다.

■ 분리판(separator)은 유로판(flow field plate), 양극판(BP; Bipolar Plate) 등으로도 불리며, 수소와 공기, 냉각수를 각각 분리하여 MEA 전면에 균일하게 분배하고 공급하는 유로(flow field) 역할을 하고, 생성된 전자 통로(current collector)이다. 활성면에서 발생하는 열의 회수와 연료전지 내의 물을 관리하여 전해질막의 탈수나 침수(flooding) 현상을 방지한다. BP는 서로 다른 셀의 직렬연결(series connection)로 스택을 형성하고 전류수집(current collector)과 기계적인 지지체 역할을 한다. 또한 BP 내부의 유동장(flow field channeling) 설계가 중요하며, 압력 손실과 가스확산 균일성, 전류 및 열전달에 영향을 미친다.

장치 전력이 증가함에 따라 전극과 BP 크기가 증가하게 되며, 전극이 커지면 반응의 균일성 문제가 발생하여 전류분포가 고르지 못하고 고전류 밀도 핫스팟(high-current density hot spots)이 발생하면서 온도를 높여 멤버레인을 손상할 수 있다. 따라서 BP는 전류밀도 변화를 견뎌야 하며 전극 전체에 적절한 전류를 분배할 수 있어야 한다.

우수한 전기전도성과 열전도성, 내식성, 낮은 기체 투과성 등이 요구되며, 스택 체결의 안정성을 위해서 정밀한 치수와 강성도 필요하다. 또한 저가로 상용화하기 위해서 경량, 컴팩트, 저가 재료와 공정 단순화도 요구된다.

기존에는 흑연이나 흑연복합 분리판을 사용하였으나, 2000년대 중반 이후에는 높은 강도와 박판으로 경량화가 가능한 금속분리판(알루미늄, 스테인리스스틸, 티타늄 등)을 사용하고 있다. 최근에는 비다공성 그래파이트(non-porous graphite), 폴리머 복합재료 연구도 활발하다. 연료전지자동차에는 1,000장 이상의 분리판이 소요되며, 스택 무게의 80%, 가격의 45%를 차지한다.

(표5.5)에 PEMFC 스택의 주요 부품 소재를 정리하였다.

(표5.5) PEMFC 스택의 주요부품 소재

부품명	두께	밀도(g/cm^3)	소재
PEM	0.01~0.1mm	~2	Nafion
촉매층(Catalyst layer)	100nm ~0.05mm	~0.4	Carbon-supported catalyst and ionomer porous composite
GDL	0.1~0.4mm	0.3~0.5	Carbon fiber-based porous paper
MPL (Microporous layer)	~0.05mm	0.3~0.5	Carbon black and PTFE binder
Separator	0.3~2mm	1.7~8	Carbon-based composites or materials

출처: "PEM fuel cell application in road transport", Antonio Nicolo Mancino, et. al., Energies, 2023.8.23.

3) 기타 BOP(Balance of Plant, 주변 보조기기)

스택과 함께 주변기기인 BOP도 연료전지시스템의 크기(공간)와 장치 신뢰성, 가격 측면에서 중요하다. BOP의 동력 사용량은 사용하는 수소 저발열량(LHV)의 10% 정도이며, 연료전지시스템 가격의 50% 이상을 차지한다.

공기공급시스템은 압축기(compressor), 가습기(humidifier), 공기필터(air filter)로 구성되어 있으며, 양극에 공기를 공급한다.

수소공급시스템은 수소연료탱크, 압력제어밸브, 재순환기(recirculator), 퍼지밸브(purge valves)로 구성되어 있으며, 연료전지 음극에 수소를 공급한다.

온도제어시스템은 펌프, 온도조절밸브, 라디에이터(radiator), 히터(heater)로 구성되어 있으며, 셀 양극판의 특정 채널에 있는 교환표면(exchange surfaces)에 연결되어 있다(그림5.38).

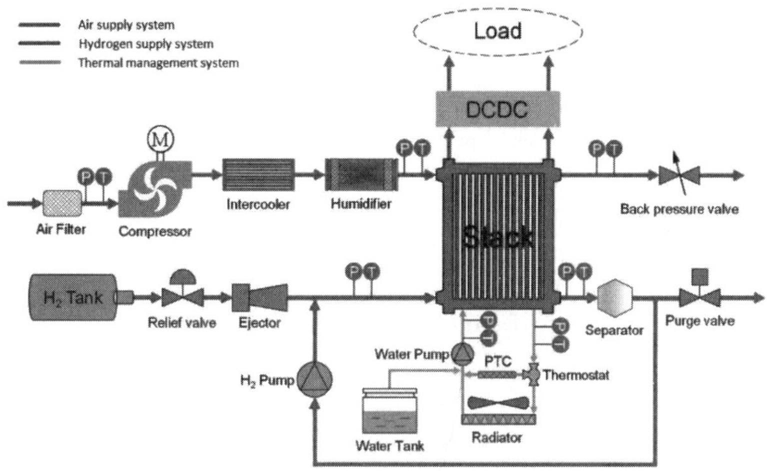

그림 5.38 PEM 연료전지 스택 BOP 구성

출처: "PEM fuel cell application in road transport", Antonio Nicolo Mancino, et. al., Energies, 2023.8.23.

■ 공기공급시스템(air supply system)은 모터로 구동하는 터보블로어와 압축기를 사용하여 대기 중의 산소를 스택에 1.5~2.5bar로 공급한다. 공급 압력을 높이면 연료전지 출력이 높아지지만, 4bar를 초과하면 효과가 더 커지지 않는다. 출발이나 정지, 부하의 급격한 변동(sudden fluctuating load) 등에서는 스택에 산소부족(oxygen starvation)이 발생할 수 있으며, 셀들 사이의 전압 역류 현상(voltage reversal conditions)이 발생하여 촉매 열화와 셀의 손상을 초래할 수 있다.

공기를 공급하는 압축기(compressor)는 BOP에서 가장 전력 소비(연료전지 출력 전력의 약 30% 사용)가 크기 때문에 효율이 중요하며 다양한 종류의 압축기나 터보차저가 사용된다. 필터를 사용하여 황산화물 등과 같은 불순물과 먼지를 걸러주며, 스택 출구의 다습한 공기를 이용하여 gas-to-gas 가습기(PEI 계)를 사용한다.

■ 수소(연료)공급시스템(hydrogen supply system)은 고압 탱크에 저장된 수소연료를, 압력을 낮추어 가습하여 스택에 공급하며, 사용되고 남는 수소는 재순환시켜 사용하며, 음극 채널에서 수분을 제거한다. 재순환된 수소를 외부로 방출(purge)

시킬 경우는 희석해서 법규에 맞게 방출한다.

수소연료는 1.1~3bar 압력과 40~85°C 온도로 전기 압력제어밸브로 셀에 공급되며, 음극(연료극)에 이론공연비(stoichiometric ratio)보다 약간 높게($\lambda_{H2} \approx$ 1.2) 공급된다. 만약 음극에 수소가 부족해지면 전압 역전(voltage reversal)이 발생하여 촉매의 탄소담체(carbon carrier)의 붕괴, 기체확산층의 카본페이퍼와 분리판의 부식천공(corrosion perforation)과 심하면 셀 폐기까지 이어진다. 음극(연료극)의 수소결핍(hydrogen starvation)은 양극(공기극)의 산소결핍(oxygen starvation)과 유사하지만 피해가 더 크다.

수소연료 공급 블로어(blower)는 공기 압축기와 냉각수 펌프 다음으로 동력 소모가 크며, 대안으로 젯트펌프(jet pump)를 기반으로 하는 수동 재순환 시스템(passive recirculation system)을 사용하기도 한다.

수소저장시스템은 액화수소저장, 압축수소저장, 수소저장합금방식, 화학수소화물방식, 초저온고압저장방식 등이 있으며, 현재 주로 사용되고 있는 압축수소저장탱크는 타입 4가 주류이다.

■ 온도관리시스템(temperature management system)은 스택이 55~90°C 구간에서 운전할 수 있도록 냉각 펌프를 사용하며, 냉각수는 낮은 전기전도도와 부식억제의 부동액을 사용한다.

평균 효율 60% 수준의 스택은 나머지 40%를 폐열(waste heat)로 방출한다. PEM의 열전달은 복잡한 비등온(non-isothermal) 2상 유동(two-phase flow)의 특성이 있으며, 멤버레인의 작동온도와 막 내의 온도 분포가 연료전지 성능에 크게 영향을 미친다. 또한 온도 관리는 물(냉각수)관리와 매우 밀접하게 연관되어 있어서 셀의 효율성에도 큰 영향을 미친다.

멤버레인 수화상태(membrane hydration)는 온도에 매우 민감하다. 온도가 높으며 멤버레인 건조가 발생하여 이온저항(ionic resistance)이 높아지고 저항손실(ohmic losses)이 발생하며 소재 품질의 저하를 초래한다. 반면 온도가 낮아지면 액체 물 생성물의 형성을 촉진하여 전극침수(flooding), 산소결핍이 발생한다. 이것은 촉매층(CL)의 전기화학 반응속도(electrochemical reaction kinetics)와 멤버레인의 양성자전도도(pronton conductivity)를 방해한다.

따라서 셀 영역 전체에 균등한 온도분포가 중요하다. 스택의 고르지 않은 온도분포는 국지적인 물의 상변화(local water phase change)를 유발하여 국지적인 상대습도를 바꾸게 되고, 시스템 전반에 걸쳐서 서로 다른 전기화학 반응속도를 일으키게 된다. 이에 따라 결국 촉매와 반응물의 활용도가 부족해지고 핫스팟(hot spots)이 생성되어 연료전지의 효율을 떨어트리고 내구성이 위협받을 수 있다.

반응 가스 유동과 공급 공기 압력을 높여서 열을 낮출 수 있지만 이것으로는 충분하지 않기 때문에 별도의 냉각시스템이 필요하다. 분리판의 양극판(bipolar plate) 내부에 공기통로와 수소통로로 분리되어 특별히 설계된 냉각회로(coolant channels)를 통해서 열을 제거한다.

액체냉각 시스템은 냉각용량이 크고 방열효율이 높으며, 유연한 제어 등의 장점이 있어서 주로 사용되지만, 냉각펌프의 전력 소모, 누수 가능성, 부식 등의 문제가 수반된다.

열관리시스템은 저온 시동 시에 필요한 열을 공급하는 기능도 필요하며, 일반적으로 -30°C에서도 작동할 수 있도록 제어한다. 또한 필요한 경우 열병합방식으로 폐열을 재활용하고 열회수를 통해서 가스 반응물을 예열하기도 한다.

■ 에너지관리시스템(energy management system)은 연료전지 및 차량제어, 동력분배제어, 구동모터 인버터 제어 등을 제어하는 기술이다.

수소연료 소비를 최소화하고, 에너지저장시스템(ESS) 충전을 유지하며, 연료전지를 포함한 부품들의 수명을 극대화하여 연료전지자동차의 내구성을 유지하도록 설계되어야 한다. 실제로 빈번한 시동과 정지, 다양한 부하변동, 저전력과 고전력 작동은 연료전지 작동에 불리한 조건들이며, 물관리는 이런 문제들을 최소화하는 데에 필수적인 측면이 있다.

전력변환 및 전기구동 시스템은, 구동모터와 인버터, 전력변환 컨버터, 배터리 등이 있다.

(2) 연료전지 효율과 가격

1) 연료전지 효율

연료전지 성능은 스택과 BOP의 성능에 좌우된다. 스택 효율 손실은 전압강하(voltage drop) 또는 분극(polarization)으로 표시되며, 셀의 분극은 다음의 3가지 현상에 기인한다.

1. 활성화 분극(activation polarization)은 산화환원반응(redox reaction)이 일어나기 위해서 극복해야 하는 에너지장벽과 연계되어 있으며, 전극 반응속도와 관련이 있다.

2. 농도 또는 물질전달 분극(concentration or mass transport polarization)은 전극에서의 반응을 방해하는 물질전달 현상에 기인한다. 즉, 전극을 통한 반응가스 확산, 전해질 내부 및 외부의 반응물 및 생성물의 용액(solution) 및 용해(dissolution)이다.
3. 오믹 분극(ohmic polarization)은 전해질 내 이온 흐름과 전극 재료를 통한 전자흐름에 대한 저항으로 인해 발생한다.

일반적으로 차량용 스택의 최대효율은 약 60%이며, 부하에 필요한 전류에 따라 달라지며 전류 강도가 증가하면 효율은 감소한다. 또한 가스 공급압력과 온도, 습도, 반응속도, 재료특성 등이 3가지 분극 변수에 영향을 받는다. 시스템 전체의 효율은 스택 셀 효율과 함께 보조시스템인 BOP의 작동 변수도 고려하여야 한다.

(그림5.39좌)는 스택과 연료전지시스템의 일반적인 출력과 효율 곡선으로써 전류 20% 지점에서 최대효율을 보인다. BOP 전원공급에 의한 효율손실은 양극의 공기압축기 에너지 손실이 가장 크며, 냉각펌프와 수소 재순환용 송풍기에 의해서도 발생하며, 수소 LHV의 10% 수준으로 나타나고 있다. (그림5.39우)의 2016년형 도요타 미라이 FCV의 연료전지 효율 특성에서는 스택 최대효율은 66%이고 시스템 최대효율은 63.7%이지만 매우 낮은 부하에서 얻어진다. 최대부하에서는 효율 40%로서 최신 가솔린엔진의 최고효율과 비슷한 수준이다.

구동계 손실을 고려한 연료전지시스템과 대형디젤엔진의 제동열효율(brake thermal efficiency)은 저부하에서는 연료전지 효율이 디젤엔진보다 5% 정도 높지만, 고부하에서는 비슷하다.

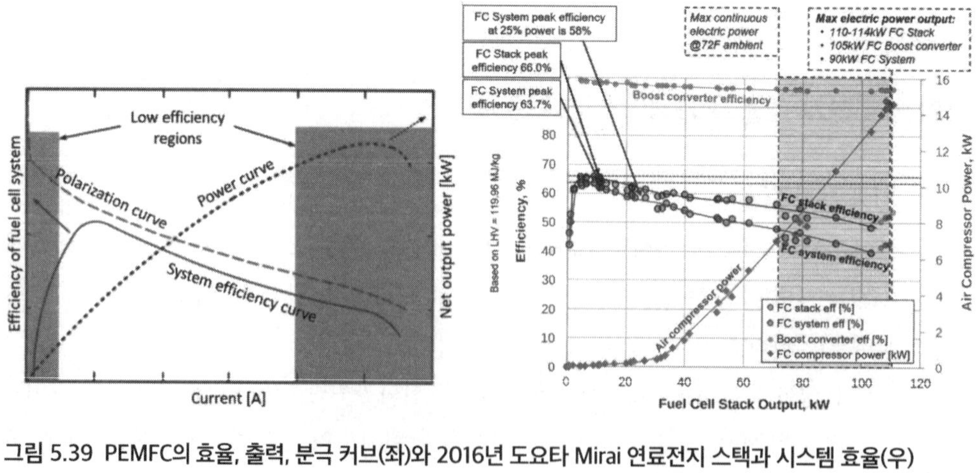

그림 5.39 PEMFC의 효율, 출력, 분극 커브(좌)와 2016년 도요타 Mirai 연료전지 스택과 시스템 효율(우)

출처: "PEM fuel cell application in road transport", Antonio Nicolo Mancino, et al., Energies, 2023.8.23.
"Fuel Cells", Dieselnet Technology Guide, 2023.

2) 연료전지 가격

미국 DOE의 승용차용 연료전지 가격 목표는 2025년에 40$/kW이며 최종적으로는 $30/kW (80kW, 년 10만개 생산)를 목표로 하고 있다.

275kW PEMFC를 사용하는 대형(Class 8 long-haul HD)트럭의 연료전지 가격은 2022년 현재 $179/kW(년 5만개 생산)이며, 2025년에 $140/kW, 2030년 이후의 최종 목표는 $60/kW이다.

미국 DOE에서는 진행하고 있는 수소와 연료전지 프로그램(DOE Hydrogen and Fuel Cell Program)에는 설정한 2020년과 2025년의 연료전지 개발 목표는 (표5.6)과 같다. 승용자동차용 PEMFC의 2025년 효율 목표는 현재의 60% 수준에서 65%로 높였으며, 연료전지 가격은 현재의 $45/kW에서 $35/kW로 22% 낮추었다.

(표5.6) 미국 DOE의 PEMFC 2025년 개발 목표(80kW)

항목	단위	현재수준(2017)	2020년 목표	2025년 목표
최대효율	%	60	65	65
비출력	W/kg	659	650	900
가격	$/kWe	45	40	35
냉시동 50% 시간				
@-20˚C	sec	20	30	30
@+20˚C	sec	<10	5	5
내구성	hours	4,130	5,000	8,000
냉시동 온도	oC	-30	-30	-30
스택 비출력	W/kg	2,000		2,700
가격	$/kWe	19.1		17.5
• MEA, 촉매				
Pt(PGM) total content	g/kW	0.125:1.05(150,250 kPa)		≤0.10
내구사이클	시간	4,100		8,000
성능@0.8V	mW/cm^2	306		300
성능@rated power guideline	mW/cm^2	890; 1190(150,250 kPa)		1,800
MEA 가격	$/kW	11.8		10
• 멤버레인				
최대작동온도	˚C	120		120
가격	$/kW	15.9		17.5

• BP				
중량	kg/kW	<0.4		0.18
가격	$/kW	5.4		2

출처: "Fundamentals, materials, and machine learning of polymer electrolyte membrane fuel cell technology", Yun Wang, et al., Energy and AI, 2020.6.19.
Fuel cell technical team roadmap, USDRIVE, DOE, 2017.11.

3) 연료전지 시스템

현재의 연료전지 1개는 0.55~0.75V 전압 범위에서 0.8~1.2A/cm^2 정도의 전류를 얻을 수 있는 수준으로써, 자동차 모터를 구동할 수 있는 전류를 얻기 위해서 여러 개의 연료전지를 직렬 또는 병렬로 연결(stack)하여 사용한다.

(그림5.40)은 현대자동차 투산과 넥쏘 FCV의 연료전지시스템 외형이며, (그림41)은 도요타자동차의 미라이 스택과, 2023년에 미국 EPA 인증을 받은 Class 8 대형트럭용 연료전지시스템이다. (그림5.42)는 혼다자동차 클레리티 FCV의 연료전지시스템과 개발 중인 80kW 연료전지시스템이다.

현대자동차에서 2020년에 런칭한 HTWO의 수소연료전지시스템은 출력 85kW, 300A/250~450V, 출력밀도 0.21kw/L, 총중량 185kg, 부피 453L(703×892×728mm)이며, 작동온도 -30°C~45°C, 효율 62%이다.

(표5.7)에 주요 연료전지자동차의 성능을 비교하였다.

(표5.7) 연료전지자동차 성능비교

차량 모델	스택 최대출력 (kW)	연비MPGe (City/Highway/ Comb)	스택 출력밀도 (kW/L)	연료압력 (Mpa)	수소연료탱크 용량(kg)(wt%)	주행거리 (miles, EPA)
현대 Nexo	95	65/58/61	3.1	70	6.33(7.18)	380
혼다 FCX Clarity	103	69/67/68	3.12	70	5.46(6.23)	366
도요타 Mirai	114	67/67/67	3.10	70	5.0(5.7)	312
현대 Tucson	100	49/51/50	1.65	70	5.64(6.43)	265
다임러 GLC F-Cell Plug-in HEV	~155 (total)	0.34kg/100km				~430km

출처: "Fundamentals, materials, and machine learning of polymer electrolyte membrane fuel cell technology", Yun Wang, et al., Energy and AI, 2020.6.19.

그림 5.40 현대자동차 투싼 연료전지시스템(좌)과 넥쏘 연료전지시스템(우)

출처: "수소연료전지차의 궁금증 풀어보기", 김진아 기자, 탑라이더, 2014.4.21.
"현대차 수소연료전지시스템, 미국 유럽 수출길 열려", 김창수 기자, FETV12, 2020.4.20.

그림 5.41 도요타자동차 미라이 스택(좌)과 Class 8 연료전지시스템(우)

출처: "Toyota's fuel cell stack in detail", Roland David, Linkedin, 2020.10.11.
"CARB approves Toyota's Class 8 fuel cell kit", CCJ, 2023.4.25.

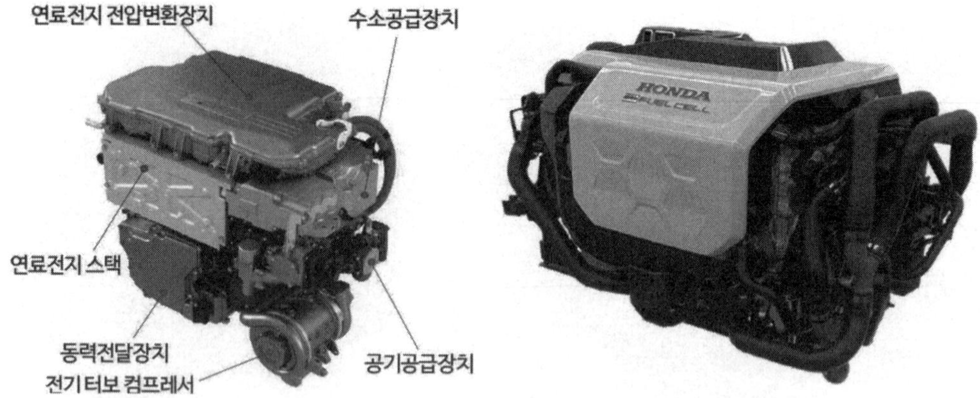

그림 5.42 혼다자동차 클래리티 연료전지(좌)와 개발 중인 80kW 연료전지시스템(우)

출처: "제법이네 혼다", imagazine Korea, 2017.9.12.
"혼다의 새로운 연료전지시스템은 현대를 위협하는가?", 모터매거진, 2023.2.3.

3.3. 연료전지자동차 극복과제

(1) 연료전지차 가격과 운영비

전기차와 마찬가지로 연료전지차가 미래자동차 시장에 진입하기 위해서는 가격 경쟁력이 가장 중요한 요소이다. 현재 전기차 가격은 내연기관자동차보다 약 1.5배 높으며, 수소연료전지차는 전기차보다도 약 1.5배 더 비싸다. 예를 들어, 현대자동차의 2024년 넥쏘 판매가격은 6,950만원이지만, 국고보조금 2,250만원과 지자체보조금 최대 1,750만원을 지원받으면 약 3천만원에 구입할 수 있다. 일본 역시 국고보조금 255만엔과 도쿄 최대지원금 135만엔을 지원받으면, 710만엔인 도요타 미라이를 320만엔에 구매할 수 있다.

따라서 연료전지자동차 시대를 열기 위해서는 내연기관자동차 대비 1.8~2배에 달하는 높은 차량 가격을 낮추는 것이 가장 시급한 과제임을 알 수 있다. 연료전지스택(fuel cell)이 연료전지차 가격의 40% 이상을 차지하기 때문에, 연료전지스택의 가격 저감 대책이 핵심이다. 미국 DOE도 승용자동차용 PEMFC 목표 가격을 2025년까지 $35/kW, 장기적으로는 $30/kW로 설정하고 있다.

수소연료 용기도 큰 비중을 차지하고 있다. 넥쏘는 2.1kg 연료탱크 3개를 탑재해 총 수소 6.33kg(156.6L)을 충전할 수 있다. 그러나 연료탱크 가격만 900만원 수준으로 차량 가격의 10% 이상을 차지해, 저렴한 압력용기 개발이 절실하다.

수소연료탱크는 플라스틱과 탄소섬유 등 복합소재로 제작된 타입 4 방식이며, 700bar 압력에서 50L 이상의 수소를 저장하고 중량은 40kg 미만이다. 설계 기준은 1,700bar 이상에서 주입 내구성 2만회 이상이다. 한편, 프랑스의 포레시아(Faurecia & Symbio)는 사각형 실린더를 카트리지 형태로 연결하는 새로운 수소연료탱크시스템을 개발해, 기존의 원통형 대비 40~50% 더 많은 수소 저장이 가능하다.

자동차 연료비(운영비)도 중요한 요소이다. 2024년 기준 넥쏘 FCV의 복합연비는 93.7km/kg이며, 수소 가격이 8,800원/kg일 때 단위 주행 거리당 연료비용은 94원/km이다. 반면 동급 전기차인 아이오닉의 전비는 6.2km/kWh로, 전기요금 313원/kWh 기준 단위 거리당 연료비용은 50원/km이다. 가솔린 투싼의 복합연비는 12km/L로서, 연료비 1,800원/L을 적용하면 150원/km이 든다.

즉, 연료전지차의 연료비는 내연기관자동차보다는 낮지만, 전기차보다는 약 2배 높다. 다만 정부가 수소 가격을 2030년에 4,000원/kg, 2040년에 3,000원/kg 수준으로 낮출 계획을 추진하고 있으며, 전기요금은 신재생에너지 비중이 높아질수록 가격이 높아질 가능성이 있기 때문에 향후 연료전지차의 연료비 경쟁은 전기차와 비슷한 수준으로 개선될 것으로 전망된다.

(2) 연료전지시스템 기술 과제

연료전지차가 미래자동차 시장을 진입하기 위해서는 전기차와의 기술경쟁력 확보가 중요하다. 연료전지차의 최대 장점은 수소연료의 저장과 운송이 전기차에 유리한 점이지만 그러나 전기차에 비해서 개선하고 극복하여야 할 몇 가지 기술적인 문제들이 있다.

첫째는 전기차보다 낮은 열효율이다. 연료전지가 전기에너지를 발생할 때 열이 발생하며, 냉각수로 냉각하는 열에너지 손실로 인하여 연료전지(PEMFC)가 낼 수 있는 최대 효율은 83%이다. 그러나 스택에서 발생하는 마찰저항과 열, 기타 연료전지 구동에 필수적인 장치들의 에너지 손실까지 고려하면 연료전지시스템의 열효율은 40% 수준까지 떨어지며, 90%에 달하는 전기차 배터리 효율의 절반도 안 되는 수준이다.

이는 동일한 에너지를 사용할 때 전기차가 연료전지차보다 두 배 이상 긴 거리를 운행하는 것을 의미하며, 연료전지의 낮은 열효율은 경쟁에서 상당히 불리한 요인으로 작용하게 된다. 따라서 공기공급계, 열관리계, 수소공급계 등의 복잡한 구조의 최적화와 효율 개선이 필요하다.

둘째는 발열 장치의 크기 제한으로 인한 낮은 비출력이다. 연료전지에서 발생한 열은 배출구가 없어서 수백 겹이 적층돼 있는 스택 내부로 냉각수를 강제 순환시켜 열을 흡수하고 라디에이터를 통해 방출하고 있다. 스택 수명을 늘리기 위해서 스택 내부 온도 차를 최소화해야 하며, 이를 위해서는 다량의 냉각수를 순환시킬 수 있는 대용량 라디에이터가 필수적이다. 연료전지자동차의 라디에이터 면적은 내연기관자동차에 비해 4배가 필요하며 자동차의 좁은 공간에 대용량의 라디에이터 탑재가 어려워서 발열 문제가 비출력을 높이는 데에 제한요인으로 작용한다.

현대차 넥쏘가 차체에 비해 출력이 낮은 것도 이런 이유이며 비출력 향상은 연료전지차의 경쟁력에 매우 중요한 요소이다. 즉, 차세대 연료전지기술에서는 출력밀도 향상이 중요한 과제이다.

셋째는 대형화물차나 트럭에 적용하기 위해서는 50만km 이상, 100만km 수준의 내구성 확보가 필수적이다. 이를 위해서는 막-전극 접합체, 전극촉매, 전해질막의 열화현상 개선이 핵심기술이며, 촉매와 촉매 담지체의 열화 방지 기술도 중요하다. 현대자동차에서 개발하고 있는 3세대 연료전지의 내구목표 50만km가 달성되면 연료전지기술 발전이 가속화될 것으로 기대된다.

넷째는 수소연료저장용기 압력을 더 이상 높이기가 어렵다. 수소연료저장용기는 700기압까지 높아졌으나 더 이상 고압으로 올려도 수소분자 사이의 운동에너지 증가로 수소 저장용량이 증가하지 않는다. 따라서 주행거리를 높이기 위해서는 연료탱크 개수를 늘려야 하며, 연료탱크의 높은 가격은 차량 가격 상승으로 이어진다. 연료탱크 3개를 사용하는 넥쏘는 수소차 전체 원가의 10% 이상을 차지하고 있다.

전기차는 주행거리를 계속 늘려가고 있으나, 연료탱크의 수소저장 기술의 한계로 인하여 주행거리에서 우위에 있는 연료전지자동차의 경쟁력이 줄어들 수 있다.

(3) 수소충전소 보급

우리나라의 수소충전소는 2024년 말 현재 전국에 408개가 설치되어 있으며, 2030년까지 660개 충전소 설치를 목표로 하고 있다. 그러나 승용차용 충전소 설치비용이 30억원, 대형트럭이나 버스 충전소는 70억원 정도가 소요되기 때문에 비용 부담이 크며, 부지도 일반 주유소보다 넓어야 하므로 용지 확보도 쉽지 않다.

수소차 시대를 맞이하기 위해서는 시내 일반 주유소 내에 수소충전소의 병행설치가 중요하지만, 지역 주민들이 수소 폭발 가능성 때문에 주변에 설치하는 것을 꺼리는 님

비현상과 함께 방호벽 설치 등의 안전기준이 엄격하여 미국이나 유럽처럼 도심 내에 설치하기가 쉽지 않은 여건이다.

1) 수소충전 종류

수소스테이션은 연료전지자동차 및 수소 내연기관자동차에 수소를 공급하는 수소충전설비를 말한다. 수소스테이션은 액체수소 및 기체수소를 수소 생산처에서 제조하여 차량으로 운반한 후 연료전지자동차에 공급하는 오프사이트(off-site) 방식과 충전소에서 수소를 직접 제조하여 차량에 수소를 공급하는 온사이트(on-site) 방식으로 구분할 수 있다.

궁극적으로 수소경제(hydrogen economy) 시대가 도래하게 되면 태양광이나 풍력 등의 재생에너지로 전기분해 수소를 생산하고 생산된 수소를 파이프라인을 통해 공급하는 형태가 될 것으로 예상된다. 그러나 그 이전 단계로 온사이트와 오프사이트 수소스테이션이 선진국을 중심으로 건설되고 운영되고 있다. 이러한 수소스테이션의 운영을 통하여 수소의 생산비용 및 운송비용, 저장방식, 설비의 용이성, 안정성 등에 대한 실증시험 및 경제성 분석이 이루어지고 있다.

수소충전소는 CNG 충전소와 유사한 구조로서, 수소연료가 트레일러로 공급되면, 수소 압축기로 압축해서 차량에 700bar로 충전한다.

수소충전시스템은 수소공급, 압축, 저장, 충전, 운전장치로 구성되어 있으며, 이들 장치는 50여 개 이상의 부품들로 만들어져 있다. 그러나 절반 이상의 부품들이 수입되고 있어서 수소충전소의 설치비용을 높이고 고장 시 수리를 어렵게 하는 요인으로 작용하고 있어서 국산화가 시급하다.

2) 수소충전소 보급 현황

전 세계 수소충전소는 2023년 상반기 현재 1,089개소가 설치되어 있으며, 중국이 351개소로 32.2%를 차지하며 일본, 한국, 독일, 미국 순이다(출처 중국 EVTank). 2030년에 미국, 중국, 독일은 1,000기, 일본은 900기를 계획하고 있으며, 우리나라는 660기를 계획하고 있다.

수소충전소 시장은 2022년 $315.9백만에서 2030년에는 $903.6백만으로 3배 정도 성장할 것으로 전망하기도 한다(vantagemarketresearch.com).

3) 우리나라 보급계획

우리나라는 2024년 말 수소충전소 408개소가 보급되어 있다. 수소차는 총 37,557가 보급되었으며, 수소승용차 36,033대, 수소 버스 및 승합 1,483대, 수소트럭 38대가 등록되었다.

2019년 10월에 수립한 "미래자동차 산업발전전략(관계부처합동)"에서는 2030년에 수소차 16만대 판매로 누적 총 85만대를 보급하고, 수소충전소는 누적 총 660기를 보급하기로 하였다. 그러나 2023년 12월의 제6차 수소경제위원회에서는 이전 정부에서 과도하게 설정한 수소차 보급 목표 대수를 30만대로 수정하고, 수소충전소는 2030년 660기, 2040년 1,200기 구축 목표를 그대로 유지하였다.

전국 226개 시군구에 원칙적으로 수소충전소 1기 이상을 구축하고, 주요 도시에서 2030년 20분, 2040년 15분 이내에 수소충전소 이용이 가능하도록 현재의 LPG 충전소 설치와 유사하게 계획하고, 수소공급 파이프라인(HyGrid) 설치도 구상하고 있다(그림5.43).

또한 고속도로에서 2030년에 반경 75km, 2040년에는 반경 50km 내 충전소 이용과 수소버스 4만대 보급을 위해 전국 버스 차고지 638개소를 고려하여 순차적으로 설치할 계획이다.

수소충전소의 건설비용은 30억원 정도로서 일반 주유소의 1~2억원에 비하면 정부 보조금 15억원을 감안하더라도 비용 부담이 상당히 크다. 충전소 설치 시 정부에서 지원하는 보조금은, 일반 수소충전소 1기당 설비비용의 최대 50%, 15억원을 지원(부지 매입비 등은 제외)하고 있으며, 수소버스충전소 설치시는 1기당 설비비용의 최대 70%, 42억원을 지원(부지 매입비 등은 제외)하고 있다.

그러나 충전소 설비 비용지원 이외에도, 수소매입과 충전소 운영 등에도 상당한 비용이 추가되기 때문에 추가적인 보조금 검토가 필요한 상황이다. 또한 도심에 설치하기 위해서는 주민 반대와 높은 가격의 용지 확보가 쉽지 않기 때문에, 기존의 석유주유소 등에 함께 설치하는 방안 등을 적극적으로 추진할 필요가 있다.

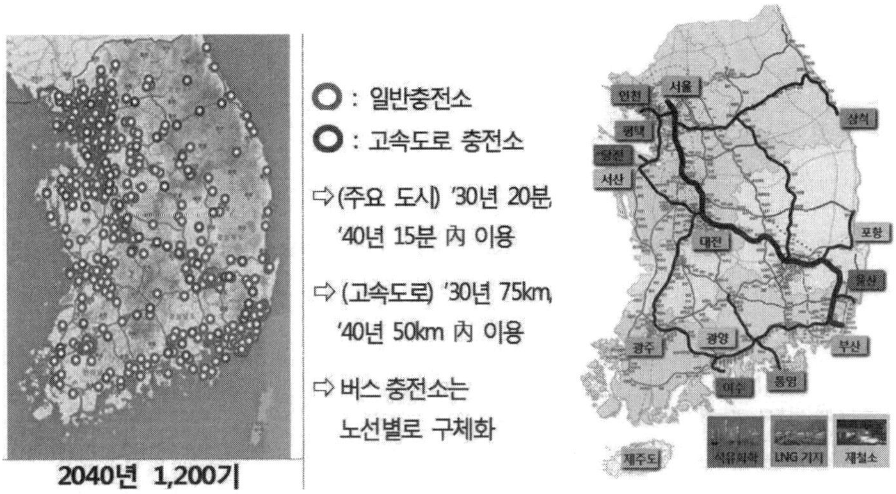

그림 5.43 우리나라의 수소충전소 설치계획(좌)과 수소파이프라인(HyGrid) 계획(우)

출처: "수소경제 활성화를 위한 수소인프라 및 충전소 구축방안", 관계부처 합동, 2019.10.21.
수소경제 활성화 로드맵 수립연구, 김재경, 에너지경제연구원, 2019.4.

(4) 수소연료전지자동차 보급 시 온실가스저감 효과

우리나라에서 생산된 수소를 사용하는 수소연료전지자동차는 전과정평가(LCA) 기준으로 전기차보다는 25% 많은 온실가스를 배출하며, HEV와 비슷한 수준이다. 특히 석탄발전 비중이 높은 전기를 이용해 수전해 방식으로 생산한 수소를 사용할 경우에는 연료전지차의 온실가스 배출량이 내연기관자동차보다도 높게 나타난다.

전기와 마찬가지로 수소연료의 생산방식에 따라 온실가스 배출량 차이가 크기 때문에, 연료전지차 보급으로 탄소중립을 실현하기 위해서는 온실가스 배출이 없는 청정수소 생산이 필수적이다.

3.4. 수소생산과 수소경제 사회

(1) 수소생산 기술

수소연료는 생산방법과 제조과정에 따라서 다양한 이름으로 불린다.

- 천연가스를 수증기로 개질(SMR; Steam Methane Reforming)한 **그레이수소**(grey hydrogen)는 현재 가장 보편적인 수소생산 방법이지만 온실가스 배출(CO_2 11.0kg/

H_2 1kg)이 가장 많다.

- 그레이수소 제조 공정에 CCUS 공정을 포함하여 CO_2를 80% 정도 제거한 **블루수소(blue hydrogen)**는 향후 주류가 될 것으로 기대하고 있으며, 우리나라는 CO_2 4kg/H_2 1kg 이하를 청정수소로 규정하고 있다.
- 재생에너지(태양광, 풍력) 전기로 물전기분해(electrolysis) 해서 얻은 **그린수소(green hydrogen)**는 CO_2 0.3~1.0kg/H_2 1kg로 가장 이상적인 수소생산 방식이다.
- 지각에 매장되어 있는 **골드/백색수소(gold/ white hydrogen)**의 생성 메커니즘은 명확하지는 않지만, 과학자들은 지구 맨틀 상부에 분포된 있는 감람석의 철 성분이 고온고압에서 물과 반응하면서 수소를 생성한다고 분석하고 있다. 미국 지질조사국(USGS)의 미공개 자료에서는 5조톤에 이를 것으로 추정하고 있으며, 이는 수백 년을 사용할 수 있는 양이다. **만약 "골드수소의 골드러시" 시대가 열린다면, 석탄과 석유 시대를 종식하고 수소가스 시대가 도래하면서, 수소차시대로 바로 가고 탄소중립(Net Zero)도 자연스럽게 해결될 것이다.**
- 이외에도, 석탄이나 갈탄 가스화로 제조하는 블랙/브라운수소(black/ brown hydrogen)와 화석연료를 플라즈마 개질하여 고체상태 CO_2로 분리하는 청록수소(turquoise hydrogen), 원자력 에너지로 물 전기분해로 얻는 핑크/레드수소(pink/ red hydrogen), CO_2 수용액을 암석에 주입해 생산하는 오렌지수소(orange hydrogen) 등이 있다.

(2) 수소 저장기술

수소는 142KJ/g의 높은 질량에너지 밀도를 가지고 있으며, 배터리의 수십배, 휘발유와 경유의 2~4배에 달한다. 따라서 수소경제 시대와 수소모빌리티 시대를 앞당기기 위해서는 수소의 저장과 운송효율을 높이는 것이 중요하다.

수소연료 저장은 4종류의 저장방식이 사용되고 있다. 기체 상태의 수소를 350bar나 700bar로 압축하여 저장하는 압축(compressed hydrogen)저장방식과, -253°C로 냉각해서 저장하는 액화수소(liquid hydrogen, cryogenic liquid)저장방식이 사용되고 있다. 또한 금속수소화물(reversible metal hydride)방식은 대기상태에서 가장 많은 양의 연료를 저장할 수 있으며, 저온탄소흡착(low temperature adsorption on carbon)방식도 연구되고 있다.

압축수소 저장용 연료탱크는 라이너(liner) 재질과 강도 등에 따라 4가지 타입으로 분류된다. 타입 1은 강철로만 제작된 용기이며, 타입 2는 강철의 연료탱크에 유리섬유를 적용해서 타입 1보다 경량화된 것이다. 타입 3는 알루미늄합금 용기를 탄소섬유로 감은 형태이고, 타입 4는 고밀도 플라스틱 용기에 탄소섬유를 특수한 패턴으로 감아서 제조하였다. 타입 1과 타입 2는 200bar 수준의 낮은 압력의 수소를 저장하며 중량도 무거워서 자동차용으로는 적합하지 않으며 수소모빌리티를 위해서는 타입 3과 타입 4 용기가 사용되고 있다.

특히 타입 4는 비금속 복합소재로 제조되기 때문에 수소 취성 문제가 없고 라이너 복원력이 우수하여 수소차뿐만 아니라 수소드론 등 수소모빌리티 적용에 유리하지만, 가격을 낮추어야 하는 숙제가 있다.

액화수소와 암모니아 및 LOHC(Liquid Organic Hydrogen Carrier) 기술도 관심을 끌고 있다. 액화수소는 체적 에너지 밀도가 상온에서 기체 대비 800배 이상으로 높고, 저장용기의 안정성도 높아 수소의 저장과 운송에 큰 잠재력을 가지고 있다. 다만 -253°C의 극저온 상태를 제조하고 유지하기 위한 관련 시설비용이 추가로 필요하지만, 경제성에서는 유리한 측면이 있다.

한편, 암모니아나 LOHC를 활용하는 방식은 화학적으로 수소를 함유할 수 있는 유기화합물을 수소의 저장과 운송 수단으로 활용하고 이후 목적지에서 화학적 과정을 통해 수소를 추출하는 개념이다. 다소 복잡하지만, 이들 물질은 그 자체로 저장·운송에 유리하며 관련 산업의 인프라를 이용할 수 있는 장점이 있다. 암모니아는 위험성이 있고 친환경물질은 아니지만 기체수소 대비 체적 에너지 밀도가 높고 650°C의 고온 열분해(cracking)을 통해서 해로운 부산물 없이 수소와 질소로 분리할 수 있다.

LOHC는 톨루엔계열의 화합물을 중심으로 수소저장 매개체를 이용하면 수소저장과 추출을 반복적으로 시행할 수 있으며, 기존의 석유계 인프라를 거의 그대로 이용할 수 있는 장점이 있다.

금속수소화물은 수소가 흡수공정에 의해 금속 내에 고체상태로, 화학적으로 저장되는 시스템이다. 상온 저압 조건에서 고밀도로 대량의 수소를 저장할 수 있으며 안전성과 비용 측면에서 이점이 있다. 그러나 중량이 무거운 단점이 있어서 자동차용보다는 정치형 연료전지시스템에 적용이 기대된다.

4절 | 내연기관자동차 전망

4.1 미래자동차 기술

(1) 2050년까지는 다양한 동력원 혼재

EU는 화석연료를 사용하는 내연기관자동차 퇴출을 가장 강력하게 추진하고 있으며, 2035년부터 내연기관자동차 판매를 전면 금지하는 정책을 채택했다. 그러나 독일과 이탈리아, 프랑스가 반대동맹을 결성하여 제동을 걸면서, 재생합성연료인 이퓨얼(e-fuel)을 사용하는 내연기관자동차는 예외로 인정하였다. 이는 전기차만이 넷제로를 실현하는 유일한 해법이 아니라는 인식과 함께, 이퓨얼과 수소연료를 사용하는 내연기관 엔진의 가능성을 열어둔 조치로 평가된다.

2050 탄소중립을 달성하기 위해 순수전기차(BEV) 보급만을 목표로 삼는 것은 시장의 현실과 다르다는 주장이 설득력을 얻고 있다. BEV 확산을 위해서는 막대한 구매보조금, 배터리와 전기차 가격 인하, 충전인프라 구축 등 정부와 기업의 지속적이고 많은 투자가 필요하지만, 현실적으로는 재정적·경영적인 부담으로 장기적인 지속 가능성에는 한계가 있다.

미래자동차 시장은 전기자동차가 주도하고 연료전지자동차가 새로운 성장축으로 부상하고 있지만, 급격한 전환은 쉽지 않다. 당분간 내연기관자동차와 하이브리드자동차가 친환경자동차와 공존하는 과도기가 이어질 것으로 예상된다. 특히 2024년 들어 주요 자동차 제조사가 전기차 투자와 전동화 전략을 수정하며 생산 속도를 늦추고 있어, 전기차와 연료전지자동차 시장이 일시적인 침체를 겪고 있다.

이 현상이 일시적인 조정 국면인지, 아니면 하이브리드차나 내연기관자동차와 장기적인 공존을 예고하는 것인지 아직은 불분명하다. 다만 내연기관자동차와 엔진은 앞으로 최소 20~30년간 자동차 시장을 주도하는 캐시카우(cash cow) 역할을 유지할 것으로 전망된다. 따라서 내연기관자동차 시대에서 미래 친환경자동차 시대로 원활한 전환을 위한 지혜가 필요하다

(2) 미래 내연기관 연료(에너지원)

자동차의 온실가스 배출을 줄이기 위해서는 에너지 사용량을 최소화하고, 화석연료 대신 전기나 수소연료를 사용하는 것이 핵심이다. 즉, 미래자동차는 전기와 수소연료를 에너지원으로 하는 전기차와 수소연료전지차가 내연기관자동차를 대체하는 것이 최종 로드맵이다. 물론, 전기와 수소를 생산할 때 온실가스가 배출하지 않는 무탄소전기와 그린수소 사용이 전제된다.

또한 이퓨얼이나 바이오연료 등 탄소중립 연료(CO_2 recycle fuel)를 내연기관자동차에 적용하는 방안도 병행할 수 있다. 이 연료들은 과도기적인 기술로 평가되지만, 전기차나 연료전지차로 대체가 어려운 차종에서는 지속적으로 활용될 가능성도 있다.

승용차와 소형트럭은 전기차, 버스나 중대형 트럭은 연료전지차로 보급하는 로드맵이 제시된 바 있으나, 배터리 기술의 비약적인 발전으로 대형 전기트럭의 경쟁력이 높아지고 있다. 2024년 초에 판매를 시작한 만(MAN)의 전기트럭(MAN eTGX, eTGS)은 최대 480kWh 배터리를 탑재하여 800km를 주행하며, 400kW 전기모터와 127.6kg-m 토크 성능을 가지고 있다. 볼보트럭은 원통형 배터리 28,080개로 구성된 540kWh 배터리팩을 장착하였고, 일본 코마츠(Komatsu)는 23.1리터 엔진을 600kWh 배터리와 전기모터로 대체하여 총중량 58톤, 최대적재량 65톤의 이덤프(eDumper)를 개조하기도 하였다.

한편, 연료전지트럭 분야에서는 2022년부터 양산하고 있는 현대자동차의 엑시언트 수소연료전지트럭(XCIENT FCV)이 대표적이다. 이 차량은 350kW 모터, 180kW 연료전지스택, 72kW 배터리를 탑재하여 570km를 주행한다. 벤츠는 2027년 출시를 목표로 개발 중인 GenH2 수소연료전지트럭에 300kW급 연료전지를 탑재해, 1,000km 주행을 목표로 하고 있다.

그러나 적재중량이 25톤 이상이면서 엔진 배기량 16리터, 600마력(450kW)을 넘어서는 초대형트럭의 경우, 배터리나 연료전지로는 효율과 경제성을 확보하기가 쉽지 않다. 이런 초대형 차량에는 이퓨얼, 바이오연료, 수소연료 내연기관을 적용하는 것이 효율성과 경제성 측면에서 유리하며, 온실가스를 줄이는 효과도 차이가 나지 않는 것으로 분석되고 있다. 참고로 초대형트럭은 총중량 12톤(한국, EU)~15톤(미국 HHDDE) 이상으로, 300kW~450kW 출력의 배기량 10~16리터 디젤 내연기관이 사용되고 있으며 적재중량은 9t~25t 수준이다.

결국 중소형 승용차나 화물차, 버스 등은 전기나 수소연료전지를 중심으로 전환되고, 초대형화물차나 대형건설기계 등은 이퓨얼이나 바이오연료, 수소 내연기관 사용의 필요성이 제기되고 있으며, 구현도 가능하다.

IEA의 ETP(2020) 보고서에 따르면 2070년 수송분야의 에너지 사용 비중은 전기 33%, 바이오연료 24%, 수소 18%로, 비화석연료가 90% 이상 차지할 것으로 전망하고 있다. 특히 트럭에서는 수소연료전지와 전기 이외에도 합성연료, 바이오연료와 함께 기존 화석연료 사용도 예상한다(그림5.44).

한편, ICCT에서 분석한 자동차분야의 2050 Net Zero 대응 시나리오에서는, 현재의 정책(adopted policies)만으로는 2050년까지 자동차 CO_2 배출량은 오히려 증가할 것으로 보고 있다. 그러나 각국 정부가 제안한 정책과 함께 공식적으로 발표된 EV 목표를 달성하면 자동차 CO_2 배출량은 2030년에 정점을 찍은 후 2050년에는 현재 수준으로 감소할 것으로 전망하고 있다.

2050 Net Zero 시나리오 중 2℃ 이하를 달성하기 위해서는 승용차와 같은 LDV에서 29Gt을 줄여야 하며, 대형화물차와 같은 HDV에서도 추가로 24Gt을 저감하여야 한다. 특히 1.7℃ 또는 1.5℃ 시나리오를 실현하려면 ZEV 확대뿐만 아니라 승객과 화물 이동 감소, 연료 효율 향상, 노후 차량 조기폐차, 중고차 수입제한 등 다양한 정책이 병행되어야 하며, 2050년까지 추가로 62Gt 삭감이 요구된다(그림5.45).

이처럼 탄소중립을 향한 자동차 산업의 전환은 단순히 기술적 변화가 아니라, 정책·인프라·시장 구조의 종합적 대응이 필요하다는 점을 보여준다.

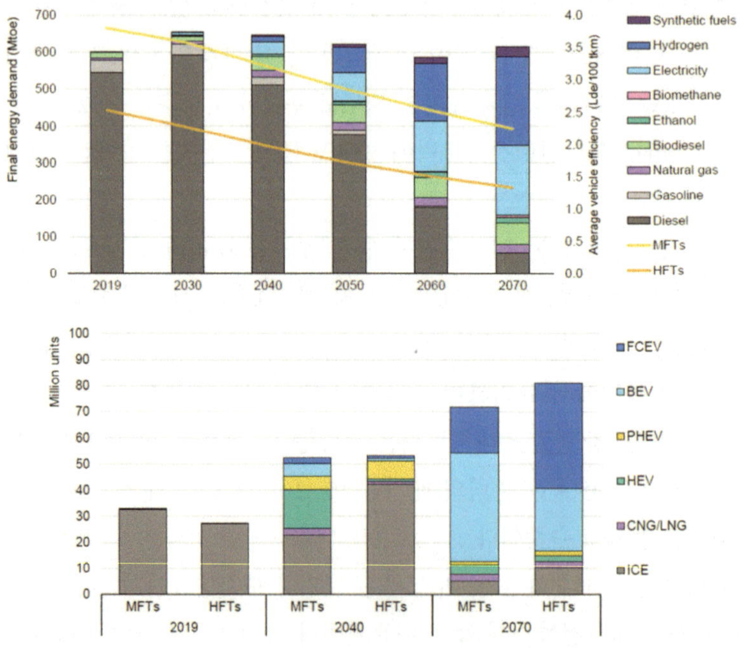

그림 5.44 트럭의 연료별 에너지 수요와 연비(상)와 동력원 시나리오(하)

출처: Energy Technology Perspectives 2020, IEA, 2020.9

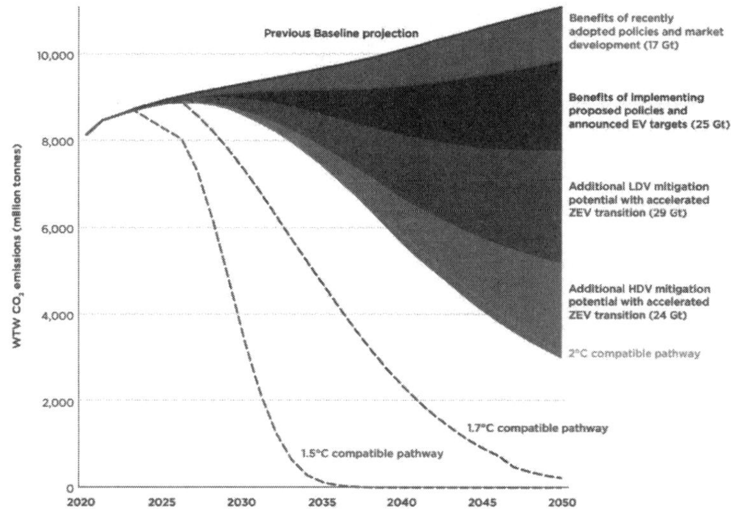

그림 5.45 자동차분야의 2050 Net Zero 대응 시나리오

출처: Vision 2050: Update on the global zero-emission vehicle transition in 2023, Arijit Sen and Josh Miller, ICCT, 2023.9.

자동차분야의 Net Zero 달성을 위해서는 전기차와 수소연료전지차가 미래자동차의 주역이 되겠지만, 그렇다고 전기와 수소연료로만 달성할 수 있을지는 의문이다. 특히 대형 화물차와 선박, 항공기를 포함한 수송분야 온실가스 대책을 위해서는 이퓨얼과 바이오 연료, 수소연료를 사용하는 내연기관이 일정 부분을 담당하게 될 가능성이 크다. 다만 이러한 연료들이 충분히 공급되어야 하며, 무엇보다도 가격 경쟁력 확보가 필수적이다.

내연기관의 연소효율 향상과 전동화 기술의 적용은 계속 추진되어야 하며, 화석연료뿐만 아니라 전기나 수소연료를 사용하더라도 에너지 절약은 중요하다. 대중교통 확대, 자동차 수요관리, 운전경로 및 운전방식의 최적화, 경제 운전 등을 통해 차량 운행대수와 주행거리를 줄여서 에너지 사용량을 줄이는 것도 중요한 대책이다.

전기차와 수소연료전지차, 탄소중립 연료 사용 내연기관자동차 등의 미래자동차 시장이 연료의 발전방향에 따라 끌어가게 될 것인지 아니면 자동차 기술이 연료 시장을 결정할 것인지는 주의 깊게 살펴보아야 할 관점이다.

전기차와 수소연료전지차가 주도할 것으로 예상되던 미래자동차는 이퓨얼과 바이오 연료 등의 탄소중립 연료와 수소내연기관자동차가 혼재하는 시장으로 바뀔 수도 있다(그림5.46).

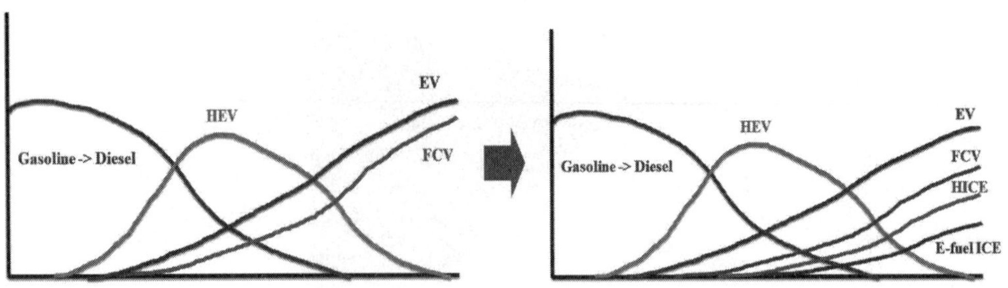

그림 5.46 예상되는 미래자동차 시나리오 변화

(3) 내연기관의 과제

내연기관이 화석연료 대신 탄소중립 연료(이퓨얼, 바이오연료)나 무탄소연료(수소, 암모니아)를 사용하더라도 성능향상은 여전히 중요한 과제이다. 성능향상의 핵심은 전동화, 엔진 열효율, 연료소비율 개선에 있다.

엔진 열효율은 2030년까지 50%, 장기적으로는 60%까지 향상될 수 있을 것으로 전망되며, 이를 달성하기 위해 신연소기술, 연료분사 전략, 제어기술 등이 연구개발되고 있다. 엔진과 차량의 전동화도 빠르게 진행 중이며, 특히 엔진 핵심부품인 연료분사장치, 변속기, 과급기, 밸브기구, 펌프류 등에는 효율적인 전동화와 제어기술 개발이 지속되고 있다.

4.2 이퓨얼(e-fuel, 재생합성연료) 내연기관

(1) 이퓨얼의 특성과 제조방법

이퓨얼은 재생에너지 전기로 생산된 수소와, 공기 중에서 포집한 이산화탄소로부터 만들어진 탄소(C)를 수소와 합성하여 만든 재생합성연료로, 전기기반연료(Electricity Based-Fuel)라고도 한다.

이 연료는 석유를 전혀 사용하지 않지만, 화학적 구성은 휘발유나 경유와 동일해 기존 내연기관 차량에 엔진 개조 없이 그대로 사용할 수 있으며, 기존 주유소 인프라도 그대로 이용할 수 있다.

비행기나 선박, 대형 상업용 엔진은 배터리의 무게와 출력 한계로 전기로 추진이 어렵기 때문에, 에너지 밀도가 높고 온실가스 배출이 없는 이퓨얼이 대안으로 주목받고 있다. EU는 항공기의 배터리 사용이 현실적이지 않다고 보고, 이퓨얼과 바이오대체연료 등 지속가능항공유(SAF; Sustainable Aviation Fuel)의 혼합 의무화를 추진하고 있으며, 대형화물선에서도 암모니아나 수소, 이퓨얼 연료 도입이 진행 중이다.

내연기관이 이퓨얼을 사용하여 연소하면 이산화탄소가 배출되지만, 이는 공기 중에서 포집한 탄소를 다시 사용하여 만들었기 때문에 결과적으로 탄소배출은 영(zero)이 되어 탄소중립 연료(CO_2 recycle fuel)로 평가된다.

전기차와 수소차가 탄소중립 달성을 위한 주요 수단이지만, 이들이 모든 수송분야를 대체하기는 어려워, 일정 기간은 이퓨얼을 사용하는 내연기관도 탄소중립 실현에 기여할 것으로 전망된다

또한 이퓨얼은 자동차뿐만 아니라 비행기, 선박, 난방시스템 등에도 기존 연료공급 인프라를 그대로 활용하여 사용할 수 있다.

간헐성(intermittent power generation)이 큰 문제로 지적받고 있는 재생에너지는 ESS(에너지저장장치)를 사용하여 보완되며, ESS에 저장된 전력으로 물을 전기분해하여 생산된 그린수소에, CCS 기술로 포집된 CO_2나 질소 등을 합성하여 e-가솔린, e-디젤, e-메탄올 등과 같은 탄소중립 연료를 제조한다.

1) 이퓨얼 제조기술

CO_2+H_2 합성가스(Syngas)에서 e-가솔린, e-디젤, e-메탄올, e-항공유 등 이퓨얼 액상연료 제조공정으로는, MTG(Methanol-To-Gasoline) 또는 MTJ(Methanol-To-Jet fuel) 공정과 FT(Fischer-Tropsch) 공정이 있다.

FT 공정은 H_2-CO_2를 이용해서 역수성가스전환(RWGS; Reverse Water-Gas Shift) 반응을 통해 합성가스를 생산하고, FT 공정으로 넓은 탄소 수 범위의 합성석유를 생산한다. 이렇게 생성된 합성물을 고도화-분리처리를 거쳐서 휘발유, 등유, 경유 등의 이퓨얼을 가공한다. CTL(Coal-To-Liquid)이나 GTL(Gas-To-Liquid) 등의 액화연료 제조를 위하여 이미 상용화된 성숙 기술이다. 그러나 원유와 비슷한 다양한 성분을 제조되기 때문에 분리과정이 필요하며 개별연료의 생산 비율이 낮다.

반면 MTG 공정은 CO_2와 H_2를 메탄올로 합성하는 공정(methanol synthesis)과 그린메탄올을 휘발유 등 액상 탄화수소로 전환해 주는 공정(MTG)으로 구성되어 있다. 메탄올 합성공정은 기술 완성도가 매우 높은 기술로서, 주로 천연가스 개질과 함께 구성되어 대량으로 메탄올을 생산하는 공정으로 상업화가 완료되어 있다. 80% 수준의 높은 수율과 기존 휘발유와 동일한 조성을 생산한다. 그러나 단일 조성 이외의 다른 연료 생산이 어려우며 방향족화합물과 같은 유독성 물질이 생성되는 단점이 있다.

2) 이퓨얼의 경제성

이퓨얼의 상용화를 위한 가장 큰 장애요인은 높은 생산가격이다. 이퓨얼 제조의 원료인 수소생산과 CO_2 포집 가격이 높으며, 생산공정에 드는 높은 전력 소모, 낮은 에너지 변환효율 등도 주요 원인이다,

2022년에 포르쉐가 에너지기업 HIF와 칠레공장에서 생산한 이퓨얼의 초기 가격은 리터당 50유로이었으며, 현재는 $10/L 수준이다. 미국 ICCT에서 전망한 2030년의 이퓨얼 가격은 3~4유로/리터이며, 2050년에는 현재의 휘발유 가격 수준에 도달할 수 있을 것으로 기대한다. EU는 1~2유로/리터, 일본은 600엔/리터를 목표로 하고 있어서 상당 기간은 휘발유보다는 비쌀 전망이라서 일부 고급 스포츠카나 하이브리드자동차, 혼합연료 등에 사용을 예상하고 있다.

이퓨얼의 생산원가에 관련된 기술들의 기여도를 보면, 이퓨얼 생산에 소요되는 재생에너지 전기(31%)와 사용되는 수소(31%)를 합하면 62%가 되며, DAC를 이용한 CO_2 포집비용도 19%를 차지한다. 따라서 재생에너지와 수전해, 탄소포집 비용이 이퓨얼 생산 가격을 결정하며, 2050년까지는 이들 가격이 낮아질 것으로 전망되기 때문에 이퓨얼 가격도 함께 떨어질 것으로 기대된다. 배터리와 수소연료의 경제성은 이퓨얼보다는 우위에 있지만 아직은 경제성이 확보되지 않은 상태로서, 2050년까지는 서로 경쟁하면서 탄소중립 역할을 수행할 것으로 전망한다.

태양광이나 풍력으로 전기를 만들고, 이 전기로 수전해 수소를 생산한 다음, 포집된 이산화탄소를 수소와 합성하여 이퓨얼을 제조하는 과정을 고려하면, 전기차, 수소연료전지차, 이퓨얼 내연기관자동차 순으로 효율성이 좋다는 것을 알 수 있다.

그러나 우리나라처럼 신재생에너지 발전이 불리한 나라에서는 합성연료 수입이 유리할 수도 있으며, 전기차 가격이 내연기관자동차보다 비싼 것을 고려하면 이퓨얼 가격이 전기보다 높더라도 경쟁력이 있을 수 있다. 또한 에너지 저장과 수송 측면에서도 이퓨얼이 전기나 수소보다 유리하다.

독일의 민간 싱크 탱크인 아고라 베르케르스벤데에서 발표한 자료에 따르면, 100km 주행에 필요한 이퓨얼 제조에 사용되는 전력은 103kWh로, 전기차 15kWh, 수소연료전지차 31kWh의 3~7배에 달하며, ICCT 분석에서도 재생에너지의 배터리 에너지 전환효율은 72%인 데 반해서 합성연료는 16%에 불과하다고 발표하고 있어서 전기차에 비해 이퓨얼 내연기관자동차가 얼마나 불리한지 알 수 있으며, 합성연료는 지구를 구하지 못한다는 반론도 높다.

또한 이퓨얼 내연기관은 탄소중립이지만 NOx와 PN은 기존 내연기관자동차와 큰

차이 없이 그대로 배출하며, 총비용(TCO)도 전기차보다 40% 이상 높으므로 보급을 허용하면 안 된다는 환경단체의 주장도 있다..

그러나 상당 기간 운행될 것으로 전망되는 하이브리드자동차에 이퓨얼을 사용하면 CO_2 배출을 BEV 수준(LCA 기준)으로 줄일 수 있을 것으로 기대하고 있어서, 이퓨얼은 HEV를 중심으로 보급이 추진될 것으로 예상된다,

(2) 정부와 기업 대응

1) EU 동향

의무사용 재생연료(RDE)에 이퓨얼을 포함하도록 제도를 개선하고, 2035년부터 시행되는 내연기관 판매금지에 이퓨얼 내연기관자동차는 면제하기로 하였다. 이퓨얼 사용은 비행기와 선박이 더 빠를 것으로 전망되며, 항공용 이퓨얼은 지속가능항공유(SAF)의 혼합 의무화에 포함되었다. 자동차에는 이퓨얼이 혼합연료로 사용되다가, 최종적으로는 기존 화석연료 사용은 중단되고 이퓨얼로 대체될 계획이다.

탄소중립 연료는 LCA CO_2 배출에서는 전기차나 수소연료전지차와 경쟁력이 있으며, EU에서는 2025년에 full LCA 시험방법을 제안하고, 2026년부터 LCA CO_2 자체신고제도를 도입할 예정이다.

EU 국가 중에서는 독일이 이퓨얼 도입과 연구개발 지원에 가장 적극적이며 20여개 이상의 PtG, PtL 실증 플랜트를 설치하여 운영 중이다. 독일에서 이퓨얼에 가장 적극적인 회사는 포르쉐(Porsche)이다. 2022년에 e-메탄올 기반의 e-가솔린을 MTG 공정으로 생산하고, HIF Global과 합작회사를 설립하여 2030년에 15만배럴/일 생산 목표를 세웠다(그림5.47좌). HIF는 칠레공장을 필두로, 중국 시범단지 준공, 미국 텍사스와 호주 등에도 공장 설치를 계획하고 있다.

이퓨얼에 가장 먼저 관심을 가진 자동차회사는 아우디(Audi)이다. 2017년에 이퓨얼 개발을 진행하여 60리터 배치(batch)에서 e-벤젠(e-가솔린)을 생산하여 엔진 적용연구를 진행하였다(그림5.47우).

르노그룹은 탄소중립을 위해서 순수전기차 판매와 이퓨얼 엔진기술 확보의 두 방향(two-track) 개발전략을 추진하고 있다. VW의 Climate fuel roadmap에서는 전동화와 합성연료/엔진 개발(HEV와 Mild HEV 적용)을 제시하고 있다.

그림 5.47 포르쉐-HIF 이퓨얼 칠레공장(Haru Oni polit plant, Punta Arenas)(좌)과 아우디 e-가솔린 생산 시범시설(우)

출처: "eFuels pilot plant in Chile officially opened", Porsche newsroom, 2022.12.20.
"Audi advances e-fuels technology: new "e-benzin" fuel being tested", audi- mediacenter, 2018.9.3.

2) 일본 동향

일본은 탄소중립을 위해 2020년 12월에 발표한 그린성장전략에 이퓨얼을 포함하고 기술개발을 지원하고 있으며, 2040년에 상용화와 함께 2050년에 이퓨얼 가격을 휘발유 수준으로 낮추는 목표를 제시하였다. 이퓨얼은 수송과 함께 산업과 가정의 핵심 에너지원으로 도입될 전망이 있다.

신에너지산업기술종합개발기구(NEDO)에서는 이퓨얼 상용화를 위하여 2조원 규모의 그린이노베이션기금(GIF; Green Innovation Fund)을 조성하여 14개 핵심분야를 연구 지원하고 있으며, 여기에 참여하고 있는 자동차내연기관연구회(AICE)는 탄소중립 연료 및 탄소포집기술을 통한 탄소중립엔진 로드맵을 제시하고 있다.

도요타와 닛산, 혼다는 이퓨얼(efuel) 연구 개발에 힘을 쏟고 있으며, 하이브리드자동차에 이퓨얼을 사용하여 LCA CO_2 배출량을 전기자동차 이하 수준으로 낮추는 것을 목표로 하고 있다.

도요타는 HEV 전용 엔진의 초희박연소와 이퓨얼 사용으로 엔진 효율을 48%로 달성하고 향후 50%를 목표로 하고 있으며, LCA 기준으로 CO_2를 BEV 수준으로 낮추는 전략을 제시하고 있다. 도요타에서는 엔진 열효율이 50%에 도달한 하이브리드자동차에 이퓨얼 20% 혼합연료를 사용하면 전기차보다 온실가스 배출이 적다는 결과도 발표하고 있다. 더불어 도요타의 이퓨얼 레이싱카 경주와, 마쓰다의 이퓨얼 차량(MX-5 sports car) 내구시험 등을 수행하고 있다.

3) 국내동향

2021년 10월에 2050 탄소중립 시나리오에 이퓨얼을 포함한 대체연료 활용을 명시하고, 2021년 11월 산업통상부의 탄소중립 산업·에너지 R&D 전략에서는 2030년까지 이퓨얼 적용 기술을 확보하고 차량 적용과 실증 확대 목표를 제시하였다.

제1차수소경세 이행 기본계획(2021.11)에서는 수소차 보급확산 및 수소모빌리티 세계시장 선도 계획을 제시하고, 수소와 온실가스를 원료로 생산하는 탄소중립 연료의 제조 고도화를 추진하고, 전기·수소자동차와 함께 이퓨얼 내연기관의 병행전략을 수립하였다.

탄소중립·녹색성장 국가 전략 및 제1차 국가 기본계획(2023년 4월)에서 내연기관 자동차의 저탄소화 가속을 추진하기로 하고, 이를 위한 방안으로 LCA 기준 도입을 고려한 온실가스와 연비기준 강화와, 이퓨얼 등 저탄소연료를 통한 내연기관 무공해 전환 가속화 유도를 제시하였다. 이에 따라 환경부에서는 대기환경보전법에 LCA 도입 근거를 마련하고 2026년경에 LCA 기준 도입을 준비하고 있다.

현대자동차는 아람코와 KAUST(King Abdullah University of Science and Technology, 사우디아라비아 과학기술대학)와 친환경합성연료와 초희박연소엔진 공동연구(2022년 3월부터)를 추진하고 있으며, 하이브리드차에 적용을 계획하고 있다.

현대중공업은 머스크(Maersk)사의 메탄올 추진 탄소중립 컨테이너선을 건조(2022년)하였으며, 탄소중립 연료를 채용하는 선박이 빠르게 증가하고 있다.

4.3 수소내연기관

EU가 자동차온실가스 배출기준을 LCA 방식으로 전환하겠다는 정책을 발표하면서 수소내연기관(H2ICE)이 새롭게 주목받고 있다. 2019년 3월, 유럽의회(EP)와 유럽위원회(EC)는 자동차와 에너지 생산부터 운행, 폐기, 재활용까지의 CO_2 총배출량을 종합적으로 평가할 수 있도록 당국에 LCA 기준 검토를 요청하였다.

LCA는 자동차 유형(BEV, HEV, FCV, 내연기관자동차)과, 동력장치(배터리, 연료전지, H2ICE), 그리고 에너지원(전기, 수소, 화석연료)의 생산과정에서 발생하는 온실가스를 모두 포함한다. BEV, FCV, H2ICE 자동차는 모두 배기관 온실가스는 제로 수준이며, 재생에너지 전기와 그린수소 생산과정의 온실가스 배출도 큰 차이가 없다. 그러나 전기차 배터리 제조 과정에서 적지 않은 온실가스가 배출되며, 이는 연료전지나, 수소내연기관 제조 시보다 높을 수 있다. 따라서 LCA 기준이 도입되면 전기차뿐만 아니라 탄소중립 연료(이퓨얼, 바이오연료)나 무탄소연료(수소, 암모니아)도 탄소중립 달성에 기여할 수 있을 것으로 기대된다.

탄소중립 실현을 위해서는 수소경제의 활성화가 필수적이지만, 수소연료전지차의 경제성이 아직 충분하지 않아 확산이 더디다. 이에 수소내연기관은 연료전지차가 상용화될 때까지 수소경제를 견인하는 중간기술로서 역할이 기대된다. 수소내연기관은 기존 내연기관 기술과 플랫폼을 활용할 수 있어서 비용이 저렴하며, 100만km 이상의 내구성도 확보되어 있어서 상용화 보급이 용이하다. 또한 연료전지보다 낮은 순도의 수소를 사용할 수 있어서 수소 공급이 유연하며, 수소충전소 설치를 계속하면 연료전지차 기술이 성숙했을 때 자연스럽게 전환될 수가 있다.

수소내연기관자동차가 수소연료전지차 시대를 연결하는 과도기 기술로 머물지, 아니면 연료전지차와 경쟁과 공생의 관계로 발전할지는 사회가 요구하는 배출가스 수준과 경제성에 좌우될 가능성이 크다.

(1) 수소내연기관 기술개발 현황

1) 초창기 연구

수소내연기관 연구는 1806년 스위스의 리바츠(Francois Lsaac de Rivaz)가 수소와 산소 혼합기를 이용한 엔진을 개발하면서 시작되었다. 1920년대에는 영국의 리카르도(Ricardo) 연구소에서 본격적인 연구가 진행되었다.

1970년에 일본 무사시공업대의 후루야마(Furuhama) 교수는 수소 1호 차량을 개발한 이후 액체수소 승용차인 무사시 8호, 냉동차인 무사시 9호 등 지속적인 연구를 이어갔다. 일본 기계연구소에서도 1987년에 연소실 내 수소직접분사방식 엔진을 개발하여 차량에 탑재하여 주행에 성공하였다.

마쓰다(Mazda)자동차는 1991년 수소 방켈엔진(Wankel Engine) HR-X을 개발하고, 2003년 수소·휘발유 겸용 차량 RX-8 Hydrogen RE를 발표하여 세계 최초의 겸용 차량(bi-fuel)을 선보였다.

독일의 BMW도 수소자동차 분야에서는 커다란 공헌을 했다. 1978년에 연구를 시작하여 1979년 휘발유와 액체수소로 작동하는 중형모델인 520을 시험하였으며, 1994년에는 4세대 액화수소 내연기관자동차를 공개하였다. 2000년에는 7시리즈에 수소내연기관을 탑재한 750hL 세단 15대를 운행했으며, 2006년에 하이드로젠7을 수소와 휘발유연료를 전환해서 사용할 수 있는 겸용(bi-fuel) 자동차를 발표하였다. 그러나 하이드로젠7은 연비향상 한계로 상용화에는 이르지 가지 못했으며, 수소내연기관 연구도 중단되었다.

2) 최근동향(2020년 이후)

도요타는 수소연료전지와 수소내연기관자동차를 포함한 수소자동차의 선발기업이며. 특히 승용차용 수소내연기관 분야에서 앞서있다. 2021년 5월 도요타는 덴소가 개발한 인젝터를 장착한 1.6리터 3기통 직분식 터보 수소엔진을 탑재한 코롤라 GR(GR Yaris) 차량으로 후지스피드웨이에서 열린 ORC 루키 레이싱에 참여하였다(그림5.48).

2021년 4월에는 도요타, 이스즈(Isuzu), 히노(Hino) 자동차가 탄소중립사회 구현을 목표로 CJPT(Commercial Japan Partnership Technologies Corporation)를 설립하고 상용차용 수소엔진 기초연구를 시작하였다. 이후에 스즈키(Suzuki)와 다이하쓰(Daihatsu)도 합류하였다. 2022년 5월에는 야마하, 혼다, 가와사키가 소형차용 수소엔진 개발을 위하여 HySE(hydrogen small mobility & engine technology) 기술개발협회를 설립하였다,

대형 상용차용 수소엔진도 2020년을 기점으로 활발하게 개발되고 있다. 화물차 분야에서는 MAN, Volvo, Scania, DAF, Westport 등이, 건설기계 분야에서는 JCB, Kohler, Liebherr, Caterpillar, MAN, Cummins, Perkins 등이, 선박 분야에서는 MAN, CMB, Yamaha 등에서 참여하고 있다.

MAN은 2021년에 프로토타입 수소엔진 시험을 거쳐 2025년에 대형트럭에 탑재할 계획이며, 커민스(Cummins)는 2021년에 배기량 6.7L, 9.9L, 14.5L 수소엔진 개발을 발표하고, 2024년부터 생산을 시작하여 2027년에 확대를 계획하고 있다.

국내에서는 현대두산인프라코아가 300kW, 11리터급 수소엔진(HX12)을 개발해 2024년부터 대형트럭과 버스, 상용차, 굴착기에 적용하고 2025년 양산을 추진 중이다. 이후 발전기, 선박, 철도용으로 확대하고 향후 22리터급 500kW 발전기용 수소엔진 개발도 계획하고 있다.

1세대 수소내연기관은 개조(retrofit) 중심으로 진행되었으며, 2세대는 2025년부터 2030년 사이에 자동차 및 엔진회사를 중심으로 보급이 진행될 전망이다. 2025년부터는 소량 (small series) 생산으로 시작해서 2027~2030년 사이에 대량(full scale) 생산단계로 전환될 것으로 전망된다.

그림 5.48 도요타 코롤라 GR 레이스카(좌)와 탑재된 야마하 5L V8(우)

출처: "토요타, 대체연료 레이스카로 서킷 출격..엔진은 죽지 않는다", 박홍준 기자, 모토그래프, 2022.3.23.

(2) 수소연료 특성

수소연료 특성은 비점이 -253°C로 매우 낮으며 상온에서는 기체 상태이다. 그러나 LPG와 같은 통상의 기체연료와는 물성값에 큰 차이가 있어 기존 엔진의 연료전환기술 개념으로는 개발이 쉽지 않다.

수소연료는 가연 범위가 0.1~7.1로 넓고, 점화 에너지가 0.2mJ로 작으며, 연소속도가 휘발유보다 8배로 매우 빨라서 희박연소가 용이하며 특히 저부하 영역에서는 열효율이 증가한다. 그러나 조기점화(pre-ignition) 가능성이 크며, 고부하 영역에서는 역화(back fire)가 발생하기 쉽다. 또한 연소실 내 유동 증가는 도리어 연소에 역효과를 줄 수도 있어서 연소실 설계에 기존 엔진과는 차별화되는 개념이 필요하다.

질량 대비 발열량은 휘발유에 비해 2.7배 크지만, 상온에서는 가스 상태로 밀도가 낮기 때문에 흡기관분사방식에서는 출력의 저하가 현저하고, 저장용기의 크기와 무게도 문제가 된다.

자발화온도가 585°C로 휘발유보다도 높아 강제 착화방식을 사용하여야 하며, 단열화염온도 및 열전달계수가 커서 냉각손실 및 연소실 벽면 온도를 증가시키며, 따라서 냉각시스템과 열부하에 대한 대책이 필요하다.

윤활유 연소에 의한 미량 배출가스 이외에는 미연탄화수소와 일산화탄소 배출이 없어 공해가 적다. 그러나 단열화염온도가 석유계 연료보다 다소 높아 질소산화물 생성이 증가하고 연소 소음이 발생하기 때문에 이의 대책이 필요하다.

(3) 수소 내연기관의 이슈들

1) 환경성

수소내연기관은 연소 후에 물(H_2O)과 NOx가 배출되며, CO_2 배출은 매우 적은 수준이다.

샌디아랩의 Ales Srna 발표자료에 의하면 CO_2는 0.5~2g/kWh 수준이며, 엔진오일에서 0.6~1.5g/kWh, SCR 촉매에서 0.58g/kWh가 발생한다.

공기과잉률(λ) 1.9 미만에서는 NOx 배출이 디젤엔진보다 많지만, 3.0 이상에서는 10ppm 미만으로 배출된다. WHTC 모드에서 NOx 배출량은 1g/kWh 수준으로 디젤엔진의 1/3 수준이며, 가감속과 같은 천이모드에서 과급기의 응답성 지연에 따라서 주로 배출된다. 수소엔진의 배출가스 온도는 300~550°C로 디젤엔진보다는 변화폭이 적어서 후처리장치 적용에 유리하며, SCR 후처리장치를 적용하면 EURO-7 기준을 충분히 만족할 수 있다. CO와 HC도 윤활유 연소로 일부 배출되며, CO(~0.1g/kWh), HC~0.05~0.1g/kWh 수준이다.

EU에서는 H2ICE의 Zero-impact NOx, CO_2를 ZEV로 인정하는 규제 완화와 혜택 등을 논의 중이다. 우리나라도 H2ICE를 친환경차와 저공해차에 포함하는 논의가 필요하다.

2) 경제성

H2ICE는 기존 엔진기술과 플랫폼을 공유할 수 있어서 단가가 낮고, 귀금속이나 희토류 사용량이 적어서 경제적이며, 연료전지에 비해 낮은 비용으로 개발할 수 있다. 또한 100만km 이상의 내구성이 확보되어 있으며, 개조(retrofit) 적용도 쉽다

독일 수소기술 전문기업인 케유(KEYOU)에서 100만km 운행 거리의 트럭 TCO 분석에서 1km당 경유 0.78유로, 전기차 1.1유로, 수소연료전지 1.4유로인데 반해, H2ICE는 0.82유로로 경유트럭 다음으로 높은 경생력을 가지고 있나.

2030년경에는 H2ICE가 디젤엔진의 TCO보다 낮아질 것으로 예상하며, 장기적으로는 연료전지차와 유사한 수준이 될 것으로 분석한다.

3) 기술성

수소내연기관에서 기술적으로 개선하여야 할 분야는, 이상연소와 질소산화물, 블로바이 수소가스, 응축수, 수소연료의 취성 대응 소재 등이다(그림5.49).

특히 연료공급장치 개발과 이상연소 원인 규명과 대책이 중점적으로 연구·개발되

어 왔다. 초기에는 고부하시의 역화(back fire) 방지가 중요하였으며, 고출력화 구현을 위한 연료공급장치 개발로 진행되었다. 이후에 조기점화(pre-ignition) 등의 이상연소 억제와 질소산화물 저감에 집중하였다.

또한 수소자동차의 실용화에 상당한 장애요인인 액화수소 저장용기 개발도 진행되었다. 액체수소용기를 사용하면 주행거리에서 이점이 크고, 차량 공간 활용에도 유리하지만, 용기 내의 온도를 -253°C로 유지하여야 하고 운송과 충전 시 BOG(Boil Off Gas)를 방지하는 기술이 필요하다.

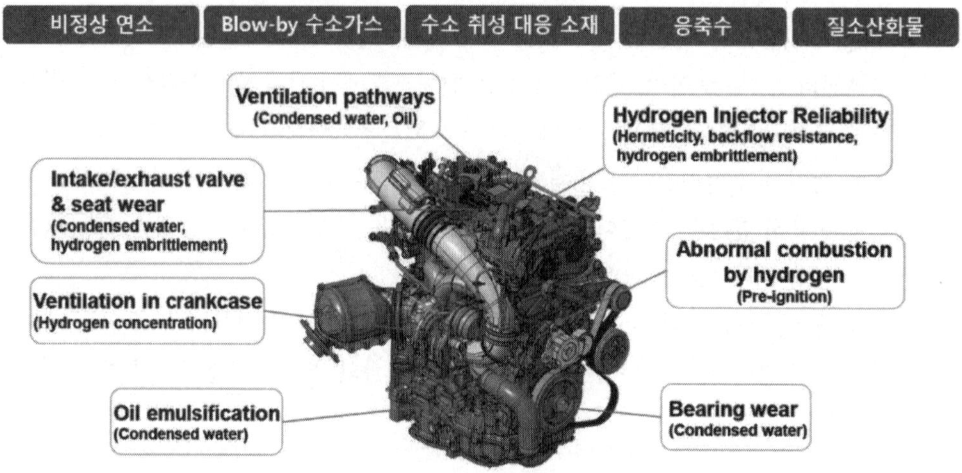

그림 5.49 수소내연기관의 기술적 해결점

출처: "Toyota's hydrogen engine development to contribute to carbon neutrality". 44th International Vienna motor symposium, 2023.4.

수소연료의 엔진공급방식은 가솔린엔진처럼 흡기관내분사식(PFI; Port Fuel Injection)과 연소실 내 직접분사(HDI; Hydrogen Direct Injection)방식으로 나눌 수 있다.

흡기관 내 분사방식은 구조와 장치가 간단하고 15bar 수준의 저압 수소를 분사할 수 있으며, 기존 엔진을 크게 개조하지 않고 사용할 수 있는 장점이 있다. 그러나 수소와 공기가 혼합하여 연소실로 공급되는 예혼합방식이기 때문에 체적효율이 저하하여 출력이 가솔린엔진에 비해 30%까지 감소하는 단점이 있다. 또한 흡기관 내에 항상 가연수소 혼합기가 잔류하고 있어서 특히 고부하시 역화의 가능성이 높다.

연료 특성상 농후한 혼합기가 사용되는 고부하영역에서는 쉽게 조기착화가 일어나고, 또한 연소속도가 빨라서 흡기밸브를 통해 화염이 흡기관 내로 전파하여 흡기관 내의 연료흡합기가 연소하는 역화 현상이 발생할 가능성이 높다.

연소실 내 직접분사방식은 공기가 연소실 내에 흡입되고 흡기밸브가 닫힌 후에 수소연료를 연소실 내에 직접분사하기 때문에 흡기관내 분사방식의 단점인 체적효율 저하와 역화 문제는 방지할 수 있다. 그러나 인젝터를 연소실에 설치하기 위해서는 연소실 헤드의 재설계가 필요하며, 짧은 시간에 정확한 양의 연료공급을 위한 제어장치가 필요하다. 또한 공급하는 수소연료의 압력이 300bar 정도로 상당히 높기 때문에 누설과 작동 확실성 등이 요구되며, 따라서 연료공급장치의 구조가 복잡해진다.

연료분사 시기와 분사기간은 솔레노이드를 이용하여 제어하며 솔레노이드밸브의 응답속도가 매우 중요하다. 수소연료의 윤활성이 낮으므로, 분사장치의 섭동부에 윤활유를 공급하는 장치를 설치하거나, LPG처럼 수소연료에 윤활제용 첨가제를 추가하는 방안이 필요하다. 또한 100만km 이상의 내구성을 갖는 연료분사장치 개발도 필수적이다.

연료분사장치 이외에도, 과급기, 점화장치, 후처리장치, EGR, 크랭크케이스 환기 시스템과 센서류 등의 개발도 필요하다.

파워트레인 효율은 전기차가 70%, 수소연료전지 45%이지만, H2ICE는 40% 수준으로써 향상이 요구된다. 같은 수소연료를 사용하는 연료전지와는 고부하 운전에서는 대등한 효율이지만 저부하에서는 효율이 낮아서 연비도 나쁘다(그림5.50). 반면 연료전지 수소는 99.97% 고순도 수소가 필요하지만, H2ICE는 97~98% 순도 사용이 가능하여 연료 가격이 싼 이점이 있다.

따라서 수소연료전지와의 효율과 연비, 연료 가격과 같은 경쟁 측면보다는, H2ICE 적용을 확대하여 수소연료 수요를 늘려서 수소생산 단가를 낮추고 수송부문의 탄소중립에 기여하면서 연료전지차가 경제성과 기술성이 준비될 때 시장에 원활하게 진입할 수 있도록 하는, 협력과 공생 전략이 바람직하다.

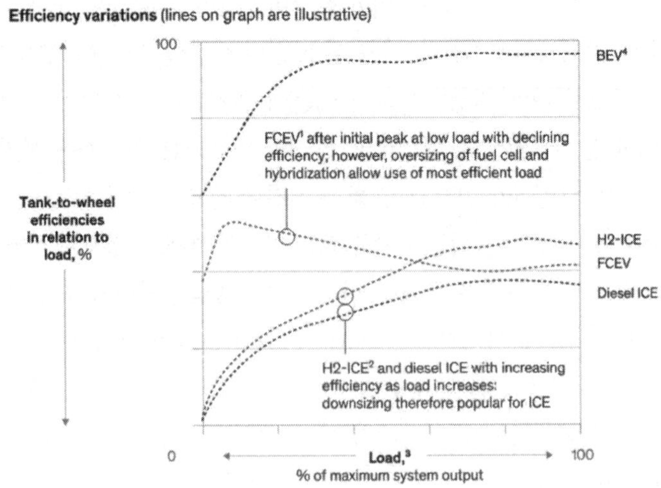

그림 5.50 부하에 따르는 동력원들의 효율비교

출처: "How hydrogen combustion engined can contribute to zero emissions", Bernd Heid, McKinsey, 2021.6.25.

130년 넘게 자동차 시장에서 번영을 구가하던 내연기관자동차는 지구온난화 방지를 위한 탄소중립(Net Zero)의 흐름 속에서 전기차의 거센 도전을 받으면서 퇴출 위기에 직면해 있다.

그러나 전기차만이 탄소중립을 위한 유일한 길로 여겨서는 안 된다는 반론이 설득력을 얻기 시작하면서 화석연료를 대신해 탄소중립 연료(이퓨얼, 바이오연료)와 무탄소 연료(수소, 암모니아)를 사용한다면 내연기관의 회생 가능성의 희망이 보인다.

전기차와 수소연료전지차가 미래자동차 시장의 주역으로 자리할 것은 분명하지만, 이퓨얼이나 수소연료를 사용하는 내연기관 역시 탄소중립 실현에 기여하며 상당 기간 공존할 가능성이 높다는 전망이 제시되고 있다.

참고문헌

1장. 내연기관자동차 시대의 전개

1절. 내연기관의 발명

1. "Otto, Nikolaus August(1832~1891)", Macmillan Encyclopedia of Energy, The Gale Group Inc. 2001.
2. An American internal combustion otto engine.jpg.
3. Image from page 9 of "Scientific American Volume 65 Number 20 (November 1891)".
4. "Otto engine", "Diesel engine", Wikipedia, the free encyclopedia.
5. "Nikolaus Otto", Wikipedia, the free encyclopedia.
6. "Discovering the motorcycle", Armand Ensanian, Equus Potentia Publishing.
7. "Flame ignition basics", "Hot tube engine basics", Andrew K. Mackey, Gas engine magazine, 2014.10.
8. "History of the Otto-Langen engine", Wayne Grenning, Gas engine magazine, 1991.2.
9. "Otto-Langen atmospheric engine", William Pearce, Old Machine Press.
10. "Otto's Four-Stroke Cycle", Oskar Leufven, Linkoping University, Sweden, 2011.5.
11. "Paul Harvey, owner of this engine and Co-Founder of the Coolspring Power Museum, stands next to the completed 175hp Otto engine".
12. "Rudolf Diesel", The Goodheart-Willcox Co. Inc.
13. "Diesel Engine: patent(February 23, 1893)", German history intersections. 2023.11.30.
14. "Early history of the diesel engine", Hannu Jaaskelainen, Dieselnet Technology Guide.
15. "4행정 내연기관의 개발자 니콜라스 오토", 디시인사이드, 2011.5.18.
16. "디젤, 엔진으로 이름을 남기다", 김희연, Culture/문화로 배우다, 2015.2.12.
17. "디젤 이야기 #1 불운한 선구자 루돌프 디젤", 세상 속 에너지의, 2013.10.28.

2절. 내연기관자동차의 탄생

18. Benz Patent Motor Car NO.1, 1886: the birth of the automobile, Mercedes-Benz.
19. "Who invented the car", Mary Belis, Thought Co. 2016.7.1.
20. "Karl Benz", "Benz Patent-Motorwage", Wikipedia. www.google.com
21. "Carl Benz's single cylinder engine", Janne, Speed Doctor, 2013.4.15.
22. "Bertha Benz(1849~1944)", 2015.5.25. www.fanmercedesbenz.com/bertha-benz-1849-1944
23. "Museum & history", www.mercedes-benz.com.
24. "자동차 탄생에 숨은 '벤츠' 부부의 비화", KISTI의 과학향기 칼럼.

25. “Company history beginnings of the automobile: the predecessor companies(1886~1920)”, Daimler AG.
26. “The engine that Benz built still survives”, Bob English, The globe and mail, 2018.5.1.
27. “Why the Box Engine?”, Subaru.
28. “Gottlieb Daimler”, New World Encyclopedia, Wikipedia, the free encyclopedia.
29. “Biography of Gottlieb Daimler”, Mary Bellis, Thought Co., 2017.9.7.
30. “Wilhelm Maybach'3 35hp engine(1900)”, Janne, 2013.10.30., speeddoctor.net.
31. “고틀리에프 다임러 1834~1900”, Carlab, 2014.8.19.
32. “Company history beginnings of the automobile: the predecessor companies(1886~1920)”, Daimler AG.
33. “The Mercedes 35HP - The first of a superior breed”, Giancarlo Perlas, 2014.4.2, benzinsider.com.
34. “Mercedes-Benz diesel truck may come to America”, Mercedes-Benz of Scottsdale.
35. “February 1936: The diesel engine celebrates its premiere in the passenger car“, Boris R. Golub, 2011.1.17.
36. “1937 Mercedes Benz 260D W138 - An era begins”, Bill Senefsky, Truck trend, 2007.9.11.
37. “The history behind the Mercedes-Benz brand”, www.Daimler.com
38. “The history of the internal combustion engine”, Sorin Ratiu, University of Timisaora, 2003.

3절. 내연기관 탄생 이전의 동력기관

39. “The gas engine. continued”, Science American.
40. “Gunpowder: An explosive history”, Clive Ponting, Random house ebooks.
41. “An Encyclopedia of human thermodynamics, human chemistry, and human physics”, www.eoht.info.
42. “Stationary gas engine: Lenoir Engine, 1861”, Deutsches Museum.
43. “Etienne Lenoir, Belgian inventor”, Encyclopaedia Britannica.
44. “Otto-Langen Atmospheric Engine”, William Pearce, Old Machine press.
45. “자동차 역사를 바꾼 신기술”, 오토코리아 안정환, KAMA Web Journal Vol. 348, 2018.
46. “인문학으로 보는 자동차 이야기”, 인디라이터 연구소 대표 명로진, KAMA Web Journal Vol. 331, 2016.
47. 과학기술 발전의 발자취, 박준우, 자유아카데미, 2009.
48. “산업혁명의 기원과 전개(과학기술 발전의 발자취)”, 자유아카데미, 2009.12.31.
49. “영국 산업혁명의 재조명, 김종형, 서울대출판부. 2006.3.
50. “영국의 산업혁명 - 과학과 기술의 역할”, 은하수, 2012.7.2. http://blog.naver.com/PostView.nhn?blogId=kbs4547&logNo=20161149592
51. “산업혁명은 왜 영국에서 시작되었는가?”, 최상용, 2019.1.16.
52. “국부가 중요하다 - 중상주의, 경제학 주요개념”, 김철환, 2011.4.13.
53. “국제무역이론- 애덤 스미스, 중상주의를 비판하며 자유무역 사상을 내놓다”, 주현, 2018.7.25. www.joohyeon.com.
54. “The industrial revolution”, Oxford big ideas humanities 9 victorian curriculum.
55. “[그때 오늘], 산업혁명 선두주자 영국이 독일에 뒤처진 이유”, 박상익, 중앙일보, 2009.9.10.

56. “Economic history of Germany”, Wikipedia, the free of encyclopedia.
57. “History of The Industrial Revolution”, Mamta Aggarwal.
58. “근대 엔지니어의 탄생”, 문지영, 이정희, 송충기.
59. “Second industrial revolution: The technological revolution”, Richmond Vale, 2016.7.21. https://richmondvale.org/en/blog/second-industrial-revolution-the-technological-revolution
60. “Newcomen atmospheric engine”, Wikipedia, the free encyclopedia.
61. “증기기관 터 닦은 불운의 선구자들”, 최성우의 데자뷔, 사이언스타임즈, 2016.02.19.
62. “증기기관의 탄생-제임스 와트의 증기기관이 발명되기까지”, myxpress, blog/naver, 2017. 9. 20.
63. “제임스 와트 - 새로운 증기기관을 발명한 스코틀랜드의 기술자”, 표정훈, 2010.04.23.
64. “Brief History of the Steam Engine”, Carl Lira.
65. “A 21st Century Vision of Steam Traction- How the Steam Engine of the Locomotive Works”, Muhammad Fadhli Mustaffa & Ahmad Lutfi Mohayiddin.
66. “Boulton and Watt Rotative Beam Engine”, Science Museum Group Collection © The Board of Trustees of the Science MuseumA.
67. “Heat-to-work GEOS 24705/ ENST 24705”, E. Moyer 2010.
68. “자동차 역사에서 증기차는 왜 사라졌을까?”, 스케치북다이어리. http://humandrama.tistory.com/838
69. “History of steam road vehicles”, Wikipedia, the free encyclopedia.
70. “Steam car”, Wikipedia, the free encyclopedia.
71. Joseph Cugnot's 1770 Fardier à Vapeur, Musée des arts et métiers, Paris.
72. “세계 최초의 자동차, 최고시속 4km 증기차”, 진희정 기자, 오토타임즈, 2005.9.16.
73. “1802 Trevithick Steam Carriage”, Tom Brogden Macclesfield, The steam car club of great Britain, 2003. 04.02.
74. “Richard Trevithick”, Wikipedia, the free encyclopedia.
75. “Locomotive Acts”, Wikipedia, the free encyclopedia.
76. “This day in automotive history - July 5th 1865: Red Flag Act Enacted in 0ritain”, Posted on July 5, 2015 by AutoJumble in News & Stories. http://autojumble.world/this-day-in-automotive-history-july-5th-july-5th-1865-red-flag-act-enacted-in-britain/
77. “Locomotives Act 1865”, Project Gutenberg Sele-publishing Press. http://www.gutenberg.us/articles/locomotives_act_1865
78. “Amédée Bollée - La Mancelle (1878~1881)”, 20 janvier 2016Historiquesalexrenault.
79. Hemmings Daily. https://www.hemmings.com/blog/2011/09/16
80. Stanley steam car engine.jpg, Scans from 'The Book of the Motor Car', Rankin Kennedy C.E., 1912 Wikipedia. (Stanley steam car engine, showing two high pressure cylinders and chain transmission)
81. 1924 Doble Model E at Henry Ford Museum.jpg, Wikipedia.
82. “자동차 역사의 첫걸음을 함께 하다. - 증기자동차 이야기”, CAR/정보, 사용자 서이 2018.6.4. https://car-info119.tistory.com/10

83. "The history of the electric car", Department of Energy, 2014.9.15.
84. "History of the electric vehicles", Wikipedia the free encyclopedia.
85. "Electric vehicle history", Electric Auto Association.
86. "What is the history of electric cars?", John Fuller.
87. "Electric car evolution", Zachary Shahan, 2015.4.26. https://cleantechnica.com/2015/04/26/electric-car-history/
88. "전기자동차의 역사". https://historii.tistory.com/4 [Into the History].
89. "History and Timeline of the Battery", Mary Bellis, 2019.5.25. https://www.thoughtco.com/battery-timeline-1991340
90. "The invention of the electric motor 1800-1854", Prof. Martin Doppelbaue, KIT, 2018.1.8. https://www.eti.kit.edu/english/1390.php
91. "Sibrandus Stratingh (1785~1841)", Museum of University of Groningen. 2019.5.12. https://www.rug.nl/university-museum/history/prominent-professors/sibrandus-stratingh?lang=en
92. "Hybrid Vehicle History More than a Century of Evolution and Refinement", hybrid vehicle.org. http://www.hybrid-vehicle.org/hybrid-vehicle-history.html
93. "La Jamais Contente", Wikipedia, the free encyclopedia. https://en.wikipedia.org/wiki/La_Jamais_Contente
94. "38% of American cars were electric in 1900", Jake Richardson, 2018.2.25. https://cleantechnica.com/2018/02/25/38-percent-american-cars-electric-1900/
95. "Why you have (probably) already bought last car", Justin Rowlatt, BBC News, 2018.10.10.

2장. 내연기관자동차 번영의 시대

1절. 내연기관자동차 발전과 번영

1. "Diesel the true dirty story", T&E, 2017.9.
2. "Global Emissions", Center for Climate and Energy Solutions(C2ES), 2017. https://www.c2es.org/content/international-emissions

2절. 엔진기술 발전

3. Engines of change: A history of the American dream in fifteen cars(엔진의 시대), Paul Ingrassia(정병선 옮김), (주)사이언스북스, 2015.12.31.
4. "헨리 포드 150주년을 통해 본 제조업에 관한 몇 가지 단상", 채영석, 글로벌오토뉴스, 2013.8.3.
5. "인물 아메리카, 자동차 왕 헨리 포드(1)", 노시창, 2017.7.28. https://www.voakorea.com/a/3961480.html
6. "헨리 포드 혁신으로 거부가 될 수 있음을 보여준 경영학의 교과서", 채인택, 중앙일보, 2016.6.19.
7. "고객을 발명한 사람, 헨리 포드", 헨리 포드, 공병호, 송은주 역 21세기북스, 2006.5.

8. "Henry Ford 10 Facts About The American Industrialist", Learnodo Newtonic, 2019.4.24. https://learnodo-newtonic.com/henry-ford-facts
9. "Ford Model T", Wikipedia, the free encyclopedia.
10. "Model T", Encyclopadia Britannica, 2020.5.29.
https://www.britannica.com/technology/Model-T
11. "Henry Ford: Father of mass production", weebly.com.
12. "Ford and the automotive revolution".
https://www.britannica.com/technology/automobile/Ford-and-the-automotive-revolution
13. "Historic Engines - The Ford Model T", Jeff Zurschmeide, Enginelabs, 2017.1.12.
14. "Ford, Edison and the Cheap EV That Almost Was", Daniel Strohl, Hemmings, 2010.6.18.
https://www.wired.com/2010/06/henry-ford-thomas-edison-ev/
15. "In 1912 Henry Ford & Edison came together to conceive a low-priced electric car", Goran Blazeski, Oct 18, 2016.
https://www.thevintagenews.com/2016/10/18/in-1912-henry-ford-edison-came-together-to-conceive-a-low-priced-electric-car/
16. "How Henry Ford And Thomas Edison Killed The Electric Car", Daniel Strohl, 2010.1.16.
https://jalopnik.com/how-henry-ford-and-thomas-edison-killed-the-electric-ca-5564999
17. "Historic Engines - The Ford Model T", Jeff Zurschmeide, Enginelabs, 2017.1.12.
18. "Fact Check: Henry Ford didn't design the Model T as a multi-fuel vehicle", Daniel Strohl, Hemmings, 2017.4.23.
19. Straight-four engine, Wikipedia.
https://en.wikipedia.org/wiki/Straight-four_engine
20. "Engine's history - first V engine", Simona, topspeed, 2006.7.29.
https://www.topspeed.com/cars/engine-s-history-ar11139.html
21. "플라이휠 - 엔진의 회전을 부드럽게", 휠라이프, 2017.6.1.
https://m.post.naver.com/viewer/postView.nhn?volumeNo=7950889&memberNo=32594659
22. "밸런스샤프트", 기술인@디지털@, 2020.6.29. https://car-license.tistory.com/279
23. "Duesenberg Straight-8 engine", Wikipedia the free encyclopedia.
https://en.wikipedia.org/wiki/Duesenberg_Straight-8_engine
24. "Lanchester - "mass balancer", 2018.3.25.
https://kingsleysp.wordpress.com/2018/03/25/lanchester-mass-balancer/
25. "Speedway motors museum of American speed".
https://www.museumofamericanspeed.com/alfaromeotwincam.html
26. "L6와 V6의 특징과 장단점", danawa, 2017.2.7.
http://dpg.danawa.com/news/view?boardSeq=66&listSeq=3331577&past
27. "직렬, V형, W형 엔진, 도대체 무엇이 다르고 어떤 장점을 지니고 있을까?", 착한아저씨, 2010.12.18.
http://cafe.daum.net/dieseldoctor

28. "Under the skin: Why the straight-six engine is on the way back", Jess Cross, 2020.9.28.
https://www.autocar.co.uk/car-news/technology/under-skin-why-straight-six-engine-way-back
29. "Goobye Leaninf Tower of Power: The Slant 6 Chrysler of 1983", Tom Appel, 2017.3.
30. Alibaba.com, ls1tech.com, ebay.com.au.
31. "Duesenberg Straight-8 engine", Wikipedia the free encyclopedia.
https://en.wikipedia.org/wiki/Duesenberg_Straight-8_engine
32. "Lancia V4 engine", Lancia Lambda" Wikipedia the free encyclopedia.
33. "Engineering hall of fame: The Volkswagen "W" engine and the Bugatti W16", Cadenas PARTsolutions.
https://partsolutions.com/engineering-hall-of-fame-the-volkswagen-w-engine-and-the-bugatti-w16/
34. "W16 engine", Wikipedia, the free encyclopedia.
35. "역사로 보는 디젤. 친환경 사기에 거짓말처럼 사라진 환경오염", 카가이 취재팀, 2016.11.15.
http://www.carguy.kr/news/articleView.html?idxno=5358
36. "Debut of diesel engines in tractor and trucks", Daimler Global Media.
37. "Under pressure: The life and death of Rudolf Diesel", Ryan Lee Price, Department Diesel Engines, 2017.10.25.
https://www.dieselworldmag.com/wp-content/uploads/2016/09/sm220_retina-1.png
38. "A brief history of fuel injection - past, present & future".
http://www.gill.at/history.html
39. "Mercedes-Benz OM138", Wikipedia, the free encyclopedia.
40. "파워트레인의 미래-11. 터보차저, 직접분사방식의 진화와 과제", 채영석, 글로벌오토뉴스, 2017.9.3.
41. "History of Turbocharging", Trubosmart.com, 2011.9.19.
https://www.turbosmart.com/news/history-of-turbocharging/
42. "Old Advertising VII-Buchi Turbocharging", Vintage Diesel Design, 2019.10.20.
https://vintagedieseldesign.wordpress.com/2019/10/20/old-advertising-vii-buchi-turbocharging/
43. "자동차 엔진의 대세, 터보 엔진의 과거와 현재", 현대기아차, 2019.6.25.
https://news.hmgjournal.com/Tech/현대기아차-터보엔진-발전-기술
44. "국내 터보차저 기술개발 동향", 한국기계연구원 최영 박사, Auto Journal, KSAE, 2013.12.
45. "Garret announces two-stage VNT boosting systems on a 6 cylinder diesel engine", Dieselnet, 2021.5.12.
46. 자동차용 인터쿨러 기술동향 및 전망, 최성배 등, ASTI 기술보고서, 한국과학기술정보연구원, 2014.11.
47. "터보랙 Zero에 도전, 일렉트릭 터보", 김선웅 기자, 오토뷰, 2014.6.30.
48. Diesel Engines, Hannu Jaaskelainen, Magdi K. Khair, Dieselnet.
https://dieselnet.com/tech/diesel_engines.php
49. "전쟁이 만든 자동차, 자동차가 만든 미국", 채영석, 글로벌오토뉴스, 2016.12.14.
50. "엔진의 역사, 전쟁과 가솔린엔진의 종말", 김한용 기자, 탑라이더, 2012.7.18.
51. "자동차대백과, 전쟁과 자동차", 안광홍 기자, 디지털뉴스팀, 2011.7.1.

52. "Historic engines - The venerable VW air-cooled four cylinder engine", Jeff Zurschmeide, Engine Labs, 2017.6.20.
53. "비틀의 탄생부터 작별 인사까지", 이기범, 오토모빌메거진, 2019.8.29.
54. "자동차 엔진은 왜 수랭식만 있을까?", 박병하, 모토야, 2020.8.31.
55. "Volkswagen Beetle", Wikipedia, the free encyclopedia.
56. "70년 역사를 자랑하는 크라이슬러 지프 Jeep", 신규섭 기자, 매거진한경, 2012.2.14.
57. "Jeep", Wikipedia, the free encyclopedia.
58. "Jeep History in the 1940s". https://www.jeep.com/history/1940s.html
59. "Engine - Go Devil L-134". http://www.42fordgpw.com/engine-go-devil-l-134
60. "V8 엔진의 다양한 이야기", CARLIFE, 2016.11.17.
61. "미국차 황금시대, 소비자운동으로 제동", 채영석, 글로멀오토뉴스, 2016.12.16.
62. "미국의 자동차 이야기", 박지훈(월간 자동차생활), 현대모비스 사보, 2017.2.
63. "The history of Ford's iconic flathead engine", Ashley Webb, The motorhood, 2015.9.23. https://themotorhood.com/themotorhood/2015/9/22/the-history-of-fords-iconic-flathead-engine
64. "Honda CVCC history", Honda Roots, 2014,11,17.
65. "Introducing the CVCC/1972". https://global.honda/heritage/episodes/1972introducingthecvcc.html
66. "We make it simple: How Honda outsmarted catalytic converters", Design News, 2020.4.22.
67. "Run away screaming: 1985 Honda CVCC vacuum hose routing diagram", Murilee Martin, 2015.1.7. https://www.autoweek.com/car-life/but-wait-theres-more/a1860746/run-away-screaming-1985-honda-cvcc-vacuum-hose-routing-diagram/
68. "혁명적인 기술 개발로 승부하는 엔진의 혼다", 채영석, 글로벌오토뉴스, 2008.2.1.
69. "The VTEC Engine /1989". https://global.honda/heritage/episodes/1989vtecengine.html
70. "VTEC", Wikipedia, the free encyclopedia.
71. "The 3-way catalytic converter", John J. Moor, CARB Seminar, 2007.10.
72. "Carburetor vs fuel injection", Alison Smith, CJ Pony Parts, 2020.10.7. https://www.cjponyparts.com/resources/carburetor-vs-fuel-injection
73. "GDI 엔진이란?", umiksang, 2017. https://steemit.com/kr/@umiksang/gdi-gdi-gdi-engine-knocking-and-problems
74. "Top automotive innovations: History of fuel injection", S.M.Darby, bestride.com, 2014.
75. "Injection system: Components, types and working principles", Ingenieria Y mechanica Automotriz, 2019.7.6.
76. "Bosch automotive a production history, Journal of Bosch history supplement 2", Dietrich Kuhlgatz.
77. "Bosch fuel injection systems", Forbes Aird, HP Books, 2001.
78. Gasoline fuel-injection system, L-jetronic, Bosch technical instruction, 1995.
79. "1958 Chrysler-Desoto Elctrojector - World's first electronic fuel injection", George Matter, Allpar.com, 2017.5.7.

80. "Motronic System", autokyw 블로그, 2009. 3. 4.
https://m.blog.naver.com/PostView.naver?isHttpsRedirect=true&blogId=autokyw&logNo=70043309650
81. "What is motronic system?", Avtotachki.com, 2020. 5. 26.
https://avtotachki.com/ko/chto-takoe-sistema-motronic/
82. "Directorate of employment & training", Gujarat State.
https://www.slideshare.net/vivekkachhadiya/mpfi-system
83. "Mono Injector". https://autoditex.com/page/mono-injector-54-1.html
84. A brief history of fuel injection topics of interest, Fuel injection - Past, present & future". http://www.gill.at/history.html
85. "Advanced engine performance diagnosis, Fourth Edition", James D. Halderman, Pearson Higher Educatiob. Inc., 2009.
86. "How to replace fuel injectors", fuelpumpu.com, 2018. 9. 10.
87. "Digifant !, Digifant II Pro Training", VW.
88. "Pump-Line-Nozzle injection system", DieselNet Technology Guide, dieselnet.com.
89. "Diesel fuel supply system - in line pump", Yistong auto parts.
90. "Unit injector & unit pump systems", DieselNet Technology Guide, dieselnet.com.
91. "2-Stroke, Detroit Diesel Engines", yellowbullet,com, 2018. 4. 27.
92. "자동차와 환경", 정용일 외, 숭실대학교 출판부, 2010. 10.
93. "20 years of common rail for diesel: Alfa Romeo was the first", Alexander Falchenko, Avtotachki, 2020. 8. 30.
94. "Gasoline direct fuel injection systems", Gary Goms, 2012. 1. 18.
https://www.counterman.com/a-brief-history-of-gasoline-direct-fuel-injection-systems/
95. "직접분사 방식! GDI 엔진은 무엇인가?", Kixxman, 2017. 3. 6.
96. "Mitsubishi 4G9 engine", Wikipedia, the free encyclopedia.
97. "Gasoline direct injection", Wikipedia, the free encyclopedia.
98. Fuel trim data: A powerful diagnostic tool, Bob Pattengale, Motor, 2016. 7.
99. "Maximizing GDI system efficiency", Dieter Lorentz, Bosch Automotive Training, 2011. 10. 20.
100. "Gasoline direct injection system automobiles", Osama Khayal, Nile valley university, ResearchGate, 2019. 7.
101. "Volkswagen TSI Engines Explained", Mihnea Radu, 2013. 5. 26.
https://www.autoevolution.com/news/volkswagen-tsi-engines-explained-60143.html
102. "Toyota direct injection? Port injection? Why not both?", Andrew Markel", 2020. 3. 31.
https://www.import-car.com/toyota-direct-injection-port-injection-why-not-both/
103. "Audi using supplementary port fuel injection to address particulates from gasoline direct injection", 2014. 1.
https://www.greencarcongress.com/2014/01/2014014-audi.html

104. "Explained: Why some engines have both port and direct injection", Don Sherman, 2017.5.2. https://www.caranddriver.com/news/a15342328/explained-why-some-engines-have-both-port-and-direct-injection/
105. "로타리엔진의 시작과 끝 - 변성용의 사라진 차 이야기(1부-6부)", 오토엔뉴스, 2018.9.18.
106. "Rotary engine evolution: From its Nazi inventor to how it works", David Pratte, Motor Trend, 2023.4.1.
107. "NSU R0 80, the car with a rotary engine that was ahead of its time", Ivan Vicario Martin, Escuderia.
108. "History of the rotary engine: past, present and future', Jim Prueter, ebat motors, 2023.8.7.
109. "반켈엔진", 나무위키, 2024.4.9.
110. "Alternative combustion engines", Hannu Jaaskelainen, Dieselnet, 2024.
111. "Rotary vs Piston", DSPORT Magazine, 2019.8.1.
112. "Mazda Cosmo - History of the rotary engine pioneer", Brendon Udy, DeAgostini, 2020.12.
113. "The success of the rotary engine: The Mazda RX-7", Kris Cox, CoxMazda, 2012.12.8.
114. "Here it is: the return of the rotary engine, now in the Mazda MX-30", Greg Potts, Top Gear, 2023.1.13.
115. "독일이 버린 로스트 테크놀로지의 부활, 마쓰다 MX-30 e-SKYACTIVE R-EV", 유일한 기자, 모터매가진, 2023.10.4.
116. "반켈로타리엔진과 자동차", 한국기계연구원 오승묵 박사, KSAE Auto Journal, 2021.3.
117. "HCCI: New life for the ICE", Bob Chabot, 2018.7. https://www.motor.com/magazine-summary/hcci-new-life-ice-july-2018/
118. "Homogeneous Charge Compression Ignition (HCCI) Combustion Engine - A Review", Pravin Kumar, A. Rehman, IOSR-JMCE, 2014.11.
119. "Engine combustion and fuel properties", MarttiLarmi, Aalto University, 2015.9.
120. "Mazda's innovative Skyactive-X earns Popular science's best of what's new", Inside Mazda. https:insidemazda.mazdausa.com/the-mazda-way/technology/skyactive-x-earns-popular-sciences-best-whats-new/
121. "Low temperature combustion", Dieselnet Technology Guide.
122. "The EPA's charts on efficiency, performance, weight and other metrics, 1975~2016 - peak malaise was obviously in 1982", Paul Nied Ermeyer, Curbsideclassic, 2022.11.7.
123. "A fuel efficiency horizon for US automobiles", John DeCicco, The Energy Foundation, 2010.9.
124. "FOTW# 1177, March 15, 2021: Preliminary data show average fuel economy of new light duty vehicles reached a record high of 25.7 MPG in 2020", 2020 EPA Automotive Trends Report, 2021.3.15.
125. "What are diesel emissions", Addy Majewski, Dieselnet, 2024.

3절. 자동차 디자인 발전

126. "산업디자인의 꽃, 자동차 디자인 part1", 구상 국민대 교수, 현대모비스 사보, 2018.8.20.
127. "효율을 넘어 문화를 담다, 자동차 디자인 part2", 구상 국민대 교수, 현대모비스 사보, 2019.8.28.

128. "자동차 디자인에도 역사가 있다", 권용주 기자, 오토타임즈, 2011.11.9.
129. "미국 드림카의 아버지 할리얼", 전희정 기자, 오토타임즈, 2005.10.18.
130. "할리얼, 역사상 가장 큰 권력을 누린 자동차 디자이너", 김신, 디자인프레스, 2018.7.14.
131. Mac's Motor city garage.
https://www.macsmotorcitygarage.com/tail-fins-in-full-zenith-cadillac-for-1959/
132. "자동차 공기역학은 왜 중요할까?", 김윤경 에디터, 오토모빌매거진, 2020.6.17.
133. "Analysis of driving dynamics considering driving resistances in on road driving", Jingeun Song et al., Energies vol 14, 2021.6.9.
134. "History of the drag coefficients in cars", Muhammad Haseeb Javed, Pakwheels, 2016.10.3.
135. "자동차 디자인에서 공기역학의 연대기적 고찰", 차주천 홍익대학교, KSAE Auto Journal, 2013.6.
136. "Rumpler Tropfenwagen - Science-fiction in Stromlinienform", Classic trade magazine.
https://www.classic-trader.com/de/magazin/rumpler-tropfenwagen-science-fiction-in-stromlinienform
137. "Volkswagen history, Erwin Komenda, Beetle", Pre67vw.
https://www.pre67vw.com/history/komenda
138. "Fuselage drag as a function of aft-body truncation in 10% increments", Kosin & Lehmann, 1942.
139. "S.F. Airfoil development for the trek speed concept triathlon bicycle", Paul Harder et al., Trek, 2010.4.24.
140. "자동차 공기역학의 6분력", OWL Blog, 2014.6.14.
141. "자동차의 와류현상에 관한 이야기", 미소카닷컴, 2020.6.3.
142. "고성능차 설명에서 흔히 볼 수 있는 용어들 이게 다 무슨 뜻일까?", 류청희 자동차평론가, HMG Jpurnal, 2018.10.16.
143. "Car aerodynamics basics and how to design tips", build your own race car.
https://www.buildyourownracecar.com/race-car-aerodynamics-basics-and-design/

4절. 내연기관자동차 연료

144. "World's first filling station was a drugstore", Carltonreid, 2012.11.12.
145. "Environmental history, timeline and historical insights, Henry Ford, Charles Kettering and the fuel of the future", Bill Kovarik, Automotive history review, Spring 1998, No. 32, p.7-27.
146. "Timeline of alcohol fuel", Wikipedia, the free encyclopedia.
147. "World's first filling station was a drugstore", Carltonreid, 2012.11.12.
148. "Automotive fuel history: Why gasoline beat alcohol", Julian Girard, Stanford University, 2015.12.8.
149. "Gasohol industry", Darion Scuka, encyclopedia.com.
https://www.encyclopedia.com/humanities/encyclopedias-almanacs-transcripts-and-maps/gasohol-industry
150. "Gasohol - The first time around", John Carter, Senior Research Folklorist, 2006.
https://history.nebraska.gov/blog/gasohol-first-time-around
151. "The drilling of the first oil well", Robert McNamara, Thought Co., 2018.3.23.

152. The absent superpower(셰일혁명과 미국 없는 세계), Peter Zeihan(홍지수 옮김), 김앤김북스, 2019.1.29.
153. 석유바로알기, 대한석유협회, 2022. www.petroleum.or.kr/m/sub02/01.php
154. "석유의 역사 - 미국 석유 산업 일으킨 3인방", 김현민 기자, 아틀라스뉴스, 2020.9.7.
155. "자이언트, 거대 유전시대의 개막", 권홍우 논설위원, 서울경제, 2016.10.3.
156. "석유의 시대, 아직은 제4막 계속 중", 김문환 국민대 명예교수, 월간조선, 2016년 5월호.
157. "석유의 역사1 - 고대 메소포타미아에도 사용", 김현민 기자, 아틀라스뉴스, 2020.9.6.
158. "석유의 역사6 - 중동에서 대형 유전이 터지다", 김현민 기자, 아틀라스뉴스, 2020.9.11.
159. "Oil refinery", Wikipedia, the free encyclopedia, 2022.4.

5절. 내연기관자동차의 사회적 영향

160. "The Automobile - Effects / Impact on Society and Changes in Cars Made by Generation", LeisureLife, 2016.3.22.
161. "The effects of the car on societies", Wikipedia, the free encyclopedia, 2022.3.
162. "Impact of the motor vehicle", Britannica, 2022.3. https://www.britannica.com/place/United-States/Impact-of-the-motor-vehicle
163. "How the invention of the car changed the world". https://www.aceable.com/blog/how-the-invention-of-the-car-changed-the-world/
164. "The automobile: Social game changer", N.C. Government & Heritage Library, 2020. https://www.ncpedia.org/automobile-social-game-changer-k-8
165. "When Will Electric Cars Really Take Off? Maybe We Should Ask a Horse", Jim Motavalli, Treehugger, 2021.2.10.
166. "How The Automobile Shaped American Culture", Tom Merola, Automotive Tire Expert, 2020.7.2.

3장. 환경과 에너지 시대: 내연기관자동차와 대기오염

1절. 마차시대의 말똥(manure)공해

1. When smoke ran like water(대기오염 그 죽음의 그림자), Devra Davis(김승욱 옮김), 에코리브르, 2004.7.12.
2. Something new under the sun: An environmental history of the twentieth-century world(20세기 환경의 역사), J. R. McNeil(홍욱희 옮김), 에코리브르, 2008.12.20.
3. "The big shift last time: From horse dung to car smog", Andrew Nikiforuk, The Tyee, 2013.3.6.
4. "한때 대도시의 자동차는 말똥 지옥의 구세주였다.", 박정호 명지대 특임교수, 경향신문, 2021.4.29.
5. "Lessons from the great horse manure crisis", Julia Felton, Business horse power.
6. "The great horse manure crisis of 1894", Ben Johnson, Historic UK. https://www.historic-uk.com/HistoryUK/HistoryofBritain/Great-Horse-Manure-Crisis-of-1894/

7. "Pollution - Why we replaced horses with automobiles", Peter Milsom, Driving Sustainable Change, 2019.5.13.
8. "The history of streetcars - Cable cars", Mary Bellis, Thought Co., 2019.1.30.
9. "The big crapple: NYC transit pollution from horse manure to horseless carriages", Kurt Kohlstedt, 2017.6.11.

2절. 내연기관자동차 배출가스와 대도시 대기공해

10. "유연휘발유 납 때문에 아이큐 낮아졌다. 66~75년생 가장 영향", 이근영 기자, 한계레신문, 2022.3.14.
11. " 유연휘발유 때문에 미국인 IQ 8억점 이상 낮아졌다, 미 듀크대, 어린 시절 납 노출이 미치는 보건영향 추산", 한세희 과학전문기자, ZD Net Korea, 2022.3.8.
12. "Tetraethyl Dead", Sutori.
https://www.sutori.com/en/story/tetraethyl-dead--X3er71NNS7gvtsi5q5GjLhru
13. "The rise and fall of leaded gasoline", Jerome O. Nriagu, National Water Research Institute, The Science of the Total Environment, 92(1990) 13-28.
14. "The crazy history of lead in gasoline", Maximilian Auffhammer, Energy Institute at Haas, 2020.3.2.
15. "Air quality trends - Lead", Connecticut Department of Energy and Environmental Protection.
https://portal.ct.gov/DEEP/Air/Monitoring/Trends/Lead-Trends
16. "IQ and Blood Lead from 2 to 7 Years of Age: Are the Effects in Older Children the Residual of High Blood Lead Concentrations in 2-Year-Olds?", Aimin Chen, et al., Environmental Health Perspectives, Vol.113, No.5, 2005.5.
17. "방독면 쓰고 스모그 버틴 LA, 공기 지키려 트럼프와도 싸운다", 이소아 기자, 중앙일보, 2019.11.18.
18. "Smog in early Los Angeles", Water and Power Association.
https://waterandpower.org/museum/Smog_in_Early_Los_Angeles.html
19. "July 26, 1943: LA gets first big smog", Jess McNally, Wired, 2010.7.26.
20. "Time capsule: Los Angeles smog, 1954", Chris Holmes, Grey Flannel Suit, 2012.6.5.
21. "Dr. Arie Haagen-Smit", CARB.
https://ww2.arb.ca.gov/about/leadership/dr-arie-haagen-smit
22. "Arie Jan Haagen-Smit and the history of smog", Peter Brimblecombe, School of Environmental Science, University of East Anglia, ECG Bulletin, 2012.1.
23. "The Southland's War on Smog: Fifty years of progress toward clean air(through may 1997)", AQMD.
https://www.aqmd.gov/home/research/publications/50-years-of-progress
24. "스모그", 한국대기환경학회, 2011.
25. 미국 대기오염방지법 요약, EPA 대기질계획 및 표준국(QAQPS), 2007.4.
26. "Timeline of Major Accomplishments in Transportation, Air Pollution, and Climate Change", EPA.
https://www.epa.gov/transportation-air-pollution-and-climate-change/timeline-major-accomplishments-transportation-air
27. California Air Resources Board", Wikipedia, the free encyclopedia, 2022.5.

28. “Clean Air Act(United States)”, Wikipedia, the free encyclopedia, 2022.5.
29. “Weekend/Weekday Ozone Study in the South Coast Air Basin.”, Eric Fujita, et al, 2002.
30. “코로나 봉쇄 때 치솟은 미세먼지, 베이징 미스터리 풀렸다”, 강찬수 기자, 중앙일보, 2020.6.20.
31. “중국이 기적이라고 부른 베이징 미세먼지 감축 작전”, 오광진 기자, 주선일보, 2019.3.6.
32. “베이징 초미세먼지 연구, 중국 대기관리 효과 없는 이유 있었다.”, 뉴스핌, 2019.3.11.
33. “대기오염 행동계획 주요내용” 주중국대사관, 2013.9.17., 관재민 기자, 중앙일보, 2019.11.8.
34. “Average annual PM2.5 air pollution levels in Beijing, China between 2013 and 2023”, C. Textor,Statista, 2024.2.12.
35. ”도시 전체가 가스실“ 미세먼지 지옥 그 예언이 적중했다.”, 중앙일보, 2019.11.8.
36. “여기는 인도, 코로나만큼 무섭다.. 가스실 뉴델리 전면 봉쇄 위기”, 송현서 기자, 나우뉴스, 2021.11.17.
37. “New Delhi world's most polluted capital city for 2nd consecutive year”, Jans, Business Standard, 2022.3.22.
38. “New Delhi is world's most polluted capital for third straight year - IQAir study”, Neha Arora, Reuters, 2021.3.16.
39. “2017-2023 World's most polluted cities” IQAir, 2024.
40. “Delhi air pollution driving tourists away and spurring rise in locals looking to leave the city”, Bloomberg, 2019.11.6.
41. “The great smog of 1952”, Christopher Klein, History, 2018.8.22.
42. “What the history of London's air pollution can tell us about the future of today's growing megacities”, Hannah Ritchie, Our World in Data, 2017.6.20.
43. “Toxic air pollution alerts on ”black“ for London”, Nicole Jeary, the invest observer“, 2017.1.23.
44. “Global Air Inequality Summed Up in 2 Graphs”, Open AQ, 2016.3.2. https://openaq.medium.com/global-air-inequality-summed-up-in-2-graphs-ad3d5a845033
45. “Measures of pollution”, Guillaum Vandenbroucke, Heting Zhu, Economic Research Fedral Reserve Bank of St. Louis, 2017.6.23.
46. “여의도 63빌딩에서 남산방향으로 바라본 서울스모그”, 중앙일보 최정동 기자, 2002.2.6.
47. “1971년 2,3월은 스모그 계절..3일에 한 번꼴이 보도됐다”, 김상기 기자, 라포르시안, 2019.3.6.
48. “한국 미세먼지 내리막은 왜 멈췄나?”, 오철우 기자, 한겨레신문, 2019.2.15.
49. “1월 15일 아황산가스에 먼지까지..극심했던 서울의 대기오염”, 김기범 기자, 경향신문, 2021.1.15.
50. “노후 경유차가 미세먼지 주범…화력발전소·중국발 황사도 한몫”, 심성미 기자, 한국경제, 2016.5.16.
51. 제2차 수도권 대기환경관리 기본계획 변경계획(안)(2015~2024), 환경부 수도권대기환경청, 2017.2.
52. 2022년 서울대기질 평가보고서, 서울특별시보건환경연구원, 2023.11.
53. “서울시 대기 중 초미세먼지(PM2.5) 질량과 화학성분 농도의 장기 변동추이”, 한상희, 김용표 이화여대 교수, Journal of Korean Society for Atmospheric Environment, Vol.31, NO.2, 2015.4.
54. 미세먼지 관리 특별대책, 관계부처 합동, 2016.6.
55. “서울-베이징, 선양의 초미세먼지 시계열 변화 분석”, 박영석 기자, 연합뉴스, 2019.3.6.
56. SI 엔진의 도심지 2차 미세먼지 생성관련 고찰과 대책방안 조사, 한국화학연구원, 2020.11.

57. "미세먼지 발생원인 분석을 통한 관리방안 도출", 김순태 교수, 아주대, 2016.10.
58. "미세먼지 생성 규명을 위한 관측자료 해석", 한국외국어대학교 이태형 교수, 2020.9.
59. 2차 미세먼지, 도대체 뭘까?, 환경부, 2016.4.
60. 초미세먼지 문제 해결을 위한 연구 및 정책방향, 이화여대 김용표 교수, JKSAE, 2017.6.
61. "질소산화물 저감하면 미세먼지 사라지나?", 성균관대 화학과 김영독 교수, 공학저널, 2019.5.8.
62. "미세먼지의 2차적 발생과정의 암모니아 역할", 기후변화행동연구소, 2018.9.18. (출처 Committee on State Practices in Setting Mobile Source Emissions Standards, et al., 2006).
63. "11월3~6일 고농도 미세먼지 발생사례 분석결과", 국립환경과학원 기후대기연구부 보도참고자료, 2018.11.7.
64. 미세먼지 관리 종합대책, 관계부처 합동, 2017.9.26.
65. 미세먼지 관리 종합계획(2020~2024) 관계부처 합동, 2019.11.1.
66. 미세먼지 관리대책 추진실태, 감사원 감사보고서, 2020.9.
67. 환경부 국가미세먼지정보센터 국가대기오염물질 배출량 통계, 2024.

3절. 자동차배출가스 종류와 발생원인

68. Motor gasolines technical review, Chevron Productions Company, 2009.
69. Diesel fuels technical review, Chevron Productions Company, 2007.
70. "Toxic air pollution nanoparticles discovered in the human brain", Oxford news & events, 2016.9.7.
71. "Simultaneous in-cylinder flow measurement and flame imaging in a realistic operating engine environment using high-speed PIV", Atsushi Nishiyama, et al., Applied Science, 2019.6.30.
72. "디젤엔진 연소실내 연소현상 측정", 배충식 교수, KAIST.
73. Combustion in diesel engines, dieselnet.com.

4절. 미세먼지 생성과 인체 위해성

74. 2021 World air quality report - region & city PM2.5 ranking, IQAir 2021 Report V11.
75. LEV III PM, technical support document development of particulate matter mass standards for future light-duty vehicles, CARB, 2012.1.
76. Final report to T&E of emission determination from RDE regeneration testing, Jon Andersson, Ricardo, 2019.11.22.
77. "Cleaning the Air We Breathe - Controlling Diesel Particulate Emissions from Passenger Cars", Martyn V. Twigg, et al., Johnson Matthey PLC, Platinum Metals Rev. 2009.
78. "Black carbon particle emissions from GDI vehicles operating on different fuels", Tak Chan, Air Quality Research Division, Environment Canada, HEI Workshop, 2016.12.8.
79. "Gasoline: Formulation issues and constraints", John Farrell, HEI workshop, 2016.12.
80. "Sampling and Dilution Issues; Review of diesel particulate matter sampling methods", Kittelson ACES Workshop, 1998.7.31.
81. Effect of fuel properties on particle emissions from gasoline vehicles: Role of the PM index, Imad A, SwRI, HEI workshop, 2016.12.8.

82. Update on sub-23nm exhaust particle number emissions using the DownToTen sampling and measurement systems, Jon Andersson, Ricardo UK, 2019.6.17.
83. EMEP/EEA air pollution emission inventory guidebook 2019, European Environment Agency.
84. "EU 자동차 배출규제 유로7 주요 내용과 입법동향", 브루셀무역관 이지민, KOTRA, 2023.6.7.
85. "유럽연합 이사회, 유로7 규정 최종 채택", 글로벌오토뉴스, 2024.4.16.
86. "타이어와 브레이크 마모에 의해서 발생하는 미세먼지 특성", 이석환 한국기계연구원, Auto Journal, KSAE, 2017.8.
87. 타이어 마모 미세먼지 측정법 개발(차세대 저탄소-저마모 친환경타이어 개발, 금호타이어), 한국기계연구원 이석환 박사, 환경부 차세대 에코이노베이션 사업, 2013.
88. Non-exhaust emissions from road transport, Department of Environment, Air Quality Expert Group, Food and Rural Affairs, Scottish Government, 2019.
89. Understanding the health effects of ambient ultrafine particles, HEI perspective 3, 2013.1.
90. 대기오염과 인체 위해성, 연세대 환경공해연구소장 신동천 교수, 2009.11.
91. The Guardian, 2016.9.5., 동아사이언스, 2016.9.6., SBS 뉴스, 2017.4.5.
92. Clean Air Copenhagen - Air quality challenges and solutions, The Danish Ecological Council, 2014.
93. Ultrafine particles in cities, Environment international, Prashant Kumar et al, University of Surrey, United Kingdom, 2014.
94. 서울시 도심도로변의 자동차 나노미세먼지(nanoPM, PM0.05) 현황분석과 저감 대책, 녹색교통운동, 서울녹색환경지원센터, 2018.12.

5절. 자동차배출가스저감기술

95. "Exhaust gas recirculation(EGR) complete guide - Introduction", x-engineering.
96. "Evaluation of emerging technologies on a 1.6L turbocharged GDI engine", Graham Conway, et al., WCX world congress experience, 2018.4.
97. "How does an EGR valve work", AGCO, 2022.6.22.
98. "How do EGR valves work?", PMM on Line, 2016.6.4.
99. "Fouling problems in exhaust gas recirculation coolers in the automotive industry", M.S.Abd-Elhady, et al., Proceeding of International Conference on Heat Exchanger Fouling and Cleaning VIII, 2009.6.14.
100. "BMW 차량화재 주범은 냉각수 보일링, 설계결함 탓", 연합뉴스, 2018.12.24.
101. Catalyst fundamentals, Dieselnet Technology Guide, dieselnet.com.
102. "Catalytic converters, Chris Woodford, 2016.6.
103. "What are catalytic converters? How do they reduce emissions?", Harsh, CarBlogIndia.
104. Case study of the innovation process characterizing the development of the three-way catalytic converter system, Daniel Dexter, Lexington Technology Associates, 1979.11.
105. The 3-Way Catalytic Converter: a) Invention and Introduction into Commerce - Impacts and Results, b) Barriers Negotiated, John J. Mooney, California Air Resources Board Chairman Invitational Seminar Series, October 9, 2007.

106. "Emissions of ammonia from light-duty vehicles", Thomas D. Durbin et al., Bourns College of Engineering, Center for Environmental Research and Technology (CECERT), University of California, Riverside, CA 92521.
107. "Ammonia exhaust emissions from spark ignition vehicles over the New European Driving Cycle", R. Suarez-Bertoa, et al., Atmospheric Environment 97(2014) 43-53.
108. SI엔진에서 배출되는 암모니아의 도심지 2차 미세먼지 생성에 관한 고찰과 신촉매 기술을 활용한 대책방안 조사, 한국화학연구원, 2020.11.
109. "The diesel particulate filter and the diesel engine", Steve Auto Clinic.
110. DETR/SMMT/CONCAWE Paticulate Research Program 1998~2001, Jon Andersson & Barbara Wedekind, Ricardo Consulting Engineers, 2001.5.
111. "PN to PM correlation", AVL techDay 2013, Michael Arndt, AVL.
112. Filters with fuel burners, DieselNet Technology Guide, dieselnet.com.
113. "Development history and system integration aspects of exhaust gas aftertreatment applying diesel particulate filters in commercial vehicles", Achim Dittler, ResearchGate, 2015.2.14.
114. "Performance of Johnson Matthey EGRT emission control system for NOx and PM emission reduction in retrofit application", Sougato Chatterjee, et al., DEER 2002, JM.
115. "Improvement and simplification of DPF system using a Ceria-based Fuel-borne catalyst for diesel particulate filter regeneration in serial application", Thierry Campenon & Paul Wouters, et al., SAE 2004-01-0071.
116. 경유자동차 후처리장치 평가, 한국기계연구원 정용일 외, 환경부, 2004.1.30.
117. Ibiden Corporate Profile, 2021.7.
118. "Diesel particulate filters", DieselNet Technology Guide, dieselnet.com.
119. "Aluminum Titanate Compositions for Diesel Particulate Filters", S. B. Ogunwumi, et al., Corning Incorporated, SAE 2005-01-0583.
120. "Development of acicular mullite materials for diesel particulate filters application", Aleksander Pyzik, et al., Dow Chemical Co., DEER conference, 2005.8.24.
121. Diesel particulate filters for mobile machinery and stationary application, Modular SMF and SMF-AR Systems, HJS, 2010.
122. "What are petrol particulate filters, and why do they make cars sound worse?", Matt Robinson, Car Throttle.
123. "What is a gasoline particulate filter(GPF)?", Corning.
124. Gasoline particulate filters, Insight from Infineum International Limited, 2018.1.16.
125. Gasoline particulate filters, W. Addy Majewski, DieselNet Technology Guide, dieselnet.com.
126. 자동차 대기오염 평가를 위한 이동형 자동차배출가스 측정시스템(MEL) 구축 및 이를 이용한 시범운영 사업, 한국기계연구원 이석환 박사, 환경부 무저공해자동차사업단, 2011.5.31.
127. Diesel filter regeneration, W. Addy Majewski, DieselNet Technology Guide, dieselnet.com.
128. New diesels, new problems, Transport & Environment, 2020.1.
129. Urea dosing and injection systems, W. Addy Majewski, DieselNet Technology Guide, dieselnet.com.

130. "Current catalyst technology of selective catalytic reduction(SCR) for MOx removal in South Korea", Hyo-sik Kim, et al., Catalysts, 2020.1.1.
131. SCR systems for mobile engines, W. Addy Majewski, Dieselnet Technology Guide, dieselnet.com.
132. 10리터급 경유차용 Urea-SCR 시스템 환원제 분사장치 개발, 자동차부품연구원 이천환 박사, 친환경 자동차사업단 과제, 2011.5.31.
133. "Solid reductant storage for SCR systems", W. Addy Majewski, Dieselnet Technology Guide, dieselnet.com.
134. "Review of SCR technologies for diesel emission control: European experience and worldwide perspectives", Dr. Emmanuel Joubert, Aaqius & Aaqius, DEER 2004.
135. "Cummins emission solution and Emitec co-develop in-tank urea dosing for light- and medium duty application", Rolf Bruck, et al., 2014.
136. "A study on urea-water solution spray-wall impingement process and solid deposit formation in urea-SCR de-NOx system", G.M. Hasan Shahariar, et al., MDPI, 2018.12.30.
137. "최악 땐 요소수 없이 차 운행". 미,일 괜찮은데 유독 한국만 왜", 손해용 기자, 중앙일보, 2021.11.4.
138. "Mercedes-Benz Firms Up Launch of Three New BlueTEC Diesels in US; First AdBlue Light-Duty Vehicles for the US", Green Car Congress, 2008.3.14.
139. "Blue Tec", Sanoj T, et al., International research journal of engineering and technology(IRJET) Vol.2, 2015.11.
140. "암모니아를 환원제로 이용한 NOx 저감 촉매기술", 박순희 등, Clean Technol., Vol.22, No.4, 2016.12.4.
141. " 배기가스 질소산화물 제거를 위한 선택적촉매환원법(SCR) 기술동향", 권동욱 등, 공업화학 전망, 제19권 제5호, 2016.
142. NOx adsorbers, W. Addy Majewski, DieselNet Technology Guide, dieselnet.com.
143. 신촉매의 수송분야 적용 타당성 분석을 위한 경제성·파급성 검토(II), 한국화학연구원, 2019.12
144. The Future of Diesel Engines for Passenger Cars, Prof. Bernhard Geringer, Conference of Real World Advanced Technologies for Diesel Engines, 2018.4.18.
145. "Innovative twin dosing reduces NOx emissions by approx. 80percent", volkswagen-newsroom.com, 2019.8.29.
146. Estimated cost of diesel emissions control technology to meet future EURO-7 standards, Pierre-Louis Ragon, Working paper 2021-20, ICCT, 2021.4.
147. ICCT's comments and technical recommendations on future EURO-7 emission standards, ICCT, 2021.5.7.

6절. 자동차배출가스 기준과 관리정책

148. Emission Standards, dieselnet.com.
149. "Expectations for actual EURO-6 vehicle emissions", Neville Jackson, Ricardo, 2018.3.12.
150. "Historical developments of Japan's automobile exhaust gas emission regulation", ebrary.net.

151. "Study on post-EURO-6 emission standards in Europe - Progress in Task 2.2: Development of new array of tests", AGVES, Brussels, 2019.10.18.
152. "후처리시스템용 OBD 센서기술 동향", 오광철 등, 자동차 부품연구원, Auto Journal, KSAE, 2013.9.
153. A historical review of the U.S. vehicle emission compliance program and emission recall cases, Hui He, et al., ICCT, 2017.4.
154. Compliance activities, 2009~2017, EPA.
155. "Smog check in California", Allen Lyons, 2017.1.18.
156. "Framework of the implementation of a PTI test procedure", Gerrit kadijk, TNO, 2020.6.17.
157. "New York State enhanced motor vehicle I/M program", NYVIP2, 2016 Annual I/M report, 2017.6.
158. 자동차배출가스 정밀검사제도 성과평가 및 중장기 발전방안 연구, 자동차환경센터 조강래, 환경부, 2012.10.
159. EU: New Periodic Technical Inspections(NPTI), Dieselnet Technology Guide.
160. Investigation into a periodic technical inspection (PTI) test method to check for presence and proper functioning of diesel particulate filters in light-duty diesel vehicles - part.., Gerrit Kadijk, TNO report, 2017.5.
161. In-use emissions testing of light-duty diesel vehicles in the United States, Dr. Gregory J. Thompson, West Virginia University, 2014.5.15.
162. "JRC, International Seminar in Seoul", 2012.
163. "보쉬, VW 배출가스 조작 핵심 역할로 피혐", Auto Daily, KAMA, 2016.8.22.
164. "폴크스바겐·아우디 한국 12만대 리콜… 리콜 받아도 연비 20% 떨어져", 조선일보, 2015.10.2.
165. "20년간 배기가스 장치 담합, 독일차 디젤쇼크에 무너지다.", 한국경제, 2017.7.24.
166. "경유차 실주행 NOx 배출현황 및 개선방안", 환경부 교통환경과, 2015.4.29.
167. "자동차 환경규제 국제표준화 동향", 엄명도, 국립환경과학원 교통환경연구소, 2015.3.17.
168. "AVL M.O.V.E. A New Solutions for the Upcoming EU6c - Real Driving Emissions (RDE) Legislation", Graz; AVL List GmbH; 2014.
169. "Study on post-EURO-6 emission standards in Europe", AGVES, Brussels, 2019.10.18.
170. "영국, 저탄소배출지역(LEZ) 제도 시행", 과학기술정보연구원, 사이언스타임즈, 2008.3.3.
171. "London's controversial Ultra Low Emissions Zone only reduced nitrogen dioxide levels by 3%", HCA Barbieri News, 2021.11.16.
172. "Urban Access Regulations in Europe". https://urbanaccessregulations.eu/userhome/map
173. "A global overview of zero-emission zones in cities and their development progress", Hongyang Cui et al., ICCT, 2021.8.
174. "Zero-emissions zones are helping some cities fight pollution", Lulu Xue, et al., World Resources institute, 2024.4.25.

4장. 환경과 에너지 시대: 기후변화와 내연기관자동차 퇴출

1절. 기후변화와 온실가스 대책

1. Climate change 2007 Synthesis report(IPCC 4차보고서), IPCC, 2008.
2. Betting on negative emissions, Sabin Fuss, et al., Nature climate change Vol4. 2014,10.
3. IEA ETP 2010(Energy Technology Prospective; 에너지기술전망), IEA, 2010.
4. Energy Technology Perspectives 2017, Catalysing energy technology transformations, Jean-Francois Gagne, IEA, 2017.6.
5. World Energy Outlook 2018, IEA.
6. "The IEA Sustainable Development Scenario", Andrew prag, Katowice, 2018.12.
7. Global Warming of 1.5oC, IPCC, 2018.10.
8. "Analysis: Fossil-fuel emissions in 2018 increasing at fastest rate for seven years", CarbonBrief, 2019.5.
9. 2019 Outlook for energy: A perspective to 2040, Exxonmobile.
10. "Analysis: Fossil-fuel emissions in 2018 increasing at fastest rate for seven years", CarbonBrief, 2019.5.
11. Annual Energy Outlook 2022, 2021, EIA.
12. Net Zero by 2050: A roadmap for the global energy sector, IEA, 2021.5.
13. 지속가능한 녹색사회 실현을 위한 대한민국2050 탄소중립 전략, 대한민국정부, 2020.
14. "What does "Net-Zero Emissions" mean? 8 common questions, answered", Kelly Levin, et al., World Resources Institute, 2019.9.17.
15. "Irreversible climate change due to carbon dioxide emissions", Suan Solomon, et al., PNAS, 2009.2.10.
16. World Energy Outlook 2021, IEA.
17. Energy technology perspective 2020, IEA, 2020.9.
18. Energy transition outlook 2022, DNV.
19. "Climate scientists: concept of net zero is a dangerous trap", James Dyke, et al., University of Exter, 2021.4.22.
20. "국제관계에 따른 기후변화 체제 변천 과정과 신기후변화 체제에서 미국의 역할", 정혜영, KEEI, 세계 에너지시장 인사이트 제15-39호, 2015.10.23.
21. "세계 기후협정의 역사.. 기후위기의 근본적인 부당함 국제사회가 직시할 때", 기후프로젝트, 2021.8.20.
22. "유엔기후변화협약 당사국총회", 나무위키, 2022.11.9.
23. "UNFCCC COP 추진 배경과 COP25 주요 아젠다", ICLEI Korea, 김아연, 2019.
24. "기후변화 체제", 외교통상부. https://www.mofa.go.kr/www/wpge/m_20150/contents.do
25. "교토의정서 발효의 의미", 강승진 한국산업기술대학 교수, 에너지포커스, 에너지경제연구원.
26. 온실가스 감축, 대한민국 정책브리핑, 2019.12.11.

27. 교토의정서 이후 신기후체제 파리협정 길라잡이, 환경부, 2016.5.
28. “화석연료시대 종말 시작..1.5도 목표 달성을 위해 수요 줄여야. 파티비롤 IEA 사무총장 인터뷰”, 기민도 기자, 한겨레, 2023.12.11.
29. “국제에너지기구(IEA) vs. OPEC의 논쟁..화석연료”, 이재명 기자, Impact On, 2023.9.18.
30. The end of the road? An overview of combustion engine car phase-out announcements across Europe, Sandra Wappelhorst, ICCT, 2020.5.
31. Update on government targets for phasing out new sales of internal combustion engine passenger cars, Sandra Wappelhorst, ICCT, 2021.6.
32. EV30@30 Campaign, Clean Energy Ministerial, 2020.9.16.
33. 2022 현대자동차 지속가능성 보고서, 현대자동차, 2022.7.7.
34. “전기차 전환 속도 조절론’ 급부상… 글로벌 완성차 업체 전략 수정 나섰다”, 변국영 기자, 에너지데일리, 2024.03.08.
35. 국가 온실가스 감축, 2020년 로드맵 마련, 환경부, 2014.1.24.
36. 신기후체제 출범에 따라 효율적 기후변화대응을 위한 국가차원의 중장기 전략과 정책방향 제시 국무조정실, 2016.12.6.
37. 2030 온실가스 감축 로드맵 수정안 및 2018~2020년 배출권 할당계획 확정, 환경부, 2018.7.24.
38. 2030 국가온실가스 감축목표(NDC) 상향안, 관계부처 합동, 2012.10.18.
39. “[한삼희의 환경칼럼] 25년간 화석연료 비율 ‘86→82%’, 이것이 실상”, 조선일보, 2024.9.13.

2절. 온실가스 배출현황

40. “우리는 온실가스효과에 관해서 얼마나 자세히 알고 있을까?”, 김민제 칼럼리스트, 사이언스타임즈, 2021.5.20.
41. “The Greenhouse Effect, and Global Warming”, Penn State College of Earth and Mineral Science.
42. “Energy: The driver of climate”, Climate Science Investigation(CSI) NASA.
43. 기후변화 감시용어집- 온실가스, 기상청.
44. “온실가스란 무엇인가요? 지구온난화의 주범인 온실가스의 종류와 우리나라의 배출현황”, 그린라이프, 2011.10.19.
45. 국가온실가스 인벤토리시스템 구축, 김혜련, 통계개발원, 2009.
46. Greenhouse Gas, Wikipedia, the free encyclopedia.
47. Annual Greenhous Gas Index(AGGI), NOAA Global Monitoring Laboratory, 2022. Spring.
48. “Steamy relationships: How atmospheric water vapor amplifies Earth's greenhouse effect”, Alan Buis, NASA's jet propulsion laboratory, 2022.2.8.
49. “지구온난화 과정에서의 되먹임과 상호작용”, 정지예, 기상청, 2022.5.17.
50. “Short-lived Climate Pollutants”, C2ES(Center for Climate and Energy Solutions), 2022.
51. “What are short-lived climate pollutants?”, CCAC(Climate & Clean Air Coalition).
52. Proposed Short-Lived Climate Pollutant Reduction Strategy, CARB, 2016.4.
53. Primer on short-lived climate pollutants, IGSD(Institute for Governance & Sustainable Development), 2013.4.23.

54. Time to act to reduce short-lived climate pollutants, CCAC, 2014.5.
55. "대기(대기조성)", 종합 기후변화감시정보, 2022.8.
56. "Chapter 14. Radiative forcing of climate: The historical evolution of the radiative forcing concept, the forcing agents and their quantification, and applications", V. Ramaswamy, et al., American Meteorological Society, 2019.
57. "Climate change: Annual greenhouse gas index", NOAA, 2022.6.17.
58. "GWP 값, 어느 것이 맞는 것인가요?", ㈜원일 블러그, 2019.11.25.
59. "IPCC sixth assessment report global warming potentials", ERCE, 2021.8.26.
60. Our World in Data. https://ourworldindata.org/co2-emissions
61. "CO2 emissions", Hannah Ritchie, Max Roser, Our World in Data 2024.
62. Global carbon Project. http://www.globalcarbonatlas.org/en/CO2-emissions
63. The role of CCUS in low-carbon power systems, IEA, 2020.6.
64. Emission Gap report 2024 - No more hot air ... please!, UNEP.
65. "A comprehensive and synthetic dataset for global, regional and national greenhouse gas emissions by sector 1970~2018 with an extension to 2019", Jan C. Minx, et al., Earth System Science Data, Vol.13, Issue 11, 2021.11.10.
66. "Global methane emissions have risen nearly 10 percent over last 20 years", Future Earth Staff Member, Future Earth, 2020.7.15.
67. "Global CH4 monthly means", Global Monitoring Laboratory, 2024.
68. "메탄이 이렇게 문제일 줄이야", 강석기의 과학카페, 동아사이언스, 2022.1.12.
69. "한국 COP26서 글로벌 메탄서약 가입.. 국내 배출 30% 줄인다.", 정종훈 기자, 중앙일보, 2021.10.25.
70. "Understanding methane emissions", Global methane tracker, IEA, 2024.
71. "Methane solution offer down payment on our climate future", World-Energy, Greenbiz.com, 2022.5.19.
72. 2023년 국가 온실가스 인벤토리 보고서, 환경부 온실가스종합정보센터, 2024.7.
73. 교통부문온실가스관리 시스템(KOTEMS), 한국교통안전공단.
74. 유엔기후변화협약에 따른 제4차 대한민국 격년갱신보고서, 대한민국정부, 2021.12.

3절. 자동차 온실가스 배출현황과 저감방안

75. CO_2 emissions of all world countries, JRC Science for Policy report, 2022.
76. "Transport Analysis sectoral overview", Jacob Teter, IEA, 2022.9.
77. Vision 2050, A strategy to decarbonize the global transport sector by mid-century, ICCT, 2020.
78. CO_2 emission standards for new cars and vans 'Fit for 55' package, Briefing of European parliament, 2022.
79. "미국, 새로운 자동차 연비규제 Safer Affordable Fuel Efficient(SAFE) standards 발표", 김지윤 미국 디트로이트무역관, KOTRA, 2019.6.24.
80. "Revised 2023 and later model year light-duty vehicle greenhouse gas emissions standards", EPA 40 CFR parts 86 and 600, 2021.12.30.

81. US light-duty vehicle greenhouse gas standards for model years 2023~2026 and corporate average fuel economy standards for model year 2024~2026, ICCT. 2022.6.
82. "New EPA rules would cut car emissions 56% by 2032", Jonathan M. Gitlin, Ars Technica, 2023.4.13.
83. 미국 EPA 승용차 및 소형트럭 탄소배출규제안 공개", Auto Daily KAD 2023~72, KAMA, 2023.4.14.
84. "대형자동차 온실가스 관리제도의 국내와 동향", 한양대 박성욱 교수, KSAE Auto Journal, 2019.6.
85. 2023년 자동차 에너지소비효율분석집, 한국에너지공단.
86. "우리나라의 자동차 온실가스 배출은 감소하고 있는가?", 가천대 최회명 교수, Auto Journal, KSAE 2019.12.
87. "2016~2020년 자동차 온실가스 관리제도 이행실적 공개", 환경부 보도자료, 2022.11.16.
88. European vehicle market statistics, Pocketbook 2024/25, ICCT 2025.

4절. 지구온난화 논란

89. 위키드프라블럼, 한삼희, 궁리출판, 2016.9.20.
90. The discovery of global warming(지구온난화를 둘러싼 대논쟁), Spencer R. Weart(김준수 옮김), 동녘사이언스, 2012.3.30.
91. Energy for the future presidents(대통령을 위한 에너지강의), Richard A. Muller(장종훈 옮김), ㈜살림출판사, 2014.8.5.
92. "지구온난화 현상의 과학적 이해", 허창회 교수, 사단법인 집현네트워크, 2022.9.20.
93. "지구온난화를 처음 입증하고 경고한 월러스 브로커", 최윤필 기자, 한국일보, 2019.3.25.
94. "Earth experience warmest day in recent history", World Meteorological Organization, 2024.7.24.
95. "UN says climate change 'out of control' after likely hottest week on record", Guardian, 2023.7.7.
96. "Pliocene and Eocene provide best analogs for near future climates", K.D.Burk, et al., Nelson Institute for Environmental Studies, University of Wisconsin-Madison, 2018.11.
97. "지구온난화 지속 땐...10년뒤 기후, 300만년전으로 역주행", 이근영의 기상천외한 기후이야기, 한겨레, 2018.12.12.
98. "기후변화 확인은 과거 분석부터 과거의 기후를 알아내는 방법", OYLA Youth Science 24호, 어떻게 과거의 기후를 알 수 있을까? 기사 발췌 편집, 2022.
99. "미래 지구를 위한 담대한 담론", 남현욱 박사, 지질자원연구원, 2019.6.3.
100. "홀로세 가고 인류세 올까?", 이성규 객원기자, 사이언스타임즈, 2019.5.27.
101. "지구온난화는 인류 문명의 종말인가?", 이치선 변호사, 르몽드 디플로마티크, 2018.3.13.
102. "대멸종 부른 우상향 성장 신화, 인류세 시대에 버려야 할 것들 - 인류세 역사학자 줄리아 토머스 인터뷰", 남종영 기자, 한겨레, 2023.7.3.
103. "쓰레기 가득 찬 지층, 플라스틱 암석...우리는 이미 인류세를 산다", 신혜정 기자, 한국일보, 2024.8.30.
104. Trend in atmospheric carbon dioxide, Global Monitoring Laboratory, NOAA. 2023.1. https://gml.noaa.gov/ccgg/trends/
105. "Climate change: Atmospheric carbon dioxide", Rebecca Lindsey, NOAA, 2023.5.12.

106. Global energy and climate outlook 2019: Electrification for the low-carbon transition, JRC Research Center, 2020.
107. "Explaining GHG; Understanding greenhouse gases, sources and impacts", Akash Boopathi, Conservesolution, 2023.11.21.
108. "기후위기는 공유지 비극이 빚은 사례", 수원대 이상훈 교수, 우리문화신문, 2020.12.10.
109. "기후변화대응 가로막는 두가지 비극", 오병상 기자, 중앙일보, 2021.11.7.
110. "기후변화와 공유지의 비극", 동국대 이영환 교수, 기초지식칼럼, 2020.11.16.
111. "지평선의 비극을 넘어", 안치용 ESG 연구소장, 주간경향, 2023.1.2.
112. "[한삼희의 환경칼럼] 사다리 걷어차기", 한삼희 선임논설위원, 조선일보, 2020.11.25.
113. "Is it the end of combustion and engine combustion research? Should it be?", Gautam Kalghatgi, Transport Engineering, 2022.10.
114. "기술적 해결책: 기후변화 기술에 대한 비판적 검토", Claire Fauset, 한재각 번역, 에너지기후정책연구소. 2009.4.5.
115. "50도 폭염, '겨우 1도' 상승한 지구에서 벌어진 일입니다, 기후과학자 김백민 교수 인터뷰" 한계레신문, 최우리 기자, 2021.7.18.
116. "In-depth Q&A: The IPCC's sixth assessment report on climate", CarbonBrief, 2021.8.9.
117. "Published measurements of climate sensitivity declining", Laterite, 2015.6.20.
118. "기후변화 논쟁과 기후과학: 기후 회의론과 기후 부정을 어떻게 이해하고 이에 대응할 것인가?", 박용국, 녹색아카데미, 2021.10.29. (우리는 결국 지구를 위한 담을 찾을 것인가, 김백민, 2021. 저서 발췌 요약)
119. "시베리아 영구동토 속 메탄가스 대규모 분출 불가피", 조홍섭 기자, 한겨레, 2013.2.26.
120. "시베리아 동토층... 온난화의 주범", 이강봉 편집위원, 사이언스타임즈, 2010.12.2.
121. "물먹는 하마처럼 바다가 이산화탄소를 흡수한다", 이현건 기자, 대학지성 In&Out, 2022.7.13.
122. "고래는 똥만 싸도 탄소를 줄인다... 이 소중한 생명을 우리는", 남종영 기자, 한겨레, 2023.2.9.
123. "바다, CO_2의 저장능력 약해져", 이성규 객원편집위원, 사이언스타임즈, 2013.10.16.
124. "이산화탄소 증가, 바다도 몸살 앓는다", 한승희 광주과학기술원 교수, 동아사이언스, 2022.4.10.
125. "차세대 탄소흡수원 '블루카본'", 권봉오 군산대 교수, 현대해양, 2022.4.13.
126. "기후변화 자물쇠인 흙을 보호하라", 남종영 기자, 한겨레, 2023.2.4.
127. "Food production generates more than a third of manmade greenhouse gas emissions", Xiaoming Xu and Atul Jain, Giving Compass, 2023.2.14.
128. "과학자들, 사용방법 바꾸면 비료 탄소 배출량 2050년까지 80% 감축 가능", 김정수 기자, 한겨레, 2023.2.1.
129. "영국 가디언이 기후변화를 기후위기로 바꿔 부르기로 했다", 허완, Huffpost, 2019.5.20.
130. "We want the Guardian to play a leading role in reporting on the environmental catastrophe", the Guardian, 2019.10.15.
131. [기후변화 회의론] 지구온난화를 쓰레기 과학이라 부르는 사람들, 기후변화 쟁점 살펴보기", 기상청, 2019.5.20.

132. “지구온난화 회의론, 근거있나?”, 최우성 과학평론가, 사이언스타임즈, 2017.6.9.
133. “기후변화의 쟁점과 물”, 윤주환 고려대 교수, 한국물환경학회지 제25권 제5호, 2009.
134. “공기 중 0.04% 뿐인 온실가스, 지구급소를 때린다” 조천호 대기과학자, 경향신문, 2019.2.14.
135. “Guest post: Investigation climate change's humidity paradox”, Dr. Kate Willett of Met Office Hadley Centre, carbonBrief, 2020.12.1.
136. “기후위기론은 선전·선동, 실존적 위협 아냐..세계적 석학 입 열었다“, 남기현 기자, 매일경제, 2023.12.10.
137. “How did the global warming be accepted?”, 김병수, 과학기술학연구 9권1호, 2009.
138. “파스칼의 내기”, 나무위키.
139. “순 배출제로의 문제점: 탄소포집기술은 사기다”, 황정규, 사회주의자, 2021.3.10.
140. 탄소포집·저장·활용(CCUS)을 바라보는 두 가지 시각, 진윤정 수석연구원, ESG경영연구실, POSRI 이슈리포트, 포스코경영연구원, 2022.7.21.
141. “탄소중립-CCUS”, Ging Ging, 2021.8.4.
https:// m.blog.naver.com/inacien777/222456199222
142. Energy technology perspectives 2020, Special report on carbon capture utilisation and storage, IEA, 2020.9.
143. “Estimated cost ranges for carbon capture and storage(CSS) and carbon dioxide removal(CDR) solutions as of 2023, by approach or technology”, Statista 2024.
144. UNECE sustainable energy committee technology brief carbon capture, use and storage, Denis Hicks, UNECE, 2021.3.
145. “Climeworks' first industrial-scale direct air capture plant in Hinwil”, Climeworks, 2015.10.21.
146. “년 3만6,000톤 제거 클라임웍스, 세계 최대 탄소포집시설 ‘맘모스’ 가동시작”, 윤원섭 기자, Greenium, 2024.5.10.
147. “How direct air capture works (and 4 important things about it)”, Jennifer L, Carbon Credit, 2022.6.2.
148. “뜨거운 지구, 과학이 기후 조작해 구한다는데..”, 김정수 기자, 한겨레, 2016.9.5.
149. 기후변화와 기후지구공학, 기술예측센터 정의진,임현, KISTEP 브리프116. 2024.1.25.
150. “미 백악관, 태양지구공학 5개년 연구계획 수립 중..과학계의 의견 엇갈려”, 윤원섭 에디터, 그리니움, 2022.10.24.

5장. 미래친환경자동차 시대: 전기차와 수소연료전지차

1절. 미래자동차 전망

1. 미래자동차 기술개발 및 보급 로드맵, 한국자동차공학한림원 2020년 백서, 2020.12.
2. “세계 각국의 친환경차 보급 활성화 정책”, 녹색교통운동 정용일 이사장, 한국에너지기술평가원 그린에너지기술저널, 2021.1.29.
3. Automotive world car industry forecast report, Global Insight, 2004.

4. KATS(기술표준원) 기술보고서, 2021.7.31.
5. “Germany forms alliance against phase-out of internal combustion engines by 2035”, Reuters, 2023.3.14.

2절. 전기자동차(EV)

6. “History of the electric vehicle”, Wikipedia, the free encyclopedia.
7. “Concept we forgot: 1972 BMW 1602e”, Andrian Padeanu, Motor1.com, 2017.1.11.
8. “Here's the history behind GM's revolutionary electric car from the 90s that disappeared”, Business Insider, 2016.3.
9. “History of the electric vehicle”, Wikipedia, the free encyclopedia.
10. “Global Electric Vehicle Sales Crossed 10 Million in 2022; Q4 Sales up 53% YoY”, Abhik Mukherjee, Counterpoint, 2023.3.6.
11. Zero-emission vehicle factbook, A BloombergNEF special prepared for COP27, 2022.11.
12. Global climate change mitigation potential from a transition to electric vehicles, Nic Lutsey, ICCT, 2015.12.2.
13. Electric Vehicle outlook 2025, BloombergNEF, 2025.
14. “Is the global EV market slowing down?”, Autovista24 part of J.D.Power, 2024.9.3.
15. “전기차 전환속도 조절론 급부상…글로벌 완성차 업체 전략 수정 나섰다”, 변국영 기자, 에너지데일리, 2024.3.8.
16. “EU, 중국 전기차 최고 45% 관세 확정…중국 보복 본격화하나”, 장예지 기자, 한겨레, 2024.10.30.
17. “EU 배터리 여권 시행 코 앞…국내 대비 어디까지?”, 장재진 기자, 투데이에너지, 2024.11.10.
18. “EU 집행위, 청정산업딜 발표”, 한국무역협회 브뤼셀지부, 유럽한국기업연협회, 2025.2.27.
19. “중국발 카마겟돈 세계 차업계 강타”, 이재철 기자, 매일경제, 2024.10.29.
20. 인플레이션감축법(IRA)의 국내산업 영향과 시사점, 황경인, 산업연구원, 2023.1.1.
21. “국내 전기차 수출 빨간불 켜지나… 미 IRA 대응카드 찾기 부심”, 오철 기자, 전기신문, 2023.1.3.
22. 중국 전기차 발전전력과 시사점, 서종원, 노상우, 한국교통연구원 동북아·북한연구센터, 2012.7.30.
23. 중국의 전기자동차 보급정책 및 전망, 이대연 전문연구위원, 세계 에너지시장 인사이트 제13-36호, 에너지경제연구원, 2013.10.11.
24. 중국은 어떻게 희토류, 희소금속 강대국으로 등장했는가?(제2편), 김연규 한양대 교수, 대외경제정책연구원, 2021.
25. “자동차는 곧 일자리다… 유럽도 자국 우선, 위기의 전기차”, 권순우 팀장, 한겨레, 2023.3.21.
26. “2022년 글로벌 전기차 시장 점유율 9.9% - 중국,유럽,미국이 93.3%”, 글로벌오토뉴스, 2023.2.20.
27. “전기차 1,000만대 시대 진입, 글로벌 판매1 위 브랜드는 테슬라 아닌 BYD”, 김훈기 기자, 오토헤랄드, 2023.2.14.
28. “내연기관차 왕국 일본..전기차는 젤라파고스”, 박순봉 기자, 경향신문, 2023.2.13.
29. “도요타, 전기차 배터리에 7조원 투자한다”, 류정 기자, 조선일보, 2022.9.1.
30. “전기차 왕좌 노리는 테슬라, 성공 히스토로”, 최덕수 기자, 앱스토리, 2020.2.28.

31. "131만대 생산 테슬라, 현대차 5분의1 팔고도 영업이익이 더 많은 비결", 민태기 공학박사, 조선일보, 2023.3.20.
32. "반도체 난리인데, 테슬라 생산 늘린 3대 비결", 최원석 기자, 조선일보, 2021.4.8.
33. "돈 버는 능력도 1등 됐다. 테슬라의 3가지 비밀", 최원석 기자, 조선일보, 2022.3.3.
34. "테슬라 제친 중국 BYD…세계 전기차 판매량 1위", 안태호 기자, 한겨레, 2023.2.1.4
35. "중국의 테슬라 BYD는 어떤회사?", 최덕수 기자, 엡스토리, 2016.7.1.
36. "독일·북유럽 등 전기차 판매량 확 떨어졌다…보조금 축소 영향?", 한국경제TV, 2023.3.13.
37. "폭스바겐, 현대차그룹, GM, 토요타의 전기차 전략 변화", 채영석, 글로벌오토뉴스, 2023.1.5.
38. "BMW, 메르세데스 벤츠, 아우디, 볼보의 전기차 전략 차이", 채영석, 글로벌오토뉴스, 2023.1.9.
39. "현대자동차 2030년까지 국내 전기차 분야 24조 투자", 현대차그룹 뉴스룸, 2023.4.11.
40. "모빌리티 트렌드 - 쏘나타와 베스타에서 GV60까지, 30여년을 이어온 현대차그룹의 전기차 개발역사", 차두원, 2021.12.15.
41. "아이오닉6 출시까지, 현대차의 전기차 개발역사는?", 시리즈 2022 Hi, Story, 현대자동차, 2022.9.27.
42. "시속 130km 전기차 블루온 청와대 질주", 뉴데일리경제, 2010.9.9.
43. "현대차그룹의 글로벌 전기차 전용 플랫폼 E-GMP에 관해 묻다", 현대차그룹 Tech, 2020.12.11.
44. "Mine is bigger: Why larger EV batteries are not the answer", Tony Posawatz, Forbes, 2018.7.23.
45. "Median Driving Range of All-Electric Vehicles Tops 250 Miles for Model Year 2020", Office of Energy Efficiency & Renewable Energy FOTW#1167, DOE, 2021.1.4.
46. "전기차에도 세대차이가 있다고?", 포스코퓨처엠, 포스코케미칼, 2020.7.23.
47. "BloombergNEF: Lithium-Ion Battery Cell Densities Have Almost Tripled Since 2010", Kyle Field, CleanTech news, 2020.2.19.
48. "Next-Generation Cobalt-Free Cathodes - A Prospective Solution to the Battery Industry's Cobalt Problem", Nitin Muralidharan, et al., Advanced Energy Materials, 2022.1.
49. "아이오닉6 일냈다.. 미서 주행거리 581km 복합전비 1위 달성", 김태원, CarGuy, 2023.2.1.
50. "아이오닉5 vs 아이오닉6 전비 및 주행가능거리 비교(산업부 인증기준)", tistory.com, 2022.10.10.
51. "지독히도 추위 타는 전기차..도대체 넌 왜 그러니", 강승옥, Car Guy, 2021.1.16.
52. "Will your battery operate effectively in hot weather?", Linda, GridEdge news, 2016.3.7.
53. "To what degree does temperature impact EV range?", Geotab, Charlotte Argue, 2023.2.6.
54. "2021년 전기자동차 보급 및 충전인프라 구축사업, 보조금 업무처리지침", 환경부, 2021.2.
55. "전기차 충전속도18분 → 2030년 5분 목표로 달린다." 김영배 기자, 한겨레, 2022.9.28.
56. "전기차 급속 완속 차이점 및 충전시간", tistory, 2022.8.17.
https://handnail.tistory.com/42
57. "Everything you should know about electric vehicle charging".
https://evbox.com/en/ev-charging-guide
58. "전기차를 위한 DC 충전기술", 온세미, 반도체네트워크.
59. "Charged up, ready to go! After some delays. How it is to buy an electric car these days", Peter Mock, ICCT, 2021.12.13.
60. "충전속도 절반으로 뚝…추위 심하게 타는 전기차 어쩌나", 안태호 기자, 한겨레, 2023.2.21.

61. 전기차 급속충전 규격 표준화 동향과 시사점, 이서현, 한국자동차연구원 산업동향 Vol. 113, 2023.3.27.
62. "What's the status of EV charging connector standards?", Jeff Shepard, Connectortips, 2022.3.29.
63. Global EV Outlook 2024. IEA, 2024.4.
64. Deploying charging infrastructure to support an accelerated transition to zero-emission vehicles, Marie Rajon, et al., ICCT, 2022.9.
65. 전기차 충전기 구축현황, charge info, 2025. https://chargeinfo.ksga.org/front/statistics/charger
66. 전기차충전소와 시장기회 분석-영국사례 중심, Justine Bornstein & Tom Bain, Deloitte Insight No. 18, 2021.
67. "Better Place", Wikipedia, the free encyclopedia.
68. "3~5분이면 OK!.. 전기차도 배터리 갈아 끼운다.", 류현정 기자, 조선경제, 2011.10.12.
69. "Better Place launches battery switching system for EVs", Darren Quick, New Atlas, 2010.6.18.
70. "전기이륜차 시장, 배터리 교환방식이 대세", 오철 기자, 전기신문, 2022.3.24.
71. "전기차 배터리, 충전방법도 경쟁", 권용주 국민대 겸임교수, 한국경제, 2023.9.26.
72. "전기차 충전, 급유만큼 쉬워진다. BMW 530e 플러그인하이브리드용 무선충전시스템 발표", 오토모티브 일렉트릭 메거진, 편집부, 2018.7월호.
73. "BMW's wireless charging pad for electric cars will launch soon", Kishalaya Kundu, Beebom, 2018.5.14.
74. "미국 전기자동차 무선충전 기술시장동향", 고려대 이철웅 교수, LoTIS, 2020.1.9.
75. "현대차, 충전인프라 개발 속도 낸다... 무선충전시대 성큼", 장지혜 기자, 녹색경제신문, 2022.11.11.
76. "This parking car stopper double as wireless charger for your electric vehicle", Yanko Design, 2022.3.14.
77. "자율주행 로봇이 전기차 찾아가 충전해준다." 연선옥 기자, 조선일보, 2022.6.17.
78. "천장형 K-전기차 충전시스템 내년 상용화된다", 오규진 기자, 연합뉴스, 2023.11.5.
79. "미래 전기차 시대가 궁금하면 노르웨이를 보라", 한애란 기자, 동아일보, 2023.5.17.
80. "전기차 가격경쟁 시대의 시작", 임현진 선임연구원, 자동차연구원 산업분석 Vol.115, 2023.4.17.
81. Hitting the EV inflection point, Electric vehicle price parity and phasing out combustion vehicle sales in Europe, BloombergNEF, Transport & Environment, 2021.5.
82. "BNEF: Lithium-ion battery pack prices drop to record low of $115/kWh", Marija maisch, PV magazine, 2024.12.11.
83. "MIT study finds EVs to cost more than regular cars until 2030". Vineeth Joel Patel, futurecar.com, 2019.12.2.
84. "Rising battery prices threaten to derail the arrival of affordable EVs", Colin McKerracher, BloombergNEF, 2022.12.6.
85. "MIT team reexamines rates of Li-ion cost decline", Green car congress, 2021.3.24.
86. "FOTW #1272, Electric Vehicle Battery Pack Costs in 2022 Are Nearly 90% Lower than in 2008, according to DOE Estimates", 2023.1.9.

87. "올해 리튬가격 6만달러 이하 전망", 정준우 기자, 철강금속신문, 2023.1.10.
88. "K-배터리 필수품 코발트.. 1년 만에 60% 폭락한 이유는?", 홍순빈 기자, 머니투데이, 2023.3.4.
89. "[기획] 에너지전환 핵심은 광물 ①", 변국영 기자, 에너지데일리, 2021.9.17.
90. SNE 리서치 2022 Global EV battery pack 개발동향과 시장전망.
91. 한국판 뉴딜 종합계획 중 그린뉴딜, 환경부, 2020.7.16.
92. "2023년 전기차 보조금 완벽 가이드", 원성열 기자, 동아일보, 2023.3.1.
93. "반토막난 중국 전기차, 이유는 보조금", 권용주 편집위원, 오토타임즈, 2023.2.13.
94. "보조금 중단에도 중국 신에너지차 판매 견조… 점유율 30% 돌파", 연합뉴스, 2023.4.11.
95. "전기 팔수록 손해.."연간 적자 30조" 빚으로 버티는 한전", 김훈남 기자, 머니투데이, 2022.9.30.
96. "전기 팔면 팔수록 손해였는데…'눈덩이 적자' 한전의 반격 [안재광의 대기만성's]", 안광재 기자, 한국경제, 2023.1.11.
97. "전기료 오르고 충전소 여전히 부족.. 전기차는 미래인가?", 한겨레 이코노미인사이트, 2022.12.23.
98. "휘발유보다 싸서 갈아탔는데…"충전비만 50만원" 전기차주 한숨", 김경희 기자, 중앙일보, 2023.5.16.
99. "Carbon intensity of electricity generation", Our World in Data, 2023.
100. "Global Energy & Climate Outlook 2050", Enterdata. 2023.
101. 2022 국토교통 통계연보, 국토교통부, 2023.2.
102. "Life-cycle analysis(LCA) of U.S. transportation systems", International symposium on automotive life cycle analysis Seoul Mobility Show, Uisung Lee, Jarod Kelly, ANL, 2023.4.7.
103. "Life cycle assessment: Why is it important?", Russ balzer, WorldAutoSteel, 2019.
104. "국내 자동차 LCA 온실가스 배출량 분석", 서울대 송한호 교수, KSAE Auto Journal 2021.5.
105. Update - T&E's analysis of electric car life cycle CO2 emissions, T&E, 2022.5.
106. "국내외 자동차 LCA 추진현황", 국립환경과학원 교통환경연구소, 2022.9.28.
107. "전기차 정말 무공해인가? LCA 도입 검토 유럽, 한국은?", 김신 기자, 에너지플랫폼, 2022.7.27.
108. "How green are electric cars? Green NCAP releases first life cycle assessment figures", which.co.uk, 2022.5.13.
109. 한국형 Green NCAP 평가기술 개발기획, 한국교통안전공단, 국토교통부, 2022.6.30.
110. "기후변화와 자동차 LCA", 포드자동차 김형철, KSAE Auto Journal 2021.5.
111. "자동차 전과정평가 민관이 함께 준비한다", 환경부 보도자료, 2024.2.26.
112. "친환경모빌리티 관련 자동차 생애주기별(LCA) 탄소 감축 이행 동향 및 쟁점", 한국교통안전공단 김자룡, 박인지, KOTI Brief vol.1 No.3, 2022.9.
113. 전기차 캐즘, K-배터리 위기와 대응전략, 삼일PwC 경영연구원 Industry Focus, 2024.9.
114. "US share of electric and hybrid vehicle sales increased in the second quarter of 2024", In-Brief Analysis, EIA, 2024.8.26.
115. "미국에서 전기차(BEV)의 미래가 여전히 유망한 이유", James Carter, 캐나다 '비전 모빌리티' 수석 컨설턴트, SKinnoNews, 2024.7.4.
116. "전기차 캐즘, 한·미·EU 생존전략 동상이몽", 신석주 기자, 에너지신문, 2024.11.11.
117. "중국발 치킨게임.. 전기차, 2029년까지 전례없는 혼란", 양길성 기자, 한국경제, 2025.6.10.
118. 인플레이션감축법(IRA)의 국내산업 영향과 시사점, 황경인, 산업연구원, 2023.1.1.

119. “배터리·차업계, 유럽연합판 IRA 초안 공개되자 폐배터리 재활용·원자재 공급망 다변화 서둘러야”, 박관규 기자, 한국일보, 2023.3.18.
120. EU 핵심원자재법(CRMA) 주요 내용과 영향, 한아름 연구원, KITA 통상리포트, 2023. Vol.2, 한국무역협회, 2023.4.19.
121. “유럽연합 핵심원자재법 최종승인 및 시사점 검토”, 권소담 등, Bae Kim & Lee LLC, 2024.4.2.
122. “EU 배터리 여권 시행 코 앞... 국내 대비 어디까지?”, 장재진 주필, 투데이에너지, 2024.11.10.
123. “전기차 포비아 불식시킬 근본대책 시급하다”, 연합뉴스, 2024.8.11.
124. “제주 전기차 화재대응 이동식 소화수조 추가 도입”, 전지혜 기자, 연합뉴스, 2023.4.17.
125. “전기차 안전성 향상 필요”, 최명영 전략팀장, 화재보험협회 Webzin vol.105, 2023.11.
126. 리튬이온전지의 원리와 탄생, 그리고 노벨상, 김영식 UNIST 교수, 고등과학원(KIAS) Horizon, 2020.3.25.
127. “The history of the Lithium-ion Battery”, Zhao Liu, ThermoFisher Scientific, 2019.11.10.
128. “Lithium-ion Battery”, Wikipedia, the free encyclopedia.
129. “리튬이온 배터리의 4대 요소”, 삼성SDI, 2018.1.18.
130. “리튬이온 배터리의 구조와 작동 원리”, Inside LGensil Battery Lab., 2021.11.11.
131. “양극과 음극, Cathode와 Anode의 정의”, 직장인의 실험실. https://luvlyday.tistory.com/143
132. “리튬”, 위키백과, 2023.
133. “Popular information; The noble prize in chemistry 2019”, Claes Gustafsso, et al., the Noble Committee for Chemistry, The Royal Swedish Academy of Sciences.
134. “리튬이온배터리: 반도체 시대를 지나 배터리 시대로”, 김상재 기자, 에너지설비관리, 2019.12.2.
135. “양극재 제조의 핵심, 전구체”, LGensol, 2022.3.30.
136. “리튬 폴리머 배터리”, 헤시넷. http://wiki.hash.kr/index.php/리튬_폴리머_배터리
137. “Electrolyte, the best driver for lithium-ion”, Samsung SDI, 2020.11.4.
138. “2차전지 전해액 개요와 시장분석”, SeungYun92. https://seongyun-dev.tistory.com/46
139. Department of Energy(DoE) final report compilation for the research and development of high-power and high-energy electrochemical storage devices, USABC, 2014.6.
140. 차세대 자동차용 축전지기술개발, 일본 신에너지산업기술종합개발기구(NEDO) 보고서(2008).
141. “일본의 리튬이온 2차전지 시장 및 기술개발 동향”, 지역경제포커스 10-10호, 대외경제정책연구원(KIEP), 2010.3.29.(일경 일렉트로닉스 2010.1.11. 자료)
142. “A Review on Electric Vehicles: Technologies and Challenges”, Julio A. Sanguesa, et al., Smart Cities, 2021.3.24.
143. “Next generation, high energy density redox flow batteries”, Qizhao Huang, Chemistry Europe, 201.7.25.
144. “Lithium-ion batteries break energy density record”, Isabelle Dume, Physics World, 2023.4.21.
145. “FOTW #1234, April 18, 2022: Volumetric energy density of lithium-ion batteries increased by more than eight times between 2008 and 2020”, Office of Energy Efficiency & Renewable Energy, MOE, 2022.4.18.

146. "BloombergNEF: Lithium-ion battery cell densities have almost tripled since 2010, Kyle Field, CleanTech news, 2020.2.19.
147. "한국이 최고인 NCM 배터리에 대재앙.. 중국이 잘하는 LFP 배터리로 세계의 수요가 바뀌었다.", 이재철 기자, 매일경제, 2025.7.15.
148. "Tesla battery day — Here is everything I think will be announced", Chanan Bos, Clean tecjnica, 2020.9.21.
149. "주행거리 1,000km 배터리 나왔다.. 중국 CATL 충전시간 10분", 조희정 기자, CAR GUY, 2022.11.2.
150. "CATL 1,000km 배터리 사실일까... K 배터리 추격 빨간불", 김민성 기자, bizwatch, 2023.3.28.
151. "중국은 절대 말하지 않는 중국 전기차 산업의 치명적 약점", 김흥식 칼럼, Autoherald, 2023.3.14.
152. "전기차용 배터리 구성, 셀? 모듈? 팩? 바로 알자!", 삼성SDI, 2017.9.12.
153. "5분 만에 충전 100km, 3중 안전장치, 현대차 전기차 신기술 E-GMP", 안상현 기자, 조선일보, 2020.12.2.
154. "The 4680 Cell", Techtricity, 2020.11.15.
155. "Li-ion cell manufacturing: A look at process and equipment", Nishtha Gupta, etn.news, 2021.6.10.
156. "원통형 배터리", 해시넷, 2023.8.
157. "전지전능한 전지 이야기 - 배터리 만들기 Step4. 팩 공정", Battery Inside, LG엔솔, 2022.5.3.
158. "각형, 파우치형, 원통형..배터리 모양 전쟁 불붙었다", 이종화 기자, 매일경제, 2021.3.26.
159. "Good practices for rechargeable lithium metal batteries", Bingbin Wu, et al., Journal of The Electrochemical Society, 2019.12.16.
160. "Z-folding, a technique that ensures the safety of SK Innovation's batteries", SKinno News, 2021.7.9.
161. "Achieving Pristine Cross Sections Of Battery Samples For Scanning Electron Microscopy", JEOL USA.
https://www.jeolusa.com/NEWS-EVENTS/Blog/pristine-cross-sections-of-batteries
162. "Watch Hyundai Ioniq 5 800V battery pack get opened for first time", Mark Kane, Inside EVs, 2021.10.11.
163. "Tesla Model S battery system: An engineer's perspective", Sharad Bhowmick, Circuit Digest, 2021.12.16.
164. "꿈의 배터리냐 거품이냐.. 투자자 위한 전고체 이야기[딥다이브]", 한애란 기자, 동아일보, 2023.7.19.
165. "꿈의 배터리 전고체전지, 탄생부터 전망까지", 이동재 기자, 헬로우티, 2021.3.29.
166. "전고체배터리란 무엇일까?", 삼성SDI, 2020.9.23.
167. "도요타 10분 충전·1200km 주행 선언… 현대차 반격카드는 [전고체배터리 전쟁 점화]", 조은효 기자, 파이낸셜뉴스, 2023.6.13.
168. "Game Changer: Toyota just figured out solid-state batteries in this prototype", Thom Taylor, MotorBiscuit, 2021.9.8.
169. "배터리 기술, 이제는 반고체배터리로 향한다?", 김선웅 기자, 오토뷰, 2023.4.25.
170. "전기차용 이차전지 현황 및 발전방향", 강석기 팀장, 한국전지연구조합, 2019.7.
171. "리튬이온배터리: 반도체 시대를 지나 배터리 시대로", 김상재 기자, 한국에너지정보센터, 2019.12.2.

172. “Noble chemistry prize: Lithium-ion battery scientists honoured”, paul Rincon, BBC News, 2019.10.
173. “2024년 1~7월 글로벌 전기차용 배터리 사용량 434.4GWh, 전년 동기 대비 22.4% 성장”, SNE research, 2024.9.4.
174. “중국 완성차 및 배터리 업체의 해외진출 동향”, SNE Research, 2024.3.18.
175. “Navigating the EV Battery Supply Chain: Strategies for Auto OEMs”, RedChalk Group, 2023.6.16.
176. “완성차 기업들의 배터리 내재화에 대한 단상”, 포스코경영연구원 박재범 수석연구원, 배터리인사이드, 2022.1.19.
177. “적자에도 과감한 투자…뚝심 끈기로 꽃피운 LG 배터리”, 이윤애 기자, 뉴스핌, 2021.8.22.
178. “SK 이노베니션의 배터리 역사 제대로 알아보기”, skinnonews, 2020.10.14.
179. “불모지에서 맨손으로 일어난 50년, 삼성 SDI의 역사”, 이코노믹리뷰, 2020.7.1.
180. Electric Vehicle Outlook 2019, BloombergNEF, 2019.5.15.
181. “잽도 안되던 이 회사, CATL 순식간에 전기차 배터리 세계 1위… 그 뒤엔 중국 공산당 있었다”, 전수용 기자, 조선일보, 2019.10.24.
182. “중국 CATL 고성능 기린 배터리 양산, 한국 배터리3사 위협할 ‘메기’ 역할, 김용원 기자”, 비지니스포스트, 2023.3.23.
183. “중국 1위의 전기차 기업, 비야디(BYD)”, 심명숙, 비야디, 2021.1.11.
184. 배터리 생태계 경쟁역학 구도로 보는 미래 배터리 산업, 삼정 인사이트 Vol.84, 삼정KPMG 경제연구원, 2023.
185. Zero-emission vehicle factbook, A BloombergNEF special prepared for COP28, 2023.12.
186. National blueprint for lithium batteries 2021~2030, Federal Consortium for Advanced batteries, DOE, 2021.6.
187. Electric vehicle outlook 2023, BloombergNEF, 2023.
188. “Hybrid Electric Vehicle Types”, Shradha Jadhav, Linkedln, 2021.7.18.
189. “An optimized energy management strategy of 48V mild hybrid electrical vehicle to reduce fuel consumption”, Luyao Zeng, DEStech Transactions, 2017.5.31.
190. “폭스바겐8세대 골프에 48볼트 MHEV 채용한다”, 채영석, 글로벌오토뉴스, 2019.5.18.
191. “An optimized energy management strategy of 48V mild hybrid electrical vehicle to reduce furl consumption”, Luyao Zeng, DEStech Transactions, 2017.5.31.
192. 하이브리드자동차 시장, 연구개발특구진흥재단, 2020.1.
193. “Toyota Prius”, Wikipedia, the free encyclopedia, 2023.
194. “토요타 프리우스: 세상을 바꾼 원조 하이브리드”, 피카미디어, 2022.6.22.
195. “Toyota Hybrid System THS II”, Toyota, 2003.
196. “위대한 20년 도요타 프리우스… 미래를 앞당긴 21세기 자동차”, 문서운 기자, 모토그래프, 2017.11.27.
197. “미중분쟁, 가격, 안전성.. 전기차 성장통 얼마나 오래갈까”, 홍석재 기자, 한겨레, 2023.12.12.
198. “프리우스의 고전, 도요타의 남은 미련”, 파우스, 2022.11.19. https://m.blog.naver.com/jeunkim/222932668362
199. “Electric vehicles and hybrids make up 16% of U.S. light-duty vehicles sales”, eia.gov, 2023.9.7.

200. “History of plug-in hybrids”, Wikipedia, the free encyclopedia, 2023.
201. “Chevrolet Volt powertrain: How it works in electric, hybrid modes”, Green Car Reports, John Voelcker, 2015.2.24.
202. “Plug-in electric vehicle policy”, American Progress, Lia Cattaneo, 2018.6.7.
203. PHEV (Chevrolet Volt) 기초작동 특성분석 보고서, 정재우 등, 2012.4. 자동차부품연구원.
204. “Volt (Gen1)-PHEV”.
https://ocw,tudelft.nl/course-resdings/2-4-2-volt-gen-1-phev/
205. “GM formally unveils the production version of the Volt”, Green Car Congress, 2008.9.16.
206. “Chevrolet Volt sales & share of PHEV sales: 2011-2020”, Loren McDonald, evstatistics.com, 2021.5.29.
207. Annual update on the global transition to electric vehicles: 2022, ICCT briefing, 2023.6.
208. Making the transition to Zero-emission mobility, ACEA, 2022 progress report, 2022.6.
209. “전기차와 내연기관의 동행, EREV”, 이호중, 한국자동차연구원 산업동향 Vol.63, 2021.5.10.
210. 전기차 시장 둔화를 EREV를 통해 보완할 수 있을까, 김성래, 한화투자증권, 2024.5.22.
211. “주행거리 1,000km, 충전소 필요없다…EREV 기술 소환한 현대차”, 김재후 기자, 한국경제, 2024.8.14.
212. International Energy Outlook 2021, U.S.Energy Information Administration, 2021.10.6.
213. “How a solar cell works”, American Chemical Society, 2023.
214. “태양광”, 한국에너지공단 신재생에너지센터, 2023.
215. “Cost of new renewables temporarily rises as inflation starts to bite”, BloombergNEF, 2022.6.30.
216. “Solar technology got cheaper and better in the 2010s. Now what?”, Xiaojing Sun, Greentechmedia, 2019.12.17.
217. “제4차 신재생에너지 기본계획”, 산업통상자원부, 2014.9.
218. “재생에너지 3020 이행계획(안) 발표”, 산업통상자원부 신재생에너지과, 2017.12.19.
219. 제10차 전력수급기본계획(2022~2036)의 주요내용과 향후과제, 이승만 등, 이슈와 논점 국회입법조사처, 2023.1.127.
220. “풍력발전(1) - 원리와 구조”, 독서하는 투자자, 2022.3.26.
https:// m.blog.naver,com/kp_soonhwan/222683797899
221. “풍력발전의 원리”, steemit, 2018.
222. 풍력발전의 원리, 한국에너지공단 신재생에너지센터, 2023.
223. Wind energy in Europe, 2022 statistics and the outlook for 2023~2027, Wind Europe, 2023.2.
224. Energy transition outlook 2022, DNV.
225. Renewable power generation costs in 2022, IRENA 2023.
226. Offshore wind outlook 2019, IEA, 2019.10.
227. “영흥화력발전소 풍력발전기 화재”, 김형만 기자, 내외뉴스통신, 2021.2.23.
228. “풍력발전”, 나무위키, 2023.11.

3절. 수소연료전지자동차(FCV)

229. 수소전기차, 한국자동차연구원, 2023.

230. "2019 Hyundai Nexo: Fuel-cell refinement, SUV Luxury", Paul Seredynski, SAE mobility engineering tech, 2019.1.1.
231. "Toyota ushers in the future with launch of Mirai fuel cell sedan", Toyota, 2014.11.18.
232. "수소차 경쟁 다시?.. 일 혼다, 3년만에 미국서 새 수소차 내놨다", 정한국 기자, 조선일보, 2024.6.6.
233. "[쉽게보는 수소이야기] 좌절과 희망 가득한 수소전기차의 역사", 권순우 기자, 테크엠, 2019.2.11.
234. "수소로 가는 자동차, 그 처음의 역사", 현대자동차, 2020.4.14.
235. "메르세데스 벤츠, BEV와 FCEV를 중심으로 전동화 전략 펼친다", 글로벌오토뉴스, 2020.8.11.
236. "Fuel cell car coasts across U.S.", Wired, 2002.6.5.
237. "수소에너지 대중화의 핵심기술 현대자동차그룹의 차세대 연료전지 시스템", 현대자동차그룹, 2021.9.9.
238. "현대차, 신형 넥쏘 2025년 출시 목표…年 3만대 만든다", 정치연 기자, 전자신문, 2023-10-24.
239. "2024년 1-12월 글로벌 수소차 시장 전년 동기 대비 21.6% 역성장", SNE리서치, 2025.2.11.
240. "Global FCEV fleet in selected country by vehicle segment 2022". Statista 2023.
241. Technology roadmap hydrogen and fuel cells, IEA, 2015.
242. "수소경제 현황과 미래", 권낙현 실장, 수소융합얼라이언스추진단, 2020.3.
243. "Fuel Cells", Dieselnet Technology Guide, 2023.
244. "What is the working principle of PEM fuel cell?", thesixtech.com, 2020.11.10.
245. "Components & properties of the fuel cell", Parth Maheshwari, Skill-Lync, 2021.9.1.
246. "연료전지 이론 및 특성", 김민진, 한국에너지기술연구원, 2016.
247. "고분자 전해질 연료전지용 금속분리판", 전유택, 정연수, 현대하이스코, Auto Journal, KSA, 2014.06.
248. "연료전지용 고분자전해질 멤브레인 기술동향 및 개발전략", 이무석, 코오롱 중앙기술원, Auto Journal, KSAE, 2014.06.
249. "수소 연료전지 시대로의 발전방향", 심재룡, 건설기술, 쌍용 E&C.
250. "고분자전해질 연료전지(Proton Exchange Membrane Fuel Cell) 전극촉매 개발동향", 유성종 등, KIST, Nwes & Information for Chemical Engineers, Vol.30, NO.4, 2012.
251. "PEM fuel cell application in road transport", Antonio Nicolo Mancino, et al., Energies, 2023.8.23.
252. "Fundamentals, materials, and machine learning of polymer electrolyte membrane fuel cell technology", Yun Wang, et al., Energy and AI, 2020.6.19.
253. "Heavy-duty fuel cell system cost-2022, DOE hydrogen program record #23002", 2023.5.23.
254. Fuel cell technical team roadmap, USDRIVE, DOE, 2017.11.
255. "수소연료전지차의 궁금증 풀어보기", 김진아 기자, 탑라이더, 2014.4.21.
256. "현대차 수소연료전지시스템, 미국 유럽 수출길 열려", 김창수 기자, FETV12, 2020.4.20.
257. "Toyota's fuel cell stack in detail", Roland David, Linkedin, 2020.10.11.
258. "CARB approves Toyota's Class 8 fuel cell kit", CCJ, 2023.4.25.
259. "수소차 전망 어둡게 만드는 세가지 기술적 난제", 에코노미조선, 2019.2.25.
260. "제법이네 혼다", imagazine Korea, 2017.9.12.
261. "혼다의 새로운 연료전지시스템은 현대를 위협하는가", 모터매거진, 2023.2.3.
262. "수소차 경쟁 다시?.. 일 혼다, 3년만에 미서 새 수소차 내놨다", 정한국 기자, 조선경제, 2024.6.6.

263. “Hydrogen storage”, Lindsay Brooke, Automotive Engineering, SAE, 2023.6.
264. 환경부, 미래자동차 산업발전전략(부처합동), 2019.10.
265. “제6차수소경제위원회”, 산업통상지원부, 2023.12.18.
266. 수소경제 활성화를 위한 수소인프라 및 충전소 구축방안, 관계부처 합동, 2019.10.
267. “천연수소 5만년 사용량 5조t 땅 밑에.. 새 골드러시 오나“, 곽노필 기자, 한겨레, 2024.3.3.
268. “탄소중립 모빌리티 시대를 위한 수소 저장·운송 기술”, 김현철 박사, 한국자동차연구원, KSAE 오토저널, 2023.9.
269. “자동차기술 및 정책개발 로드맵 연구”, KSAE, 서울대 김민수 교수, 2020.5.19.
270. 환경부 그린뉴딜, 2020.7.15.
271. 제1차수소경제이행 기본계획, 산업통상자원부, 2021.11.

4절. 내연기관자동차 전망

272. Global Automotive executive Survey 2020 Extended Summary, KPMG, 2020.7.
273. A total cost of ownership comparison of truck decarbonization pathway in Europe, Hussein Basma et al., 2023.11.
274. “탄소중립연료(e-fuel)로 내연기관차도 탄소중립 될 수 있다.”, 지앤이타임즈, 2021.5.13.
275. “탄소 내뿜는 탄소중립 연료 이퓨얼의 비밀”, 안태호 기자, 한겨레, 2022.5.30.
276. “내연기관차 종말 막자, 유럽 자동차 업계가 꺼내든 무기”, 한경진 기자, 조선경제, 2023.10.19.
277. “What are eFuel?”, efuel-alliance. 2024.
278. “E-methanol-a possible solution for difficult to defossilize transportation”, Jaroslav Kmet, Linkedin, 2021.11.15.
279. “E-fuels powering a climate-neutral future”, Maluck, MTU Solution, 2022.1.25.
280. “Future fuels- Analyses of the future prospects of renewable synthetic fuels”, Thomas Pregger, et al., Energies 2020, 2019.12.26.
281. E-fuels: A techno-economic assessment of European domestic production and imports towards 2050, Alba Soler et al., Concawe and Aramco, 2022.11.
2019.12.
282. “eFuels pilot plant in Chile officially opened”, Porsche newsroom, 2022.12.20.
283. “Audi advances e-fuels technology: new ”e-benzin“ fuel being tested”, audi-mediacenter, 2018.9.3.
284. 일본의 E-fuel 정책 및 연구동향, 인하대학교 문석주 교수, 탄소중립연료기술 심포지움, 2023.4.1.4.
285. “유럽, 디젤 대신 수소엔진으로 간다”, 채영석, 글로벌오토뉴스, 2020.10.25.
286. “토요타, 대체연료 레이스카로 서킷 출격.. 엔진은 죽지 않는다”, 박홍준 기자, 모토그래프, 2022.3.23.
287. “Overview of hydrogen internal combustion engine(H2ICE) technologies”, Ram Vijayagopal, ANL, 2023.2.22.
288. “The future of H2 internal combustion engines in California?” Ales Srna, Sandia National Lab., 2023.11.28.
289. “Hydrogen engine exhaust aftertreatment, E. Schutting, 43rd International Vienna Motor Symposium, 2022.

290. "H2 efficient and near zero emissions operation on a PFI HD single cylinder diesel ICE", Richard Oung, 2022.6.
291. "How hydrogen combustion engined can contribute to zero emissions", Bernd Heid, McKinsey, 2021.6.25.
292. "Toyota's hydrogen engine development to contribute to carbon neutrality". 44th International Vienna motor symposium, 2023.4.
293. 국내외 수소엔진 기술개발 현황 및 전망, 송정섭, 피니아코리아, 내연기관 무공해화 전문가포럼, 2024.1.25.

부록(영어 약어)

2DS: 2 Degree Scenario; 지구 온도상승을 2℃ 제한하기 위한 시나리오

AAI: Alliance for Automotive Innovation; 자동차혁신연합

AAM: Alliance for Automotive manufacturers; 미국자동차공업협회(AAI 전신)

ACEA: European Automobile Manufacturers' Association; 유럽자동차공업협회

AdBlue: SCR용 요소수 상호(유럽)

ADAS: Advanced Driver Assist System; 운전보조시스템

ADSs: Automated Driving Systems; 자율주행체계

AEC: Alkaline Electrolysis Cell; 알칼라인 수전해 수소생산 방식

AI: Artificial Intelligence; 인공지능

AOC(ASC): Ammonia Oxidation Catalyst(Ammonia Slip Catalyst); SCR 촉매 후단에 설치된 암모니아 슬립 방지 촉매

APS: Announced Pledges Scenario; 지금까지의 모든 정부의 야심적인 기후공약을 고려한 시나리오, 2021년에 제안

AQMD: Air Quality Management District(캘리포니아 대기질관리국)

AT: Aluminum Titanate; 미국 코닝사에서 개발한 매연여과장치용 필터 소재

AV: Autonomous Vehicle; 자율주행차

BAU: Business As Usual; 기존대로 시행할 때의 수준

BECCS: Bioenergy Carbon Capture and Storage; 바이오연료 탄소포집·저장

BEV: Battery Electric Vehicle; 배터리로만 운전하는 순수전기차

BlueTec: 메르세데스벤츠에서 DPF + SCR/LNT 장치를 사용하여 개발한 Clean Diesel 엔진용 후처리시스템

BMS: Battery Management System; 배터리 관리시스템

BP: British Petroleum; 영국국영석유회사

CAA: Clean Air Act; 미국 대기오염방지법(또는 청정공기법)

CAFE: Corporate Average Fuel Economy Standards; 미국의 자동차 연비기준

CAP2000: Compliance Assurance Program; 캘리포니아 자동차 인증제도

CAPSS: Clean Air Policy Support System; 우리나라 대기정책지원시스템

CARB: California Air Resource Board; 캘리포니아 대기자원위원회(대기국)

CBAT: Carbon Border Adjustment Taxes; 탄소국경조정세

CCM: Carbon Crediting Mechanisms; 크레딧메커니즘(탄소가격제도 종류)

CCS: Carbon Capture and Store; 탄소포집·저장기술

CCUS: Carbon Capture, Utilization and Store; 배출구에서 탄소포집·이용·저장기술

CD(Cd): Aerodynamic Drag Coefficient; 공기항력 계수

CDR: Carbon Dioxide removal); 이산화탄소 흡수기술

CF100: Carbon Free 100 (24/7 CFE); 무탄소전원 100% 사용

CI: Compressed Ignition; 압축착화(디젤) 엔진

CI: Carbon Intensity; 탄소배출 계수, 단위발전량당 배출되는 온실가스 배출량(gCO_2/kWh)

CN: Cetane Number; 세탄가

COP: Conference of the Parties; 유엔기구변화협약 당사국회의

CRDI: Common Rail Direct Injection; 경유차 커먼레일직접분사 (엔진)

CRMA: Critical Raw Materials Act; EU의 핵심원자재법(배터리 핵심 원자재 대상)

CRT: Continuous Regeneration Trap; 존슨매쉬사의 매연여과장치 상품명

CT: Carbon Tax; 탄소세

CVCC: Compound Vortex Controlled Combustion; 복합와류조정연소(혼다)

CVS-75: Constant Volume Sampler-75; 국내의 자동차 연비 및 배출가스 측정모드(미국 FTP-75와 동일)

DACS: Direct Air Capture and Storage; 직접공기포집, 공기 중의 이산화탄소를 포집·저장하는 기술

DME: Dimethyl Ether

DF: Deterioration Factor; 자동차배출가스 열화 계수

DI: Direct Injection; 연료 직접분사방식

DOC: Diesel Oxidation Catalyst; 디젤산화촉매

DPF: Diesel Particulate Filter Trap; 디젤매연여과장치

DTC: Double Clutch Transmission

EC: European Community; 유럽공동체

ECU: Electric Control Unit; 전자제어식 연료공급장치

ECV: Electrically Chargeable Vehicle; BEV와 PHEV 포함하는 외부충전 전기차

EEA: European Environment Agency; 유럽환경청

EEC: European Economic Community; 유럽경제공동체

e-Fuel: Electricity Based-Fuel; 재생합성연료, 전기기반연료

EGR: Exhaust Gas Recirculation; 배기가스재순환 장치

EIA: Energy Information Administration; 미국 에너지관리청

EMA: Truck & Engine Manufacturers Association; 미국 트럭, 엔진 제조협회

EPA: Environment Protection Agency; 미연방 환경보호청

EREV: Extended Range Electric Vehicle; 주행거리확장전기차

ESG: Environment, Social, Governance; 기업의 비재무적 요소 평가기준

ETS: Emission Trading System; 배출권거래제도

EV: Electric Vehicle; 전기자동차

FBC: Fuel Borne Catalyst; 첨가제방식 매연여과장치

FCV: Fuel Cell Vehicle; 연료전지자동차

FT: Fischer Tropsch; 합성액화연료 제조법

FTP-75: Federal Test Procedure-75; 미연방 승용차 연비 및 배출가스 측정모드

GDI: Gasoline Direct Injection; 가솔린엔진 직접분사

GHG: Green House Gas; 온실가스

GPF: Gasoline particulate filter Trap; 가솔린매연여과장치

HAPs: Hazardous Air Pollutants; 유해대기오염물질

HCCI: Homogeneous Charge Compressed Ignition; 균일압축착화연소

HEI: Health Effect Institute; 건강영향연구소(미국)

HEV: Hybrid Electric Vehicle; 하이브리드전기자동차

HHV: High Heating Value; 고발열량

HSDI: High Speed Direct Injection; 고속직접분사

HWFET: Highway Fuel Economy Driving Schedule; 고속도로주행시험(미국 EPA)

ICT: Information and Communication Technology; 정보통신

IDI: Indirect Injection; 연료 간접분사방식

IEA: International Energy Agency; 국제에너지기구

ILUC: Indirect Land Use Change; 간접적토지이용변화(LCA 평가 시 고려)

IM: Induction Motor; 유도전동기

I/M: Inspection/Maintenance; 운행차 관리제도

IMO: International Maritime Organization; 국제해사기구

INDC: Intended Nationally Determined Contributions; 자발적 국가온실가스 감축 기여안

IoT: Internet of Things; 사물인터넷

IPCC: Intergovernmental Panel on Climate Change; 기후변화에관한정부간협의체

IRA: Inflation Reduction Act; 미국 인플레이션감축법

ISG: Idle Stop & Go

JAMA: Japan Automobile Manufacturers Association; 일본자동차공업협회

LCA: Life Cycle Assessment; 연료나 전기생산과 자동차 제조에서 발생하는 온실가스를 모두 고려한 전과정평가

LCFS: Low-Carbon Fuel Standard; 저탄소연료 의무화 표준(캘리포니아)

LCOE: Levelized Cost Of Electricity; 전력단위(kWh)당 평균 실질 발전비용

LEDS: Long-Term Low Greenhouse Gas Emission Development Strategies; 장기 저탄소 발전전략

LEV: Low Emission Vehicle; 미국 캘리포니아의 저공해자동차 기준

LEZ: Low Emission Zone; 저배출지역, 공해차량운행제한지역

LFP: Lithium Ferrous Phosphate; 리튬인산철산화물(LiFePO4) 배터리

LHV: Low Heating Value; 저발열량

LIB: Lithium-Ion Battery; 리튬이온배터리

LNT: Lean NOx Trap; 희박(흡장형)질소산화물촉매

LPG: Liquefied Petroleum Gas; 액화석유가스

LTC: Low Temperature Combustion; 저온연소

MaaS: Mobility as a Service; 모든 교통수단을 하나의 통합된 서비스로 제공하는 미래형 운송시스템(모빌리티 서비스)

MBT: Maximum Brake Torque; Minimum Spark Advance for Best Torque

MSATs: Mobile Source Air Toxics; 자동차배출유해물질

MHEV: Mild HEV; 마일드하이브리드

MPI: Multi-Point Injection; 연소실 입구마다 인젝터를 설치한 연료공급시스템

MTBE: Methyl Tertiary Butyl Ether

NCM: Nickel-Cobalt-manganese; 니켈, 코발트, 망간으로 양극재를 구성한 삼원계 배터리

NDC: Nationally Determined Contributions; 국가온실가스감축목표

NEDC: New European Driving Cycle; 유럽의 자동차배출가스 측정 사이클

NEDO: New Energy and Industrial Technology Development Organization; 일본의 신에너지산업기술종합개발기구

NHTSA: National Highway and Transportation Safety Administration; 미국 연방도로교통 안전국

NiMH: Nickel-Metal Hydride Battery; 니켈수소합금전지

NMHC: Non-Methane Hydrocarbon; 비메탄탄화수소

NMOG: Non-Methane Organic Gas; 비메탄유기가스

NPS: New Policies Scenario; 세계 각국의 시행정책과 파리협정 달성을 위해 제안한 방안을 포함한 현재의 의욕적인 정책이 가는 시나리오

NREL: National Renewable Energy Laboratory; 미국 국립에너지연구소

NZE: Net Zero Emissions; 온실가스 순배출량제로 시나리오

OBD: On-Board Diagnostic; 자동차배출가스 자가진단장치

OECD: Organisation for Economic Co-operation and Development; 경제협력개발기구

OHC: Over head Camshaft

OICA: International organization of Motor Vehicle manufacturers; 국제자동차제조업자기구

ON: Octane Number; 옥탄가

PAH: Polycyclic Aromatic Hydrocarbons; 다환방향족탄화수소

PEMEC: Proton(Polymer) Exchange Membrane Electrolysis Cell; 고분자전해질(양이온교환막) 수전해 수소생산방식

PEMFC: Polymer Electrolyte Membrane Fuel Cell; 고분자전해질막 연료전지, Proton-Exchange Membrane Fuel Cell(양성자교환막 연료전지)로도 불린다.

PEMS: Potable Emission Measurement System; 자동차 탑재용 배출가스측정시스템

PGM: Platinum Group Metal; 백금족

PHEV: Plug-in Hybrid Electric Vehicle; 플라그인하이브리자동차

PM: Particulate Matters; 입자상물질

PMSM: Permanent Magnet Synchronous Motor; 영구자석형동기전동기

PN: Particulate Number; PM 개수

PNGV: Partnership for a New generation of Vehicles; 미국 차세대자동차를 위한 파트너쉽

PPCA: Powering Past Coal Alliance: Declaration; 탈석탄동맹

PRI: Principles for Responsible Investment; 책임투자원칙

RCP: Representative Concentration Pathways; 온실가스 농도 대표농도경로

RDE: Real Driving Emission; 실도로 운전 배출가스 시험법

RE100: Renewable Energy 100; 2050년까지 참여기업들이 재생에너지 100% 사용

REC: Renewable Energy Certificate; 재생에너지 공급인증서

RED: Renewable Energy Directive; 신재생에너지 지침(EU)

RFG: Reformulated Gasoline; 개질 휘발유

RFS: Renewable Fuel Standard; 재생연료혼합의무화제도(미연방)

RPS: Renewable Energy Standard; 신재생에너지공급의무화제도(의무 할당제)

RTS: Reference Technology Scenario; NDC를 포함한 세계 각국이 온실가스 저감을 약속한 현재의 노력을 근거로 한 저감 시나리오

SAFE: Safer Affordable Fuel Efficient Standards; 미국 CAFE 기준에서 2020년에 변경된 자동차연비기준

SCR: Selective Catalyst Reduction; 선택적촉매환원장치

SDS: Sustainable Development Scenario; 국제적으로 합의된 목표를 달성하기 위한 통합적 접근방법, 지속 가능한 발전시나리오

SI: Spark Ignition; 스파크점화(가솔린) 엔진

SiC: Silicon Carbide; 일본 이비덴사가 개발한 매연여과장치용 필터소재

SPM: Suspended Particulate Matter; 부유입자상물질, 부유분진

SMR: Steam Methane Reforming; 천연가스를 수증기로 개질하여 수소를 생산하는 방식

SSB: Solid-State Battery; 전고체배터리

STEPS: Stated Policies Scenario; NDC를 포함하는 기존정책 시나리오, 보수적인 전망

TAP: Toxic Air Contaminant; 유해공기오염물

Taxonomy: 산업분류체계(Green Taxonomy)

TBI: Throttle Body Injection; 기존 기화기 위치에 인젝터를 설치한 연료공급시스템

TDC: Top Dead Center; 상사점

THS: Toyota Hybrid System; 도요타 동력분기 하이브리드시스템

T/I: Turbocharger/Intercooler

TSP: Total Suspended Particle; 총부유입자, 총미세먼지

TWC: Three Way Catalyst; 가솔린삼원촉매

UDDS: Urban Dynamometer Driving Schedule; 도심주행시험(미국 EPA 주행시험)

ULEZ: Ultra Low Emission Zone; 초저배출구역

ULSD: Ultra Low Sulfur Diesel; 초저유황경유

UNCED: United Nations Conference on Environment and Development; 유엔환경개발회의, 1992년 6월 브라질 리우데자네이루에서 개최

UNFCCC: United Nations Framework Convention on Climate Change; 기후변화에관한기본협약, 유엔기후변화협약

USABC: United States Advanced Battery Consortium; 미국 차세대초저연비자동차사업(PNGV)의 일환으로 구성된 배터리개발 컨소시움

VKT: Vehicle Kilometer Traveled; 자동차 배기가스 배출량 계산방식

VOC: Volatile Organic Compound; 휘발성유기화합물

VTEC: Variable Valve Timing and Lift Electronic Control; 가변밸브 타이밍과 양정 전자제어장치(혼다)

VVT: Variable Valve Timing; 가변밸브 타이밍장치

WHSC/WHTC: World Harmonized Stationary Cycle/ World Harmonized Transient Cycle; 대형차량 엔진시험 모드

WLTP/WLTC: Worldwide Harmonized Light Vehicle Test Procedure; 승용차량 시험 모드

WWFC: Worldwide Fuel Chart; 세계연료헌장

xEV: HEV, PHEV, BEV, FCEV를 포함하는 전기차

xTL: GTL(Gas to Liquid), CTL(Coal to Liquid), BTL(Biomass to Liquid), 합성액화연료

ZEV: Zero Emission Vehicle; 배출가스제로자동차

ZEZ: Zero Emission Zone

저자 정용일

자동차환경 분야 연구에 종사하면서, 유해 배출가스 저감을 위한 엔진연소 개선과 배출가스저감기술 개발, 그리고 저공해자동차 보급을 통해 대기질 개선에 힘써왔다.

서울대학교에서 자동차를 전공하고, 한국과학기술원과 미국 럿거스 뉴저지주립대에서 내연기관을 공부하여 석사와 박사학위를 취득했다.

기아산업(현 기아자동차)의 배기가스실험실 근무를 시작으로, 한국기계연구원 엔진실험실에서 연구원, 책임연구원, 부장, 뉴욕사무소 소장을 거치며 연구의 지평을 넓혔다.

환경부 중앙환경보전자문위원, 자동차공해대책분과위원, 경유차환경위원 등으로 활동하며, 천연가스시내버스, 운행경유차 매연여과장치(DPF) 보급, 경유승용차 허용, 전기자동차 보급, 자동차온실가스기준 설정 등 저공해자동차 보급에 앞장섰다. 또한 세 차례에 걸쳐 자동차배출허용기준 설정 과제의 책임을 맡아 우리나라의 배출기준을 선진국 수준으로 정착시켰다.

과학기술부 국가지정연구실(경유자동차 매연 및 입자상물질 저감기술) 책임자, 환경부 무저공해자동차사업단 및 친환경자동차기술개발사업단 단장을 역임하며, 매연여과장치 시스템, ULEV LPG(LPDi) 엔진, 수소천연가스(HCNG) 엔진, 친환경타이어, EREV, 전기차개조 기술 등 다양한 친환경자동차 기술개발을 주도하고, 국내 환경기업들의 성장기반도 함께 다졌다.

한국자동차공학회(KSAE) 부회장, 미국자동차공학회(SAE) International Advisor, 미국 ICCT(International Council for Clean Transportation) 위원으로 활동했으며, 한국천연가스차량협회 회장과 (사)녹색교통운동 이사장을 역임했다. 또한 숭실대 초빙교수로 후학 양성에 힘썼으며, 현재는 자동차환경네트웍을 운영하며 지속 가능한 자동차환경 연구와 소통을 이어가고 있다.

내연기관자동차 번영과
미래차 도전

내연기관자동차는 퇴장하고 전기차 시대가 올 것인가?

초판 인쇄 | 2025년 11월 14일
초판 발행 | 2025년 11월 27일

저　　자 | 정용일
발 행 인 | 이성범
발 행 처 | 문운당
주　　소 | 서울시 종로구 혜화로5길 16(명륜1가 45-3)
전　　화 | (02)762-6010
팩　　스 | 영업 (02)745-0265 / 편집 (02)762-8758
이 메 일 | 영업 munun2@daum.net
편집 munundang@naver.com
홈페이지 | http://munundang.co.kr

ISBN 979-11-5692-824-9 (93550)

정가 35,000원